Mathematische Leitfäden

Herausgegeben von Prof. Dr. phil. Dr. h. c. G. KÖTHE, Frankfurt/M.
und Prof. Dr. rer. nat. G. TRAUTMANN, Kaiserslautern

B. G. Teubner Stuttgart

Mathematische Leitfäden

Herausgegeben von
em. o. Prof. Dr. phil. Dr. h.c. G. Köthe, Universität Frankfurt/M. und
o. Prof. Dr. rer. nat. G. Trautmann, Universität Trier/Kaiserslautern

Gewöhnliche Differentialgleichungen

Von Dr. rer. nat. H. W. Knobloch
o. Professor an der Universität Würzburg

und Dr. phil. F. Kappel
Professor an der Universität Würzburg

1974. Mit 29 Abbildungen, 98 Aufgaben, zum Teil mit Lösungen

B. G. Teubner Stuttgart

ISBN 978-3-519-02208-4 ISBN 978-3-322-94717-8 (eBook)
DOI 10.1007/978-3-322-94717-8

Satz und Druck: Werk- und Feindruckerei Dr. Alexander Krebs, Hemsbach/Bergstr.
Binderei: G. Gebhardt, Ansbach
Umschlaggestaltung: W. Koch, Stuttgart

Vorwort

Das vorliegende Buch ist als Leitfaden im eigentlichen Sinne des Wortes gedacht. Es ist so aufgebaut, daß es den Studierenden vom zweiten Studienjahr an bis in seine berufliche Tätigkeit hinein begleiten und ihm helfen kann, auf die wichtigsten Fragen nach dem Warum und Wieso bei gewöhnlichen Differentialgleichungen eine Antwort zu finden. Die Studierenden, an die sich dieses Buch wendet, sind dabei nicht nur Mathematiker, sondern auch Naturwissenschaftler und Ingenieure (hier vor allem Regelungstechniker) sowie Vertreter von Disziplinen, in denen mit dynamischen Modellen gearbeitet wird (wie Ökonometer und Biologen). Durch die Bedürfnisse dieses potentiellen Leserkreises sowie durch die Zielsetzung wurde der Grundkonzeption des Buches von vornherein eine Reihe von Bedingungen auferlegt. So ergab sich vor allem die Notwendigkeit, den in den letzten Jahren deutlich gewordenen Trend zur nicht-linearen Theorie und zur Orientierung an Kontrollproblemen gegenüber den traditionellen Lehrinhalten stärker zu betonen. Bei der Auswahl der Themen mußte es vermieden werden, sich allzusehr mit Allgemeinheiten aufzuhalten und im Vorfeld gerade jener Probleme stehenzubleiben, derentwillen man zumeist ein Buch über Differentialgleichungen zur Hand nimmt. Der begriffliche Aufwand sollte, so lautete eine weitere Forderung, in einem angemessenen Verhältnis zu den konkreten Resultaten stehen und auf eine Vorbildung zugeschnitten sein, wie man sie etwa in den mathematischen Grundvorlesungen des ersten Studienjahres (Analysis I und II, Lineare Algebra) erwirbt. Von großer Wichtigkeit erschien es uns auch, für einen Aufbau Sorge zu tragen, der möglichst einheitlich und nahtlos ist und es auf diese Weise dem Leser leichter macht, die verschiedenartigen und scheinbar unzusammenhängenden Bruchstücke, die ihm von dem gleichen Gegenstand in den rein theoretischen und den anwendungsorientierten Vorlesungen oft geboten werden, als Teile eines einheitlichen Ganzen zu erkennen. Schließlich sollte der Aufbau durchlässig genug sein, um auch den Zugang zu Teilgebieten zu ermöglichen, ohne stets die systematische Lektüre des gesamten Buches vorauszusetzen.

Wir haben uns bemüht, diesen Gesichtspunkten beim Aufbau des Buches Rechnung zu tragen. Es liegt auf der Hand, daß sich ein solches Ziel bei vorgegebener Begrenzung im Umfang nicht erreichen läßt, ohne auf manche Dinge zu verzichten, die man aus Neigung, aus Gründen der Vollständigkeit oder der Tradition wohl gerne in einem Lehrbuch über gewöhnliche Differentialgleichungen sehen würde. So wird auf die feineren Existenz- und Eindeutigkeitsfragen nicht eingegangen, sondern stets Lipschitz-Stetigkeit der rechten Seiten vorausgesetzt. Nicht berücksichtigt werden ferner die Theorie der linearen Differentialgleichungen im Komplexen sowie Rand- und Eigenwertprobleme. Ein Verzicht auf diese Themen schien uns auch deswegen vertretbar, weil hier schon abgeschlossene Darstellungen in der Literatur vorliegen, etwa in den Büchern von Hartman und Coddington-Levinson sowie in der älteren deutschen Lehrbuchliteratur. In methodischer Hinsicht haben wir uns mehr von Gesichtspunkten der Zweckmäßigkeit als von solchen der mathematischen Ästhetik leiten lassen. Wo hinsichtlich des einzuschlagenden Weges Alternativen zur Wahl standen, ist dem nach unserer Meinung und Erfahrung leistungsfähigsten Ansatz der Vorzug gegeben worden. Das gilt vor allem für die Stabilitätstheorie, die wir vollständig nach den Grundgedanken der direkten Methode entwickeln. Daß diese Methode hier ein wirksameres Instrument als die Benutzung von Iterationsverfahren und Fixpunktsätzen darstellt, zeigt sich vor allem bei den subtileren Betrachtungen von Kapitel V.

Kapitel I bringt – noch vor irgendwelchen systematischen Erörterungen über Existenz und Eindeutigkeit der Lösungen – einen kurzen Exkurs in elementaren Methoden, der nicht nur Beispielmaterial für spätere Gelegenheiten liefern soll, sondern auch in der Auswahl der Themen als Anregung für die Berücksichtigung der Differentialgleichungen in der Anfängervorlesung über Analysis gedacht ist. Kapitel II enthält die Grundlagen der Theorie der linearen Systeme und ist im Aufbau elementar und in sich abgeschlossen. Es werden im Grunde nur Vorkenntnisse aus der Linearen Algebra benötigt. Das gilt insbesondere für den letzten Abschnitt über Steuerbarkeit und Beobachtbarkeit. Mit dieser kurzen Einführung in die algebraische Theorie der linearen Systeme hoffen wir, auch unter den Mathematikern das Interesse an diesem Teilgebiet der modernen Kontrolltheorie zu wecken, das ein überzeugendes aber noch wenig bekanntes Beispiel für die Nützlichkeit moderner algebraischer Begriffsbildungen darstellt. In Kapitel III beginnt die eigentliche Theorie der Differentialgleichungen mit den grundlegenden Existenz-, Eindeutigkeits- und Abhängigkeitssätzen, wobei die Aspekte der qualitativen Theorie im Vordergrund stehen. Mit den Begriffen „Grenzmenge“ und „Ljapunov-Funktion“ wird von Anbeginn gearbeitet und die Ausgestaltung, die die Stabilitätstheorie in den letzten Jahren erfahren hat, berücksichtigt (etwa in der Betonung des Invarianzprinzipes). Den Abschluß von Kapitel III bildet der Satz von Zubov (Charakterisierung des Einzugsbereiches als Holomorphiegebiet) und der Hauptfall des sogenannten Kriteriums von Popov-Kalman für absolute Stabilität. Die Herleitung dieses für die Anwendungen wichtigen Kriteriums schien uns in zweifacher Hinsicht instruktiv: Sie gibt Gelegenheit zum Einüben der allgemeinen Theorie und macht gleichzeitig deutlich, welches Geschick und wieviel Einfallsreichtum die Behandlung einer individuellen Situation erfordert. Kapitel IV bringt die Elemente der Theorie von Poincaré-Bendixson. Die abschließende Diskussion der Liénardschen Differentialgleichung, die unter sehr schwachen Voraussetzungen geführt wird, bietet noch einmal reichliches Anschauungsmaterial zum Thema qualitative Theorie.

Kapitel V ist den verschiedenartigen Fragestellungen gewidmet, die sich unter dem Stichwort „Linearisierung“ zusammenfassen lassen. Dazu gehören einmal die diffizileren Probleme der Stabilitätstheorie (stabile Mannigfaltigkeiten, kritische Fälle) wie auch die Elemente der Störungstheorie (kleine Parameter, Methode von Krylov-Bogoljubow). Wenngleich wir uns hier auf die Betrachtung der einfachsten Fälle beschränken müssen, dürften die grundsätzlichen Erörterungen doch ausreichen, um die Zusammenhänge auf diesem wegen seiner Unübersichtlichkeit von Mathematikern oft gemiedenen, aber für die Anwendungen sehr wichtigen Terrain deutlich zu machen. Hierzu, so hoffen wir, trägt vor allem ein einheitlicher und neuartiger Zugang bei, der sich auf das Studium der Integralmannigfaltigkeiten bei einer speziellen Klasse von Differentialgleichungen stützt und sich organisch an die Überlegungen von Kapitel III anschließt.

Die Kapitel VI und VII sind Optimierungsfragen gewidmet und enthalten im wesentlichen eine vollständige Herleitung des Pontrjaginschen Maximumprinzips einschließlich der Transversalitätsbedingungen. Daß wir diesen Problemkreis im Rahmen eines Buches über gewöhnliche Differentialgleichungen behandeln, liegt nicht nur an der Ausrichtung dieses Buches auf Kontrolltheorie. Entscheidend war vor allem die Tatsache, daß sich die verwendete Beweistechnik – eine Variante der Methoden von Pontrjagin und Hestenes – organisch in das Konzept des Buches einfügt. Zu diesem Zweck wird eine Form der Parameterabhängigkeit von Lösungen eingeführt, bei der die inhaltliche Bedeutung der Parameter eine ganz andere als die übliche ist, für die jedoch eine zu der in Kapitel III dargestellten analoge Theorie besteht.

Eine Reihe von Kollegen und Mitarbeitern hat Teile des Manuskriptes vor seiner Fertigstellung gelesen. Frau U. Brechtken-Manderscheid (Würzburg), Frau I. Troch (Wien) und Herr W. Wendland (Darmstadt) haben uns durch viele Anregungen und kritische Bemerkungen unterstützt, wofür wir ihnen sehr zu Dank verpflichtet sind. Besonders verdient gemacht hat sich Frau G. Plate (Berlin) um die Gestaltung von Kapitel VI. Für große Geduld beim Warten auf das Manuskript und die angenehme Zusammenarbeit danken wir dem Teubner-Verlag.

Würzburg, im Mai 1973 Die Verfasser

Hinweise für den Leser

Die Numerierung von Sätzen, Definitionen und Formeln innerhalb eines Kapitels erfolgt durch zwei Zahlen, von denen die erste die Abschnittsnummer und die zweite die fortlaufende Nummer innerhalb des Abschnittes angibt. Bei Verweisen auf Sätze usw. desselben Kapitels werden nur diese zwei Zahlen angegeben, während bei Verweisen auf Sätze usw. anderer Kapitel die entsprechende Kapitelnummer, in römischen Ziffern geschrieben, vorangestellt wird. Literaturverweise erfolgen durch Angabe der entsprechenden Nummer des Literaturverzeichnisses in eckigen Klammern oder an einigen Stellen auch durch direktes Zitat in einer Fußnote.

Durch Kleindruck sind Textteile gekennzeichnet, die bei der ersten Lektüre überschlagen werden können, weil sie später nur an isolierten Stellen benötigt werden und dann bei Bedarf nachzulesen sind, oder weil sie weiterhin nicht mehr benötigte Nebenresultate enthalten. Kleindruck wurde auch zur Wiedergabe von Beispielen herangezogen.

Leser, die nur an speziellen Fragen interessiert sind, können sich an der folgenden Auswahl orientieren. Je nach den Vorkenntnissen auf dem Gebiet der Differentialgleichungen können die im folgenden als Vorbereitung angegebenen Abschnitte ganz oder teilweise überschlagen werden.

a) *Lineare Systeme:* Kapitel II, jedoch zuerst Abschnitt II.5 und dann ab Abschnitt II.1 fortlaufend.

b) *Stabilitätstheorie:* Kapitel I (ohne Abschnitt I.6) und die Abschnitte III.1 – III.3 zur Vorbereitung. Dann die Abschnitte III.5 – III.11, wobei nach Bedarf Teile von Kapitel II nachzulesen sind. Spezielle Probleme der Stabilitätstheorie werden auch in den Abschnitten V.8 und V.9 behandelt, jedoch ist zu deren Verständnis die Kenntnis der vorangehenden Abschnitte aus Kapitel V unumgänglich.

c) *Nicht-lineare Schwingungen:* Kapitel I (ohne Abschnitt I.6) und die Abschnitte III.1 – III.3, III.5 – III.9 zur Vorbereitung. Dann Kapitel IV und die Abschnitte V.1 – V.7, V.10, V.11.

d) *Optimierung* (Pontrjaginsches Maximumprinzip): Kapitel I (ohne Abschnitt I.6) und die Abschnitte II.1 – II.3, III.1 – III.3 zur Vorbereitung. Dann die Kapitel VI und VII.

Inhalt

I. Elementare Integrationsmethoden

II. Lineare Differentialgleichungen

III. Allgemeine Theorie nicht-linearer Differentialgleichungen

IV. Ebene autonome Systeme

V. Linearisierung

VI. Optimierung

I. Elementare Integrationsmethoden

1. Hilfsmittel aus der Analysis

In diesem Abschnitt sind einige Tatsachen und Begriffe zusammengestellt, mit denen wir häufig arbeiten werden. Es handelt sich dabei um einfache Dinge aus der Differential- und Integralrechnung, die aber wegen ihres speziellen Charakters zumeist nicht oder jedenfalls nicht in der für unsere Zwecke geeigneten Form in den Anfängervorlesungen gebracht werden können. Schlußweisen, die von der Analysis her geläufig sind, deuten wir im folgenden oft nur stichwortartig an.

1.1. Stückweise stetige Funktionen

Wir betrachten zunächst Funktionen f einer Veränderlichen, die auf einem Intervall I [1] definiert sind. f heißt auf I stückweise stetig, falls an jeder Stelle von I der links- und rechtsseitige Grenzwert von f existiert (in den Endpunkten – sofern sie zu I gehören – der entsprechende einseitige Grenzwert) und falls sich an keiner Stelle von I Unstetigkeitspunkte von f häufen. Auf jedem kompakten Teilintervall von I ist die Anzahl der Unstetigkeitsstellen endlich und f selbst beschränkt. Ist f auf I stetig und die Ableitung f' auf I stückweise stetig, so hat f an jeder Stelle eine links- und rechtsseitige Ableitung (die mit den Grenzwerten von f' übereinstimmt) und es gilt uneingeschränkt die Beziehung $\int_a^b f'(x)\,\mathrm{d}x = f(b) - f(a)$.

1.2. Lipschitz-Bedingung. Lipschitz-Stetigkeit

In diesem Buche werden wir es hauptsächlich mit Funktionen zu tun haben, die im Sinne der folgenden Definition 1.1 Lipschitz-stetig sind. Daß man in der Theorie der Differentialgleichungen nicht mit den Begriffen stetig und stetig differenzierbar auskommt, sondern noch den dazwischen angesiedelten Begriff Lipschitz-stetig einführt, hat eine Reihe von Gründen. Einen von ihnen wird die Aufgabe 1 deutlich machen. Die Eigenschaft der Lipschitz-Stetigkeit bleibt nämlich bei einigen

---

[1] Mit dem Symbol I bezeichnen wir stets ein Intervall, das endlich oder unendlich, offen, halboffen oder abgeschlossen sein kann. Für das Innere von I schreiben wir $\mathring{I}$, für die abgeschlossene Hülle $\bar{I}$.

Rechenoperationen erhalten, bei denen die stetige Differenzierbarkeit im allgemeinen verlorengeht.

Definition 1.1. *Es sei f eine auf einer Menge $\boldsymbol{M} \subseteq \mathbf{R}^n$ erklärte Funktion von $x^1,\ldots,x^n$* [1]. *Man sagt, f genügt auf $\boldsymbol{M}$ einer Lipschitz-Bedingung in bezug auf $x^1,\ldots,x^k$ $(1 \leq k \leq n)$, falls es eine Zahl $L \geq 0$ gibt, derart daß*

$$(1.1)\qquad |f(\tilde{x}^1,\ldots,\tilde{x}^k,x^{k+1},\ldots,x^n) - f(x^1,\ldots,x^k,x^{k+1},\ldots,x^n)| \leq L\left[\sum_{i=1}^{k}(\tilde{x}^i - x^i)^2\right]^{1/2}$$

gilt für alle $(\tilde{x}^1,\ldots,\tilde{x}^k,x^{k+1},\ldots,x^n) \in \boldsymbol{M}$, $(x^1,\ldots,x^k,x^{k+1},\ldots,x^n) \in \boldsymbol{M}$. f heißt auf $\boldsymbol{M}$ Lipschitz-stetig in bezug auf $x^1,\ldots,x^k$, falls es zu jedem Punkt von $\boldsymbol{M}$ eine Umgebung $\boldsymbol{N}$ gibt, derart, daß die Einschränkung der Funktion f auf die Menge $\boldsymbol{M} \cap \boldsymbol{N}$ einer Lipschitz-Bedingung in bezug auf $x^1,\ldots,x^k$ genügt.

Bemerkungen. 1. Die in der Beziehung (1.1) auftretende Zahl L heißt eine zu $\boldsymbol{M}$ gehörige Lipschitz-Konstante. Das Infimum aller Zahlen L, für die (1.1) zutrifft, ist selbst wieder eine Lipschitz-Konstante; wir nennen sie der Kürze halber die zu $\boldsymbol{M}$ gehörige Lipschitz-Konstante (bezüglich $x^1,\ldots,x^k$).
2. Statt von Lipschitz-stetigen Funktionen spricht man auch manchmal von Funktionen, die einer lokalen Lipschitz-Bedingung genügen.
3. Wenn f in bezug auf alle Variablen $x^1,\ldots,x^n$ Lipschitz-stetig ist, so ist f eine auf $\boldsymbol{M}$ stetige Funktion.
In den folgenden beiden Sätzen steht x für $(x^1,\ldots,x^n)$ und $\|x\|$ für die euklidische Norm von x.

Satz 1.1. *Ist f auf einer kompakten Menge $\boldsymbol{M}$ beschränkt und Lipschitz-stetig bezüglich $x^1,\ldots,x^k$, so genügt f auf $\boldsymbol{M}$ einer Lipschitz-Bedingung bezüglich $x^1,\ldots,x^k$.*

Beweis. Aus den Voraussetzungen des Satzes folgt, daß es zu jedem $x_0 \in \boldsymbol{M}$ eine Umgebung $\tilde{\boldsymbol{N}}$ gibt, so daß die Funktion $|f(x) - f(\tilde{x})| \, \|x - \tilde{x}\|^{-1}$ auf der Menge

$$\{(x,\tilde{x}) | x = (x^1,\ldots,x^n) \in \boldsymbol{M},\ \tilde{x} = (\tilde{x}^1,\ldots,\tilde{x}^n) \in \boldsymbol{M} \cap \tilde{\boldsymbol{N}},\ \tilde{x}^i = x^i,\ i = k+1,\ldots,n, x \neq \tilde{x}\}$$

nach oben beschränkt ist, etwa durch die Zahl $L(\tilde{\boldsymbol{N}})$. Denn diese Funktion ist – wegen der Lipschitz-Stetigkeit von f – beschränkt, wenn x und $\tilde{x}$ beide in einer passenden Umgebung $\boldsymbol{N}$ von x_0 liegen. Man braucht dann $\tilde{\boldsymbol{N}}$ in $\boldsymbol{N}$ nur so zu wählen, daß $\|x - \tilde{x}\|^{-1}$ auf der Menge $\{(x,\tilde{x}) | x \notin \boldsymbol{N},\ \tilde{x} \in \tilde{\boldsymbol{N}}\}$ beschränkt ist. Nach dem Überdeckungssatz läßt sich $\boldsymbol{M}$ nun durch endlich viele $\tilde{\boldsymbol{N}}_i$ überdecken. Die größte unter den Zahlen $L(\tilde{\boldsymbol{N}}_i)$ ist dann eine Lipschitz-Konstante für $\boldsymbol{M}$.

Satz 1.2. *Es sei $\boldsymbol{Q}$ ein Quader der Form $\{x = (x^1,\ldots,x^n) | \, |x^i - x_0^i| \leq \alpha_i,\ i = 1,\ldots,n\}$, $\mathring{\boldsymbol{Q}}$ das Innere von $\boldsymbol{Q}$. Dann gilt*

---

[1] Variable werden stets durch obere Indizes (oder natürlich durch Wahl verschiedener Buchstaben) voneinander unterschieden. Untere Indizes werden ausschließlich zum Zweck der Numerierung (z. B. der Glieder einer Punktfolge) verwendet.

a) *f genügt auf Q einer Lipschitz-Bedingung in bezug auf $x^1, \ldots, x^k$ dann und nur dann, wenn f einer Lipschitz-Bedingung in bezug auf x^i genügt, für $i = 1, \ldots, k$.*

b) *Wenn f auf Q stetig ist und wenn f_{x^i} auf $\mathring{Q}$ existiert und beschränkt ist, so genügt f einer Lipschitz-Bedingung in bezug auf x^i. Als Lipschitz-Konstante kann jede obere Schranke für $|f_{x^i}|$ auf $\mathring{Q}$ genommen werden.*

Beweis. Zu a) Es ist klar, daß f einer Lipschitz-Bedingung in bezug auf jede einzelne Variable x^i, $1 \leq i \leq k$, genügt, wenn es einer solchen Bedingung in bezug auf $x^1, \ldots, x^k$ genügt (man braucht in (1.1) bloß $\tilde{x}^j = x^j$ für $j \neq i$ zu setzen und erhält eine entsprechende Ungleichung). Nehmen wir nun umgekehrt an, daß f auf Q einer Lipschitz-Bedingung mit der Lipschitz-Konstanten L_i, in bezug auf x^i genügt, $i = 1, \ldots, k$. Es seien $(x^1, \ldots, x^n)$ und $(\tilde{x}^1, \ldots, \tilde{x}^n)$ zwei Punkte aus Q und es sei $\tilde{x}^i = x^i$, falls $i > k$. Man kann dann, für $i = 1, \ldots, k$, die Differenz

$$f(\tilde{x}^1, \ldots, \tilde{x}^{i-1}, \tilde{x}^i, x^{i+1}, \ldots, x^n) - f(\tilde{x}^1, \ldots, \tilde{x}^{i-1}, x^i, x^{i+1}, \ldots, x^n) \tag{1.2}$$

dem Betrage nach durch $L_i|\tilde{x}^i - x^i|$ abschätzen, denn die als Argumente auftretenden Punkte des $\mathbf{R}^n$ liegen in Q und unterscheiden sich nur in der i-ten Koordinate. Summiert man die Ausdrücke in Gl. (1.2) von 1 bis k, so erhält man gerade die Differenz $f(\tilde{x}^1, \ldots, \tilde{x}^n) - f(x^1, \ldots, x^n)$, die daher dem Betrage nach durch

$$\sum_{i=1}^{k} L_i|\tilde{x}^i - x^i| \leq \left(\sum_{i=1}^{k} L_i\right)\left(\sum_{i=1}^{k} (\tilde{x}^i - x^i)^2\right)^{1/2}$$

abgeschätzt werden kann.

Zu b) Als Funktion von x^i alleine aufgefaßt, ist f auf dem abgeschlossenen Intervall $[x_0^i - \alpha_i, x_0^i + \alpha_i]$ stetig und im Inneren dieses Intervalls differenzierbar. Auf Grund des Mittelwertsatzes der Differentialrechnung kann man daher (1.2) in der Form $(\tilde{x}^i - x^i) f_{x^i}(\ldots)$ darstellen. Daraus ergibt sich die zu beweisende Behauptung.

Korollar. *M sei eine offene Menge. Dann gilt: Ist f auf M Lipschitz-stetig in bezug auf jede Variable $x^i, i = 1, \ldots, k$, so ist f auf M Lipschitz-stetig in bezug auf $x^1, \ldots, x^k$. Besitzt f auf M stetige partielle Ableitungen nach $x^1, \ldots, x^k$, so ist f auf M Lipschitz-stetig in bezug auf $x^1, \ldots, x^k$.*

1.3. Darstellung einer ebenen Kurve in Polarkoordinaten

Hilfssatz 1.1. *Es seien $x(t)$, $y(t)$ zwei auf einem Intervall I stetig differenzierbare Funktionen von t und es sei $r(t) = \sqrt{x(t)^2 + y(t)^2} > 0$ für alle t. Dann gibt es eine stetig differenzierbare Funktion $\varphi(t)$, derart daß die Beziehungen*

$$x(t) = r(t)\cos\varphi(t), \qquad y(t) = r(t)\sin\varphi(t) \tag{1.3}$$

auf I bestehen.

Beweis. Die komplexwertige Funktion $z(t) = r(t)^{-1}(x(t) + \mathrm{i}\,y(t))$ genügt der Bedingung $|z(t)| = 1$ und besitzt auf I eine stetige Ableitung $\dot{z}(t)$ (Punkt bedeutet

Differentiation nach t). Da die logarithmische Ableitung[1] der beiden Funktionen $z(t)$ und $\exp(\int^t (\dot z(\tau)/z(\tau))\,d\tau)$ ersichtlich übereinstimmt, besteht die Beziehung

$$z(t) = e^{i\varphi(t)} \quad \text{mit} \quad \varphi(t) = -i\int^t (\dot z(\tau)/z(\tau))\,d\tau$$

für alle t, wenn sie an einer Stelle gilt (was man natürlich durch Wahl der Integrationskonstanten erreichen kann). Wegen $|z(t)| = 1$ ist $\varphi(t)$ reell. Durch Übergang zu Real- und Imaginärteil ergibt sich (1.3).

Aus dem Hilfssatz folgt, daß man bei jeder glatten ebenen Kurve, die nicht durch den Ursprung des Koordinatensystems hindurchführt, neben der üblichen Parameterdarstellung in kartesischen Koordinaten auch eine Parameterdarstellung in Polarkoordinaten $(r(t), \varphi(t))$ besitzt, wobei r und φ stetig differenzierbare Funktionen sind. Wir wollen für spätere Zwecke noch zwei Beziehungen festhalten, die zwischen den Ableitungen der Parameterfunktionen bestehen. Aus (1.3) ergibt sich durch Differentiation nach t

$$\dot x = \dot r \cos\varphi - r\dot\varphi \sin\varphi, \qquad \dot y = \dot r \sin\varphi + r\dot\varphi\cos\varphi \tag{1.4}$$

(das Argument t haben wir der Einfachheit halber weggelassen). Indem man (1.4) als lineares Gleichungssystem für $\dot r$ und $r\dot\varphi$ auffaßt und in der üblichen Weise auflöst, erhält man weiter

$$\dot r = \dot x\cos\varphi + \dot y \sin\varphi, \qquad r\dot\varphi = -\dot x \sin\varphi + \dot y\cos\varphi\,. \tag{1.5}$$

1.4. Verhalten von Funktionen im Unendlichen

Mit x bezeichnen wir für den Rest dieses Abschnittes wieder eine reelle Veränderliche.

Hilfssatz 1.2. *Es sei $f(x)$ eine reellwertige differenzierbare Funktion auf einem Intervall der Form $[x_0, \infty)$ und es sei die Ableitung $f'(x)$ auf diesem Intervall gleichmäßig stetig. Wenn dann $\lim_{x\to\infty} f(x)$ existiert und endlich ist, so gilt $\lim_{x\to\infty} f'(x) = 0$.*

Bemerkungen. Da das Intervall $[x_0, \infty)$ nicht kompakt ist, folgt die gleichmäßige Stetigkeit von f' nicht schon aus der Stetigkeit (vgl. etwa Courant [19], p. 61). Wenn f' dagegen einer Lipschitz-Bedingung auf $[x_0, \infty)$ genügt, ist f' dort auch gleichmäßig stetig. Hinreichend für das Bestehen einer Lipschitz-Bedingung ist Existenz und Beschränktheit von f''.

Beweis. Daß $f(x)$ einen endlichen Grenzwert für $x \to \infty$ hat, werden wir für den Beweis genau genommen nicht brauchen, sondern eine etwas schwächere Aussage, nämlich

$$\lim_{x\to\infty} (f(x+\delta) - f(x)) = 0 \tag{1.6}$$

für jedes feste $\delta > 0$. Sei nun $\varepsilon > 0$ vorgegeben. Wegen der gleichmäßigen Stetigkeit von f' läßt sich dann ein $\delta > 0$ so finden, daß

---

[1] Die logarithmische Ableitung einer Funktion $f(t)$ ist die Funktion $\dot f(t)/f(t)$.

(1.7) $|f'(x_1) - f'(x_2)| \leq \frac{1}{2}\varepsilon$ gilt, falls $|x_1 - x_2| \leq \delta$.

Nachdem wir δ fixiert haben, nutzen wir die Eigenschaft (1.6) aus. Es läßt sich ein x_ε so finden, daß

$$|f(x + \delta) - f(x)| \leq \delta\varepsilon/2 \text{ gilt, falls } x \geq x_\varepsilon.$$

Nach dem Mittelwertsatz der Differentialrechnung ist nun $f(x + \delta) - f(x) = \delta f'(x^*)$, für ein passendes $x^* \in (x, x + \delta)$. Wir haben damit folgendes Zwischenresultat erhalten: Zu jedem $x \geq x_\varepsilon$ gibt es ein $x^* \in [x, x + \delta]$, derart daß $|f'(x^*)| \leq \varepsilon/2$ ist. Nun ist aber – wegen (1.7) – $|f'(x) - f'(x^*)| \leq \varepsilon/2$. Also folgt $|f'(x)| \leq \varepsilon$, falls $x \geq x_\varepsilon$, und es ist damit alles gezeigt, was zum Nachweis der Beziehung $\lim_{x\to\infty} f'(x) = 0$ nötig ist.

Wir bringen eine erste Anwendung des Hilfssatzes und befassen uns mit der Frage, wann eine Funktion der Form

$$f(x) = \sum_{\nu=1}^{k} e^{\alpha_\nu x} p_\nu(x), \quad p_\nu(x) \text{ Polynom in } x, \tag{1.8}$$

für $x \to \pm\infty$ den Grenzwert 0 besitzt.

Hilfssatz 1.3. *Es seien* $\alpha_1, \ldots, \alpha_k$ *voneinander verschiedene komplexe Zahlen mit der Eigenschaft* $\mathrm{Re}(\alpha_\nu) \geq 0$. *Hat dann die Funktion* (1.8) *den Grenzwert* 0 *für* $x \to \infty$, *so gilt* $p_\nu(x) \equiv 0$, $\nu = 1, \ldots, k$.

Beweis. Nehmen wir an, die Aussage des Satzes sei falsch, d. h. es möge $\lim_{x\to\infty} f(x) = 0$ und keines der Polynome p_ν das Nullpolynom sein. Ohne Einschränkung sei die Numerierung so gewählt, daß $\mathrm{Re}(\alpha_1) \geq \mathrm{Re}(\alpha_\nu)$ für $\nu = 1, \ldots, k$ ist, und daß p_ν keinen größeren Grad als p_1 besitzt, falls $\mathrm{Re}(\alpha_1) = \mathrm{Re}(\alpha_\nu)$.

Die Funktion

$$\tilde{f}(x) = p_1(x)^{-1} e^{-\mathrm{Re}(\alpha_1)x} f(x)$$

genügt dann ebenfalls der Beziehung $\lim_{x\to\infty} \tilde{f}(x) = 0$.

Andererseits läßt sich $\tilde{f}(x)$ in der Form

$$\tilde{f}(x) = \sum_{\nu=1}^{k'} c_\nu e^{i\omega_\nu x} + r(x), \quad k' \geq 1,$$

zerlegen, wobei die ω_ν reelle und voneinander verschiedene Zahlen, die $c_\nu \neq 0$ und konstant sind und für das Restglied $\lim_{x\to\infty} r(x) = 0$ gilt.

Es ist daher auch $\lim_{x\to\infty} \left(\sum_{\nu=1}^{k'} c_\nu e^{i\omega_\nu x} \right) = 0$. Wir setzen nun

$$g^{(\rho)}(x) = \sum_{\nu=1}^{k'} (i\omega_\nu)^\rho c_\nu e^{i\omega_\nu x}, \qquad \rho = 0, 1, 2, \ldots. \tag{1.9}$$

Die Funktionen $g^{(\rho+1)}$, $g^{(\rho+2)}, \ldots$ sind die Ableitungen von $g^{(\rho)}$, und da offenbar jede dieser Funktionen auf $\mathbf{R}$ beschränkt ist, ist $g^{(\rho)}$ auf $\mathbf{R}$ auch gleichmäßig stetig,

$\rho = 0,1,\ldots$. Die Voraussetzungen für die Anwendung des Hilfssatzes 1.2 auf Real- und Imaginärteil von $g^{(\rho)}$ sind daher erfüllt und wir bekommen dieses Resultat: Aus $\lim\limits_{x\to\infty} g^{(\rho)}(x) = 0$ folgt $\lim\limits_{x\to\infty} g^{(\rho+1)}(x) = 0$. Unsere Widerspruchsannahme führte aber gerade zu der Beziehung $\lim\limits_{x\to\infty} g^{(0)}(x) = 0$. Zusammen mit der eben gemachten Feststellung ergibt sich daraus

$$\lim_{x\to\infty} g^{(\rho)}(x) = 0, \quad \rho = 0,1,2,\ldots .$$

Nun kann man aber die Funktionen $e^{i\omega_\nu x}$, $\nu = 1,\ldots,k'$ aus $g^{(0)}, g^{(1)},\ldots,g^{(k'-1)}$ mit konstanten Koeffizienten linear kombinieren. Man braucht (1.9) bloß als lineares Gleichungssystem für $c_\nu e^{i\omega_\nu x}$ aufzufassen. Da die ω_ν alle voneinander verschieden sind, ist dieses Gleichungssystem eindeutig auflösbar. Aus allem folgt, daß $\lim\limits_{x\to\infty} e^{i\omega_\nu x} = 0$ sein müßte, und damit ist der Widerspruch offensichtlich.

Satz 1.3. *Es seien $\alpha_1,\ldots,\alpha_k$ voneinander verschiedene komplexe Zahlen. Hat dann die Funktion* (1.8) *den Grenzwert* 0 *für $x \to \pm\infty$, so gilt $p_\nu(x) \equiv 0$, $\nu = 1,\ldots,k$.*

Beweis. Nehmen wir an, es sei etwa $p_1(x) \not\equiv 0$. Ohne Einschränkung können wir voraussetzen, daß $\mathrm{Re}(\alpha_1) \geq 0$ ist, man braucht gegebenenfalls nur x durch $-x$ zu ersetzen. Es sei ferner die Numerierung der α_ν so gewählt, daß $\mathrm{Re}(\alpha_\nu) \geq 0$ für $\nu = 1,\ldots,k'$ und $\mathrm{Re}(\alpha_\nu) < 0$ für $\nu > k'$ gilt. Wenn dann die Funktion (1.8) für $x \to \infty$ gegen 0 geht, gilt auch $\lim\limits_{x\to\infty}\left(\sum\limits_{\nu=1}^{k'} e^{\alpha_\nu x} p_\nu(x)\right) = 0$. Aus dem Hilfssatz 1.3 folgt dann aber $p_\nu(x) \equiv 0$, $\nu = 1,\ldots,k'$, im Widerspruch zu unserer Annahme.

Korollar. *Sind $\alpha_1,\ldots,\alpha_k$ verschiedene komplexe Zahlen und $p_\nu(x)$ Polynome in x, so folgt aus*

$$\sum_{\nu=1}^{k} e^{\alpha_\nu x} p_\nu(x) \equiv 0, \quad \textit{daß} \quad p_\nu(x) \equiv 0 \quad \textit{gilt für} \quad \nu = 1,\ldots,k .$$

Aufgaben. 1. Man zeige: Wenn die Funktionen f,g im Sinne der Definition 1.1 einer Lipschitz-Bedingung in bezug auf $x^1,\ldots,x^k$ auf einer Menge M genügen, so gilt dies auch von den Funktionen $f \pm g, cf\,(c \in \mathbf{R}), |f|, \max(f,g), \min(f,g)$. – Weitere wichtige Beispiele für Lipschitz-stetige Funktionen findet man am Ende der Einleitung von Kapitel II.

2. Es seien f bzw. g Funktionen einer Veränderlichen, die auf Mengen L bzw. M einer Lipschitz-Bedingung mit der Lipschitz-Konstanten L_f bzw. L_g genügen. Ferner sei $g(M) \subseteq L$. Man zeige: Die zusammengesetzte Funktion $f \circ g$ genügt dann auf M einer Lipschitz-Bedingung und für die Lipschitz-Konstante L gilt $L \leq L_f L_g$. Man übertrage diese Aussage auf Funktionen von mehreren Veränderlichen.

3. Man begründe die folgende Ergänzung zur Aussage von Hilfssatz 1.2: Die Funktion $\varphi(t)$ ist bis auf eine additive Konstante der Form $2\pi k, k$ ganzzahlig, eindeutig bestimmt.

2. Was ist eine Differentialgleichung?

Es ist nicht ganz einfach, auf diese Frage eine kurze Antwort zu geben, die verständlich ist und trotzdem den Kern der Sache trifft. Die gebräuchlichste Erklärung ist etwa die folgende. Unter einer (gewöhnlichen) Differentialgleichung versteht man eine Aufgabe, die sich in Gestalt einer Relation $F(x, y, y', \ldots, y^{(n)}) = 0$ zwischen der unabhängigen Veränderlichen x, dem Funktionswert y sowie den Werten $y', y'', \ldots, y^{(n)}$ der Ableitungen niederschreiben läßt. F ist dabei eine Funktion von $n + 2$ Veränderlichen, die sich nur in einer Hinsicht von den Funktionen unterscheidet, mit denen man es sonst in der Analysis zu tun hat, nämlich in der Wahl der Buchstaben für die Veränderlichen. Auf diese Weise soll nun eben angedeutet werden, worin die zu lösende Aufgabe besteht: Zu bestimmen sind alle Lösungen der Differentialgleichung, das sind alle n-mal differenzierbaren Funktionen $y = y(x)$ der Veränderlichen x, die die Beziehung

$$F(x, y(x), y'(x), \ldots, y^{(n)}(x)) = 0 \tag{2.1}$$

identisch in x erfüllen ($y^{(i)}(x)$ ist die i-te Ableitung der Funktion $y(x)$). Statt vom Aufsuchen der Lösungen spricht man auch von der Integration der Differentialgleichung, eine Bezeichnungsweise, die auf die Analogie zur Grundaufgabe der Integralrechnung hinweist. In der Tat sind ja die Stammfunktionen zu einer Funktion $f(x)$ nichts anderes als die Lösungen der Differentialgleichung $y' - f(x) = 0$.

Unbefriedigend wirkt nun diese Erklärung vor allem, weil offenbleibt, was man eigentlich unter dem Aufsuchen der Lösungen zu verstehen hat. Jedenfalls ist dies keineswegs im Sinne einer Gewinnung von einfachen formelmäßigen Darstellungen gemeint, schon deswegen nicht, weil eine solche elementare Integration in den allerwenigsten Fällen im Bereich des Möglichen liegt. Wenn man schon den Begriff Differentialgleichung in dem oben erwähnten Sinne interpretiert, muß man auch über die Art der Aufgabenstellung etwas sagen. Es geht nämlich in der Theorie der gewöhnlichen Differentialgleichungen weniger um die Frage, wie man Funktionen findet, die der Beziehung (2.1) genügen, sondern vor allem darum, welche Konsequenzen das Bestehen einer Relation der Form (2.1) für die Funktion $y(x)$ hat. Wonach man daher sucht, sind vor allem Methoden, um auf konkrete Fragen hinsichtlich der Lösungen auch dann eine Antwort geben zu können, wenn diese Lösungen eben nicht mehr in konkreter Form realisierbar sind.

Dieser eigentlichen Zielsetzung in der Theorie der gewöhnlichen Differentialgleichungen wenden wir uns jedoch erst später zu. In Kapitel I wird auf die elementaren Integrationsmethoden in kurzer, exemplarischer Form eingegangen. Dazu benötigt man nur einige wenige spezifische Hilfsmittel, die wir im Abschn. 3 bereitstellen. Im übrigen spielt sich vorerst alles im Rahmen der üblichen Analysis ab.

Die Betrachtungen beschränken sich vor allem auf zwei Typen von Differentialgleichungen: die linearen Differentialgleichungen und die expliziten Differentialgleichungen 1. und 2. Ordnung.

Eine Differentialgleichung heißt linear, wenn die Funktion F eine lineare Funktion in den Veränderlichen $y, y', \ldots, y^{(n)}$ ist, d. h. wenn sie sich in der Form

$$a_n(x)\,y^{(n)} + a_{n-1}(x)\,y^{(n-1)} + \cdots + a_1(x)\,y' + a_0(x)\,y + b(x) = 0$$

schreiben läßt, wobei die $a_i(x)$ Funktionen von x sind.

Man spricht von einer homogenen linearen Differentialgleichung, wenn $b(x) \equiv 0$ ist, andernfalls von einer inhomogenen linearen Differentialgleichung.

Beide Typen sind in der klassischen Analysis ausgiebig untersucht worden, insbesondere unter dem Gesichtspunkt der expliziten Darstellung der Lösungen, z. B. durch Potenzreihen. Eine systematische Darlegung dieser Methoden liegt außerhalb des Rahmens der elementaren Integrationsmethoden, doch werden wir wenigstens für einige spezielle und häufig vorkommende lineare Differentialgleichungen die Lösungsgesamtheit konstruieren (Abschn. 6).

Eine Differentialgleichung nennt man explizit von der Ordnung n, wenn sie nach $y^{(n)}$ aufgelöst ist und keine Variable $y^{(i)}$ mit $i > n$ vorkommt, d. h. also, wenn sie in der Form $y^{(n)} - f(x, y, y', \ldots, y^{(n-1)}) = 0$ oder

$$(2.2) \qquad y^{(n)} = f(x, y, y', \ldots, y^{(n-1)})$$

geschrieben werden kann.

Da in diesem Buch – abgesehen von Abschn. 4 und 6 – nur Differentialgleichungen in der aufgelösten Form (2.2) betrachtet werden, lassen wir den Zusatz explizit von nun an fort. In Abschn. 4 und 7 wird es vor allem um Differentialgleichungen 1. und 2. Ordnung gehen, die in geschlossener Form integrierbar sind. Das sind spezielle Typen von Differentialgleichungen, bei denen – mehr auf zufällige als auf systematische Weise – Methoden bekannt geworden sind, um durch endlich oftmalige Ausführung gewisser elementarer Prozesse (Anwendung der Grundrechenarten, Bildung von Stammfunktionen, Einsetzen in elementare Funktionen) von der Funktion $f(x, y)$ zu den Lösungen der Differentialgleichung $y' = f(x, y)$ zu gelangen (oder wenigstens zu Gleichungen $g(x, y, c) = 0$, die diese Lösungen implizit definieren). Es liegt in der Natur der Probleme, daß bei diesen Prozessen fast immer unbestimmte Integration ins Spiel kommt, daher spricht man in diesem Zusammenhang auch von Differentialgleichungen, die durch Quadraturen lösbar sind.

In Abschn. 9 vollziehen wir dann den Übergang zum eigentlichen Gegenstand dieses Buches, den Systemen von Differentialgleichungen 1. Ordnung. Statt von einem System spricht man auch von einer Vektordifferentialgleichung, um den Unterschied gegenüber einer Differentialgleichung der Form (2.2) hervorzuheben (letztere bezeichnet man dann auch manchmal als skalare Differentialgleichung). Bei einer Vektordifferentialgleichung tritt an Stelle von y ein Vektor, Zustandsvektor oder Zustandsvariable genannt, und an Stelle der auf der rechten Seite von (2.2) stehenden Funktion f eine vektorwertige Funktion. Die Variable x bleibt dagegen skalar und wird nicht etwa auch vektoriell verstanden. Wir werden sie lediglich – in Anpassung an die allgemein übliche Terminologie – von Abschn. 7

an mit t bezeichnen. Aus dem gleichen Grund schreiben wir die Zustandsvariable in der Form $(x^1,\ldots,x^n)$.

Ein System von n Differentialgleichungen 1. Ordnung wird dann so aussehen

$$(2.3)\qquad \dot{x}^i = f^i(t,x^1,\ldots,x^n), \quad i = 1,\ldots,n,$$

wobei die f^i Funktionen in den $n+1$ Veränderlichen $t,x^1,\ldots,x^n$ sind. Eine Lösung ist ein n-Tupel $(x^1(t),\ldots,x^n(t))$ von differenzierbaren Funktionen, die identisch in t den Bedingungen

$$\dot{x}^i(t) = f^i(t,x^1(t),\ldots,x^n(t)), \qquad i = 1,\ldots,n,$$

genügen (Punkt bedeutet Differentiation nach t).

Wir bemerken noch, daß jede skalare Differentialgleichung n-ter Ordnung einem System von Differentialgleichungen 1. Ordnung von folgender Form äquivalent ist

$$(2.4)\qquad \dot{x}^1 = x^2, \quad \dot{x}^2 = x^3,\ldots,\dot{x}^{n-1} = x^n, \; \dot{x}^n = f(t,x^1,\ldots,x^n).$$

In der Tat ergibt sich sofort, daß ein n-Tupel $(x^1(t),\ldots,x^n(t))$ von Funktionen dann und nur dann Lösung von (2.4) ist, wenn $x^1(t) = u(t)$, $x^2(t) = \dot{u}(t),\ldots,x^n(t) = u^{(n-1)}(t)$ und die Funktion $u(t)$ Lösung der skalaren Differentialgleichung $u^{(n)} = f(t,u,\dot{u},\ldots,u^{(n-1)})$ ist. Die Interpretation einer skalaren Differentialgleichung als System der Form (2.4) ist immer dann von Vorteil, wenn es um Probleme allgemeiner Art, wie etwa Existenz- und Eindeutigkeitsfragen geht. Dagegen kann es bei speziellen Fragen durchaus empfehlenswert sein, die skalare Form beizubehalten.

Es ist nun allgemein üblich und für viele Zwecke bequem, eine Vektordifferentialgleichung auch in Vektorform zu schreiben. An Stelle von (2.3) tritt dann formal eine einzige Differentialgleichung $\dot{x} = f(t,x)$, wo x jetzt der aus $x^1,\ldots,x^n$ und $f(t,x)$ der aus $f^1(t,x),\ldots,f^n(t,x)$ gebildete Spaltenvektor ist. Eine Lösung ist eine vektorwertige Funktion $x(t)$, die der Beziehung $\dot{x}(t) = f(t,x(t))$ identisch in t genügt. Der Vorteil der Vektorschreibweise wird erstmals im letzten Abschnitt dieses Kapitels deutlich werden, wenn es darum geht, Lösungen einer Dgl. (diese Abkürzung verwenden wir von nun an für das Wort Differentialgleichung) auf einem hinreichend kleinen t-Intervall zu konstruieren. Diese Lösungen sind im allgemeinen nicht mehr in geschlossener Form zu gewinnen, sondern nur mit Hilfe eines Grenzprozesses, der Methode der schrittweisen Näherungen, darstellbar. Diese Methode ist aber leicht überschaubar und auf konkrete Probleme unmittelbar anwendbar, daher scheint es gerechtfertigt, sie noch als „elementar“ anzusehen.

Anmerkung: Es sei abschließend noch einmal darauf hingewiesen, daß der Buchstabe x als Bezeichnung für die Zustandsvariable erst von Abschn. 9 an durchweg gebraucht wird. In Abschn. 3 bis 6 bedeutet x die skalare Variable, von der die Lösungen der Dgl. abhängen.

3. Differentialungleichungen

Es gibt viele Beispiele von Dgln. $y' = f(x, y)$, bei denen eine explizite Integration nicht möglich ist, bei denen man aber mühelos Funktionen $y(x)$ findet, die entweder durchweg der Bedingung

(3.1) $\quad y'(x) \geq f(x, y(x))$

oder der Bedingung

(3.2) $\quad y'(x) \leq f(x, y(x))$

genügen. Von einer solchen Funktion sagt man auch, sie sei Lösung der Differentialungleichung $y' \geq f(x, y)$ bzw. $y' \leq f(x, y)$.

Wir beweisen im folgenden einen grundlegenden Satz, der es erlaubt, aus dem Bestehen einer Ungleichung der Form (3.1) bzw. (3.2) Rückschlüsse auf die Funktionen $y(x)$ selber zu ziehen. Dieser Satz ist ein wichtiges methodisches Hilfsmittel der allgemeinen Theorie, auf das an vielen Stellen dieses Buches immer wieder zurückgegriffen wird. Darüber hinaus leistet er nützliche Dienste bei der Diskussion der Lösungen von Dgln. $y' = f(x, y)$, die sich nicht mehr elementar integrieren lassen (s. z. B. Aufgabe 3, Abschn. 4). – Wir schicken einen Hilfssatz voraus.

Hilfssatz 3.1. *Es möge die Funktion $f(x, y)$ auf dem Rechteck $\boldsymbol{R} = \{(x, y) \mid |x - x_0| \leq a, |y - y_0| \leq b\}$ einer Lipschitz-Bedingung bezüglich y genügen. Es seien ferner y_1, y_2 zwei auf dem Intervall $(x_0 - a, x_0 + a)$ definierte und differenzierbare Funktionen, die folgende Eigenschaften besitzen.*

a) *Es ist $|y_i(x) - y_0| \leq b$ für alle $x \in (x_0 - a, x_0 + a)$ und es gilt $y_i(x_0) = y_0, i = 1, 2$.*

b) *y_1 genügt der Ungleichung (3.1), y_2 der Ungleichung (3.2), für alle $x \in (x_0 - a, x_0 + a)$.*

Behauptung. *Es gibt zu jedem $\varepsilon > 0$ ein $x \in (x_0, x_0 + \varepsilon)$ mit $y_1(x) \geq y_2(x)$ und ein $x \in (x_0 - \varepsilon, x_0)$ mit $y_1(x) \leq y_2(x)$.*

Beweis. Wir beweisen nur den Teil der Aussage, der sich auf die Intervalle der Form $(x_0, x_0 + \varepsilon)$ bezieht, die andere Hälfte beweist man analog.

Nach Voraussetzung gibt es eine Zahl L, so daß $|f(x, y_2) - f(x, y_1)| \leq L|y_2 - y_1|$ und somit auch

(3.3) $\quad f(x, y_2) - f(x, y_1) \geq -L|y_2 - y_1|$

für alle $(x, y_1) \in \boldsymbol{R}$, $(x, y_2) \in \boldsymbol{R}$ gilt. Es bestehen nun auf Grund unserer Voraussetzungen die Beziehungen $y_1'(x) \geq f(x, y_1(x))$, $y_2'(x) \leq f(x, y_2(x))$ für alle x. Für die Funktion $\Delta(x) = y_1(x) - y_2(x)$ bedeutet dies wegen (3.3), daß

(3.4) $\quad \Delta'(x) \geq f(x, y_1(x)) - f(x, y_2(x)) \geq -L|\Delta(x)|$

ist. Wir haben zu zeigen, daß es in jeder rechtsseitigen Umgebung von x_0 Punkte x mit $\Delta(x) \geq 0$ gibt. Wäre diese Aussage falsch, so ließe sich ein $\varepsilon > 0$ finden derart, daß

(3.5) $\quad \Delta(x) < 0 \quad$ für alle $\quad x \in (x_0, x_0 + \varepsilon)$.

Daraus würde aber gemäß (3.4) $\Delta'(x) - L\Delta(x) \geq 0$ für alle $x \in (x_0, x_0 + \varepsilon)$ folgen. Indem man diese Beziehung mit e^{-Lx} multipliziert, erhält man die Aussage

$$e^{-Lx}(\Delta'(x) - L\Delta(x)) = (e^{-Lx}\Delta(x))' \geq 0$$

für alle $x \in (x_0, x_0 + \varepsilon)$. Die Funktion $e^{-Lx}\Delta(x)$ wächst also monoton und es gilt somit

$$e^{-Lx}\Delta(x) \geq e^{-Lx_0}\Delta(x_0) = 0\,,$$

für $x_0 \leq x \leq x_0 + \varepsilon$. Dies steht aber im Widerspruch zu unserer Annahme (3.5).

Satz 3.1. *Es sei die Funktion $f(x,y)$ auf einer offenen Menge $\boldsymbol{G}$ der (x,y)-Ebene Lipschitz-stetig in bezug auf y. Es seien ferner y_1, y_2 Funktionen von x, die auf einem offenen Intervall I differenzierbar sind und dort den Bedingungen*

$$(x, y_i(x)) \in \boldsymbol{G},\ i = 1,2, \qquad y_1'(x) \geq f(x, y_1(x)),\ y_2'(x) \leq f(x, y_2(x))$$

genügen.

Behauptung. a) *Aus $x_0 \in I$ und $y_1(x_0) \geq y_2(x_0)$ folgt $y_1(x) \geq y_2(x)$ für $x \in I$, $x \geq x_0$.*
b) *Aus $x_0 \in I$ und $y_1(x_0) \leq y_2(x_0)$ folgt $y_1(x) \leq y_2(x)$ für $x \in I, x \leq x_0$.*

Beweis. Wir begnügen uns wieder damit, die erste der beiden Behauptungen zu beweisen. Nehmen wir an, es würde ein $x_1 > x_0$ mit $y_1(x_1) < y_2(x_1)$ geben. Die stetige Funktion $\Delta(x) = y_1(x) - y_2(x)$ genügt dann den Bedingungen $\Delta(x_0) \geq 0$, $\Delta(x_1) < 0$ und besitzt daher mindestens eine Nullstelle in $[x_0, x_1]$. Sei x^* die größte dieser Nullstellen, d. h. sei x^* so gewählt, daß

$$y_1(x^*) = y_2(x^*), \qquad y_1(x) < y_2(x) \quad \text{für} \quad x \in (x^*, x_1] \tag{3.6}$$

gilt.

Nun läßt sich ein Rechteck der Form $\boldsymbol{R} = \{(x,y) \mid |x - x^*| \leq a, |y - y^*| \leq b\}$ $(y^* = y_1(x^*) = y_2(x^*))$ finden, auf dem $f(x,y)$ einer Lipschitz-Bedingung in bezug auf y genügt. Indem man die Zahl a gegebenenfalls verkleinert, läßt sich wegen der Stetigkeit von $y_i(x)$ auch noch erreichen, daß $|y_i(x) - y^*| \leq b$ gilt, falls $|x - x^*| \leq a$. Es sind dann alle Voraussetzungen des Hilfssatzes 3.1 erfüllt (mit x^* statt x_0 und y^* statt y_0). Die Aussage des Hilfssatzes besagt aber dann gerade, daß es ein $x \in (x^*, x_1]$ mit $y_1(x) \geq y_2(x)$ gibt, im Widerspruch zu unserer Annahme (3.6).

Wir wollen nun auf einige Spezialfälle des Satzes eingehen, die von besonderer Bedeutung sind. Als erstes betrachten wir den Fall, daß y_1, y_2 Lösungen der Dgl. $y' = f(x,y)$ sind. Es kann dann jedes y_i sowohl als Lösung von (3.1) wie auch als Lösung von (3.2) aufgefaßt werden. Wenn nun noch $y_1(x_0) = y_2(x_0)$ ist, so bleiben die Voraussetzungen des Satzes in Kraft, wenn y_1 mit y_2 vertauscht wird. Man erhält dann die folgende Aussage, die auch als Eindeutigkeitssatz (für Dgln. 1. Ordnung) bezeichnet wird.

Korollar 1. *Sind y_1, y_2 Lösungen der Dgl. $y' = f(x,y)$ mit $y_1(x_0) = y_2(x_0)$ und gelten im übrigen alle Voraussetzungen von* Satz 3.1, *so ist $y_1(x) = y_2(x)$ für alle $x \in I$.*

Die wichtigste Anwendung des Satzes stellt das nachfolgende Korollar 2 dar, das auf die Konsequenzen hinweist, die sich aus dem Bestehen einer Ungleichung der Form $|y'(x)| \leq c(x)|y(x)|$ ergeben.

Korollar 2. *Es sei $y(x)$ eine auf einem offenen Intervall I stetig differenzierbare Funktion und es möge eine positive Zahl ε sowie eine stetige, nicht-negative Funktion $c(x)$ geben, derart daß*

(3.7) $$|y'(x)| \leq c(x)|y(x)| \quad \textit{gilt, falls} \quad |y(x)| \leq \varepsilon\,.$$

Existiert dann ein $x_0 \in I$ mit $y(x_0) = 0$, so ist $y(x) = 0$ für alle $x \in I$.

Beweis. Wir setzen $f(x,y) = \max[c(x), \varepsilon^{-1}|y'(x)|] \min(\varepsilon, |y|)$. f ist dann auf $\boldsymbol{G} = \{(x,y)|x \in I\}$ stetig und in bezug auf y Lipschitz-stetig (vgl. Aufgabe 1, Abschn. 1). Die Voraussetzung (3.7) bedeutet nun, daß $|y'(x)| \leq f(x, y(x))$ und somit

$$y'(x) \leq f(x, y(x)), \quad y'(x) \geq -f(x, y(x))$$

für alle $x \in I$ gilt. Andererseits ist klar, daß die Dgl.

(3.8) $$y' = f(x,y) \quad \text{bzw.} \quad y' = -f(x,y)$$

die Lösung $y \equiv 0$ besitzt. Es läßt sich nun der Satz 3.1 auf jede der beiden Dgln. (3.8) anwenden, wobei als y_1, y_2 jeweils die gegebene Funktion y und die Nullfunktion zu nehmen sind. Daraus folgt sofort die zu beweisende Aussage.

Das nachstehende Korollar 3 ist im wesentlichen nur eine andere Fassung von Korollar 2, die sich für manche Anwendungen als nützlich erweist.

Korollar 3. *Es sei $z(x)$ eine auf einem Intervall I stetige Funktion, die der Beziehung*

$$|z(x)| \leq c\left|\int_{x_0}^{x} z(u)\,du\right| \quad \textit{für alle} \quad x \in I$$

genügt, wobei $x_0 \in I$ und c eine Konstante ist. Dann gilt $z(x) = 0$ für alle $x \in I$.

Beweis. Es genügt, das Korollar für den Fall zu beweisen, daß I die Form $[x_0, x_1]$ oder $[x_1, x_0]$ hat. Wir beschränken uns auf die Betrachtung des ersten Falles, d. h. wir nehmen an, daß $x_1 > x_0$ ist. Aufgrund der Voraussetzungen des Korollars ist $z(x_0) = 0$. Daher wird durch die Festsetzung

$$y(x) = \int_{x_0}^{x} z(u)\,du \quad \text{für} \quad x \geq x_0, \quad y(x) = 0 \quad \text{für} \quad x < x_0$$

eine auf $(-\infty, x_1)$ stetig differenzierbare Funktion definiert, die der Bedingung $|y'(x)| \leq c|y(x)|$ für alle x genügt. Da zudem $y(x_0) = 0$ ist, folgt nun aus Korollar 2, daß $y(x) = 0$ ist für alle $x \in [x_0, x_1)$. Es verschwindet dann $z(x)$ auf (x_0, x_1), aus Stetigkeitsgründen auch noch im Endpunkt x_1.

Aufgaben. Die folgenden Verschärfungen der Aussagen des Satzes 3.1 sind zu beweisen.

1. Wenn $y_1(x_0) > y_2(x_0)$ ist, so gilt $y_1(x) > y_2(x)$ für alle $x \geq x_0, x \in I$.

Hinweis. Widerspruchsbeweis: Man betrachte das kleinste x^* mit $y_1(x^*) = y_2(x^*)$ und wende Hilfssatz 3.1 an mit x^* statt x_0.

2. Wenn $y_1'(x) > f(x, y_1(x))$ $(y_2'(x) < f(x, y_2(x))$ für mindestens ein $x^* \in (x_0, x_1)$, so ist $y_1(x_1) > y_2(x_1)$.
Hinweis. Was folgt aus $y_1(x^*) = y_2(x^*)$, $y_1'(x^*) > f(x^*, y_1(x^*))$ für $y_1(x) - y_2(x)$, falls $x > x^*$ und genügend nahe bei x^*?

4. Differentialgleichungen 1. Ordnung. Elementare Integrationsmethoden

Wir stellen zunächst einige Typen von Dgln. 1. Ordnung vor, die durch Quadraturen lösbar sind.

4.1. Lineare Differentialgleichung 1. Ordnung

(4.1) $$y' = a(x)y + b(x).$$

a, b seien auf einem Intervall I stetig. Die Funktion $m(x) = \exp(-\int^x a(u)\,du)$ ist dann auf I stetig differenzierbar, überall von Null verschieden und Lösung der homogenen Dgl. $y' = -a(x)y$. Durch Multiplikation mit $m(x)$ erhält man aus (4.1) eine Dgl., die die gleichen Lösungen wie (4.1) besitzt und sich in der Form schreiben läßt

(4.2) $$m(x)y' - m(x)a(x)y = m(x)y' + m'(x)y = m(x)b(x).$$

Für jede differenzierbare Funktion $y(x)$ ist nun $m(x)y'(x) + m'(x)y(x) = (m(x)y(x))'$ und daher bedeutet die Lösungseigenschaft nichts anderes, als daß $m(x)y(x)$ eine Stammfunktion von $m(x)b(x)$ ist. Die Gesamtheit der Lösungen von (4.2) und somit auch von (4.1) besteht also aus allen Funktionen der Form $cm(x)^{-1} + m(x)^{-1}\int^x m(u)b(u)\,du$, wo c eine beliebige Konstante ist. Insbesondere erhält man für die Lösungen $y(x)$ der zugehörigen homogenen Dgl. $y' = a(x)y$ die Darstellung $y(x) = c\exp\left(\int^x a(u)\,du\right)$.

4.2. Bernoullische Differentialgleichung

(4.3) $$y' = a(x)y + b(x)y^\mu, \quad \mu \in \mathbf{R}, \quad \mu \geq 1.$$

Für $\mu = 1$ erhält man eine lineare Dgl. Falls μ nicht ganz ist, ist die rechte Seite der Dgl. nur für $y \geq 0$ definiert, und wir müssen daher auch von einer Lösung voraussetzen, daß $y(x) \geq 0$ für alle x ist. In jedem Falle besteht die Beziehung

$$|y'(x)| \leq (|a(x)| + |b(x)|)|y(x)|, \quad \text{falls } |y(x)| \leq 1.$$

Gemäß Satz 3.1, Korollar 2, gilt daher $y(x) \neq 0$ für alle $x \in I$, sofern $y(x) \not\equiv 0$. Wir können daher von den uns interessierenden Lösungen $y(x)$ o.E. annehmen, daß sie für alle x positiv sind. Indem man sich $y(x)$ in (4.3) eingetragen und beide Seiten mit $(1-\mu)y(x)^{-\mu}$ multipliziert denkt, erhält man eine Relation, die so interpretiert werden kann: Die Funktion $z(x) = y(x)^{1-\mu}$ ist Lösung der linearen Dgl.

$$(4.4)\qquad z' = (1-\mu)a(x)z + (1-\mu)b(x).$$

Umgekehrt: Ist $z(x)$ Lösung von (4.4) und gilt $z(x) > 0$ für alle $x \in I$, so ist $y(x) = z(x)^{1/1-\mu}$ Lösung von (4.3). Damit ist die Integration der Dgl. (4.3) auf die Integration einer linearen Dgl. zurückgeführt.

4.3. Trennung der Veränderlichen

Es handelt sich um ein Verfahren zur Integration von Dgln. der Form

$$(4.5)\qquad y' = g(x)k(y),$$

das üblicherweise in Gestalt des folgenden formalen Rezepts wiedergegeben wird. Man ersetze y' durch $\mathrm{d}y/\mathrm{d}x$ und multipliziere (4.5) auf beiden Seiten mit $k(y)^{-1}\mathrm{d}x$. Die Gleichung $k^{-1}(y)\mathrm{d}y = g(x)\mathrm{d}x$, die man auf diese Weise erhält und in der außer den Variablen noch deren Differentiale vorkommen, verwandelt man nun in eine Beziehung zwischen y und x alleine, indem man auf beiden Seiten nach der jeweiligen Variablen unbestimmt integriert. D. h. man geht über zur Gleichung $K(y) = G(x) + c$, wo c eine beliebige Konstante und

$$(4.6)\qquad K(y) = \int^{y} k(\eta)^{-1}\mathrm{d}\eta, \quad G(x) = \int^{x} g(\xi)\mathrm{d}\xi$$

Stammfunktionen zu $k(y)^{-1}$ bzw. $g(x)$ sind. Diese Gleichung ist dann für alle möglichen Werte von c nach y aufzulösen. Inwieweit das Befolgen dieser Anweisungen tatsächlich zur vollständigen Integration der Dgl. (4.5) führt, ergibt sich aus dem nachstehenden Satz.

Satz 4.1. Voraussetzungen. *g ist eine auf einem offenen Intervall I stetige Funktion von x, k ist für alle y definiert und Lipschitz-stetig. Dann gilt*

a) *Ist $k(y_0) = 0$, so ist $y(x) \equiv y_0$ Lösung von* (4.5).

b) *Ist $y(x)$ Lösung von* (4.5) *auf I und nicht vom Typ* a), *so gilt*

$$(4.7)\qquad k(y(x)) \neq 0,\ K(y(x)) - G(x) = \text{const} \quad \text{für alle} \quad x \in I.$$

c) *Ist umgekehrt $y(x)$ eine auf I differenzierbare Funktion mit der Eigenschaft* (4.7), *so ist $y(x)$ Lösung von* (4.5).

Beweis. a) ist klar. Zu b). Aus dem Eindeutigkeitssatz (Satz 3.1, Korollar 1) ergibt sich sofort dies: Ist $k(y(x_0)) = 0$ für ein $x_0 \in I$, so gilt $y(x) = y(x_0)$ für alle $x \in I$. Denn gemäß a) ist die Konstante $y(x_0)$ Lösung von (4.5) und stimmt mit der gegebenen Lösung $y(x)$ an der Stelle x_0 überein. Damit ist die erste der beiden Relationen (4.7) bewiesen. Die zweite ergibt sich ebenso wie die Aussage c) einfach aus der Identität

$$\frac{\mathrm{d}}{\mathrm{d}x}(K(y(x)) - G(x)) = k(y(x))^{-1}y'(x) - g(x).$$

4.4. Exakte Differentialgleichung, integrierender Faktor

Falls stets $k(y) \neq 0$ ist, hätte man zur Begründung des Satzes 4.1 nur zu bemerken brauchen, daß die Dgl. (4.5) und die Dgl. $k(y)^{-1} y' - g(x) = 0$ dieselben Lösungen haben und daß letztere in der Form

$$(4.8) \qquad H_y(x,y)\,y' + H_x(x,y) = 0$$

geschrieben werden kann, wobei $H(x,y) = K(y) - G(x)$ ist. Man nennt nun allgemein jede Dgl. der Form (4.8) eine exakte Dgl. und $H(x,y)$ eine zugehörige Stammfunktion. Aus der Identität

$$\frac{\mathrm{d}}{\mathrm{d}x} H(x,y(x)) = H_y(x,y(x))\,y'(x) + H_x(x,y(x))$$

folgt unmittelbar, daß eine stetig differenzierbare Funktion $y(x)$ dann und nur dann Lösung von (4.8) ist, wenn $H(x,y(x)) = \text{const}$ gilt. Die Lösungen von (4.8) sind damit implizit durch die Gleichungen $H(x,y) = c$ gegeben, wo c alle reellen Zahlen durchläuft.

Wenn eine Dgl. 1. Ordnung in der Form

$$(4.9) \qquad a(x,y)\,y' + b(x,y) = 0$$

vorliegt, kann man daraus unter Umständen durch Multiplikation mit einer Funktion $m = m(x,y)$ eine exakte Dgl. machen, d. h. es gelingt gelegentlich, Funktionen m, H so zu finden, daß identisch in x und y die Beziehungen

$$(4.10) \qquad ma = H_y, \quad mb = H_x$$

bestehen. Unter den durch die Gleichungen $H(x,y) = c$ implizit definierten Funktionen $g(x)$ sind dann alle Lösungen von (4.9) enthalten. Umgekehrt folgt aus $H(x,y(x)) = \text{const}$ und $m(x,y(x)) \neq 0$, daß $y(x)$ Lösung von (4.9) ist. m heißt Multiplikator oder integrierender Faktor der Dgl. Viele elementare Integrationsverfahren bei Dgln. 1. Ordnung laufen auf die Konstruktion eines integrierenden Faktors hinaus, so z. B. die oben beschriebene Integration der linearen Dgl. (4.1) (die dort mit $m(x)$ bezeichnete Funktion ist Multiplikator). Es gibt jedoch keine allgemeine Methode, um zu einer gegebenen Dgl. einen integrierenden Faktor explizit zu bestimmen (Hinweise auf spezielle Ansätze finden sich u. a. bei Kamke [12] und Kaplan [30], Grundsätzliches zum Thema Multiplikator bei Grauert-Fischer [21]).

4.5. Riccatische Differentialgleichung

$$(4.11) \qquad y' = a(x)\,y^2 + b(x)\,y + c(x)\,.$$

a, b, c seien dabei auf einem Intervall I stetige Funktionen. Von Spezialfällen abgesehen ist diese Dgl. nicht mehr durch Quadraturen lösbar. Doch gibt es hier andere Möglichkeiten, Informationen über die Lösungen zu bekommen. So besteht z. B. ein Zusammenhang zwischen Riccatischen

Dgln. und linearen Dgln. 2. Ordnung, der formal durch den Lösungssatz $y = -\frac{1}{a(x)}\frac{u'}{u}$ hergestellt wird. Geht man mit diesem Ansatz in (4.11) ein und formt um, so erhält man nämlich eine lineare Dgl. für u:

$$-\left(\frac{1}{a(x)}\right)'\frac{u'}{u} + \frac{1}{a(x)}\left(\left(\frac{u'}{u}\right)^2 - \frac{u''}{u}\right) = \frac{1}{a(x)}\left(\frac{u'}{u}\right)^2 - \frac{b(x)}{a(x)}\frac{u'}{u} + c(x)$$

oder

$$\frac{1}{a(x)}u'' = \left(\frac{b(x)}{a(x)} - \left(\frac{1}{a(x)}\right)'\right)u' - c(x)u\,. \tag{4.12}$$

Unter der Voraussetzung, daß $a(x) \neq 0$ ist für alle $x \in I$, macht man sich nun die Richtigkeit folgender Aussagen leicht klar: Ist $y(x)$ Lösung von (4.11), so ist $u(x) = \exp\left(-\int^x y(\xi)a(\xi)\,\mathrm{d}\xi\right)$ Lösung von (4.12). Umgekehrt: Ist $u(x)$ Lösung von (4.12) auf I und $u(x) \neq 0$ für alle x, so ist $y(x) = -\frac{1}{a(x)}\frac{u'}{u}(x)$ Lösung von (4.11).

Für eine ausführlichere Diskussion der Riccatischen Dgl. siehe z. B. Erwe [29], Reid [45].

Explizite Integration ist nicht unbedingt Voraussetzung, gelegentlich sogar nicht einmal zweckmäßig (selbst wenn sie möglich ist), um sich eine bestimmte Information über die Lösungen zu verschaffen. Für eine erste Orientierung über den ungefähren Verlauf der Lösungskurven (d. h. der zu den Lösungen gehörigen Graphen in der (x, y)-Ebene) reicht oft schon die unmittelbar geometrische Interpretation der Lösungseigenschaft aus: In jedem Kurvenpunkt (x, y) hat die Tangente den Anstieg $f(x, y)$. Man kann also die Tangenten an sämtliche möglichen Lösungskurven in der Ebene schon zeichnen, wenn man nur die Dgl. $y' = f(x, y)$, nicht aber auch ihre Lösungen kennt. Zur geometrischen Beschreibung der Lösungskurven braucht man dabei nicht die Tangenten in ihrer gesamten Erstreckung, sondern nur ein hinreichend kleines Stück um den Punkt (x, y) herum, ein sogenanntes Linienelement. Die Gesamtheit der Linienelemente bildet das der Dgl. zugeordnete Richtungsfeld. Einer Lösung entspricht eine Kurve, die in jedem Punkt von dem dort angebrachten Linienelement tangiert wird. Man kann sich übrigens leicht an Hand des Richtungsfeldes die Resultate des vorigen Abschnittes veranschaulichen. Als Beispiel sei der folgende Spezialfall des Satzes 3.1 angeführt: Ist $f(x, y_0) < 0$ für alle $x \geq x_0$ und ist $y(x)$ Lösung der Dgl. $y' = f(x, y)$, so folgt aus $y(x_0) \leq y_0$, daß $y(x) < y_0$ ist für alle $x > x_0$. Man betrachte die auf der Geraden $y = y_0$ gelegenen Linienelemente!

Aufgaben. 1 (Aus der Ökonometrie). Ein Wachstumsmodell werde charakterisiert durch eine Lipschitz-stetige Funktion $\varphi(k)$, die das verfügbare Netto-Einkommen pro Kopf in Abhängigkeit vom Kapitalstock k beschreibt. Das Wachstumsgesetz wird dann durch die Dgl.

$$\dot{k} = u(t)\varphi(k) \quad \text{(Punkt bedeutet Ableitung nach } t) \tag{4.13}$$

gegeben, wobei die sogenannte Sparfunktion $u(t)$ eine beliebig wählbare stetige Funktion von t ist, die der Bedingung $0 \leq u(t) \leq 1$ genügt (Bruchteil des zur Zeit t zu sparenden Einkommens). Es seien $k_0, k_1 > k_0, T > 0$ vorgegeben.

Man zeige: Dann und nur dann läßt sich die Sparfunktion $u(t)$ so wählen, daß die Dgl. (4.13) eine Lösung $k(t)$ mit der Eigenschaft $k(0) = k_0, k(T) = k_1$ besitzt, wenn gilt:

$$\varphi(k) > 0 \text{ auf } [k_0, k_1] \quad \text{und} \quad \int_{k_0}^{k_1} \frac{dx}{\varphi(x)} \leq T .$$

2. Die Dgl. $y' = (y^2 + x)y^{-1}$ besitzt einen einfachen integrierenden Faktor m.

Hinweis. Setzt man $y^2 = z$, erhält man eine lineare Dgl. in z. Man gebe m und die zugehörige Funktion H an.

3. Gegeben sei die Riccatische Dgl.

$$(4.14) \qquad x y' = x + y^2 .$$

a) Man stelle die zugehörige lineare Dgl. (4.12) auf (deren Lösungen später behandelt werden, s. Aufgabe 5, Abschn. 6).

b) Mit Hilfe des Richtungsfeldes versuche man, ein qualitatives Bild vom Verlauf der Lösungskurven zu bekommen (wie sich die Kurven bei Annäherung an $x = 0$ verhalten, wird ebenfalls später untersucht werden, vgl. Aufgabe 3, Abschn. 8).

c) Im Bereich $x \geq x_0 (x_0 > 0)$ schätze man die Lösungen von (4.14) nach unten durch die Lösungen der elementar-integrierbaren Dgl. $x y' = x_0 + y^2$ ab.

Hinweis: Satz 3.1. Man betrachte zu einer Lösung $y(x)$ von (4.14) diejenige Lösung $\tilde{y}(x)$ der Vergleichs-Dgl. $x y' = x_0 + y^2$, die an der Stelle x_0 den gleichen Anfangswert $y(x_0)$ hat.

Eine Lösung von (4.14) kann niemals über einem Intervall der Form $[x_0, \infty)$ existieren. Warum?

5. Lineare Differentialgleichungen

Was man unter einer linearen Dgl. n-ter Ordnung in aufgelöster Form versteht, wurde bereits im Abschn. 2 erklärt. Eine solche Dgl. läßt sich in der Form

$$(5.1) \qquad y^{(n)} + a_{n-1}(x) y^{(n-1)} + \cdots + a_1(x) y' + a_0(x) y + b(x) = 0$$

schreiben, wobei $a_\nu(x)$, $\nu = 0, \ldots, n-1$, und $b(x)$ Funktionen von x sind. Wir wollen im folgenden annehmen, daß diese Funktionen auf einem offenen Intervall I definiert und stetig sind. Wenn wir von einer Lösung der Dgl. (5.1) sprechen, meinen wir damit eine Funktion $y(x)$, die auf I n-mal differenzierbar ist und dort die Relation (5.1) identisch in x erfüllt. Mit der Frage, ob eine Dgl. der Form (5.1) überhaupt Lösungen besitzt, werden wir uns erst in Kapitel II befassen. In diesem Abschnitt geht es zunächst darum, den Leser mit gewissen elementaren Grundtatsachen über die Gesamtheit der möglichen Lösungen einer linearen Dgl. vertraut zu machen. Anschließend wird dann ein spezieller Typ, nämlich die Dgl. mit konstanten Koeffizienten, genauer untersucht.

Für die folgenden Betrachtungen hat man sich alle a_ν als fest vorgegebene Funktionen zu denken, b dagegen werden wir zunächst nicht fixieren, d. h. wir betrachten in Wirklichkeit nicht eine einzige Dgl., sondern gleichzeitig sämtliche linearen Dgln.

der festen Ordnung n, die sich nur in dem sogenannten inhomogenen Anteil b unterscheiden. Alle diese Dgln. besitzen die gleiche zugehörige homogene Dgl., nämlich

$$y^{(n)} + a_{n-1}(x)y^{(n-1)} + \cdots + a_0(x)y = 0. \tag{5.2}$$

Bei den weiteren Untersuchungen wird es öfter vorkommen, daß wir aus einer Funktion $y(x)$ eine neue Funktion dadurch zu bilden haben, daß wir sie in die „linke Seite" der Dgl. (5.2) einsetzen ($y(x)$ braucht dabei keine Lösung von (5.2) zu sein). Dieser Vorgang soll im folgenden mit Hilfe eines Symbols angedeutet werden. Ist $y(x)$ eine auf I n-mal differenzierbare Funktion, so setzen wir

$$\Lambda(y(x)) = y^{(n)}(x) + a_{n-1}(x)y^{(n-1)}(x) + \cdots + a_0(x)y(x). \tag{5.3}$$

Korrekter wäre es, $\Lambda(y)(x)$ zu schreiben, jedenfalls dann, wenn man Wert auf eine begriffliche Interpretation von Λ legt, die dann etwa so aussehen würde: Λ ist ein Operator, d. h. eine Vorschrift, die einer Funktion y eine Funktion zuordnet, und letztere wäre dann mit $\Lambda(y)$ zu bezeichnen. Wir werden jedoch bei diesen ersten orientierenden Betrachtungen den Ausdruck $\Lambda(y)$ in einem anderen Sinne benutzen. Da man die Eigenschaft einer Funktion $y(x)$, die Dgl. (5.1) zu erfüllen, auch in der Form $\Lambda(y(x)) + b(x) = 0$ ausdrücken kann, ist es gelegentlich sehr bequem, für die Dgl. einfach $\Lambda(y) + b(x) = 0$ schreiben zu können.

Im Hinblick auf eine explizite Gewinnung von Lösungen bei linearen Dgln. erweist es sich als zweckmäßig, auch komplexwertige Funktionen $y(x)$ (der reellen Veränderlichen x) in den Kreis derjenigen Funktionen aufzunehmen, auf die der Operator Λ angewendet wird, insbesondere also auch komplexwertige Lösungen der Dgln. (5.1) oder (5.2) zu betrachten (wenn nichts anderes ausdrücklich gesagt wird, werden die Funktionen $a_\nu(x)$ jedoch stets als reell vorausgesetzt). Mit $\operatorname{Re} y(x)$ bzw. $\operatorname{Im} y(x)$ bezeichnen wir Real- und Imaginärteil einer komplexwertigen Funktion $y(x)$. Der Übergang zu Real- und Imaginärteil und die Differentiation nach der reellen Veränderlichen x sind bekanntlich vertauschbare Prozesse. Aus (5.3) folgt daher

$$\Lambda(\operatorname{Re} y(x)) = \operatorname{Re}(\Lambda(y(x))), \quad \Lambda(\operatorname{Im} y(x)) = \operatorname{Im}(\Lambda(y(x))). \tag{5.4}$$

Da ferner $\Lambda(y)$, als Funktion in $y, y', \ldots, y^{(n)}$ aufgefaßt, linear und homogen ist, ergibt sich aus (5.3) eine weitere grundlegende Beziehung, nämlich

$$\Lambda(\alpha y_1(x) + \beta y_2(x)) = \alpha\Lambda(y_1(x)) + \beta\Lambda(y_2(x)). \tag{5.5}$$

Mit Hilfe von (5.4), (5.5) beweist man nun sofort den folgenden Satz.

Satz 5.1. a) (Superpositionsprinzip). *Ist $y_i(x)$ Lösung der Dgl. $\Lambda(y) + b_i(x) = 0, i = 1,2$, so ist $\alpha y_1(x) + \beta y_2(x)$ Lösung der Dgl. $\Lambda(y) + \alpha b_1(x) + \beta b_2(x) = 0, \alpha, \beta \in \mathbf{C}$.*

b) *Ist $y(x)$ Lösung der Dgl. $\Lambda(y) + b(x) = 0$, so ist* $\operatorname{Re} y(x)$ *bzw.* $\operatorname{Im} y(x)$ *Lösung der Dgl. $\Lambda(y) + \operatorname{Re} b(x) = 0$ bzw. $\Lambda(y) + \operatorname{Im} b(x) = 0$.*

Korollar. *Mit $y_1(x)$, $y_2(x)$ ist auch jede Linearkombination $\alpha y_1(x) + \beta y_2(x)$, $\alpha, \beta \in \mathbf{C}$, Lösung der homogenen Dgl. (5.2). Mit $y(x)$ sind auch die Funktionen* $\operatorname{Re} y(x)$, $\operatorname{Im} y(x)$ *Lösungen von (5.2).*

Die erste Feststellung besagt, daß die Gesamtheit der Lösungen der homogenen Dgl. (5.2) einen linearen Raum über dem Körper **C** der komplexen Zahlen bildet, wobei Addition und Multiplikation mit komplexen Zahlen so zu verstehen sind, wie das bei Funktionen üblich ist. Diesen Raum werden wir im folgenden mit L bezeichnen. Sein Nullelement ist die Funktion $y(x) \equiv 0$, die triviale Lösung der Dgl. (5.2). Grundlegend für die Theorie der linearen Dgln. ist die Tatsache, daß L ein endlich dimensionaler linearer Raum über **C** ist. Das wollen wir uns jetzt klarmachen.

Hilfssatz 5.1. *Ist $y(x)$ eine Lösung der Dgl.* (5.2) *und gilt, für ein $x_0 \in I$, $y(x_0) = 0$, $y'(x_0) = 0, \ldots, y^{(n-1)}(x_0) = 0$, so ist $y(x) = 0$ für alle $x \in I$.*

Beweis. Wir können o.E. annehmen, daß $y(x)$ reellwertig ist (sonst betrachte man die zugehörigen Real- und Imaginärteilfunktionen). Die Funktion $\Delta(x) = \sum_{i=0}^{n-1} (y^{(i)}(x))^2$ ist dann reell, nicht-negativ und auf I differenzierbar mit der Ableitung

$$\Delta'(x) = 2\sum_{i=0}^{n-1} y^{(i)}(x)\,y^{(i+1)}(x) = 2\sum_{i=0}^{n-2} y^{(i)}(x)\,y^{(i+1)}(x) + 2\,y^{(n-1)}(x)\left(-\sum_{i=0}^{n-1} a_i(x)\,y^{(i)}(x)\right).$$

Ferner gilt $|y^{(i)}(x)| \le \sqrt{\Delta(x)}$, $i = 0, \ldots, n-1$, und somit besteht die Abschätzung

$$|\Delta'(x)| \le 2\left(n - 1 + \sum_{i=0}^{n-1} |a_i(x)|\right)\Delta(x).$$

Aus $\Delta(x_0) = 0$ folgt daher gemäß Satz 3.1, Korollar 2, daß $\Delta(x) = 0$ ist für alle $x \in I$.

Satz 5.2. *Es seien $y_1, \ldots, y_k$ Lösungen der homogenen Dgl.* (5.2) *und es sei $x_0 \in I$.*
Behauptung. *Dann und nur dann sind $y_1, \ldots, y_k$ über* **C** *linear unabhängig, wenn dies für die k Elemente $(y_j(x_0), y_j'(x_0), \ldots, y_j^{(n-1)}(x_0))$ des* $\mathbf{C}^n$ *gilt, $j = 1, \ldots, k$.*

Bemerkung. $\mathbf{C}^n$ ist die Gesamtheit der n-Tupel komplexer Zahlen und ist in der üblichen Weise als Vektorraum über **C** aufzufassen.

Beweis. Durch die folgende Vorschrift wird eine Abbildung von L in den $\mathbf{C}^n$ erklärt

$$(5.6) \qquad y(\cdot) \to (y(x_0),\ y'(x_0), \ldots, y^{(n-1)}(x_0)).$$

Die Komponenten des Bildvektors sind also die an der Stelle x_0 genommenen Ableitungen bis zur Ordnung $n - 1$ des Urbildelementes $y(\cdot)$, welches ja eine n-mal differenzierbare Funktion auf I ist. Die Abbildung (5.6) ist linear, das ergibt sich sofort aus der Art und Weise, wie die Verknüpfungsoperationen auf dem Vektorraum L erklärt sind (sie würde daher auch dann noch linear bleiben, wenn man an Stelle von L etwa den Raum aller auf I $(n-1)$-mal differenzierbaren Funktionen treten läßt). Aus dem Hilfssatz 5.1 folgt nun, daß der Kern dieser Abbildung nur aus dem Nullelement von L besteht. Nach einem bekannten Satz der Linearen Algebra ist die Abbildung daher eine injektive lineare Abbildung von L in den Vektorraum $\mathbf{C}^n$ und daraus ergibt sich sofort die zu beweisende Aussage.

Aus dem Satz folgt insbesondere, daß $n + 1$ Elemente von $\boldsymbol{L}$ stets linear abhängig sind und daß n linear unabhängige Elemente $y_1, \ldots, y_n$ von $\boldsymbol{L}$ eine Basis bilden, d. h. jedes Element von $\boldsymbol{L}$ läßt sich eindeutig als Linearkombination von $y_1, \ldots, y_n$ mit komplexen Zahlen als Koeffizienten darstellen. Man nennt $y_1, \ldots, y_n$ dann ein Fundamentallösungssystem. Daß es zu jeder Dgl. der Form (5.2) n linear unabhängige Lösungen gibt, wird im folgenden Kapitel gezeigt (vgl. II Abschn. 1 und 10). Bei den Beispielen, die wir in diesem und dem nächsten Abschnitt betrachten, werden wir jeweils explizit n Lösungen konstruieren und dann direkt zeigen, daß es unmöglich ist, aus ihnen die Nullfunktion in nicht-trivialer Weise linear zu kombinieren. Eine andere Methode, den Basischarakter von n Lösungen nachzuweisen, ergibt sich aus der Aussage des Satzes 5.2 und dem bekannten Determinantenkriterium für die lineare Unabhängigkeit von n Vektoren des $\mathbf{C}^n$.

Satz 5.3. *n Lösungen $y_1, \ldots, y_n$ der homogenen Dgl.* (5.2) *bilden dann und nur dann ein Fundamentallösungssystem, wenn die aus den Ableitungen der y_j gebildete Matrix $(y_j^{(i)}(x))$, $i = 0, \ldots, n-1$, $j = 1, \ldots, n$, an einer Stelle $x_0 \in I$ (und damit an jeder anderen) eine nicht-verschwindende Determinante besitzt. Diese Determinante – die selbst wieder eine Funktion von x ist – heißt* Wronskische Determinante *von $y_1, \ldots, y_n$.*

Wir formulieren als Nächstes eine weitere grundlegende Aussage, deren Richtigkeit sich wieder unmittelbar aus dem Superpositionsprinzip (Satz 5.1) ergibt.

Satz 5.4. *Sind $y_0(x)$, $y_1(x)$ zwei Lösungen der inhomogenen Dgl.* (5.1), *so ist $y_1(x) - y_0(x) = y(x)$ Lösung der zugehörigen homogenen Dgl.* (5.2). *Umgekehrt: Ist $y_0(x)$ Lösung von* (5.1) *und $y(x)$ Lösung von* (5.2), *so ist $y_1(x) = y_0(x) + y(x)$ Lösung von* (5.1).

Anmerkung: Was man demnach kennen muß, um die Gesamtheit der Lösungen einer inhomogenen Dgl. der Form (5.1) hinschreiben zu können, ist einmal eine spezielle Lösung (ein sogenanntes partikuläres Integral) y_0 und zum anderen ein Fundamentalsystem $y_1, \ldots, y_n$ für die zugehörige homogene Dgl. (5.2). Die Lösungen von (5.1) sind dann genau diejenigen Funktionen, die sich in der Form $y_0(x) + \sum_{i=1}^{n} c_i y_i(x)$ mit (komplexen) Zahlen c_i als Koeffizienten darstellen lassen.

Wenn die Funktionen $a_\nu(x)$ sämtlich konstant sind, spricht man von einer linearen Dgl. mit konstanten Koeffizienten. Eine solche Dgl. hat dann also die Form

$$(5.7) \qquad y^{(n)} + a_{n-1} y^{(n-1)} + \cdots + a_0 y + b(x) = 0, \quad a_i \in \mathbf{R},$$

und kann prinzipiell durch Quadraturen gelöst werden. Die zugehörige homogene Dgl.

$$(5.8) \qquad \Lambda(y) = y^{(n)} + a_{n-1} y^{(n-1)} + \cdots + a_0 y = 0$$

besitzt ein Fundamentallösungssystem aus elementaren Funktionen, deren explizite Bestimmung eine rein algebraische Angelegenheit ist. Ausgangspunkt ist dabei der Versuch, diese Dgl. mittels des „Exponentialansatzes“ $y = e^{\lambda x}$ zu integrieren. Man betrachtet zu diesem Zwecke zunächst einmal x und λ beide als variabel und setzt $e^{\lambda x}$ in die linke Seite der Dgl. (5.8) ein. Das führt auf die folgende Identität

(5.9) $$\Lambda(e^{\lambda x}) = p(\lambda)e^{\lambda x}, \quad \text{wo } p(\lambda) = \lambda^n + a_{n-1}\lambda^{n-1} + \cdots + a_1\lambda + a_0,$$

aus der man sofort dies erkennt: Ist λ_0 eine Nullstelle des Polynoms $p(\lambda)$, so ist $e^{\lambda_0 x}$ Lösung der Dgl. (5.8). Die Gleichung $p(\lambda) = 0$ heißt die charakteristische Gleichung der Dgl. (5.8). Den verschiedenen Wurzeln λ_ρ der charakteristischen Gleichung entsprechen also Lösungen der Form $e^{\lambda_\rho x}$. Diese Lösungen sind auch linear unabhängig, wie wir uns weiter unten klarmachen werden. Sie bilden demnach ein Fundamentallösungssystem für (5.8), sofern ihre Anzahl gleich n ist, d. h. sofern die charakteristische Gleichung nur einfache Wurzeln besitzt. Um im Falle mehrfacher Wurzeln die fehlenden Lösungen zu finden, bedient man sich einer weiteren Identität, die wir im folgenden Hilfssatz bringen werden, in Verbindung mit einer genauen Untersuchung der möglichen Polynomlösungen der Dgl. (5.8).

Hilfssatz 5.2. *Es sei $z(x)$ eine auf I n-mal differenzierbare Funktion von x. Dann gilt (mit $a_n = 1$)*

(5.10) $$\Lambda(z(x)e^{\lambda x}) = \sum_{k=0}^{n} a_k \frac{d^k}{dx^k}(z(x)e^{\lambda x}) = e^{\lambda x}\sum_{j=0}^{n}\frac{p^{(j)}(\lambda)}{j!} z^{(j)}(x),$$

wo p das Polynom in (5.9) ist.

Beweis. Wir erinnern an die Formel

$$\frac{d^k}{dx^k}(u(x)v(x)) = \sum_{j=0}^{k}\binom{k}{j} u^{(j)}(x)v^{(k-j)}(x)$$

für hinreichend oft differenzierbare skalare Funktionen $u(x)$ und $v(x)$. Für den Spezialfall $p(\lambda) = a_k\lambda^k$ ergibt sich daraus sofort die Beziehung (5.10):

$$a_k\frac{d^k}{dx^k}(z(x)e^{\lambda x}) = a_k e^{\lambda x}\sum_{j=0}^{k}\binom{k}{j}\lambda^{k-j}z^{(j)}(x), \quad k = 0, 1, \ldots, n.$$

Durch Summation über k erhält man sie im allgemeinen Fall.

Hilfssatz 5.3. *Es sei $\lambda = 0$ eine μ-fache Nullstelle des Polynoms $p(\lambda)$, $\mu \geq 0$ ($\mu = 0$ bedeutet $p(0) \neq 0$). Ist dann $y(x)$ ein Polynom vom Grade $m \geq \mu$, so ist $\Lambda(y(x))$ ein Polynom vom Grade $m - \mu$. Jedes Polynom vom Grade $m < \mu$ ist Lösung der Dgl.* (5.8).

Bemerkung. *Diese Aussage gilt auch dann noch, wenn die Koeffizienten a_i der Dgl.* (5.8) *komplexe Zahlen sind.*

Beweis. Die Voraussetzung des Hilfssatzes besagt, daß von den in der Darstellung (5.8) auftretenden Koeffizienten $a_\mu \neq 0$ ist, während $a_0, a_1, \ldots, a_{\mu-1}$ verschwinden. Die i-te Ableitung eines Polynoms vom Grade m ist nun ein Polynom vom Grade $m - i$. $\Lambda(y(x))$ besitzt also eine Darstellung der Form $a_\mu y^{(\mu)}(x)$ + Polynom vom Grade $< m - \mu$ und hat daher selber den Grad $m - \mu$.

Aus der Beziehung (5.10) sieht man nun sofort, daß die Funktion $z(x)e^{\lambda_0 x}$ dann und nur dann Lösung der Dgl. (5.8) ist, wenn $z(x)$ Lösung der Dgl.

$$(5.11)\qquad \frac{p^{(n)}(\lambda_0)}{n!}z^{(n)} + \frac{p^{(n-1)}(\lambda_0)}{(n-1)!}z^{(n-1)} + \cdots + p(\lambda_0)z = 0$$

ist. Dies ist wieder eine homogene lineare Dgl. mit konstanten (allerdings im allgemeinen komplexen) Koeffizienten. Die zugehörige charakteristische Gleichung lautet

$$\sum_{k=0}^{n} \frac{p^{(k)}(\lambda_0)}{k!}\lambda^k = p(\lambda + \lambda_0) = 0\,.$$

Wenn $p(\lambda)$ für $\lambda = \lambda_0$ eine Nullstelle der Ordnung $\mu > 0$ hat, so hat $p(\lambda + \lambda_0)$ für $\lambda = 0$ eine Nullstelle der Ordnung μ. Daher besitzt die Dgl. (5.11) dann gemäß Hilfssatz 5.3 die Lösungen $z(x) = x^m$, $m = 0,\ldots,\mu - 1$. Aus allem ergibt sich nun die folgende Erweiterung unserer früheren Feststellung hinsichtlich der durch Exponentialansatz zu gewinnenden Lösungen: Sind $\lambda_\rho, \rho = 1,\ldots,n'$ die verschiedenen Wurzeln der charakteristischen Gleichung $p(\lambda) = 0$ und hat λ_ρ die Vielfachheit $\mu_\rho > 0$, so sind die $n = \sum_{\rho=1}^{n'} \mu_\rho$ Funktionen $x^m e^{\lambda_\rho x}$, $0 \le m < \mu_\rho$, Lösungen der Dgl. (5.8). Diese Funktionen sind linear-unabhängig über **C** und bilden somit ein Fundamentallösungssystem. Eine nicht-triviale Linearkombination läßt sich nämlich stets in der Form $\sum_{\rho=1}^{n'} e^{\lambda_\rho x} p_\rho(x)$ schreiben, wo die $p_\rho(x)$ Polynome sind und mindestens eines nicht das Nullpolynom ist. Daher kann diese Linearkombination auch nicht identisch verschwinden (s. das Korollar zu Satz 1.3).

In reeller Form läßt sich das eben erhaltene Resultat wie folgt formulieren.

Satz 5.5. *Es seien $\lambda_\rho, \rho = 1,\ldots,r$, die reellen und $\lambda_\rho = \alpha_\rho \pm i\beta_\rho, \rho = r+1,\ldots,r+s$, die konjugiert komplexen Wurzeln von $p(\lambda) = 0$, wobei vorausgesetzt wird, daß die Koeffizienten von $p(\lambda)$ reell sind. Die Vielfachheit von λ_ρ werde mit μ_ρ bezeichnet. Dann bilden die Funktionen*

$$x^m e^{\lambda_\rho x}, \quad m = 0,\ldots,\mu_\rho - 1\,,\ \rho = 1,\ldots,r,$$

und

$$x^m e^{\alpha_\rho x}\cos\beta_\rho x,\ x^m e^{\alpha_\rho x}\sin\beta_\rho x, \quad m = 0,\ldots,\mu_\rho - 1\,,\ \rho = r+1,\ldots,r+s,$$

ein reelles Fundamentallösungssystem von (5.8).

Beweis. Daß die hingeschriebenen $n = \sum_{\rho=1}^{r}\mu_\rho + 2\sum_{\sigma=1}^{s}\mu_{r+\sigma}$ Funktionen Lösungen von (5.8) sind, ist klar, denn sie sind Real- und Imaginärteile von Lösungen (vgl. Satz 5.1, Korollar). Sie spannen den gesamten Raum $\boldsymbol{L}$ auf, denn man kann aus ihnen die Funktionen $x^m e^{\lambda_\rho x}, m < \mu_\rho$ mit komplexen Zahlen linear kombinieren, und letztere bilden ja ein Fundamentallösungssystem. Mit dieser Feststellung ist der Satz bewiesen und das Problem der Integration einer homogenen linearen Dgl. mit konstanten Koeffizienten erledigt.

Man kann nun auch für gewisse Typen von inhomogenen Dgln. der Form (5.7) ein partikuläres Integral mit ähnlichen elementar-algebraischen Methoden finden, nämlich dann, wenn $b(x)$ die Form Exponentialfunktion × Polynom hat.

Satz 5.6. *Es sei γ eine r-fache Wurzel der charakteristischen Gleichung $p(\lambda) = 0$ ($r \geq 0, r = 0$ bedeutet, daß γ keine Wurzel ist) und es sei $h(x)$ ein (komplexwertiges) Polynom. Dann gibt es genau ein Polynom $z(x)$ derart, daß die Funktion $x^r z(x) \mathrm{e}^{\gamma x}$ Lösung der Dgl.*

$$y^{(n)} + a_{n-1} y^{(n-1)} + \cdots + a_0 y + h(x) \mathrm{e}^{\gamma x} = 0 \tag{5.12}$$

ist. z hat den gleichen Grad wie h.

Beweis. Es sei zunächst $y(x)$ irgendein Polynom. Aus der Formel (5.10) folgt, daß die Funktion $\mathrm{e}^{-\gamma x} \Lambda(x^r y(x) \mathrm{e}^{\gamma x})$ wieder ein Polynom ist. Weiter folgt aus dem Hilfssatz 5.3 – angewandt auf die Dgl. (5.11) –, daß dieses Polynom den gleichen Grad wie $y(x)$ hat. Durch die Zuordnung

$$y(x) \to \mathrm{e}^{-\gamma x} \Lambda(x^r y(x) \mathrm{e}^{\gamma x})$$

wird daher eine lineare und den Grad erhaltende Abbildung des linearen Raumes aller Polynome in sich definiert (daß die Abbildung linear ist, ergibt sich aus (5.5)). Diese Abbildung ist bijektiv, denn ihr Kern besteht nur aus dem Nullelement und jedes Element liegt in einem endlich-dimensionalen Unterraum, der in sich abgebildet wird. Also gibt es zu jedem $h(x)$ genau ein $z(x)$, so daß die Beziehung

$$\Lambda(x^r z(x) \mathrm{e}^{\gamma x}) = - h(x) \mathrm{e}^{\gamma x} \tag{5.13}$$

besteht. Das aber ist die zu beweisende Aussage.

Wir geben nun noch einen kurzen Hinweis zur praktischen Berechnung von $z(x)$. Die einfachste Methode besteht darin, mit einem Ansatz $z(x) = \beta_0 + \beta_1 x + \cdots + \beta_m x^m$ in die Beziehung (5.13) einzugehen. Man erhält dann zur Bestimmung der β_k zunächst die Relation

$$\sum_{k=0}^{m} \beta_k \Lambda(x^{r+k} \mathrm{e}^{\gamma x}) = - h(x) \mathrm{e}^{\gamma x},$$

die sich in ein System von linearen Gleichungen für die β_k verwandeln läßt. Man braucht bloß linke und rechte Seite als Linearkombination von Funktionen der Form $x^l \mathrm{e}^{\gamma x}$ zu schreiben und dann Koeffizientenvergleich durchzuführen.

Wir wollen uns noch kurz mit der Frage nach reellen Lösungen der Dgl. (5.12) befassen. Ist $h(x)$ ein reelles Polynom und $\gamma = \alpha + \mathrm{i}\beta$, so ist gemäß Satz 5.1 die Funktion $\mathrm{Re}(x^r z(x) \mathrm{e}^{\gamma x})$ eine Lösung der Dgl.

$$y^{(n)} + a_{n-1} y^{(n-1)} + \cdots + a_0 y + h(x) \mathrm{e}^{\alpha x} \cos \beta x = 0\,. \tag{5.14}$$

Entsprechendes gilt für den Imaginärteil.

Wenn man von der Dgl. (5.14) ausgeht, ergibt sich demnach folgendes Rezept zur Gewinnung eines partikulären Integrales. Man ersetzt $\mathrm{e}^{\alpha x} \cos \beta x$ durch $\mathrm{e}^{\gamma x}, \gamma = \alpha + \mathrm{i}\beta$, sucht dann ein Integral mittels des Ansatzes $(\beta_0 x^r + \beta_1 x^{r+1} + \cdots + \beta_m x^{r+m})e^{\gamma x}$ und nimmt von diesem dann schließlich den Realteil. Als Beispiel diene etwa die Dgl. der erzwungenen harmonischen Schwingung $y'' + \omega^2 y = b \cos \omega' x$. Geht man zur komplexen Form über, so erhält man die Dgl. $y'' + \omega^2 y = b e^{i\omega' x}$. Gemäß Satz 5.6 ist jetzt der Ansatz $y = \beta e^{i\omega' x}$ bzw. $y = \beta x e^{i\omega' x}$ zu machen, je nachdem ob $(\omega')^2 \neq \omega^2$ oder $(\omega')^2 = \omega^2$. β ist dabei eine Konstante, die man aus der Dgl. selbst bestimmt.

Wir wollen zum Schluß noch kurz auf den Fall $n = 2$ etwas näher eingehen, wobei wir aber nun nicht mehr annehmen, daß die Koeffizienten konstant sind. Die Dgl., die wir jetzt betrachten, hat also die Form

$$(5.15) \qquad y'' + a_1(x) y' + a_0(x) y + b(x) = 0$$

und ist im allgemeinen nicht mehr elementar integrierbar. Es lassen sich aber unter Zuhilfenahme einer nicht-trivialen Lösung der zugehörigen homogenen Dgl.

$$(5.16) \qquad y'' + a_1(x) y' + a_0(x) y = 0$$

alle Lösungen von (5.15) durch Quadraturen (im Sinne von Abschn. 2) gewinnen.

Satz 5.7. *Es sei $y_0(x)$ eine nicht-triviale Lösung der Dgl.* (5.16). *Dann gilt: Eine auf I zweimal differenzierbare Funktion $y(x)$ ist dann und nur dann Lösung von* (5.15), *wenn die* Wronskische Determinante

$$(5.17) \qquad w(x) = y_0(x) y'(x) - y_0'(x) y(x)$$

eine Lösung der Dgl. 1. Ordnung

$$(5.18) \qquad w' + a_1(x) w + y_0(x) b(x) = 0$$

auf I ist.

Beweis. Wir schreiben zunächst unter Weglassen des Argumentes x eine Identität auf, deren Richtigkeit man leicht nachprüft

$$y_0(y'' + a_1 y' + a_0 y) - y(y_0'' + a_1 y_0' + a_0 y_0) = w' + a_1 w .$$

Man hat hierbei lediglich zu beachten, daß $w' = y_0 y'' - y_0'' y$ ist. Da wir nun voraussetzen, daß y_0 die Dgl. (5.16) erfüllt, ergibt sich die für alle $x \in I$ gültige Beziehung

$$(5.19) \qquad w'(x) + a_1(x) w(x) - y_0(x)[y''(x) + a_1(x) y'(x) + a_0(x) y(x)] = 0 .$$

Aus ihr liest man die eine Hälfte der zu beweisenden Aussage sofort ab: Ist $y(x)$ Lösung von (5.15), so ist $w(x)$ Lösung von (5.18). Weiß man umgekehrt, daß $w(x)$ die Dgl. (5.18) auf I erfüllt, so folgt daraus, daß die Beziehung

$$(5.20) \qquad y''(x) + a_1(x) y'(x) + a_0(x) y(x) + b(x) = 0$$

jedenfalls an allen Stellen $x \in I$ gilt, an denen die Funktion y_0 nicht verschwindet. Nun sind – wegen Hilfssatz 5.1 – alle Nullstellen von y_0 einfach und können sich daher insbesondere nirgends häufen. Wenn also x_0 eine Nullstelle von y_0 ist, so gibt es eine Umgebung I_0 von x_0, so daß $y_0(x) \neq 0$ und somit (5.20) gültig ist für alle $x \in I_0$ mit $x \neq x_0$. $y''(x)$ hat daher den Grenzwert $-a_1(x_0) y'(x_0) - a_0(x_0) y(x_0) - b(x_0)$ an der Stelle $x = x_0$ und ist somit dort stetig, d. h. es gilt (5.20) auch noch für $x = x_0$ und die Aussage des Satzes ist vollständig bewiesen.

Wenn also eine nicht-triviale Lösung y_0 der homogenen Dgl. (5.16) bekannt ist, kann man die Dgl. (5.15) in folgender Weise vollständig integrieren: Man bestimmt zunächst alle Lösungen $w(x)$ der Dgl. (5.18) und sodann für jedes $w(x)$ alle $y(x)$, die der Beziehung (5.17) genügen. Letzteres ist ein elementares Integrationsproblem, allerdings nur auf solchen Teilintervallen von I, auf denen y_0 nicht verschwindet. Indem man (5.17) durch $y_0(x)^2$ dividiert, erhält man nämlich die Beziehung $w(x)y_0(x)^{-2} = (y(x)y_0(x)^{-1})'$, oder also

$$y(x) = y_0(x) \int^x w(u) y_0(u)^{-2} du .$$

Eine Methode, die es ermöglicht, auf dem gesamten Intervall I ein partikuläres Integral von (5.15) durch Quadraturen zu finden, werden wir in II Abschn. 10 kennenlernen (Variation der Konstanten). Sie setzt allerdings voraus, daß nicht nur eine Lösung von (5.16), sondern ein Fundamentallösungssystem bekannt ist.

Aufgabe. Man zeige: Ist $h(x) \equiv 1$ und γ eine r-fache Wurzel der charakteristischen Gleichung $p(\lambda) = 0$, so hat die Dgl. (5.12) das partikuläre Integral $y(x) = r!(p^{(r)}(\gamma))^{-1} x^r e^{\gamma x}$.

6. Lineare Differentialgleichungen 2. Ordnung. Integration durch Reihenansatz

Wir beschäftigen uns in diesem Abschnitt mit linearen Differentialgleichungen der Form

(6.1) $$x^2 y'' + x p_1(x) y' + p_0(x) y = 0,$$

wobei wir voraussetzen, daß die Funktionen $p_0(x), p_1(x)$ auf einem Intervall der Form $(-\rho, \rho)$ definiert und durch konvergente Potenzreihen mit Entwicklungsmittelpunkt 0 darstellbar sind. Lösungen in dem Sinne, wie sie bisher verstanden wurden, besitzt die Dgl. (6.1) im allgemeinen nur über Intervallen, die den Punkt $x = 0$ nicht enthalten, denn nur in diesem Falle kann man von der Dgl. (6.1) zu einer Dgl. in der aufgelösten Form $y'' + a_1(x)y' + a_0(x)y = 0$ mit stetigen Koeffizienten $a_i(x)$ übergehen. Zum Zwecke der expliziten Gewinnung von Lösungen – und darum geht es in diesem Abschnitt – empfiehlt es sich jedoch, die Dgl. in der Form (6.1) zu belassen und unter einer Lösung $y(x)$ eine Funktion zu verstehen, die auf $(-\rho, \rho)$ außer eventuell bei $x = 0$ definiert, zweimal differenzierbar ist und die Dgl. (6.1) erfüllt. Mit welchem Typ von Funktionen man hierbei zu rechnen hat, läßt sich schon an einem einfachen Beispiel erkennen, nämlich an der Dgl.

(6.2) $$x^2 y'' + \beta x y' + \alpha y = 0,$$

in der also an Stelle der Funktionen p_0, p_1 reelle Konstante α, β stehen. (6.2) ist eine spezielle Eulersche Dgl. (siehe auch Aufgabe 6) und kann in ähnlicher Weise elementar integriert werden wie eine lineare Dgl. mit konstanten Koeffizienten. Die Funktion $|x|^\lambda = e^{\lambda \log|x|}$ übernimmt dabei die Rolle von $e^{\lambda x}$. Als Ausgangspunkt dient jetzt die Identität

(6.3) $$x^2(x^\lambda)'' + \beta x (x^\lambda)' + \alpha x^\lambda = \chi(\lambda) x^\lambda,$$

die für alle (x, λ) mit $x \in \mathbf{R}, x > 0$ und alle $\lambda \in \mathbf{C}$ gilt[1]. $\chi(\lambda)$ ist das quadratische Polynom $\lambda(\lambda - 1) + \beta\lambda + \alpha$. Aus der Beziehung (6.3) ergibt sich sofort dies: Ist λ_0 Nullstelle von χ, so ist

[1] $'$ und $''$ bedeutet bei einer Funktion von x und λ die Bildung der partiellen Ableitungen $\partial/\partial x$ und $\partial^2/\partial x^2$. – Bei den folgenden Betrachtungen beschränken wir uns der Einfachheit halber auf den Bereich $x > 0$. Falls $x < 0$ ist, hat man $|x|^\lambda$ an Stelle von x^λ und $\log|x|$ an Stelle von $\log x$ zu nehmen.

x^{λ_0} Lösung von (6.2); ist λ_0 eine zweifache Nullstelle von χ, so sind die Funktionen x^{λ_0} und $x^{\lambda_0}\log x$ Lösungen von (6.2). Man bekommt also auf diesem Wege stets zwei Lösungen von (6.2), nämlich entweder in der Form $x^{\lambda_1}, x^{\lambda_2}$ oder in der Form $x^{\lambda}, x^{\lambda}\log x$, je nachdem ob χ zwei verschiedene oder eine mehrfache Nullstelle besitzt. Daß diese beiden Funktionen über jedem Intervall, welches 0 nicht enthält, linear-unabhängig sind, ist nicht schwer einzusehen.

Man kann nun das eben skizzierte Verfahren zur Gewinnung von Lösungen so verallgemeinern, daß es auf eine beliebige Dgl. der Form (6.1) anwendbar wird, sofern p_0, p_1 sich auf dem Intervall $(-\rho,\rho)$ in der Form

$$p_0(x) = \sum_{\nu=0}^{\infty} \alpha_\nu x^\nu, \quad p_1(x) = \sum_{\nu=0}^{\infty} \beta_\nu x^\nu \tag{6.4}$$

darstellen lassen. An Stelle von x^λ werden wir mit einer unendlichen Reihe $x^\lambda \sum_{\mu=0}^{\infty} \eta_\mu x^\mu$ zu arbeiten haben, wobei die η_μ Funktionen von λ sind. Ehe wir dazu in der Lage sind, müssen wir jedoch erst das Analogon zur Identität (6.3) herleiten. Wir fassen zu diesem Zwecke die η_μ zunächst als gegebene reelle Zahlen auf und nehmen an, daß obige Reihe für alle $x \in (0,\rho)$ konvergiert. Sie kann somit an Stelle von y in die linke Seite der Dgl. (6.1) eingesetzt und der entstehende Ausdruck – für den wir wie im vorigen Abschnitt wieder $\Lambda(..)$ schreiben – nach den Rechenregeln für Potenzreihen umgeformt werden. Das geschieht am zweckmäßigsten in zwei Schritten. Aus (6.4) ergibt sich unmittelbar die folgende Beziehung

$$x^2(x^\lambda)'' + x p_1(x)(x^\lambda)' + p_0(x) x^\lambda = \chi(\lambda) x^\lambda + \sum_{\nu=1}^{\infty} a_\nu(\lambda) x^{\lambda+\nu}$$

mit

$$\chi(\lambda) = \lambda(\lambda-1) + \beta_0\lambda + \alpha_0, \quad a_\nu(\lambda) = \lambda\beta_\nu + \alpha_\nu, \quad \nu = 1,2,\ldots. \tag{6.5}$$

Es folgt dann weiter

$$\begin{aligned} \Lambda\left(\sum_{\mu=0}^{\infty} \eta_\mu x^{\lambda+\mu}\right) &= x^2\left(\sum_{\mu=0}^{\infty} \eta_\mu x^{\lambda+\mu}\right)'' + x p_1(x)\left(\sum_{\mu=0}^{\infty} \eta_\mu x^{\lambda+\mu}\right)' + p_0(x)\left(\sum_{\mu=0}^{\infty} \eta_\mu x^{\lambda+\mu}\right) \\ &= \sum_{\mu=0}^{\infty} \eta_\mu \left[\chi(\lambda+\mu) x^{\lambda+\mu} + \sum_{\nu=1}^{\infty} a_\nu(\lambda+\mu) x^{\lambda+\mu+\nu}\right] \\ &= \eta_0 \chi(\lambda) x^\lambda + \sum_{n=1}^{\infty} \delta_n(\lambda) x^{\lambda+n}, \end{aligned} \tag{6.6}$$

wobei die Koeffizienten $\delta_n(\lambda)$ durch die nachstehende Formel gegeben sind

$$\delta_n(\lambda) = \eta_n \chi(\lambda+n) + \sum_{\nu=1}^{n} \eta_{n-\nu} a_\nu(\lambda+n-\nu), \quad n = 1,2,\ldots. \tag{6.7}$$

Wir können nun folgendes erste Resultat formulieren.

a) *Falls die Reihe* $\sum_{\mu=0}^{\infty} \eta_\mu x^{\lambda+\mu}$ *auf* $(0,\rho)$ *konvergiert, so ist die durch sie dargestellte Funktion Lösung der Dgl.* (6.1) *dann und nur dann, wenn*

$$\chi(\lambda) = 0, \ \delta_n(\lambda) = 0 \quad \textit{für} \quad n = 1,2,\ldots \tag{6.8}$$

gilt. $\chi(\lambda)$, $a_\nu(\lambda)$, $\delta_n(\lambda)$ *sind dabei durch* (6.5) *und* (6.7) *gegeben.*

b) *Wenn die (komplexe) Zahl* λ *der Bedingung*

(6.9) $\chi(\lambda) = 0\,, \quad \chi(\lambda + n) \neq 0 \quad$ *für* $\quad n = 1,2,\ldots$

genügt, so gibt es bis auf einen konstanten Faktor höchstens eine Lösung der Dgl. (6.1), *die durch eine konvergente Reihe der Form* $\sum_{\mu=0}^{\infty} \eta_\mu x^{\lambda+\mu}$ *darstellbar ist.*

Die zweite Feststellung ergibt sich einfach aus der Tatsache, daß die Bedingungen $\delta_n(\lambda) = 0$, $n = 1,2,\ldots$, ein rekursives lineares Gleichungssystem darstellen, das sich nach Vorgabe von η_0 eindeutig nach den restlichen η_i auflösen läßt, sofern $\chi(\lambda + n) \neq 0$ für alle $n \in \mathbf{N}$.

Nun gibt es immer mindestens eine Nullstelle λ des reellen quadratischen Polynomes χ, die allen Bedingungen (6.9) genügt (falls die Nullstellen von χ komplex sind, gilt das sogar für beide, falls sie reell sind, wenigstens für die größte unter ihnen). Zu jedem solchen λ gibt es dann auf Grund des eben Gesagten genau eine Folge $\eta_0 = 1, \eta_1, \eta_2, \ldots$, derart daß die unendliche Reihe $\sum_{\mu=0}^{\infty} \eta_\mu x^{\lambda+\mu} = x^\lambda + \eta_1 x^{\lambda+1} + \cdots$ eine nicht-triviale Lösung der Dgl. (6.1) darstellt, vorausgesetzt die Konvergenz ist für alle $x \in (0,\rho)$ gesichert. Durch die folgenden Überlegungen wird nun einerseits der Konvergenznachweis für jede nach dem eben geschilderten Verfahren konstruierte Reihe erbracht, andererseits die Konstruktion einer zweiten Lösung in Form einer unendlichen Reihe in den Fällen ermöglicht, in denen es nur eine Nullstelle von χ gibt, die der Bedingung (6.9) genügt. Wir schicken zunächst einen Hilfssatz voraus.

Hilfssatz 6.1. Voraussetzungen. (b_n), $(a_{n,\nu})$ *seien Folgen komplexer Zahlen,* (σ_n) *eine reelle Nullfolge,* κ, ϑ *reelle Zahlen mit* $\kappa > 0, 0 < \vartheta < 1$, n_0 *schließlich sei eine natürliche Zahl. Es mögen die Abschätzungen*

$$|b_n| \le \sigma_n \kappa^n \quad \text{für} \quad n = n_0, n_0 + 1, \ldots,$$
(6.10)
$$|a_{n,\nu}| \le \sigma_n (\vartheta\kappa)^\nu \quad \text{für} \quad 1 \le \nu \le n \quad \text{und} \quad n = n_0, n_0 + 1, \ldots$$

bestehen. Für die durch die Rekursionsformeln

(6.11) $$x_0 = b_0, \quad x_n = \sum_{\nu=1}^{n} x_{n-\nu} a_{n,\nu} + b_n \quad \text{für} \quad n \ge 1$$

definierte Folge (x_n) *besteht dann die Abschätzung*

(6.12) $$|x_n| \le \gamma^{1+\min(n,N)} \kappa^n, \quad n = 0,1,2,\ldots,$$

sofern γ *und die natürliche Zahl* N *so gewählt sind, daß die folgenden Voraussetzungen zutreffen:*

(6.13) a) (6.12) *ist richtig für* $n = 0,1,\ldots,n_0 - 1$,
b) $\gamma \ge 1$, $\gamma \ge \sigma_n((1 - \vartheta)^{-1} + 1)$ *für* $n = 0,1,2,\ldots$,
c) $1 \ge \sigma_n((1 - \vartheta)^{-1} + 1)$ *für* $n \ge N$.

Beweis. Wir bemerken zunächst, daß sich die Forderung (6.13) stets durch passende Wahl von γ, N erfüllen läßt, da $\lim_{n\to\infty} \sigma_n = 0$ ist. Ferner bestätigt man sofort, daß aus (6.13) die Beziehung

(6.14) $$\sigma_n((1 - \vartheta)^{-1} + 1)\gamma^{1+\min(n-1,N)} \le \gamma^{1+\min(n,N)}$$

für alle $n = 0,1,2,\ldots$ folgt. Mit ihrer Hilfe läßt sich der Beweis nun leicht induktiv führen. Wir nehmen also an, die zu beweisende Ungleichung sei schon für $x_\nu, \nu = 0,\ldots,n-1$, gezeigt, d. h. es möge schon feststehen, daß

$$|x_\nu| \le \gamma^{1+\min(\nu,N)} \kappa^\nu \le \gamma^{1+\min(n-1,N)} \kappa^\nu, \quad \nu = 0,\ldots,n-1,$$

gilt. n ist dabei eine natürliche Zahl $\geq n_0$. Aus (6.10) und (6.11) ergibt sich dann die Abschätzung

$$|x_n| \leq \sigma_n \gamma^{1+\min(n-1,N)} \sum_{\nu=1}^{n} \kappa^n \vartheta^\nu + \sigma_n \kappa^n \leq \sigma_n \kappa^n \left(\gamma^{1+\min(n-1,N)} \frac{1}{1-\vartheta} + 1\right).$$

Wegen $\gamma \geq 1$ ist der in Klammern stehende Ausdruck $\leq \gamma^{1+\min(n-1,N)}((1-\vartheta)^{-1}+1)$. Daraus ergibt sich in Verbindung mit (6.14) sofort die Relation (6.12) und der Schluß von n auf $n+1$ ist damit erbracht.

Das im folgenden zu entwickelnde Integrationsverfahren basiert auf einer Identität in den zwei Variablen x und λ, die wir in einfacher Form schon früher kennengelernt haben (vgl. (6.3)). An Stelle von x^λ tritt jetzt eine gewisse Funktion von x und λ, die wir mit $y(x;\lambda)$ bezeichnen wollen und die sich in der Form $y(x;\lambda) = x^\lambda \sum_{\mu=0}^{\infty} \eta_\mu(\lambda) x^\mu$ darstellen läßt. Die $\eta_\mu(\lambda)$ sind dabei nach folgender Maßgabe zu wählende rationale Funktionen von λ (λ hat man von nun an als Variable und nicht als feste Zahl anzusehen). Es ist $\eta_0(\lambda)$ ein beliebiges Polynom und

$$\eta_n(\lambda) = -\sum_{\nu=1}^{n} \eta_{n-\nu}(\lambda) \frac{a_\nu(\lambda+n-\nu)}{\chi(\lambda+n)} \tag{6.15}$$

für $n = 1,2,\ldots$. Im Hinblick auf (6.7) ist dann klar, daß die Identität

$$x^2 y''(x;\lambda) + x p_1(x) y'(x;\lambda) + p_0(x) y(x;\lambda) = \eta_0(\lambda)\chi(\lambda) x^\lambda \tag{6.16}$$

gilt, sofern nur Konvergenz der Reihe sowie gliedweise Differentiation nach x gewährleistet ist. Wann dies der Fall ist, darüber gibt der folgende Hilfssatz Auskunft.

Hilfssatz 6.2. *Es sei* M *eine kompakte Menge reeller oder komplexer Zahlen und es sei* $\eta_n(\lambda)$, $n = 0,1,\ldots$, *eine Folge rationaler Funktionen von* λ, *die der Rekursionsbeziehung* (6.15) *genügen und auf* M *keinen Pol*[1)] *besitzen. Dann konvergieren die beiden Reihen*

$$\sum_{n=0}^{\infty} \eta_n(\lambda) x^n, \quad \sum_{n=0}^{\infty} \frac{d\eta_n(\lambda)}{d\lambda} x^n \tag{6.17}$$

auf jeder Menge der Form $\{(x,\lambda) | x \in [-\rho', \rho'], \lambda \in M\}$, $\rho' < \rho$, *gleichmäßig. Dasselbe gilt für alle Reihen, die aus* (6.17) *durch gliedweise beliebig oftmalige Differentiation nach* x *entstehen.*

Beweis. Wir wählen zunächst eine Zahl r mit $\rho' < r < \rho$. Da die Potenzreihen (6.4) nach Voraussetzung auf $(-\rho, \rho)$ konvergieren, lassen sich Zahlen ϑ und c_1 so finden, daß

$$0 < \vartheta < 1, \; |\alpha_\nu| \leq c_1 (\vartheta r^{-1})^\nu, \; |\beta_\nu| \leq c_1 (\vartheta r^{-1})^\nu \tag{6.18}$$

für alle ν gilt. Aus diesen Beziehungen werden wir nun Abschätzungen der Form

$$|\eta_n(\lambda)| \leq c_2 r^{-n}, \; \left|\frac{d\eta_n}{d\lambda}(\lambda)\right| \leq c_3 r^{-n} \tag{6.19}$$

für alle n und alle $\lambda \in M$ gewinnen, wobei c_2, c_3 von n,λ unabhängig sind. Nach dem üblichen Majorantenkriterium ergeben sich dann daraus sofort die zu beweisenden Aussagen.

Um (6.19) herzuleiten, gehen wir auf die Rekursionsformel (6.15) und die Definition (6.5) von $\chi(\lambda)$ und $a_\nu(\lambda)$ zurück. Da M eine beschränkte Menge ist, gibt es ein $n_0 \geq 1$, so daß $|\chi(\lambda + n)| \geq n^2/2$

---

1) Unter den Polen (oder Polstellen) einer rationalen Funktion versteht man die Nullstellen des Nennerpolynomes in einer unkürzbaren Darstellung der rationalen Funktion als Quotient von Polynomen.

für alle $n \geq n_0$ und alle $\lambda \in \boldsymbol{M}$ gilt. Es ist dann insbesondere $\chi(\lambda + n) \neq 0$ und somit die Rekursionsformel (6.15) für jedes $n \geq n_0$ und $\lambda \in \boldsymbol{M}$ sinnvoll. Dabei ergibt sich für die auftretenden Koeffizienten wegen (6.18) für alle $n \geq n_0$ und alle ν mit $1 \leq \nu \leq n$ die Abschätzung

$$(6.20)\qquad \left|\frac{a_\nu(\lambda + n - \nu)}{\chi(\lambda + n)}\right| \leq c_1(\vartheta r^{-1})^\nu\left(2\frac{|\lambda + n - \nu| + 1}{n^2}\right)$$

$$\leq 2c_1(\vartheta r^{-1})^\nu\left(\frac{|\lambda| + n + 1}{n^2}\right) \leq \sigma_n(\vartheta r^{-1})^\nu,$$

wo σ_n das Maximum von $2c_1(|\lambda| + n + 1)n^{-2}$ auf der beschränkten Menge $\boldsymbol{M}$ ist. Also gilt $\lim\limits_{n\to\infty} \sigma_n = 0$, und wir können auf die rekursiv definierte Folge (6.15) den Hilfssatz 6.1 anwenden. κ ist jetzt gleich r^{-1}, $b_n = 0$ (für $n \geq n_0$) und $a_{n,\nu} = -a_\nu(\lambda + n - \nu)\chi(\lambda + n)^{-1}$. Es ergibt sich dann sofort die erste der beiden Aussagen (6.19), und zwar mit $c_2 = \gamma^{1+N}$. γ ist dabei so zu wählen, daß (6.13) und die Bedingungen

$$|\eta_\nu(\lambda)| \leq \gamma^{1+\min(\nu,N)} \quad \text{für} \quad \nu = 0,1,\ldots,n_0 \quad \text{und} \quad \lambda \in \boldsymbol{M}$$

erfüllt sind.

Der Beweis der zweiten Aussage (6.19) ist etwas schwieriger. Aus (6.15) erhält man zunächst durch Differentiation nach λ

$$(6.21)\qquad \frac{\mathrm{d}\eta_n}{\mathrm{d}\lambda}(\lambda) = -\sum_{\nu=1}^{n}\frac{\mathrm{d}\eta_{n-\nu}}{\mathrm{d}\lambda}(\lambda)\frac{a_\nu(\lambda + n - \nu)}{\chi(\lambda + n)} + b_n(\lambda),$$

wobei $\quad b_n(\lambda) = -\sum\limits_{\nu=1}^{n}\eta_{n-\nu}(\lambda)\dfrac{\mathrm{d}}{\mathrm{d}\lambda}\left(\dfrac{a_\nu(\lambda + n - \nu)}{\chi(\lambda + n)}\right)$

ist. Wir müssen nun die auf der rechten Seite vorkommenden Summenglieder abschätzen, insbesondere also die Ableitung der Funktionen

$$\frac{a_\nu(\lambda + n - \nu)}{\chi(\lambda + n)} = \beta_\nu\frac{\lambda + n - \nu}{\chi(\lambda + n)} + \alpha_\nu\frac{1}{\chi(\lambda + n)}$$

(vgl. (6.5)). Durch Differentiation nach λ erhält man zunächst einen Ausdruck, der ersichtlich für $n \to \infty$ wie n^{-2} gegen 0 geht. Berücksichtigt man noch gemäß (6.18) die Abhängigkeit von r, so gelangt man zu einer Beziehung der Form

$$\left|\frac{\mathrm{d}}{\mathrm{d}\lambda}\left(\frac{a_\nu(\lambda + n - \nu)}{\chi(\lambda + n)}\right)\right| \leq cr^{-\nu}n^{-2} \quad \text{für} \quad \nu \leq n$$

mit einer passenden, von n, ν und λ unabhängigen Konstanten c. Bei der Abschätzung von $\eta_{n-\nu}(\lambda)$ können wir bereits auf (6.19) zurückgreifen. Beide Abschätzungen zusammen führen schließlich auf eine Beziehung der Form $|b_n(\lambda)| \leq \sigma_n r^{-n}$, wo (σ_n) eine von λ unabhängige Nullfolge ist. Diese Nullfolge braucht von vorneherein nicht mit der in (6.20) vorkommenden übereinzustimmen, man kann dies aber natürlich nachträglich erreichen, indem man für jedes n einfach die größere der beiden Zahlen σ_n nimmt. Auf diese Weise bekommt die Abschätzung für die in der Rekursionsformel (6.21) auftretenden Koeffizienten gerade die Form, von der wir bei Hilfssatz 6.1 ausgegangen sind. Man braucht nun nur noch r^{-1} mit κ, $-a_\nu(\lambda + n - \nu)\chi(\lambda + n)^{-1}$ mit $a_{n,\nu}$ und $b_n(\lambda)$ mit b_n zu identifizieren und kann dann unmittelbar dem Hilfssatz 6.1 die restliche der zu beweisenden Beziehungen (6.19) entnehmen.

Wir wollen zunächst die Aussage des Satzes für den Fall diskutieren, daß $\eta_0 = 1$ und somit

$$(6.22)\qquad y(x;\lambda) = x^\lambda + \eta_1(\lambda)x^{\lambda+1} + \eta_2(\lambda)x^{\lambda+2} + \cdots$$

ist. Es sei λ_0 eine komplexe Zahl, die kein Pol einer der rationalen Funktionen $\eta_n(\lambda)$, $n = 1, 2, \ldots$, ist. Es gibt dann eine Umgebung N von λ_0, die ebenfalls frei von solchen Polstellen ist. Für $\lambda \in N$ und $x \in (0, \rho)$ existiert gemäß Hilfssatz 6.2 nicht nur $y(x;\lambda)$, sondern auch die Funktion

$$(6.23)\qquad w(x;\lambda) = \frac{\partial}{\partial\lambda} y(x;\lambda) = y(x;\lambda)\log x + x^\lambda \sum_{n=0}^{\infty} \frac{d\eta_n(\lambda)}{d\lambda} x^n$$

und besitzt stetige partielle Ableitungen erster und zweiter Ordnung nach x. Aus einem bekannten Satz der Differentialrechnung über die Existenz der gemischten partiellen Ableitungen und Vertauschung der Reihenfolge der Differentiationen ergibt sich daher, daß $w'(x;\lambda) = \partial/\partial\lambda(y'(x;\lambda))$, $w''(x;\lambda) = \partial/\partial\lambda(y''(x;\lambda))$ ist. Indem man nun die Beziehung (6.16) (für $\eta_0 = 1$) nach λ differenziert, erhält man eine weitere Identität, nämlich

$$(6.24)\qquad x^2 w''(x;\lambda) + x p_1(x) w'(x;\lambda) + p_0(x) w(x;\lambda) = \frac{d\chi}{d\lambda}(\lambda) x^\lambda + \chi(\lambda) x^\lambda \log x\,.$$

Man braucht nun λ nur noch so zu spezialisieren, daß die Ausdrücke auf den rechten Seiten von (6.16) bzw. (6.24) verschwinden, dann hat man in Gestalt der Funktionen $y(x;\lambda)$ bzw. $w(x;\lambda)$ Lösungen der Dgl. (6.1). Wir formulieren dieses Resultat als

Satz 6.1. *Es seien $\eta_0 = 1, \eta_1(\lambda), \eta_2(\lambda), \ldots$ die durch die Rekursionsformeln* (6.15) *erklärten Funktionen von λ, $y(x;\lambda)$ bzw. $w(x;\lambda)$ die durch* (6.22) *bzw.* (6.23) *erklärten Funktionen von x und λ. Dann gilt:*

a) *Sind λ_1, λ_2 reelle Nullstellen von $\chi(\lambda)$ und ist $\lambda_2 > \lambda_1$, so ist $y(x;\lambda_2)$ Lösung der Dgl.* (6.1) *auf* $(0, \rho)$.

b) *Falls $\chi(\lambda)$ zwei verschiedene Nullstellen λ_1, λ_2 besitzt und diese nicht auch Polstellen einer der Funktionen $\eta_n(\lambda)$ sind, so sind $y(x;\lambda_1)$ und $y(x;\lambda_2)$ Lösungen der Dgl.* (6.1) *auf* $(0, \rho)$.

c) *Falls $\chi(\lambda)$ eine doppelte Nullstelle λ_0 besitzt, so sind $y(x;\lambda_0)$ und $w(x;\lambda_0)$ Lösungen von* (6.1) *auf* $(0, \rho)$.

d) *Die Lösungen $y(x;\lambda_1)$, $y(x;\lambda_2)$ bzw. $y(x;\lambda_0)$, $w(x;\lambda_0)$ sind über dem Intervall $(0, \rho)$ linear unabhängig.*

Bemerkung. Die Polstellen von $\eta_n(\lambda)$ kommen unter den Nullstellen der Polynome $\chi(\lambda + \mu)$, $\mu = 1, \ldots, n$, vor. Das ersieht man sofort aus den Rekursionsbeziehungen (6.15). Eine Nullstelle λ_i von $\chi(\lambda)$ ist also sicher dann keine Polstelle einer der Funktionen $\eta_n(\lambda)$, wenn sich unter den Zahlen $\lambda_i + \mu$, $\mu + 1, 2, \ldots$, keine weitere Nullstelle von χ befindet. Die unter b) formulierte Bedingung für λ_1, λ_2 ist daher erfüllt, wenn $\lambda_1 - \lambda_2$ nicht ganzzahlig ist.

Beweis von Satz 6.1. Es braucht offenbar nur noch Teil d) bewiesen zu werden. Die lineare Abhängigkeit der Funktionen $y(x;\lambda_1)$, $y(x;\lambda_2)$ hätte zur Folge, daß man $x^{\lambda_2 - \lambda_1}$ durch eine Potenzreihe darstellen kann, die an der Stelle $x = 0$ einen Wert $c \neq 0$ annimmt. Es würde also insbesondere $\lim_{x \to 0} x^{\lambda_2 - \lambda_1} = c \neq 0$ gelten, was aber offensichtlich nicht möglich ist, wenn $\lambda_1 \neq \lambda_2$ ist und λ_1, λ_2 entweder beide reell oder konjugiert-komplex sind. In ganz ähnlicher Weise macht man sich klar, daß $y(x;\lambda_0)$, $w(x;\lambda_0)$ nicht linear abhängig sein können. Aus der gegenteiligen Annahme würde hier folgen, daß $\log x$ durch eine in einer Umgebung von $x = 0$ konvergente Potenzreihe darstellbar ist und daher insbesondere einen Grenzwert für $x \to 0$ besitzt, was offensichtlich nicht der Fall ist.

Mit der durch Satz 6.2 geleisteten Konstruktion zweier linear unabhängiger Lösungen ist die Integration der Dgl. (6.1) abgeschlossen bis auf einen Ausnahmefall, der durch die folgende Situation gekennzeichnet wird.

(6.25) *$\chi(\lambda)$ hat zwei (notwendig reelle) Nullstellen λ_1, λ_2 und es ist $\lambda_2 - \lambda_1 = m \in \mathbf{N}$. Von den Funktionen $\eta_n(\lambda)$ hat mindestens eine einen Pol für $\lambda = \lambda_1$.*

Über diesen Fall soll noch kurz das Nötigste gesagt werden. Wir bemerken zunächst, daß der Nenner von $\eta_n(\lambda)$ für $\lambda = \lambda_1$ eine Nullstelle höchstens 1. Ordnung hat, und dies auch nur dann, wenn $n \geq m$ ist. Er ist nämlich, wie sich aus (6.15) ergibt, ein Teiler des Polynoms

$$\chi(\lambda + 1)\chi(\lambda + 2)\ldots\chi(\lambda + n).$$

Die Koeffizienten $\tilde{\eta}_n(\lambda) = (\lambda - \lambda_1)\eta_n(\lambda)$ der unendlichen Reihe

$$(6.26) \qquad (\lambda - \lambda_1)y(x;\lambda) = x^\lambda \sum_{n=0}^{\infty} \tilde{\eta}_n(\lambda)x^n = \tilde{y}(x;\lambda)$$

haben daher an der Stelle $\lambda = \lambda_1$ keinen Pol, verschwinden nicht alle für $\lambda = \lambda_1$ und genügen dem Rekursionssystem (6.15) mit $\eta_0(\lambda) = \lambda - \lambda_1$. Aus (6.16) und Hilfssatz 6.2 folgt daher, daß die Beziehung

$$x^2\tilde{y}''(x;\lambda) + xp_1(x)\tilde{y}'(x;\lambda) + p_0(x)\tilde{y}(x;\lambda) = (\lambda - \lambda_1)\chi(\lambda)x^\lambda$$

identisch in x und λ besteht, für alle λ aus einer Umgebung von λ_1. Die Funktion $(\lambda - \lambda_1)\chi(\lambda)$ besitzt nun für $\lambda = \lambda_1$ eine Nullstelle zweiter Ordnung. Daraus ergibt sich, genau wie oben, daß die beiden Funktionen

$$\tilde{y}(x;\lambda_1) \quad \text{und} \quad \frac{\partial}{\partial\lambda}\tilde{y}(x;\lambda_1)$$

die Dgl. (6.1) lösen und über dem Intervall $(0,\rho)$ linear unabhängig sind. Es stimmt nun aber $\tilde{y}(x;\lambda_1)$ mit $y(x;\lambda_2)$ bis auf einen konstanten Faktor überein. Das ergibt sich aus den beiden Feststellungen (6.8), (6.9). $y(x;\lambda_2)$ ist nämlich – gemäß Satz 6.1 – auch Lösung der Dgl. (6.1) und besitzt eine Reihenentwicklung, die wie diejenige von $\tilde{y}(x;\lambda_1)$ mit der Potenz $x^{\lambda_2} = x^{\lambda_1 + m}$ beginnt. Beachtet man nun noch, daß sich die Ableitung $\partial/\partial\lambda\,\tilde{y}(x;\lambda)$ als Summe aus $\tilde{y}(x;\lambda)\log x$ und einer Reihe vom gleichen Typ wie $\tilde{y}(x;\lambda)$ schreiben läßt, so gelangt man schließlich zu folgendem Resultat.

Satz 6.2. *Sind die Bedingungen* (6.25) *erfüllt, so besitzt die Dgl.* (6.1) *ein Fundamentalsystem bestehend aus $y(x;\lambda_2)$ und einer Funktion der Form*

$$(6.27) \qquad y(x;\lambda_2)\log x + x^{\lambda_1}\sum_{\mu=0}^{\infty}\tilde{\eta}_\mu x^\mu.$$

Bemerkungen und Aufgaben. 1. Die Gleichung $\chi(\lambda) = 0$ (vgl. (6.5)), durch die ja die Anfangsexponenten λ_i der Potenzreihenlösungen festgelegt werden, heißt die zur Dgl. (6.1) gehörige Indexgleichung.

2. Man zeige: Falls $\lambda_2 - \lambda_1 = m \in \mathbf{N}$, so läßt sich die Entscheidung, ob die zweite Lösung vom Typ $y(x;\lambda_1)$ oder vom Typ (6.27) ist, so treffen. Man betrachte die linearen Rekursionsgleichungen $\delta_n(\lambda_1) = 0, n = 1,2,\ldots$ (vgl. (6.7)). Dann und nur dann, wenn dieses System eine Lösung $(\eta_0,\eta_1,\ldots)$ mit $\eta_0 \neq 0$ besitzt, liegt der Typ $y(x;\lambda_1)$ vor, und zwar ist $y(x;\lambda_1)$ eben die mit den η_n als Koeffizienten gebildete Reihe. Ob (6.7) lösbar ist oder nicht, entscheidet sich übrigens bei der Bestimmung von η_m.

3. Unter Benutzung von Aufgabe 2 lassen sich die Aussagen der beiden Sätze 6.1 und 6.2 so fassen, daß auf die rationalen Funktionen $\eta_n(\lambda)$ nicht mehr Bezug genommen wird. Man führe dies aus und gebe den Resultaten dieses Abschnittes die Form von Anweisungen, nach denen man in einem konkreten Fall ein Fundamentalsystem für die Dgl. (6.1) durch Reihenansatz finden kann.

4. Gegeben ist die Dgl.

$$(6.28) \qquad a_2(x)y'' + a_1(x)y' + a_0(x)y = 0,$$

wobei die Koeffizienten $a_i(x)$ Polynome in x sind. Man zeige: a) Wenn $a_2(0) \neq 0$ ist, so läßt sich die Dgl. (6.28) in die Form (6.1) überführen, wobei die Funktionen p_0, p_1 eine Reihenentwicklung der Form (6.4) mit $\alpha_0 = \alpha_1 = \beta_0 = 0$ besitzen. In diesem Falle existiert ein Fundamentalsystem der Form $y(x;0)$, $y(x;1)$ (vgl. Aufgabe 2b)). Falls $x = 0$ eine Nullstelle 1. Ordnung von a_2 ist, kann die Dgl. ebenfalls in die Form (6.1) übergeführt werden. Falls a_2 eine Nullstelle zweiter Ordnung hat, geht dies dann und nur dann, wenn $a_1(0) = 0$ ist. – Beispiele von Dgln., bei denen diese Bedingungen erfüllt sind: Die Besselsche Dgl. $x^2y'' + xy' + (x^2 - \nu^2)y = 0$ und die hypergeometrische Dgl. $x(x-1)y'' + [(\alpha + \beta + 1)x - \gamma]y' + \alpha\beta y = 0$. Für die Diskussion dieser Dgln. (die sich allerdings nicht nur auf die Integration durch Potenzreihenansatz beschränkt) sei auf die Literatur verwiesen (Bieberbach [28], Ince [10], Kamke [12], Grauert-Fischer [21], Whittaker-Watson [25]).

Es sei noch bemerkt, daß für die explizite Integration der Übergang zur Form (6.1) nicht zweckmäßig ist, sofern man so vorgeht, wie das in Aufgabe 3 skizziert wurde. Für das Aufstellen der Indexgleichung und die Gewinnung einer Potenzreihenlösung ist (6.28) im allgemeinen besser geeignet als (6.1). Man beachte insbesondere, daß das Polynom $\chi(\lambda)$ bis auf einen konstanten Faktor gleich dem Koeffizienten der niedrigsten vorkommenden Potenz von x im Ausdruck $a_2(x)(x^\lambda)'' + a_1(x)(x^\lambda)' + a_0(x)x^\lambda$ ist.

5. Für die Dgl. $xy'' + y' + y = 0$ bestimme man $y(x;\lambda)$ und gewinne daraus ein Fundamentalsystem für die Intervalle $(-\infty, 0)$, $(0, \infty)$.

6. Mit Hilfe des Ansatzes $y = x^\lambda$ kann die Eulersche Dgl.

$$x^n y^{(n)} + \alpha_{n-1} x^{n-1} y^{(n-1)} + \cdots + \alpha_1 x y' + \alpha_0 y = 0, \quad \alpha_i \in \mathbf{R}$$

in der gleichen Weise elementar integriert werden, wie dies für $n = 2$ zu Beginn des Abschnittes vorgeführt wurde.

7. Einiges über ebene autonome Systeme. Phasenebene

In den folgenden beiden Abschnitten beginnen wir mit der Diskussion von autonomen Systemen von zwei Dgln. 1. Ordnung. Diese Betrachtungen haben vorbereitenden Charakter und bleiben in dem bisherigen elementaren Rahmen dieses Kapitels. Sie werden auf höherer Ebene in Kapitel IV weitergeführt. In der Bezeichnungsweise passen wir uns dem Stil der folgenden Abschnitte des Buches an und schreiben die Dgln. in der Form

$$(7.1) \qquad \dot{x} = f(x,y), \quad \dot{y} = g(x,y).$$

f, g sind dabei Funktionen der zwei Veränderlichen x, y, die auf einer offenen Menge $\boldsymbol{G}$ der (x,y)-Ebene definiert und stetig partiell nach x und y differenzierbar sind.

Unter einer Lösung von (7.1) verstehen wir ein Paar $(x(t), y(t))$ von differenzierbaren Funktionen einer Veränderlichen t, die der Bedingung

$$(7.2) \qquad \dot{x}(t) = f(x(t), y(t)), \quad \dot{y}(t) = g(x(t), y(t))$$

genügen. Der Punkt bedeutet jetzt Ableitung nach t. Wir nehmen an, daß die Beziehung (7.2) auf einem offenen Intervall $I = (\alpha, \beta)$ gültig ist, wobei auch $\alpha = -\infty$ oder $\beta = \infty$ sein kann. Alle Aussagen über Lösungen, die im folgenden gemacht werden, beziehen sich stets auf ein solches Intervall, auch wenn das nicht immer ausdrücklich gesagt wird. Daß die Veränderliche, von der die Lösungen der Dgl. (7.1) abhängen, t genannt wird, ist natürlich nicht wesentlich. Wesentlich wird aber bei den folgenden Überlegungen die Tatsache benutzt, daß die Funktionen f und g selber von dieser Veränderlichen nicht abhängen, d. h. daß es sich bei (7.1) um ein sog. autonomes System von zwei Dgln. 1. Ordnung handelt. Es folgt daraus u. a., daß man aus einer Lösung $(x(t), y(t))$ durch eine Verschiebung in t wieder eine Lösung erhält, d. h. mit $(x(t), y(t))$ ist auch das Funktionenpaar $(x_c(t), y_c(t)) = (x(t+c), y(t+c))$ wieder Lösung von (7.1) für jede Wahl von c. Das bestätigt man sofort, indem man in der Identität (7.2) die Substitution $t \to t + c$ ausführt.

Es gibt drei Gründe, sich schon an dieser Stelle, noch ehe spezifische Methoden zur Verfügung stehen, mit autonomen Systemen von zwei Dgln. eingehender zu befassen. Erstens besteht zwischen den Lösungen von (7.1) und den Lösungen $y = y(x)$ bzw. $x = x(y)$ der Dgl. 1. Ordnung

$$(7.3) \qquad \frac{\mathrm{d}y}{\mathrm{d}x} = \frac{g(x,y)}{f(x,y)} \quad \text{bzw.} \quad \frac{\mathrm{d}x}{\mathrm{d}y} = \frac{f(x,y)}{g(x,y)}$$

ein enger Zusammenhang, dessen Verwendung eine Ergänzung zu den in Abschn. 4 geschilderten elementaren Integrationsverfahren darstellt. (Man erhält die Dgl. (7.3) formal aus (7.1), indem man dort $\mathrm{d}x/\mathrm{d}t$ bzw. $\mathrm{d}y/\mathrm{d}t$ statt $\dot{x}$ bzw. $\dot{y}$ schreibt und dann beide Seiten durcheinander dividiert.) Zweitens fallen unter die Dgln. vom Typ (7.1) auch skalare autonome Dgln. 2. Ordnung der Form $\ddot{x} = g(x, \dot{x})$, wie sie in vielen Anwendungsgebieten, z. B. beim Studium mechanischer Systeme von einem Freiheitsgrad, auftreten. Eine solche Dgl. ist mit dem System

$$(7.4) \qquad \dot{x} = y, \quad \dot{y} = g(x, y)$$

äquivalent. Drittens lassen sich viele Sätze der allgemeinen Theorie, mit der wir uns von Kapitel III an beschäftigen werden, besonders gut an den Dgln. vom Typ (7.1) illustrieren. Das beruht vor allem darauf, daß man hier die Aufgabe der Integration geometrisch interpretieren kann, indem man jeder Lösung die Kurve in der (x, y)-Ebene mit der Parameterdarstellung $t \to (x(t), y(t))$ entsprechen läßt. Diesen Vorgang bezeichnet man auch als Übergang zur Phasenebene und nennt das Resultat das Phasenporträt der Dgln. (7.1). Im Hinblick auf die eben geschilderte Form der Veranschaulichung hat sich daher die Bezeichnung ebenes autonomes System für die Dgln. (7.1) eingebürgert. Wir wollen nun einige Gesichtspunkte zusammenstellen, nach denen man zweckmäßigerweise bei der Anfertigung eines solchen Phasenporträts vorgeht. Als erstes betrachten wir diejenigen Lösungen (sofern solche vorhanden sind), die von t unabhängig sind, für die also $x(t) = \text{const} = x_0$, $y(t) = \text{const} = y_0$ gilt. Die zugehörige Kurve reduziert sich dann auf den Punkt (x_0, y_0). Man nennt solche Punkte singuläre Punkte der Dgl. (7.1), die zugehörigen Lösungen stationäre Lösungen oder Ruhelagen. Aus (7.2) ergibt sich sofort, daß (x_0, y_0) dann und nur dann singulärer Punkt von (7.1) ist, wenn

$$(7.5) \qquad f(x_0, y_0) = 0, \quad g(x_0, y_0) = 0$$

gilt. Wichtig für die Untersuchung des Phasenporträts ist das Verhältnis, in dem die singulären Punkte zu den übrigen Kurven stehen. Hierfür gilt zunächst

Hilfssatz 7.1. *Es sei (x_0, y_0) singulärer Punkt und $(x(t), y(t))$ eine Lösung von* (7.1). *Wenn die Beziehung $x(t) = x_0$, $y(t) = y_0$ für ein t gilt, so gilt sie für alle t, d. h. es ist $(x(t), y(t))$ stationäre Lösung.*

Beweis. Der Hilfssatz ist ein Spezialfall des Satzes 9.2. Da wir die Resultate von Abschn. 9 aber hier nicht als bekannt voraussetzen wollen, geben wir einen eigenen Beweis. Es werde $v(x,y) = 2(x - x_0)f(x,y) + 2(y - y_0)g(x,y)$ gesetzt. Aus (7.5) ergibt sich dann, daß es eine positive Zahl c und eine Umgebung N von (x_0, y_0) gibt, auf der sich v in der Form $|v(x,y)| \leq c((x - x_0)^2 + (y - y_0)^2)$ abschätzen läßt. Für die Ableitung der Funktion $\rho(t) = (x(t) - x_0)^2 + (y(t) - y_0)^2$ folgt nun aus (7.2) die Beziehung $\dot{\rho}(t) = v(x(t), y(t))$. Es läßt sich daher ein $\varepsilon > 0$ so finden, daß die Abschätzung $|\dot{\rho}(t)| \leq c|\rho(t)|$ immer dann besteht, wenn $|\rho(t)| \leq \varepsilon$. Dies bedeutet aber gemäß Satz 3.1, Korollar 2, daß $\rho(t)$ entweder identisch Null ist oder für kein t verschwindet.

Wir ziehen aus dem Hilfssatz zunächst einige Folgerungen. Ist $(x(t), y(t))$ eine nichtstationäre Lösung der Dgln. (7.1), so ist $(\dot{x}(t), \dot{y}(t)) = (f(x(t), y(t)), g(x(t), y(t))) \neq 0$ für alle t. Die Kurve mit der Parameterdarstellung $t \to (x(t), y(t))$ ist also glatt und führt nicht durch einen singulären Punkt hindurch (sie kann sich einem solchen Punkt aber für $t \to \pm\infty$ unbegrenzt nähern). Sie hat zudem die Eigenschaft, daß in jedem Kurvenpunkt (x, y) der Vektor $(f(x,y), g(x,y))$ die Richtung der Kurventangente angibt. Man kann daher wie bei Dgln. 1. Ordnung einem ebenen autonomen System ein Richtungsfeld in der Phasenebene zuordnen, in das sich eine Lösungskurve stets so einfügt, daß in jedem Kurvenpunkt die Tangente mit dem Linienelement zusammenfällt. Daß nun umgekehrt jede glatte ebene Kurve, die sich in dem angegebenen Sinne in bezug auf das Richtungsfeld verhält, auch so parametrisieren läßt, daß die Parameterfunktionen Lösungen der Dgln. (7.1) werden, wird sich aus dem folgenden Satz ergeben, dem wir zunächst eine Definition vorausschicken.

Definition 7.1. *Unter einer glatten Trajektorie der Dgln.* (7.1) *versteht man eine glatte ebene Kurve, die die Eigenschaft besitzt, daß der Tangentialvektor in jedem Kurvenpunkt (x, y) proportional zu $(f(x,y), g(x,y))$ ist.*

Wenn eine Kurve eine Parameterdarstellung der Form $t \to (x(t), y(t))$ besitzt, und wenn $(x(t), y(t))$ eine nicht-stationäre Lösung der Dgln. (7.1) ist, so ist die Kurve

Trajektorie [1]. Daß nun umgekehrt jede Trajektorie auch in dieser Weise beschrieben werden kann, ergibt sich aus dem folgenden Satz.

Satz 7.1. *Jede Trajektorie besitzt eine Parameterdarstellung $t \to (x(t), y(t))$, wobei $(x(t), y(t))$ Lösung von (7.1) ist. Bis auf eine Verschiebung der Form $t \to t + c$ ist diese Darstellung eindeutig.*

Beweis. Wir gehen aus von irgendeiner Parameterdarstellung $\tau \to (x(\tau), y(\tau))$ einer Trajektorie. Der Parameter τ variiert dabei in einem gewissen Intervall I_τ. Die Ableitung $d/d\tau$ der vektorwertigen Funktion $(x(\tau), y(\tau))$ ist nach Voraussetzung stetig und $\neq (0,0)$ für jedes $\tau \in I_\tau$. Ferner gibt es gemäß Definition 7.1 zu jedem $\tau \in I_\tau$ eine Zahl $\kappa(\tau)$, so daß

$$(7.6) \qquad \frac{dx}{d\tau}(\tau) = \kappa(\tau) f(x(\tau), y(\tau)), \quad \frac{dy}{d\tau}(\tau) = \kappa(\tau) g(x(\tau), y(\tau))$$

gilt. Aus dieser Beziehung und dem vorher Gesagten folgt, daß $\kappa(\tau) \neq 0$ und $(x(\tau), y(\tau))$ kein singulärer Punkt ist. Zu jedem $\tau_0 \in I_\tau$ gibt es aus Stetigkeitsgründen eine Umgebung, auf der entweder $f(x(\tau), y(\tau))$ oder $g(x(\tau), y(\tau))$ von Null verschieden ist. Man kann daher für alle τ aus dieser Umgebung eine der beiden Beziehungen (7.6) nach $\kappa(\tau)$ auflösen und somit $\kappa(\tau)$ als Quotient von stetigen Funktionen darstellen. Da eine solche Darstellung auf einer geeigneten Umgebung jedes τ_0 möglich ist, ist klar, daß $\kappa(\tau)$ eine auf I_τ stetige und nirgends verschwindende Funktion ist. Wir wollen uns nun überlegen, wie sich die Beziehungen (7.6) bei einer Parametersubstitution $\tau = \tau(t)$ ändern. $\tau(t)$ soll dabei eine auf einem Intervall I_t stetig differenzierbare Funktion sein, deren Ableitung $\dot{\tau}(t)$ von Null verschieden ist und die I_t auf I_τ abbildet. Man denke sich in den Beziehungen (7.6) überall τ durch $\tau(t)$ ersetzt und beide Seiten mit $\dot{\tau}(t)$ multipliziert. Indem man schließlich noch zur Abkürzung $x(t), y(t)$ statt $x(\tau(t)), y(\tau(t))$ schreibt, ergeben sich für die neuen Parameterfunktionen die Beziehungen

$$\dot{x}(t) = \kappa(\tau(t))\dot{\tau}(t) f(x(t), y(t)), \quad \dot{y}(t) = \kappa(\tau(t))\dot{\tau}(t) g(x(t), y(t)) .$$

$(x(t), y(t))$ wird also Lösung von (7.1) dann und nur dann, wenn $\tau(t)$ auf dem Intervall I_t eine Lösung der Dgl.

$$(7.7) \qquad \kappa(\tau)\dot{\tau} = 1$$

ist. Die Gesamtheit der Lösungen von (7.7) ist aber leicht anzugeben (Trennung der Veränderlichen!). Die Funktion $\kappa(\tau)$ besitzt auf I_τ eine streng monotone Stammfunktion $k(\tau)$, mit deren Hilfe sich die Dgl. (7.7) in die Gleichung $k(\tau) = t + c$ verwandeln läßt, die wegen der Monotonie von k nach Wahl von c eindeutig nach τ auflösbar ist.

Zusatz. Aus der Tatsache, daß $\tau(t)$ Lösung der Dgl. (7.7) ist, ergibt sich durch Integration nach t zwischen den Grenzen t_0 und t_1

[1] Den Zusatz „glatt“ lassen wir für den Rest dieses Abschnittes fort.

(7.8) $$t_1 - t_0 = \int_{t_0}^{t_1} \kappa(\tau(t))\dot{\tau}(t)\,\mathrm{d}t = \int_{\tau_0}^{\tau_1} \kappa(\tau)\,\mathrm{d}\tau\,.$$

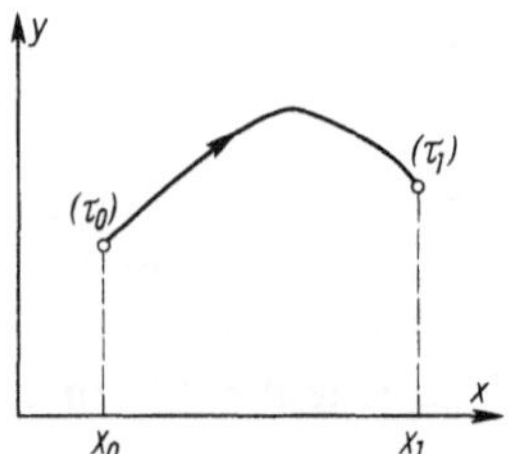

Abb. 1

Interpretiert man t in der üblichen Weise als Zeit, so gibt demnach das Integral auf der rechten Seite von (7.8) an, wie lange man braucht, um sich auf der Trajektorie von dem zu τ_0 gehörigen Punkt zu dem zu τ_1 gehörigen Punkt zu bewegen (sofern dabei das Bewegungsgesetz durch die Dgl. (7.1) gegeben ist).

Wir können nunmehr auch den Zusammenhang zwischen den Dgln. (7.1) und (7.3) klären. Ist $y(x)$ Lösung der Dgl. $y' = g(x,y)/f(x,y)$ auf einem Intervall $[x_0, x_1]$ – das bedeutet u. a. natürlich, daß dort $f(x,y(x)) \neq 0$ ist – so ist der Graph der Funktion $y(x)$ eine Trajektorie im Sinne unserer Definition, denn die Vektoren $(1,y'(x))$ und $(f(x,y(x)), g(x,y(x)))$ sind proportional (mit dem Proportionalitätsfaktor $\kappa(x) = f(x,y(x))^{-1}$. Wir halten für später fest, daß man für die Zeit, die zum Durchlaufen des Graphen (von $(x_0,y(x_0))$ bis zum Punkt $(x_1,y(x_1))$) benötigt wird, gemäß (7.8) die Beziehung

(7.9) $$t_1 - t_0 = \int_{x_0}^{x_1} \frac{\mathrm{d}x}{f(x,y(x))}$$

erhält.

Hat man umgekehrt eine Lösung $(x(t),y(t))$ von (7.1) und gilt $\dot{x}(t) = f(x(t),y(t)) \neq 0$ für alle t, so läßt sich die zugehörige Kurve bekanntlich auch in der Form $y = y(x)$ darstellen. Man braucht bloß die zu $x = x(t)$ gehörige Umkehrfunktion $t = t(x)$ zu bilden und sie an Stelle von t in $y(t)$ eintragen. Die so entstehende Funktion von x ist Lösung der Dgl. $y' = g(x,y)/f(x,y)$. Das ergibt sich sofort aus der wohlbekannten Beziehung $\mathrm{d}y(t(x))/\mathrm{d}x = \dot{y}(t)/\dot{x}(t) = g(x(t),y(t))[f(x(t),y(t))]^{-1}$, wobei man rechts t durch $t(x)$ zu ersetzen hat.

Die Diskussion des Phasenporträts wird wesentlich erleichtert, wenn es möglich ist, ein erstes Integral der Dgl. (7.1) zu Hilfe zu nehmen. Dieser Begriff soll zunächst erläutert werden.

Definition 7.2. *Es sei $H = H(x,y)$ eine auf $\boldsymbol{G}$ stetig differenzierbare Funktion. Wenn die Beziehung*

(7.10) $$H_x(x,y)f(x,y) + H_y(x,y)g(x,y) = 0$$

für alle $(x,y) \in \boldsymbol{G}$ gilt, so sagt man $H(x,y) = \mathrm{const}$ ist ein erstes Integral der Dgl. (7.1).

Die etwas befremdend anmutende verbale Umschreibung des Sachverhaltes (7.10) wird durch den folgenden Satz motiviert.

Satz 7.2. *Es sei* $H(x,y) = \text{const}$ *ein erstes Integral der Dgl.* (7.1), *d. h. es möge die Beziehung* (7.10) *bestehen. Dann gilt:*

a) *Es ist* $H(x(t), y(t))$ *von* t *unabhängig, falls* $(x(t), y(t))$ *Lösung von* (7.1) *ist.*

b) *Umgekehrt: Jede Niveaulinie der Funktion* H, *die nicht durch einen singulären Punkt führt und die die Eigenschaft besitzt, daß der Vektor* $\operatorname{grad} H = (H_x, H_y)$ *in keinem ihrer Punkte verschwindet, ist Trajektorie.*

Bemerkung. Unter einer Niveaulinie einer Funktion $H(x,y)$ verstehen wir eine glatte Kurve in der (x,y)-Ebene, entlang der die Funktion konstant ist, über der also die Fläche $z = H(x,y)$ konstante Höhe hat. Man beachte, daß Niveaulinien von H singuläre Punkte der Dgl. (7.1) enthalten können und daher in ihrer gesamten Erstreckung nicht notwendig Trajektorien sind. Z. B. besitzt die Dgl. $\dot{x} = x, \dot{y} = -y$ das Integral $xy = \text{const}$. $x = 0, y = 0$ sind Niveaulinien von H, aber nicht Trajektorien, da sie durch den singulären Punkt hindurchführen. Entfernt man diesen Punkt, so sind die verbleibenden Halbgeraden Trajektorien.

Beweis. Zu a). Es ist

$$\frac{\mathrm{d}}{\mathrm{d}t} H(x(t), y(t)) = H_x(x(t), y(t))\dot{x}(t) + H_y(x(t), y(t))\dot{y}(t) = 0 \qquad \text{für alle } t.$$

Das ergibt sich sofort aus den Relationen (7.2) und (7.10). Zu b). In jedem Punkt (x, y) der Niveaulinie sind nach Voraussetzung die beiden Vektoren $\operatorname{grad} H(x, y)$ und $(f(x, y), g(x, y))$ von $(0,0)$ verschieden, wegen (7.10) stehen sie aufeinander senkrecht. Andererseits steht bekanntlich der Gradient auf der Niveaulinie senkrecht. Daher haben in jedem Punkte der Niveaulinie die Tangente und der Vektor $(f(x, y), g(x, y))$ gleiche Richtung, d. h. die Niveaulinie ist im Sinne der Definition 7.1 eine Trajektorie.

Eine generelle Methode, um zu einer gegebenen Dgl. ein Integral zu finden, gibt es nicht. Wohl aber sind eine Reihe von methodischen Ansätzen bekannt, die in einem konkreten Fall unter Umständen zum Ziele führen können. Wir wollen die wichtigsten kurz skizzieren.

Wenn es Funktionen m und H gibt, derart daß die folgenden Beziehungen bestehen

$$(7.11) \qquad mg = H_x, \qquad mf = -H_y,$$

so ist $H = \text{const}$ ein erstes Integral der Dgl. (7.1). Dies sieht man sofort an Hand der Definition 7.2. m ist nichts anderes als ein Multiplikator oder integrierender Faktor für jede der Dgln. (7.3) (vgl. Abschn. 4), was aufgrund des Zusammenhanges zwischen dem System (7.1) und den Dgln. (7.3) auch nicht verwunderlich ist. Wenn es daher gelingt, eine der beiden Dgln. (7.3) irgendwie elementar zu integrieren und das Resultat in der Form $F(x,y) = c$ darzustellen, wird man damit rechnen können, daß die Beziehungen (7.10) mit $H = F$ erfüllt sind (was man natürlich in einem konkreten Fall stets nachprüfen muß).

$H = \text{const}$ ist insbesondere dann ein erstes Integral der Dgl. (7.1), wenn die Beziehung (7.11) mit $m = 1$ besteht. In diesem Falle spricht man auch von einem Hamiltonschen System von Dgln. und bezeichnet H selbst als die zugehörige Hamiltonfunktion. Bei einem solchen System fallen die singulären Punkte der Dgl. mit den stationären Stellen von H (d. h. den Stellen, an denen $\operatorname{grad} H = (0,0)$ wird) zusammen. Jede Niveaulinie von H, die nicht durch einen singulären Punkt der Dgl. hindurchführt, ist also gemäß Satz 7.2 Trajektorie. Das einfachste Beispiel eines

Hamiltonschen Systems stellt die skalare Dgl. $\ddot{x} = g(x)$ dar, bei der die rechte Seite nicht von $\dot{x}$ abhängt. Zu dem äquivalenten System

$$(7.12) \qquad \dot{x} = y, \quad \dot{y} = g(x)$$

gehört in der Tat die Funktion $H(x,y) = -(y^2/2) + G(x)$ als Hamiltonfunktion, falls G eine Stammfunktion von g ist. Die singulären Punkte von (7.12) sind die Punkte der Form $(x_0, 0)$, wo $g(x_0) = 0$. Die Trajektorien sind die Niveaulinien der Funktion $-(y^2/2) + G(x)$, bestehen also aus Bögen, die sich in der Form $y = \pm\sqrt{c + 2G(x)}$ darstellen lassen. Wenn die Nullstellen der Funktion $g(x)$ alle einfach sind, läßt sich der Verlauf der Trajektorien qualitativ leicht angeben. (Siehe Abb. 2. Es sind für zwei verschiedene Werte von c die Graphen der Funktion $2G(x) + c$ und darunter die zugehörigen Trajektorien dargestellt. Die singulären Punkte sind auf der x-Achse durch Kreise markiert.)

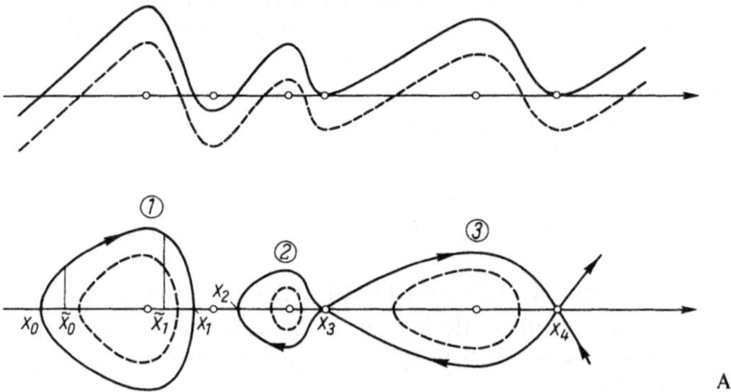

Abb. 2

Zum Phasenporträt der Dgl. (7.12) sei noch folgendes bemerkt. Wenn die Funktion $2G(x) + c$ auf einem Intervall (x_0, x_1) positiv ist und in den Randpunkten verschwindet, so sind die beiden Kurven $y = \pm\sqrt{2G(x) + c}$ über (x_0, x_1) Trajektorien. Sie schließen sich in einem Randpunkt zu einer glatten Kurve zusammen, wenn $2G(x) + c$ dort eine einfache Nullstelle hat (Typ 2, der Randpunkt ist x_2). Wenn dies an beiden Randstellen (z. B. $x = x_0, x_1$) geschieht, entsteht eine geschlossene Trajektorie (Typ 1). Hat $2G(x) + c$ eine zweifache Nullstelle (z. B. $x = x_3, x_4$), so ist diese zugleich singuläre Stelle und es laufen die Trajektorien $y = \pm\sqrt{2G(x) + c}$ unter verschiedenen Winkeln in den Punkt hinein, können sich also insbesondere dort nicht zu einer einzigen glatten Kurve zusammenschließen. Eine solche Trajektorie nennt man auch Separatrix, da sie verschiedene Typen von Trajektorien voneinander trennt. Zu jeder Trajektorie gehört gemäß Satz 7.1 eine bis auf eine Verschiebung in t eindeutig bestimmte Lösung $(x(t), y(t))$ der Dgl. (7.1). Die zum Typ 2 gehörige Lösung nähert sich für $t \to \pm\infty$ dem gleichen singulären Punkt, die zum Typ 3 gehörigen Lösungen für $t \to +\infty$ und $t \to -\infty$ verschiedenen singulären Punkten. Dem Typ 1 schließlich entspricht eine Lösung, deren Komponenten $x(t)$ und $y(t)$ periodische Funktionen von t sind, wobei die Periode gerade gegeben wird durch die Zeit, die zum einmaligen Durchlaufen der Trajektorie gebraucht wird. Das ergibt sich unschwer aus den bisherigen Überlegungen, wird aber auch in III Abschn. 5 noch einmal (und zwar für autonome Dgln. beliebiger Ordnung) bewiesen werden. Nun ist die Zeit, die man braucht, um von $\tilde{x}_0$ nach $\tilde{x}_1$ zu kommen (s. Abb. 2) gemäß (7.9) gegeben durch das Integral

$$\int_{\tilde{x}_0}^{\tilde{x}_1} y(x)^{-1}\,dx = \int_{\tilde{x}_0}^{\tilde{x}_1} (2G(x) + c)^{-1/2}\,dx\,.$$

Läßt man $\tilde{x}_i$ gegen x_i streben, so erhält man für die halbe Periode (denn das ist wegen der Symmetrie der Trajektorie offenbar die Zeit, die nötig ist, um von x_0 nach x_1 zu gelangen) eine Darstellung durch das uneigentliche Integral

$$\int_{x_0}^{x_1} (2G(x) + c)^{-1/2} \mathrm{d}x .$$

(Daß das Integral existiert, kann man sich auch direkt klarmachen, wenn man beachtet, daß die Funktion $2G(x) + c$ für $x = x_0, x_1$ Nullstellen erster Ordnung besitzt.)

Aufgaben. 1. Wählt man für f bzw. g Polynome der Form $\alpha x + bxy$ bzw. $cy + dxy$, wobei a, b, c, d Konstante sind, so lassen sich die Dgln. (7.1) interpretieren als einfache Modelle für die zeitliche Änderung zweier miteinander in Wechselwirkung stehender biologischer oder ökonomischer Systeme mit den Potentialen x bzw. y [1].

Setzt man $b = d = 0$, so erhält man das Wachstumsgesetz jedes Systems bei Abwesenheit des Partners; durch Hinzufügen der nicht-linearen Glieder wird dem Einfluß der anderen Partei Rechnung getragen, wobei die möglichen Auswirkungen vor allem vom Vorzeichen der Konstanten abhängen. Zwei typische Situationen werden durch die folgenden Dgln. beschrieben.

(7.13) $\quad \dot{x} = -x(1-y), \quad \dot{y} = y(1-x)$ (vgl. Abb. 3),

(7.14) $\quad \dot{x} = x(1-y), \quad \dot{y} = y(1-x)$ (vgl. Abb. 4).

Modell für (7.13): In einem Teich leben x große und y kleine Fische. Die großen Fische ernähren sich ausschließlich von den kleinen, die kleinen von irgendwelcher Nahrung, die in unbegrenzter Menge vorhanden ist.

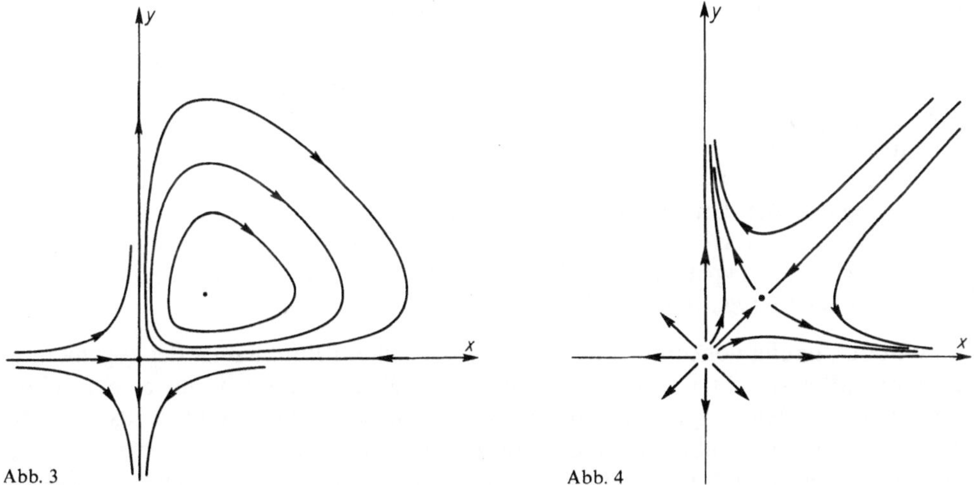

Abb. 3 Abb. 4

Modell für (7.14): Zwei Parteien mit den Potentialen x und y, die unabhängig voneinander existieren könnten, treten in Konkurrenz und schädigen sich gegenseitig.

Man finde für jede der beiden Dgln. ein erstes Integral (Trennung der Veränderlichen!) und diskutiere das Phasenporträt, insbesondere unter dem Gesichtspunkt der oben skizzierten Interpretationen.

---

[1] Vgl. Aumann, G.: Math. Z. **73** (1960) 374–375.

2. Die Dgl. $\ddot{x} = \dot{x}^2 + x$ besitzt ein elementares Integral, mit dessen Hilfe das Phasenporträt zu skizzieren ist.

8. Singuläre Punkte

Ein singulärer Punkt (x_0, y_0) eines ebenen autonomen Systems heißt isoliert, wenn es in einer hinreichend kleinen Umgebung keinen weiteren singulären Punkt gibt. Es ist nun die Frage von Interesse, welcher Zusammenhang zwischen dem lokalen Verhalten der Funktionen f, g an der Stelle (x_0, y_0) und der Gestalt des Phasenporträts besteht. In einer Reihe von Fällen reichen die elementaren Integrationsmethoden zur Beantwortung dieser Frage aus. Hierzu sollen einige Hinweise gegeben werden. Vermöge einer Substitution $x \to x + x_0$, $y \to y + y_0$ können wir uns den singulären Punkt stets in den Ursprung verlegt denken, d. h. es wird im folgenden angenommen, daß (0,0) ein isolierter singulärer Punkt von (7.1) ist.

Wir betrachten als erstes den Fall, daß die Dgl. auf einer gewissen Umgebung N der singulären Stelle (0,0) ein erstes Integral $H = \text{const}$ besitzt, und daß der Gradient von H nur an der Stelle (0,0) verschwindet. Die in $N | \{(0,0)\}$ verlaufenden Trajektorien sind Niveaulinien der Funktion H und umgekehrt. Da $H_x = H_y = 0$ ist für $(x, y) = (0,0)$, sieht die Taylor-Entwicklung der Funktion H an der Stelle (0,0) so aus

$$H = H(0,0) + \alpha x^2 + 2\beta x y + \gamma y^2 + \text{höhere Glieder}. \tag{8.1}$$

Ist die in (8.1) auftretende quadratische Form definit, so hat H an der Stelle (0,0) ein lokales Extremum und die in der Umgebung von (0,0) verlaufenden Trajektorien sind sämtlich geschlossene Kurven. Man spricht dann von einem Wirbelpunkt. Falls die Form indefinit ist, spricht man von einem Sattelpunkt, in Anlehnung an die in der elementaren Flächentheorie übliche Bezeichnung. Wie das Bild der Niveaulinien in der Umgebung eines Sattelpunktes aussieht, ist aus der Analysis wohlbekannt. Für das Hamiltonsche System (7.12) sind Wirbel- und Sattelpunkt die beiden einzigen Typen von singulären Punkten, jedenfalls sofern $g(x)$ nur einfache Nullstellen besitzt (vgl. Abb. 2, Abschn. 7).

Ein weiterer, häufig vorkommender Typ von singulären Punkten ist der sogenannte Knoten. Man spricht von einem Knoten oder Knotenpunkt, wenn es eine Umgebung N von (0,0) gibt, derart daß die von einem beliebigen Punkt $\neq (0,0)$ von N im Sinne wachsender (abnehmender) t ausgehende Trajektorie für $t \to \infty$ $(t \to -\infty)$ dem singulären Punkt unter einem bestimmten Winkel zustrebt. Dabei kann es vorkommen, daß Trajektorien unter jeder möglichen Richtung einmünden, oder daß es nicht mehr als zwei (oder sogar nur eine) solcher ausgezeichneten Richtungen gibt [1)]. Ein Knoten vom ersten Typ liegt z. B. bei der Dgl. (7.14) an der Stelle (0,0) vor (vgl. Abb. 4, Abschn. 7). Da $H(x, y) = y e^{-y} e^x x^{-1} = \text{const}$ nämlich Integral die-

[1)] In der Literatur spricht man in diesem Zusammenhang gelegentlich von entarteten und nichtentarteten Knoten, doch ist die Terminologie hier nicht einheitlich.

ser Dgl. ist, besteht für ein passendes c die Beziehung $ye^{-y} = ce^{-x}x$ entlang jeder Trajektorie, die nicht ein Teil der y-Achse ist. In einer Umgebung von $y = 0$ besitzt aber die Funktion $w(y) = ye^{-y}$ eine Umkehrfunktion $y = y(w)$ und somit erhält man für die Trajektorie die Darstellung $y = y(ce^{-x}x)$. Diese Funktion hat aber an der Stelle $x = 0$ die Ableitung c, d. h. es existiert im Punkte (0,0) eine Halbtangente an die Trajektorie mit dem Anstieg c. – Ein Beispiel einer (nichtlinearen) Dgl., die einen Knoten mit nur zwei Tangentenrichtungen besitzt, findet man in Aufgabe 3.

Wir wollen in diesem Zusammenhang noch kurz auf den Fall eines linearen autonomen Systems eingehen, wenn f und g also lineare Funktionen in x und y sind. Da (0,0) eine gemeinsame Nullstelle von f und g sein soll, lassen sich die Dgln. dann in der Form

$$\text{(8.2)} \qquad \dot{x} = ax + by\,, \quad \dot{y} = cx + dy$$

schreiben, wo a, b, c, d reelle Zahlen sind. Die Bestimmung des Typs der singulären Stelle ist dann im wesentlichen eine Angelegenheit der Linearen Algebra. Man macht von der Möglichkeit Gebrauch, die rechte Seite der Dgl. (8.2) mit Hilfe einer geeigneten linearen Transformation

$$\text{(8.3)} \qquad x = \tau_{11}\tilde{x} + \tau_{12}\tilde{y}, \quad y = \tau_{21}\tilde{x} + \tau_{22}\tilde{y}$$

zu vereinfachen. Um die Ausführung einer solchen Transformation bequem verfolgen zu können, bedienen wir uns für den Moment schon der Matrizenschreibweise, die systematisch erst im nächsten Kapitel eingeführt werden wird. Wir fassen zu diesem Zweck x, y zu einem Spaltenvektor zusammen und können dann (8.2) als Vektordifferentialgleichung

$$\text{(8.4)} \qquad \begin{pmatrix} \dot{x} \\ \dot{y} \end{pmatrix} = A \begin{pmatrix} x \\ y \end{pmatrix} \quad \text{mit} \quad A = \begin{pmatrix} a & b \\ c & d \end{pmatrix}$$

und die Transformation (8.3) in der Form

$$\text{(8.3')} \qquad \begin{pmatrix} x \\ y \end{pmatrix} = T \begin{pmatrix} \tilde{x} \\ \tilde{y} \end{pmatrix} \quad \text{mit} \quad T = \begin{pmatrix} \tau_{11} & \tau_{12} \\ \tau_{21} & \tau_{22} \end{pmatrix}$$

schreiben. Die gleiche Transformation denke man sich auch für $\begin{pmatrix} \dot{x} \\ \dot{y} \end{pmatrix}$ hingeschrieben und dann die Substitution auf beiden Seiten von (8.4) ausgeführt. Man erhält auf diese Weise wieder eine lineare Dgl. in Vektorform, nämlich

$$\text{(8.5)} \qquad \begin{pmatrix} \dot{\tilde{x}} \\ \dot{\tilde{y}} \end{pmatrix} = T^{-1}AT \begin{pmatrix} \tilde{x} \\ \tilde{y} \end{pmatrix}$$

Der Zusammenhang zwischen den Lösungen $(\tilde{x}(t), \tilde{y}(t))$ von (8.5) und den Lösungen $(x(t), y(t))$ von (8.4) ist auf Grund der Herleitung klar. Kennt man die Lösungen von (8.5), so erhält man durch Einsetzen in (8.3) die Lösungen von (8.4) und umgekehrt. Die affine Transformation (8.3) führt also die Trajektorien der Dgl. (8.5) in diejenigen der Dgl. (8.4) über. Es ist der affine Typ des Phasenporträts daher für alle Dgln. der Form (8.4), deren Koeffizientenmatrizen reell-ähnlich sind, d. h. durch eine Ähnlichkeitstransformation $A \to T^{-1}AT$ mit einer reellen, nicht-singulären Matrix T auseinander hervorgehen, der gleiche. Um eine Übersicht über die möglichen Typen von singulären Punkten bei linearen Dgln. zu erhalten, braucht man daher die Dgl. (8.4) nur für spezielle A, die sogenannten reellen Normalformen, zu integrieren. Welches diese Normalformen sind, ergibt sich aus dem nachstehenden Hilfssatz.

Hilfssatz 8.1. *Es sei A eine reelle 2×2 Matrix. Dann gilt:*

a) *Hat A die komplexen Eigenwerte $\sigma \pm i\tau, \tau \neq 0$, so ist A reell-ähnlich zur Matrix* $\begin{pmatrix} \sigma & \tau \\ -\tau & \sigma \end{pmatrix}$.

b) *Hat A zwei verschiedene reelle Eigenwerte λ_1, λ_2, so ist A reell-ähnlich zur Matrix* $\begin{pmatrix} \lambda_1 & 0 \\ 0 & \lambda_2 \end{pmatrix}$.

c) *Hat A nur einen reellen Eigenwert λ, so ist A reell-ähnlich zur Matrix* $\begin{pmatrix} \lambda & 0 \\ 0 & \lambda \end{pmatrix}$ *oder* $\begin{pmatrix} \lambda & 0 \\ 1 & \lambda \end{pmatrix}$, *je nachdem ob die Maximalzahl linear-unabhängiger Eigenvektoren 2 oder 1 ist.*

Beweis. Falls die Eigenwerte von A alle reell sind, läßt sich die Jordansche Normalform bekanntlich bereits über dem Körper der reellen Zahlen herstellen, daher sind die Aussagen b) und c) klar. Um a) zu zeigen, bemerken wir, daß die Matrix $B = A - \sigma E$ die Eigenwerte $\pm i\tau$ hat und daher der Gleichung $B^2 = -\tau^2 E$ genügt, wie man aus der (komplexen) Jordanschen Normalform sieht. Aus dieser Relation ergibt sich aber leicht, daß B reell-ähnlich ist zur Matrix $\begin{pmatrix} 0 & \tau \\ -\tau & 0 \end{pmatrix}$ (vgl. Aufgabe 4). Somit ist $A = B + \sigma E$ ähnlich zu $\begin{pmatrix} \sigma & \tau \\ -\tau & \sigma \end{pmatrix}$.

Legt man die Normalformen für A zugrunde, so ist das Phasenporträt der Dgl. (8.4) leicht mit Hilfe elementarer Methoden zu bestimmen. Man beachte, daß die Eigenwerte von A alle von Null verschieden sein müssen, wenn (0,0) eine isolierte singuläre Stelle ist.

1. Fall. Die Eigenwerte von A sind rein imaginär. Es liegt dann ein Wirbelpunkt vor, denn in der Normalform lautet die Dgl. $\dot{x} = \tau y$, $\dot{y} = -\tau x$ und besitzt offenbar das Integral $x^2 + y^2 = \text{const.}$

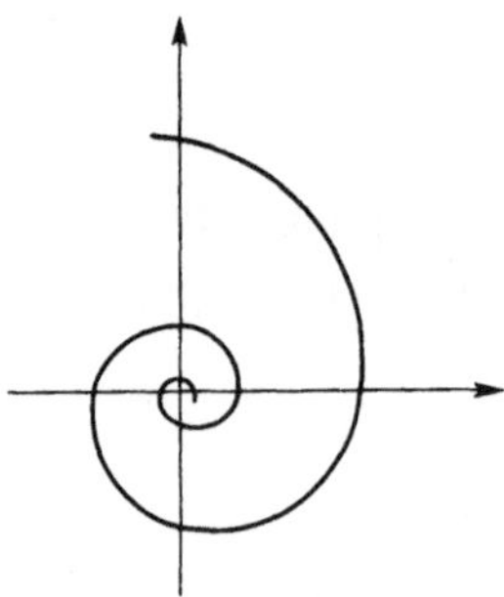

Abb. 5

2. Fall. Die Eigenwerte von A sind komplex und nicht rein-imaginär. Der singuläre Punkt ist dann von einem Typ, der bisher noch nicht aufgetaucht ist, nämlich ein sogenannter Strudelpunkt (s. Abb. 5): Die Trajektorien sind Spiralen, die sich um

den singulären Punkt herumwinden, die Lösungen streben alle entweder für $t \to \infty$ oder alle für $t \to -\infty$ gegen (0,0), je nachdem ob $\sigma < 0$ oder > 0 ist. Das sieht man am einfachsten, indem man die Dgl. zunächst in Normalform ansetzt,

$$(8.6) \qquad \dot{x} = \sigma x + \tau y, \quad \dot{y} = \sigma y - \tau x,$$

und dann auf Polarkoordinaten transformiert. Der Übergang zu Polarkoordinaten ist ein methodisches Hilfsmittel, auf das wir in diesem Buch verschiedentlich zurückgreifen werden. Daher wollen wir es an dieser Stelle allgemein, d. h. nicht nur für den speziellen Zweck der Integration von (8.6), einführen.

Zu jeder ebenen glatten Kurve, die nicht durch den Ursprung führt, läßt sich aus jeder in kartesischen Koordinaten gegebenen Parameterdarstellung $t \to (x(t), y(t))$ eine Darstellung in Polarkoordinaten $(r(t), \varphi(t))$ gewinnen (vgl. Abschn. 1). Durch die Beziehungen

$$(8.7) \qquad x(t) = r(t)\cos\varphi(t), \, y(t) = r(t)\sin\varphi(t)$$

sind die beiden Parameterdarstellungen miteinander verknüpft. Daraus resultieren Darstellungen für die Ableitungen $\dot{r}, \dot{\varphi}$ (vgl. (1.5)), aus denen man entnimmt, daß das Funktionenpaar $(r(t), \varphi(t))$ dem System von Dgln.

$$(8.8) \qquad \dot{r} = f(x,y)\cos\varphi + g(x,y)\sin\varphi, \quad r\dot{\varphi} = -f(x,y)\sin\varphi + g(x,y)\cos\varphi$$

genügt, wenn $(x(t), y(t))$ eine Lösung von (7.1) ist. Hierbei hat man sich $x = r\cos\varphi$, $y = r\sin\varphi$ gesetzt zu denken. Dann wird (8.8) in der Tat ein autonomes System von Dgln. für r, φ. Daß man umgekehrt vermittels (8.7) eine Lösung $(x(t), y(t))$ der Dgl. (7.1) erhält, wenn $(r(t), \varphi(t))$ eine Lösung von (8.8) ist, ergibt sich auch sofort. Man braucht bloß in (8.8) die Variablen durch die entsprechenden Funktionen von t bzw. deren Ableitungen zu ersetzen und das Resultat mit (1.5) zu vergleichen.

Wir kehren nun wieder zum speziellen System (8.6) zurück und stellen gemäß obiger Anleitung die zugehörige Dgl. für (r, φ) auf. Das ergibt

$$\dot{r} = (\sigma x + \tau y)\cos\varphi + (\sigma y - \tau x)\sin\varphi = \sigma r,$$

$$\dot{r}\dot{\varphi} = -(\sigma x + \tau y)\sin\varphi + (\sigma y - \tau x)\cos\varphi = -\tau r.$$

Aus diesen Dgln. kann man nun unschwer alles herauslesen, was über die Trajektorien von (8.6) oben bereits gesagt wurde. Insbesondere ergibt sich, daß $\dot{\varphi} = -\tau \neq 0$ ist und man jede Trajektorie in der Form $r = r(\varphi)$ darstellen kann, wobei $r(\varphi)$ Lösung der Dgl. $\mathrm{d}r/\mathrm{d}\varphi = -\sigma\tau^{-1} r$ ist.

3. Fall. A besitzt zwei reelle Eigenwerte verschiedenen Vorzeichens. In der Normalform lautet die Dgl. $\dot{x} = \lambda_1 x, \dot{y} = \lambda_2 y$, wobei $\lambda_1 \lambda_2 < 0$. Es liegt, wie man sofort sieht, ein Sattelpunkt vor.

4. Fall. A hat zwei reelle Eigenwerte gleichen Vorzeichens oder einen mehrfachen Eigenwert. In der Normalform lautet die Dgl. dann $\dot{x} = \lambda_1 x$, $\dot{y} = \lambda_2 y$, wobei $\lambda_1 \lambda_2 > 0$, oder $\dot{x} = \lambda x$, $\dot{y} = \lambda y + x$. In beiden Fällen ist die Integration kein Problem, wenn

man zu x als unabhängiger Variabler übergeht. Man sieht dann, daß der singuläre Punkt stets ein Knotenpunkt ist.

Aufgaben. 1. Man führe die Diskussion im Falle 4 vollständig durch.

2. Soweit dies noch nicht geschehen ist, bestimme man den Typ der singulären Stellen für die Dgln. (7.13), (7.14).

3. Man zeige: (0,0) ist ein Knotenpunkt für die Dgl. $\dot{x} = x, \dot{y} = x + y^2$. Unter welchen Richtungen münden die Trajektorien ein?

Hinweis: Aufgabe 3, Abschn. 4, Aufgabe 5, Abschn. 6. Mit Hilfe des dort konstruierten Fundamentalsystems y_1, y_2 lassen sich alle Trajektorien (bis auf zwei) in der Form

$$y = -x[c_1 y_1'(x) + c_2 y_2'(x)][c_1 y_1(x) + c_2 y_2(x)]^{-1}$$

darstellen. Man vervollständige das Phasenporträt der Dgl.

4. Man zeige: Ist B eine 2×2-Matrix und gilt $B^2 = -\tau^2 E$, so gibt es eine invertierbare reelle Matrix T mit $TB = \begin{pmatrix} 0 & \tau \\ -\tau & 0 \end{pmatrix} T$.

Hinweis: Man nehme irgendeine Zeile $z_1 \neq 0$ als erste Zeile von T und $\tau^{-1} z_1 B$ als zweite Zeile.

9. Das Anfangswertproblem. Der lokale Existenz- und Eindeutigkeitssatz

In diesem Abschnitt wenden wir uns – wie bereits in Abschn. 2 angekündigt – den Systemen von Dgln. 1. Ordnung zu. Wir schreiben die zugrundegelegte Dgl. als Relation zwischen Spaltenvektoren,

$$(9.1) \qquad \dot{x} = f(t,x), \quad \text{wo} \quad x = (x^1, \ldots, x^n)^T, \ f(t,x) = (f^1(t,x), \ldots, f^n(t,x))^T,$$

und machen jetzt keine Voraussetzung der Art, wie sie in den vorangehenden Abschnitten üblich waren (etwa hinsichtlich der Gestalt der Funktionen f^i oder der Dimension n). Der folgende grundlegende Satz spielt für die Theorie der Dgln. eine ähnliche Rolle wie der Satz über die Integrierbarkeit einer stetigen Funktion in der Analysis. Er versetzt uns überhaupt erst in den Stand, von den Lösungen einer Dgl. zu sprechen, unabhängig davon, ob man diese Lösungen explizit bestimmen kann oder nicht. In einer Beziehung unterscheidet er sich allerdings wesentlich von dem eben erwähnten Satz der Integralrechnung: Es handelt sich um eine Aussage im Kleinen, die die Existenz von Lösungen nur auf hinreichend kleinen t-Intervallen garantiert. Mit der entsprechenden Aussage im Großen, deren Formulierung und Herleitung nicht mehr im Rahmen der elementaren Theorie möglich ist, werden wir uns erst in Kapitel III beschäftigen.

Die bei den folgenden Betrachtungen erforderlichen Abschätzungen lassen sich am bequemsten mit Hilfe der Maximumnorm durchführen, die wir für den Moment mit $\|\cdot\|$ bezeichnen wollen (in den folgenden Kapiteln wird jedoch das Symbol $\|\cdot\|$ für eine beliebige Norm verwendet, vgl. die Einleitung zu Kapitel II, wo auch die Eigenschaften einer Normfunktion im $\mathbf{R}^n$ aufgeführt sind). Für einen Spaltenvektor $x = (x^1, \dots, x^n)^T$ ist also jetzt $\|x\|$ stets als $\max |x^i|, i = 1, \dots, n$, zu verstehen. Ist $x(t)$ eine stetige vektorwertige Funktion, so wird $\|x(t)\|$ eine stetige skalare Funktion von t. Für ein solches $x(t)$ bestätigt man sofort die Richtigkeit der folgenden Beziehungen

$$\left\|\int_{t_0}^{t_1} x(t)\,\mathrm{d}t\right\| \le \left|\int_{t_0}^{t_1} \|x(t)\|\,\mathrm{d}t\right|.$$

Integration über eine vektorwertige Funktion bedeutet einfach komponentenweise Integration. Den Zusatz vektorwertig werden wir übrigens von nun an unterdrücken, denn die vorkommenden Funktionen werden stets von dieser Art sein, wenn nichts anderes ausdrücklich gesagt wird oder sich aus dem Zusammenhang ergibt.

Eine Folge $(x_\nu(t))$, $x_\nu(t) = (x_\nu^1(t), \dots, x_\nu^n(t))^T$, von Funktionen, die alle auf einem Intervall I definiert sind, heißt auf I gleichmäßig konvergent, falls es zu jedem $\varepsilon > 0$ ein $N = N(\varepsilon)$ gibt, so daß $\|x_\nu(t) - x_N(t)\| \le \varepsilon$ ist für alle $\nu \ge N$ und alle $t \in I$. Gleichmäßige Konvergenz der Folge $(x_\nu(t))$ ist gleichbedeutend mit gleichmäßiger Konvergenz jeder der Folgen $(x_\nu^i(t))$, $i = 1, \dots, n$. Das folgende Kriterium läßt sich daher sofort auf das aus der Analysis wohlbekannte Majorantenkriterium zurückführen: Gilt $\|x_{\mu+1}(t) - x_\mu(t)\| \le \alpha_\mu$ für alle μ und alle $t \in I$, wobei α_μ eine nicht-negative reelle Zahl ist und $\sum_\mu \alpha_\mu$ konvergiert, so ist die Folge $(x_\nu(t))$ auf I gleichmäßig konvergent. Man hat nämlich die Abschätzung

$$\|x_\nu(t) - x_N(t)\| \le \sum_{\mu=N}^{\nu-1} \alpha_\mu \le \sum_{\mu=N}^{\infty} \alpha_\mu, \quad \text{falls} \quad \nu > N,$$

und die ganz rechts stehende, nur von N abhängige Zahl strebt gegen 0 für $N \to \infty$. Es folgt übrigens durch Grenzübergang aus dieser Beziehung die Abschätzung

$$\|x(t) - x_N(t)\| \le \sum_{\mu=N}^{\infty} \alpha_\mu \tag{9.2}$$

für die Abweichung der N-ten Approximation $x_N(t)$ von der Grenzfunktion $x(t) = \lim_{\nu \to \infty} x_\nu(t)$.

Schließlich schreiben wir noch eine Identität auf, die wir beim Beweis des nachstehenden Satzes verwenden werden, nämlich

$$\left|\int_0^t |\tau|^k \,\mathrm{d}\tau\right| = (k+1)^{-1} |t|^{k+1}, \quad k = 0, 1, \dots. \tag{9.3}$$

Sie ist sicher richtig für $t \ge 0$, und ergibt sich für $t < 0$ einfach aus der Tatsache, daß links und rechts eine gerade Funktion von t steht.

Satz 9.1. (Picard-Lindelöf) *Es seien die Funktionen $f^i(t,x)$ auf der Menge $Q = \{(t,x) \mid |t - t_0| \le \alpha, \|x - x_0\| \le \beta\}$ stetig und in bezug auf x Lipschitz-stetig. Es* *möge ferner die nachstehende Beziehung gelten*

(9.4) $\alpha M \leq \beta$, *wo* $M = \max \|f(t,x)\|$ *auf* Q.

Dann gibt es eine und nur eine auf $[t_0 - \alpha, t_0 + \alpha]$ *definierte stetige Funktion* $x(t)$ *mit folgenden Eigenschaften:*

(9.5) a) $x(t_0) = x_0$, $\|x(t) - x_0\| \leq \beta$ *für alle* $t \in [t_0 - \alpha, t_0 + \alpha]$.
b) $x(t)$ *ist auf* $(t_0 - \alpha, t_0 + \alpha)$ *differenzierbar und Lösung der Dgl.* $\dot{x} = f(t,x)$.

Bemerkung. Wir werden später von der Aussage des Satzes in der folgenden Form Gebrauch machen. Falls die Funktionen $f^i(t,x)$ in einer Umgebung N des Punktes (t_0, x_0) stetig und Lipschitz-stetig in bezug auf x sind, so besitzt die Dgl. (9.1) eine Lösung $x(t)$, die der Anfangsbedingung $x(t_0) = x_0$ genügt. Man bezeichnet ein solches $x(t)$ auch als Lösung des Anfangswertproblems

(9.6) $\dot{x} = f(t,x)$, $x(t_0) = x_0$.

Der Satz garantiert nun die Lösbarkeit derartiger Probleme, allerdings nur über hinreichend kleinen t-Intervallen der Form $(t_0 - \alpha, t_0 + \alpha)$, wobei α durch die Bedingung (9.4) eingeschränkt ist. Um ein solches α in einem konkreten Fall zu finden, kann man etwa so vorgehen. Man wähle zunächst irgendeinen in N enthaltenen Quader $Q' = \{(t,x) \mid |t - t_0| \leq \alpha', \|x - x_0\| \leq \beta\}$, bestimme eine Schranke M' für $\|f(t,x)\|$ auf Q' und setze dann $\alpha = \min(\alpha', \beta(M')^{-1})$.

Beweis von Satz 9.1. Wir führen als erstes den Existenzbeweis und zeigen, daß es eine Funktion $x(t)$ mit den Eigenschaften a) und b) gibt. $x(t)$ läßt sich gewinnen als Grenzfunktion der folgendermaßen rekursiv definierten Funktionenfolge

(9.7) $x_0(t) = x_0$, $x_{\nu+1}(t) = x_0 + \int_{t_0}^{t} f(\tau, x_\nu(\tau))\,d\tau$, $\nu = 0,1,2,\ldots$.

Das Bildungsgesetz dieser Folge kann man auch noch etwas anders formulieren und dadurch seine Beziehung zum Anfangswertproblem (9.6) deutlicher machen. Sieht man x_ν als schon bekannt an, so ist $x_{\nu+1}$ so zu bestimmen, daß die Bedingungen

(9.8) $\dot{x}_{\nu+1}(t) = f(t, x_\nu(t))$, $x_{\nu+1}(t_0) = x_0$

erfüllt sind. Es ist also gewissermaßen die Dgl. $\dot{x} = f(t,x)$ dadurch in eine Rekursionsbeziehung verwandelt worden, daß man x auf der linken Seite durch $x_{\nu+1}$, rechts dagegen durch x_ν ersetzt. Auf diese Weise entsteht eine Dgl. für $x_{\nu+1}$, die nun durch Quadraturen lösbar, jedoch nicht mit der ursprünglichen Dgl. identisch ist. Falls die Folge (x_ν) aber konvergiert, streben x_ν und $x_{\nu+1}$ gegen die gleiche Funktion x, und von der wird man dann erwarten können, daß sie die gegebene Dgl. löst. Das hier erkennbare formale Rezept ist in ähnlicher Form der Kern vieler konstruktiver Existenzbeweise der Analysis und wird auch als Methode der schrittweisen Näherungen oder sukzessiven Approximationen bezeichnet.

Wir zeigen als erstes: Die durch die Rekursionsbeziehungen (9.7) definierten Funktionen $x_\nu(t)$ sind auf dem gesamten Intervall $[t_0 - \alpha, t_0 + \alpha]$ erklärt, stetig und genügen der Bedingung

(9.9) $\|x_\nu(t) - x_0\| \leq \beta$, falls $|t - t_0| \leq \alpha$.

Das ist sicher richtig, falls $\nu = 0$ ist. Falls die Aussage für x_ν zutrifft, so gilt insbesondere $(t, x_\nu(t)) \in Q$ für alle $t \in [t_0 - \alpha, t_0 + \alpha]$. Somit sind die Funktionen $f(t, x_\nu(t))$ und $x_{\nu+1}(t)$ auf $[t_0 - \alpha, t_0 + \alpha]$ definiert und stetig und erstere genügt der Abschätzung $\|f(t, x_\nu(t))\| \leq M$. Es folgt dann aber aus der Rekursionsbeziehung, daß $\|x_{\nu+1}(t) - x_0\| \leq M|t - t_0| \leq M\alpha \leq \beta$ ist, falls $|t - t_0| \leq \alpha$, d. h. also die Gültigkeit der Abschätzung (9.9) auch für $x_{\nu+1}$. Damit ist sie dann für alle x_ν gezeigt (an dieser Stelle des Beweises – und nur an dieser – wird die für die Anwendung des Satzes so einschränkende Voraussetzung (9.4) gebraucht).

Da $f(t,x)$ auf Q Lipschitz-stetig ist, läßt sich eine Konstante L finden, derart daß

$$\|f(t,x_1) - f(t,x_2)\| \leq L\|x_1 - x_2\| \tag{9.10}$$

gilt, falls $(t, x_i) \in Q$, $i = 1,2$. Mittels vollständiger Induktion kann man daraus leicht die folgende, für alle $t \in [t_0 - \alpha, t_0 + \alpha]$ und alle ν gültige Abschätzung beweisen:

$$\|x_{\nu+1}(t) - x_\nu(t)\| \leq ML^\nu \frac{|t - t_0|^{\nu+1}}{(\nu + 1)!}. \tag{9.11}$$

Die Aussage ist sicher richtig für $\nu = 0$, denn gemäß (9.7) ist $\|x_1(t) - x_0\| = \left\|\int_{t_0}^{t} f(\tau, x_0)\,d\tau\right\| \leq |t - t_0|M$. Der Schluß von ν auf $\nu + 1$ läßt sich dann mit Hilfe der Induktionsannahme (9.11) und unter Benutzung von (9.10) und (9.3) so bewerkstelligen

$$\begin{aligned}\|x_{\nu+2}(t) - x_{\nu+1}(t)\| &\leq \left|\int_{t_0}^{t} \|f(\tau, x_{\nu+1}(\tau)) - f(\tau, x_\nu(\tau))\|\,d\tau\right| \\ &\leq L\left|\int_{t_0}^{t} \|x_{\nu+1}(\tau) - x_\nu(\tau)\|\,d\tau\right| \\ &\leq L^{\nu+1}M\left|\int_{t_0}^{t} \frac{|\tau - t_0|^{\nu+1}}{(\nu+1)!}\,d\tau\right| = ML^{\nu+1}\frac{|t - t_0|^{\nu+2}}{(\nu+2)!}.\end{aligned}$$

Aus (9.11) folgt nun insbesondere, daß $\|x_{\nu+1}(t) - x_\nu(t)\| \leq ML^\nu \frac{\alpha^{\nu+1}}{(\nu+1)!}$ ist für alle $t \in [t_0 - \alpha, t_0 + \alpha]$. Im Hinblick auf die Bemerkungen zu Beginn dieses Abschnittes ist daher klar, daß die Folge $(x_\nu(t))$ auf $[t_0 - \alpha, t_0 + \alpha]$ gleichmäßig konvergiert. Von der Grenzfunktion $x(t) = \lim_{\nu \to \infty} x_\nu(t)$ haben wir nun zu zeigen, daß sie allen im Satz genannten Bedingungen genügt. Zuvor aber wollen wir noch auf eine für manche Zwecke nützliche Fehlerabschätzung hinweisen, die sich aus der eingangs erwähnten Ungleichung (9.2) in Verbindung mit der Restgliedformel für die Exponentialreihe ergibt

$$\|x(t) - x_N(t)\| \leq \sum_{\mu=N}^{\infty} M \frac{L^\mu \alpha^{\mu+1}}{(\mu+1)!} \leq ML^{-1}\frac{(L\alpha)^{N+1}}{(N+1)!}e^{L\alpha}.$$

$x(t)$ ist – als Grenzfunktion einer gleichmäßig konvergenten Folge stetiger Funktionen – wieder stetig. Da für jedes ν die Beziehung $x_\nu(t_0) = x_0$ sowie (9.9) gilt, ergibt sich durch Grenzübergang sofort die Aussage a) (vgl. (9.5)). Mit ihrer Hilfe kann man nun auch b) sofort bestätigen. Wegen (9.8) und (9.10) gilt nämlich

$$\|\dot{x}_{\nu+1}(t) - f(t,x(t))\| = \|f(t,x_\nu(t)) - f(t,x(t))\| \leq L\|x_\nu(t) - x(t)\|.$$

Nun wissen wir aber bereits, daß $\|x_\nu(t) - x(t)\|$ auf $[t_0 - \alpha, t_0 + \alpha]$ gleichmäßig gegen 0 konvergiert. Daher konvergiert die Folge $(\dot{x}_\nu(t))$ im Inneren dieses Intervalles gleichmäßig gegen $f(t,x(t))$. Nach einem bekannten Satz der Analysis ist dann $x(t)$ auf $(t_0 - \alpha, t_0 + \alpha)$ differenzierbar und $\dot{x}(t) = f(t,x(t))$.

Wir kommen nun zum zweiten Teil des Beweises. Hier geht es um den Nachweis, daß es keine zwei verschiedene Funktionen $x_1(t), x_2(t)$ geben kann, die der Bedingung

$$(9.12) \qquad x_i(t) = x_0 + \int_{t_0}^{t} f(\tau, x_i(\tau))\mathrm{d}\tau, \quad i = 1,2,$$

für alle $t \in [t_0 - \alpha, t_0 + \alpha]$ genügen. Dies wäre nämlich der Fall, wenn $x_1(t), x_2(t)$ beide die Eigenschaft (9.6) besitzen. Für die Funktion $\Delta(t) = \|x_1(t) - x_2(t)\|$ findet man nun durch Subtraktion der beiden Beziehungen (9.12) die Abschätzung

$$|\Delta(t)| \leq \left| \int_{t_0}^{t} \|f(\tau, x_1(\tau)) - f(\tau, x_2(\tau))\| \mathrm{d}\tau \right|.$$

Anwendung von (9.10) ergibt

$$|\Delta(t)| \leq L \left| \int_{t_0}^{t} \Delta(\tau)\mathrm{d}\tau \right|$$

für alle $t \in [t_0 - \alpha, t_0 + \alpha]$. Aus dem Korollar 3 zum Satz 3.1 folgt dann schließlich $\Delta(t) = 0$ für alle t.

Zusatz. Nimmt man an Stelle von $\boldsymbol{Q}$ nur den „halben" Quader

$$(9.13) \qquad \{(t,x) \mid t_0 \leq t \leq t_0 + \alpha, \|x - x_0\| \leq \beta\},$$

so bleiben unter den Voraussetzungen des Satzes auch die Aussagen (9.5) gültig, sofern man t auf das Intervall $[t_0, t_0 + \alpha]$ (für Teil a)) bzw. auf $(t_0, t_0 + \alpha)$ (für Teil b)) beschränkt. Der Beweis läßt sich genau wie oben führen, insbesondere benötigt man für die Eindeutigkeitsaussage nicht die Voraussetzung (9.4), sondern nur die Lipschitz-Stetigkeit von f auf der Menge (9.13).

Es lassen sich nun aus Satz 9.1 unmittelbar einige Aussagen im Großen herleiten. Dazu gehört vor allem der folgende allgemeine Eindeutigkeitssatz.

Satz 9.2. *Es sei $\boldsymbol{G}$ eine offene Teilmenge des (t,x)-Raumes und $f(t,x)$ eine auf $\boldsymbol{G}$ stetige und bezüglich x Lipschitz-stetige Funktion. Es seien ferner $x_1(t), x_2(t)$ zwei auf einem offenen Intervall I differenzierbare vektorwertige Funktionen von t mit den folgenden Eigenschaften. Es gilt*

$$(t, x_i(t)) \in \boldsymbol{G}, \ \dot{x}_i(t) = f(t, x_i(t)) \quad \textit{für alle} \quad t \in I \quad \textit{und} \quad i = 1,2.$$

Ist dann $x_1(t_0) = x_2(t_0)$ für ein $t_0 \in I$, so ist $x_1(t) = x_2(t)$ für alle $t \in I$.

Beweis. Wir setzen wieder $\Delta(t) = \|x_1(t) - x_2(t)\|$ und nehmen an, daß es entgegen der Behauptung des Satzes zwei Stellen t_0, t_1 in I gibt, so daß $\Delta(t_0) = 0$, $\Delta(t_1) > 0$ ist. O.E. sei $t_1 > t_0$. Die stetige Funktion Δ besitzt auf dem kompakten Intervall $[t_0, t_1]$ mindestens eine Nullstelle, es gibt also auch in diesem Intervall eine größte Nullstelle t^* und es ist notwendig $t^* < t_1$. Es bestehen dann die Beziehungen

$$(9.14) \qquad x_1(t^*) = x_2(t^*), \quad x_1(t) \neq x_2(t) \quad \text{für alle} \quad t \in (t^*, t_1].$$

Da $\boldsymbol{G}$ eine offene Menge ist und da die Funktionen $x_i(t)$ stetig sind, gibt es positive Zahlen α, β, derart, daß die folgenden Aussagen richtig sind

$$\boldsymbol{Q} = \{(t,x) \,|\, |t - t^*| \leq \alpha, \|x - x^*\| \leq \beta\} \subset \boldsymbol{G} \quad \text{und} \quad (t, x_i(t)) \in \boldsymbol{Q}, \quad \text{falls} \quad |t - t^*| \leq \alpha.$$

$\boldsymbol{Q}$ kann zudem immer so gewählt werden, daß (9.4) gilt (vgl. Bemerkung zu Satz 9.1). Die Funktionen $x_1(t), x_2(t)$ haben dann beide die Eigenschaft (9.6) (mit t^* statt t_0 und x^* statt x_0). Da f auf $\boldsymbol{G}$ und somit auch auf $\boldsymbol{Q}$ Lipschitz-stetig ist, muß daher gemäß Satz 9.1 $x_1(t) = x_2(t)$ für alle $t \in [t^* - \alpha, t^* + \alpha]$ gelten, was offenbar in Widerspruch zu (9.14) steht. Es ist also die zu Beginn des Beweises gemachte Annahme falsch.

Daß eine ähnliche Übertragung ins Große bei der Existenzaussage des Satzes 9.1 nicht möglich ist, liegt in der Natur der Sache. Über einem vorgegebenen t-Intervall existiert im allgemeinen keine Lösung des Anfangswertproblemes (9.6), wie man schon an dem einfachen Beispiel der skalaren Dgl. $\dot{u} = 1 + u^2$ sieht, deren Lösungen ja alle die Form $u = \operatorname{tg}(t + c)$ haben und von denen daher keine über einem Intervall existiert, dessen Länge $\geq \pi$ ist. Das Beispiel zeigt übrigens, daß die Schwierigkeiten beim Übergang vom Kleinen ins Große nicht etwa darauf beruhen, daß zu geringe Anforderungen hinsichtlich Stetigkeit, Differenzierbarkeit usw. an die Funktion $f(t,x)$ gestellt werden. Sie hängen vielmehr mit dem Verhalten der Funktion $\|f(t,x)\|$ für $\|x\| \to \infty$ zusammen. Bleibt das Wachstum von $\|f\|$ in bestimmten Grenzen, ist auch die Existenz der Lösung über einem vorgegebenen Intervall gesichert. Dies wollen wir uns zum Schluß klarmachen.

Definition 9.1. *Es sei I ein t-Intervall und $f(t,x)$ eine auf der Menge $\{(t,x) | t \in I\}$ definierte Funktion von (t,x). f heißt linear-beschränkt bezüglich x, falls es stetige, nicht-negative skalare Funktionen $\rho(t), \mu(t)$ auf I gibt, derart daß*

$$(9.15) \qquad \|f(t,x)\| \leq \rho(t)\|x\| + \mu(t)$$

gilt für alle $t \in I$ und alle $x \in \mathbf{R}^n$.

Eine vektorwertige Funktion $f = (f^1, \ldots, f^n)^T$ ist dann und nur dann linear-beschränkt, wenn dies für die Komponenten f^i gilt. Eine stetige und in x lineare skalare Funktion ist stets in x linear-beschränkt, denn sie läßt sich in der Form $a(t)^T x + b(t)$ schreiben und somit dem Betrage nach durch $n\|a(t)\| \, \|x\| + |b(t)|$ abschätzen.

Satz 9.3. *Die Funktion $f(t,x)$ sei auf der Menge $\{(t,x) | t_0 \leq t \leq t_1\}$ stetig und bezüglich x Lipschitz-stetig und linear-beschränkt. Dann gibt es zu jedem x_0 genau eine auf $[t_0, t_1]$ stetige und auf (t_0, t_1) differenzierbare Funktion $x(t)$ mit der Eigenschaft*

(9.16) $\quad x(t_0) = x_0, \quad \dot{x}(t) = f(t, x(t)), \quad$ *falls* $\quad t \in (t_0, t_1)$.

$x(t)$ ist überdies in den Randpunkten des Intervalles einseitig differenzierbar und genügt auch dort noch der Dgl., sofern man $\dot{x}(t)$ als rechts- bzw. linksseitige Ableitung versteht.

Beweis. Daß die Funktion $x(t)$ die Dgl. $\dot{x} = f(t,x)$ auch noch in den Randpunkten bei entsprechender Interpretation von $\dot{x}$ erfüllt, ist aus Stetigkeitsgründen klar. Die Funktion $\dot{x}(t) = f(t,x(t))$ hat nämlich an der Stelle $t = t_i$, $i = 0,1$, den Grenzwert $f(t_i, x(t_i))$ und es ist dieser Grenzwert dann bekanntlich gleich der links- bzw. rechtsseitigen Ableitung von $x(t)$ an der Stelle $t = t_i$.

Daß es höchstens eine Funktion $x(t)$ geben kann, die den Bedingungen (9.16) genügt, ergibt sich bereits aus dem Zusatz zu Satz 9.1. Zu zwei möglichen Funktionen x_1, x_2 mit dieser Eigenschaft könnte man nämlich stets einen Quader der Form (9.13) mit $\alpha = t_1 - t_0$ finden, der alle Punkte $(t, x_i(t))$ enthält.

Es bleibt noch die Aufgabe, die Existenz einer solchen Lösung $x(t)$ nachzuweisen. Dazu hat man die lineare Beschränktheit der Funktion f auszunutzen, die sich im Falle eines kompakten t-Intervalles $I = [t_0, t_1]$ durch eine Abschätzung der Form

(9.17) $\quad \|f(t,x)\| \leq \rho \|x\| + \mu$

mit Konstanten ρ, μ ausdrücken läßt (vgl. (9.15), man ersetze $\rho(t), \mu(t)$ durch obere Schranken auf I). Wir wollen zunächst zeigen, daß das Anfangswertproblem

(9.18) $\quad x(t_0') = x_0', \quad \dot{x} = f(t,x)$

über jedem Teilintervall $[t_0', t_1'] \subseteq [t_0, t_1]$ eine Lösung besitzt, sofern nur $\alpha = t_1' - t_0' < \rho^{-1}$ ist. Zu diesem Zweck schätzen wir das Maximum M von $\|f(t,x)\|$ auf einem Quader der Form

(9.19) $\quad \{(t,x) \,|\, t_0' \leq t \leq t_0' + \alpha, \ \|x - x_0'\| \leq \beta\}$

in Abhängigkeit von x_0' und β – die man sich zunächst variabel zu denken hat – ab. Man findet mit Hilfe von (9.17)

$$M \leq \rho(\|x_0'\| + \beta) + \mu .$$

Um nun die Forderung (9.4) bei gegebenem α und x_0 zu erfüllen, braucht man $\beta > 0$ bloß so zu bestimmen, daß $\alpha[\rho(\|x_0\| + \beta) + \mu] \leq \beta$ wird. Das aber ist möglich, da $\alpha\rho < 1$ ist. Wenn man als Q dann den Quader (9.19) nimmt, ist der Satz 9.1 anwendbar und liefert unmittelbar die Existenz einer Lösung des Anfangswertproblemes (9.18) auf dem Intervall $[t_0', t_0' + \alpha]$.

Man kann also das Anfangswertproblem (9.18) über jedem Teilintervall der festen Länge α lösen. Dann ist aber klar, daß man es auch über dem gesamten Intervall $[t_0, t_1]$ lösen kann. Man geht aus von der Lösung, die über dem Intervall $[t_0, t_0 + \alpha]$ existiert und setzt sie der Reihe nach in die Intervalle $[t_0 + \alpha, t_0 + 2\alpha]$, $[t_0 + 2\alpha, t_0 + 3\alpha]$ usw. fort, d. h. man betrachtet $t_0 + \alpha$, $t_0 + 2\alpha$, usw. als Anfangszeit t_0' und $x(t_0 + \alpha)$, $x(t_0 + 2\alpha)$ usw. als Anfangswert x_0'.

Korollar. *Ist I ein offenes (endliches oder unendliches) Intervall und $f(t,x)$ eine auf der Menge $\{(t,x) | t \in I\}$ stetige und bezüglich x Lipschitz-stetige sowie linear-beschränkte Funktion, so besitzt das Anfangswertproblem*

$$\dot{x} = f(t,x), \quad x(t_0) = x_0$$

für jedes $t_0 \in I$ und jedes x_0 genau eine auf dem gesamten Intervall I existierende Lösung.

Beweis. Daß es nicht mehr als eine Lösung geben kann, ergibt sich aus Satz 9.2. Wir wählen nun eine aufsteigende Folge kompakter Intervalle I_k, die x_0 enthalten und zusammen I ausschöpfen, d. h. die den Bedingungen

$$x_0 \in I_1 \subseteq I_2 \subseteq \ldots, \quad I = \bigcup_k I_k$$

genügen. Über jedem Intervall I_k existiert eine Lösung $x_k(t)$ des Anfangswertproblemes. Ferner folgt aus der Eindeutigkeitsaussage des Satzes 9.2, daß x_k und x_l auf $I_k \cap I_l$ übereinstimmen. An jeder Stelle $t \in I$ sind daher die Funktionen x_k von einem bestimmten k_0 an sämtlich definiert und nehmen den gleichen Wert an. Diesen Wert nennen wir $x(t)$ und haben damit die Lösung des Anfangswertproblemes auf ganz I gefunden.

II. Lineare Differentialgleichungen

Wir betrachten in diesem Kapitel Dgln., deren Lösungsmenge auf Grund der besonderen Gestalt dieser Gleichungen durch ganz spezielle Eigenschaften ausgezeichnet ist. Dadurch wird es möglich sein, in der Theorie für diese spezielle Klasse von Dgln. vielfach zu schärferen und abgeschlosseneren Aussagen zu kommen, als dies für den allgemeinen Fall möglich ist. Dies ist auch ein Grund dafür, warum man bei verschiedenen Fragestellungen versucht, Dgln. in irgendeiner – allerdings jeweils genau zu definierenden – Weise durch lineare Dgln. zu approximieren, und trachtet Aussagen für die erhaltene lineare Dgl. auf die ursprünglich vorliegende Gleichung zu übertragen. Ein weiterer Grund für die große Bedeutung der linearen Dgl. liegt darin, daß sie in einer großen Zahl von Fällen geeignete Modelle zur Beschreibung technischer und physikalischer Systeme darstellen. Wir weisen an dieser Stelle darauf hin, daß es die Ausführungen in Abschn. 5 ermöglichen, die Theorie der linearen Dgln. ohne Bezugnahme auf die Existenz- und Eindeutigkeitsaussagen von I Abschn. 9 zu entwickeln.

Wir werden im folgenden ausgiebig von den Ergebnissen der Linearen Algebra Gebrauch machen und verweisen dazu auf die Lehrbuchliteratur (etwa Kowalsky [18], auch im Hinblick auf die Terminologie). Auf Aussagen über die Matrixexponentialreihe und den Matrixlogarithmus werden wir im Abschn. 7 noch genauer eingehen. Hier sollen einige immer wieder benötigte Ergebnisse über Vektor- und Matrixnormen ohne Beweise angegeben werden (für Beweise vgl. etwa Stummel/Hainer [24]).

Es sei X ein reeller oder komplexer Vektorraum. Eine Funktion, welche jedem $x \in X$ eine reelle Zahl $\|x\|$ zuordnet, heißt Vektornorm (oder kurz Norm) auf X, wenn folgende Eigenschaften für alle x, y aus X und $\lambda \in \mathbf{R}$ (bzw. $\in \mathbf{C}$) zutreffen:

a) $\|x\| \geq 0$ und $\|x\| = 0$ genau für $x = 0$,

b) $\|\lambda x\| = |\lambda| \, \|x\|$,

c) $\|x + y\| \leq \|x\| + \|y\|$.

Für den $\mathbf{R}^n$ bzw. $\mathbf{C}^n$ werden meist die folgenden Normen verwendet:

$$\|x\|_1 = \sum_{i=1}^{n} |x^i|, \quad x = (x^1, \ldots, x^n)^T,$$

$$\|x\|_2 = \left(\sum_{i=1}^{n} |x^i|^2 \right)^{1/2} \quad \text{(Euklidische bzw. unitäre Norm)},$$

$$\|x\|_\infty = \max_{i=1,\ldots,n} |x^i| \quad \text{(Maximumnorm)}.$$

In I Abschn. 9 war $\|\cdot\|$ die Maximumnorm, im folgenden jedoch wird durch $\|\cdot\|$ immer eine nicht genauer spezifizierte Norm bezeichnet. Für konkrete Untersuchungen kann es von Vorteil sein, die eine oder andere Norm zu verwenden. Die Euklidische bzw. unitäre Norm ist beispielsweise dadurch ausgezeichnet, daß sie mit Hilfe des im $\mathbf{R}^n$ (bzw. $\mathbf{C}^n$) üblichen Skalarproduktes definiert werden kann, $\|x\|_2^2 = x^T x$. Im Hinblick auf die Analysis im $\mathbf{R}^n$ oder $\mathbf{C}^n$ sind, wie wir noch genauer ausführen werden, alle Normen des $\mathbf{R}^n$ bzw. $\mathbf{C}^n$ äquivalent. Denn es gilt der

Satz. *Für je zwei Vektornormen $\|\cdot\|$ und $\|\cdot\|^*$ des $\mathbf{R}^n$ bzw. $\mathbf{C}^n$ gibt es reelle positive Zahlen α, β mit*

$$\alpha \|x\| \leq \|x\|^* \leq \beta \|x\|$$

für alle $x \in \mathbf{R}^n$ (bzw. $\in \mathbf{C}^n$).

Die $n \times n$-Matrizen mit reellen bzw. komplexen Elementen bilden einen reellen bzw. komplexen Vektorraum der Dimension n^2. Eine Vektornorm $\|\cdot\|$ auf diesem Raum heißt Matrixnorm, wenn zusätzlich

d) $\|AB\| \leq \|A\| \, \|B\|$

für beliebige reelle bzw. komplexe $n \times n$-Matrizen A, B gilt.

Ist $\|\cdot\|$ eine Norm des $\mathbf{R}^n$ (die folgenden Überlegungen lassen sich unverändert für den $\mathbf{C}^n$ und den Raum der komplexen $n \times n$-Matrizen durchführen), so wird durch

$$\|A\|^* = \sup \left\{ \frac{\|Ax\|}{\|x\|} \,\middle|\, x \in \mathbf{R}^n \setminus \{0\} \right\},$$

A eine beliebige reelle $n \times n$-Matrix, eine Matrixnorm definiert. Diese Matrixnorm und die Vektornorm $\|\cdot\|$ sind verträglich im folgenden Sinn: Es gilt

$$\|Ax\| \leq \|A\|^* \|x\|$$

für alle $x \in \mathbf{R}^n$ und alle reellen $n \times n$-Matrizen A. Beispiele für Paare verträglicher Vektor- und Matrixnormen sind etwa ($A = (\alpha_{ij})$):

$$\|\cdot\| = \|\cdot\|_1, \quad \|A\|^* = \max_{k=1,\ldots,n} \sum_{j=1}^{n} |\alpha_{jk}|,$$

$$\|\cdot\| = \|\cdot\|_2, \quad \|A\|^* = \left(\sum_{i,j=1}^{n} |\alpha_{ij}|^2 \right)^{1/2},$$

$$\|\cdot\| = \|\cdot\|_\infty, \quad \|A\|^* = \max_{j=1,\ldots,n} \sum_{k=1}^{n} |\alpha_{jk}|.$$

Wir werden im folgenden Vektor- und Matrixnormen durch $\|\cdot\|$ bezeichnen und setzen stets voraus, daß es sich um verträgliche Normen handelt.

Mit Hilfe einer Norm kann man in der üblichen Weise die Konvergenz von Vektor- bzw. Matrixfolgen erklären. Wir beschränken uns im folgenden auf den $\mathbf{R}^n$ und überlassen es dem Leser, sich davon zu überzeugen, daß sämtliche Aussagen auch für Matrizen richtig bleiben. Eine Folge (x_ν), $x_\nu \in \mathbf{R}^n$ für alle ν, heißt k o n v e r g e n t mit dem G r e n z w e r t $x_0 \in \mathbf{R}^n$, $x_0 = \lim\limits_{\nu\to\infty} x_\nu$, wenn

$$\lim_{\nu\to\infty} \|x_0 - x_\nu\| = 0$$

gilt. Dieser Konvergenzbegriff ist von der speziellen Vektornorm unabhängig. Denn die oben aufgeführten Ergebnisse zeigen, daß $x_0 = \lim\limits_{\nu\to\infty} x_\nu$ genau dann gilt, wenn $x_0^i = \lim\limits_{\nu\to\infty} x_\nu^i$ für $i = 1,\ldots,n$ ist. Der mit Hilfe einer Vektornorm definierte Konvergenzbegriff ist daher die koordinatenweise Konvergenz. Daraus folgt sofort, daß auch für Folgen im $\mathbf{R}^n$ das Cauchysche Konvergenzkriterium gilt.

Eine Reihe $\sum\limits_{\nu=1}^{\infty} x_\nu, x_\nu \in \mathbf{R}^n$ für alle ν, heißt konvergent, wenn $x_0 = \lim\limits_{\mu\to\infty} \sum\limits_{\nu=1}^{\mu} x_\nu$ existiert. Man schreibt dann $x_0 = \sum\limits_{\nu=1}^{\infty} x_\nu$. Damit gleichwertig ist, daß die „Koordinatenreihen" $\sum\limits_{\nu=1}^{\infty} x_\nu^i$ konvergieren mit $x_0^i = \sum\limits_{\nu=1}^{\infty} x_\nu^i, i = 1,\ldots,n$. Wir werden später das M a j o r a n t e n k r i t e r i u m benötigen:

Es sei $\|x_\nu\| \le \alpha_\nu$, $\nu = 1,2,\ldots$. *Ist die Reihe* $\sum\limits_{\nu=1}^{\infty} \alpha_\nu$ *konvergent, so ist auch* $\sum\limits_{\nu=1}^{\infty} x_\nu$ *konvergent, und es gilt* $\left\|\sum\limits_{\nu=1}^{\infty} x_\nu\right\| \le \sum\limits_{\nu=1}^{\infty} \alpha_\nu$.

Man beweist dieses Kriterium ganz analog wie im Falle reeller oder komplexer Zahlenreihen.

Mit Hilfe des Konvergenzbegriffes für Folgen können wir für eine Funktion $t \to x(t) = (x^1(t),\ldots,x^n(t))^T$ bzw. $t \to A(t) = (\alpha_{ij}(t))$, t reell oder komplex, die grundlegenden Begriffe s t e t i g, d i f f e r e n z i e r b a r, i n t e g r i e r b a r usw. ganz genau so wie in der reellen oder komplexen Analysis definieren. An Stelle des Absolutbetrages bei Zahlen tritt bei Vektoren oder Matrizen eine Norm. Wir überlassen es dem Leser, diese Begriffe im einzelnen zu definieren. Auf Grund der Gleichwertigkeit von Normkonvergenz und koordinatenweiser Konvergenz kann man diese Begriffe auch mit Hilfe der Koordinaten erklären. Man nennt beispielsweise eine auf einem offenen Intervall I definierte Funktion $x(t) = (x^1(t),\ldots,x^n(t))^T$ an der Stelle $t_0 \in I$ differenzierbar, wenn $\dot{x}(t_0) = \lim\limits_{t\to t_0} \frac{1}{t - t_0}(x(t) - x(t_0))$ existiert. Gleichwertig damit ist, daß die K o o r d i n a t e n f u n k t i o n e n $x^i(t), i = 1,\ldots,n$, an der Stelle t_0 differenzierbar sind und $\dot{x}(t_0) = (\dot{x}^1(t_0),\ldots,\dot{x}^n(t_0))^T$ gilt.

Häufig werden wir für eine auf einem Intervall I integrierbare Funktion $x(t) = (x^1(t),\ldots,x^n(t))^T$ von der Abschätzung

$$\left\|\int_{t_0}^{t} x(\tau)\,\mathrm{d}\tau\right\| \le \left|\int_{t_0}^{t} \|x(\tau)\|\,\mathrm{d}\tau\right|, \qquad t, t_0 \text{ aus } I,$$

Gebrauch machen $\left(\int\limits_{t_0}^{t} x(\tau)\,\mathrm{d}\tau = \left(\int\limits_{t_0}^{t} x^1(\tau)\,\mathrm{d}\tau,\ldots,\int\limits_{t_0}^{t} x^n(\tau)\,\mathrm{d}\tau\right)^T !\right)$.

Aufgaben. 1. Jede Norm genügt auf dem $\mathbf{R}^n$ als Funktion von x einer Lipschitz-Bedingung in bezug auf $x^1,\ldots,x^n$ (vgl. I Abschn. 1).

2. Es sei M eine nicht-leere Teilmenge und $\|\cdot\|$ eine beliebige Vektornorm des $\mathbf{R}^n$. Für die durch

$$\operatorname{dist}(x, M) = \inf\{\|x - y\| \mid y \in M\}$$

definierte Funktion $\mathbf{R}^n \to \mathbf{R}$ zeige man:

a) Es ist $\operatorname{dist}(x, M) = 0$ dann und nur dann, wenn x zur abgeschlossenen Hülle $\bar{M}$ von M gehört.

b) $\operatorname{dist}(x, M)$ genügt auf dem $\mathbf{R}^n$ einer Lipschitz-Bedingung in bezug auf $x^1, \ldots, x^n$.

3. Es sei A eine $n \times n$-Matrix und $\|\cdot\|$ eine beliebige Matrixnorm. Gilt $\|A\| < 1$, so ist die „geometrische" Reihe $\sum_{\nu=0}^{\infty} A^\nu$ konvergent mit $\sum_{\nu=0}^{\infty} A^\nu = (E - A)^{-1}$.

Hinweis. Man verfahre nach dem Beweis für die geometrische Zahlenreihe.

4. Es sei $\sum_{\nu=0}^{\infty} A_\nu$, A_ν eine $n \times n$-Matrix für alle ν, eine konvergente Matrixreihe mit dem Grenzwert B. Θ und X seien $n \times n$-Matrizen oder Zeilen- bzw. Spaltenvektoren. Man zeige:

$$\sum_{\nu=0}^{\infty} \Theta A_\nu X = \Theta B X$$

Hinweis. Sind Θ und X Vektoren, so benutze man die Euklidische Vektornorm und die Schwarzsche Ungleichung $|x^T y| \leq \|x\|_2 \|y\|_2$.

1. Grundlegende Aussagen über Lösungen

Unter einer linearen Dgl. verstehen wir eine Gleichung der Form

$$\dot{x} = A(t)x + g(t)\,, \tag{1.1}$$

wobei $A(t) = (a_{ij}(t))$ eine $n \times n$-Matrix ist, deren Elemente ebenso wie die Komponenten der Vektorfunktion $g(t) = (g^1(t), \ldots, g^n(t))^T$ auf einem Intervall $I_0 = (\alpha_0, \beta_0)$, $-\infty \leq \alpha_0 < \beta_0 \leq \infty$, definiert und stetig sind. Wir nehmen vorderhand an, daß $A(t)$ und $g(t)$ reell sind, weil dies für in den Anwendungen auftretende Gleichungen fast immer der Fall ist. Die folgenden Überlegungen bleiben jedoch auch für komplexwertige Funktionen $A(t)$ und $g(t)$ der reellen Veränderlichen t mit trivialen Änderungen richtig. Man vergleiche dazu auch den Abschn. 6. Sämtliche Skalare sind also vorläufig reell. Wir werden später (Abschn. 5) auch die Forderung nach der Stetigkeit von $A(t)$ und $g(t)$ auf I_0 abschwächen.

Die lineare Dgl. (1.1) heißt homogen, wenn $g(t) \equiv 0$ auf I_0 ist, andernfalls inhomogen. Eine homogene lineare Dgl. ist also von der Form

$$\dot{x} = A(t)x\,. \tag{1.2}$$

Wegen der speziellen Gestalt von Gl. (1.1) kann für die Lösungen eine globale Existenz- und Eindeutigkeitsaussage gewonnen werden.

Satz 1.1. *Gl. (1.1) besitzt für jedes $(t_0, x_0) \in I_0 \times \mathbf{R}^n$ genau eine Lösung $x(t) = x(t; t_0, x_0)$ mit $x(t_0) = x_0$. Diese Lösung existiert auf ganz I_0 und ist dort stetig differenzierbar.*

Beweis. Die rechte Seite $f(t,x) = A(t)x + g(t)$ von Gl. (1.1) ist auf der Menge $I_0 \times \mathbf{R}^n$ Lipschitz-stetig in bezug auf x. Denn ist I ein kompaktes Teilintervall von I_0, so gilt für beliebige x_1, x_2 aus $\mathbf{R}^n$ und $t \in I$ die Abschätzung

$$(1.3) \qquad \|f(t,x_1) - f(t,x_2)\| \leq L\|x_1 - x_2\|$$

mit $L = \max\limits_{t \in I} \|A(t)\|$. Außerdem gilt auf $I_0 \times \mathbf{R}^n$ die Ungleichung

$$(1.4) \qquad \|f(t,x)\| \leq \rho(t)\|x\| + \mu(t)$$

mit den auf I_0 stetigen Funktionen $\rho(t) = \|A(t)\|$ und $\mu(t) = \|g(t)\|$. Damit folgt nach dem Korollar zu I Satz 9.3 sofort die Behauptung des Satzes, wenn man noch beachtet, daß für eine Lösung $x(t)$ auch $A(t)x(t) + g(t)$ und damit wegen (1.1) die Ableitung $\dot{x}(t)$ auf I_0 stetig ist.

Wir bezeichnen mit $x(t; t_0, x_0)$ die Lösung von (1.1) mit den Anfangswerten (t_0, x_0). Aus der Eindeutigkeit der Lösungen folgt dann unmittelbar für beliebige t_0, t_1 und t aus I_0 und beliebige $x_0 \in \mathbf{R}^n$ die Beziehung

$$(1.5) \qquad x(t; t_0, x_0) = x(t; t_1, x(t_1; t_0, x_0)).$$

Auf beiden Seiten von (1.5) steht nämlich eine Lösung von (1.1), welche für $t = t_1$ den Wert $x(t_1; t_0, x_0)$ annimmt.

Auf Grund der Aussage des Satzes können wir bei einer Lösung von Gl. (1.1) bzw. (1.2) stets voraussetzen, daß es sich um eine auf ganz I_0 definierte und stetig differenzierbare Funktion handelt, die auf I_0 der Gl. (1.1) bzw. (1.2) genügt. Aus dem Zusammenhang wird immer klar hervorgehen, ob es sich um eine Lösung von Gl. (1.1) oder von Gl. (1.2) handelt.

Korollar. *Ist $x(t)$ eine Lösung der homogenen Gleichung* (1.2) *mit $x(t_0) = 0$ für ein $t_0 \in I_0$, so ist $x(t) \equiv 0$ auf I_0.*

Beweis. Da die Funktion $x(t) \equiv 0$ auf I_0 Lösung von (1.2) ist, folgt die Aussage des Korollars sofort aus der nach Satz 1.1 gesicherten Eindeutigkeit der Lösungen auf I_0. Die Lösung $x(t) \equiv 0$ von Gl. (1.2) heißt auch die triviale Lösung von (1.2).

Für die Aussage von Satz 1.1 ist die Linearität der rechten Seite von Gl. (1.1) nur insofern wichtig, weil dadurch die Abschätzungen (1.3) und (1.4) möglich werden. Für die folgenden Aussagen ist die Linearität jedoch wesentlich. Es werden darin für das weitere grundlegende Eigenschaften der Lösungsmengen von Gl. (1.1) und (1.2) wiedergegeben (vgl. dazu auch die Aufgabe am Ende dieses Abschnittes).

Um die folgenden Sätze bequemer formulieren zu können, führen wir eine Bezeichnung ein: $\boldsymbol{L}(g)$ bezeichnet die Menge aller Lösungen von Gl. (1.1). $\boldsymbol{L}(0)$ ist also insbesondere die Lösungsmenge der homogenen Gleichung (1.2). Die Beziehung $x(\cdot) \in \boldsymbol{L}(g)$ [1] bedeutet demnach, daß $x(\cdot)$ eine auf I_0 definierte und stetig differenzierbare Funktion ist, die für alle $t \in I_0$ der Gl. (1.1) genügt.

[1] Wir werden im folgenden des öfteren für eine Funktion $t \to x(t)$ die Schreibweise $x(\cdot)$ an Stelle von $x(t)$ verwenden, um Verwechslungen mit dem Bildelement $x(t)$ auszuschließen.

Satz 1.2. (Superpositionsprinzip). *Sind $x_1(\cdot)$ und $x_2(\cdot)$ Funktionen mit $x_1(\cdot) \in \boldsymbol{L}(g_1)$, $x_2(\cdot) \in \boldsymbol{L}(g_2)$, so gilt für beliebige Skalare α, β*

$$x(\cdot) = \alpha x_1(\cdot) + \beta x_2(\cdot) \in \boldsymbol{L}(\alpha g_1 + \beta g_2).$$

Beweis. Man verifiziert einfach, daß $x(\cdot)$ Lösung von $\dot{x} = A(t)x + \alpha g_1(t) + \beta g_2(t)$ ist.

Mit Hilfe von Satz 1.2 erhält man die folgende Charakterisierung der Lösungsmenge $\boldsymbol{L}(g)$:

Satz 1.3. a) *$\boldsymbol{L}(0)$ ist ein n-dimensionaler reeller Vektorraum.*
b) *Mit einer beliebigen Lösung $\tilde{x}(\cdot) \in \boldsymbol{L}(g)$ gilt:*

$$\boldsymbol{L}(g) = \{\tilde{x}(\cdot) + x(\cdot) | x(\cdot) \in \boldsymbol{L}(0)\}.$$

Beweis. Jede Lösung von Gl. (1.2) ist nach Satz 1.1 Element des linearen Raumes der auf I_0 stetig differenzierbaren Funktionen mit Werten im $\mathbf{R}^n$. Wir haben zuerst zu zeigen, daß $\boldsymbol{L}(0)$ ein Unterraum dieses linearen Raumes ist. Dazu genügt es, zu beweisen, daß für zwei Funktionen $x_1(\cdot)$, $x_2(\cdot)$ aus $\boldsymbol{L}(0)$ auch jede Funktion $x(\cdot) = \alpha x_1(\cdot) + \beta x_2(\cdot)$, α, β beliebige Skalare, in $\boldsymbol{L}(0)$ liegt, d. h. Lösung der homogenen Gleichung (1.2) ist. Dies folgt aber sofort nach Satz 1.2.

Die Aussage über die Dimension von $\boldsymbol{L}(0)$ ist eine direkte Folge von

Hilfssatz 1.1. *Für beliebige Vektoren $\tilde{x}_1, \ldots, \tilde{x}_k$ aus $\mathbf{R}^n$ und ein beliebiges $t_0 \in I_0$ seien die Funktionen $x_i(\cdot) \in \boldsymbol{L}(0)$ durch $x_i(\cdot) = x(\cdot; t_0, \tilde{x}_i)$, $i = 1, \ldots, k$, definiert. Dann sind folgende zwei Aussagen äquivalent:*

a) *$\tilde{x}_1, \ldots, \tilde{x}_k$ sind im $\mathbf{R}^n$ linear unabhängig.*
b) *$x_1(\cdot), \ldots, x_k(\cdot)$ sind in $\boldsymbol{L}(0)$ linear unabhängig.*

Beweis. Die durch $x(\cdot) \to x(t_0)$, $t_0 \in I_0$, definierte Abbildung des Lösungsraumes $\boldsymbol{L}(0)$ in den $\mathbf{R}^n$ ist linear, und ihr Kern ist nach dem Korollar zu Satz 1.1 der Nullraum $\{0\}$. Da es außerdem zu jedem $x_0 \in \mathbf{R}^n$ eine Lösung $x(\cdot) \in \boldsymbol{L}(0)$ mit $x(t_0) = x_0$ gibt, ist diese Abbildung bijektiv. Daraus folgt unmittelbar die Behauptung des Hilfssatzes.

Da n die Maximalzahl linear unabhängiger Vektoren im $\mathbf{R}^n$ ist, gilt nach Hilfssatz 1.1 dasselbe für die Maximalzahl linear unabhängiger Funktionen in $\boldsymbol{L}(0)$, d. h. wir haben $\dim \boldsymbol{L}(0) = n$.

Für den Beweis der zweiten Behauptung aus Satz 1.3 wählen wir eine feste Lösung $\tilde{x}(\cdot)$ aus $\boldsymbol{L}(g)$. Ist $y(\cdot)$ eine beliebige Funktion aus $\boldsymbol{L}(g)$, so gilt $x(\cdot) = y(\cdot) - \tilde{x}(\cdot) \in \boldsymbol{L}(g - g) = \boldsymbol{L}(0)$ nach Satz 1.2, d. h. es gilt $y(\cdot) = \tilde{x}(\cdot) + x(\cdot)$ mit $x(\cdot) \in \boldsymbol{L}(0)$. Ist andererseits $x(\cdot)$ eine beliebige Lösung aus $\boldsymbol{L}(0)$, so gilt – wiederum nach Satz 1.2 –

$$y(\cdot) = \tilde{x}(\cdot) + x(\cdot) \in \boldsymbol{L}(g + 0) = \boldsymbol{L}(g).$$

Aus Hilfssatz 1.1 und der ersten Aussage von Satz 1.3 folgt, daß zwischen den Basen von $\boldsymbol{L}(0)$ und jenen des $\mathbf{R}^n$ ein enger Zusammenhang besteht.

Korollar. a) *Bilden die Funktionen* $x_1(\cdot),\ldots,x_n(\cdot)$ *eine Basis von* $\boldsymbol{L}(0)$, *so ist* $\{x_1(t_0),\ldots,x_n(t_0)\}$ *für beliebiges* $t_0 \in I_0$ *eine Basis des* $\mathbf{R}^n$.

b) *Ist* $\{\tilde{x}_1,\ldots,\tilde{x}_n\}$ *eine Basis des* $\mathbf{R}^n$, *so bilden für beliebiges* $t_0 \in I_0$ *die durch* $x_i(\cdot) = x(\cdot\,;t_0,\tilde{x}_i)$ *definierten Funktionen* $x_i(\cdot)$, $i = 1,\ldots,n$, *eine Basis von* $\boldsymbol{L}(0)$.

Aufgabe. Die vektorwertige Funktion $f(t,x)$ sei auf $I_0 \times \mathbf{R}^n$, I_0 ein offenes Intervall, definiert und stetig. Für jedes $(t_0,x_0)\in I_0 \times \mathbf{R}^n$ existiere eine Lösung von $\dot{x} = f(t,x)$ mit $x(t_0) = x_0$ (dies folgt übrigens bereits aus der Stetigkeit von f, vgl. etwa Hartman [8]). Ist für in einer Umgebung von $t_0 \in I_0$ existierende Lösungen $x(t)$ und $y(t)$ stets auch $\alpha x(t) + \beta y(t)$, α,β beliebig reell, eine Lösung in einer Umgebung von t_0, so ist $f(t,x) = A(t)x$ für alle $(t,x)\in I_0 \times \mathbf{R}^n$ mit einer auf I_0 definierten und stetigen $n \times n$-Matrix $A(t)$.

2. Fundamentalmatrizen

In Satz 1.3 wurde gezeigt, daß die Lösungsmenge $\boldsymbol{L}(0)$ ein n-dimensionaler linearer Raum ist. Dies bedeutet, daß jedes Element aus $\boldsymbol{L}(0)$ – d. h. jede Lösung von Gl. (1.2) – als Linearkombination von n linear unabhängigen Elementen aus $\boldsymbol{L}(0)$ dargestellt werden kann. Damit ist die Bestimmung aller Lösungen von Gl. (1.2) auf die Bestimmung von n linear unabhängigen zurückgeführt. Um sämtliche Lösungen von Gl. (1.1) zu erhalten, benötigt man nach Satz 1.3 zusätzlich eine Lösung dieser Gleichung. In diesem Abschnitt sollen aus der Tatsache einige Folgerungen gezogen werden, daß $\boldsymbol{L}(0)$ ein n-dimensionaler linearer Raum ist.

Satz 2.1. *Im Falle der homogenen Gleichung* (1.2) *wird für beliebige* t *und* t_0 *aus* I_0 *durch*

$$\varphi_{t,t_0}x_0 = x(t;t_0,x_0), \qquad x_0 \in \mathbf{R}^n, \text{ [1]}$$

ein linearer Automorphismus φ_{t,t_0} *des* $\mathbf{R}^n$ *definiert. Für beliebige* t, t_1 *und* t_0 *aus* I_0 *gilt*

$$\varphi_{t,t_0} = \varphi_{t,t_1}\cdot\varphi_{t_1,t_0} \tag{2.1}$$

und

$$\varphi_{t_0,t_0} = \mathrm{id}_{\mathbf{R}^n}\,. \tag{2.2}$$

Beweis. Wir haben zu zeigen, daß die Abbildungen φ_{t,t_0} linear und bijektiv sind. Die Linearität von φ_{t,t_0} folgt aus der für beliebige Skalare α, β und beliebige x_1, x_2 des $\mathbf{R}^n$ gültigen Beziehung

$$x(t;t_0,\alpha x_1 + \beta x_2) = \alpha x(t;t_0,x_1) + \beta x(t;t_0,x_2) \tag{2.3}$$

für alle $t_0 \in I_0$. Die rechte Seite in (2.3) ist nämlich nach Satz 1.2 Lösung von (1.2) und nimmt für $t = t_0$ den Wert $\alpha x_1 + \beta x_2$ an.

Für beliebige t_1, t_0 aus I_0 ist die Abbildung φ_{t_1,t_0} auch bijektiv. Denn aus $\varphi_{t_1,t_0}\tilde{x}_1 = \varphi_{t_1,t_0}\tilde{x}_2$ für $\tilde{x}_1$, $\tilde{x}_2$ aus $\mathbf{R}^n$ folgt für die Lösung $x(\cdot) = x(\cdot\,;t_0,\tilde{x}_1) - x(\cdot\,;t_0,\tilde{x}_2)$ (vgl.

[1] Wie in der Linearen Algebra üblich, schreiben wir φx an Stelle von $\varphi(x)$ für das Bild von x bei der linearen Abbildung φ.

(2.3) mit $\alpha = 1$ und $\beta = -1$) die Beziehung $x(t_1) = 0$. Nach dem Korollar zu Satz 1.1 bedeutet dies $x(t) = 0$ für alle $t \in I_0$, also insbesondere auch $0 = x(t_0) = \tilde{x}_1 - \tilde{x}_2$.

Die Beziehung (1.5) kann man mit Hilfe der Abbildungen φ_{t,t_0} in der Form $\varphi_{t,t_0}x_0 = (\varphi_{t,t_1} \cdot \varphi_{t_1,t_0})x_0$ schreiben. Daraus folgt aber unmittelbar die Beziehung (2.1). Aus $x(t_0; t_0, x_0) = x_0$, d. h. $\varphi_{t_0,t_0}x_0 = x_0$, für alle $x_0 \in \mathbf{R}^n$ folgt schließlich $\varphi_{t_0,t_0} = \mathrm{id}_{\mathbf{R}^n}$.

Der Abbildung φ_{t,t_0} entspricht bei fest gewählter Basis des $\mathbf{R}^n$ eine $n \times n$-Matrix, die wegen der Aussage von Satz 2.1 regulär sein muß. Um diese Matrix zu gewinnen, wählen wir zunächst für den $\mathbf{R}^n$ eine Basis $\{\tilde{x}_1,\ldots,\tilde{x}_n\}$ und erhalten für $\boldsymbol{L}(0)$ nach dem Korollar zu Satz 1.3 die Basis $\{x_i(\cdot) = x(\cdot\,; t_0, \tilde{x}_i) | i = 1,\ldots,n\}$. Wir können auch für $\boldsymbol{L}(0)$ eine Basis $\{x_1(\cdot),\ldots,x_n(\cdot)\}$ wählen und erhalten für den $\mathbf{R}^n$ die Basis $\{\tilde{x}_i = x_i(t_0) | i = 1,\ldots,n\}$. Ein beliebiges $x_0 \in \mathbf{R}^n$ besitzt dann die Darstellung

$$(2.4) \qquad x_0 = c^1\tilde{x}_1 + \cdots + c^n\tilde{x}_n$$

mit Skalaren $c^1,\ldots,c^n$. Mit Hilfe von (2.3) erhält man daraus

$$(2.5) \qquad \varphi_{t,t_0}x_0 = x(t; t_0, x_0) = c^1 x_1(t) + \cdots + c^n x_n(t).$$

Bezeichnen wir mit $\Phi(t)$ die $n \times n$-Matrix mit $x_i(t)$ als i-tem Spaltenvektor und mit c den Vektor $(c^1,\ldots,c^n)^T$, so können wir die Beziehungen (2.4) und (2.5) in der Form

$$(2.6) \qquad \varphi_{t,t_0}x_0 = x(t; t_0, x_0) = \Phi(t)c, \quad x_0 = \Phi(t_0)c,$$

schreiben. Die Matrix $\Phi(t)$ entspricht somit der Abbildung φ_{t,t_0}, wenn für die Urbilder x_0 die Basis $\{\tilde{x}_1,\ldots,\tilde{x}_n\}$ gewählt wird – c ist der Koordinatenvektor von x_0 bezüglich dieser Basis – und für die Bilder $\varphi_{t,t_0}x_0$ die kanonische Basis des $\mathbf{R}^n$ bestehend aus den Vektoren $e_1 = (1,0,\ldots,0)^T,\ldots,e_n = (0,\ldots,0,1)^T$.

Die Matrix $\Phi(t)$ muß für jedes $t \in I_0$ regulär sein, da sie die Matrix einer bijektiven Abbildung ist. Man sieht dies auch daran, daß ihre Spalten für t_0 linear unabhängig sind und damit nach dem Korollar zu Satz 1.3 auch für alle $t \in I_0$. Wir können daher für alle $t \in I_0$ die inverse Matrix $\Phi^{-1}(t)$ bilden und erhalten aus (2.6) die Beziehung

$$x(t; t_0, x_0) = \Phi(t)\Phi^{-1}(t_0)x_0$$

für alle t, t_0 aus I_0 und alle $x_0 \in \mathbf{R}^n$. Die reguläre Matrix $\Phi(t,t_0) = \Phi(t)\Phi^{-1}(t_0)$ ist die Matrix von φ_{t,t_0} bezüglich der kanonischen Basis des $\mathbf{R}^n$.

Die Spalten $x_i(t)$, $i = 1,\ldots,n$, der Matrix $\Phi(t)$ sind Lösungen der homogenen Gleichung (1.2) und als solche auf I_0 stetig differenzierbar mit $\dot{x}_i(t) = A(t)x_i(t)$, $i = 1,\ldots,n$. Man kann nun diese homogenen Vektorgleichungen zu einer einzigen Gleichung für eine $n \times n$-Matrix zusammenfassen:

$$(2.7) \qquad \dot{X} = A(t)X.$$

Diese Gleichung nennen wir die der Gl. (1.2) zugeordnete Matrixgleichung. Unter einer Lösung von (2.7) verstehen wir eine auf I_0 stetig differenzierbare $n \times n$-Matrix $X(t)$, die für alle $t \in I_0$ dieser Gleichung genügt. Gleichbedeutend damit ist, daß die Spalten von $X(t)$ Lösungen der homogenen Gleichung (1.2) sind.

Definition 2.1. *Eine auf I_0 definierte und stetig differenzierbare $n \times n$-Matrix $\Phi(t)$ heißt eine Fundamentalmatrix von Gl. (1.2), wenn $\Phi(t)$ Lösung der Matrixgleichung (2.7) ist und* det $\Phi(t) \neq 0$ *für mindestens ein $t \in I_0$ gilt. Die Fundamentalmatrix $\Phi(t, t_0)$ heißt Übergangsmatrix von Gl. (1.2).*

Die Bezeichnung für $\Phi(t, t_0)$ hat ihren Ursprung in der Regelungstheorie (vgl. (11.3)). Da die Spalten $x_i(t)$, $i = 1, \ldots, n$, einer Fundamentalmatrix $\Phi(t)$ Lösungen von (1.2) sind und für mindestens ein $t^* \in I_0$ die Vektoren $x_i(t^*)$, $i = 1, \ldots, n$, linear unabhängig sind, folgt nach Korollar zu Satz 1.3, daß die Funktionen $x_i(t)$, $i = 1, \ldots, n$, auf I_0 linear unabhängig sind und daher det $\Phi(t) \neq 0$ für alle $t \in I_0$ gilt. Unsere bisherigen Überlegungen zeigen, daß $\boldsymbol{L}(0)$ durch Angabe einer Fundamentalmatrix für Gl. (1.2) vollständig charakterisiert wird:

Satz 2.2. *Ist $\Phi(t)$ eine Fundamentalmatrix von (1.2), so bilden die Spalten von $\Phi(t)$ eine Basis von* $\mathbf{L}(0)$, *d. h. jede Lösung $x(t)$ der homogenen Gleichung (1.2) läßt sich in der Form*

$$x(t) = \Phi(t)c, \quad t \in I_0,$$

mit einem konstanten Vektor c darstellen. Genauer gilt:

$$x(t; t_0, x_0) = \Phi(t)\Phi^{-1}(t_0)x_0 = \Phi(t, t_0)x_0 \tag{2.8}$$

für alle t, t_0 aus I_0 und alle $x_0 \in \mathbf{R}^n$.

Wie wir gesehen haben, erhalten wir eine Fundamentalmatrix von Gl. (1.2), indem wir aus n linear unabhängigen Lösungen dieser Gleichung eine Matrix bilden, die diese Lösungen als Spalten besitzt. Wir können n linear unabhängige Lösungen von (1.2) gewinnen, wenn wir für n linear unabhängige Vektoren des $\mathbf{R}^n$ als den Anfangswerten zu irgendeinem $t_0 \in I_0$ die entsprechenden Lösungen von (1.2) bestimmen. Dies setzt jedoch voraus, daß man Gl. (1.2) zu vorgegebenen Anfangswerten lösen kann, eine Voraussetzung, die gerade bei linearen Gleichungen mit veränderlicher Matrix $A(t)$ nur in speziellen Fällen zutrifft. Wir werden jedoch später (in Abschn. 5) sehen, wie man eine Fundamentalmatrix von (1.2), und zwar die Übergangsmatrix, direkt mit Hilfe der Matrix $A(t)$ bestimmen kann, ohne dabei Lösungen der homogenen Gleichung berechnen zu müssen.

Unsere in Anschluß an Definition 2.1 durchgeführten Überlegungen zeigen, daß für die Determinante einer Lösungsmatrix $X(t)$ von (2.7) auf ganz I_0 entweder det $X(t) = 0$ oder det $X(t) \neq 0$ gilt. Dieser Sachverhalt wird noch einmal durch die Aussage des folgenden Satzes geliefert, welcher das Verhalten der Funktion det $X(t)$ auf I_0 für eine Lösungsmatrix $X(t)$ von (2.7) genauer charakterisiert.

Satz 2.3. *Ist die $n \times n$-Matrix $X(t)$ Lösung von (2.7) so gilt*

$$\det X(t) = \det X(t_0) \cdot \exp\left(\int_{t_0}^{t} \operatorname{sp} A(s)\,ds\right) \tag{2.9}$$

für beliebige t, t_0 aus I_0.

Beweis. Die Determinante $\Delta(t) = \det X(t)$ der Matrix $X(t)$ ist bekanntlich durch

$$\Delta(t) = \sum_{\sigma \in S_n} (\operatorname{sgn} \sigma) x_{1,\sigma(1)}(t) \cdot \cdots \cdot x_{n,\sigma(n)}(t)$$

gegeben, wobei S_n die symmetrische Gruppe aller Permutationen von n Elementen bezeichnet. Ist die Matrix $X(t)$ auf I_0 differenzierbar, so gilt

$$\frac{\mathrm{d}}{\mathrm{d}t} \Delta(t) = \sum_{\sigma \in S_n} (\operatorname{sgn} \sigma)(\dot{x}_{1,\sigma(1)} x_{2,\sigma(2)} \cdot \cdots \cdot x_{n,\sigma(n)} + \cdots + x_{1,\sigma(1)} \cdot \cdots \cdot x_{n-1,\sigma(n-1)} \dot{x}_{n,\sigma(n)})$$

für alle $t \in I_0$. Durch

$$\Delta_i(t) = \sum_{\sigma \in S_n} (\operatorname{sgn} \sigma) x_{1,\sigma(1)} \cdot \cdots \cdot x_{i-1,\sigma(i-1)} \dot{x}_{i,\sigma(i)} x_{i+1,\sigma(i+1)} \cdot \cdots \cdot x_{n,\sigma(n)}$$

wird die Determinante jener Matrix definiert, welche aus $X(t)$ entsteht, indem man die Funktionen $x_{ij}(t), j = 1,\ldots,n$, der i-ten Zeile durch ihre Ableitungen $\dot{x}_{ij}(t)$ ersetzt. Somit gilt

$$\frac{\mathrm{d}}{\mathrm{d}t} \Delta(t) = \sum_{i=1}^{n} \Delta_i(t).$$

Ist nun $X(t)$ Lösung von (2.7), so gilt $\dot{x}_{ij}(t) = \sum_{k=1}^{n} a_{ik}(t) x_{kj}(t)$. Setzt man dies in $\Delta_i(t)$ ein, so ist die i-te Zeile dieser Determinante eine Linearkombination aller Zeilen von $X(t)$, wobei als Koeffizient der k-ten Zeile, $k = 1,\ldots,n$, gerade $a_{ik}(t)$ auftritt. Dies bedeutet aber wegen der Linearität der Determinante in den Zeilen

$$\Delta_i(t) = a_{ii}(t)\Delta(t), \quad t \in I_0.$$

Dabei ist auch zu beachten, daß eine Determinante mit zwei gleichen Zeilen Null ist. Man erhält somit für $\Delta(t)$ die lineare Differentialgleichung erster Ordnung

$$\frac{\mathrm{d}}{\mathrm{d}t} \Delta(t) = \sum_{i=1}^{n} a_{ii}(t)\Delta(t) = \operatorname{sp} A(t) \cdot \Delta(t), \quad t \in I_0.$$

Als Lösung dieser Gleichung erhält man (vgl. I Abschn. 4)

$$\Delta(t) = \Delta(t_0) \cdot \exp\left(\int_{t_0}^{t} \operatorname{sp} A(s)\,\mathrm{d}s\right), \quad t \in I_0.$$

Da die Spalten einer Fundamentalmatrix von (1.2) eine Basis von $\boldsymbol{L}(0)$ bilden, müssen die Spalten jeder Fundamentalmatrix von (1.2) Linearkombinationen der Spalten einer beliebigen, fest vorgegebenen Fundamentalmatrix sein. Genauer gilt:

Satz 2.4. *$\Phi(t)$ sei eine beliebige Fundamentalmatrix von* (1.2). *Die $n \times n$-Matrix $\Psi(t)$ ist genau dann Fundamentalmatrix von* (1.2), *wenn*

(2.10) $$\Psi(t) = \Phi(t)C, \quad t \in I_0,$$

mit einer konstanten, regulären $n \times n$-Matrix C gilt.

Beweis. Für beliebige Fundamentalmatrizen $\Phi(t)$, $\Psi(t)$ von (1.2) folgt aus (2.8)

$$\Phi(t)\Phi^{-1}(t_0) = \Psi(t)\Psi^{-1}(t_0) = \Phi(t,t_0)$$

für alle t, t_0 aus I_0. Daraus erhält man (2.10) mit der regulären Matrix $C = \Phi^{-1}(t_0)\Psi(t_0)$. Umgekehrt genügt die Matrix $\Psi(t) = \Phi(t)C$ der Gl. (2.7), wenn dies für $\Phi(t)$ gilt. Sind $\Phi(t)$ und C regulär, so ist dies auch für $\Psi(t)$ der Fall.

Die Beziehung (2.10) bringt zum Ausdruck, daß der Übergang von $\Phi(t)$ zu $\Psi(t)$ einem Basiswechsel in $\boldsymbol{L}(0)$ entspricht. Die Basis des $\mathbf{R}^n$ bleibt dabei ungeändert.

Für die Übergangsmatrix $\Phi(t,t_0)$ wollen wir die folgenden, für beliebige t, t_1 und t_0 aus I_0 geltenden Beziehungen festhalten:

(2.11) $\quad \Phi(t_0,t_0) = E,$

(2.12) $\quad \Phi(t,t_1)\Phi(t_1,t_0) = \Phi(t,t_0),$

(2.13) $\quad \Phi^{-1}(t,t_0) = \Phi(t_0,t).$

Da $\Phi(t,t_0)$ die Matrix der Abbildung φ_{t,t_0} bezüglich der kanonischen Basis des $\mathbf{R}^n$ ist, folgen die Beziehungen (2.11) und (2.12) unmittelbar aus (2.2) und (2.1). Die Beziehung (2.13) folgt dann aus (2.11) und (2.12), wenn man in (2.12) $t = t_0$ und $t_1 = t$ setzt. Man kann den Beweis auch führen, indem man $\Phi(t,t_0) = \Phi(t)\Phi^{-1}(t_0)$, $\Phi(t)$ eine beliebige Fundamentalmatrix von (1.2), beachtet.

Die Aussage von Satz 2.4 zeigt, daß sich zwei Fundamentalmatrizen von Gl. (1.2) nur durch eine reguläre konstante Matrix als Rechtsfaktor unterscheiden können. Insbesondere ist die Übergangsmatrix $\Phi(t,t_0)$ eindeutig festgelegt. Es gilt aber auch die Umkehrung dieser Aussage:

Ist $\Phi(t)$ eine für alle $t \in I_0$ reguläre, auf I_0 stetig differenzierbare $n \times n$-Matrix, so gibt es genau eine auf I_0 stetige $n \times n$-Matrix $A(t)$ derart, daß $\Phi(t)$ Fundamentalmatrix der mit dieser Matrix gebildeten Gl. (1.2) ist:

(2.14) $\quad A(t) = \dot{\Phi}(t)\Phi^{-1}(t), \quad t \in I_0.$

Aufgabe. $\Phi(t)$ sei eine Fundamentalmatrix von $\dot{x} = A(t)x$ und C eine reguläre konstante $n \times n$-Matrix. Genau dann ist $C\Phi(t)$ wieder Fundamentalmatrix von $\dot{x} = A(t)x$, wenn

$$CA(t) = A(t)C$$

für alle $t \in I_0$ gilt.

3. Die adjungierte Gleichung

Ist $\Phi(t)$ eine Fundamentalmatrix von (1.2), so existiert für alle $t \in I_0$ die inverse Matrix $\Phi^{-1}(t)$. Nun folgt für eine beliebige auf I_0 differenzierbare und reguläre $n \times n$-Matrix $X(t)$ aus

$$\frac{\mathrm{d}}{\mathrm{d}t} X(t)X^{-1}(t) = \dot{X}(t)X^{-1}(t) + X(t)\frac{\mathrm{d}}{\mathrm{d}t}X^{-1}(t) = 0$$

die Formel

$$\frac{\mathrm{d}}{\mathrm{d}t} X^{-1}(t) = -X^{-1}(t)\dot{X}(t)X^{-1}(t), \quad t \in I_0.$$

Für eine Fundamentalmatrix $\Phi(t)$ von (1.2) erhält man daraus insbesondere

$$\frac{\mathrm{d}}{\mathrm{d}t}\Phi^{-1}(t) = -\Phi^{-1}(t)A(t)$$

bzw.

$$\frac{\mathrm{d}}{\mathrm{d}t}(\Phi^T(t))^{-1} = -A^T(t)(\Phi^T(t))^{-1} \tag{3.1}$$

für alle $t \in I_0$. $(\Phi^T(t))^{-1} = (\Phi^{-1}(t))^T$ ist somit Fundamentalmatrix der homogenen Gleichung $\dot{x} = -A^T(t)x$.

Definition 3.1. *Die homogene Gleichung*

$$\dot{x} = -A^T(t)x \tag{3.2}$$

heißt die zu (1.2) *adjungierte Gleichung. Eine inhomogene Gleichung der Form*

$$\dot{x} = -A^T(t)x - h(t) \tag{3.3}$$

mit einer auf I_0 definierten und stetigen Funktion $h(t)$ heißt zur Gl. (1.1) *adjungiert.*

Wir haben bereits gesehen, wie man aus einer Fundamentalmatrix von Gl. (1.2) eine Fundamentalmatrix von (3.2) erhält. Genauer gilt:

Satz 3.1. *Die auf I_0 definierte und stetig differenzierbare $n \times n$-Matrix $\Psi(t)$ ist genau dann Fundamentalmatrix der zu* (1.2) *adjungierten Gleichung, wenn für jede Fundamentalmatrix $\Phi(t)$ von* (1.2) *mit einer konstanten und regulären Matrix C die Beziehung*

$$\Psi^T(t)\Phi(t) = C \tag{3.4}$$

für alle $t \in I_0$ gilt.

Beweis. Es sei (3.4) mit einer Fundamentalmatrix $\Phi(t)$ von (1.2) erfüllt. Daraus folgt $\Psi(t) = (\Phi^T(t))^{-1}C^T$. Die Beziehung (3.1) zeigt, daß $(\Phi^T(t))^{-1}$ Fundamentalmatrix von (3.2) ist. Nach Satz 2.4 gilt dies auch für $\Psi(t)$. Ist umgekehrt $\Psi(t)$ Fundamentalmatrix von (3.2), so gilt nach Satz 2.4 $\Psi(t) = (\Phi^T(t))^{-1}C_1$, $t \in I_0$, mit einer konstanten regulären Matrix C_1. Daraus folgt aber sofort (3.4) mit $C = C_1^T$.

Die Bezeichnung adjungierte Gleichung für (3.2) findet ihre Erklärung in folgendem Sachverhalt: Bezeichnet ψ_{t,t_0} den durch die Zuordnung $\psi_{t,t_0}y_0 = y(t;t_0,y_0)$, $y_0 \in \mathbf{R}^n$, für t, t_0 aus I_0 definierten linearen Automorphismus des $\mathbf{R}^n$ ($y(t;t_0,y_0)$ bezeichnet hier die Lösung von (3.2) mit den Anfangswerten $(t_0,y_0) \in I_0 \times \mathbf{R}^n$), so sind für beliebige t, t_0 aus I_0 die Abbildungen φ_{t,t_0} und $\psi_{t_0,t}$ adjungierte lineare Abbildungen des $\mathbf{R}^n$ in sich, d. h. es gilt

$$(\varphi_{t,t_0}x_0)^T y_0 = x_0^T \psi_{t_0,t} y_0 \tag{3.5}$$

für alle x_0, y_0 des $\mathbf{R}^n$. Gleichung (3.5) wird leicht mit Hilfe von Aufgabe 2 und der Lösungsdarstellung (2.8) verifiziert. Für die inhomogene Gleichung vergleiche man Aufgabe 4 zu Abschn. 11.3.

Aufgaben. 1. Es sei $x(t)$ eine Lösung von (1.1) mit $x(t_0) = x_0 \in \mathbf{R}^n$ und $y(t)$ eine Lösung von (3.3) mit $y(t_0) = y_0 \in \mathbf{R}^n$. Dann gilt

$$\int_{t_0}^{t} [g^T(s)y(s) - x^T(s)h(s)]\,ds = x^T(t)y(t) - x_0^T y_0, \quad t, t_0 \text{ aus } I_0 .$$

2. $\Phi(t,t_0)$ sei die Übergangsmatrix von (1.2). Dann ist $\Psi(t,t_0) = \Phi^T(t_0,t)$ die Übergangsmatrix der zu (1.2) adjungierten Gl. (3.2).

3. Gilt für alle $t \in I_0$ die Beziehung $A(t) = -A^T(t)$, so heißt die Gleichung $\dot{x} = A(t)x$ selbstadjungiert.
Man zeige: Die Übergangsmatrix einer selbstadjungierten Gleichung ist für alle t, t_0 aus I_0 orthogonal.

4. Koordinatentransformationen. Variation der Konstanten

Für die Untersuchung von linearen Gleichungen nimmt man oft eine Koordinatentransformation der Form

$$(4.1) \qquad x(t) = S(t)y(t), \qquad t \in I_0 ,$$

vor, um die vorliegende Gleichung in eine zweckmäßigere Gestalt überzuführen. Dabei ist $S(t)$ eine auf I_0 reguläre und stetig differenzierbare Matrix. Nimmt man eine Koordinatentransformation vor, muß man sich natürlich vergewissern, in welcher Beziehung die Lösungen der transformierten Gleichung zu den Lösungen der ursprünglichen Gleichung stehen.

Satz 4.1. *Die Funktion $x(t)$ ist genau dann Lösung von Gl.* (1.1), *wenn $y(t) = S^{-1}(t)x(t)$ Lösung der transformierten Gleichung*

$$(4.2) \qquad \dot{y} = S^{-1}(t)[A(t)S(t) - \dot{S}(t)]y + S^{-1}(t)g(t)$$

ist. Für jede Fundamentalmatrix $\Psi(t)$ der Gleichung

$$(4.3) \qquad \dot{y} = S^{-1}(t)[A(t)S(t) - \dot{S}(t)]y$$

ist $\Phi(t) = S(t)\Psi(t)$ eine Fundamentalmatrix von (1.2). *Umgekehrt ist für jede Fundamentalmatrix $\Phi(t)$ von* (1.2) *die Matrix $\Psi(t) = S^{-1}(t)\Phi(t)$ Fundamentalmatrix von Gl.* (4.3).

Beweis. Ist $x(t)$ Lösung von (1.1), so folgt aus $\dot{x}(t) = A(t)x(t) + g(t)$ und $x(t) = S(t)y(t)$ die Beziehung $\dot{S}(t)y(t) + S(t)\dot{y}(t) = A(t)S(t)y(t) + g(t)$. Durch Auflösen nach $\dot{y}(t)$ folgt (4.2). Ist umgekehrt $y(t)$ Lösung von (4.2), so verifiziert man leicht, daß $x(t) = S(t)y(t)$ Lösung von (1.1) ist. Die Richtigkeit der Behauptung über die Matrix $S(t)\Psi(t)$ bzw. $S^{-1}(t)\Phi(t)$ sieht man leicht ein, wenn man in die entsprechenden Gleichungen einsetzt.

Bezeichnet $\tilde{\Phi}(t,t_0)$ die Übergangsmatrix von Gl. (4.3) und $\Phi(t,t_0)$ jene von Gl. (1.2), so gilt

$$\tilde{\Phi}(t,t_0) = S^{-1}(t)\Phi(t,t_0)S(t_0)$$

für beliebige t, t_0 aus I_0. Denn für eine beliebige Fundamentalmatrix $\Psi(t)$ von (4.3) ist $\tilde{\Phi}(t,t_0) = \Psi(t)\Psi^{-1}(t_0)$. Ferner ist $S(t)\Psi(t)$ Fundamentalmatrix von (1.2), d. h. $\Phi(t,t_0) = S(t)\Psi(t)(S(t_0)\Psi(t_0))^{-1} = S(t)\tilde{\Phi}(t,t_0)S^{-1}(t_0)$. Ist speziell S eine auf I_0 konstante Matrix, so sind $\Phi(t,t_0)$ und $\tilde{\Phi}(t,t_0)$ ähnlich: $\tilde{\Phi}(t,t_0) = S^{-1}\Phi(t,t_0)S$ für alle t, t_0 aus I_0. Die Gl. (4.3) hat in diesem Fall die Gestalt

$$\dot{y} = S^{-1}A(t)Sy + S^{-1}g(t) = \tilde{A}(t)y + \tilde{g}(t)$$

mit $\tilde{A}(t) = S^{-1}A(t)S$ und $\tilde{g}(t) = S^{-1}g(t)$ für alle $t \in I_0$. Dies zeigt, daß einer Koordinatentransformation $x = Sy$ mit einer konstanten regulären Matrix S eine Ähnlichkeitstransformation sowohl von $A(t)$ als auch von $\Phi(t,t_0)$ mit der Matrix S entspricht.

Die Integration der transformierten Gleichung (4.2) wird trivial, wenn es gelingt, die Transformationsmatrix $S(t)$ so zu wählen, daß $A(t)S(t) - \dot{S}(t) = 0$ für alle $t \in I_0$ wird. Dies ist aber leicht möglich. Man muß nur $S(t) = \Phi(t)$ setzen mit einer beliebigen Fundamentalmatrix $\Phi(t)$ von (1.2). Denn eine solche Matrix ist, wie wir gesehen haben, auf I_0 regulär und stetig differenzierbar. Die Gl. (4.2) nimmt dann die besonders einfache Gestalt

$$\dot{y} = \Phi^{-1}(t)g(t)$$

an und kann sofort integriert werden:

$$y(t) = y_0 + \int_{t_0}^{t} \Phi^{-1}(s)g(s)\,ds, \qquad y_0 = y(t_0),$$

für alle t, t_0 aus I_0. Die eindeutig bestimmte Lösung $x(t) = \Phi(t)y(t)$ von (1.1) ist dann durch

$$x(t) = \Phi(t)\Phi^{-1}(t_0)x_0 + \Phi(t)\int_{t_0}^{t} \Phi^{-1}(s)g(s)\,ds, \qquad x_0 = x(t_0),$$

gegeben. Wir haben damit das folgende Resultat erhalten:

Satz 4.2 (Variation der Konstanten). *Für beliebige* $(t_0,x_0) \in I_0 \times \mathbf{R}^n$ *ist die Lösung* $x(t;t_0,x_0)$ *von Gl.* (1.1) *durch*

$$x(t;t_0,x_0) = \Phi(t)\Phi^{-1}(t_0)x_0 + \Phi(t)\int_{t_0}^{t} \Phi^{-1}(s)g(s)\,ds \tag{4.4}$$

für alle $t \in I_0$ *gegeben. Dabei ist* $\Phi(t)$ *eine beliebige Fundamentalmatrix der homogenen Gleichung* (1.2).

In der Aussage des Satzes spiegelt sich das Ergebnis aus Satz 1.3 über die Lösungsmenge der inhomogenen Gleichung wider. Denn $x_2(t) = \Phi(t)\Phi^{-1}(t_0)x_0$ ist die Lösung der homogenen Gl. (1.2) mit $x_2(t_0) = x_0$, d. h. $x_2(t) \in \boldsymbol{L}(0)$, während $x_1(t) = \Phi(t)\int_{t_0}^{t} \Phi^{-1}(s)g(s)\,ds$ die Lösung der inhomogenen Gl. (1.1) mit $x_1(t_0) = 0$ ist.

Die Bezeichnung des Satzes wird durch folgende Überlegung erklärt: Für beliebige konstante Vektoren c ist $\Phi(t)c$ eine Lösung der homogenen Gleichung (1.2). Setzt man die Lösung der inhomogenen Gleichung (1.1) in der Form $x(t) = \Phi(t)c(t)$ an – die Komponenten des Vektors c sind jetzt variabel –, so muß $c(t)$ auf I_0 der Gleichung $\dot{c} = \Phi^{-1}(t)g(t)$ genügen. Daraus folgt $c(t) = c_0 + \int_{t_0}^{t} \Phi^{-1}(s)g(s)\,\mathrm{d}s$ mit $c(t_0) = c_0 = \Phi^{-1}(t_0)x_0$. Dies ergibt schließlich ebenfalls (4.4). Der Ausdruck $\Phi(t)c$ bzw. $\Phi(t)c + \Phi(t)\int_{t_0}^{t} \Phi^{-1}(s)g(s)\,\mathrm{d}s$ wird vielfach, solange c nicht fixiert ist, die allgemeine Lösung von (1.2) bzw. (1.1) genannt. Aus der allgemeinen Lösung erhält man durch Wahl eines festen Vektors $c \in \mathbf{R}^n$ eine Lösung von (1.2) bzw. (1.1), eine sogenannte partikuläre Lösung. Die Aussage von Satz 1.3 bzw. von Satz 4.2 wird dann vielfach in folgender Form ausgesprochen:

Man erhält die allgemeine Lösung der inhomogenen Gleichung (1.1), *indem man zur allgemeinen Lösung der homogenen Gleichung* (1.2) *eine partikuläre Lösung der inhomogenen Gleichung addiert.*

Satz 4.2 zeigt insbesondere, daß man eine partikuläre Lösung von Gl. (1.1) immer durch Quadratur gewinnen kann, wenn eine Fundamentalmatrix der homogenen Gleichung bekannt ist.

Beachtet man $\Phi(t,t_0) = \Phi(t)\Phi^{-1}(t_0)$, so kann die Beziehung (4.4) auch in der Form

$$x(t;t_0,x_0) = \Phi(t,t_0)x_0 + \int_{t_0}^{t} \Phi(t,s)g(s)\,\mathrm{d}s \tag{4.5}$$

geschrieben werden.

Aufgaben. 1. Gegeben sei die inhomogene Matrixgleichung

$$\dot{X} = A(t)X + G(t)$$

mit auf I_0 stetigen $n \times n$-Matrizen $A(t)$ und $G(t)$. Man zeige, daß sich die Lösung $X(t)$ dieser Gleichung mit $X(t_0) = X_0$ durch eine zu (4.5) analoge Formel darstellen läßt.

2. Man gebe für die Lösung $X(t)$ des Anfangswertproblems

$$\dot{X} = A(t)X + XB(t) + G(t), \qquad X(t_0) = X_0,$$

$A(t)$, $B(t)$ und $G(t)$ auf I_0 stetige $n \times n$-Matrizen, eine Darstellung mit Hilfe der Übergangsmatrizen $\Phi_A(t,t_0)$ und $\Phi_{B^T}(t,t_0)$ von $\dot{x} = A(t)x$ bzw. $\dot{x} = B^T(t)x$.

Hinweis. Man löse zuerst die Aufgabe für die homogene Gleichung ($G \equiv 0$) mit Hilfe der Variation der Konstanten, d. h. mit Hilfe des Ansatzes $X(t) = \Phi_A(t,t_0)Y(t)$.

5. Eine Reihendarstellung für die Übergangsmatrix

Wir wollen in diesem Abschnitt zeigen, wie man direkt mit Hilfe der Matrix $A(t)$ die Übergangsmatrix $\Phi(t,t_0)$ bestimmen kann. Wir erhalten dabei gleichzeitig einen Beweis von Satz 1.1, ohne I Satz 9.3 zu benützen. Außerdem werden wir die Voraussetzungen über $A(t)$ und $g(t)$ etwas abschwächen, wodurch allerdings auch eine geringfügige Modifikation des Lösungsbegriffes notwendig ist.

Die Matrix $A(t)$ und die Vektorfunktion $g(t)$ seien auf I_0 definiert und stückweise stetig, d. h. jedes kompakte Teilintervall I von I_0 enthält höchstens endlich viele Unstetigkeitsstellen von $A(t)$ und $g(t)$ und an jeder dieser Stellen existieren die Grenzwerte $A(t+0) = \lim_{t\to 0+} A(t)$ und $A(t-0) = \lim_{t\to 0-} A(t)$ bzw. $g(t+0) = \lim_{t\to 0+} g(t)$ und $g(t-0) = \lim_{t\to 0-} g(t)$. Im folgenden bezeichnet $\boldsymbol{M}$ die Menge aller $t\in I_0$, die Unstetigkeitsstellen für $A(t)$ oder $g(t)$ sind. Für jedes kompakte Teilintervall I von I_0 ist $I\backslash \boldsymbol{M}$ die Vereinigungsmenge endlich vieler beschränkter Intervalle, auf denen $A(t)$ und $g(t)$ stetig sind und ein endliches Supremum besitzen. Dies bedeutet, daß $A(t)$ und $g(t)$ auf jedem kompakten Teilintervall I von I_0 beschränkt sind. Die Beschränkung auf stückweise stetige Funktionen gestattet es, die folgenden Untersuchungen in elementarer Form durchzuführen. Der Hauptgrund für diese Beschränkung liegt jedoch darin, daß man damit bereits einen für die Anwendungen in der Regelungstheorie wichtigen Gleichungstyp erfaßt (vgl. Abschn. 11 und Kapitel VI).

Wir verwenden wie beim Beweis zu I Satz 9.1 das Verfahren der sukzessiven Approximation. Wegen der speziellen Gestalt von Gleichung (1.1) erhalten wir jedoch globale Aussagen für die Lösungen. Es sei (t_0, x_0) beliebig aus $I_0 \times \mathbf{R}^n$ gewählt. Die Rekursionsformel I (9.7) hat für Gleichung (1.1) die Gestalt

$$x_0(t) = x_0, \quad t\in I_0,$$

$$x_\nu(t) = x_0 + \int_{t_0}^{t} A(s)x_{\nu-1}(s)\,\mathrm{d}s + \int_{t_0}^{t} g(s)\,\mathrm{d}s, \qquad t\in I_0,\ \nu = 1,2,\dots. \tag{5.1}$$

Da das Integral über eine stückweise stetige Funktion existiert und als Funktion der oberen (und der unteren) Grenze stetig ist, erhalten wir durch (5.1) eine Folge $(x_\nu(t))$ von auf I_0 definierten und stetigen Funktionen. Unser Ziel ist es, die Konvergenz dieser Folge auf I_0 nachzuweisen und zu zeigen, daß die Grenzfunktion Lösung von Gl. (1.1) zu den Anfangswerten (t_0, x_0) ist. Gleichzeitig werden wir eine Reihendarstellung für die Übergangsmatrix $\Phi(t,t_0)$ erhalten.

Durch

$$\begin{aligned} &\Phi_0(t,t_0) = E, \\ &\Phi_\nu(t,t_0) = E + \int_{t_0}^{t} A(s)\,\mathrm{d}s + \cdots + \int_{t_0}^{t} A(s_1)\int_{t_0}^{s_1}\cdots\int_{t_0}^{s_{\nu-1}} A(s_\nu)\,\mathrm{d}s_\nu\dots\mathrm{d}s_1, \\ &t, t_0 \text{ aus } I_0,\ \nu = 1,2,\dots, \end{aligned} \tag{5.2}$$

erhalten wir eine Folge von Matrizen, die für beliebige t, t_0 aus I_0 definiert und als Funktionen in t und t_0 auf I_0 stetig sind. Aus den Rekursionsformeln (5.1) kann man ohne Schwierigkeiten explizite Formeln für die Funktionen $x_\nu(t)$ gewinnen, welche die Definition der Matrizen (5.2) nahelegen und dann in der Form

$$x_\nu(t) = \Phi_\nu(t,t_0)x_0 + \int_{t_0}^{t} \Phi_{\nu-1}(t,s)g(s)\,\mathrm{d}s, \qquad t\in I_0,\ \nu = 1,2,\dots \tag{5.3}$$

geschrieben werden können. Dabei verwendet man die Umformung

$$\begin{aligned} &\int_{t_0}^{t} g(s)\,\mathrm{d}s + \int_{t_0}^{t} A(s_1)\int_{t_0}^{s_1} \Phi_{\nu-1}(s_1,s_2)g(s_2)\,\mathrm{d}s_2\,\mathrm{d}s_1 \\ &\qquad = \int_{t_0}^{t} g(s)\,\mathrm{d}s + \int_{t_0}^{t}\left(\int_{s_2}^{t} A(s_1)\Phi_{\nu-1}(s_1,s_2)\,\mathrm{d}s_1\right)g(s_2)\,\mathrm{d}s_2 \\ &\qquad = \int_{t_0}^{t}\left(E + \int_{s_2}^{t} A(s_1)\Phi_{\nu-1}(s_1,s_2)\,\mathrm{d}s_1\right)g(s_2)\,\mathrm{d}s_2 = \int_{t_0}^{t} \Phi_\nu(t,s)g(s)\,\mathrm{d}s. \end{aligned}$$

Die Darstellung (5.3) zeigt, daß die Folge $(x_\nu(t))$ gleichmäßig konvergiert, wenn dies für $(\Phi_\nu(t,t_0))$ gilt. Die Matrixfunktion $\Phi_\nu(t,t_0)$ ist aber die $(\nu+1)$-te Partialsumme der Reihe

$$(5.4) \qquad E + \sum_{\nu=1}^{\infty} \int_{t_0}^{t} A(s_1) \int_{t_0}^{s_1} \cdots \int_{t_0}^{s_{\nu-1}} A(s_\nu) \mathrm{d}s_\nu \cdot \cdots \cdot \mathrm{d}s_1 .$$

Um die Konvergenz dieser Reihe zu untersuchen, wählen wir zunächst ein kompaktes Teilintervall I von I_0. Auf Grund der Voraussetzung über die Matrix $A(t)$ gibt es eine nicht-negative Konstante α – etwa $\alpha = \sup_{t\in I} \|A(t)\|$ – mit $\|A(t)\| \le \alpha$ für alle $t \in I$. Dann kann man aber die Glieder der Reihe (5.4) folgendermaßen abschätzen:

$$(5.5) \qquad \left\| \int_{t_0}^{t} A(s_1) \int_{t_0}^{s_1} \cdots \int_{t_0}^{s_{\nu-1}} A(s_\nu) \mathrm{d}s_\nu \cdot \cdots \cdot \mathrm{d}s_1 \right\| \le \frac{\alpha^\nu |t-t_0|^\nu}{\nu!} \le \frac{\alpha^\nu l^\nu}{\nu!}, \qquad t, t_0 \text{ aus } I,\ \nu = 1,2,\ldots,$$

wobei l die Länge von I bezeichnet. Die Reihe $\|E\| + \sum_{\nu=1}^{\infty} \frac{\alpha^\nu l^\nu}{\nu!} = \|E\| - 1 + \mathrm{e}^{\alpha l}$ ist somit für alle t, t_0 aus I eine konvergente Majorante für die Reihe (5.4), die daher für alle t, t_0 aus I konvergiert und zwar gleichmäßig in t bei festem $t_0 \in I$ und gleichmäßig in t_0 bei festem $t \in I$. Da I ein beliebiges kompaktes Teilintervall von I_0 war, ist die Reihe (5.4) für beliebige t, t_0 aus I_0 gegen eine in t und in t_0 auf I_0 stetige Matrixfunktion konvergent. Wir setzen

$$(5.6) \qquad \Phi(t,t_0) = \lim_{\nu\to\infty} \Phi_\nu(t,t_0) = E + \sum_{\nu=1}^{\infty} \int_{t_0}^{t} A(s_1) \int_{t_0}^{s_1} \cdots \int_{t_0}^{s_{\nu-1}} A(s_\nu) \mathrm{d}s_\nu \cdot \cdots \cdot \mathrm{d}s_1 ,$$

für alle t, t_0 aus I_0. Die Bezeichnung $\Phi(t,t_0)$ für diesen Grenzwert ist gerechtfertigt, weil dieser Grenzwert, wie wir bald sehen werden, tatsächlich die Übergangsmatrix von Gleichung (1.2) darstellt (im Sinne von Definition 2.1, falls $A(t)$ stetig ist).

Wir wollen festhalten, daß $\Phi(t,t_0)$ auf I_0 in t und in t_0 stetig ist und $\Phi(t_0,t_0) = E$ für beliebige $t_0 \in I_0$ gilt. Letztere Eigenschaft folgt sofort aus (5.6). Mit Hilfe von (5.3) ergibt sich, daß auch die Folge $(x_\nu(t))$ auf I_0 konvergiert. Dabei ist zu beachten, daß für beliebige t, t_0 aus I_0 die Folge $\Phi_\nu(t,s)$ für $s \in [t_0,t]$ bzw. $s \in [t,t_0]$ gleichmäßig konvergiert, also

$$\lim_{\nu\to\infty} \int_{t_0}^{t} \Phi_{\nu-1}(t,s) g(s) \mathrm{d}s = \int_{t_0}^{t} \left(\lim_{\nu\to\infty} \Phi_{\nu-1}(t,s) \right) g(s) \mathrm{d}s = \int_{t_0}^{t} \Phi(t,s) g(s) \mathrm{d}s$$

gilt. Führen wir in (5.3) den Grenzübergang $\nu \to \infty$ durch, erhalten wir die auf I_0 stetige Funktion

$$(5.7) \qquad x(t) = \lim_{\nu\to\infty} x_\nu(t) = \Phi(t,t_0)x_0 + \int_{t_0}^{t} \Phi(t,s) g(s) \mathrm{d}s .$$

Aus der in (5.2) gegebenen Definition der Funktionen $\Phi_\nu(t,t_0)$ folgt sofort, daß diese Funktionen für beliebiges $t_0 \in I_0$ auf $I_0 \backslash \boldsymbol{M}$ nach t differenzierbar sind mit

$$(5.8) \qquad \dot{\Phi}_\nu(t,t_0) = \frac{\partial \Phi_\nu(t,t_0)}{\partial t} = A(t)\Phi_{\nu-1}(t,t_0), \qquad t \in I_0 \backslash \boldsymbol{M},\ t_0 \in I_0,\ \nu = 1,2,\ldots .$$

Es sei nun I ein kompaktes Teilintervall von I_0 mit $t_0 \in I$. Die Folge $(\Phi_\nu(t,t_0))$ ist dann für $t \in I$ gleichmäßig konvergent. Wegen (5.8) bedeutet dies, daß die Folge $(\dot{\Phi}_\nu(t,t_0))$ für $t \in I \backslash \boldsymbol{M}$ gleichmäßig konvergiert, und zwar gegen $A(t)\Phi(t,t_0)$, also existiert $\dot{\Phi}(t,t_0)$ und es gilt

$$(5.9) \qquad \dot{\Phi}(t,t_0) = A(t)\Phi(t,t_0), \qquad t \in I_0 \backslash \boldsymbol{M},\ t_0 \in I_0 .$$

Diese Beziehung zeigt unmittelbar, daß für beliebige $t_0 \in I_0$ und beliebige $t \in \boldsymbol{M}$ zwar nicht $\dot{\Phi}(t,t_0)$, aber die Grenzwerte $\dot{\Phi}(t+0,t_0)$ und $\dot{\Phi}(t-0,t_0)$ existieren mit

$$\begin{aligned} &\dot{\Phi}(t+0,t_0) = A(t+0)\Phi(t,t_0), \\ (5.10)\qquad &\dot{\Phi}(t-0,t_0) = A(t-0)\Phi(t,t_0), \qquad t \in \boldsymbol{M},\ t_0 \in I_0 . \end{aligned}$$

Aus den Eigenschaften von $\Phi(t,t_0)$ folgt, daß die durch (5.7) gegebene Funktion $x(t)$ für alle $t \in I_0 \backslash \boldsymbol{M}$ differenzierbar ist mit

$$\begin{aligned} \dot{x}(t) &= \dot{\Phi}(t,t_0)x_0 + \Phi(t,t)g(t) + \int_{t_0}^{t} \dot{\Phi}(t,s)g(s)\,\mathrm{d}s \\ &= A(t)\left\{\Phi(t,t_0)x_0 + \int_{t_0}^{t} \Phi(t,s)g(s)\,\mathrm{d}s\right\} + g(t) = A(t)x(t) + g(t) . \end{aligned}$$

Für $t \in \boldsymbol{M}$ gilt

$$\begin{aligned} &\dot{x}(t+0) = A(t+0)x(t) + g(t+0), \\ (5.11)\qquad &\dot{x}(t-0) = A(t-0)x(t) + g(t-0) . \end{aligned}$$

Zusammenfassend können wir den folgenden Satz formulieren:

Satz 5.1. *Gegeben sei die Gl.* (1.1). *Die Matrixfunktion $A(t)$ und die Vektorfunktion $g(t)$ seien auf I_0 definiert und stückweise stetig. $\boldsymbol{M}$ bezeichne die Menge der Unstetigkeitsstellen von $A(t)$ und $g(t)$ auf I_0. Zu beliebigem $(t_0,x_0) \in I_0 \times \mathbf{R}^n$ existiert genau eine auf I_0 stetige Funktion $x(t) = x(t;t_0,x_0)$ mit $x(t_0;t_0,x_0) = x_0$, die auf $I_0 \backslash \boldsymbol{M}$ stetig differenzierbar ist und dort Gl.* (1.1) *genügt. Für $t \in \boldsymbol{M}$ existieren die Grenzwerte $\dot{x}(t+0)$ und $\dot{x}(t-0)$ und genügen den Beziehungen* (5.11). *Ferner gilt*

$$x(t;t_0,x_0) = \Phi(t,t_0)x_0 + \int_{t_0}^{t} \Phi(t,s)g(s)\,\mathrm{d}s, \qquad t, t_0 \text{ aus } I_0,\ x_0 \in \mathbf{R}^n .$$

Die Matrixfunktion $\Phi(t,t_0)$ ist auf I_0 in t und in t_0 stetig mit $\Phi(t_0,t_0) = E$, $t_0 \in I_0$, und für beliebiges $t_0 \in I_0$ auf $I_0 \backslash \boldsymbol{M}$ nach t stetig differenzierbar. Sie genügt auf $I_0 \backslash \boldsymbol{M}$ der Gl. (2.7), *während für $t \in \boldsymbol{M}$ die Grenzwerte $\dot{\Phi}(t+0,t_0)$ und $\dot{\Phi}(t-0,t_0)$ für beliebiges $t_0 \in I_0$ existieren und den Beziehungen* (5.10) *genügen.*

Beweis. Wir müssen noch die Eindeutigkeit von $x(t) = x(t;t_0,x_0)$ beweisen, wobei wir einen von den Ergebnissen aus I Abschn. 9 unabhängigen Beweis geben wollen.

Es sei $y(t)$ eine weitere auf I_0 definierte Funktion mit den im Satz angegebenen Eigenschaften, d. h. insbesondere mit $y(t_0) = x_0$ und $\dot{y}(t) = A(t)y(t) + g(t)$, $t \in I_0 \backslash \boldsymbol{M}$. Die Differenz $z(t) = x(t) - y(t)$ genügt der homogenen Gleichung $\dot{x} = A(t)x$, d. h. es gilt $z(t) = \int_{t_0}^{t} A(s)z(s)\,\mathrm{d}s$, $t \in I_0$. Die skalare Funktion $\xi(t) = \|z(t)\|$ genügt daher auf kompakten Teilintervallen I von I_0 mit $t_0 \in I$ der Abschätzung

$$0 \le \xi(t) \le \beta \left| \int_{t_0}^{t} \xi(s)\,\mathrm{d}s \right|, \qquad t \in I ,$$

mit $\beta = \sup\{\|A(t)\| \mid t \in I\}$ und erfüllt die Bedingung $\xi(t_0) = 0$. Nach Korollar 3 zu I Satz 3.1 ist $\xi(t) \equiv 0$ auf I_0, d. h. es gilt $x(t) \equiv y(t)$ auf I_0.

Aufgaben. 1. Für eine auf I_0 stückweise stetige $n \times n$-Matrix $A(t)$ sei $\alpha(t) = \|A(t)\|$, $t \in I_0$. Man beweise die Abschätzung

$$\|\Phi(t,t_0) - E\| \leq \rho(t)e^{\rho(t)} \quad \text{mit} \quad \rho(t) = \left|\int_{t_0}^{t} \alpha(s)\,ds\right|$$

für alle t, t_0 aus I_0.

Hinweis. Man benutze die Reihendarstellung (5.6) und beachte, daß man die bei der Abschätzung der Glieder auftretenden iterierten Integrale über die Funktion $\alpha(t)$ durch die Potenzen des einfachen Integrales ausdrücken kann.

2. $A_i(t)$ sei eine auf I_0 stückweise stetige $n \times n$-Matrix und $\Phi_i(t,t_0)$ bezeichne die Übergangsmatrix von $\dot{x} = A_i(t)x$, $i = 1,2$. Für $\Delta(t,t_0) = \Phi_1(t,t_0) - \Phi_2(t,t_0)$ beweise man die folgende Abschätzung: Für beliebige kompakte Teilintervalle I von I_0 existiert eine Konstante γ derart, daß für alle t, t_0 aus I

$$\|\Delta(t,t_0)\| \leq \gamma\left|\int_{t_0}^{t} \|A_1(s) - A_2(s)\|\,ds\right|$$

gilt. γ läßt sich mit Hilfe von $\|A_i(t)\|$, $i = 1,2$, abschätzen.

Hinweis. Für $\Delta = \Delta(t,t_0)$ gilt $\dot{\Delta} = A_1(t)\Delta + (A_1(t) - A_2(t))\Phi_2(t,t_0)$. Man verwende Aufgabe 1 und Aufgabe 1 zu Abschn. 4.

3. Die $n \times n$-Matrizen $A(t)$ und $A_\nu(t)$, $\nu = 1,2,\ldots$, seien auf I_0 stückweise stetig. Die Folge $(A_\nu(t))$ sei auf kompakten Teilintervallen von I_0 gleichmäßig beschränkt und $\Phi(t,t_0)$ bzw. $\Phi_\nu(t,t_0)$ bezeichne die Übergangsmatrix von $\dot{x} = A(t)x$ bzw. $\dot{x} = A_\nu(t)x$. Man zeige: Ist

$$\lim_{\nu\to\infty} \int_{t_0}^{t} \|A_\nu(s) - A(s)\|\,ds = 0$$

gleichmäßig für t, t_0 aus kompakten Teilintervallen von I_0, so gilt

$$\lim_{\nu\to\infty} \Phi_\nu(t,t_0) = \Phi(t,t_0)$$

gleichmäßig für t, t_0 aus kompakten Teilintervallen von I_0.

6. Lineare Gleichungen mit komplexen Matrizen $A(t)$ und komplexen Vektorfunktionen $g(t)$

Wir haben uns bisher auf Gleichungen mit reeller Matrixfunktion $A(t)$ und reeller Vektorfunktion $g(t)$ beschränkt. In diesem Abschnitt soll kurz auf den Fall eingegangen werden, daß $A(t)$ und $g(t)$ komplexwertige Funktionen der reellen Veränderlichen t sind. Auch wenn man sich auf die Behandlung reeller Gleichungen beschränkt, ist es für verschiedene Untersuchungen doch zweckmäßig, durch eine Koordinatentransformation zu komplexen Gleichungen überzugehen. Wir weisen an dieser Stelle daraufhin, daß alle bisher gewonnenen Resultate über lineare Differentialgleichungen richtig bleiben, wenn die Matrix $A(t)$ und der Vektor $g(t)$ komplexwertig sind. Natürlich muß man gegebenenfalls $x^* = \bar{x}^T$ und $B^* = \bar{B}^T$ an Stelle von x^T und B^T setzen. Bis auf diese trivialen Änderungen bleiben auch die Beweise ungeändert.

Wir erinnern, daß eine komplexwertige (skalare) Funktion $u(t) = u_1(t) + iu_2(t)$ der reellen Veränderlichen t genau dann in t stetig bzw. in t differenzierbar ist, wenn dies für den Realteil $u_1(t)$ und den Imaginärteil $u_2(t)$ von $u(t)$ gilt. Außerdem ist $\dot{u}(t) = \dot{u}_1(t) + i\dot{u}_2(t)$. Analoge Feststellungen gelten natürlich für Vektor- und Matrixfunktionen.

In Gl. (1.1) bzw. (1.2) seien $A(t)$ und $g(t)$ auf I_0 stetig und komplexwertig, $A(t) = A_1(t) + iA_2(t)$, $g(t) = g_1(t) + ig_2(t)$ mit $A_k(t)$ und $g_k(t)$ reell, $k = 1, 2$. Ist $x(t) = x_1(t) + ix_2(t)$ Lösung von (1.1) auf I_0, so ist dies, wie man durch Vergleich von Real- und Imaginärteil sieht, gleichbedeutend mit

$$\dot{x}_1(t) = A_1(t)x_1(t) - A_2(t)x_2(t) + g_1(t),$$
$$\dot{x}_2(t) = A_2(t)x_1(t) + A_1(t)x_2(t) + g_2(t)$$

für alle $t \in I_0$. Definieren wir den $2n$-dimensionalen reellen Vektor $y(t)$ durch $y(t) = \begin{pmatrix} x_1(t) \\ x_2(t) \end{pmatrix}$, $t \in I_0$, so genügt $y(t)$ der reellen Gleichung

$$\dot{y} = B(t)y + h(t) \tag{6.1}$$

mit $$B(t) = \begin{pmatrix} A_1(t) & -A_2(t) \\ A_2(t) & A_1(t) \end{pmatrix}, \quad h(t) = \begin{pmatrix} g_1(t) \\ g_2(t) \end{pmatrix}.$$

Ist umgekehrt $y(t) = (y^1(t), \ldots, y^{2n}(t))^T$ eine reelle Lösung von Gleichung (6.1) und definieren wir $x_1(t) = (y^1(t), \ldots, y^n(t))^T$ und $x_2(t) = (y^{n+1}(t), \ldots, y^{2n}(t))^T$, so ist $x(t) = x_1(t) + ix_2(t)$ eine Lösung von Gl. (1.1). Damit haben wir bewiesen:

Satz 6.1. *Sind in der n-dimensionalen Gleichung* (1.1) *$A(t)$ und $g(t)$ komplexwertig, so ist diese Gleichung der $2n$-dimensionalen reellen Gleichung* (6.1) *in folgendem Sinne äquivalent: Für jede Lösung $x(t) = x_1(t) + ix_2(t)$ ist*

$$y(t) = \begin{pmatrix} x_1(t) \\ x_2(t) \end{pmatrix}$$

eine Lösung von (6.1) *und für jede reelle Lösung $y(t) = (y^1(t), \ldots, y^{2n}(t))^T$ von* (6.1) *ist $x(t) = (y^1(t), \ldots, y^n(t))^T + i(y^{n+1}(t), \ldots, y^{2n}(t))^T$ Lösung von* (1.1).

Dieser Satz ermöglicht es, Aufgaben für n-dimensionale Gleichungen mit komplexwertigen $A(t)$ und $g(t)$ auf Aufgaben für reelle Gleichungen der Dimension $2n$ überzuführen. Für uns von besonderem Interesse ist es, aus komplexwertigen Lösungen reeller Gleichungen, insbesondere der homogenen Gleichung (1.2), reellwertige Lösungen zu gewinnen.

Satz 6.2. *Es sei Gl.* (1.2) *mit reeller Matrix $A(t)$ gegeben. Dann gilt: Ist $x(t) = x_1(t) + ix_2(t)$, $x_1(t)$ und $x_2(t)$ reell, eine Lösung von* (1.2), *so sind $\overline{x(t)} = x_1(t) - ix_2(t)$, $x_1(t)$ und $x_2(t)$ Lösungen von* (1.2).

Beweis. $x(t)$ sei eine Lösung von (1.2). Bildet man in der Beziehung $\dot{x}(t) = A(t)x(t)$ beiderseits die konjugiert komplexen Größen, erhält man wegen $\overline{A(t)} = A(t)$ und $\overline{\dot{x}(t)} = \frac{\mathrm{d}}{\mathrm{d}t}\overline{x(t)}$ die Gleichung

$$\frac{\mathrm{d}}{\mathrm{d}t}\overline{x(t)} = A(t)\overline{x(t)},$$

d. h. $\overline{x(t)}$ ist ebenfalls Lösung von (1.2). Mit $x(t)$ und $\overline{x(t)}$ sind auch $x_1(t) = \frac{1}{2}(x(t) + \overline{x(t)})$ und $x_2(t) = \frac{1}{2\mathrm{i}}(x(t) - \overline{x(t)})$ Lösungen von (1.2).

7. Einige Hilfsmittel aus der Linearen Algebra

In diesem Abschnitt werden ergänzend zu den Ausführungen in der Einleitung zu diesem Kapitel einige Resultate aus der Linearen Algebra zusammengestellt, die für den weiteren Ausbau der Theorie der linearen Differentialgleichungen wesentlich sind.

7.1. Die Jordansche Normalform einer Matrix

Für viele Überlegungen ist es notwendig, eine gegebene quadratische Matrix (mit reellen oder komplexen Elementen) durch eine ähnliche Matrix einfacherer Gestalt zu ersetzen. Von besonderer Bedeutung ist in diesem Zusammenhang die in dem folgenden Satz angegebene Jordansche Normalform einer Matrix.

Satz 7.1. *Jede $n \times n$-Matrix A mit reellen oder komplexen Elementen ist zu einer Matrix J, der Jordanschen Normalform von A, ähnlich, welche die folgende Gestalt hat:*

$$J = \operatorname{diag}(J_1, \ldots, J_r), \qquad 1 \leq r \leq n,$$

wobei die Matrizen J_ρ quadratische Matrizen der Dimension k_ρ, $1 \leq k_\rho \leq n$, $k_1 + \cdots + k_r = n$, sind, welche die einfache Gestalt

$$(7.1) \qquad J_\rho = \begin{pmatrix} \lambda_\rho & 1 & 0 & \cdots & 0 \\ 0 & \ddots & \ddots & \ddots & \vdots \\ \vdots & & \ddots & \ddots & 0 \\ \vdots & & & \ddots & 1 \\ 0 & \cdots & \cdots & 0 & \lambda_\rho \end{pmatrix}, \qquad \rho = 1, \ldots, r,$$

besitzen. Für $k_\rho = 1$ ist natürlich $J_\rho = (\lambda_\rho)$. Die im allgemeinen nicht paarweise verschiedenen Skalare λ_ρ sind die Eigenwerte der Matrix A. Die Eigenwerte λ_ρ und die natürlichen Zahlen r und k_ρ, $\rho = 1, \ldots, r$, sind eindeutig durch die Matrix A bestimmt, d. h. J ist bis auf die Reihenfolge der Jordanblöcke J_ρ eindeutig durch A bestimmt.

Für den Beweis dieses Satzes verweisen wir auf Lehrbücher der Linearen Algebra (etwa Kowalsky [18]). Gilt für einen Eigenwert λ_0 von A $\lambda_0 = \lambda_\nu$ für $\nu = \rho_1, \ldots, \rho_i$, so ist λ_0 eine m-fache Wurzel der charakteristischen Gleichung $\det(\lambda E - A) = 0$ mit $m = k_{\rho_1} + \cdots + k_{\rho_i}$. Aus der Gestalt der Jordanschen Normalform folgt, daß i die Maximalzahl der linear unabhängigen Eigenvektoren von A zum Eigenwert λ_0 ist. Setzen wir $m_1 = \max\{k_{\rho_1}, \ldots, k_{\rho_i}\}$, so ist λ_0 eine m_1-fache Wurzel des Minimalpolynoms von A. Aus diesen Tatsachen folgt sofort, daß A genau dann einer Diagonalmatrix ähnlich ist, wenn das Minimalpolynom von A nur einfache Wurzeln besitzt. Gleichbedeutend damit ist, daß für alle Eigenwerte λ_0 von A die Dimension des von den zu λ_0 gehörigen Eigenvektoren von A aufgespannten Teilraumes des $\mathbf{C}^n$ gleich der Vielfachheit von λ_0 als Wurzel des charakteristischen Polynoms von A ist. Für jeden Eigenwert λ_0 kommt in der Jordanschen Normalform von A genau ein Jordanblock vor, wenn das Minimalpolynom von A gleich dem charakteristischen Polynom $\det(\lambda E - A)$ ist.

Die Aussage des Satzes bedeutet, daß eine reguläre $n \times n$-Matrix S mit $J = S^{-1}AS$ bzw.

$$AS = SJ \tag{7.2}$$

existiert. S kann im Falle einer reellen Matrix A im allgemeinen nicht ebenfalls reell gewählt werden.

7.2. Die Matrixexponentialreihe

Unter einer Matrixpotenzreihe versteht man eine Matrixreihe der Gestalt $\sum_{\nu=0}^{\infty} \alpha_\nu A^\nu$, wobei A eine quadratische Matrix ist und die α_ν, $\nu = 0,1,\ldots$, Skalare sind. Ist diese Reihe konvergent (vgl. die Einleitung zu diesem Kapitel) mit dem Grenzwert A_0, so gilt für eine beliebige reguläre Matrix S

$$S^{-1}A_0S = \sum_{\nu=0}^{\infty} \alpha_\nu (S^{-1}AS)^\nu \tag{7.3}$$

(vgl. Aufgabe 4 in der Einleitung zu diesem Kapitel).

Für die Theorie der linearen Differentialgleichungen mit konstanten Koeffizienten ist die Matrixexponentialreihe $\sum_{\nu=0}^{\infty} \frac{1}{\nu!} A^\nu$ von fundamentaler Bedeutung. Für eine beliebige quadratische Matrix A ist

$$\|E\| - 1 + \sum_{\nu=0}^{\infty} \frac{1}{\nu!} \alpha^\nu = \|E\| - 1 + e^\alpha \quad \text{mit } \alpha = \|A\|$$

eine konvergente Majorante der Matrixexponentialreihe (vgl. (5.5)). Nach dem Majorantenkriterium (vgl. die Einleitung zu diesem Kapitel) ist daher die Matrixexponentialreihe für beliebige quadratische Matrizen A konvergent. Man bezeichnet ihren Grenzwert mit e^A. Für beliebige $t \in (-\infty, \infty)$ und beliebige quadratische Matrizen A existiert daher

$$e^{At} = \sum_{\nu=0}^{\infty} \frac{t^\nu}{\nu!} A^\nu. \tag{7.4}$$

Sind A und B vertauschbare Matrizen, so gilt für beliebige natürliche Zahlen μ

$$\left(\sum_{\nu=0}^{\mu} \frac{1}{\nu!} A^\nu\right)\left(\sum_{\kappa=0}^{\mu} \frac{1}{\kappa!} B^\kappa\right) = \sum_{\sigma=0}^{\mu} \frac{1}{\sigma!}(A+B)^\sigma + \sum_{\sigma=\mu+1}^{2\mu} \frac{1}{\sigma!} \sum_{\nu=\sigma-\mu}^{\mu} \frac{\sigma!}{\nu!(\sigma-\nu)!} A^\nu B^{\sigma-\nu},$$

$$\left\| \sum_{\sigma=\mu+1}^{2\mu} \frac{1}{\sigma!} \sum_{\nu=\sigma-\mu}^{\mu} \frac{\sigma!}{\nu!(\sigma-\nu)!} A^\nu B^{\sigma-\nu} \right\| \leq \sum_{\sigma=\mu+1}^{2\mu} \frac{1}{\sigma!} (\|A\| + \|B\|)^\sigma.$$

Daraus folgt sofort durch Grenzübergang $\mu \to \infty$

$$e^{A+B} = e^A e^B, \tag{7.5}$$

falls $AB = BA$ gilt. Daraus folgt insbesondere

(7.6) $$e^{A(t+s)} = e^{At}e^{As}$$

für beliebige reelle t, s. Für $B = -A$ folgt aus (7.5) die Gleichung $E = e^0 = e^{A-A} = e^A e^{-A}$. Dies bedeutet, daß e^A stets regulär ist mit

(7.7) $$(e^A)^{-1} = e^{-A}.$$

Wir benötigen später genauere Aussagen über den Aufbau der Matrix e^{At} und untersuchen hier zu diesem Zweck die Reihe

(7.8) $$e^{Jt} = \sum_{\nu=0}^{\infty} \frac{t^\nu}{\nu!} J^\nu,$$

wobei J die Jordansche Normalform von A ist: $J = S^{-1}AS$ mit einer regulären Matrix S. Nach (7.3) ist $e^{Jt} = S^{-1}e^{At}S$ bzw.

(7.9) $$e^{At}S = Se^{Jt}.$$

Aus $J^\nu = \operatorname{diag}(J_1^\nu, \ldots, J_r^\nu)$, $\nu = 0, 1, \ldots$, folgt sofort

(7.10) $$e^{Jt} = \operatorname{diag}(e^{J_1 t}, \ldots, e^{J_r t}).$$

Damit ist die Bestimmung der Matrix e^{Jt} zurückgeführt auf die entsprechende Aufgabe für Matrizen in Gestalt eines Jordanblockes. Es sei also

(7.11) $$B = \lambda E_k + N_k,$$

wobei E_k die k-dimensionale Einheitsmatrix ist und die $k \times k$-Matrix N_k durch

$$N_k = \begin{pmatrix} 0 & 1 & 0 & \cdots & 0 \\ \vdots & \ddots & \ddots & \ddots & \vdots \\ \vdots & & \ddots & \ddots & 0 \\ \vdots & & & \ddots & 1 \\ 0 & \cdots & \cdots & \cdots & 0 \end{pmatrix}$$

gegeben ist. λ ist ein Eigenwert von A. Man verifiziert leicht

(7.12) $$\begin{aligned} N_k^\mu &= (\delta_{i,j-\mu}), \quad \mu = 0, \ldots, k-1, \\ N_k^\mu &= 0, \quad \mu = k, k+1, \ldots. \end{aligned}$$

Hier ist $\delta_{i,j}$ das Kronecker-Symbol. Aus (7.12) folgt aber unmittelbar

(7.13) $$e^{N_k t} = \sum_{\nu=0}^{k-1} N_k^\nu \frac{t^\nu}{\nu!} = \begin{pmatrix} 1 & \frac{t}{1!} & \frac{t^2}{2!} & \cdots & \frac{t^{k-1}}{(k-1)!} \\ 0 & \ddots & \ddots & \ddots & \vdots \\ \vdots & & \ddots & \ddots & \frac{t}{1!} \\ 0 & \cdots & \cdots & 0 & 1 \end{pmatrix}$$

und

(7.14) $$e^{Bt} = e^{(\lambda E_k + N_k)t} = e^{\lambda t} e^{N_k t}.$$

Durch (7.10) und (7.14) ist die Matrix e^{Jt} vollständig beschrieben.

Für uns von besonderer Wichtigkeit ist das asymptotische Verhalten der Matrixfunktion e^{At} für $t \to \infty$. Dieses kann vollständig mit Hilfe der Eigenwerte von A charakterisiert werden.

Satz 7.2. *Gegeben sei die $n \times n$-Matrix A.*

a) *Genau dann ist* $\lim\limits_{t\to\infty} e^{At} = 0$, *wenn* $\operatorname{Re}\lambda < 0$ *für alle Eigenwerte λ von A gilt.*

b) *Genau dann ist e^{At} auf $[0,\infty)$ beschränkt, wenn gilt:*

b_1) *Für jeden Eigenwert λ von A ist* $\operatorname{Re}\lambda \leq 0$.

b_2) *Ist λ ein Eigenwert von A mit* $\operatorname{Re}\lambda = 0$, *so enthält die Jordansche Normalform von A nur eindimensionale Jordanblöcke zu diesem Eigenwert, d. h. λ ist einfache Wurzel des Minimalpolynoms von A. Damit gleichbedeutend ist, daß die Dimension des von den zu λ gehörigen Eigenvektoren von A aufgespannten Teilraumes des $\mathbf{C}^n$ gleich der Vielfachheit von λ als Wurzel des charakteristischen Polynoms von A ist.*

Beweis. Es genügt, die Aussage des Satzes für die Jordansche Normalform J von A zu beweisen. Wegen (7.10) kann man sich dabei auf Matrizen der Form (7.11) beschränken. Aus (7.14) folgt für $\operatorname{Re}\lambda < 0$ sofort $\lim\limits_{t\to\infty} \|e^{Bt}\| = 0$. Umgekehrt folgt aus $\lim\limits_{t\to\infty} \|e^{Bt}\| = 0$ auch $\lim\limits_{t\to\infty} e^{\lambda t} = 0$, d. h. $\operatorname{Re}\lambda < 0$. Wir erinnern an dieser Stelle daran, daß $\lim\limits_{t\to\infty} \|e^{Bt}\| = 0$ gleichbedeutend ist mit $\lim\limits_{t\to\infty} \beta_{ij}(t) = 0$, $i,j = 1,\dots,n$, wobei $e^{Bt} = (\beta_{ij}(t))$ gesetzt ist.

Für den Beweis der zweiten Aussage des Satzes nehmen wir zunächst an, daß $\|e^{Bt}\|$ auf $[0,\infty)$ beschränkt ist. Dann müssen auch die Elemente der Hauptdiagonalen von e^{Bt} beschränkt sein, d. h. $e^{\lambda t}$ ist auf $[0,\infty)$ beschränkt. Daraus folgt aber $\operatorname{Re}\lambda \leq 0$. Ist $\operatorname{Re}\lambda = 0$ und $k > 1$, so kann e^{Bt} nicht beschränkt sein, da in diesem Fall das Element $\dfrac{t^{k-1}}{(k-1)!} e^{\lambda t}$ auf $[0,\infty)$ nicht beschränkt ist. Es muß also $k = 1$ gelten. Dies bedeutet, daß sämtliche Jordanblöcke, welche λ enthalten, eindimensional sein müssen.

Wir müssen noch zeigen, daß die Bedingungen b_1) und b_2) auch hinreichend sind. Ist $\operatorname{Re}\lambda < 0$, so haben wir bereits $\lim\limits_{t\to\infty} \|e^{Bt}\| = 0$ bewiesen. Dann ist $\|e^{Bt}\|$ auf $[0,\infty)$ sicherlich beschränkt. Für $\operatorname{Re}\lambda = 0$ folgt aus b_2) $k = 1$, d. h. $B = (\lambda)$. Daraus folgt sofort $e^{Bt} = (e^{\lambda t})$. Für $\operatorname{Re}\lambda = 0$ ist aber $e^{\lambda t}$ und damit auch $\|e^{Bt}\|$ auf $[0,\infty)$ beschränkt. Damit ist der Satz vollständig bewiesen.

Sind die Bedingungen b_1) und b_2) des Satzes nicht erfüllt, so ist e^{At} auf $[0,\infty)$ unbeschränkt. Dabei kann man zwei Fälle unterscheiden: Gibt es einen Eigenwert λ von A mit $\operatorname{Re}\lambda > 0$, so wächst $\|e^{At}\|$ für $t \to \infty$ exponentiell. Gilt für jeden Eigenwert λ von A $\operatorname{Re}\lambda \leq 0$ und ist die Bedingung b_2) verletzt, so wächst $\|e^{At}\|$ für $t \to \infty$ wie eine ganzzahlige Potenz von t. Die Richtigkeit dieser Aussagen erkennt man sofort an Hand der durch (7.10) und (7.14) gegebenen Matrix e^{Jt}.

Aufgaben. 1. Ist $A(t)$ eine auf I_0 stückweise stetige $n \times n$-Matrix, welche für alle t, t_0 aus I_0 mit $\int_{t_0}^{t} A(s)\,ds$ vertauschbar ist, so hat die Übergangsmatrix von $\dot{x} = A(t)x$ die Gestalt

$$\Phi(t,t_0) = \exp\left[\int_{t_0}^{t} A(s)\,ds\right], \qquad t, t_0 \text{ aus } I_0 .$$

2. Es sei A eine konstante $n \times n$-Matrix. Man zeige, daß mit auf $\mathbf{R}$ beliebig oft differenzierbaren Funktionen $\alpha_i(t)$, $i = 0,\dots,n-1$, die Beziehung

$$e^{At} = \sum_{i=0}^{n-1} \alpha_i(t) A^i, \qquad t \in \mathbf{R},$$

besteht. Ist $\det(\lambda E - A) = \lambda^n + \gamma_{n-1}\lambda^{n-1} + \cdots + \gamma_0$, so kann $\alpha_{n-1}(t)$ als Lösung der skalaren Dgl.

$$u^{(n)} + \gamma_{n-1}u^{(n-1)} + \cdots + \gamma_0 u = 0$$

zu den Anfangswerten $u(0) = \cdots = u^{(n-2)}(0) = 0, u^{(n-1)}(0) = 1$ gewählt werden. Für $\alpha_0(t), \ldots, \alpha_{n-2}(t)$ gibt es lineare Rekursionsformeln.

Hinweis. Man beachte $\frac{\mathrm{d}}{\mathrm{d}t}\mathrm{e}^{At} = A\mathrm{e}^{At}$ und benutze den Satz von Cayley-Hamilton.

3. Ist m der Grad des Minimalpolynoms von A, so gilt auch

$$\mathrm{e}^{At} = \sum_{i=0}^{m-1} \beta_i(t)A^i, \qquad t \in \mathbf{R},$$

mit auf $\mathbf{R}$ beliebig oft differenzierbaren Funktionen $\beta_i(t)$, welche man analog wie in Aufgabe 2 bestimmen kann.

4. Man beweise Satz 7.2 mit Hilfe von Aufgabe 3.

7.3. Der Logarithmus einer Matrix

Ist A eine reguläre $n \times n$-Matrix und gilt für die $n \times n$-Matrix R die Beziehung

$$\mathrm{e}^R = A,$$

so heißt R ein Logarithmus von A. Wir schreiben $R = \ln A$. Da e^R stets regulär ist, kann ein Logarithmus nur für reguläre Matrizen existieren. Die Matrix $R = \ln A$ ist keineswegs eindeutig bestimmt. Mit R ist wegen $\mathrm{e}^{2k\pi\mathrm{i}E} = E$ auch $R + 2k\pi\mathrm{i}E$, k eine ganze Zahl, Logarithmus von A. Es genügt, einen Logarithmus für die Jordansche Normalform J von A anzugeben. Denn wegen $A = SJS^{-1} = S\mathrm{e}^{\tilde{R}}S^{-1} = \mathrm{e}^{S\tilde{R}S^{-1}}$ folgt aus $\mathrm{e}^{\tilde{R}} = J$ sofort $\ln A = S\tilde{R}S^{-1}$. Dabei ist S eine Matrix mit $J = S^{-1}AS$. Nimmt man J in der Gestalt $J = \mathrm{diag}(J_1, \ldots, J_r)$ an und ist $\tilde{R}_\rho = \ln J_\rho$, $\rho = 1, \ldots, r$, so gilt wegen (7.10)

$$\tilde{R} = \mathrm{diag}(\tilde{R}_1, \ldots, \tilde{R}_r).$$

Da die Matrix A regulär ist, muß $\lambda_\rho \neq 0$, $\rho = 1, \ldots, r$, gelten. Es genügt also, den Logarithmus für Matrizen in Form von Jordanblöcken anzugeben. Dazu sei

$$B = \lambda E_k + N_k, \quad \lambda \neq 0,$$

wie in (7.11) vorgegeben. Wegen $\lambda \neq 0$ können wir B in der Form $B = \lambda(E_k + \frac{1}{\lambda}N_k)$ schreiben. Ist dann L eine Matrix mit $\mathrm{e}^L = E_k + \frac{1}{\lambda}N_k$, so erhält man $\mathrm{e}^{(\ln\lambda)E_k + L} = \mathrm{e}^{(\ln\lambda)E_k}\mathrm{e}^L = \lambda E_k(E_k + \frac{1}{\lambda}N_k) = B$, d. h.

$$\ln B = (\ln\lambda)E_k + L. \tag{7.15}$$

Die aus der Analysis bekannte Reihendarstellung

$$\ln(1 + \alpha) = \sum_{\nu=0}^{\infty} \frac{(-1)^\nu}{\nu + 1}\alpha^{\nu+1}, \qquad |\alpha| < 1, \tag{7.16}$$

führt uns auf den Ansatz

$$L = \sum_{\nu=0}^{\infty} \frac{(-1)^\nu}{\nu + 1}\left(\frac{1}{\lambda}N_k\right)^{\nu+1} = \sum_{\nu=0}^{k-2} \frac{(-1)^\nu}{\nu + 1}\left(\frac{1}{\lambda}N_k\right)^{\nu+1}. \tag{7.17}$$

Die Reihe besteht wegen (7.12) aus nur endlich vielen von Null verschiedenen Gliedern und ist daher konvergent. Aus der expliziten Gestalt von L,

$$L = \begin{pmatrix} 0 & \frac{1}{\lambda} & -\frac{1}{2\lambda^2} & \cdots & \frac{(-1)^{k-2}}{k-1}\cdot\frac{1}{\lambda^{k-1}} \\ & \ddots & \ddots & \ddots & \vdots \\ & & & & -\frac{1}{2\lambda^2} \\ & & & & \frac{1}{\lambda} \\ 0 & & \cdots & & 0 \end{pmatrix}$$

folgt insbesondere $L^\nu = 0$ für $\nu = k, k+1, \ldots$. Dies bedeutet aber, daß die Reihe

$$\text{(7.18)} \qquad e^L = \sum_{\nu=0}^{\infty} \frac{1}{\nu!} L^\nu = \sum_{\nu=0}^{k-1} \frac{1}{\nu!} L^\nu$$

nur aus endlich vielen von Null verschiedenen Gliedern besteht. Man kann daher in (7.18) nach Einsetzen der Reihendarstellung (7.17) für L dieselben Umordnungen vornehmen, die beim Beweis von $e^{\ln(1+\alpha)} = 1 + \alpha$, $|\alpha| < 1$, vorgenommen werden, wenn in die Exponentialreihe die Reihenentwicklung (7.16) eingesetzt wird. An Stelle der Skalare 1 und α treten nur die Matrizen E_k und $\frac{1}{\lambda} N_k$. Man erhält schließlich das gewünschte Resultat

$$e^L = E_k + \tfrac{1}{\lambda} N_k$$

(für einen anderen Beweis dieser Beziehung vgl. die Aufgabe am Ende dieses Abschnittes). Damit ist gezeigt, daß zu jeder regulären Matrix ein Logarithmus existiert. Dieser Logarithmus ist nicht eindeutig bestimmt. Wohl gilt dies für die Realteile der Eigenwerte von $\ln A$. Aus der Gestalt der Matrix $\ln B$ folgt nämlich die folgende Aussage:

Sind $\lambda_1, \ldots, \lambda_n$ die Eigenwerte von A, so sind $\operatorname{Re} \mu_j = \operatorname{Ln} |\lambda_j|$, $j = 1, \ldots, n$, *die Realteile der Eigenwerte μ_j eines beliebigen Logarithmus von A.*

Durch Ln wird der Hauptwert des Logarithmus bezeichnet. Er ist dadurch gekennzeichnet, daß er für positive reelle Zahlen reell ist. Allerdings kann der Logarithmus $\ln A$ immer so gewählt werden, daß $\ln \lambda$ k-facher Eigenwert von $\ln A$ ist, falls λ k-facher Eigenwert von A ist. Aus dieser Feststellung und Satz 7.2 folgt sofort:

Satz 7.3. *Gegeben sei die reguläre Matrix A und* $R = \ln A$.

a) *Genau dann gilt* $\lim_{t\to\infty} e^{Rt} = 0$, *wenn $|\lambda| < 1$ für alle Eigenwerte λ von A gilt.*

b) *Genau dann ist e^{Rt} auf $[0, \infty)$ beschränkt, wenn gilt:*

b_1) *Für jeden Eigenwert λ von A gilt $|\lambda| \le 1$.*

b_2) *Ist λ ein Eigenwert von A mit $|\lambda| = 1$, so enthält die Jordansche Normalform von A zu diesem Eigenwert nur eindimensionale Jordanblöcke.*

Aufgabe. Für die $k \times k$-Matrix $N = N_k$ zeige man:

a) Die Matrix $E - tN$ ist für alle $t \in \mathbf{R}$ invertierbar und es gilt

$$(E - tN)^{-1} = E + \sum_{\nu=1}^{k-1} t^\nu N^\nu.$$

b) Es gilt:

$$\exp\left[-\sum_{\nu=0}^{k-1} \frac{t^{\nu+1}}{\nu+1} N^{\nu+1}\right] = E - tN, \qquad t \in \mathbf{R}.$$

Hinweis für b). Die auf beiden Seiten stehenden Matrixfunktionen sind Lösungen von $\dot{X} = -N(E - tN)^{-1}X$ mit $X(0) = E$.

8. Lineare Gleichungen mit konstanten Koeffizienten

Durch unsere bisherigen Überlegungen haben wir gezeigt, daß das Lösen einer linearen Dgl. zu vorgegebenen Anfangswerten auf die Bestimmung einer Fundamentalmatrix der homogenen Gleichung zurückgeführt wird (Satz 2.2 und Satz 4.2). In Abschn. 5 wurde zwar die Übergangsmatrix $\Phi(t,t_0)$ der homogenen Gleichung in Abhängigkeit von der Matrix $A(t)$ angegeben, jedoch handelt es sich um eine Reihendarstellung, deren Grenzwert im allgemeinen nicht in geschlossener Form bestimmt werden kann. Die in Abschn. 5 angegebene Reihe kann gelegentlich zur näherungsweisen Berechnung der Übergangsmatrix herangezogen werden. In einigen Spezialfällen ist es aber möglich, auf Grund von besonderen Eigenschaften der Matrix $A(t)$ schärfere Aussagen über Fundamentalmatrizen der homogenen Gleichung zu erhalten.

In diesem Abschnitt untersuchen wir einen dieser Spezialfälle, nämlich Gleichungen mit konstanten Koeffizienten. Darunter verstehen wir lineare Gleichungen mit konstanter Matrix A,

$$(8.1) \qquad \dot{x} = Ax$$

im homogenen Fall bzw.

$$(8.2) \qquad \dot{x} = Ax + g(t)$$

im inhomogenen Fall. Das Definitionsintervall I_0 für die Matrix A ist die gesamte Zahlengerade, $I_0 = (-\infty, \infty)$. Der Einfachheit halber setzen wir voraus, daß die Vektorfunktion $g(t)$ ebenfalls auf $(-\infty, \infty)$ definiert und stetig ist.

Die Übergangsmatrix $\Phi(t,t_0)$ von Gl. (8.1) ist durch (5.6) gegeben. Da aber die Matrix A konstant ist, können wir die in der Reihe auftretenden Integrale leicht berechnen und erhalten

$$\Phi(t,t_0) = \sum_{\nu=0}^{\infty} \frac{(t-t_0)^\nu}{\nu!} A^\nu, \qquad t, t_0 \text{ aus } (-\infty, \infty).$$

Nach (7.4) bedeutet dies, daß die Übergangsmatrix von Gl. (8.1) durch

$$(8.3) \qquad \Phi(t,t_0) = \mathrm{e}^{A(t-t_0)}, \qquad t, t_0 \text{ aus } (-\infty, \infty),$$

gegeben ist. Da e^{At_0} regulär ist, folgt mit Hilfe von Satz 2.4, daß auch die Matrix $\mathrm{e}^{A(t-t_0)}\mathrm{e}^{At_0} = \mathrm{e}^{At}$ Fundamentalmatrix von Gl. (8.1) ist. Jede Fundamentalmatrix $\Phi(t)$ von Gl. (8.1) kann somit mit Hilfe einer regulären Matrix C in der Form

$$(8.4) \qquad \Phi(t) = \mathrm{e}^{At}C, \qquad t \in (-\infty, \infty),$$

geschrieben werden.

Aus den Sätzen 2.2 und 4.2 folgt wegen (8.3) unmittelbar, daß für beliebiges $(t_0, x_0) \in (-\infty, \infty) \times \mathbf{R}^n$ durch

$$(8.5) \qquad x(t; t_0, x_0) = e^{A(t-t_0)} x_0, \quad t \in (-\infty, \infty),$$

die Lösung der homogenen Gleichung (8.1) und durch

$$(8.6) \qquad x(t; t_0, x_0) = e^{A(t-t_0)} x_0 + e^{At} \int_{t_0}^{t} e^{-As} g(s) \, ds, \quad t \in (-\infty, \infty),$$

die Lösung der inhomogenen Gleichung (8.2) zu den Anfangswerten (t_0, x_0) gegeben wird.

Die Beziehung (8.5) zeigt, daß die Abhängigkeit der Lösung $x(t; t_0, x_0)$ von Gl. (8.1) von t und t_0 eine Abhängigkeit von der Differenz $t - t_0$ ist. Darin kommt zum Ausdruck, daß die Lösungen der homogenen Gl. (8.1) invariant gegenüber Verschiebungen der t-Achse sind. Dies bedeutet, daß mit $x(t) = x(t; t_0, x_0)$ auch stets $y(t) = x(t + \tau_0)$ für ein beliebiges reelles τ_0 Lösung von (8.1) ist. Denn $y(t) = x(t + \tau_0; t_0, x_0) = e^{A(t+\tau_0-t_0)} x_0$ ist nach (8.5) die Lösung von (8.1) mit den Anfangswerten $(t_0 - \tau_0, x_0)$. Für $\tau_0 = t_0$ erhalten wir $y(t) = e^{At} x_0 = x(t; 0, x_0)$. Wir können daher im Falle der homogenen Gleichung (8.1) stets Anfangswerte der Form $(0, x_0)$ wählen, da jede Lösung $x(t; t_0, x_0)$ durch eine Verschiebung längs der t-Achse in eine Lösung mit den Anfangswerten $(0, x_0)$ übergeführt werden kann. Diese Eigenschaft kommt, wie wir später sehen werden (III Abschn. 5), allgemein Gleichungen zu, deren rechte Seite von t unabhängig ist.

Die Aufgabe 2 zu Abschn. 7.2 ermöglicht es, die Matrix e^{At} und damit die Lösungen von (8.1) bzw. (8.2) ohne spezielle Kenntnisse aus der Linearen Algebra zu berechnen. Wir wollen hier noch eine andere Möglichkeit angeben, die jedoch die Zerlegung des $\mathbf{C}^n$ in invariante Teilräume entsprechend den Wurzelfaktoren des charakteristischen Polynoms benutzt. Man erhält dafür aber unmittelbar eine Darstellung des Lösungsraumes der Gl. (8.1) im Komplexen als direkte Summe, was wir jedoch hier nicht weiter verfolgen werden.

Es seien $\lambda_1, \ldots, \lambda_k$ die paarweise verschiedenen Eigenwerte von A. λ_j, $j = 1, \ldots, k$, sei ν_j-fache Wurzel der charakteristischen Gleichung $\det(A - \lambda E) = 0$. Das charakteristische Polynom können wir als Produkt seiner Primfaktoren darstellen: $\det(A - \lambda E) = (-1)^n (\lambda - \lambda_1)^{\nu_1} \cdot \cdots \cdot (\lambda - \lambda_k)^{\nu_k}$. Wir erinnern, daß der Nullraum oder Kern $\ker B$ einer $n \times n$-Matrix B mit komplexen Elementen jener Unterraum des $\mathbf{C}^n$ ist, der von den Lösungen der Gleichung $Bx = 0$ erzeugt wird. Aus der Linearen Algebra ist bekannt (vgl. etwa Kowalsky [18]), daß der oben angegebenen Primfaktorenzerlegung des charakteristischen Polynoms von A eine Darstellung des $\mathbf{C}^n$ als direkte Summe der Unterräume $\ker(A - \lambda_j E)^{\nu_j}$ entspricht,

$$\mathbf{C}^n = \ker(A - \lambda_1 E)^{\nu_1} \oplus \cdots \oplus \ker(A - \lambda_k E)^{\nu_k}.$$

Außerdem gilt $\dim[\ker(A - \lambda_j E)^{\nu_j}] = \nu_j$, $j = 1, \ldots, k$. Die Darstellung des $\mathbf{C}^n$ als direkte Summe hat zur Folge, daß jeder Vektor $x \in \mathbf{C}^n$ als Summe von eindeutig bestimmten Vektoren aus diesen Unterräumen geschrieben werden kann,

$$x = z_1 + \cdots + z_k, \; z_j \in \ker(A - \lambda_j E)^{\nu_j}, \; j = 1, \ldots, k.$$

Die Vektoren z_j können wie folgt bestimmt werden. Man berechnet eine Basis $s_{\nu_1+\dots+\nu_{j-1}+1},\dots,s_{\nu_1+\dots+\nu_j}$ des Unterraumes $\ker(A-\lambda_j E)^{\nu_j}$ für $j=1,\dots,k$. Dazu bestimmt man einfach ν_j linear unabhängige Lösungen der Gleichung $(A-\lambda_j E)^{\nu_j}x=0$. Die Vektoren $s_1,\dots,s_n$ bilden dann eine Basis des $\mathbf{C}^n$. Für ein beliebiges $x\in\mathbf{C}^n$ ist dann

$$z_j = c^{\nu_1+\dots+\nu_{j-1}+1}s_{\nu_1+\dots+\nu_{j-1}+1} + \dots + c^{\nu_1+\dots+\nu_j}s_{\nu_1+\dots+\nu_j},$$

wobei $c=(c^1,\dots,c^n)^T$ den Koordinatenvektor von x bezüglich der Basis $s_1,\dots,s_n$ bezeichnet. Setzt man $S=(s_1,\dots,s_n)$, so ist c die eindeutig bestimmte Lösung von $Sc=x_0$.

Ist nun die Lösung von Gl. (8.1) mit den Anfangswerten $(0,x_0)$ zu bestimmen, so stellt man zunächst den (reellen) Vektor x_0, den man natürlich auch als Element von $\mathbf{C}^n$ auffassen kann, in der Form

$$x_0 = z_1 + \dots + z_k,\ z_j\in\ker(A-\lambda_j E)^{\nu_j}, \quad j=1,\dots,k,$$

dar. Wie die Vektoren z_j zu gewinnen sind, haben wir gerade gezeigt. Nun gilt

$$x(t;0,x_0) = e^{At}x_0 = e^{At}\sum_{j=1}^{k} z_j = \sum_{j=1}^{k} e^{At}z_j.$$

Für die einzelnen Summanden gilt

$$e^{At}z_j = e^{\lambda_j t}e^{(A-\lambda_j E)t}z_j = e^{\lambda_j t}\sum_{\nu=0}^{\infty}\frac{t^\nu}{\nu!}(A-\lambda_j E)^\nu z_j = e^{\lambda_j t}\sum_{\nu=0}^{\nu_j-1}\frac{t^\nu}{\nu!}(A-\lambda_j E)^\nu z_j.$$

Dabei haben wir die Reihendarstellung der Exponentialmatrix benutzt und die Tatsache, daß, wegen $z_j\in\ker(A-\lambda_j E)^{\nu_j}$, die Beziehung $(A-\lambda_j E)^\nu z_j=0$ für alle $\nu\geq\nu_j$ gilt. Wir erhalten schließlich

$$x(t;0,x_0) = e^{At}x_0 = \sum_{j=1}^{k} e^{\lambda_j t}\left(\sum_{\nu=0}^{\nu_j-1}\frac{t^\nu}{\nu!}(A-\lambda_j E)^\nu\right)z_j. \tag{8.7}$$

Falls A nicht-reelle Eigenwerte besitzt, können auf der rechten Seite auch nicht-reelle Summanden auftreten. Die Summe selbst ist jedoch immer reell. Für $x_0=e_i$, $i=1,\dots,n$, erhält man

$$e^{At} = (e^{At}e_1,\dots,e^{At}e_n).$$

Wir bemerken noch, daß die natürlichen Zahlen ν_j durch die Vielfachheit $\mu_j, j=1,\dots,k$, von λ_j als Wurzel des Minimalpolynoms von A ersetzt werden können, da $\ker(A-\lambda_j E)^\nu = \ker(A-\lambda_j E)^{\mu_j}$ für $\nu\geq\mu_j$ gilt.

Wir werden später (Kapitel V) eine spezielle reelle Koordinatentransformation benötigen:

Hilfssatz 8.1. *Kein Eigenwert der Matrix A habe verschwindenden Realteil. Dann gibt es eine reelle reguläre Matrix T mit*

$$T^{-1}AT = \operatorname{diag}(A_1,A_2),$$

wobei sämtliche Eigenwerte von A_1 negativen Realteil und sämtliche Eigenwerte von A_2 positiven Realteil haben.

Beweis. Die Aussage dieses Hilfssatzes ist unmittelbar klar, wenn man die reelle Normalform einer reellen Matrix kennt (siehe etwa Kowalsky [18]). Wir wollen hier jedoch einen Beweis bringen, der nur die bisher entwickelten Hilfsmittel verwendet.

Es bezeichne $\boldsymbol{X}_1$ bzw. $\boldsymbol{X}_2$ die Menge aller $x_0\in\mathbf{R}^n$ mit $\lim_{t\to\infty}e^{At}x_0=0$ bzw. $\lim_{t\to-\infty}e^{At}x_0=0$. $\boldsymbol{X}_1$ und $\boldsymbol{X}_2$ sind offensichtlich Unterräume des $\mathbf{R}^n$. Es gilt darüber hinaus

$$\boldsymbol{X}_1\oplus\boldsymbol{X}_2 = \mathbf{R}^n.$$

Aus der Lösungsdarstellung (8.7) folgt zunächst

$$(8.8)\qquad x(t;0,x_0) = e^{At}x_0 = \sum_{j=1}^{k} e^{\lambda_j t} p_j(t)$$

mit Vektoren $p_j(t)$, deren Koordinaten Polynome vom Grad $\leq \nu_j - 1$ sind. Für $x_0 \in \boldsymbol{X}_1 \cap \boldsymbol{X}_2$ gilt $\lim\limits_{t\to\pm\infty} e^{At}x_0 = 0$. Berücksichtigt man (8.8) und wendet man I Satz 1.3 koordinatenweise an, so folgt $x_0 = 0$, d. h. wir haben $\boldsymbol{X}_1 \cap \boldsymbol{X}_2 = \{0\}$. Wir müssen noch $\boldsymbol{X}_1 + \boldsymbol{X}_2 = \mathbf{R}^n$ zeigen. Durch die einzelnen Summanden auf der rechten Seite von (8.7) bzw. (8.8) werden im allgemeinen (d. h. für $z_j \in \mathbf{R}^n$) komplexwertige Lösungen von (8.1) zum Anfangswert $x_0 = z_j \in \ker(A - \lambda_j E)^{\nu_j}$ definiert. Nach Satz 6.2 sind dann auch die Funktionen $\operatorname{Re}(e^{\lambda_j t}p_j(t))$, $j = 1,\ldots,k$, Lösungen von (8.1), und zwar reellwertige. Die Bildung des Realteiles auf beiden Seiten von (8.8) ergibt

$$e^{At}x_0 = \sum_{j=1}^{k} \operatorname{Re}(e^{\lambda_j t}p_j(t)), \qquad x_0 \in \mathbf{R}^n.$$

Setzen wir $x_1(t) = \sum\limits_{\operatorname{Re}\lambda_j<0} \operatorname{Re}(e^{\lambda_j t}p_j(t))$ und $x_2(t) = \sum\limits_{\operatorname{Re}\lambda_j>0} \operatorname{Re}(e^{\lambda_j t}p_j(t))$, so ist $x_i(0) \in \boldsymbol{X}_i$, $i = 1,2$, und $x_0 = x_1(0) + x_2(0)$, d. h. es gilt tatsächlich $\mathbf{R}^n = \boldsymbol{X}_1 \oplus \boldsymbol{X}_2$.

Wegen $e^{At}(e^{At^*}x_i) = e^{At^*}(e^{At}x_i)$ für alle t, t^* und $x_i \in \boldsymbol{X}_i$, $i = 1,2$, folgt, daß $\boldsymbol{X}_i$ invariant bezüglich e^{At}, $t \in (-\infty,\infty)$, ist. Wählt man daher für den $\mathbf{R}^n$ eine Basis der Form $b_1,\ldots,b_m,c_1,\ldots,c_l$, $m + l = n$, derart, daß die b_i eine Basis von $\boldsymbol{X}_1$ bilden und die c_j eine Basis von $\boldsymbol{X}_2$, so gilt mit der Matrix $T = (b_1,\ldots,b_m,c_1,\ldots,c_l)$ die Beziehung

$$T^{-1}e^{At}T = \operatorname{diag}(\Phi_1(t), \Phi_2(t))$$

für alle t. $T^{-1}e^{At}T$ ist eine Fundamentalmatrix von $\dot{y} = T^{-1}ATy$. Nach (2.14) gilt somit

$$T^{-1}AT = \operatorname{diag}(\dot{\Phi}_1(t)\Phi_1^{-1}(t), \dot{\Phi}_2(t)\Phi_2^{-1}(t)) = \operatorname{diag}(A_1, A_2).$$

Für jede Lösung $x(t) = e^{At}x_0$ mit $x_0 \in \boldsymbol{X}_1$ ist $y(t) = Tx(t)$ eine Lösung von $\dot{y} = T^{-1}ATy$ mit $y(0) = Tx_0 = (y^1,\ldots,y^m,0,\ldots,0)^T$ und umgekehrt. Wegen $\lim\limits_{t\to\infty} x(t) = 0$ und der speziellen Gestalt von $T^{-1}AT$ folgt daraus, daß alle Eigenwerte von A_1 negativen Realteil haben müssen. Analog zeigt man, daß die Realteile der Eigenwerte von A_2 positiv sein müssen.

Aufgaben. 1. Für die Matrix A von Gl. (11.4) berechne man e^{At} nach dem in diesem Abschnitt angegebenen Verfahren und nach Aufgabe 2 zu Abschn. 7.2.

2. Die Theorie der linearen Dgl. mit konstanten Koeffizienten kann auch ohne Rückgriff auf die allgemeine Theorie entwickelt werden. Man benötigt dazu die Eigenschaften der Matrix e^{At}, wie sie in Abschn. 7.2 entwickelt wurden, und einen direkten Beweis des globalen Existenz- und Eindeutigkeitssatzes, der etwa in der folgenden Weise geführt werden kann:

a) Ist $x(t)$ eine in einer Umgebung von $t_0 \in \mathbf{R}$ existierende Lösung von $\dot{x} = Ax$, so gilt auf dem Existenzintervall dieser Lösung

$$x(t) = \left(\sum_{\nu=0}^{\infty} \frac{(t-t_0)^\nu}{\nu!} A^\nu\right) x(t_0) = e^{A(t-t_0)}x(t_0).$$

b) Je zwei Lösungen zu denselben Anfangswerten stimmen auf dem gemeinsamen Existenzintervall überein.

c) Jede Lösung kann auf ganz $\mathbf{R}$ fortgesetzt werden.

Hinweis zu a). Aus $\dot{x}(t) = Ax(t)$ folgt $x^{(n)}(t) = A^n x(t)$, $n = 0,1,2,\ldots$.

9. Lineare Gleichungen mit periodischen Koeffizienten

Im Abschn. 8 wurde im Fall von Gleichungen mit konstanten Koeffizienten die Bestimmung einer Fundamentalmatrix mit rein algebraischen Hilfsmitteln gelöst. In diesem Abschnitt untersuchen wir Gleichungen mit periodischen Koeffizienten, bei welchen man ebenfalls in einem großem Ausmaß rein algebraische Methoden verwendet. Wir betrachten Gleichungen der Form

$$(9.1) \qquad \dot{x} = A(t)x$$

bzw.

$$(9.2) \qquad \dot{x} = A(t)x + g(t)$$

mit einer auf der gesamten t-Achse definierten, stetigen und periodischen Matrix $A(t)$. Mit einem $\omega > 0$ ist also

$$A(t + \omega) = A(t), \qquad t \in (-\infty, \infty).$$

Die Vektorfunktion $g(t)$ sei ebenfalls auf der gesamten t-Achse definiert und stetig, d. h. wir haben $I_0 = (-\infty, \infty)$.

Wie wir im Abschn. 8 gesehen haben, sind im Falle einer konstanten Matrix A die Lösungen der homogenen Gleichung invariant gegenüber beliebigen Verschiebungen der t-Achse. Ist $A(t)$ periodisch mit der Periode ω, so sind die Lösungen der homogenen Gleichung invariant gegenüber Verschiebungen der Form $t \to t + k\omega$, k eine beliebige ganze Zahl. Mit $x(t)$ ist nämlich auch $y(t) = x(t + k\omega)$ Lösung von Gleichung (9.1), denn es gilt $\dot{y}(t) = \dot{x}(t + k\omega) = A(t + k\omega)x(t + k\omega) = A(t)y(t)$ für beliebige reelle t. Insbesondere ist mit $x(t)$ auch immer $x(t + \omega)$ Lösung von (9.1). Dies bedeutet aber, daß für eine Fundamentalmatrix $\Phi(t)$ von (9.1) durch

$$\tilde{\Phi}(t) = \Phi(t + \omega), \qquad t \in (-\infty, \infty),$$

eine weitere Fundamentalmatrix von (9.1) definiert wird. Denn die Spalten von $\Phi(t + \omega)$ sind wieder Lösungen von (9.1) und es gilt $\det \tilde{\Phi}(t) = \det \Phi(t + \omega) \neq 0$, $t \in (-\infty, \infty)$. Nach Satz 2.4 muß mit einer konstanten regulären Matrix C die Beziehung

$$(9.3) \qquad \Phi(t + \omega) = \Phi(t)C, \qquad t \in (-\infty, \infty),$$

gelten. Wählen wir statt $\Phi(t)$ eine andere Fundamentalmatrix $\Psi(t)$, so muß ebenfalls mit einer konstanten regulären Matrix $\tilde{C}$ die Beziehung $\Psi(t + \omega) = \Psi(t)\tilde{C}$, $t \in (-\infty, \infty)$, gelten. Nach Satz 2.4 ist aber $\Psi(t) = \Phi(t)T$, $t \in (-\infty, \infty)$, mit einer konstanten regulären Matrix T. Wegen (9.3) folgt daraus $\Psi(t + \omega) = \Phi(t + \omega)T = \Phi(t)CT = \Psi(t)T^{-1}CT$. Dies bedeutet aber

$$\tilde{C} = T^{-1}CT,$$

d. h. C und $\tilde{C}$ sind ähnliche Matrizen. Wählt man als Fundamentalmatrix die Übergangsmatrix $\Phi(t,0)$, so erhält man aus (9.3), für $t = 0$, $C = \Phi(\omega,0)$. Unsere Überlegungen zeigen, daß die Matrix C aus (9.3) von der Wahl der Fundamentalmatrix

$\Phi(t)$ abhängig ist, jedoch die Ähnlichkeitsklasse von C eindeutig durch die Gl. (9.1) festgelegt wird. Insbesondere sind daher die Eigenwerte von C von der Wahl der speziellen Fundamentalmatrix unabhängig. Diese Eigenwerte heißen die charakteristischen Multiplikatoren von Gl. (9.1). Diese Bezeichnung wird durch die Aussage des folgenden Satzes erklärt.

Satz 9.1. *Es sei λ_0 ein Skalar. Genau dann gibt es eine nichttriviale Lösung $x(t)$ von Gl.* (9.1) *mit*

(9.4) $$x(t+\omega) = \lambda_0 x(t), \quad t \in (-\infty, \infty),$$

wenn λ_0 charakteristischer Multiplikator von (9.1) *ist.*

Beweis. Eine beliebige Lösung $x(t)$ von Gl. (9.1) kann mit Hilfe einer Fundamentalmatrix $\Phi(t)$ und eines konstanten n-Vektors c in der Form $x(t) = \Phi(t)c$ geschrieben werden. Gilt für $x(t)$ die Beziehung (9.4), so ist dies wegen (9.3) gleichbedeutend mit $x(t+\omega) = \Phi(t+\omega)c = \Phi(t)Cc = \lambda_0 x(t) = \lambda_0 \Phi(t)c$, d. h. mit $\Phi(t)(C - \lambda_0 E)c = 0$ für alle $t \in (-\infty, \infty)$. Da $\Phi(t)$ als Fundamentalmatrix stets regulär ist, gilt die zuletzt gewonnene Beziehung genau dann, wenn $(C - \lambda_0 E)c = 0$ ist, d. h. λ_0 Eigenwert von C ist. Wählt man $t_0 = 0$, so gilt für die Lösung $x(t; 0, x_0)$ die Beziehung (9.4) genau dann, wenn $\Phi^{-1}(0)x_0$ Eigenvektor von C zum Eigenwert λ_0 ist. Im Falle der Übergangsmatrix $\Phi(t,0)$ heißt dies, daß x_0 Eigenvektor von $\Phi(\omega,0)$ zum Eigenwert λ_0 ist.

Aus dem eben bewiesenen Satz folgt insbesondere eine Aussage über die Existenz von periodischen Lösungen der homogenen Gleichung (9.1).

Korollar. a) *Genau dann besitzt die homogene Gleichung* (9.1) *nichttriviale periodische Lösungen mit der Periode ω, wenn $\lambda_0 = 1$ charakteristischer Multiplikator von* (9.1) *ist. Es sind dies die Lösungen, deren Anfangswert $x_0 = x(0)$ Eigenvektor von $\Phi(\omega,0)$ zum Eigenwert* 1 *ist.*

b) *Genau dann besitzt Gl.* (9.1) *periodische Lösungen mit der kleinsten Periode 2ω, wenn $\lambda_0 = -1$ charakteristischer Multiplikator von* (9.1) *ist.*

Die Beziehung (9.3) gestattet es, die Struktur der Fundamentalmatrizen von Gl. (9.1) genauer anzugeben. Da die Matrix C in (9.3) regulär ist, gibt es, wie wir in Abschn. 7.3 gesehen haben, eine Matrix R mit

(9.5) $$C = e^{R\omega}.$$

Die Matrix R ist allerdings nicht eindeutig durch C bestimmt und im Falle einer reellen Matrix C im allgemeinen nicht wieder reell. Die Eigenwerte von R heißen die charakteristischen Exponenten von Gl. (9.1). Sind $\lambda_1, \ldots, \lambda_n$ die charakteristischen Multiplikatoren von (9.1), d. h. die Eigenwerte von C, so sind die charakteristischen Exponenten von der Form $\mu_j = \frac{1}{\omega}\ln \lambda_j + \frac{2m\pi i}{\omega}, j = 1, \ldots, n$, m eine ganze Zahl. Eindeutig durch die charakteristischen Multiplikatoren bestimmt sind dagegen die Realteile der charakteristischen Exponenten: $\operatorname{Re}\mu_j = \frac{1}{\omega}\operatorname{Ln}|\lambda_j|, j = 1, \ldots, n.$

Die Beziehung (9.3) hat nun die Form $\Phi(t+\omega) = \Phi(t)\,\mathrm{e}^{R\omega}$, $t \in (-\infty, \infty)$. Es ist naheliegend, die Fundamentalmatrix in der Gestalt

$$\Phi(t) = P(t)\mathrm{e}^{Rt}, \qquad t \in (-\infty, \infty),$$

zu schreiben. (9.3) hat dann die Form $P(t+\omega)\mathrm{e}^{R(t+\omega)} = P(t)\mathrm{e}^{Rt}\mathrm{e}^{R\omega} = P(t)\mathrm{e}^{R(t+\omega)}$, $t \in (-\infty, \infty)$, woraus sofort $P(t+\omega) = P(t)$, $t \in (-\infty, \infty)$, folgt. $P(t)$ ist somit periodisch mit der Periode ω und wegen $P(t) = \Phi(t)\mathrm{e}^{-Rt}$ auf $(-\infty, \infty)$ regulär und stetig differenzierbar. Wir haben damit das folgende Ergebnis gewonnen:

Satz 9.2 (Floquet). *Jede Fundamentalmatrix $\Phi(t)$ von Gl. (9.1) kann in der Form*

$$\Phi(t) = P(t)\mathrm{e}^{Rt}, \qquad t \in (-\infty, \infty),$$

geschrieben werden. Dabei ist $P(t)$ eine auf $(-\infty, \infty)$ reguläre und stetig differenzierbare Matrix mit

$$P(t+\omega) = P(t), \qquad t \in (-\infty, \infty),$$

während die Matrix R konstant ist. Die Eigenwerte von $\mathrm{e}^{R\omega}$ sind die charakteristischen Multiplikatoren von Gl. (9.1) und als solche eindeutig bestimmt. Die Übergangsmatrix von (9.1) ist durch

$$\Phi(t,t_0) = P(t)\mathrm{e}^{R(t-t_0)}P^{-1}(t_0), \qquad t, t_0 \text{ aus } (-\infty, \infty),$$

gegeben.

Die Aussage über die Übergangsmatrix folgt sofort aus $\Phi(t,t_0) = \Phi(t)\Phi^{-1}(t_0)$. Die Gestalt der Fundamentalmatrix $\Phi(t)$ zeigt, daß das asymptotische Verhalten der Lösungen von Gl. (9.1) für $t \to \pm\infty$ vollständig durch die Matrix e^{Rt} beschrieben wird. Die Matrix R ist wiederum durch die Matrix C aus (9.3) bestimmt. Soweit liegt eine rein algebraische Aufgabe vor. Jedoch ist es im allgemeinen nicht möglich, die Matrix C bzw. ihre Eigenwerte direkt zu berechnen, ohne eine Fundamentalmatrix auf einem Intervall der Länge ω zu berechnen. Direkt mit Hilfe der Matrix $A(t)$ kann man nur das Produkt der Eigenwerte von C erhalten. Sind $\lambda_1, \ldots, \lambda_n$ diese Eigenwerte, so gilt zunächst

$$\lambda_1 \cdot \cdots \cdot \lambda_n = \det C.$$

Wählen wir die Fundamentalmatrix $\Phi(t,0)$, so gilt $C = \Phi(\omega,0)$. Mit Hilfe von Satz 2.3 folgt unter Beachtung von $\Phi(0,0) = E$ schließlich

$$\text{(9.6)} \qquad \lambda_1 \cdot \cdots \cdot \lambda_n = \exp\left(\int_0^\omega \operatorname{sp} A(s)\,\mathrm{d}s\right).$$

Es genügt daher etwa im Fall $n = 2$, einen charakteristischen Multiplikator der Gleichung zu berechnen. Der zweite kann dann mit Hilfe der eben gewonnenen Beziehung bestimmt werden.

Da die Matrix $P(t)$ auf $(-\infty,\infty)$ regulär und stetig differenzierbar ist, können wir diese Matrix als Matrix einer Koordinatentransformation verwenden, $x = P(t)y$. Nach Satz 4.1 geht Gl. (9.1) über in

(9.7) $\dot{y} = P^{-1}(t)[A(t)P(t) - \dot{P}(t)]\,y$

mit der Übergangsmatrix

$$\tilde{\Phi}(t,t_0) = P^{-1}(t)\Phi(t,t_0)P(t_0) = e^{R(t-t_0)}, \quad t, t_0 \text{ aus } (-\infty,\infty).$$

$\tilde{\Phi}(t,t_0)$ ist aber die Übergangsmatrix der linearen Gleichung mit konstanten Koeffizienten

(9.8) $\dot{y} = Ry$.

Da eine lineare Dgl. eindeutig durch ihre Übergangsmatrix bestimmt ist, müssen die Gl. (9.7) und (9.8) identisch sein, d. h. es muß $R \equiv P^{-1}(t)(A(t)P(t) - \dot{P}(t))$ gelten. Wir weisen noch darauf hin, daß die Matrizen R und $P(t)$ im allgemeinen nicht reell sind.

Die Transformationsmatrix $P(t)$ ist durch eine wichtige Eigenschaft ausgezeichnet: Da $P(t)$ auf $(-\infty,\infty)$ regulär, stetig differenzierbar und periodisch ist, sind $P(t)$, $P^{-1}(t)$ und $\dot{P}(t)$ auf $(-\infty,\infty)$ beschränkt. Eine Koordinatentransformation $x = S(t)y$ mit einer auf $(-\infty,\infty)$ regulären und stetig differenzierbaren Matrix $S(t)$, für die $S(t)$, $S^{-1}(t)$ und $\dot{S}(t)$ auf $(-\infty,\infty)$ beschränkt sind, heißt eine Ljapunovsche Transformation. Existiert für eine lineare Gleichung $\dot{x} = A(t)x$ eine Ljapunovsche Transformation, die diese Gleichung in eine Gleichung mit konstanten Koeffizienten überführt, so heißt die Gleichung $\dot{x} = A(t)x$ reduzibel. Mit diesen Definitionen können wir das folgende Ergebnis festhalten:

Satz 9.3 (Ljapunov). *Jede lineare Dgl. mit periodischen Koeffizienten ist reduzibel.*

Wir wenden uns nun der inhomogenen Gleichung (9.2) zu. Von besonderem Interesse ist der Fall, wo die Vektorfunktion $g(t)$ ebenfalls die Periode ω besitzt. Wir setzen daher für den Rest dieses Abschnittes

$$g(t+\omega) = g(t), \quad t \in (-\infty,\infty),$$

voraus. Dann ist sofort die Frage naheliegend, ob die Gl. (9.2) periodische Lösungen mit der Periode ω besitzt. Die periodischen Lösungen der Periode ω von Gl. (9.1) bilden einen linearen Unterraum $\boldsymbol{L}_p$ des Lösungsraumes $\boldsymbol{L}(0)$. Denn mit zwei periodischen Lösungen $x_1(t)$ und $x_2(t)$ ist auch immer $\alpha x_1(t) + \beta x_2(t)$ für beliebige Skalare α,β eine periodische Lösung. Mit Hilfe von Hilfssatz 1.1 und der Aussage a) des Korollars zu Satz 9.1 kann man die Dimension von $\boldsymbol{L}_p$ bestimmen:

$$\dim \boldsymbol{L}_p = \dim[\ker(\Phi(\omega,0) - E)].$$

Satz 9.4. a) *Es bezeichne $\boldsymbol{L}_p$ den linearen Raum der periodischen Lösungen mit Periode ω von Gl. (9.1) und $\boldsymbol{L}_p^*$ den entsprechenden linearen Raum für die zu (9.1) adjungierte Gleichung $\dot{y} = -A^T(t)y$. Dann gilt*

$$\dim \boldsymbol{L}_p = \dim \boldsymbol{L}_p^* = \dim[\ker(\Phi(\omega,0) - E)].$$

Dabei bezeichnet $\Phi(t,t_0)$ wie üblich die Übergangsmatrix von Gl. (9.1).

b) *Ist $g(t)$ periodisch mit der Periode ω, so besitzt die inhomogene Gleichung (9.2) genau dann periodische Lösungen mit der Periode ω, wenn*

(9.9) $\int_0^{\omega} y^T(s)g(s)\,ds = 0$ [1])

für alle $y \in \boldsymbol{L}_p^*$ *gilt.*

Beweis. Für die Aussage a) ist nur noch die Gleichung $\dim \boldsymbol{L}_p = \dim \boldsymbol{L}_p^*$ zu beweisen. Bezeichnet $\Psi(t,t_0)$ die Übergangsmatrix der zu (9.1) adjungierten Gleichung, so liefern die oben durchgeführten Überlegungen die Beziehung

$$\dim \boldsymbol{L}_p^* = \dim\left[\ker(\Psi(\omega,0) - E)\right].$$

Nach Aufgabe 2 zu Abschn. 3 ist $\Psi(t,t_0) = \Phi^T(t_0,t) = (\Phi^T(t,t_0))^{-1}$ und damit $\Psi(\omega,0) = (\Phi^T(\omega,0))^{-1}$. Nun gilt

$$\begin{aligned}\operatorname{rg}(\Psi(\omega,0) - E) &= \operatorname{rg}((\Phi^T(\omega,0))^{-1} - E) = \operatorname{rg}\left[-(\Phi^T(\omega,0))^{-1}(\Phi^T(\omega,0) - E)\right] \\ &= \operatorname{rg}(\Phi^T(\omega,0) - E) = \operatorname{rg}(\Phi(\omega,0) - E).\end{aligned}$$

Damit ist die Aussage a) bewiesen, weil für eine beliebige $n \times n$-Matrix B die Beziehung $n = \operatorname{rg} B + \dim(\ker B)$ gilt.

Für den Beweis von Aussage b) zeigen wir zunächst eine Kennzeichnung der periodischen Lösungen von Gl. (9.2): Eine Lösung $x(t)$ von Gl. (9.2) ist genau dann periodisch mit der Periode ω, wenn

(9.10) $x(0) = x(\omega) = x_0$

gilt. Es ist klar, daß diese Bedingung notwendig ist. Um einzusehen, daß sie auch hinreichend ist, definieren wir die Funktion $y(t) = x(t+\omega)$, $t \in (-\infty,\infty)$. Da $A(t)$ und $g(t)$ periodisch mit der Periode ω sind, ist $y(t)$ wieder Lösung von (9.2). Die Beziehung (9.10) bedeutet, daß $x(t)$ und $y(t)$ Lösungen zu den Anfangswerten (ω,x_0) sind. Wegen der Eindeutigkeit der Lösungen von Gl. (9.2) (vgl. Satz 1.1) gilt $x(t) = y(t) = x(t+\omega)$ für alle $t \in (-\infty,\infty)$, d. h. $x(t)$ ist periodisch mit der Periode ω.

Setzt man die Lösungsdarstellung (4.5) in (9.10) ein, erhält man $x_0 = \Phi(\omega,0)x_0 + \int_0^{\omega} \Phi(\omega,s)g(s)\,ds$. Notwendig und hinreichend dafür, daß Gl. (9.2) eine periodische Lösung mit der Periode ω besitzt, ist die Existenz einer Lösung x_0 der inhomogenen linearen Gleichung

(9.11) $(E - \Phi(\omega,0))x_0 = \int_0^{\omega} \Phi(\omega,s)g(s)\,ds\,.$

Aus der Linearen Algebra ist bekannt, daß eine lineare Gleichung der Form $Bx = b$ genau dann eine Lösung besitzt, wenn die Bedingung $\operatorname{rg} B = \operatorname{rg}(B,b)$ erfüllt ist. Gleichbedeutend damit ist, daß für jeden Vektor y mit $y^T B = 0$ auch $y^T b = 0$ gilt. Dies bedeutet, daß Gl. (9.11) genau dann eine Lösung x_0 besitzt, wenn für jeden Vektor y_0 mit $y_0^T(E - \Phi(\omega,0)) = 0$ auch $y_0^T \int_0^{\omega} \Phi(\omega,s)g(s)\,ds = 0$ gilt. Nun ist $y_0^T(E - \Phi(\omega,0)) = 0$ gleichbedeutend mit $\Phi^T(\omega,0)((\Phi^T(\omega,0))^{-1} - E)y_0 = 0$ und wegen $\det \Phi^T(\omega,0) \neq 0$ daher mit $((\Phi^T(\omega,0))^{-1} - E)y_0 = 0$. Da $(\Phi^T(t,t_0))^{-1}$ die Übergangsmatrix der zu (9.1) adjungierten Gleichung ist, werden durch die zuletzt gewonnene Beziehung

[1]) Im Falle einer komplexen Matrix $A(t)$ beachte man die Bemerkungen am Beginn von Abschn. 6.

genau die Anfangswerte y_0 für $t_0 = 0$ der periodischen Lösungen mit der Periode ω der zu (9.1) adjungierten Gleichung gegeben (vgl. das Korollar zu Satz 9.1). Diese Lösungen sind durch $y(t) = (\Phi^T(t,0))^{-1} y_0$ gegeben. Daraus folgt aber

$$y_0^T \int_0^\omega \Phi(\omega,s)g(s)\mathrm{d}s = y_0^T \Phi(\omega,0) \int_0^\omega \Phi(0,s)g(s)\mathrm{d}s = y_0^T \int_0^\omega \Phi^{-1}(s,0)g(s)\mathrm{d}s = \int_0^\omega y^T(s)g(s)\mathrm{d}s\,.$$

Die Bedingung $y_0^T \int_0^\omega \Phi(\omega,s)g(s)\mathrm{d}s = 0$ für jeden Vektor y_0 mit $y_0^T(E - \Phi(\omega,0)) = 0$ ist daher gleichwertig mit $\int_0^\omega y^T(s)g(s)\mathrm{d}s = 0$ für alle $y \in \boldsymbol{L}_p^*$. Damit ist der Satz vollständig bewiesen.

Da $\boldsymbol{L}_p^*$ ein linearer Raum ist, genügt es natürlich, wenn die Bedingung (9.9) für die Elemente einer Basis von $\boldsymbol{L}_p^*$ erfüllt ist. Der lineare Raum $\boldsymbol{L}_p^*$ ist ein Unterraum des linearen Raumes $\boldsymbol{C}_p(-\infty, \infty)$ aller auf $(-\infty, \infty)$ stetigen und periodischen Vektorfunktionen mit der Periode ω. Durch $\int_0^\omega y^T(s)x(s)\mathrm{d}s$, x, y aus $\boldsymbol{C}_p(-\infty, \infty)$, wird auf diesem Raum ein Skalarprodukt definiert. Die Aussage b) von Satz 9.4 kann dann auch folgendermaßen ausgesprochen werden:

Gl. (9.2) *besitzt genau für jene $g \in \boldsymbol{C}_p(-\infty, \infty)$ periodische Lösungen mit der Periode ω, die orthogonal zum Unterraum $\boldsymbol{L}_p^*$ sind.*

Korollar. *Gl.* (9.2) *besitzt genau dann für jedes g mit $g(t + \omega) = g(t)$, $t \in (-\infty, \infty)$, periodische Lösungen mit der Periode ω, wenn die homogene Gleichung* (9.1) *keine nichttrivialen periodischen Lösungen mit der Periode ω besitzt, d. h. wenn $\lambda = 1$ kein charakteristischer Multiplikator von Gl.* (9.1) *ist.*

Beweis. Nach Satz 9.4, b) besitzt Gl. (9.2) genau dann für jedes g mit $g(t + \omega) = g(t)$, $t \in (-\infty, \infty)$, eine periodische Lösung mit der Periode ω, wenn für alle derartigen Funktionen $g(t)$ und alle $y \in \boldsymbol{L}_p^*$ die Bedingung (9.9) gilt. Hinreichend dafür ist, daß die triviale Lösung die einzige periodische Lösung mit der Periode ω von (9.1) ist. Denn nach Satz 9.4, Teil a), ist $y(t) \equiv 0$ auch die einzige periodische Lösung mit der Periode ω der zu (9.1) adjungierten Gleichung. Besitzt andererseits (9.1) eine nichttriviale periodische Lösung mit der Periode ω, so gilt dasselbe für die zu (9.1) adjungierte Gleichung. Es sei $z(t)$ eine solche Lösung. Dann ist aber für $g(t) = z(t)$

$$\int_0^\omega z^T(s)g(s)\mathrm{d}s = \int_0^\omega z^T(s)z(s)\mathrm{d}s = \int_0^\omega \|z(s)\|_2^2\,\mathrm{d}s > 0\,,$$

d. h. für $g(t) = z(t)$ besitzt (9.2) keine periodischen Lösungen mit der Periode ω.

Durch den folgenden Satz wird die Frage nach dem Verhalten der Lösungen von Gl. (9.2) beantwortet, wenn die Bedingung aus Satz 9.4, Teil b), verletzt ist.

Satz 9.5. *$g(t)$ in Gl.* (9.2) *sei periodisch mit der Periode ω. Besitzt Gl.* (9.2) *keine periodischen Lösungen mit der Periode ω, so ist jede Lösung dieser Gleichung für $t \to \infty$ unbeschränkt. Man bezeichnet dieses Verhalten der Lösungen als Resonanz.*

Beweis. Da die Gl. (9.2) keine periodische Lösung mit der Periode ω besitzt, muß für eine periodische Lösung mit der Periode ω der zu (9.1) adjungierten Gleichung die Bedingung (9.9) verletzt sein, d. h. für ein $y(t) \in L_p^*$ gilt

$$\alpha = \int_0^\omega y^T(s)g(s)\,ds \neq 0\,.$$

Mit $y_0 = y(0)$ ist $y(t) = (\Phi^T(t,0))^{-1}y_0 = \Phi^T(0,t)y_0$, $t \in (-\infty, \infty)$, und

$$\alpha = y_0^T \int_0^\omega \Phi(0,s)g(s)\,ds\,. \tag{9.12}$$

Nach dem Korollar zu Satz 9.1 gilt $((\Phi^T(\omega,0))^{-1} - E)y_0 = 0 = -(\Phi^T(\omega,0))^{-1}(\Phi^T(\omega,0) - E)y_0$ bzw.

$$y_0^T\Phi(\omega,0) = y_0^T\,. \tag{9.13}$$

Für eine beliebige Lösung $x(t)$ von Gleichung (9.2) gilt (vgl. (4.5))

$$x(t) = \Phi(t,t_0)(x(t_0) + \int_{t_0}^t \Phi(t_0,s)g(s)\,ds)\,,$$

t, t_0 aus $(-\infty, \infty)$. Daraus erhält man für $t = \nu\omega$ und $t_0 = (\nu - 1)\omega$, $\nu = 1, 2, \ldots$,

$$x(\nu\omega) = \Phi(\nu\omega,(\nu-1)\omega)(x((\nu-1)\omega) + \int_{(\nu-1)\omega}^{\nu\omega} \Phi((\nu-1)\omega,s)g(s)\,ds)\,.$$

Die Darstellung der Übergangsmatrix $\Phi(t,t_0)$ in Satz 9.2 zeigt, daß $\Phi(t,t_0) = \Phi(t + k\omega, t_0 + k\omega)$ für beliebige ganze Zahlen k gilt. Beachtet man dies und die Periodizität von $g(t)$, erhält man die Beziehungen

$$\int_{(\nu-1)\omega}^{\nu\omega} \Phi((\nu-1)\omega,s)g(s)\,ds = \int_0^\omega \Phi((\nu-1)\omega,(\nu-1)\omega + s)g((\nu-1)\omega + s)\,ds$$
$$= \int_0^\omega \Phi(0,s)g(s)\,ds$$

und

$$x(\nu\omega) = \Phi(\omega,0)(x((\nu-1)\omega) + \int_0^\omega \Phi(0,s)g(s)\,ds)\,, \qquad \nu = 1, 2, \ldots.$$

Daraus folgt wegen (9.12) und (9.13) die Rekursionsformel

$$y_0^T x(\nu\omega) = y_0^T x((\nu-1)\omega) + \alpha\,, \qquad \nu = 1, 2, \ldots,$$

und weiter

$$y_0^T x(\nu\omega) = y_0^T x(0) + \nu\alpha\,, \qquad \nu = 1, 2, \ldots.$$

Die Folge $(y_0^T x(\nu\omega))$ ist somit unbeschränkt. $x(t)$ kann dann aber für $t \to \infty$ nicht beschränkt sein.

Aufgaben. 1. Als Verschärfung der Aussage des Korollars zu Satz 9.4 beweise man:

a) Besitzt Gl. (9.1) keine nichttriviale periodische Lösung mit der Periode ω, so existiert zu beliebigem $g(t)$ mit $g(t + \omega) \equiv g(t)$ genau eine periodische Lösung $x_p(t)$ der inhomogenen Gleichung (9.2), die durch

$$x_p(t) = \Phi(t,0)[E - \Phi(\omega,0)]^{-1} \int_0^\omega \Phi(\omega,s)g(s)\,ds + \int_0^t \Phi(t,s)g(s)\,ds$$

gegeben ist.

b) Für beliebige $x_0 \in \mathbf{R}^n$ gilt die Aufspaltung

$$x(t;0,x_0) = x_p(t) + \Phi(t,0)[x_0 - x_p(0)].$$

2. Man beweise: Besitzt die konstante $n \times n$-Matrix A keine Eigenwerte mit verschwindendem Realteil, so existiert zu jeder Funktion $g(t)$ mit $g(t + \omega) \equiv g(t)$ für ein $\omega > 0$ genau eine periodische Lösung der Periode ω von $\dot{x} = Ax + g(t)$.

3. Besitzt A keine Eigenwerte mit verschwindendem Realteil, so existiert zu jeder Funktion $g(t) = a\exp\left(\frac{2\pi i}{\omega}t\right)$, a ein konstanter Vektor, ω eine positive reelle Zahl, genau eine periodische Lösung $x_p(t)$, die durch

$$x_p(t) = \left(\frac{2\pi i}{\omega}E - A\right)^{-1} a\exp\left(\frac{2\pi i}{\omega}t\right)$$

gegeben ist.

4. Man zeige, daß die skalare Gleichung

$$\ddot{u} + u + b(t) = 0, \qquad b(t + 2\pi) \equiv b(t),$$

genau dann eine periodische Lösung der Periode 2π besitzt, wenn

$$\int_0^{2\pi} b(\tau)\cos\tau\, d\tau = \int_0^{2\pi} b(\tau)\sin\tau\, d\tau = 0$$

gilt.

10. Skalare lineare Differentialgleichungen n-ter Ordnung

In diesem Abschnitt werden einige Ergänzungen zu den Ausführungen in I Abschn. 5 gebracht, zum Teil handelt es sich auch um Wiederholungen. Es wird dabei jedoch vor allem auf den Zusammenhang mit den Ergebnissen über lineare Systeme Wert gelegt. Zum Unterschied zu I Abschn. 5 wird hier in Übereinstimmung mit den vorhergehenden Abschnitten die unabhängige Variable mit t bezeichnet.

Es seien $a_0(t), \ldots, a_{n-1}(t)$ und $b(t)$ skalare reellwertige Funktionen, welche auf einem Intervall $I_0 = (\alpha_0, \beta_0)$, $-\infty \leq \alpha_0 < \beta_0 \leq \infty$, definiert und stetig sind. Unter einer skalaren linearen Differentialgleichung n-ter Ordnung verstehen wir eine Gleichung der Form

$$u^{(n)} + a_{n-1}(t)u^{(n-1)} + \cdots + a_1(t)\dot{u} + a_0(t)u = 0 \tag{10.1}$$

im homogenen Fall bzw.

$$u^{(n)} + a_{n-1}(t)u^{(n-1)} + \cdots + a_1(t)\dot{u} + a_0(t) + b(t) = 0 \tag{10.2}$$

im inhomogenen Fall. Eine auf I_0 definierte und n-mal stetig differenzierbare skalare Funktion $u(t)$ heißt Lösung von (10.1) bzw. (10.2) auf I_0, wenn für alle $t \in I_0$ die Beziehung

$$u^{(n)}(t) + a_{n-1}(t)u^{(n-1)}(t) + \cdots + a_0(t)u(t) = 0 \quad \text{bzw.} \quad = -b(t)$$

gilt.

Definieren wir für eine Lösung $u(t)$ von (10.1) bzw. (10.2) den Vektor

$$x(t) = (u(t),\ \dot{u}(t), \ldots, u^{(n-1)}(t))^T,$$

so verifiziert man leicht, daß $x(t)$ auf I_0 Lösung des Systems

$$\dot{x} = A(t)x \tag{10.3}$$

bzw.

$$\dot{x} = A(t)x + g(t) \tag{10.4}$$

ist mit

$$A(t) = \begin{pmatrix} 0 & 1 & 0 & \cdots & 0 \\ \vdots & \ddots & \ddots & \ddots & \vdots \\ \vdots & & \ddots & \ddots & 0 \\ 0 & \cdots & \cdots & 0 & 1 \\ -a_0(t) & \cdots\cdots & & \cdots & -a_{n-1}(t) \end{pmatrix}, \quad g(t) = \begin{pmatrix} 0 \\ \vdots \\ \vdots \\ 0 \\ -b(t) \end{pmatrix}, \qquad t \in I_0 .$$

Ist umgekehrt $x(t)$ eine Lösung von (10.3) bzw. (10.4) auf I_0, so gilt

$$x(t) = (u(t), \ldots, u^{(n-1)}(t))^T$$

mit $u(t) = x^1(t)$ und $u(t)$ ist Lösung von (10.1) bzw. (10.2) auf I_0. Durch $u(\cdot) \to (u(\cdot), \ldots, u^{(n-1)}(\cdot))^T$ wird somit eine bijektive Abbildung der Lösungsmenge von Gl. (10.1) bzw. (10.2) auf die Lösungsmenge des Systems (10.3) bzw. (10.4) definiert. Damit können Aussagen über die Gl. (10.1) und (10.2) mit Hilfe der bereits bekannten Theorie für lineare Systeme der Form (10.3) bzw. (10.4) gewonnen werden. Wir führen hier nur die wesentlichen Aussagen an. Die Beweise werden meist dem Leser als nützliche Übung überlassen.

1. Eindeutigkeit und Existenz der Lösungen. Für jedes $(n + 1)$-Tupel

$$(t_0, \xi_0, \ldots, \xi_{n-1}) \in I_0 \times \mathbf{R}^n$$

existiert genau eine Lösung $u(t)$ von (10.1) bzw. (10.2) auf I_0 mit $u^{(k)}(t_0) = \xi_k$, $k = 0, \ldots, n - 1$.

2. Superpositionsprinzip. Die Lösungsmenge der homogenen Gleichung (10.1) ist ein n-dimensionaler Unterraum des linearen Raumes aller auf I_0 definierten und n-mal stetig differenzierbaren skalaren Funktionen. Es gilt das Superpositionsprinzip, d. h. sind $u_1(t)$ und $u_2(t)$ Lösungen von (10.2) mit $b(t) = b_1(t)$ und $b(t) = b_2(t)$, $t \in I_0$, so ist für beliebige Konstante α, β die Funktion $u(t) = \alpha u_1(t) + \beta u_2(t)$ Lösung von (10.2) mit $b(t) = \alpha b_1(t) + \beta b_2(t)$. Ist $u_0(t)$ eine Lösung von (10.2), so läßt sich jede andere Lösung $u(t)$ dieser Gleichung in der Form $u(t) = u_0(t) + u_1(t)$ schreiben, wobei $u_1(t)$ eine Lösung der homogenen Gleichung (10.1) ist.

3. Fundamentallösungssysteme. Wronskische Determinante. Je n linear unabhängige Lösungen $u_1(t), \ldots, u_n(t)$ der homogenen Gleichung (10.1) bilden eine Basis des Lösungsraumes dieser Gleichung, d. h. ein sogenanntes Fundamentallösungssystem.

Die Lösungen $u_1(t),\dots,u_n(t)$ von (10.1) bilden genau dann ein Fundamentallösungssystem, wenn die Matrix

$$(10.5)\qquad \Phi(t) = \begin{pmatrix} u_1(t) & \cdots & u_n(t) \\ \dot{u}_1(t) & \cdots & \dot{u}_n(t) \\ \vdots & & \vdots \\ u_1^{(n-1)}(t) & \cdots & u_n^{(n-1)}(t) \end{pmatrix}$$

eine Fundamentalmatrix von (10.3) ist.

Für beliebige auf I_0 definierte und $(k-1)$-mal differenzierbare skalare Funktionen $u_1(t),\dots,u_k(t)$ heißt die Determinante

$$W(u_1,\dots,u_k)(t) = \det \begin{pmatrix} u_1(t) & \cdots & u_k(t) \\ \vdots & & \vdots \\ u_1^{(k-1)}(t) & \cdots & u_k^{(k-1)}(t) \end{pmatrix}$$

die Wronskische Determinante dieser Funktionen. Die oben angegebene Charakterisierung der Fundamentallösungssysteme kann nun sehr einfach formuliert werden:

Satz 10.1. *Lösungen $u_1(t),\dots,u_n(t)$ von Gleichung* (10.1) *bilden genau dann ein Fundamentallösungssystem, wenn für mindestens ein $t_0 \in I_0$ (und damit für alle $t \in I_0$)*

$$W(u_1,\dots,u_n)(t_0) \neq 0$$

gilt. Sind $u_1(t),\dots,u_n(t)$ beliebige Lösungen von (10.1), *so gilt für beliebige t, t_0 aus I_0*

$$W(u_1,\dots,u_n)(t) = W(u_1,\dots,u_n)(t_0)\cdot \exp\left(-\int_{t_0}^{t} a_{n-1}(s)\,\mathrm{d}s\right).$$

Dieser Satz folgt direkt aus Satz 2.3, wobei in diesem Fall $\operatorname{sp} A(t) = -a_{n-1}(t)$, $t \in I_0$, zu beachten ist. Für beliebige auf I_0 n-mal stetig differenzierbare Funktionen $u_1(t),\dots,u_n(t)$ ist $W(u_1,\dots,u_n)(t) \neq 0$ für alle $t \in I_0$ wohl hinreichend, jedoch im allgemeinen nicht notwendig für die lineare Unabhängigkeit dieser Funktionen.

4. Variation der Konstanten. In Analogie zu Satz 4.2 gilt für die Lösungen der inhomogenen Gleichung (10.2) der folgende Satz:

Satz 10.2. *Für die homogene Gleichung* (10.1) *sei $u_1(t),\dots,u_n(t)$ ein Fundamentallösungssystem. Die Lösung $u(t)$ von Gleichung* (10.2) *mit den Anfangswerten $(t_0,\xi_0,\dots,\xi_{n-1}) \in I_0 \times \mathbf{R}^n$ kann dann in der Form*

$$u(t) = u^*(t) + u^{**}(t), \qquad t \in I_0,$$

geschrieben werden. Dabei ist $u^*(t)$ die Lösung der homogenen Gleichung (10.1) *zu den Anfangswerten $(t_0,\xi_0,\dots,\xi_{n-1})$ und $u^{**}(t)$ die Lösung der inhomogenen Gleichung* (10.2) *zu den Anfangswerten $(t_0,0,\dots,0)$. Diese Lösung kann durch Quadratur gewonnen werden:*

$$(10.6)\qquad u^{**}(t) = -\sum_{k=1}^{n} u_k(t) \int_{t_0}^{t} \frac{W_k(u_1,\dots,u_n)(s)}{W(u_1,\dots,u_n)(s)}\, b(s)\,\mathrm{d}s.$$

Die Determinante $W_k(u_1,\ldots,u_n)(s)$ entsteht aus $W(u_1,\ldots,u_n)(s)$, indem man die k-te Spalte durch $(0,\ldots,0,1)^T$ ersetzt.

Beweis. Nur die Formel (10.6) ist nicht unmittelbar einzusehen. Nach den zu Beginn dieses Abschnittes durchgeführten Überlegungen ist $u^{**}(t)$ die erste Koordinate der Lösung $x(t)$ des inhomogenen Systems (10.4) mit $x(t_0) = 0$. Nach Satz 4.2 ist $x(t) = \Phi(t)\int_{t_0}^{t} \Phi^{-1}(s)g(s)\,ds$. Dabei hat die Fundamentalmatrix $\Phi(t)$ die Gestalt (10.5). Beachtet man noch $g(t) = (0,\ldots,0,-b(t))^T$, so erhält man für die erste Koordinate von $x(t)$ den in (10.6) gegebenen Ausdruck.

Die Lösung $u^*(t)$ von (10.1) besitzt die Form $u^*(t) = \alpha_1 u_1(t) + \cdots + \alpha_n u_n(t)$. Die Skalare $\alpha_1,\ldots,\alpha_n$ erhält man als Lösungen des linearen Gleichungssystems $C(\alpha_1,\ldots,\alpha_n)^T = (\xi_0,\ldots,\xi_{n-1})^T$ mit der Matrix $C = (\gamma_{ij})$, $\gamma_{ij} = u_j^{(i-1)}(t_0)$, $i,j = 1,\ldots,n$.

Aufgaben. 1. Es seien $u_1(t),\ldots,u_n(t)$ auf I_0 definierte und n-mal stetig differenzierbare skalare Funktionen. Genau dann bilden diese Funktionen ein Fundamentallösungssystem einer Gleichung der Form (10.1), wenn $W(u_1,\ldots,u_n)(t) \neq 0$ für alle $t \in I_0$ gilt. Diese Gleichung ist eindeutig durch die Funktionen $u_1(t),\ldots,u_n(t)$ bestimmt und durch

$$(-1)^n \frac{W(u,u_1,\ldots,u_n)(t)}{W(u_1,\ldots,u_n)(t)} = 0\,, \qquad t \in I_0\,,$$

gegeben.

2. Die Lösung $u^{**}(t)$ der inhomogenen Gleichung (10.2) zu den Anfangswerten $(t_0,0,\ldots,0)$ ist durch

$$u^{**}(t) = -\int_{t_0}^{t} u(t,s)b(s)\,ds$$

gegeben, wobei $u(t,s)$ eine auf $I_0 \times I_0$ definierte Funktion ist, die für jedes $s \in I_0$ als Funktion von t Lösung der homogenen Gl. (10.1) zu den Anfangswerten $(s,0,\ldots,0,1)$ ist.

3. Sind die Koeffizienten $a_k(t)$, $k = 0,\ldots,n-1$, und die Funktion $b(t)$ auf I_0 stückweise stetig, so existiert zu jedem $t_0 \in I_0$ und jedem n-Tupel $(\xi_0,\ldots,\xi_{n-1})$ reeller Zahlen eine auf I_0 $(n-1)$-mal stetig differenzierbare Funktion $u(t)$ mit auf I_0 stückweise stetiger n-ter Ableitung, für welche gilt:

a) $$u^{(n)}(t) + a_{n-1}(t)u^{(n-1)}(t) + \cdots + a_0(t)u(t) + b(t) = 0$$

für $t \in I_0 \backslash M$ und

$$u^{(n)}(t \pm 0) + a_{n-1}(t \pm 0)u^{(n-1)}(t) + \cdots + a_0(t \pm 0)u(t) + b(t \pm 0) = 0$$

für $t \in M$ (M bezeichnet die Menge der Unstetigkeitsstellen der Funktionen $a_k(t)$ und $b(t)$).

b) $$u^{(k)}(t_0) = \xi_k\,, \quad k = 0,\ldots,n-1\,.$$

11. Steuerbarkeit und Beobachtbarkeit bei linearen Systemen

Ein Fachgebiet, für das die Theorie der Differentialgleichungen große Bedeutung besitzt, ist die Regelungstheorie. Wir wollen in diesem Abschnitt kurz einige Fragestellungen aus der Regelungstheorie an Hand linearer Systeme formulieren und dann etwas genauer auf das Problem der Steuerbarkeit und Beobachtbarkeit eingehen.

11.1. Einige Problemstellungen aus der Regelungstheorie

Die Regelungstheorie befaßt sich nicht mit der Untersuchung bzw. Entwicklung konkreter technischer Systeme (dies ist Aufgabe der Regelungstechnik), sondern mit der Untersuchung mathematischer Modelle für konkrete Systeme. Es handelt sich daher bei der Regelungstheorie um eine mathematische Disziplin, auch wenn die Terminologie in vielen Fällen konkrete Sachverhalte widerzuspiegeln scheint.

Wir wollen hier keine der verschiedenen Definitionen eines abstrakten Systems angeben (vgl. etwa Kalman [11]), sondern uns gleich der speziellen und wichtigen Klasse der linearen Systeme zuwenden. Unter einem linearen System verstehen wir ein Paar von Gleichungen der Gestalt

$$\begin{aligned} \dot{x}(t) &= A(t)x(t) + B(t)u(t), \\ y(t) &= C(t)x(t), \quad t \in (-\infty, \infty). \end{aligned} \tag{11.1}$$

Dabei sind $x(t) = (x^1(t), \ldots, x^n(t))^T$, $u(t) = (u^1(t), \ldots, u^m(t))^T$ und $y(t) = (y^1(t), \ldots, y^k(t))^T$ auf $(-\infty, \infty)$ definierte Funktionen mit Werten im $\mathbf{R}^n$, $\mathbf{R}^m$ bzw. $\mathbf{R}^k$. $A(t)$, $B(t)$ und $C(t)$ sind reelle Matrizen der Dimension $n \times n$, $n \times m$ bzw. $k \times n$. Die Funktion $u(t)$ und die Matrizen $A(t)$, $B(t)$ und $C(t)$ seien auf $(-\infty, \infty)$ stückweise stetig. Wir haben gesehen (vgl. Satz 5.1), daß zu jeder auf I_0 stückweise stetigen Funktion $u(t)$ eine auf I_0 definierte, stetige und stückweise stetig differenzierbare Lösung $x(t)$ der ersten Gleichung in (11.1) existiert, die eindeutig durch die Anfangsbedingung $x(t_0) = x_0$ bestimmt ist. Um die Abhängigkeit von der Funktion $u(t)$ anzudeuten, schreiben wir $x(t) = x(t; t_0, x_0, u(\cdot))$. Die zweite Gleichung in (11.1) liefert schließlich eine auf I_0 definierte stückweise stetige Funktion $y(t)$. Mit anderen Worten, das System erzeugt zu jeder stückweise stetigen Funktion $u(\cdot)$ eine ebenfalls stückweise stetige Funktion $y(\cdot)$, wobei die Werte von $y(t)$ auf jedem Intervall $I = [t_0, t_1]$, $t_0 < t_1$, allein durch die Werte von $u(t)$ auf I und durch die Anfangswerte $(t_0, x(t_0))$ bestimmt werden. Interpretiert man die Variable t als Zeit, so bedeutet dies insbesondere, daß zur Bestimmung der Werte von $y(t)$ auf I keine Werte von $u(t)$ aus der Zukunft $(t > t_1)$ und aus der Vergangenheit $(t < t_0)$ benötigt werden. Die Funktionen $u(\cdot)$ und $y(\cdot)$ heißen die Eingangs- und die Ausgangsgröße des Systems, das – wie wir gesehen haben – auf jede bestimmte Eingangsgröße in Abhängigkeit von $x_0 = x(t_0)$ mit einer wohldefinierten Ausgangsgröße reagiert (vgl. Abb. 6).

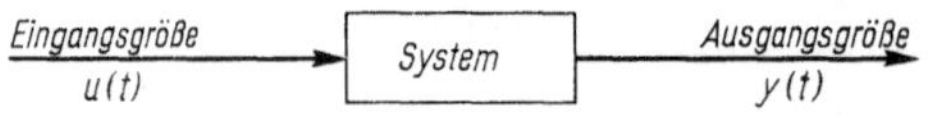

Eingangsgröße $u(t)$ → System → Ausgangsgröße $y(t)$

Abb. 6

Zu gegebenem $u(\cdot)$ und (t_0, x_0) sind die Werte von $y(\cdot)$ nach Satz 5.1 durch

$$y(t) = C(t)x(t) = C(t)\left[\Phi(t, t_0)x(t_0) + \int_{t_0}^{t} \Phi(t, s)B(s)u(s)\,ds\right], \tag{11.2}$$

$t \in (-\infty, \infty)$, gegeben. Es ist zweckmäßig, die folgende Bezeichnung einzuführen: Mit $C_s^l(-\infty, \infty)$ bezeichnen wir den linearen Raum der stückweise stetigen Abbildungen $(-\infty, \infty) \to \mathbf{R}^l$, wobei wir in diesem Raum Funktionen identifizieren, die auf kompakten Intervallen nur an höchstens endlich vielen Stellen verschiedene Werte annehmen [1]. Diese Identifizierung ist mit dem System (11.1) verträglich. Denn die Beziehung (11.2) zeigt, daß, im Sinne der vorgenommenen Identifi-

---

[1] $C_s^l(-\infty, \infty)$ ist also der Faktorraum des linearen Raumes aller stückweise stetigen Abbildungen $(-\infty, \infty) \to \mathbf{R}^l$ nach dem Unterraum jener Abbildungen, die auf kompakten Intervallen an höchstens endlich vielen Stellen von Null verschieden sind.

zierung, äquivalente Eingangsgrößen aus $C_s^m(-\infty, \infty)$ dieselbe Ausgangsgröße aus $C_s^k(-\infty, \infty)$ ergeben (unter den gegebenen Voraussetzungen gilt stets $y(\cdot) \in C_s^k(-\infty, \infty)$).

Wir nehmen im folgenden stets an, daß die Eingangsgröße $u(\cdot)$ beliebig aus $C_s^m(-\infty, \infty)$ gewählt werden kann (um etwa den Verlauf von $y(t)$ oder $x(t)$ beeinflussen zu können) und nennen $u(\cdot)$ eine Steuerfunktion. Wie die Beziehung (11.2) zeigt, ist die Zuordnung $u(\cdot) \to y(\cdot)$ wesentlich von $x_0 = x(t_0)$ abhängig. Man nennt $x(t)$ den Zustand (bzw. Zustandsvektor) des Systems zum Zeitpunkt t. Der Verlauf des Systemzustandes bei gegebener Steuerfunktion $u(\cdot) \in C_s^m(-\infty, \infty)$ und bekanntem Zustand $x(t_0) = x_0$ wird durch

$$x(t) = x(t; t_0, x_0, u(\cdot)) = \Phi(t, t_0)x_0 + \int_{t_0}^{t} \Phi(t,s)B(s)u(s)\,ds \tag{11.3}$$

gegeben. Diese Beziehung erklärt auch die Bezeichnung Übergangsmatrix für $\Phi(t, t_0)$.

Das folgende Beispiel wird in diesem Abschnitt mehrmals herangezogen werden, um verschiedene Begriffsbildungen zu veranschaulichen.

Beispiel (Bewegung eines Satelliten im Schwerefeld, Abb. 7). Die Gleichung

$$\dot{x} = Ax + Bu \tag{11.4}$$

mit

$$A = \begin{pmatrix} 0 & 1 & 0 & 0 \\ 3\omega^2 & 0 & 0 & 2\omega \\ 0 & 0 & 0 & 1 \\ 0 & -2\omega & 0 & 0 \end{pmatrix}, \quad B = \begin{pmatrix} 0 & 0 \\ 1 & 0 \\ 0 & 0 \\ 0 & 1 \end{pmatrix},$$

$u(t) = (u^1(t), u^2(t))^T$ und $x = (x^1, x^2, x^3, x^4)^T$, entsteht aus den Gleichungen

$$\begin{aligned} \ddot{r}(t) &= r(t)\dot{\Theta}^2(t) - \frac{\gamma}{r^2(t)} + u^1(t), \\ \ddot{\Theta}(t) &= -\frac{2\dot{\Theta}(t)\dot{r}(t)}{r(t)} + \frac{1}{r(t)}u^2(t), \quad t \in (-\infty, \infty), \end{aligned} \tag{11.5}$$

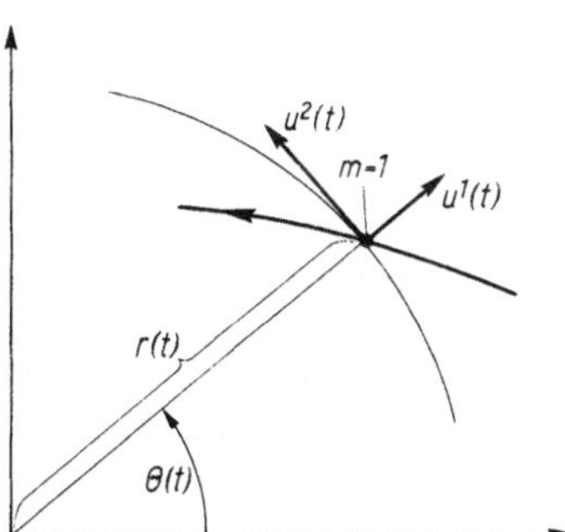

Abb. 7

indem man die neuen Variablen

$$\begin{aligned} x^1(t) &= r(t) - 1, & x^2(t) &= \dot{x}^1(t) = \dot{r}(t), \\ x^3(t) &= \Theta(t) - \omega t, & x^4(t) &= \dot{x}^3(t) = \dot{\Theta}(t) - \omega, \quad \omega = \sqrt{\gamma}, \end{aligned}$$

einführt (d. h. man betrachtet die Abweichungen von der Kreisbahnlösung $r \equiv 1$ und $\Theta(t) = \omega t$ für $u^1(t) = u^2(t) \equiv 0$) und linearisiert (s. Brockett [44]). Durch die Gl. (11.5) wird die Bewegung eines Massepunktes von der Masse 1 in einem Zentralkraftfeld der Gestalt $-\gamma/r^2$ beschrieben, wobei auf den Massepunkt Schubkräfte $u^1(t)$ und $u^2(t)$ in radialer bzw. tangentialer Richtung einwirken (vgl. Abb. 7).

Durch den Vektor $u(t)$ ist die Eingangsgröße unseres Systems gegeben. Man kann sich etwa vorstellen, daß in einem konkreten System die Komponenten $u^1(t)$ und $u^2(t)$ durch Betätigung von Steuerdüsen erzeugt werden können. Wir nehmen nun weiter an, daß wir nicht alle Komponenten des Zustandsvektors x messen können, sondern nur die Abweichungen im Radius und im Winkel, d. h. x^1 und x^3. Diese Größen sind dann die Ausgangsgrößen unseres Systems, $y^1 = x^1$, $y^2 = x^3$, d. h.

(11.6) $$y(t) = C(t)x(t) \quad \text{mit} \quad C = \begin{pmatrix} 1 & 0 & 0 & 0 \\ 0 & 0 & 1 & 0 \end{pmatrix}.$$

Die Gleichungen (11.4) und (11.6) bilden somit ein lineares System mit konstanten Matrizen A, B und C.

Wir wenden uns wieder der allgemeinen Theorie zu und betrachten das System (11.1). Die folgende Problemstellung führt auf den Begriff der *Steuerbarkeit*: Bekannt sei der Systemzustand x_0 zum Zeitpunkt t_0. Vorgegeben ist ein Vektor $x_1 \in \mathbf{R}^n$. Gesucht ist eine Steuerung $u(\cdot) \in C_s^m(-\infty, \infty)$ derart, daß x_1 der Systemzustand zu einem Zeitpunkt t_1, $t_0 < t_1 < \infty$, ist, $x_1 = x(t_1; t_0, x_0, u(\cdot))$.

Meist kann man sich nicht damit zufriedengeben, den Zustand x_1 mit Hilfe irgendeiner Steuerung $u(\cdot)$ zu erreichen, sondern es sind noch verschiedene Bedingungen zu erfüllen. Probleme dieser Art werden in der Theorie der *Optimalen Steuerungen* behandelt (vgl. dazu Kapitel VI). In dem oben gegebenen Beispiel könnte etwa die Forderung gestellt sein, den Zustand $x_1 = 0$ durch geeigneten Einsatz der Steuerdüsen in möglichst kurzer Zeit zu erreichen (zeitoptimales Problem) oder den Treibstoffverbrauch während des Intervalles $[t_0, t_1]$ möglichst gering zu halten. Dazu kann noch eine Bedingung der Form $\|u(t)\| \leq \eta$ für alle $t \in [t_0, t_1]$ kommen.

Als Lösung eines *optimalen Steuerungsproblems* erhält man die optimale Steuerung $u(\cdot)$ auf dem Intervall $[t_0, t_1]$ als Funktion in t. Damit entsteht aber sofort das Problem, die optimale Steuerung $u(\cdot)$ für die jeweils vorliegenden Daten berechnen zu müssen, und zwar möglichst ohne Zeitverzug. In Hinblick auf die Anwendungen wäre es wünschenswert, die optimale Steuerung als Funktion des Zustandes x anzugeben, etwa in der Gestalt eines *linearen Steuerungsgesetzes*

$$u(t) = F(t)x(t),$$

$F(t)$ eine auf $(-\infty, \infty)$ stückweise stetige $n \times m$-Matrix. Denn dann könnte man (zumindest im Prinzip) die Realisierung der optimalen Steuerung einem geeignet konstruiertem Gerät, dem *Regler*, überlassen, welches als Eingangsgröße den Systemzustand $x(t)$ zur Verfügung hat und als Ausgangsgröße die optimale Steuerung $u(t)$ liefert. Man spricht dann von einem *geschlossenen Regelkreis* (vgl. Abb. 8).

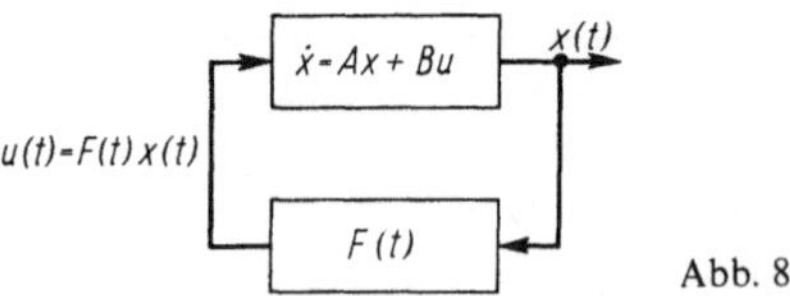

Abb. 8

Will man ein Steuerungsgesetz verwenden, so muß der Systemzustand $x(t)$ bekannt sein, d. h. man muß die Komponenten von $x(t)$ messen können. Dies ist jedoch in den meisten Fällen nicht möglich. Vielfach muß man sich mit einem Teil der Komponenten von $x(t)$ oder mit

Linearkombinationen davon begnügen (etwa in unserem Beispiel x^1 und x^3). Dies führt sofort auf einen weiteren wichtigen Problemkreis der Regelungstheorie, der kurz mit dem Wort Beobachtbarkeit charakterisiert werden kann. Dabei geht es im wesentlichen um die folgende Frage: Durch Messungen kann man etwa nur einen Teil der Komponenten von x erfassen (das sind dann die Komponenten der Ausgangsgröße y des Systems). Kann man auf Grund der Kenntnis von $y(\cdot)$ auf einem ganzen Intervall $[t_0 - h, t_0]$, $h > 0$, auf den Systemzustand $x(t_0)$ schließen? Wie man dann $x(t_0)$ oder einen Näherungswert davon tatsächlich bestimmen kann, soll hier nicht behandelt werden.

11.2. Steuerbarkeit

Als Präzisierung der oben gegebenen Überlegungen zum Problemkreis der Steuerbarkeit definieren wir:

Definition 11.1. a) *Gegeben sei das System* (11.1). $x_0 \in \mathbf{R}^n$ *sei der Systemzustand zum Zeitpunkt* t_0, $t_0 \in (-\infty, \infty)$. *Der Vektor* $x_1 \in \mathbf{R}^n$ *sei vorgegeben. Das Paar* (t_0, x_0) *heißt nach* x_1 *steuerbar, wenn es eine Steuerfunktion* $u(\cdot) \in C_s^m(-\infty, \infty)$ *und ein* t_1, $t_0 < t_1 < \infty$, *gibt mit*

$$x(t_1; t_0, x_0, u(\cdot)) = x_1 .$$

b) *Das System* (11.1) *heißt vollständig steuerbar, wenn das Paar* (t_0, x_0) *für beliebige* $x_0 \in \mathbf{R}^n$ *und* $t_0 \in (-\infty, \infty)$ *nach* $x_1 = 0$ *steuerbar ist.*

Wir interessieren uns hier nur für die Auswirkung von $u(\cdot)$ auf den Zustand $x(\cdot)$ und nicht auf den Ausgang $y(\cdot)$, d. h. die zweite Gleichung aus (11.1) spielt bei den folgenden Überlegungen keine Rolle (vgl. aber Aufgabe 1).

Das Paar (t_0, x_0) ist genau dann nach x_1 steuerbar, wenn für ein $t_1 > t_0$ und eine Steuerfunktion $u(\cdot)$ die Beziehung

$$x_1 = \Phi(t_1, t_0)x_0 + \int_{t_0}^{t_1} \Phi(t_1, s)B(s)u(s)\,ds \tag{11.7}$$

gilt. Gleichwertig damit ist, daß für ein $t_1 > t_0$ der Vektor $x_1 - \Phi(t_1, t_0)x_0$ im Bildraum der durch

$$L_{t_0,t_1}(u(\cdot)) = \int_{t_0}^{t_1} \Phi(t_1, s)B(s)u(s)\,ds , \qquad -\infty < t_0 < t_1 < \infty ,$$

definierten Abbildung $L_{t_0,t_1} : C_s^m(-\infty, \infty) \to \mathbf{R}^n$ liegt. Über den Bildraum dieser Abbildung gibt der folgende Hilfssatz Auskunft.

Hilfssatz 11.1. *Es sei* $G(t)$ *eine auf* $(-\infty, \infty)$ *definierte und stückweise stetige* $n \times m$*-Matrix. Der Bildraum der durch* $u(\cdot) \to \int_{t_0}^{t_1} G(s)u(s)\,ds$, $t_0 < t_1$, *definierten Abbildung* $M_{t_0,t_1} : C_s^m(-\infty, \infty) \to \mathbf{R}^n$ *ist gleich dem Bildraum der Matrix*[1)]

$$V(t_0, t_1) = \int_{t_0}^{t_1} G(s)G^T(s)\,ds .$$

[1)] Wir sprechen im folgenden kurz vom Bildraum und Kern einer $n \times m$-Matrix A an Stelle vom Bildraum und Kern der durch A vermittelten linearen Abbildung $\mathbf{R}^m \to \mathbf{R}^n$, bild $A = \{Ax \mid x \in \mathbf{R}^m\}$ und ker $A = \{x \in \mathbf{R}^m \mid Ax = 0\}$.

Beweis. x_1 sei ein Vektor aus dem Bildraum von $V = V(t_0,t_1)$, d. h. es gibt ein $y_1 \in \mathbf{R}^n$ mit $x_1 = V y_1 = \int_{t_0}^{t_1} G(s) G^T(s) y_1 \, ds$. Setzt man $u(t) = G^T(t) y_1$, so erhält man eine auf $(-\infty, \infty)$ stückweise stetige Funktion $u(\cdot)$ mit $x_1 = M_{t_0,t_1}(u(\cdot))$.

Für den Beweis von bild $M_{t_0,t_1} \subseteq$ bild V führen wir zunächst einige einfache algebraische Überlegungen durch. Die Matrix V ist offensichtlich symmetrisch. Es bezeichne $\boldsymbol{X}_1$ den Bildraum und $\boldsymbol{X}_2$ den Kern dieser Matrix. Dann gilt $\mathbf{R}^n = \boldsymbol{X}_1 \oplus \boldsymbol{X}_2$ und $\boldsymbol{X}_1 \perp \boldsymbol{X}_2$ (vgl. etwa Kowalsky [18] bzw. beachte, daß es eine Koordinatentransformation $x = Sy$ mit einer orthogonalen $n \times n$-Matrix S gibt, für die $S^T V S = \operatorname{diag}(\alpha_1, \ldots, \alpha_k, 0, \ldots, 0)$, $\alpha_i > 0$, $k \leq n$, gilt).

Es sei nun $x_1 \in$ bild M_{t_0,t_1}, d. h. $x_1 = \int_{t_0}^{t_1} G(s) u_1(s) \, ds$ für ein $u_1(\cdot) \in C_s^m(-\infty, \infty)$, jedoch $x_1 \notin$ bild V. Wegen $\mathbf{R}^n = \boldsymbol{X}_1 \oplus \boldsymbol{X}_2$ gilt $x_1 = y_1 + y_2$ mit $y_1 \in \boldsymbol{X}_1$, $y_2 \in \boldsymbol{X}_2$. $x_1 \notin \boldsymbol{X}_1$ bedeutet $y_2 \neq 0$. Daraus folgt unter Beachtung von $\boldsymbol{X}_1 \perp \boldsymbol{X}_2$ die Ungleichung $y_2^T x_1 = y_2^T y_2 = \|y_2\|_2^2 > 0$, d. h.

$$y_2^T x_1 = \int_{t_0}^{t_1} y_2^T G(s) u_1(s) \, ds > 0 \,. \tag{11.8}$$

Andererseits gilt wegen $y_2 \in \boldsymbol{X}_2$ die Beziehung

$$0 = y_2^T V y_2 = \int_{t_0}^{t_1} y_2^T G(s) G^T(s) y_2 \, ds = \int_{t_0}^{t_1} \| G^T(s) y_2 \|_2^2 \, ds \,.$$

Daraus folgt $G^T(s) y_2 = 0$ für alle $s \in [t_0, t_1]$ mit Ausnahme höchstens endlich vieler s-Werte. Dies bedeutet wiederum $\int_{t_0}^{t_1} y_2^T G(s) u_1(s) \, ds = 0$ im Widerspruch zu (11.8).

Mit Hilfe des eben bewiesenen Hilfssatzes erhalten wir das folgende Kriterium für Steuerbarkeit.

Satz 11.1. *Vorgelegt sei das System* (11.1).

a) *Das Paar* $(t_0, x_0) \in (-\infty, \infty) \times \mathbf{R}^n$ *ist genau dann nach* $x_1 \in \mathbf{R}^n$ *steuerbar, wenn* $x_0 - \Phi(t_0,t_1) x_1$ *für ein* $t_1 > t_0$ *im Bildraum der Matrix*

$$W(t_0,t_1) = \int_{t_0}^{t_1} \Phi(t_0,s) B(s) B^T(s) \Phi^T(t_0,s) \, ds \tag{11.9}$$

liegt.

b) *Das System* (11.1) *ist genau dann vollständig steuerbar, wenn es zu jedem* $t_0 \in (-\infty, \infty)$ *ein* $t_1 > t_0$ *gibt mit*

$$\operatorname{rg} W(t_0,t_1) = n \,.$$

Beweis. Die Beziehung (11.7) für ein $t_1 > t_0$ ist notwendig und hinreichend für die Aussage a). Gleichwertig mit (11.7) ist $-x_0 + \Phi(t_0,t_1) x_1 = \int_{t_0}^{t_1} \Phi(t_0,s) B(s) u(s) \, ds$. Dies erkennt man durch Multiplikation von (11.7) mit $\Phi(t_0,t_1)$. Da mit z auch immer $-z$ im Bildraum einer linearen Abbildung liegt, folgt die Aussage a) sofort mit Hilfe von Hilfssatz 11.1, wenn man $G(s) = \Phi(t_0,s) B(s)$, $s \in (-\infty, \infty)$, setzt.

Für den Beweis von b) sei t_0 fest gewählt. Aus $\operatorname{rg} W(t_0,t_1) = n$ für ein $t_1 > t_0$ folgt, daß $x_0 - \Phi(t_0,t_1) x_1$ für beliebige x_0, x_1 des $\mathbf{R}^n$, insbesondere auch für $x_1 = 0$, im Bildraum von $W(t_0,t_1)$ liegt. Das Paar (t_0, x_0) ist daher stets nach Null steuerbar.

Ist umgekehrt jedes Paar (t_0, x_0) nach Null steuerbar, so gibt es insbesondere für jeden Vektor e_i, $i = 1, \ldots, n$, der kanonischen Basis des $\mathbf{R}^n$ ein $t_i > t_0$ mit $e_i \in$ bild $W(t_0, t_i)$. Um den Beweis zu vollenden, müssen wir noch bild $W(t_0,t_1) \subseteq$ bild $W(t_0,t_2)$ bzw.

(11.10) $\ker W(t_0,t_1) \supseteq \ker W(t_0,t_2)$

für $t_1 \leq t_2$ zeigen (man beachte, daß $W(t_0,t)$ eine symmetrische Matrix ist und daher Bildraum und Kern von $W(t_0,t)$ orthogonal zueinander sind). Nun ist aber $W(t_0,t)$ für alle $t > t_0$ eine positiv semidefinite Matrix, wie man leicht an Hand der Definition von $W(t_0,t)$ erkennt. Mittels Hauptachsentransformation sieht man dann, daß $W(t_0,t)q = 0$ gleichwertig mit $q^T W(t_0,t)q = 0$ ist. Wegen (11.9) folgt aber aus $q^T W(t_0,t_1)q \neq 0$ auch $q^T W(t_0,t_2)q \neq 0$ für alle $t_2 \geq t_1$, d. h. es gilt (11.10).

Das Kriterium aus Satz 11.1 ist für die Praxis von geringem Wert, da die Übergangsmatrix $\Phi(t,t_0)$ benötigt wird. Diese ist im allgemeinen nicht bekannt. Jedoch kann man mit Hilfe von Satz 11.1 im Falle konstanter linearer Systeme effektive, rein algebraische Kriterien entwickeln.

Vorgegeben sei also ein konstantes lineares System der Form

$$\begin{aligned} \dot{x} &= Ax + Bu(t), \\ y &= Cx, \end{aligned} \tag{11.11}$$

mit konstanten Matrizen A, B und C der Dimension $n \times n$, $n \times m$ bzw. $k \times n$. In diesem Fall ist die Übergangsmatrix durch $\Phi(t,t_0) = \mathrm{e}^{A(t-t_0)}$, t, t_0 aus $(-\infty, \infty)$, gegeben. Wie wir in Abschnitt 8 gesehen haben, können wir bei konstanten Systemen stets $t_0 = 0$ wählen. Die Matrix $W(0,t_1)$ aus Satz 11.1 hat die Gestalt

$$W(0,t_1) = \int_0^{t_1} \mathrm{e}^{-As} B B^T \mathrm{e}^{-A^T s} \mathrm{d}s .$$

Um den Bildraum von $W = W(0,t_1)$ mit Hilfe der Matrizen A und B zu charakterisieren, untersuchen wir zuerst den Kern von W. Der Bildraum ist dann wegen $W = W^T$ das orthogonale Komplement von $\ker W$, d. h. $\operatorname{bild} W$ besteht aus allen Vektoren $y \in \mathbf{R}^n$ mit $y^T x = 0$ für alle $x \in \ker W$.

Es sei x beliebig aus $\ker W$ gewählt, $Wx = 0$. Dann gilt

$$0 = x^T W x = \int_0^{t_1} x^T \mathrm{e}^{-As} B B^T \mathrm{e}^{-A^T s} x \, \mathrm{d}s = \int_0^{t_1} \| B^T \mathrm{e}^{-A^T s} x \|_2^2 \, \mathrm{d}s .$$

Da der Integrand nicht-negativ und stetig ist, folgt daraus

$$B^T \mathrm{e}^{-A^T s} x = 0 , \qquad s \in [0,t_1] . \tag{11.12}$$

Umgekehrt folgt aus (11.12) auch $Wx = 0$. Die Beziehung (11.12) ist wiederum gleichwertig mit

$$B^T (A^T)^k x = 0 , \qquad k = 0,\ldots,n-1 . \tag{11.13}$$

Um dies zu beweisen, schreiben wir (11.12) in der Form $\sum_{k=0}^{\infty} \frac{(-s)^k}{k!} B^T (A^T)^k x = 0$, $s \in [0,t_1]$. Man hat hier n Potenzreihen in s (die Koordinaten des Vektors auf der linken Seite von (11.12)), die alle auf dem Intervall $[0,t_1]$ identisch verschwinden müssen. Dies ist aber dann und nur dann möglich, wenn alle Koeffizienten Null sind, d. h. $B^T (A^T)^k x = 0$ für alle $k = 0,1,\ldots,$ gilt. Daraus folgt sofort (11.13). Gilt umgekehrt die Beziehung (11.13), so erhält man $B^T (A^T)^k x = 0$ auch für $k = n, n+1, \ldots,$ weil man die Potenzen $(A^T)^k$, $k = n, n+1, \ldots,$ mit Hilfe des Satzes von Cayley-Hamilton durch die Potenzen $(A^T)^k$, $n = 0,\ldots,n-1$, ausdrücken kann. (11.13) bedeutet aber $x \in \ker B^T (A^T)^k$, $k = 0,\ldots,n-1$. Damit ist

$$\ker W = \bigcap_{k=0}^{n-1} \ker B^T (A^T)^k \tag{11.14}$$

bewiesen. Der uns interessierende Bildraum von W ist das orthogonale Komplement von $\ker W$.

Um $(\ker W)^\perp$ mit Hilfe von (11.14) bestimmen zu können, benötigen wir einige Aussagen aus der Linearen Algebra, die wir hier in spezieller Form angeben.

Hilfssatz 11.2. a) *Sind X_1 und X_2 lineare Unterräume des $\mathbf{R}^n$, so gilt*

$$(X_1 \cap X_2)^\perp = X_1^\perp + X_2^\perp .$$

Hier bezeichnet $(\cdot)^\perp$ die Bildung des orthogonalen Komplementes.

b) *Ist S eine reelle $n \times n$-Matrix, so gilt*

$$(\ker S)^\perp = \operatorname{bild} S^T .$$

Beweis. Ein $x \in X_1^\perp + X_2^\perp$ hat die Gestalt $x = x_1 + x_2$ mit $x_i \in X_i^\perp$, $i = 1,2$. Für alle $y \in X_1 \cap X_2$ gilt dann $x^T y = x_1^T y + x_2^T y = 0$, d. h. wir haben

$$X_1^\perp + X_2^\perp \subseteq (X_1 \cap X_2)^\perp . \tag{11.15}$$

Analog zeigt man $X_1^\perp \cap X_2^\perp \subseteq (X_1 + X_2)^\perp$. Aus (11.15) folgt $\dim(X_1^\perp + X_2^\perp) = \dim X_1^\perp + \dim X_2^\perp - \dim(X_1^\perp \cap X_2^\perp) \le \dim(X_1 \cap X_2)^\perp$ und weiter $\dim(X_1 + X_2) + \dim(X_1^\perp \cap X_2^\perp) \ge n$ (man benutze [1]) $\dim Y^\perp = n - \dim Y$ für einen beliebigen Unterraum des $\mathbf{R}^n$). Aus der letzten Ungleichung folgt aber, wegen $X_1^\perp \cap X_2^\perp \subseteq (X_1 + X_2)^\perp$, $\dim(X_1 + X_2) + \dim(X_1 + X_2)^\perp \ge n$, d. h. aber, in (11.15) ist nur das Gleichheitszeichen möglich.

Die Aussage b) beweisen wir in der Form $\ker S = (\operatorname{bild} S^T)^\perp$. Es sei $x \in \ker S$, d. h. $Sx = 0$. Dann gilt aber für beliebige $y \in \mathbf{R}^n$ die Beziehung $(S^T y)^T x = y^T S x = 0$, d. h. $x \in (\operatorname{bild} S^T)^\perp$. Ist umgekehrt x Element von $(\operatorname{bild} S^T)^\perp$, so gilt für alle Elemente aus $\operatorname{bild} S^T$, das sind alle Elemente der Gestalt $S^T y$, $y \in \mathbf{R}^n$, die Beziehung $0 = x^T(S^T y) = y^T S x$. Wählen wir speziell $y = Sx$, so folgt $\|Sx\|_2^2 = 0$, d. h. $Sx = 0$.

Aus (11.14) folgt nun mit Hilfe der Aussagen a) und b) des Hilfssatzes

$$\operatorname{bild} W = (\ker W)^\perp = \left(\bigcap_{k=0}^{n-1} \ker B^T (A^T)^k\right)^\perp = \sum_{k=0}^{n-1} (\ker B^T (A^T)^k)^\perp = \sum_{k=0}^{n-1} \operatorname{bild} A^k B .$$

Da $\operatorname{bild} S$, S eine $n \times n$-Matrix, der von den Spalten von S erzeugte Unterraum ist, wird $\operatorname{bild} W$ von den Spalten der $n \times nm$-Matrix $(B, AB, \ldots, A^{n-1}B)$ erzeugt. Insbesondere ist $\operatorname{bild} W = \mathbf{R}^n$ (bzw. $\operatorname{rg} W = n$) genau dann, wenn $\operatorname{rg}(B, AB, \ldots, A^{n-1}B) = n$ gilt. Damit können wir im Falle des Systems (11.11) das folgende Steuerbarkeitskriterium formulieren:

Satz 11.2. *Vorgegeben sei das konstante System* (11.11).

a) *Der Zustand $x_0 \in \mathbf{R}^n$ (genauer das Paar $(0, x_0)$) ist nach $x_1 = 0$ steuerbar, wenn $x_0 \in \sum_{k=0}^{n-1} \operatorname{bild} A^k B$ gilt.*

b) *Das System* (11.11) *ist vollständig steuerbar, wenn*

$$\operatorname{rg}(B, AB, \ldots, A^{n-1}B) = n$$

gilt. Man nennt in diesem Falle das Matrizenpaar A, B steuerbar.

Beispiel. Für das durch (11.4) und (11.6) gegebene System ist

$$\operatorname{rg}(B, AB, A^2B, A^3B) = \operatorname{rg}\begin{pmatrix} 0 & 0 & 1 & 0 & * & \text{---} & * \\ 1 & 0 & 0 & 2\omega & | & & | \\ 0 & 0 & 0 & 1 & | & & | \\ 0 & 1 & -2\omega & 0 & * & \text{---} & * \end{pmatrix} = 4,$$

[1]) bei der Ableitung der letzten Ungleichung aus der vorletzten.

d. h. das System ist vollständig steuerbar. Hat man nur den Radialschub $u^1(t)$ bzw. nur den Tangentialschub $u^2(t)$ zur Verfügung, so bedeutet dies, daß man die Matrix B durch $B_1 = (0,1,0,0)^T$ bzw. $B_2 = (0,0,0,1)^T$ ersetzen muß. Wie man leicht nachrechnet, gilt $\operatorname{rg}(B_1, AB_1, A^2B_1, A^3B_1) = 3$ und $\operatorname{rg}(B_2, AB_2, A^2B_2, A^3B_2) = 4$. Daraus folgt, daß das System bei Ausfall des Radialschubes vollständig steuerbar bleibt. Fehlt der Tangentialschub, so ist das System nicht mehr vollständig steuerbar. In diesem Fall gilt $x_0 \in \sum_{k=0}^{3} \operatorname{bild} A^k B_1$ genau für $x_0 = (x^1, x^2, x^3, -2\omega x^1)^T$, x^1, x^2 und x^3 beliebig reell. Nur Vektoren dieser Gestalt können in endlicher Zeit nach 0 gesteuert werden, falls nur der Radialschub vorhanden ist.

Aufgaben. 1. Zu vorgegebenem $y_1 \in \mathbf{R}^k$ existiert genau dann ein $u(\cdot) \in C_s^m(-\infty, \infty)$ derart, daß $y(t_1) = y_1$ für ein $t_1 > t_0$ gilt, wenn $y_1 - C(t_1)\Phi(t_1, t_0)x_0$ im Bildraum der Matrix $C(t_1)\Phi(t_1, t_0)W(t_0, t_1)$ liegt.

2. Falls die Bedingung aus Satz 11.1, Teil a), erfüllt ist, d. h. $x_0 - \Phi(t_0, t_1)x_1 = W(t_0, t_1)y_0$ für ein $y_0 \in \mathbf{R}^n$ gilt, wird durch

$$u(t) = -B^T(t)\Phi^T(t_0, t)y_0$$

eine Steuerfunktion mit $x(t_1; t_0, x_0, u(\cdot)) = x_1$ definiert.

3. Tritt an die Stelle von $\dot{x} = Ax + Bu$ in System (11.11) eine skalare Dgl. n-ter Ordnung

$$x^{(n)} + a_{n-1}x^{(n-1)} + \cdots + a_0 x = bu$$

mit reellen Konstanten a_i, $i = 0, \ldots, n-1$, und b, so ist das System vollständig steuerbar in folgendem Sinn: Zu jedem n-Tupel $(\xi_0, \ldots, \xi_{n-1})$ reeller Zahlen existiert eine stückweise stetige Steuerfunktion $u(\cdot)$ derart, daß für die Lösung $x(t)$ zu den Anfangswerten $t_0 = 0$, $x(0) = \xi_0, \ldots, x^{(n-1)}(0) = \xi_{n-1}$ für ein $t_1 > t_0$ die Beziehung $x(t_1) = \cdots = x^{(n-1)}(t_1) = 0$ gilt.

11.3. Beobachtbarkeit. Dualitätsprinzip

Um das am Ende von Abschn. 11.1 formulierte Problem der Beobachtbarkeit genauer untersuchen zu können, ist es aus formalen Gründen zweckmäßig, nicht den Begriff beobachtbar an die Spitze zu stellen, sondern mit einem dazu komplementären Begriff zu beginnen:

Definition 11.2. a) *Gegeben sei das System* (11.1). *Das Paar* $(t_1, x_1) \in (-\infty, \infty) \times \mathbf{R}^n$ *heißt (aus der Vergangenheit) nicht von* 0 *unterscheidbar, wenn*

$$(11.16) \qquad C(t)x(t; t_1, x_1, u(\cdot)) = C(t)x(t; t_1, 0, u(\cdot))$$

für alle $u(\cdot) \in C_s^m(-\infty, \infty)$ *und alle* $t \leq t_1$ *gilt.*

b) *Das System* (11.1) *heißt vollständig (aus der Vergangenheit) beobachtbar, wenn für alle* $t_1 \in (-\infty, \infty)$ *das Paar* $(t_1, 0)$ *das einzige nicht von* 0 *unterscheidbare Paar ist.*

Beachtet man die Lösungsdarstellung (11.2), so erkennt man (11.16) als gleichwertig mit

$$(11.17) \qquad C(t)\Phi(t, t_1)x_1 = 0$$

für alle $t \leq t_1$. Mit C_s^l, an Stelle von $C_s^l[t_0, t_1]$, bezeichnen wir im folgenden den linearen Raum der auf $[t_0, t_1]$, $t_0 < t_1$, stückweise stetigen Funktionen mit Werten im $\mathbf{R}^l$. Definieren wir für beliebige t_0, t_1 mit $t_0 < t_1$ die lineare Abbildung K_{t_0,t_1}: $\mathbf{R}^n \to C_s^k$ durch $K_{t_0,t_1}x_1 = C(\cdot)\Phi(\cdot,t_1)x_1$ für $x_1 \in \mathbf{R}^n$, so ist (11.17) gleichwertig mit

(11.18) $\quad x_1 \in \ker K_{t_0,t_1}$

für alle $t_0 < t_1$.

Man kann nun den Kern der Abbildung K_{t_0,t_1} in analoger Weise wie den Kern bzw. Bildraum der Abbildung L_{t_0,t_1} (vgl. Hilfssatz 11.1) als Kern einer symmetrischen Matrix charakterisieren (siehe dazu Aufgabe 2) und mit Hilfe dieser Charakterisierung die zu Satz 11.1 und Satz 11.2 analogen Sätze über Beobachtbarkeit beweisen. Wir wollen jedoch zum Beweis dieser Sätze eine fundamentale Aussage über die Theorie der Linearen Systeme, das Dualitätsprinzip, verwenden, mit dessen Formulierung wir uns zunächst befassen.

Wir werden jedem linearen System ein dazu duales System zuordnen und zeigen, daß man das duale System erhält, indem man gewisse lineare Abbildungen, die ein lineares System charakterisieren, durch die dazu adjungierten Abbildungen ersetzt. Ein lineares System der Form (11.1) wird durch die folgenden drei linearen Abbildungen $\sigma_{t_0,t_1}, \omega_{t_0,t_1}$ und τ_{t_0,t_1} charakterisiert, die von t_0 und t_1 mit $-\infty < t_0 < t_1 < \infty$ als Parameter abhängen. Wir verwenden im folgenden der Einfachheit halber die Bezeichnungen σ, ω und τ:

a) $\sigma: C_s^m \to \mathbf{R}^n \times C_s^n$,
$\quad \sigma f(\cdot) = (0, g(\cdot))$ *mit* $g(\cdot) = B(\cdot)f(\cdot)$.

b) ω: $\mathbf{R}^n \times C_s^n \to \mathbf{R}^n \times C_s^n$,
$\quad \omega(x_0, f(\cdot)) = (x_1, g(\cdot))$ *mit* $x_1 = \Phi(t_1,t_0)x_0 + \int_{t_0}^{t_1} \Phi(t_1,s)f(s)\mathrm{d}s$

und $\quad g(t) = \Phi(t,t_0)x_0 + \int_{t_0}^{t} \Phi(t,s)f(s)\mathrm{d}s, \; t \in [t_0,t_1]$.

c) τ: $\mathbf{R}^n \times C_s^n \to C_s^k$,
$\quad \tau(x_0, f(\cdot)) = g(\cdot)$ *mit* $g(\cdot) = C(\cdot)f(\cdot)$.

Wir benötigen nun die fundamentale Begriffsbildung der adjungierten Abbildung aus der Linearen Algebra.

Definition. *Sind X_1 und X_2 lineare Räume über* $\mathbf{R}$ *mit Skalarprodukt und ist φ: $X_1 \to X_2$ eine lineare Abbildung, so heißt eine lineare Abbildung φ^*: $X_2 \to X_1$ die zu φ adjungierte Abbildung, wenn $(\varphi x_1, x_2) = (x_1, \varphi^* x_2)$ für alle $x_1 \in X_1$ und $x_2 \in X_2$ gilt.*

Falls die Abbildung φ^* existiert, ist sie eindeutig bestimmt (vgl. etwa Kowalsky [18]). Mit $(\cdot,\cdot)$ bezeichnen wir im folgenden Skalarprodukte in linearen Räumen über $\mathbf{R}$.

Auf den hier vorliegenden Räumen C_s^m, C_s^k und $\mathbf{R}^n \times C_s^n$ werden durch

(11.19) $\quad (f_1(\cdot), f_2(\cdot)) = \int_{t_0}^{t_1} f_1^T(s)f_2(s)\mathrm{d}s$,

für alle $f_i(\cdot) \in C_s^m$ (bzw. $\in C_s^k$), $i = 1,2$, und

(11.20) $\quad ((x_1, f_1(\cdot)), (x_2, f_2(\cdot))) = x_1^T x_2 + \int_{t_0}^{t_1} f_1^T(s)f_2(s)\mathrm{d}s$,

für alle $(x_i, f_i(\cdot)) \in \mathbf{R}^n \times C_s^n$, $i = 1,2$, Skalarprodukte definiert (der Beweis sei dem Leser überlassen, Aufgabe 3).

Die zu σ, ω und τ adjungierten Abbildungen existieren und sind wie folgt definiert:

a') σ^*: $\mathbf{R}^n \times C_s^n \to C_s^m$,
$\quad \sigma^*(x_0, f(\cdot)) = g(\cdot)$ *mit* $g(\cdot) = B^T(\cdot)f(\cdot)$.

b') ω^*: $\mathbf{R}^n \times C_s^n \to \mathbf{R}^n \times C_s^n$,

$$\omega^*(x_1, g(\cdot)) = (x_0, f(\cdot)) \text{ mit } x_0 = \Phi^T(t_1, t_0)x_1 - \int_{t_1}^{t_0} \Phi^T(s, t_0) g(s) \mathrm{d}s$$

und $$f(t) = \Phi^T(t_1, t)x_1 - \int_{t_1}^{t} \Phi^T(s, t) g(s) \mathrm{d}s, \; t \in [t_0, t_1].$$

c') $\tau^*: C_s^k \to \mathbf{R}^n \times C_s^n$,

$$\tau^* f(\cdot) = (0, g(\cdot)) \text{ mit } g(\cdot) = C^T(\cdot) f(\cdot).$$

Man verifiziert leicht, daß σ^*, ω^* und τ^* tatsächlich die zu σ, ω und τ adjungierten Abbildungen sind, wobei die Skalarprodukte (11.19) bzw. (11.20) zugrunde gelegt werden.

Die Funktion $g(\cdot)$ in der Definition von ω ist die Lösung von $\dot{x} = A(t)x + f(t)$ zu den Anfangswerten (t_0, x_0) auf dem Intervall $[t_0, t_1]$, während die Funktion $f(\cdot)$ in der Definition von ω^* die Lösung von $\dot{x} = -A^T(t)x - g(t)$ auf dem Intervall $[t_0, t_1]$ ist, jedoch zu den Anfangswerten (t_1, x_1) (vgl. dazu Abschn. 3).

Die Abbildungen τ^*, ω^* und σ^* (in dieser Reihenfolge) charakterisieren nun das System

$$\begin{aligned} \dot{x} &= -A^T(t)x - C^T(t)y(t), \\ u(t) &= B^T(t)x(t), \quad t \in (-\infty, \infty) \end{aligned} \tag{11.21}$$

ebenso wie σ, ω und τ das System (11.1), wenn im System (11.21) die Lösungen im Sinne abnehmender t-Werte verfolgt werden (im System (11.1) dagegen im Sinne wachsender t-Werte). Dies zeigt, daß wir die Definition des linearen Systems wie folgt modifizieren müssen:

Ein lineares System liegt vor, wenn ein Paar von Gleichungen der Form (11.1) *gegeben ist und die Orientierung der Zeit vorgeschrieben wird (im Sinne wachsender t-Werte wie bisher immer bzw. im Sinne fallender t-Werte).*

Unsere oben durchgeführten Überlegungen zeigen, daß jedem System, charakterisiert durch ein Tripel von linearen Abbildungen (σ, ω, τ), genau ein System zugeordnet wird, welches man durch das Tripel $(\tau^*, \omega^*, \sigma^*)$ charakterisieren kann (Abb. 9).

$$\begin{gathered} \text{Zeit} \to (\leftarrow) \\ C_s^m \underset{\sigma^*}{\overset{\sigma}{\rightleftarrows}} \mathbf{R}^n \times C_s^n \underset{\omega^*}{\overset{\omega}{\rightleftarrows}} \mathbf{R}^n \times C_s^n \underset{\tau^*}{\overset{\tau}{\rightleftarrows}} C_s^k \\ (\to) \leftarrow \text{Zeit} \end{gathered}$$

Abb. 9

Wir kommen damit zum Begriff des dualen Systems.

Definition 11.3. *Die zwei Systeme* $\dot{x} = A(t)x + B(t)u(t)$, $y(t) = C(t)x(t)$ *und* $\dot{x} = A_1(t)x - B_1(t)y(t)$, $u(t) = C_1(t)x(t)$ *heißen dual zueinander, wenn die Orientierung der Zeit in beiden Systemen entgegengesetzt ist und*

$$A_1(t) = -A^T(t), \; B_1(t) = C^T(t) \quad \text{und} \quad C_1(t) = B^T(t),$$

$t \in (-\infty, \infty)$, *gilt.*

Da jedem System S eindeutig ein duales System S^* zugeordnet ist, erhält man zu jeder Aussage α über lineare Systeme eine dazu duale Aussage α^*, indem man festsetzt:

Die Aussage α^* *trifft für ein System S dann zu, wenn* α *für das zu S duale System* S^* *richtig ist, d. h.* $\alpha^*(S) = \alpha(S^*)$.

Satz 11.3. (Dualitätsprinzip). *Ist eine Aussage* α *für alle Systeme richtig, so ist auch die duale Aussage* α^* *für alle Systeme richtig.*

Beweis. Da für ein beliebiges System S die Aussage $\alpha^*(S)$ als $\alpha(S^*)$ definiert ist und α für alle Systeme richtig ist (insbesondere auch für das System S^*), muß $\alpha^*(S)$ richtig sein.

Wir wenden uns nun wieder dem Problem der Beobachtbarkeit zu. Zu Beginn dieses Abschnittes haben wir gesehen, daß das Paar (t_1, x_1) genau dann nicht von 0 unterscheidbar ist, wenn die Beziehung (11.18) für alle $t_0 < t_1$ gilt. Jedes $x \in \mathbf{R}^n$ kann nun eindeutig in der Form $x = x_1 + x_2$ mit $x_1 \in \ker K_{t_0,t_1}$ und $x_2 \in (\ker K_{t_0,t_1})^\perp$ dargestellt werden. Die Zustandsvektoren aus $(\ker K_{t_0,t_1})^\perp$ für ein $t_0 < t_1$ besitzen keine nichttrivialen, nicht von 0 unterscheidbaren Anteile. Wir nennen daher ein Paar (t_1, x_1) beobachtbar, wenn für ein $t_0 < t_1$ die Beziehung

$$(11.22) \qquad x_1 \in (\ker K_{t_0,t_1})^\perp$$

gilt. Beobachtbar ist also nicht die Negation von nicht von 0 unterscheidbar. Die Einführung des Begriffes beobachtbar ist deshalb zweckmäßig, weil dieser Begriff, wie wir noch sehen werden, dual zu nach 0 steuerbar ist. Um die zu „(t_1, x_1) ist beobachtbar" duale Aussage zu bestimmen, müssen wir die Bedeutung der Beziehung (11.22) für das System (11.21) untersuchen. Für die zu K_{t_0,t_1} adjungierte Abbildung $K^*_{t_0,t_1}: \boldsymbol{C}^k_s \to \mathbf{R}^n$ gilt, falls sie existiert, die Beziehung

$$(11.23) \qquad (\ker K_{t_0,t_1})^\perp = \operatorname{bild} K^*_{t_0,t_1}$$

(vgl. etwa Kowalsky [18]). Man sieht aber leicht, daß $K^*_{t_0,t_1}$ tatsächlich existiert und durch

$$K^*_{t_0,t_1} y(\cdot) = \int_{t_0}^{t_1} \Phi^T(s,t_1) C^T(s) y(s) \mathrm{d}s, \quad y(\cdot) \in \boldsymbol{C}^k_s,$$

gegeben ist. Die Beziehung (11.22) bedeutet somit, daß ein $y(\cdot) \in \boldsymbol{C}^k_s$ existiert mit

$$x_1 = \int_{t_0}^{t_1} \Phi^T(s,t_1) C^T(s) y(s) \mathrm{d}s = \int_{t_1}^{t_0} \Psi(t_1,s)(-C^T(s)) y(s) \mathrm{d}s$$

bzw. nach Multiplikation mit $\Psi(t_0,t_1)$

$$(11.24) \qquad \Psi(t_0,t_1) x_1 = \int_{t_1}^{t_0} \Psi(t_0,s)(-C^T(s)) y(s) \mathrm{d}s .$$

Hier bezeichnet $\Psi(t,t_1)$ die Übergangsmatrix für das duale System (11.21). Nach unseren zu Beginn von Abschn. 11.2 angestellten Überlegungen ist aber das Bestehen der Beziehung (11.24) für ein $t_0 < t_1$ gleichbedeutend damit, daß das Paar (t_1, x_1) für das duale System (11.21) nach 0 steuerbar ist. Die Begriffe „beobachtbar" und „nach 0 steuerbar" sind somit dual zueinander. Dabei ist zu beachten, daß für das duale System t_0 später kommt als t_1, weil die Orientierung der Zeit im Sinne abnehmender t-Werte erfolgt. Im Sinne der in diesem Abschnitt gegebenen modifizierten Definition eines linearen Systems ist in den bisher angeführten Definitionen und Sätzen „$t_0 < t_1$" durch „t_1 später als t_0" zu ersetzen, was je nach der gegebenen Zeitorientierung entweder $t_0 < t_1$ oder $t_1 < t_0$ bedeutet. Man überzeugt sich leicht davon, daß alle bisher erzielten Ergebnisse richtig bleiben[1)].

Ist das System (11.1) vollständig beobachtbar, so ist $(t_1, 0)$ für alle t_1 das einzige nicht von 0 unterscheidbare Paar, d. h. wir haben für alle t_1 die Beziehung $\ker K_{t_0,t_1} = \{0\}$ bzw. $(\ker K_{t_0,t_1})^\perp = \mathbf{R}^n$ für ein $t_0 < t_1$. Für das duale System (11.21) bedeutet dies, daß alle (t_1, x_1) für beliebige t_1 nach 0 steuerbar sind, d. h. (11.21) ist vollständig steuerbar. Damit sind auch die Begriffe vollständig beobachtbar und vollständig steuerbar als zueinander dual nachgewiesen.

---

1) Der Einfachheit halber werden wir im folgenden annehmen, daß im System (11.1) die Orientierung der Zeit im Sinne wachsender t-Werte erfolgt und im dazu dualen System im Sinne fallender t-Werte.

Da die Aussage a) von Satz 11.1 für alle Systeme richtig ist, erhalten wir nach dem Dualitätsprinzip sofort die folgende Aussage:

Das Paar (t_1, x_1) *ist genau dann für das System* (11.1) *beobachtbar, wenn* x_1 *für ein* $t_0 < t_1$ (t_0 *also im dualen System später als* t_1!) *im Bildraum der Matrix*

$$\int_{t_1}^{t_0} \Psi(t_1,s)(-C^T(s))(-C(s))\Psi^T(t_1,s)\,\mathrm{d}s = -\int_{t_0}^{t_1} \Phi^T(s,t_1)C^T(s)C(s)\Phi(s,t_1)\,\mathrm{d}s = -H(t_0,t_1)$$

liegt.

Mit $\Psi(t,s) = \Phi^T(s,t)$ bezeichnen wir die Übergangsmatrix von (11.21). Da bild S = bild$(-S)$ für eine beliebige Matrix S gilt, haben wir die folgende Aussage gewonnen:

Das Paar (t_1, x_1) *ist genau dann für* (11.1) *beobachtbar, wenn* $x_1 \in \operatorname{bild} H(t_0,t_1)$ *für ein* $t_0 < t_1$ *gilt.*

Wenn wir ein Kriterium für „(t_1,x_1) nicht von 0 unterscheidbar" gewinnen wollen, müssen wir nur $\operatorname{bild} H(t_0,t_1) = \operatorname{bild} K^*_{t_0,t_1}$ beachten (vgl. (11.23) und die Definition von beobachtbar). Es ist dann $\ker K_{t_0,t_1} = (\operatorname{bild} H(t_0,t_1))^\perp = \ker H(t_0,t_1)$, denn $H(t_0,t_1)$ ist eine symmetrische Matrix. Es ist also (t_1,x_1) genau dann nicht von 0 unterscheidbar, wenn $x_1 \in \ker H(t_0,t_1)$ für ein $t_0 < t_1$ gilt. Unmittelbar klar ist dann die Aussage b) des folgenden Satzes.

Satz 11.4. a) *Das Paar* $(t_1,x_1) \in (-\infty,\infty) \times \mathbf{R}^n$ *ist genau dann für das System* (11.1) *nicht von* 0 *unterscheidbar, wenn* x_1 *für ein* $t_0 < t_1$ *im Kern der Matrix*

$$H(t_0,t_1) = \int_{t_0}^{t_1} \Phi^T(s,t_1)C^T(s)C(s)\Phi(s,t_1)\,\mathrm{d}s \tag{11.25}$$

liegt.

b) *Das System* (11.1) *ist genau dann vollständig beobachtbar, wenn es zu jedem* $t_1 \in (-\infty,\infty)$ *ein* $t_0 < t_1$ *gibt mit*

$$\operatorname{rg} H(t_0,t_1) = n\,.$$

Der entsprechende Satz für konstante Systeme ist in analoger Weise zu gewinnen:

Satz 11.5. a) *Der Zustand* $x_1 \in \mathbf{R}^n$ *(genauer das Paar* $(0,x_1)$*) ist für das System* (11.11) *genau dann nicht von* 0 *unterscheidbar, wenn*

$$x_1 \in \bigcap_{k=0}^{n-1} \ker(CA^k)$$

gilt.

c) *Das System* (11.11) *ist genau dann vollständig beobachtbar, wenn*

$$\operatorname{rg}(C^T, A^TC^T, \ldots, (A^T)^{n-1}C^T) = n$$

gilt. Das Matrizenpaar C, A *heißt in diesem Fall beobachtbar.*

Beim Beweis von Aussage a) ist

$$\left(\sum_{k=0}^{n-1} \operatorname{bild}(A^T)^k C^T\right)^\perp = \bigcap_{k=0}^{n-1} (\operatorname{bild}(CA^k)^T)^\perp = \bigcap_{k=0}^{n-1} \ker CA^k$$

zu beachten.

Beispiel. Für das durch (11.4) und (11.6) gegebene System ist

$$\operatorname{rg}(C^T, \ldots, (A^T)^3C^T) = \operatorname{rg}\begin{pmatrix} 1 & 0 & 0 & 0 & * & \cdots & * \\ 0 & 0 & 1 & 0 & \vdots & & \vdots \\ 0 & 1 & 0 & 0 & \vdots & & \vdots \\ 0 & 0 & 0 & 1 & * & \cdots & * \end{pmatrix} = 4,$$

d. h. dieses System ist vollständig beobachtbar. Werden nur Abweichungen im Radius gemessen ($y^1 = x^1$), so ist $C = (1\ 0\ 0\ 0)$ und $\mathrm{rg}(C^T, \ldots, (A^T)^3 C^T) = 3$, d. h. das System ist nicht mehr vollständig beobachtbar. Nicht von 0 unterscheidbar sind in diesem Fall Zustandsvektoren der Form $(0, 0, x^3, 0)^T$, x^3 beliebig reell. Werden nur die Abweichungen im Winkel gemessen ($y^2 = x^3$), d. h. $C = (0\ 0\ 1\ 0)$, so ist das System dagegen vollständig beobachtbar.

Aufgaben. 1. Es sei $t_1 \in (-\infty, \infty)$ gewählt. Setzen wir $x_1 \approx x_2$ für x_1, x_2 aus $\mathbf{R}^n$, falls das Paar $(t_1, x_1 - x_2)$ nicht von 0 unterscheidbar ist, so liegt in „$\approx$“ eine Äquivalenzrelation auf dem $\mathbf{R}^n$ vor.

2. Man führe den Beweis von $\ker K_{t_0,t_1} = \ker H(t_0, t_1)$ analog wie den Beweis zu Hilfssatz 11.1.

3. Man zeige, daß durch (11.9) und (11.20) Skalarprodukte auf den angegebenen Räumen definiert werden.

4. Man verifiziere, daß σ^*, ω^* und τ^* die zu σ, ω und τ adjungierten Abbildungen sind.

III. Allgemeine Theorie nicht-linearer Differentialgleichungen

1. Grenzpunkte

Wir erinnern zunächst an die beiden Begriffe Grenzwert und Häufungspunkt für Punktfolgen im $\mathbf{R}^n$. In ganz ähnlicher Beziehung zueinander stehen nun die Begriffe Grenzwert einer Funktion an einer Stelle $t = \tau$ und Grenzpunkt einer Funktion an einer Stelle $t = \tau$, die in diesem Abschnitt erklärt werden sollen. Auf einem endlichen oder unendlichen halboffenen Intervall $I = [t_0, \tau)$, $t_0 < \tau \leq \infty$, sei eine Funktion $h: I \to \mathbf{R}^n$ definiert.

Definition 1.1. a) $x_0 \in \mathbf{R}^n$ *heißt linksseitiger Grenzwert von h an der Stelle* τ, $x_0 = \lim\limits_{t \to \tau, t < \tau} h(t)$, *wenn für eine beliebige Folge* (t_ν) *mit* $t_\nu \in I$, $\nu = 1, 2, \ldots$, *und* $\lim\limits_{\nu \to \infty} t_\nu = \tau$ *stets* $\lim\limits_{\nu \to \infty} h(t_\nu) = x_0$ gilt.

b) $x_0 \in \mathbf{R}^n$ *heißt linksseitiger Grenzpunkt von h an der Stelle* τ, *falls eine Folge* (t_ν) *mit* $t_\nu \in I$ *für alle* ν *und* $\lim\limits_{\nu \to \infty} t_\nu = \tau$ *existiert, für die die Beziehung* $x_0 = \lim\limits_{\nu \to \infty} h(t_\nu)$ *gilt. Wir werden vielfach* x_0 *kurz einen linksseitigen* τ*-Grenzpunkt von h nennen. Für* $\tau = \infty$ *sprechen wir von* ω*-Grenzpunkten.*

In analoger Weise werden die Begriffe rechtsseitiger Grenzwert und rechtsseitiger Grenzpunkt definiert. Rechtsseitige τ-Grenzpunkte mit $\tau = -\infty$ heißen α-Grenzpunkte. Im folgenden werden die Überlegungen für linksseitige Grenzwerte bzw. Grenzpunkte durchgeführt. Dem Leser bleibt es überlassen, die analogen Schlüsse für die rechtsseitigen Begriffe durchzuführen. Für eine skalare Funktion $\alpha(t)$ werden wir $\lim\limits_{t \to \tau, t < \tau} \alpha(t) = \infty$ schreiben, wenn $\alpha(t)$ auf einem Intervall der Form $[t_1,\tau), t_1 < \tau$, positiv ist und $\lim_{t\to\tau, t<\tau} \alpha^{-1}(t) = 0$ gilt. Wir bemerken noch, daß für eine skalare, monoton wachsende Funktion $\lim_{t\to\tau, t<\tau} \alpha(t)$ stets existiert.

Die Menge aller linksseitigen τ-Grenzpunkte von h nennen wir die linksseitige τ-Grenzmenge von h. Wir bezeichnen sie mit Ω.

Hinweis. Im folgenden verstehen wir, wenn nicht ausdrücklich etwas anderes gesagt wird, unter Grenzwerten bzw. Grenzpunkten immer linksseitige Grenzwerte bzw. linksseitige Grenzpunkte.

Einige für das Weitere grundlegende Eigenschaften der τ-Grenzmengen gibt der nachstehende Satz wieder.

Satz 1.1. *Ω sei die τ-Grenzmenge von h.*

a) *Es trifft genau eine der beiden folgenden Aussagen zu:*

(1.1) *Ω ist nicht leer.*

(1.2) $\lim_{t\to\tau, t<\tau} \|h(t)\| = \infty$.

b) *Ω ist eine abgeschlossene Teilmenge des $\mathbf{R}^n$.*

c) *Falls $h(t)$ auf I beschränkt und stetig ist, so ist Ω eine nichtleere, kompakte und zusammenhängende Teilmenge des $\mathbf{R}^n$. Außerdem ist Ω für $h(t)$ attraktiv, d. h. es gilt $\lim_{t\to\tau, t<\tau} \operatorname{dist}(h(t), \Omega) = 0$. Insbesondere existiert $\lim_{t\to\tau, t<\tau} h(t)$ genau dann, wenn Ω einpunktig ist.*

Beweis. Nach Aufgabe 1 ist Aussage a) bewiesen, wenn wir zeigen, daß die skalarwertige Funktion $\|h(t)\|$ genau dann keinen τ-Grenzpunkt besitzt, falls (1.2) gilt. Dies ist aber unmittelbar einzusehen.

Für den Beweis von Aussage b) wählen wir einen beliebigen Häufungspunkt x^* von Ω und zeigen, daß x^* ebenfalls τ-Grenzpunkt von $h(t)$ ist. Mit einer Folge (x_μ), $x_\mu \in \Omega$ für alle μ, gilt $x^* = \lim_{\mu\to\infty} x_\mu$. Wir wählen eine Folge $(\tilde{t}_\nu)$ mit $\tilde{t}_\nu < \tau$ für alle ν und $\lim_{\nu\to\infty} \tilde{t}_\nu = \tau$. Da jedes x_μ τ-Grenzpunkt von $h(t)$ ist, können wir zu jedem $\mu = 1,2,\ldots$, ein t_μ derart wählen, daß $t_\mu \in [\tilde{t}_\mu, \tau)$ und $\|h(t_\mu) - x_\mu\| \le \frac{1}{\mu}$ gilt. Daraus folgt $\lim_{\mu\to\infty} t_\mu = \tau$ und wegen der Abschätzung $\|h(t_\mu) - x^*\| \le \frac{1}{\mu} + \|x^* - x_\mu\|$ auch $\lim_{\mu\to\infty} h(t_\mu) = x^*$, d. h. x^* ist τ-Grenzpunkt von $h(t)$.

Für den Beweis von Aussage c) bemerken wir zunächst, daß jeder τ-Grenzpunkt von $h(t)$ Häufungspunkt des Wertebereiches $h(I) = \{h(t) | t \in I\}$ der Funktion $h(t)$ ist. Wenn nun $h(I)$ eine beschränkte Menge ist, so gilt dasselbe von $\overline{h(I)}$ und damit auch von Ω. Zusammen mit der bereits bewiesenen Aussage b) ergibt dies, daß die τ-Grenzmenge einer beschränkten Funktion kompakt ist. Ω ist sicherlich nicht leer. Denn jede Folge $(h(t_\nu))$ ist beschränkt und enthält daher eine konvergente Teilfolge.

Wir nehmen nun zusätzlich an, daß $h(t)$ auf I stetig ist, und haben zu zeigen, daß Ω nicht in zwei elementefremde, abgeschlossene und nichtleere Teilmengen Ω_1 und

Ω_2 zerlegt werden kann. Wäre dies doch der Fall, so ließe sich wie folgt ein Widerspruch herleiten. Zu Ω_i, $i = 1,2$, betrachten wir die Funktion $d_i(t) = \operatorname{dist}(h(t), \Omega_i)$. Die Funktion $d_i(t)$, $i = 1,2$, ist auf I definiert, stetig (vgl. Aufgabe 2 in der Einleitung von Kapitel II) und nicht-negativ. Da die Mengen Ω_1 und Ω_2 nichtleer sind, existieren Folgen (t'_ν) und (t''_ν) aus I mit $t'_\nu \to \tau$, $t''_\nu \to \tau$ und $\lim\limits_{\nu\to\infty} h(t'_\nu) = x_1 \in \Omega_1$, $\lim\limits_{\nu\to\infty} h(t''_\nu) = x_2 \in \Omega_2$. Wegen der Stetigkeit der Funktion $d_i(t)$ gilt $\lim\limits_{\nu\to\infty} d_i(t'_\nu) = \operatorname{dist}(x_1, \Omega_i)$ und $\lim\limits_{\nu\to\infty} d_i(t''_\nu) = \operatorname{dist}(x_2, \Omega_i)$, $i = 1,2$. Die Abstände $\operatorname{dist}(x_i, \Omega_j)$, $i,j = 1,2$, sind nun positiv für $i \neq j$ und Null für $i = j$. Für die Funktion $d(t) = d_1(t) - d_2(t)$ erhält man daher die Ungleichungen

$$\lim_{\nu\to\infty} d(t'_\nu) < 0, \quad \lim_{\nu\to\infty} d(t''_\nu) > 0\,. \tag{1.3}$$

Wir können nun ohne Einschränkung von vornherein annehmen, daß $t''_\nu > t'_\nu$ für alle ν ist (andernfalls Auswahl einer Teilfolge!). Es muß dann wegen (1.3) die stetige Funktion $d(t)$ für hinreichend große ν, etwa $\nu \geq \nu_0$, eine Nullstelle t_ν im Intervall (t'_ν, t''_ν) haben. Damit haben wir eine Folge (t_ν) gefunden mit $t_\nu \in I$ für $\nu \geq \nu_0$ und $t_\nu \to \tau$, für die

$$d(t_\nu) = 0, \qquad \nu = \nu_0, \nu_0 + 1, \ldots, \tag{1.4}$$

gilt. Wir können annehmen, daß auch die Folge $(h(t_\nu))$ konvergiert. Denn diese Folge ist beschränkt, und man kann eine konvergente Teilfolge auswählen. Die dieser Teilfolge entsprechenden t-Werte nennen wir wieder t_ν. Es ist also $\lim\limits_{\nu\to\infty} h(t_\nu) = x^* \in \Omega = \Omega_1 \cup \Omega_2$ und $\operatorname{dist}(x^*, \Omega_i) = \lim\limits_{\nu\to\infty} d_i(t_\nu)$, $i = 1,2$. Aus (1.4) folgt aber $\operatorname{dist}(x^*, \Omega_1) = \operatorname{dist}(x^*, \Omega_2)$. Dies ergibt einen Widerspruch. Denn x^* müßte zu genau einer der beiden Mengen Ω_1 und Ω_2 gehören, d. h. von den beiden Abständen müßte einer Null und der andere positiv sein.

Wir nehmen nun an, daß $\lim\limits_{\nu\to\infty} \operatorname{dist}(h(t_\nu), \Omega) > 0$ gilt für eine Folge $t_\nu \to \tau$. Dann gibt es aber wegen der Beschränktheit von $h(t)$ eine Teilfolge $t'_\nu \to \tau$ mit $\lim\limits_{\nu\to\infty} h(t'_\nu) = x^* \in \Omega$, d. h. $\lim\limits_{\nu\to\infty} \operatorname{dist}(h(t'_\nu), \Omega) = 0$. Andererseits müßte aber $\lim\limits_{\nu\to\infty} \operatorname{dist}(h(t'_\nu), \Omega) > 0$ gelten. Dieser Widerspruch beweist, daß Ω für $h(t)$ attraktiv ist.

Es ist klar, daß man aus der Lage der τ-Grenzpunkte einer Funktion viel über das asymptotische Verhalten dieser Funktion für $t \to \tau$ erfahren kann. Von besonderem Interesse sind für uns natürlich die ω-Grenzpunkte (bzw. α-Grenzpunkte) der Lösungen von Differentialgleichungen, die für $t \to \infty$ (bzw. $t \to -\infty$) existieren. In manchen Fällen ist es möglich, darüber nur auf Grund der Kenntnis der rechten Seiten der Differentialgleichungen Aussagen zu gewinnen, ohne die Lösungen selbst explizit zu kennen (man vergleiche dazu Abschn. 6 und 7 sowie Kapitel IV). Wir werden später (in Abschn. 6) die Aussage des folgenden Hilfssatzes benötigen.

Hilfssatz 1.1. *G_0 sei eine Teilmenge des $\mathbf{R}^n$ und $x(t)$ eine auf dem Intervall $[t_0, \infty)$, $-\infty < t_0 < \infty$, definierte und differenzierbare Funktion mit $x(t) \in G_0$ für alle $t \in [t_0, \infty)$. x^* sei ein ω-Grenzpunkt von $x(t)$ und N eine kompakte Umgebung von x^*. Es seien die folgenden Voraussetzungen erfüllt:*

a) *Für eine Konstante $\gamma > 0$ ist $\|\dot{x}(t)\| \leq \gamma$, falls $x(t) \in N \cap G_0$ gilt.*

b) *Es gibt eine auf $[t_0, \infty)$ definierte und differenzierbare skalarwertige Funktion $v(t)$ und eine auf $N \cap \bar{G}_0$ definierte, stetige und nicht-negative skalarwertige Funktion $W(x)$ mit den folgenden Eigenschaften:*

(1.5) *Es ist $\dot{v}(t) \leq -W(x(t))$ für alle t-Werte mit $t \geq t_0$ und $x(t) \in N \cap G_0$.*

(1.6) *$v(t)$ ist auf $[t_0, \infty)$ monoton fallend und nach unten beschränkt.*

Dann ist $W(x^*) = 0$ d. h. x^* liegt in der nichtleeren Punktmenge $\{y \mid y \in N \cap \bar{G}_0$ und $W(y) = 0\}$.

Beweis. Wir nehmen an, die Behauptung sei falsch, d. h. es sei $W(x^*) > 0$. Da W eine stetige Funktion auf $N \cap \bar{G}_0$ ist, gibt es eine kompakte Umgebung $\tilde{N} \subseteq N$ von x^* derart, daß W auf $\tilde{N} \cap \bar{G}_0$ positiv ist und dort ein positives Minimum η besitzt. Ohne Einschränkung können wir annehmen, daß N selbst eine Umgebung mit dieser Eigenschaft ist:

(1.7) $$W(x) \geq \eta > 0, \quad x \in N \cap \bar{G}_0 .$$

Mit einer hinreichend kleinen Zahl $\varepsilon > 0$ ist $\{x \mid \|x - x^*\| \leq 2\varepsilon\} \subseteq N$. Es gilt also wegen der Voraussetzung a) immer $\|\dot{x}(t)\| < \gamma$, wenn $\|x(t) - x^*\| \leq 2\varepsilon$ ist. Dies führt uns sofort auf die folgende Aussage:

(1.8) *Ist $\|x(t_1) - x^*\| \leq \varepsilon$ für ein $t_1 \geq t_0$, so gilt $\|x(t) - x^*\| \leq 2\varepsilon$ und somit $x(t) \in N \cap G_0$ für alle $t \in [t_1, t_1 + \frac{\varepsilon}{\gamma}]$.*

Diese Aussage ist wegen $\|x(t) - x^*\| \leq \|x(t) - x(t_1)\| + \|x(t_1) - x^*\| \leq \varepsilon + \|x(t) - x(t_1)\|$ richtig, wenn $\|x(t) - x(t_1)\| < \varepsilon$ für alle $t \in [t_1, t_1 + \frac{\varepsilon}{\gamma}]$ gilt. Wäre nun die letzte Ungleichung falsch, so ließe sich ein $t^* \in [t_1, t_1 + \frac{\varepsilon}{\gamma}]$ mit $\|x(t) - x(t_1)\| < \varepsilon$ für alle $t \in [t_1, t^*)$ und $\|x(t^*) - x(t_1)\| = \varepsilon$ angeben. Eine Anwendung des Mittelwertsatzes ergibt wegen $\|\dot{x}(t)\| < \gamma, t \in [t_1, t^*]$, die zur Wahl von t^* in Widerspruch stehende Abschätzung

$$\|x(t^*) - x(t_1)\| < \gamma(t^* - t_1) \leq \gamma \cdot \tfrac{\varepsilon}{\gamma} = \varepsilon \text{ [1]}.$$

Also ist (1.8) richtig.

Da x^* ω-Grenzpunkt von $x(t)$ ist, läßt sich eine Folge (t'_ν) mit $t'_\nu \in (t_0, \infty)$ für alle ν und $t'_\nu \to \infty$ derart finden, daß $\lim\limits_{\nu \to \infty} x(t'_\nu) = x^*$ gilt. Wir wählen eine Teilfolge (t_ν) von (t'_ν) mit

(1.9) $$\|x(t_\nu) - x^*\| \leq \varepsilon \qquad \text{und}$$

(1.10) $$t_{\nu+1} > t_\nu + \tfrac{\varepsilon}{\gamma}$$

[1] Für den Beweis von (1.8) ist $\|\cdot\| = \|\cdot\|_\infty$.

für alle ν. Die Beziehung (1.9) hat wegen (1.8), (1.7) und der Voraussetzung b) des Satzes die Ungleichung

$$\dot{v}(t) \leq -W(x(t)) \leq -\eta,\ t \in [t_\nu, t_\nu + \tfrac{\varepsilon}{\gamma}], \quad \nu = 1,2,\ldots,$$

zur Folge. Da außerdem $\dot{v}(t) \leq 0$ für alle $t \in [t_0, \infty)$ gilt, erhalten wir mit Hilfe von (1.10)

$$v(t_{\nu+1}) - v(t_\nu) = \int_{t_\nu}^{t_{\nu+1}} \dot{v}(s)\,\mathrm{d}s \leq \int_{t_\nu}^{t_\nu + \frac{\varepsilon}{\gamma}} \dot{v}(s)\,\mathrm{d}s \leq -\eta \cdot \tfrac{\varepsilon}{\gamma}$$

und somit

$$v(t_\nu) = v(t_0) + \sum_{\rho=1}^{\nu} [v(t_\rho) - v(t_{\rho-1})] \leq v(t_0) - \nu \cdot \tfrac{\eta\varepsilon}{\gamma}.$$

Die Folge $(v(t_\nu))$ kann daher nicht nach unten beschränkt sein, was sie aber sein müßte, da die Funktion $v(t)$ nach Voraussetzung nach unten beschränkt ist. Die Annahme $W(x^*) > 0$ führt uns somit zu einem Widerspruch.

Aufgaben. 1. $h(t)$ sei eine auf $[t_0, \tau)$, $t_0 < \tau$, definierte vektorwertige Funktion. Die reelle Zahl $\alpha^* \geq 0$ ist genau dann τ-Grenzpunkt von $\|h(t)\|$, wenn es einen τ-Grenzpunkt x^* von $h(t)$ gibt mit $\|x^*\| = \alpha^*$.

2. Es sei $f(t)$ eine auf einem Intervall $[t_0, \tau)$, $t_0 < \tau$, definierte und stetige skalarwertige Funktion. Man zeige: Wenn die τ-Grenzmenge von f nicht leer ist, so muß sie ein abgeschlossenes Intervall sein. Ist f unbeschränkt, so gilt dasselbe auch von der τ-Grenzmenge, falls sie nicht leer ist.

3. Es sei $g(s)$ eine auf $(-\infty, \infty)$ definierte und stetige vektorwertige Funktion und A bzw. Ω ihre α- bzw. ω-Grenzmenge (welche auch leer sein können). f sei eine auf einem Intervall $[t_0, \tau)$ definierte und stetige skalarwertige Funktion. Man zeige:

a) Wenn $\lim\limits_{t \to \tau, t < \tau} f(t) = \infty$ (bzw. $= -\infty$) ist, so stimmt Ω (bzw. A) mit der τ-Grenzmenge der zusammengesetzten Funktion $h(t) = g(f(t))$ überein.

Hinweis: Jede Folge $s_\nu \to \infty$ kann in der Form $f(t_\nu)$ mit $t_\nu \to \tau$, $t_\nu < \tau$, geschrieben werden.

b) Es sei die τ-Grenzmenge von f nichtleer und daher ein Intervall I (vgl. Aufgabe 2). Dann ist $g(I)$ in der τ-Grenzmenge von h enthalten.

4. Die Funktionen g, f und h seien wie in Aufgabe 3 gegeben.
g besitze folgende Eigenschaften:

a) A und Ω sind nicht einpunktig, d. h. g hat für $s \to \pm\infty$ keinen (endlichen) Grenzwert.

b) Auf keinem Intervall, das mehr als einen Punkt enthält, ist g konstant.

Man zeige: Wenn die zusammengesetzte Funktion $h(t) = g(f(t))$ für $t \to \tau$, $t < \tau$, einen endlichen Grenzwert besitzt, so hat auch $f(t)$ für $t \to \tau$, $t < \tau$, einen endlichen Grenzwert.

2. Existenz und Eindeutigkeit der Lösung des Anfangswertproblems

Wir setzen hier die Überlegungen aus I Abschn. 9 fort und befassen uns jetzt eingehend mit der Lösung des Anfangswertproblems

$$(2.1) \qquad \dot{x} = f(t,x), \quad x(t_0) = x_0,$$

im Großen, d. h. wir fragen nach möglichst großen Intervallen, über welchen Lösungen dieses Problems existieren. Dazu ist der Begriff Lösung zu präzisieren. Gegeben sei eine offene Menge $\boldsymbol{G}$ des (t,x)-Raumes und auf $\boldsymbol{G}$ eine vektorwertige stetige und bezüglich x Lipschitz-stetige Funktion $f(t,x)$.

Definition 2.1. *Es sei* (t_0,x_0) *ein Punkt aus* $\boldsymbol{G}$ *und* I *ein offenes Intervall mit* $t_0 \in I$. *Eine auf* I *definierte und stetig differenzierbare Funktion* $x(t)$ *heißt eine Lösung des Anfangswertproblems* (2.1) *auf dem Intervall* I, *wenn gilt:*

a) $\dot{x}(t) = f(t,x(t)), \quad t \in I.$

b) $(t,x(t)) \in \boldsymbol{G}, \quad t \in I.$

c) $x(t_0) = x_0.$

Wenn man – wie es hier geschehen soll – die Gestalt des Definitionsgebietes $\boldsymbol{G}$ der rechten Seite der Differentialgleichung weitgehend willkürlich läßt, ist die Bedingung a) erst in Verbindung mit der Voraussetzung b) sinnvoll. Lösungen im Sinne der eben gegebenen Definition existieren unter den oben angeführten Voraussetzungen immer auf hinreichend kleinen Intervallen, und zwar auf Grund des Satzes von Picard-Lindelöf.

Sind I_1 und I_2 zwei offene, t_0 enthaltende Intervalle und $x_1(t)$ und $x_2(t)$ Lösungen des Anfangswertproblems (2.1) auf I_1 bzw. I_2, so stimmen diese Lösungen gemäß I Satz 9.2 auf dem Intervall $I_1 \cap I_2$ überein. Es sei $I_{\max}$ die Vereinigung aller t_0 enthaltenden Intervalle, auf denen eine Lösung des Anfangswertproblems (2.1) existiert. Dann besitzt dieses Problem auch eine Lösung auf $I_{\max}$, die folgendermaßen definiert werden kann: Ist $t \in I_{\max}$ gegeben, so gibt es ein t_0 und t enthaltendes Intervall I, über dem eine Lösung $x_I(t)$ von (2.1) existiert. Wir setzen $x(t) = x_I(t)$. Diese Definition ist nach den oben durchgeführten Überlegungen unabhängig von der Auswahl des Teilintervalles I von $I_{\max}$. Wir haben damit das folgende Ergebnis erhalten:

Satz 2.1. *Zu gegebenem* $(t_0,x_0) \in \boldsymbol{G}$ *gibt es ein eindeutig bestimmtes Intervall* (t^-,t^+) *mit folgenden Eigenschaften:*

a) *Es ist* $-\infty \leq t^- < t_0 < t^+ \leq \infty$.

b) *Das Anfangswertproblem* (2.1) *besitzt genau eine Lösung* $x(t)$ *auf* (t^-,t^+).

c) *Ist das Anfangswertproblem* (2.1) *über einem Intervall* I *mit* $t_0 \in I$ *lösbar, so gilt* $I \subseteq (t^-,t^+)$ *und die zugehörige Lösung* $x_I(t)$ *ist die Einschränkung von* $x(t)$ *auf das Intervall* I.

(t^-,t^+) *heißt das maximale Existenzintervall der Lösung des Anfangswertproblems* (2.1).

Bezeichnen wir wie üblich mit $x(t;t_0,x_0)$ die Lösung des Anfangswertproblems (2.1), so gilt für alle t, t_1 aus dem maximalen Existenzintervall (t^-,t^+) von $x(t;t_0,x_0)$ die Beziehung

(2.2) $$x(t;t_0,x_0) = x(t;t_1,x(t_1;t_0,x_0)).$$

Auf beiden Seiten stehen nämlich Lösungen des Anfangswertproblems $\dot{x} = f(t,x)$, $x(t_1) = x(t_1;t_0,x_0)$, die auf Grund des oben formulierten Satzes auf (t^-,t^+) existieren und dort übereinstimmen.

Wir wollen uns noch mit dem Fall näher befassen, bei dem das maximale Existenzintervall in einer Richtung beschränkt ist, d. h. etwa $t^+ < \infty$ ist. Es bestehen dann nach Satz 1.1 zwei Möglichkeiten: Entweder gilt $\lim_{t \to t^+, t < t^+} \|x(t)\| = \infty$ oder $x(t)$ besitzt t^+-Grenzpunkte. Da $(t, x(t)) \in \boldsymbol{G}$ für alle $t < t^+$ gilt, ist der erste Fall überhaupt nur dann möglich, wenn $\boldsymbol{G}$ unbeschränkt ist. Falls er eintritt, sagt man: Die Lösung $x(t)$ von (2.1) hat die endliche Entweichzeit t^+. Im zweiten Fall muß sich die Lösung dem Rand von $\boldsymbol{G}$ – genauer gesagt, dem Durchschnitt des Randes mit der Hyperebene $t = t^+$ – unbegrenzt nähern. Dies wird durch die Aussage des folgenden Satzes präzisiert.

Satz 2.2. *Es sei (t^-, t^+) mit $t^+ < \infty$ das maximale Existenzintervall der Lösung $x(t)$ des Anfangswertproblems* (2.1). *Ist x^* ein t^+-Grenzpunkt von $x(t)$, so gilt $(t^+, x^*) \in \partial \boldsymbol{G}$.*

Beweis. (t^+, x^*) ist Häufungspunkt der Menge $\{(t, x(t)) | t \in (t^-, t^+)\}$ (vgl. Definition 1.1) und gehört daher sicherlich zu $\bar{\boldsymbol{G}}$. Es bleibt daher nur zu zeigen, daß dieser Punkt nicht zur offenen Menge $\boldsymbol{G}$ selbst gehört. Nehmen wir an, es gelte $(t^+, x^*) \in \boldsymbol{G}$. Dann existiert eine offene Umgebung $\boldsymbol{N}$ von (t^+, x^*) mit $\bar{\boldsymbol{N}} \subset \boldsymbol{G}$ derart, daß $\bar{\boldsymbol{N}}$ kompakt ist und $f(t,x)$ auf $\bar{\boldsymbol{N}}$ einer Lipschitz-Bedingung bezüglich x genügt. Sei γ eine Zahl mit $\gamma \geq \max(1, \|f(t,x)\|_\infty)$ für alle $(t,x) \in \bar{\boldsymbol{N}}$. Wir behaupten zunächst:

(2.3) *Ist $(\tilde{t}, \tilde{x}) \in \boldsymbol{N}$, so existiert die Lösung y des Anfangswertproblems $\dot{y} = f(t,y)$, $y(\tilde{t}) = \tilde{x}$, $(t, y(t)) \in \boldsymbol{G}$, mindestens auf dem Intervall $[\tilde{t} - \frac{\delta}{\gamma}, \tilde{t} + \frac{\delta}{\gamma}]$, wobei $\delta = \operatorname{dist}((\tilde{t}, \tilde{x}), \partial \boldsymbol{N})$ ist.*

Für den Beweis von (2.3) wählen wir die Punktmenge $\boldsymbol{R} = \{(t,x) | |t - \tilde{t}| \leq \delta\gamma^{-1}, \|x - \tilde{x}\|_\infty \leq \delta\}$. Wegen $\gamma \geq 1$ gilt $\boldsymbol{R} \subseteq \bar{\boldsymbol{N}}$ und somit auch $\|f(t,x)\|_\infty \leq \gamma$ für alle $(t,x) \in \boldsymbol{R}$. Zudem genügt f auf $\boldsymbol{R}$ wegen der Wahl von $\boldsymbol{N}$ einer Lipschitz-Bedingung in x. Die Aussage (2.3) folgt daher unmittelbar aus dem lokalen Existenzsatz von Picard-Lindelöf.

Nun ist nach Voraussetzung x^* ein t^+-Grenzpunkt von $x(t)$. Es existiert also eine Folge (t_ν) mit $t_\nu < t^+$ für alle ν und $\lim_{\nu \to \infty} (t_\nu, x(t_\nu)) = (t^+, x^*)$. Für alle hinreichend großen ν, etwa $\nu \geq \nu_0$, gilt somit $(t_\nu, x(t_\nu)) \in \boldsymbol{N}$. Die Aussage (2.3) trifft daher für $(\tilde{t}, \tilde{x}) = (t_\nu, x(t_\nu))$ zu, falls $\nu \geq \nu_0$. Die Lösung $y(t)$ des Anfangswertproblems $\dot{y} = f(t,y), y(t_\nu) = x(t_\nu), (t, y(t)) \in \boldsymbol{G}$, hat an der Stelle $t = t_\nu$ den gleichen Wert wie $x(t)$ und ist wegen (2.3) eine Fortsetzung von $x(t)$ auf das Intervall $|t - t_\nu| \leq \gamma^{-1} \operatorname{dist}((t_\nu, x(t_\nu)), \partial \boldsymbol{N})$. Andererseits kann aber nach Voraussetzung $x(t)$ nicht über $t = t^+$ hinaus fortgesetzt werden. Es muß also

$$t_\nu + \gamma^{-1} \operatorname{dist}((t_\nu, x(t_\nu)), \partial \boldsymbol{N}) \leq t^+$$

für alle $\nu \geq \nu_0$ gelten. Für $\nu \to \infty$ und somit $t_\nu \to t^+$ folgt daraus $\operatorname{dist}((t^+, x^*), \partial \boldsymbol{N}) = 0$. Dies ist ersichtlich ein Widerspruch, denn $\boldsymbol{N}$ war als Umgebung von (t^+, x^*) gewählt worden.

Korollar 1. *Es sei $\boldsymbol{G}_1$ eine offene Teilmenge von $\boldsymbol{G}$ derart, daß $\bar{\boldsymbol{G}}_1$ kompakt ist und $\bar{\boldsymbol{G}}_1 \subset \boldsymbol{G}$ gilt. Für $(t_0, x_0) \in \boldsymbol{G}_1$ bezeichne (t^-, t^+) bzw. (t_1^-, t_1^+) das maximale Existenz-*

intervall der Lösung des Anfangswertproblems (2.1) *in bezug auf* G *bzw.* G_1. *Dann gilt*

$$t^- < t_1^- < t_1^+ < t^+$$

und

$$\lim_{t \to t_1^+, t < t_1^+} x(t) = x(t_1^+), \quad \lim_{t \to t_1^-, t > t_1^-} x(t) = x(t_1^-).$$

Beweis. Aus $G_1 \subset G$ folgt zunächst $t^- \leq t_1^- < t_1^+ \leq t^+$. Wir müssen uns also nur überlegen, daß nicht etwa $t_1^+ = t^+$ sein kann. Weil G_1 beschränkt ist, gilt $t_1^+ < \infty$ und $\|x(t)\|$ ist auf (t_1^-, t_1^+) beschränkt. Es kann daher nicht $\lim_{t \to t_1^+, t < t_1^+} \|x(t)\| = \infty$ sein. Dies bedeutet, daß $x(t)$ mindestens einen t_1^+-Grenzpunkt x^* besitzt. Ist nun $t^+ = t_1^+$, so muß nach Satz 2.2 sowohl $(t^+, x^*) \in \partial G_1$ als auch $(t^+, x^*) \in \partial G$ gelten. ∂G und ∂G_1 hätten somit einen Punkt gemeinsam, was in Widerspruch zu $\bar{G}_1 \subset G$ steht. Die Aussagen über die Grenzwerte von $x(t)$ an den Stellen t_1^- und t_1^+ folgen nun einfach aus der Tatsache, daß $x(t)$ als Lösung von (2.1) natürlich auf dem Intervall (t^-, t^+) stetig ist.

Korollar 2. *Enthält* G *den gesamten Halbraum* $\{(t,x) | t \geq t_0, x \in \mathbf{R}^n\}$ *und ist* $x(t)$, *die Lösung von* (2.1), *auf jedem beschränkten Intervall* $[t_0, t_1) \subset (t^-, t^+)$ *beschränkt, so ist* $t^+ = \infty$.

Falls nämlich $t^+ < \infty$ wäre, müßte $x(t)$ auch auf $[t_0, t^+)$ beschränkt sein und daher mindestens einen t^+-Grenzpunkt $x^* \in \mathbf{R}^n$ besitzen. Nach Satz 2.2 müßte (t^+, x^*) Randpunkt von G sein. Dies ist aber wegen der speziellen Gestalt von G nicht möglich.

Aufgabe. G_1 sei eine offene Teilmenge von G mit $\bar{G}_1 \subset G$ und für eine Lösung $x(t)$ von (2.1) bezeichne (t_1^-, t_1^+) bzw. (t^-, t^+) das maximale Existenzintervall bezüglich G_1 bzw. bezüglich G. Ist $t_1^+ = t^+ < \infty$, so folgt $\lim_{t \to t^+, t < t^+} \|x(t)\| = \infty$.

3. Abhängigkeit der Lösungen von den Anfangsbedingungen

Wir knüpfen an die Ausführungen des vorhergehenden Abschnittes an und bringen in diesem und dem nächsten Abschnitt einige Begriffe und Aussagen, die für ein weiteres Eindringen in die Theorie der gewöhnlichen Differentialgleichungen wesentlich sind. Es geht um die Frage, wie sich die Lösung des Anfangswertproblems (2.1) verhält, wenn man die Anfangswerte (t_0, x_0) kleinen Änderungen unterwirft. In diesem Abschnitt werden wir zunächst die Frage nach der stetigen Abhängigkeit der Lösungen von den Anfangswerten behandeln und dann auf die Differentiation der Lösungen nach den Anfangswerten eingehen. Eine wichtige Rolle bei den Überlegungen spielt der folgende Hilfssatz, der uns die Möglichkeit gibt, aus einer auf einem Intervall bestehenden Ungleichung zwischen $\|\dot{x}(t)\|$ und $\|x(t)\|$ auf eine Relation zwischen den Werten von $\|x(t)\|$ an zwei verschiedenen Stellen des Intervalles zu schließen. Dieser Hilfssatz ist für den Zweck der Dgln. bequemer zu handhaben als das sog. Gronwallsche Lemma, das in der Literatur üblicherweise an Stelle des folgenden Hilfssatzes verwendet wird. Das zeigt sich vor allem in Kapitel VI, wo er in seiner allgemeinen Form erst voll zum Tragen kommt.

Hilfssatz 3.1. *Auf einem Intervall I seien zwei stückweise stetige, nicht-negative skalarwertige Funktionen $l(t)$ und $k(t)$ sowie eine stetige und stückweise stetig differenzierbare Funktion $x: I \to \mathbf{R}^n$ gegeben. Es möge für alle Stellen $t \in I$, an welchen x differenzierbar ist, die Ungleichung*

$$(3.1) \qquad \|\dot{x}(t)\| \le l(t)\,\|x(t)\| + k(t)$$

gelten. Mit $L(t) = \left|\int_{t_0}^{t} l(s)\,\mathrm{d}s\right|$ besteht dann für alle t_0 und t aus I die Ungleichung

$$(3.2) \qquad \|x(t)\| \le \gamma \mathrm{e}^{\gamma L(t)} \left\{ \|x(t_0)\| + \left| \int_{t_0}^{t} k(s)\mathrm{e}^{-\gamma L(s)}\,\mathrm{d}s \right| \right\}.$$

Dabei ist $\gamma \ge 1$ eine Konstante, die nur von der für den $\mathbf{R}^n$ gewählten Vektornorm abhängt.

Beweis. Die Ungleichung (3.2) läßt sich für jede Norm des $\mathbf{R}^n$ mit $\gamma = 1$ beweisen. Jedoch erfordert dann der Beweis Hilfsmittel, die im Rahmen dieses Buches nicht vorausgesetzt werden (vgl. etwa Hale [7]).

Wir führen den Beweis zuerst für den Fall, daß $\|\cdot\|$ die Euklidische Norm $\|\cdot\|_2$ ist. Dazu sei ε eine beliebige positive Zahl. Die Funktion

$$(3.3) \qquad v_\varepsilon(t) = (\|x(t)\|_2^2 + \varepsilon)^{1/2} = \left(\sum_{i=1}^{n} (x^i(t))^2 + \varepsilon \right)^{1/2}$$

ist auf I stetig und positiv. An allen Stellen, an denen $x(t)$ differenzierbar ist, gilt dies auch von $v_\varepsilon(t)$. Für diese Stellen erhalten wir

$$|v_\varepsilon(t)\dot{v}_\varepsilon(t)| = \frac{1}{2}\left| \frac{\mathrm{d}}{\mathrm{d}t}(v_\varepsilon^2(t)) \right| = \left| \sum_{i=1}^{n} x^i(t)\dot{x}^i(t) \right|.$$

Eine Anwendung der Schwarzschen Ungleichung ergibt die Abschätzung

$$|v_\varepsilon(t)\dot{v}_\varepsilon(t)| \le \|x(t)\|_2 \, \|\dot{x}(t)\|_2 \,.$$

Daraus folgt mit Hilfe von (3.1) die Beziehung (wegen $\|x(t)\| \le v_\varepsilon(t)$)

$$|v_\varepsilon(t)\dot{v}_\varepsilon(t)| \le v_\varepsilon(t)(l(t)v_\varepsilon(t) + k(t))$$

bzw. $\quad |\dot{v}_\varepsilon(t)| \le l(t)v_\varepsilon(t) + k(t)\,.$

Aus der letzten Ungleichung erhalten wir die Abschätzungen

$$(3.4) \qquad \dot{v}_\varepsilon(t) - l(t)v_\varepsilon(t) \le k(t), \qquad \dot{v}_\varepsilon(t) + l(t)v_\varepsilon(t) \ge -k(t)$$

für alle $t \in I$, wo $x(t)$ differenzierbar ist. Die erste Ungleichung in (3.4) verwenden wir für $t \ge t_0$, die zweite für $t \le t_0$. Man kann diese Differentialungleichungen ähnlich wie die entsprechenden Differentialgleichungen mittels des integrierenden Faktors $\mathrm{e}^{-L(t)}$ lösen, d. h. in Ungleichungen verwandeln, in denen $\dot{v}_\varepsilon(t)$ nicht mehr vorkommt. Beachtet man $-\dot{L}(t) = -l(t)$ für $t > t_0$ und $-\dot{L}(t) = l(t)$ für $t < t_0$, erhält man aus

(3.4) für die auf I stückweise stetig differenzierbare Funktion $v_\varepsilon(t)e^{-L(t)}$ die Beziehungen

$$\frac{d}{dt}(v_\varepsilon(t)e^{-L(t)}) \leq k(t)e^{-L(t)}, \quad t > t_0,$$

und $$\frac{d}{dt}(v_\varepsilon(t)e^{-L(t)}) \geq -k(t)e^{-L(t)}, \quad t < t_0,$$

an den Stellen, wo die Ableitung existiert. Durch Integration von t_0 bis t im Falle $t_0 \leq t$ bzw. t bis t_0 im Falle $t \leq t_0$ erhält man nach einfachen Umformungen

$$v_\varepsilon(t)e^{-L(t)} - v_\varepsilon(t_0) \leq \left|\int_{t_0}^{t} k(s)e^{-L(s)}ds\right| \tag{3.5}$$

für alle t_0, t aus I. Bei festem t gilt offenbar $\lim_{\varepsilon\to 0, \varepsilon > 0} v_\varepsilon(t) = \|x(t)\|_2$. Durch den Grenzübergang $\varepsilon \to 0$ erhält man daher aus (3.5) die Aussage des Hilfssatzes für die Euklidische Norm. Dabei ist $\gamma = 1$.

Es sei nun $\|\cdot\|$ eine beliebige Norm des $\mathbf{R}^n$. Dann gibt es zwei positive Konstante α und β derart, daß für alle $y \in \mathbf{R}^n$ die Ungleichungen (vgl. die Einleitung zu Kapitel II)

$$\|y\| \leq \alpha\|y\|_2, \quad \|y\|_2 \leq \beta\|y\| \tag{3.6}$$

gelten. Aus (3.1) folgt dann

$$\|\dot{x}(t)\|_2 \leq \beta[l(t)\|x(t)\| + k(t)] \leq \alpha\beta l(t)\|x(t)\|_2 + \beta k(t)$$

für alle Stellen $t \in I$, an denen $x(t)$ differenzierbar ist. Da die Aussage des Hilfssatzes mit $\gamma = 1$ für die Euklidische Norm bereits bewiesen ist, erhalten wir aus der letzten Ungleichung sofort

$$\|x(t)\|_2 \leq e^{\alpha\beta L(t)}\left\{\|x(t_0)\|_2 + \beta\left|\int_{t_0}^{t} k(s)e^{-\alpha\beta L(s)}ds\right|\right\}$$

und wegen (3.6)

$$\|x(t)\| \leq \gamma e^{\gamma L(t)}\left\{\|x(t_0)\| + \left|\int_{t_0}^{t} k(s)e^{-\gamma L(s)}ds\right|\right\}$$

für alle t_0, t aus I. Dabei ist $\gamma = \alpha\beta$ gesetzt. Aus (3.6) folgt noch $\alpha\beta \geq 1$. Damit ist der Hilfssatz vollständig bewiesen.

Korollar. *Es sei $x: I \to \mathbf{R}^n$ stetig und stückweise stetig differenzierbar. Es möge die Ungleichung*

$$\|\dot{x}(t)\| \leq \alpha\|x(t)\| + \beta \tag{3.7}$$

mit nicht-negativen Konstanten α, β überall dort gelten, wo $x(t)$ differenzierbar ist. Dann besteht für alle t_0, t aus I die Beziehung

$$\|x(t)\| \leq \gamma e^{\gamma\alpha|t-t_0|}\{\|x(t_0)\| + \beta|t - t_0|\} \tag{3.8}$$

mit einer nur von der Norm $\|\cdot\|$ abhängigen Konstanten $\gamma \geq 1$.

Beweis. Hilfssatz 3.1 liefert wegen $L(t) = \alpha|t - t_0|$ sofort die Ungleichung

$$\|x(t)\| \leq \gamma e^{\gamma\alpha|t-t_0|}\left\{\|x(t_0)\| + \left|\int_{t_0}^{t} \beta e^{-\gamma\alpha|s-t_0|} ds\right|\right\}.$$

Das Integral kann aber wegen $e^{-\gamma\alpha|s-t_0|} \leq 1$ durch $\beta|t - t_0|$ abgeschätzt werden.

3.1. Stetige Abhängigkeit von den Anfangswerten

Wir kommen nun zum eigentlichen Gegenstand dieses Abschnittes. Wieder gehen wir von einer nichtleeren offenen Menge $\boldsymbol{G}$ des (t,x)-Raumes und einer Funktion $f(t,x)$ aus, die auf $\boldsymbol{G}$ stetig und bezüglich x Lipschitz-stetig ist. Zu jedem Punkt $(t_0,x_0) \in \boldsymbol{G}$ gibt es dann ein eindeutig bestimmtes maximales offenes Intervall, über dem die Lösung des Anfangswertproblems (2.1) existiert. Beide, das Existenzintervall und die Lösung, hängen von dem gewählten Punkt (t_0,x_0) ab und sollen nun als Funktionen von (t_0,x_0) betrachtet werden. Um zum Ausdruck zu bringen, daß die Anfangswerte als variabel anzusehen sind, werden wir in diesem Abschnitt zunächst (τ,a) statt (t_0,x_0) schreiben. Die Lösung des Anfangswertproblems

$$\dot{x} = f(t,x),\ x(\tau) = a,$$

bezeichnen wir wie üblich mit $x(t;\tau,a)$, ihr maximales Existenzintervall mit $I(\tau,a)$. Als Funktion der $n + 2$ Veränderlichen t,τ und $a = (a^1,\dots,a^n)^T$ besitzt $x(t;\tau,a)$ eine Teilmenge $\boldsymbol{D}$ des $\mathbf{R}^{n+2}$ als Definitionsgebiet. Diese Menge kann wie folgt definiert werden:

(3.9) $$\boldsymbol{D} = \{(t,\tau,a)\,|\,(\tau,a) \in \boldsymbol{G},\ t \in I(\tau,a)\}$$ [1].

Unmittelbar klar ist, daß mit (t_0,τ_0,a_0) auch (t,τ_0,a_0) für alle t zwischen τ_0 und t_0 in $\boldsymbol{D}$ liegt. Das Hauptresultat dieses Abschnittes ist nun die Aussage des folgenden Satzes.

Satz 3.1. *$\boldsymbol{D}$ ist eine offene Teilmenge des $\mathbf{R}^{n+2}$ und $x(t;\tau,a)$ ist auf $\boldsymbol{D}$ Lipschitz-stetig bezüglich (t,τ,a).*

Beweis. Um zu zeigen, daß $x(t;\tau,a)$ auf $\boldsymbol{D}$ Lipschitz-stetig in bezug auf (t,τ,a) ist, genügt es nach dem Korollar zu I Satz 1.2 nachzuweisen, daß $x(t;\tau,a)$ auf $\boldsymbol{D}$ Lipschitz-stetig in bezug auf jede einzelne der Variablen t, τ und a ist. Dazu wählen wir einen im folgenden festgehaltenen Punkt $(t_0,\tau_0,a_0) \in \boldsymbol{D}$ und werden zeigen, daß es eine kompakte Umgebung $\boldsymbol{Q}$ von (t_0,τ_0,a_0) mit $\boldsymbol{Q} \subset \boldsymbol{D}$ gibt, auf der $x(t;\tau,a)$ einer Lipschitz-Bedingung in bezug auf jede der Variablen t, τ und a genügt. Die Existenz der Umgebung $\boldsymbol{Q}$ zeigt auch, daß $\boldsymbol{D}$ offen ist.

Zunächst folgt aus der Definition von $\boldsymbol{D}$ in (3.9), daß t_0 im Intervall $I(\tau_0,a_0)$ liegt. Da nun sicher auch τ_0 diesem Intervall angehört, gibt es ein beschränktes offenes

[1] Unter (t,τ,a) verstehen wir im folgenden das $(n + 2)$-Tupel $(t,\tau,a^1,\dots,a^n)$.

Intervall $I_0^* = (t^*, t^* + l)$ derart, daß

$$\tau_0 \in I_0^*,\ t_0 \in I_0^* \quad \text{und} \quad \bar{I}_0^* \subset I(\tau_0, a_0)$$

gilt. Die Lösung $x(t; \tau_0, a_0) = x_0(t)$ existiert dann sicher auf $\bar{I}_0^*$ und die Punktmenge $\{(t, x_0(t)) | t \in \bar{I}_0^*\}$ liegt ganz in $\boldsymbol{G}$. Es gehört daher auch eine kompakte Umgebung dieser Menge und somit die kompakte Menge

$$\bar{\boldsymbol{G}}^* = \{(t,x) | t \in \bar{I}_0^*, \|x - x_0(t)\| \leq \varepsilon\}$$

für hinreichend kleines $\varepsilon > 0$ zu $\boldsymbol{G}$. Die Menge $\bar{\boldsymbol{G}}^*$ ist die abgeschlossene Hülle der offenen Menge

$$\boldsymbol{G}^* = \{(t,x) | t \in I_0^*, \|x - x_0(t)\| < \varepsilon\}.$$

Wir betrachten nun für ein $(\tau, a) \in \boldsymbol{G}^*$ die Lösung des Anfangswertproblems

$$\dot{x} = f(t,x), \quad x(\tau) = a, \quad (t, x(t)) \in \boldsymbol{G}^*.$$

Es sei $I^*(\tau, a)$ das maximale Existenzintervall dieser Lösung in bezug auf $\boldsymbol{G}^*$. Natürlich ist $I^*(\tau_0, a_0) = I_0^* = (t^*, t^* + l)$. Über das Intervall $I^*(\tau, a)$ lassen sich die folgenden Aussagen machen:

$$(3.10) \qquad I^*(\tau,a) \subset I(\tau,a), \quad I^*(\tau,a) \subseteq I_0^*.$$

Die erste Inklusion folgt nach Korollar 1 zu Satz 2.2 aus der Kompaktheit von $\bar{\boldsymbol{G}}^*$ und der Beziehung $\bar{\boldsymbol{G}}^* \subset \boldsymbol{G}$, die zweite gilt wegen der speziellen Gestalt von $\boldsymbol{G}^*$. Für die Lösungen $x_0(t) = x(t; \tau_0, a_0)$ und $x(t; \tau, a)$ setzen wir $z(t) = x(t; \tau, a) - x_0(t)$, $t \in I^*(\tau, a)$. Da $f(t,x)$ auf $\bar{\boldsymbol{G}}^*$ einer Lipschitz-Bedingung bezüglich x genügt, erhalten wir die Abschätzung

$$\|\dot{z}(t)\| = \|f(t, x(t; \tau, a)) - f(t, x_0(t))\| \leq L \|z(t)\|, \quad L > 0,$$

für alle t aus $I^*(\tau, a)$. Beachtet man $x(\tau; \tau, a) = a$, so folgt mit Hilfe des Korollars zu Hilfssatz 3.1

$$(3.11) \qquad \|x(t; \tau, a) - x_0(t)\| \leq \gamma e^{\gamma L |t - \tau|} \|a - x_0(\tau)\|$$

für alle $t \in I^*(\tau, a)$ mit einer nur von der Norm $\|\cdot\|$ abhängenden Konstanten $\gamma \geq 1$. Nun ist $x_0(t)$ als Funktion von t auf einem $\bar{I}_0^*$ umfassenden Intervall stetig differenzierbar. Es läßt sich also eine Konstante $\sigma > 0$ derart angeben, daß

$$(3.12) \qquad \|x_0(\tau) - x_0(\tau_0)\| = \|x_0(\tau) - a_0\| \leq \sigma |\tau - \tau_0|$$

für alle $\tau \in I_0^*$ gilt. Indem man noch $|t - \tau|$ durch die Zahl l, die Länge des Intervalles I_0^*, ersetzt, erhält man aus (3.11) die nachstehende für alle $(\tau, a) \in \boldsymbol{G}^*$ und alle $t \in I^*(\tau, a)$ gültige Ungleichung

$$(3.13) \qquad \|x(t; \tau, a) - x_0(t)\| \leq \gamma e^{\gamma L l} (\|a - a_0\| + \sigma |\tau - \tau_0|).$$

Wir wählen nun eine Zahl $\rho > 0$ mit $[\tau_0 - \rho, \tau_0 + \rho] \subset I_0^*$ und

$$(3.14) \qquad \gamma e^{\gamma L l} \rho (1 + \sigma) \leq \tfrac{\varepsilon}{2}.$$

ε ist dabei die in der Definition von G^* auftretende Zahl. Es ist dann $\rho < \varepsilon$. Die $(n + 1)$-dimensionale Punktmenge

$$U = \{(t,x) \,|\, |t - \tau_0| < \rho, \ \|x - a_0\| < \rho\}$$

ist daher ganz in G^* enthalten. Denn wegen $x_0(\tau_0) = a_0$ und (3.12) ist $\|x - x_0(t)\| \leq \|x - a_0\| + \|x_0(\tau_0) - x_0(t)\| \leq \rho + \sigma|t - \tau_0| \leq \rho(1 + \sigma) < \frac{\varepsilon}{2}$, falls $|t - \tau_0| < \rho$ gilt. Ferner folgt aus (3.13) und (3.14) die Ungleichung

$$\|x(t;\tau,a) - x_0(t)\| \leq \tfrac{\varepsilon}{2} \tag{3.15}$$

für alle $t \in I^*(\tau,a)$ und alle $(\tau,a) \in U$. Die letzte Ungleichung hat nun aber zur Folge, daß $I^*(\tau,a)$ für $(\tau,a) \in U$ mit dem Intervall I_0^* $(= I^*(\tau_0,a_0) = (t^*,t^* + l))$ zusammenfällt. Da nämlich $I^*(\tau,a) = (t_1^-,t_1^+)$ das maximale Existenzintervall der Lösung $x(t;\tau,a)$ bezüglich des Gebietes G^* ist, gilt nach Satz 2.2 $(t,x(t;\tau,a)) \in \partial G^*$ für $t = t_1^-$ und $t = t_1^+$. Dies ist aber wegen (3.15) und der Definition von G^* nur möglich, falls $t_1^- = t^*$ und $t_1^+ = t^* + l$ gilt. Wir können damit das folgende Zwischenresultat aussprechen:

$$I^*(\tau,a) = I_0^* \quad \text{für alle} \quad (\tau,a) \in U\,. \tag{3.16}$$

Damit haben wir eine beschränkte Umgebung Q des Punktes (t_0,τ_0,a_0) mit $\bar{Q} \subset D$ gefunden, nämlich

$$Q = I_0^* \times U = \{(t,\tau,a) \,|\, t \in I_0^*, \ (\tau,a) \in U\}\,.$$

Wegen (3.16) gilt

$$(t,x(t;\tau,a)) \in \bar{G}^* \quad \text{für alle} \quad (t,\tau,a) \in \bar{Q}\,. \tag{3.17}$$

Daher besitzt die Funktion $x(t;\tau,a)$ auf $\bar{Q}$ eine beschränkte partielle Ableitung nach t und genügt somit auf $\bar{Q}$ einer Lipschitz-Bedingung bezüglich t, wobei eine obere Schranke der Funktion $\|f(t,x)\|_\infty$ auf $\bar{G}^*$ als Lipschitz-Konstante genommen werden kann. Ganz analog wie die Ungleichung (3.11) gewinnt man die Abschätzungen

$$\|x(t;\tau,a_1) - x(t;\tau,a_2)\| \leq \gamma e^{\gamma L l} \|a_1 - a_2\|$$

und

$$\|x(t;\tau_1,a) - x(t;\tau_2,a)\| \leq \gamma e^{\gamma L l} \|a - x(\tau_1;\tau_2,a)\|\,,$$

die wegen (3.17) sicher dann gelten, wenn alle auftretenden Argumente der Funktion $x(t;\tau,a)$ in $\bar{Q}$ liegen. Die erste Ungleichung zeigt unmittelbar, daß $x(t;\tau,a)$ auf $\bar{Q}$ einer Lipschitz-Bedingung bezüglich a genügt. Daß die entsprechende Aussage auch bezüglich τ richtig ist, sieht man an Hand der zweiten Ungleichung, wenn man die Differenz $a - x(\tau_1;\tau_2,a)$ in der Form $x(\tau_2;\tau_2,a) - x(\tau_1;\tau_2,a)$ schreibt und beachtet, daß das Bestehen einer Lipschitz-Bedingung bezüglich des ersten Argumentes schon bewiesen wurde.

Es sei $\tilde{x}(t)$ eine Lösung der Differentialgleichung $\dot{x} = f(t,x)$ mit dem maximalen Existenzintervall (t^-,t^+) und t_0 sei aus (t^-,t^+) gewählt. Ferner sei $I \subseteq (t^-,t^+)$ ein kompaktes Intervall. Dann gibt es zu beliebigem $\varepsilon > 0$ eine kompakte Umgebung $N(t_0)$ von $\tilde{x}_0 = \tilde{x}(t_0)$ derart, daß alle Lösungen $x(t;t_0,x_0)$ mit $x_0 \in N(t_0)$ auf dem Intervall I existieren und $\|x(t;t_0,x_0) - \tilde{x}(t)\| < \varepsilon$ für alle $t \in I$ und $x_0 \in N(t_0)$ gilt. Denn da die Menge $\{(t,t_0,\tilde{x}_0)|\, t\in I\}$ eine kompakte Teilmenge von $\boldsymbol{D}$ ist, enthält $\boldsymbol{D}$ auch eine Menge der Gestalt $\boldsymbol{M}_\eta = \{(t,t_0,x_0)|\, t\in \boldsymbol{I}, \|x_0 - \tilde{x}_0\| \le \eta\}$ für ein $\eta > 0$, d. h. jede Lösung $x(t;t_0,x_0)$ mit $\|x_0 - \tilde{x}_0\| \le \eta$ existiert auf I. Auf $\boldsymbol{M}_\eta$ ist aber $x(t;\tau,a)$ gleichmäßig stetig. Zu beliebigem $\varepsilon > 0$ gibt es daher ein $\delta > 0, \delta \le \eta$, derart, daß für alle $t\in I$ die Ungleichung $\|x(t;t_0,x_0) - \tilde{x}(t)\| < \varepsilon$ gilt, falls $\|x_0 - \tilde{x}_0\| < \delta$ ist.

Setzen wir $\boldsymbol{N}(t) = \{x(t;t_0,x_0)\,|\, x_0\in \boldsymbol{N}(t_0)\}$ für $t\in I$, so wird durch $x_0 \to x(t;t_0,x_0)$ eine Abbildung $\varphi_{t,t_0}: \boldsymbol{N}(t_0) \to \boldsymbol{N}(t)$ definiert. Diese Abbildung ist wegen der Definition von $\boldsymbol{N}(t)$ und der Eindeutigkeit der Lösungen bijektiv, wobei die Umkehrabbildung durch $x_0 \to x(t_0;t,x_0)$, $x_0 \in \boldsymbol{N}(t)$, definiert wird: $\varphi_{t,t_0}^{-1} = \varphi_{t_0,t}$. Aus Satz 3.1 folgt, daß φ_{t,t_0} und φ_{t,t_0}^{-1} stetig sind, d. h. φ_{t,t_0} ist ein Homöomorphismus von $\boldsymbol{N}(t_0)$ auf $\boldsymbol{N}(t)$. Daraus folgt auch $\varphi_{t,t_0}(\partial\boldsymbol{N}(t_0)) = \partial\boldsymbol{N}(t), t\in \boldsymbol{I}$, und wegen der Stetigkeit der Lösungen ist auch $\operatorname{dist}(\tilde{x}(t),\partial\boldsymbol{N}(t))$ auf I stetig.

3.2. Differentiation nach den Anfangswerten

Wenn f stetig ist und einer lokalen Lipschitz-Bedingung bezüglich x genügt, so sind, wie wir oben gesehen haben, die Lösungen der Dgl. $\dot{x} = f(t,x)$ Lipschitz-stetige Funktionen der Anfangswerte. Aussagen des gleichen Typs gelten nun auch, wenn man an f die schärferen Forderungen stetig differenzierbar oder analytisch stellt. Im Rahmen dieses Buches beschränken wir uns auf den folgenden Satz.

Satz 3.2. *f sei auf $\boldsymbol{G}$ stetig und besitze auf $\boldsymbol{G}$ stetige partielle Ableitungen erster Ordnung nach $x^1,\dots,x^n$. Dann existieren die partiellen Ableitungen*

$$(3.18)\qquad \frac{\partial}{\partial t}(\cdots),\quad \frac{\partial}{\partial a^i}(\cdots),\quad \frac{\partial}{\partial \tau}(\cdots),\quad \frac{\partial^2}{\partial t\,\partial a^i}(\cdots),\quad \frac{\partial^2}{\partial t\,\partial \tau}(\cdots),$$

$i = 1,\dots,n$, der Funktion $x(t;\tau,a)$ auf $\boldsymbol{D}$ und sind dort stetig. Ferner ist — bei festem τ,a — $y(t) = \dfrac{\partial}{\partial a^i}x(t;\tau,a)$ bzw. $y(t) = \dfrac{\partial}{\partial \tau}x(t;\tau,a)$ als Funktion von t Lösung des linearen Anfangswertproblems

$$(3.19)\qquad \dot{y} = f_x(t,x(t;\tau,a))y,\quad y(\tau) = e_i,$$

bzw.

$$(3.20)\qquad \dot{y} = f_x(t,x(t;\tau,a))y,\quad y(\tau) = -x_t(\tau;\tau,a) = -f(\tau,a).$$

Dabei bezeichnet $f_x(t,x)$ die aus den Spalten $f_{x^1}(t,x),\dots,f_{x^n}(t,x)$ gebildete Matrix und e_i den i-ten Vektor der kanonischen Basis des $\mathbf{R}^n$.

Dem Beweis des Satzes schicken wir einige Bemerkungen voraus:

Bemerkungen. 1. Ist $x(t)$ Lösung der Gleichung $\dot{x} = f(t,x)$, so nennt man die lineare Gleichung $\dot{y} = f_x(t,x(t))y$ die Variationsgleichung in bezug auf die Lösung $x(t)$. Wie sich in den folgenden Abschnitten des Buches zeigen wird, spielt dieser Begriff eine wichtige Rolle bei allen Fragen, die das Verhalten einer Lösung im Vergleich zu benachbarten Lösungen betreffen, in ähnlicher Weise wie dies beim Begriff „Tangente" bei lokalen Problemen der Kurventheorie der Fall ist.

2. Die Elemente der Matrix $f_x(t,x)$ sind nach Voraussetzung stetige Funktionen auf $\boldsymbol{G}$. Daher ist $f_x(t,x(t;\tau,a))$ eine auf $\boldsymbol{D}$ stetige Funktion von (t,τ,a). Insbesondere ist diese Matrix für festes $(\tau,a)\in\boldsymbol{G}$ als Funktion in t auf dem maximalen Existenzintervall (t^-,t^+) der Lösung $x(t;\tau,a)$ definiert und stetig. Es existieren daher auf diesem Intervall auch die Lösungen der beiden linearen Anfangswertprobleme (3.19) und (3.20), deren Lösungen nicht nur von t, sondern auch von τ und a abhängen und als Funktionen von (t,τ,a) auf $\boldsymbol{D}$ definiert, stetig und stetig nach t differenzierbar sind. Dies folgt aus der Tatsache, daß die Übergangsmatrix $\Phi(t,\tau;\tau,a)$[1] der Gleichung $\dot{y}=f_x(t,x(t;\tau,a))y$ auf $\boldsymbol{D}$ stetig und stetig nach t differenzierbar ist (vgl. Aufgabe 3 zu II Abschn. 5). Die Existenz und Stetigkeit der gemischten Ableitungen aus (3.18) bedarf also keines besonderen Beweises mehr, sobald gezeigt ist, daß die partiellen Ableitungen nach a^i bzw. τ existieren und mit den Lösungen des Anfangswertproblems (3.19) bzw. (3.20) übereinstimmen.

3. Wir wollen noch darauf hinweisen, daß man den Zusammenhang zwischen den partiellen Ableitungen $\frac{\partial}{\partial a^i}x(t;\tau,a)$ bzw. $\frac{\partial}{\partial\tau}x(t;\tau,a)$ und den Lösungen der Variationsgleichung formal sofort herleiten kann, wenn man annimmt, daß die partiellen Ableitungen (3.18) existieren und stetig sind (dies kann man jedoch nicht beweisen, ohne die Lösungen der Variationsgleichung heranzuziehen). Aus dieser Annahme folgt nämlich nach einem bekannten Satz der Analysis, daß man bei der Bildung der gemischten partiellen Ableitungen die Reihenfolge der Differentiationen vertauschen kann. Indem man nun die Beziehung

$$\frac{\partial}{\partial t}x(t;\tau,a)=f(t,x(t;\tau,a))$$

auf beiden Seiten nach a^i differenziert und auf der linken Seite die Reihenfolge der Ableitungen vertauscht, erhält man

$$\begin{aligned}\frac{\partial}{\partial t}\left(\frac{\partial}{\partial a^i}x(t;\tau,a)\right)&=\sum_{j=1}^{n}f_{x^j}(t,x(t;\tau,a))\frac{\partial}{\partial a^i}x^j(t;\tau,a)\\&=f_x(t,x(t;\tau,a))\left(\frac{\partial}{\partial a^i}x(t;\tau,a)\right).\end{aligned}$$

Darüber hinaus erhält man aus der Identität $x(\tau;\tau,a)=a$ durch Differentiation nach a^i auch die richtige Anfangsbedingung. Entsprechend verfährt man bei der Differentiation nach τ.

Beweis von Satz 3.2. Nach unserer Bemerkung 2 ist die gesamte Aussage des Satzes bewiesen, falls man zeigen kann: An jeder Stelle $(t_0,\tau_0,a_0)\in\boldsymbol{D}$ existieren die partiellen Ableitungen $\frac{\partial}{\partial a^i}x(t;\tau,a)$ bzw. $\frac{\partial}{\partial\tau}x(t;\tau,a)$ und stimmen mit dem an der Stelle

[1] Mit $\Phi(t,t_0;\tau,a)$ bezeichnen wir die Übergangsmatrix von $\dot{y}=f_x(t,x(t;\tau,a))y$, welche wie die rechte Seite der Gleichung von τ und a abhängt.

$t = t_0$ genommenen Wert der Lösung des Anfangswertproblems

(3.21) $\quad \dot{y} = f_x(t, x(t; \tau_0, a_0))y, \quad y(\tau_0) = e_i$

bzw.

(3.22) $\quad \dot{y} = f_x(t, x(t; \tau_0, a_0))y, \quad y(\tau_0) = -x_t(\tau_0; \tau_0, a_0)$

überein.

Wir wählen eine Umgebung N von $(\tau_0, a_0) \in G$ und ein kompaktes Intervall $I \subset I(\tau_0, a_0)$ mit t_0, τ_0 aus $\mathring{I}$ ($I(\tau_0, a_0)$ bezeichnet wieder das maximale Existenzintervall von $x(t; \tau_0, a_0)$) und werden die Existenz der partiellen Ableitungen von x und ihre Übereinstimmung mit y nicht nur für $t = t_0$, sondern für alle $t \in I$ zeigen. Ferner wählen wir $\varepsilon > 0$ derart, daß die abgeschlossene Hülle der Menge $G' = \{(t,x) \mid t \in \mathring{I}, \|x - x(t; \tau_0, a_0)\| < \varepsilon\}$ ganz in G liegt. Da $x(t; \tau, a)$ auf D stetig ist, läßt sich durch Wahl von N stets erreichen, daß für $t \in I$ und $(\tau, a) \in N$ die Ungleichung $\|x(t; \tau, a) - x(t; \tau_0, a_0)\| < \varepsilon$ gilt. Wegen der Wahl von ε bedeutet dies, daß $I(\tau, a) \supset I$ für alle $(\tau, a) \in N$ ist. Wir können daher später im Beweis stets $t \in I$ und $(\tau, a) \in N$ wählen. Für festes $t \in I$ ist die Menge aller x mit $(t, x) \in \bar{G}'$ die n-dimensionale abgeschlossene und konvexe Menge $K = \{x \mid \|x - x(t; \tau_0, a_0)\| \leq \varepsilon\}$[1)], in deren Umgebung die Funktionen $f^i(t,x)$ stetige partielle Ableitungen erster Ordnung nach $x^1, \ldots, x^n$ besitzen. Der Mittelwertsatz der Differentialrechnung ist daher anwendbar und liefert

$$f^i(t,x) - f^i(t,y) = \sum_{j=1}^{n} f^i_{x^j}(t, x^*)(x^j - y^j), \quad i = 1, \ldots, n,$$

für alle (t,x), (t,y) aus $\bar{G}'$ mit $x^* = \alpha x + (1-\alpha)y$, $\alpha \in [0,1]$. (t, x^*) liegt wieder in $\bar{G}'$ und hängt natürlich von t, x, y und i ab. Wir ersetzen nun in diesen Beziehungen x^* durch x und ergänzen dafür die rechten Seiten in der üblichen Weise durch ein Restglied. Als Resultat dieser Umformung erhält man die in Vektorform geschriebene Beziehung

(3.23) $\quad f(t,x) - f(t,y) = f_x(t,y)(x-y) + r(t,x,y),$

wobei für $r(t,x,y)$ eine Abschätzung der Form

(3.24) $\quad \|r(t,x,y)\| \leq \|x-y\| \rho(\|x-y\|)$

für alle (t,x) und (t,y) aus $\bar{G}'$ besteht. $\rho(u)$ ist dabei eine Funktion der skalaren Veränderlichen u mit $\lim_{u \to 0} \rho(u) = 0$.

Nach diesen Vorbetrachtungen wenden wir uns der Untersuchung des Differenzenquotienten $\Delta(t,h) = \frac{1}{h}(x(t; \tau, a) - x(t; \tau_0, a_0))$, $t \in I$, zu. Dabei ist $h \neq 0$ und $\tau = \tau_0$, $a = a_0 + he_i$ bzw. $\tau = \tau_0 + h$, $a = a_0$. $\Delta(t,h)$ ist auf Mengen der Form $\{(t,h) \mid t \in I, 0 < |h| \leq h_0\}$ mit hinreichend kleinem h_0 beschränkt. Denn $x(t; \tau, a)$ ist nach Satz 3.1

[1)] Die Konvexität von K folgt aus $\|\alpha x + (1-\alpha)y - x(t; \tau_0, a_0)\| \leq \alpha \|x - x(t; \tau_0, a_0)\| + (1-\alpha)\|y - x(t; \tau_0, a_0)\| \leq \varepsilon$ für $\alpha \in [0,1]$ und x, y aus K. Beispielsweise ist für $\|\cdot\| = \|\cdot\|_2$ K eine n-dimensionale Kugel, für $\|\cdot\| = \|\cdot\|_\infty$ ein n-dimensionaler Würfel.

auf $\boldsymbol{D}$ Lipschitz-stetig und genügt somit auf jeder kompakten Teilmenge von $\boldsymbol{D}$ einer Lipschitz-Bedingung. Indem man nun die Beziehungen $\dot{x}(t;\tau,a) = f(t,x(t;\tau,a))$ und $\dot{x}(t;\tau_0,a_0) = f(t,x(t;\tau_0,a_0))$, $t \in I$, voneinander subtrahiert und mit $\frac{1}{h}$ multipliziert, erhält man wegen (3.23) und (3.24)

$$\frac{\partial}{\partial t}\Delta(t,h) = f_x(t,x(t;\tau_0,a_0))\Delta(t,h) + \tilde{r}(t,h)$$

mit $\quad \|\tilde{r}(t,h)\| \le \|\Delta(t,h)\|\,\rho(\|h\Delta(t,h)\|)$,

wobei $\lim\limits_{u\to 0}\rho(u) = 0$ gilt. Da $\|\Delta(t,h)\|$, wie wir schon vorhin gesehen haben, für alle in Frage kommenden Werte von t und h beschränkt ist, strebt $\|\tilde{r}(t,h)\|$ für $h \to 0$ nach 0, und zwar gleichmäßig für alle $t \in I$. Wir vergleichen nun $\Delta(t,h)$ mit der Lösung $y(t)$ des Anfangswertproblems (3.21) bzw. (3.22). Für die Differenz

$$q(t,h) = \Delta(t,h) - y(t)$$

besteht auf I eine Abschätzung der Form

$$\|\dot{q}(t,h)\| \le k\|q(t,h)\| + l(h), \quad t \in I, \tag{3.25}$$

mit $k = \max\limits_{t\in I}\|f_x(t,x(t;\tau_0,a_0))\|$ und $l(h) = \max\limits_{t\in I}\|\tilde{r}(t,h)\|$. Außerdem gilt

$$q(\tau_0,h) = 0$$

für $\tau = \tau_0$ und $a = a_0 + he_i$ bzw.

$$q(\tau_0,h) = \frac{x(\tau_0;\tau_0+h,a_0) - a_0}{h} + x_t(\tau_0;\tau_0,a_0) \tag{3.26}$$

für $\tau = \tau_0 + h$ und $a = a_0$. Aus $x(\tau_0+h;\tau_0+h,a_0) = a_0$ erhält man aber für die rechte Seite von (3.26) eine Darstellung der Form

$$\begin{aligned}&-x_t(\tau_0+\vartheta h;\tau_0+h,a_0) + x_t(\tau_0;\tau_0,a_0)\\ &= -f(\tau_0+\vartheta h, x(\tau_0+\vartheta h;\tau_0+h,a_0)) + f(\tau_0,a_0) \quad \text{mit einem } \vartheta\in[0,1].\end{aligned}$$

In diesem Fall gilt daher

$$\lim_{h\to 0} q(\tau_0,h) = 0.$$

Mit Hilfe des Korollars zu Hilfssatz 3.1 erhält man aus (3.25) die Abschätzung

$$\|q(t,h)\| \le \gamma e^{\gamma k|t-\tau_0|}\{\|q(\tau_0,h)\| + l(h)|t-\tau_0|\}, \quad t\in I,$$

mit einer Konstanten $\gamma \ge 1$. Daraus folgt aber $\lim\limits_{h\to 0} q(t,h) = 0$ gleichmäßig für $t \in I$. Damit ist Satz 3.2 bewiesen.

Die Aussage von Satz 3.2 ermöglicht es, einen interessanten Zusammenhang mit dem Begriff des ersten Integrals anzudeuten (für weitere Einzelheiten vgl. Hartman [8]). Gegeben sei die Dgl. $\dot{x} = f(t,x)$ und eine skalarwertige Funktion $H(t,x)$, welche auf einer offenen Menge $\boldsymbol{G}_1 \subseteq \boldsymbol{G}$ ($\boldsymbol{G}$ der Definitionsbereich von f) definiert ist und dort stetige partielle Ableitungen erster Ordnung nach allen Variablen besitzt. $H(t,x)$ heißt ein erstes Integral der Dgl. auf $\boldsymbol{G}_1$, wenn

(3.27) $$H_t(t,x) + \sum_{j=1}^{n} \frac{\partial H(t,x)}{\partial x^j} f^j(t,x) \equiv 0$$

auf G_1 gilt[1]. Gleichbedeutend damit ist, daß $H(t,x(t;t_0,x_0)) = \text{const}$ gilt für jede Lösung $x(t;t_0,x_0)$, solange $(t,x(t;t_0,x_0)) \in G_1$ ist. Denn die linke Seite von (3.27) ist für $x = x(t;t_0,x_0)$ nichts anderes als die Ableitung der Funktion $h(t) = H(t,x(t;t_0,x_0))$ nach t. Es sei nun t_0 so gewählt, daß die Menge $G_1 = \{(t,x) \in G \mid (t_0,t,x) \in D\}$ nicht leer ist. Unter den Voraussetzungen dieses Abschnittes sind die Funktionen

(3.28) $$H(t,x) = x^i(t_0;t,x), \quad i = 1,\ldots,n,$$

auf G_1 definiert und besitzen dort stetige partielle Ableitungen erster Ordnung nach t und $x^1,\ldots,x^n$. Es sei nun $x(\cdot\,;\tilde{t}_0,\tilde{x}_0)$ eine beliebige Lösung mit $(t_0,\tilde{t}_0,\tilde{x}_0) \in D$. Dann gilt infolge (2.2) die Beziehung

$$H(t,x(t;\tilde{t}_0,\tilde{x}_0)) = x^i(t_0;t,x(t;\tilde{t}_0,\tilde{x}_0)) = x^i(t_0;\tilde{t}_0,\tilde{x}_0),$$

$i = 1,\ldots,n$, für alle t mit $(t,\tilde{t}_0,\tilde{x}_0) \in D$, d. h. für alle t mit $(t,x(t;\tilde{t}_0,\tilde{x}_0)) \in G_1$. Durch (3.28) sind somit n erste Integrale von $\dot{x} = f(t,x)$ auf G_1 gegeben. Man kann auch ohne Schwierigkeit die Beziehung (3.27) für die Funktion (3.28) verifizieren (man benütze (3.19) und (3.20)).

Aufgaben. 1. Die am Ende von Abschn. 3.1 definierte Abbildung φ_{t,t_0} ist unter den Voraussetzungen aus Satz 3.2 auf $N(t_0)$ stetig nach den Koordinaten x^i differenzierbar. Die Funktionalmatrix dieser Abbildung an der Stelle $x_0 \in N(t_0)$ ist durch die Übergangsmatrix $\Phi(t,t_0;t_0,x_0)$ von $\dot{y} = f_x(t,x(t;t_0,x_0))\,y$ gegeben.

2. $\Phi(t,t_0)$ sei die Übergangsmatrix von $\dot{x} = A(t)x$ und es gelte $\|A(t)\| \leq \alpha$ für t aus einem Intervall I. Man zeige:

a) Mit einer Konstanten $\gamma \geq 1$ gilt die Abschätzung

$$\|\Phi(t,t_0)\| \leq \gamma\,\|E\|\,e^{\gamma\alpha|t-t_0|} \quad \text{für alle } t, t_0 \text{ aus } I.$$

b) In der Abschätzung unter a) kann stets $\gamma = 1$ gewählt werden.

Hinweis. a) $\Phi(t,t_0)$ kann als n^2-Vektor mit $\|\dot{\Phi}(t,t_0)\| \leq \alpha\,\|\Phi(t,t_0)\|$ aufgefaßt werden, d. h. das Korollar zu Hilfssatz 3.1 ist anwendbar.

b) Analog wie in II Abschn. 5 folgt $\|\Phi(t,t_0)\| \leq \|E\| - 1 + e^{\alpha|t-t_0|}$ (vgl. II (5.5)). Außerdem gilt

$$\|E\| - 1 + e^{\alpha|t-t_0|} = \|E\|\,e^{\alpha|t-t_0|}\left[\frac{1}{\|E\|} + \left(1 - \frac{1}{\|E\|}\right)e^{-\alpha|t-t_0|}\right].$$

4. Abhängigkeit der Lösungen von Parametern

Die Ausführungen von Abschn. 3 sollen hier durch einige Aussagen über die Abhängigkeit der Lösungen von Parametern ergänzt werden. Gegeben sei daher eine Funktion $f(t,x,p) = (f^1(t,x,p),\ldots,f^n(t,x,p))^T$, wobei die Komponenten f^i außer von t und dem Vektor $x = (x^1,\ldots,x^n)^T$ noch von weiteren Variablen $p^1,\ldots,p^m$, die wir zu einem Vektor p zusammenfassen, abhängen. Wir setzen voraus, daß f auf einer offenen Menge G des (t,x,p)-Raumes definiert und stetig ist. Bei festem p ist $f(t,x,p)$

[1] Vielfach wird auch die Gleichung $H(t,x) = \text{const}$ erstes Integral der Dgl. genannt (vgl. auch I Definition 7.2).

als Funktion von t und x auf der offenen Menge $\boldsymbol{G}_p = \{(t,x) \,|\, (t,x,p) \in \boldsymbol{G}\}$ des (t,x)-Raumes stetig. Durch die Forderungen

$$(4.1) \qquad \dot{x} = f(t,x,p), \quad x(t_0) = x_0, \quad (t,x) \in \boldsymbol{G}_p$$

ist daher ein Anfangswertproblem der früher betrachteten Art gegeben. Die Lösung dieses Problems und ihr maximales Existenzintervall hängt aber nicht nur von t, t_0 und x_0, sondern auch von dem gewählten Wert von p ab und wird daher im folgenden mit $x(t;t_0,x_0,p)$ bezeichnet. Bei festem p lassen sich auf diese Funktion, aufgefaßt als Funktion von t, t_0 und x_0 alleine, die Aussagen aus Abschn. 3 anwenden, wenn man voraussetzt, daß $f(t,x,p)$ Lipschitz-stetig bezüglich x ist. Die Frage, wie sich $x(t;t_0,x_0,p)$ als Funktion aller Veränderlichen hinsichtlich Stetigkeit und Differenzierbarkeit verhält, bleibt dagegen noch zu klären. Eine Antwort auf diese Problemstellung erhält man ohne neue zusätzliche Überlegungen sofort, wenn man voraussetzt, daß f bezüglich (x,p) Lipschitz-stetig bzw. stetig differenzierbar ist. Man betrachtet zu diesem Zweck einfach das Anfangswertproblem

$$(4.2) \qquad \begin{aligned} &\dot{x} = f(t,x,p), \quad \dot{p} = 0, \\ &x(t_0) = x_0, \quad p(t_0) = p_0, \quad (t,x,p) \in \boldsymbol{G}. \end{aligned}$$

Hier tritt an die Stelle von x in Abschn. 3 das $(n+m)$-Tupel $(x^1,\dots,x^n,p^1,\dots,p^m)^T$, und die rechte Seite der Differentialgleichung besteht aus dem Funktionenvektor $(f^1,\dots,f^n,0,\dots,0)^T$.

Man sieht nun sofort, daß zwischen den Anfangswertproblemen (4.1) und (4.2) der folgende Zusammenhang besteht: $x(t;t_0,x_0,p_0)$ ist über einem t-Intervall I genau dann Lösung von (4.1) (für $p = p_0$), wenn das $(n+m)$-Tupel $(x(t;t_0,x_0,p_0),p_0)$ über I Lösung von (4.2) ist. Die Funktion $x(t;t_0,x_0,p)$ als Funktion von t, der Anfangswerte t_0 und x_0 und des Parameters p läßt sich daher mit den n ersten Komponenten jener Lösung von (4.2) identifizieren, welche Lösung zu den Anfangswerten t_0 und (x_0,p_0) ist. Aus den Sätzen 3.1 und 3.2 erhält man daher sofort die folgende Aussage:

Satz 4.1. *Es sei $f(t,x,p)$ auf $\boldsymbol{G}$ stetig und Lipschitz-stetig bezüglich x und p. Dann gilt:*

a) *Der Definitionsbereich $\boldsymbol{D}$[1] von $x(t;t_0,x_0,p)$ ist eine offene Menge des $\mathbf{R}^{n+m+2}$.*

b) *$x(t;t_0,x_0,p)$ ist eine auf $\boldsymbol{D}$ Lipschitz-stetige Funktion.*

c) *Falls f auf $\boldsymbol{G}$ stetige partielle Ableitungen erster Ordnung nach den Komponenten von x und p besitzt, so existieren die partiellen Ableitungen erster Ordnung von $x(t;t_0,x_0,p)$ nach t_0 und den Komponenten von x_0 und p, sowie die gemischten partiellen Ableitungen zweiter Ordnung nach t einerseits und t_0 und den Komponenten von x_0 und p andererseits. Alle diese Ableitungen sind auf $\boldsymbol{D}$ stetig. Bei den gemischten Ableitungen ist daher die Ableitung nach t mit den Ableitungen nach t_0 oder den Komponenten von x_0 und p vertauschbar.*

---

[1] $\boldsymbol{D}$ ist hier natürlich die Menge aller (t,t_0,x_0,p) mit $(t_0,x_0,p) \in \boldsymbol{G}$ und t aus dem maximalen Existenzintervall der Lösung $x(t;t_0,x_0,p)$ von (4.1).

Falls man von der Funktion f voraussetzt, daß sie nur bezüglich x Lipschitz-stetig ist (jedoch nach wie vor eine stetige Funktion in allen Variablen), so gilt auch noch die Aussage a) des Satzes. Von $x(t;t_0,x_0,p)$ läßt sich nur mehr die Stetigkeit auf $\boldsymbol{D}$ zeigen. Man muß dazu den Beweis von Satz 3.1 geeignet modifizieren (vgl. etwa Hartman [8]).

Wir wollen zum Schluß zeigen, daß es die Aussage c) von Satz 4.1 erlaubt – ähnlich wie im Falle der Differentiation nach den Anfangswerten –, auch die partiellen Ableitungen von $x(t;t_0,x_0,p)$ nach den Komponenten von p als Lösungen linearer Anfangswertprobleme darzustellen. Da es sich stets um die Ableitung nach einer einzigen Komponente von p handelt, können wir für unsere Überlegungen ohne weiteres annehmen, daß f und $x(t;t_0,x_0,p)$ nur von dieser Komponente abhängen, d. h. wir können p vorderhand als skalar voraussetzen. Aus $x(t_0;t_0,x_0,p) = x_0$ und

$$\frac{\partial}{\partial t} x(t;t_0,x_0,p) = f(t,x(t;t_0,x_0,p),p)$$

erhält man durch Differentiation nach p die Beziehungen

$$\frac{\partial}{\partial p} x(t_0;t_0,x_0,p) = 0$$

und
$$\begin{aligned}\frac{\partial}{\partial t}\left(\frac{\partial}{\partial p} x(t;t_0,x_0,p)\right) &= \sum_{i=1}^{n} f_{x^i}(t,x(t;t_0,x_0,p),p)\frac{\partial}{\partial p} x^i(t;t_0,x_0,p) + f_p(t,x(t;t_0,x_0,p),p)\\ &= f_x(t,x(t;t_0,x_0,p),p)\frac{\partial}{\partial p} x(t;t_0,x_0,p) + f_p(t,x(t;t_0,x_0,p),p),\end{aligned}$$

wobei die Vertauschung der Reihenfolge der Differentiationen auf der linken Seite der zweiten Beziehung nach Aussage c) von Satz 4.1 möglich ist. Die Funktion $y(t) = (y^1(t),\dots,y^n(t))^T = \frac{\partial}{\partial p} x(t;t_0,x_0,p)$ genügt somit den Bedingungen

$$\begin{aligned}&y(t_0) = 0,\\ &\dot y(t) = f_x(t,x(t;t_0,x_0,p),p)\,y(t) + f_p(t,x(t;t_0,x_0,p),p).\end{aligned}$$

Die Funktion $y(t)$ ist also Lösung einer inhomogenen linearen Differentialgleichung, deren zugehörige homogene Gleichung gerade die Variationsgleichung von $\dot x = f(t,x,p)$ bezüglich $x(t;t_0,x_0,p)$ ist. Damit ist gezeigt:

Satz 4.2. *Es habe f auf $\boldsymbol{G}$ stetige partielle Ableitungen erster Ordnung nach $x^1,\dots,x^n$, $p^1,\dots,p^m$. Dann ist $\frac{\partial}{\partial p^j} x(t;t_0,x_0,p)$ als Funktion von t Lösung des linearen Anfangswertproblems*

$$\dot y = f_x(t,x(t;t_0,x_0,p),p)\,y + f_{p^j}(t,x(t;t_0,x_0,p),p), \quad y(t_0) = 0. \tag{4.3}$$

In dem Anfangswertproblem (4.3) und den entsprechenden Problemen für die partiellen Ableitungen von $x(t;t_0,x_0,p)$ nach t_0 und den Komponenten von x_0

spielen die Vektoren x_0 und p die Rolle von Parametern der Differentialgleichung. Mit dieser Feststellung ist auch die Frage beantwortet, wann die partiellen Ableitungen zweiter Ordnung von $x(t;t_0,x_0,p)$ nach den Komponenten von x_0 und p existieren. Dies ist nach Satz 4.1 sicher dann der Fall, wenn die rechte Seite der Differentialgleichung aus (4.3) stetig nach den Komponenten von x_0 und p differenzierbar ist. Das wiederum ist – ebenfalls nach Satz 4.1 – dann gewährleistet, wenn die Spalten f_{x^i} und f_{p^j} stetig nach den Komponenten von x und p differenzierbar sind, d. h. wenn f stetige partielle Ableitungen zweiter Ordnung nach den Komponenten von x und p besitzt. Es ist klar, wie sich diese Überlegungen fortführen lassen: Falls die partiellen Ableitungen von $f(t,x,p)$ nach den Komponenten von x und p bis zur Ordnung k existieren und stetig sind, besitzt $x(t;t_0,x_0,p)$ ebenfalls stetige partielle Ableitungen nach den Komponenten von x_0 und p bis zur Ordnung k. Diese Ableitungen sind selbst noch einmal nach t stetig differenzierbar, und die Ableitung nach t ist mit jeder Ableitung nach den Komponenten von x_0 und p bis zur Ordnung k vertauschbar.

5. Autonome Differentialgleichungen

Führt man in der Lösung $x(t)$ einer Dgl. $\dot{x}=f(t,x)$ eine Substitution der Form $t \to t+c$, c eine reelle Konstante, durch, so erhält man eine Lösung der Dgl. $\dot{y}=f(t+c,y)$. Es ist dies leicht einzusehen. Man braucht nur in der Identität $\dot{x}(t)=f(t,x(t))$ auf beiden Seiten t durch $t+c$ zu ersetzen und $x(t+c)$ mit $y(t)$ zu bezeichnen. Es ist daher die Funktion $y(t)=x(t+c)$ sicher dann wieder Lösung der ursprünglichen Dgl., wenn $f(t+c,x)=f(t,x)$ identisch in t und x gilt, d. h. wenn die rechte Seite der Dgl. bezüglich der Variablen t eine periodische Funktion mit der Periode c ist. Man kann natürlich stets $c>0$ wählen, da mit c auch $-c$ eine Periode ist. Man spricht dann kurz von Dgln. mit c-periodischen rechten Seiten. Gleichungen dieses Typus werden uns in diesem Buch noch des öfteren beschäftigen. In diesem Abschnitt werden autonome Dgln. betrachtet. Das sind Gleichungen, deren rechte Seite von der Variablen t überhaupt nicht abhängt, d. h. c-periodisch in t für jedes c ist. Eine autonome Dgl. ist daher von der Form

$$\dot{x}=f(x). \tag{5.1}$$

Wir setzen voraus, daß die Funktion f auf einer offenen Menge $\boldsymbol{G}_0$ des $\mathbf{R}^n$ definiert und Lipschitz-stetig ist. Wenn wir unter $\boldsymbol{G}$ die offene Menge $\{(t,x)\,|\,x\in\boldsymbol{G}_0, t\in(-\infty,\infty)\}$ des (t,x)-Raumes verstehen, so gelten für die Lösung des Anfangswertproblems

$$\dot{x}=f(x), \quad x(t_0)=x_0\in\boldsymbol{G}_0, \quad x(t)\in\boldsymbol{G}_0, \tag{5.2}$$

alle Aussagen, die wir in Abschn. 2 gewonnen haben. Man beachte, daß wegen der besonderen Gestalt von $\boldsymbol{G}$ die Forderung $x(t)\in\boldsymbol{G}_0$ an die Stelle von $(t,x(t))\in\boldsymbol{G}$ tritt.

Das maximale Existenzintervall I_{max} einer Lösung bezeichnen wir wieder mit (t^-, t^+). Für beliebiges reelles c ist $x(t + c)$ Lösung des Anfangswertproblems

$$\dot{x} = f(x), \quad x(t_0 - c) = x_0 \in \boldsymbol{G}_0, \quad x(t) \in \boldsymbol{G}_0.$$

Das zugehörige Intervall I_{max} ist $(t^- - c, t^+ - c)$.
Ist $\tilde{x}(t)$ auf einem Intervall $\tilde{I}$ Lösung mit $\tilde{x}(\tilde{t}_0) = x_0$ für ein $\tilde{t}_0 \in \tilde{I}$ (x_0 der Anfangswert der Lösung $x(t)$ des Anfangswertproblems (5.2)), so ist $\tilde{x}(t) = x(t + c)$ mit $c = t_0 - \tilde{t}_0$ für alle $t \in \tilde{I}$. Das maximale Existenzintervall von $\tilde{x}(t)$ ist dann $(t^- - c, t^+ - c)$, d. h. insbesondere $\tilde{I} \subset (t^- - c, t^+ - c)$. Denn $x(t + c)$ und $\tilde{x}(t)$ sind Lösungen der Dgl. (5.1) mit demselben Anfangswert x_0 an der Stelle $\tilde{t}_0$.
Man kann mit Hilfe der oben durchgeführten Überlegungen die periodischen Lösungen autonomer Dgln. charakterisieren:

Genügt die Lösung $x(t)$ des Anfangswertproblems (5.2) *der Beziehung $x(\tilde{t}_0) = x_0$ für ein $\tilde{t}_0 \neq t_0$, $\tilde{t}_0 \in I_{max}$, so existiert $x(t)$ für alle $t \in (-\infty, \infty)$ und ist c-periodisch mit $c = |t_0 - \tilde{t}_0|$.*

Dies folgt aus der Tatsache, daß mit $x(t)$ auch $y(t) = x(t + \tilde{t}_0 - t_0)$ eine Lösung von (5.1) zu den Anfangswerten (t_0, x_0) ist (s. o.). Wegen der Eindeutigkeit der Lösungen von (5.1), welche auf Grund der Voraussetzungen über f gesichert ist, müssen $x(t)$ und $x(t + \tilde{t}_0 - t_0)$ übereinstimmen. Es müssen also auch die entsprechenden maximalen Existenzintervalle (t^-, t^+) und $(t^- - \tilde{t}_0 + t_0, t^+ - \tilde{t}_0 + t_0)$ gleich sein. Dies ist aber wegen $\tilde{t}_0 - t_0 \neq 0$ nur möglich, falls $t^- = -\infty$ und $t^+ = \infty$ gilt. Die kleinste Periode dieser Lösung ist dann durch die kleinste Zahl $\tilde{t}_0 > t_0$ mit $x(\tilde{t}_0) = x(t_0)$ bestimmt $(= \tilde{t}_0 - t_0)$.
Die oben durchgeführten Überlegungen zeigen auch, daß die Lösungen $x(t)$ und $\tilde{x}(t)$ der Anfangswertprobleme (5.2) und

$$\dot{x} = f(x), \quad x(\tilde{t}_0) = x_0 \in \boldsymbol{G}_0, \quad x(t) \in \boldsymbol{G}_0,$$

durch eine Substitution der Form $t \to t + c$ $(c = \tilde{t}_0 - t_0)$ ineinander übergeführt werden. Dies bedeutet, daß man im Anfangswertproblem (5.2) ohne Beeinträchtigung der Allgemeinheit $t_0 = 0$ wählen kann. An Stelle von $x(t; 0, x_0)$ werden wir im folgenden kürzer $x(t; x_0)$ schreiben. Es gilt dann die Beziehung $x(t; t_0, x_0) = x(t - t_0; x_0)$ für alle $x_0 \in \boldsymbol{G}_0$ und alle t aus dem maximalen Existenzintervall der Lösung $x(t; t_0, x_0)$. Aus (2.2) folgt nun für beliebige t_1 und t mit t_1 und $t + t_1$ aus dem maximalen Existenzintervall der Lösung $x(t; x_0)$ die Beziehung

$$(5.3) \qquad x(t + t_1; x_0) = x(t; x(t_1; x_0)), \quad x_0 \in \boldsymbol{G}_0.$$

Unseren Aussagen über die Lösungen autonomer Dgln. kann auch eine geometrische Fassung gegeben werden. Wir ordnen jeder Lösung $x(t)$ der Dgl. (5.1) die im Sinne wachsender t-Werte orientierte Kurve im $\mathbf{R}^n$ mit der Parameterdarstellung $t \to x(t)$, $t \in I_{max}$, zu. Ist $\tau = \tau(t)$ eine auf I_{max} definierte Funktion mit stetiger erster Ableitung nach t, die auf I_{max} positiv ist, so nennen wir die Kurven $t \to x(t)$, $t \in I_{max}$ und $\tau \to y(\tau) = x(t(\tau))$, $\tau \in \tau(I_{max})$, ä q u i v a l e n t ($t(\tau)$ bezeichnet die Umkehrfunktion von

$\tau(t)$). Äquivalente Kurven besitzen dieselbe Orientierung (man beachte diesen Unterschied zur sonst analogen Definition in I Abschn. 7). Die Äquivalenzklasse der Kurve $t \to x(t)$, $t \in I_{max}$, heißt die Trajektorie der Lösung $x(t)$. Lösungen, die durch eine Parametersubstitution $t \to t + c$, $c \in \mathbf{R}$, auseinander hervorgehen, besitzen also dieselbe Trajektorie. Die Teilmenge $\{x(t) \mid t \in I_{max}\}$ des $\mathbf{R}^n$ heißt die Spur der Trajektorie $t \to x(t)$, $t \in I_{max}$ (vgl. Grauert/Lieb [20]). Ist $x_0 = x(t_0)$ mit $t_0 \in I_{max}$, so nennen wir die Äquivalenzklasse der Kurve $t \to x(t)$, $t \in I_{max}$, $t \geq t_0$, bzw. $t \in I_{max}$, $t \leq t_0$, die (durch x_0 bestimmte) positive bzw. negative Halbtrajektorie der Lösung $x(t)$. Gilt $I_{max} = (-\infty, \infty)$, so schreiben wir C für die Trajektorie von $x(t)$ und $\boldsymbol{C}$ für die Spur von C. Im Falle $I_{max} = (t^-, \infty)$ bzw. $= (-\infty, t^+)$ bezeichnet $C^-(x_0)$ bzw. $C^+(x_0)$ die durch x_0 bestimmte negative bzw. positive Halbtrajektorie von $x(t)$. $\boldsymbol{C}^-(x_0)$ bzw. $\boldsymbol{C}^+(x_0)$ ist die Spur von $C^-(x_0)$ bzw. $C^+(x_0)$. Meist spielt die spezielle Wahl von x_0 keine wesentliche Rolle. Wir schreiben dann kürzer C^- anstelle von $C^-(x_0)$ usw.

Im einzelnen haben wir oben gezeigt:

1. *Jeder Punkt $x_0 \in \boldsymbol{G}_0$ liegt auf der Spur genau einer Trajektorie.*
2. *Zu einer nichtperiodischen Lösung gehört eine Trajektorie ohne mehrfache Punkte, zu einer periodischen Lösung dagegen eine geschlossene Trajektorie*[1].

Im Falle einer periodischen Lösung kann sich die Spur der zugehörigen Trajektorie auf einen einzigen Punkt des $\mathbf{R}^n$ reduzieren. Dies ist genau dann der Fall, wenn für diese Lösung $x(t) \equiv x_0$ gilt, $x_0 \in \mathbf{R}^n$. Letzteres gilt wiederum genau für $f(x_0) = 0$, d. h. wenn x_0 eine gemeinsame Nullstelle der Komponenten $f^i(x)$, $i = 1, \ldots, n$, ist. Solche Punkte heißen stationäre oder singuläre Punkte der Dgl. (5.1). Auch die Bezeichnung Ruhelage von (5.1) ist gebräuchlich. Aus der Eindeutigkeit der Lösungen von (5.1) folgt, daß die Spur der Trajektorie einer nichtkonstanten Lösung $x(t)$ niemals einen stationären Punkt enthalten kann. Denn wäre $x(t_0) = x_0 \in \boldsymbol{G}_0$ für ein bestimmtes t_0 und $f(x_0) = 0$, so müßten $x(t)$ und die konstante Lösung x_0 für alle t übereinstimmen. Für eine nichtkonstante Lösung $x(t)$ gilt daher $\dot{x}(t) = f(x(t)) \neq 0$ für alle t aus dem zugehörigen maximalen Existenzintervall. Da $\dot{x}(t)$ außerdem stetig ist, bedeutet dies: Ist $x(t)$ eine nichtkonstante Lösung von (5.1), so ist die zugehörige Trajektorie eine glatte Kurve im $\mathbf{R}^n$. Der Tangentenvektor im Punkt $x(t)$ stimmt bis auf einen positiven Faktor mit $f(x(t))$ überein.

An Hand der Definition der Grenzmenge einer Funktion $x(t)$ (Definition 1.1) sieht man sofort, daß die Funktionen $x(t)$ und $x(t + c)$ stets dieselbe ω-Grenzmenge (bzw. α-Grenzmenge) besitzen. $x(t)$ muß dazu natürlich auf einem Intervall $[t_0, \infty)$ (bzw. $(-\infty, t_0]$) definiert sein. Für eine auf $[t_0, \infty)$ (bzw. $(-\infty, t_0]$) existierende Lösung von (5.1) hängt daher die ω-Grenzmenge (bzw. die α-Grenzmenge) nur von der Halbtrajektorie C^+ (bzw. C^-) ab. Wir bezeichnen daher diese Mengen mit $\Omega(C^+)$ ($A(C^-)$) bzw. mit $\Omega(C)$ ($A(C)$), falls $x(t)$ auf $(-\infty, \infty)$ existiert.

---

[1] Genauer müßte es heißen: Jede Kurve der zugehörigen Trajektorie ist ohne mehrfache Punkte bzw. ist geschlossen.

Über das Aussehen der Grenzmengen $\Omega(C^+)$ bzw. $A(C^-)$ gibt Satz 1.1 eine erste Auskunft. Da die Gleichung (5.1) autonom ist, kann man jedoch etwas mehr aussagen. Im folgenden wollen wir uns auf die Untersuchung von $\Omega(C^+)$ beschränken.

Definition 5.1. *Eine Teilmenge $\boldsymbol{M}$ von $\boldsymbol{G}_0$ heißt (bezüglich* (5.1)*) invariant, wenn für jedes $x_0 \in \boldsymbol{M}$ die Lösung $x(t;x_0)$ von* (5.1) *auf $(-\infty, \infty)$ existiert und $x(t;x_0) \in \boldsymbol{M}$ für alle $t \in (-\infty, \infty)$ gilt.*

Ist beispielsweise $x(t)$ eine Lösung von Gleichung (5.1), welche auf $(-\infty, \infty)$ existiert, so ist die Spur $\boldsymbol{C}$ ihrer Trajektorie eine invariante Menge, da für jedes $x_0 \in \boldsymbol{C}$ die Trajektorie von $x(t;x_0)$ wieder C ist. Insbesondere ist also jede Menge $\boldsymbol{M}$, die nur aus stationären Punkten der Differentialgleichung besteht, invariant. Die leere Menge $\emptyset$ ist stets invariant.

Satz 5.1. *$x(t)$ sei eine für $t \to \infty$ existierende Lösung von Gleichung* (5.1) *und C^+ eine positive Halbtrajektorie von $x(t)$. Liegt $\boldsymbol{C}^+$ in einer kompakten Teilmenge von $\boldsymbol{G}_0$, so ist $\Omega(C^+)$ eine nichtleere, kompakte, zusammenhängende und invariante Teilmenge von $\boldsymbol{G}_0$ mit* $\lim_{t\to\infty} \operatorname{dist}(x(t), \Omega(C^+)) = 0$.

Beweis. Es ist nur die Invarianz der Grenzmenge nachzuweisen. Die übrigen Eigenschaften folgen sofort aus Satz 1.1, wenn man beachtet, daß die Lösung $x(t)$ von (5.1) auf einem Intervall der Form $[t_0, \infty)$ beschränkt und stetig ist. Für ein $x_0 \in \Omega(C^+)$ sei (t^-, t^+) das maximale Existenzintervall der Lösung $x(t;x_0)$. Wir müssen nur $x(t;x_0) \in \Omega(C^+)$ für alle $t \in (t^-, t^+)$ zeigen. Daß dann notwendig $t^- = -\infty$ und $t^+ = \infty$ ist, folgt einfach aus der Tatsache, daß $\Omega(C^+)$ eine kompakte Teilmenge von $\boldsymbol{G}_0$ ist. Denn wäre etwa $t^+ < \infty$, so müßte $x(t;x_0)$ einen t^+-Grenzpunkt x^* besitzen, da wegen $x(t;x_0) \in \Omega(C^+)$ für $t \in (t^-, t^+)$ und der Beschränktheit von $\Omega(C^+)$ auch $x(t;x_0)$ beschränkt ist (Satz 1.1). Nach Satz 2.2 müßte dieser Grenzpunkt auf dem Rand von $\boldsymbol{G}_0$ liegen, d. h. man hätte insbesondere $x^* \notin \boldsymbol{G}_0$. Andererseits wäre x^* als Häufungspunkt der Menge $\{x(t;x_0) \mid t \in (t^-, t^+)\}$ sicher in $\Omega(C^+)$ und damit auch in $\boldsymbol{G}_0$ enthalten. Es muß somit $t^+ = \infty$ sein. Analog zeigt man $t^- = -\infty$.

Es sei nun t^* beliebig aus (t^-, t^+) gewählt. Wir müssen $x(t^*;x_0) \in \Omega(C^+)$ zeigen. Zu diesem Zweck wählen wir ein kompaktes, t^* enthaltendes Intervall $I \subset (t^-, t^+)$. Für eine geeignete Folge $t_\nu \to \infty$ gilt $\lim_{\nu\to\infty} x(t_\nu) = x_0$ ($x(t)$ ist die Lösung mit C^+ als positiver Halbtrajektorie, x_0 ist der aus $\Omega(C^+)$ gewählte Punkt). Die Funktionen $x_\nu(t) = x(t_\nu + t)$ sind wieder Lösungen der Dgl. (5.1), existieren für alle $t \in I$, falls ν hinreichend groß ist, und genügen der Beziehung $\lim_{\nu\to\infty} x_\nu(0) = x_0$. Nach Satz 3.1 folgt daraus auch $\lim_{\nu\to\infty} x_\nu(t) = x(t;x_0)$ für alle $t \in I$, also insbesondere auch für $t = t^*$. Es ist also $x(t^*;x_0) = \lim_{\nu\to\infty} x(t_\nu + t^*)$, d. h. $x(t^*;x_0)$ ist in $\Omega(C^+)$ enthalten.

Korollar. *Ist $x(t)$ Lösung der Dgl.* (5.1) *und existiert* $\lim_{t\to\infty} x(t) = x^* \in \mathbf{R}^n$, *so ist x^* ein stationärer Punkt der Dgl.*

Beweis. Die positive Halbtrajektorie C^+ von $x(t)$ ist sicherlich beschränkt. Da die Grenzmenge $\Omega(C^+)$ in diesem Fall den einzigen Punkt x^* enthält, kann sie nur dann invariant sein, wenn $\tilde{x}(t) \equiv x^*$ Lösung von (5.1) ist.

Aufgaben. 1. Jede Lösung $x(t; x_0)$, $x_0 \in \boldsymbol{G}_0$, der Dgl. (5.1) besitze $(-\infty, \infty)$ als maximales Existenzintervall bez. $\boldsymbol{G}_0$. Für $t \in (-\infty, \infty)$ wird durch $x_0 \to x(t; x_0)$, $x_0 \in \boldsymbol{G}_0$, eine Abbildung φ_t: $\boldsymbol{G}_0 \to \boldsymbol{G}_0$ definiert. Man zeige: Die Abbildungen φ_t, $t \in (-\infty, \infty)$, mit der üblichen Verknüpfung von Abbildungen bilden eine kommutative Transformationsgruppe von $\boldsymbol{G}_0$ (d. h. die Verknüpfung ist assoziativ und kommutativ, es existiert ein neutrales Element und zu jedem Element ein inverses Element).

Hinweis: Man beachte (5.3).

2. $x(t)$ sei eine Lösung von (5.1), die auf $(-\infty, \infty)$ existiert, und C sei ihre Trajektorie. Man zeige: Ist $x(t)$ periodisch, so gilt $\boldsymbol{C} = \Omega(C) = A(C)$.

3. Man bestimme für die Lösungen von $\dot{x} = Ax$, A eine reelle 2×2-Matrix, und für die Lösungen vom Typ 1, 2 und 3 aus Abbildung 2 von I Abschn. 1.7 die α- und die ω-Grenzmenge.

6. Ljapunov-Funktionen

Eine der grundlegenden Aufgaben der Theorie der gewöhnlichen Dgln. besteht darin, Aussagen über das asymptotische Verhalten der Lösungen zu gewinnen. Wenn es – wie bei linearen Dgln. mit konstanten Koeffizienten – möglich ist, die Lösungen explizit anzugeben, kann man die Lösungen selbst untersuchen. Jedoch ist dies schon bei linearen Gleichungen mit veränderlichen Koeffizienten und erst recht bei nichtlinearen Gleichungen in den seltensten Fällen möglich. Man muß daher versuchen, allein mit Hilfe der rechten Seite der gegebenen Gleichung Aussagen über das asymptotische Verhalten der Lösungen zu gewinnen. Mit anderen Worten, man sucht Bedingungen für die rechte Seite der Differentialgleichung, die ein bestimmtes asymptotisches Verhalten der Lösungen garantieren.

Einer der wichtigsten unter den verschiedenen Methoden, welche Aussagen über das asymptotische Verhalten der Lösungen liefern, – nämlich der direkten oder zweiten Methode Ljapunovs – liegt folgender Gedanke zugrunde: Man untersucht das Verhalten von speziellen skalarwertigen Funktionen längs der Lösungen der vorgegebenen Dgl. und kann dann wegen der besonderen Eigenschaften dieser Funktionen auf das asymptotische Verhalten der Lösungen schließen. Zu diesem Zweck ist es, wie wir sehen werden, nicht notwendig, die Lösungen selbst zu kennen, daher auch die Bezeichnung direkte Methode. Die Bedingungen, die man mit Hilfe einer sogenannten Ljapunov-Funktion gewinnt, hängen im allgemeinen sehr von der jeweils gewählten Funktion ab. Eine Hauptschwierigkeit bei der Anwendung der direkten Methode besteht daher darin, geeignete und möglichst günstige Ljapunov-Funktionen zu finden. Es gibt dafür aber keine allgemeinen Konstruktionsprinzipien.

Wir gehen wieder von einem System von Dgln. der allgemeinen Gestalt

(6.1) $\dot{x} = f(t,x)$

aus. Die Funktion f sei auf einer offenen Menge $\boldsymbol{G}^*$ des (t,x)-Raumes definiert, stetig und Lipschitz-stetig bezüglich x. Außerdem sei eine skalarwertige Funktion $V(t,x)$ gegeben, die auf einer offenen Menge $\boldsymbol{G} \subseteq \boldsymbol{G}^*$ definiert ist und stetige partielle Ableitungen erster Ordnung nach allen Veränderlichen besitzt. Die auf $\boldsymbol{G}$ definierte und stetige Funktion

$$(6.2) \qquad \dot{V}(t,x) = \frac{\partial V(t,x)}{\partial t} + \sum_{i=1}^{n} \frac{\partial V(t,x)}{\partial x^i} f^i(t,x)$$

heißt Ableitung von V bezüglich (6.1), womit man zum Ausdruck bringt, daß $\dot{V}$ von der rechten Seite der Gl. (6.1) abhängt. Man spricht auch von der Ableitung von V längs der Lösungen von (6.1) und will damit darauf hinweisen, daß die Änderung von V längs der Lösungen von (6.1) gerade durch $\dot{V}$ angegeben wird. Ist nämlich $x(t)$ eine Lösung von (6.1), so erhält man für die Ableitung der zusammengesetzten Funktion $V(t,x(t))$ nach t mit Hilfe der Kettenregel den Ausdruck $\dfrac{\partial V}{\partial t} + \sum_{i=1}^{n} \dfrac{\partial V}{\partial x^i} \dot{x}^i$, und dies ist wegen $\dot{x}^i(t) = f^i(t,x(t))$ tatsächlich nichts anderes als $\dot{V}(t,x(t))$, d. h. wir haben für die Lösungen $x(t)$ von (6.1) die Beziehung $\dfrac{\mathrm{d}}{\mathrm{d}t} V(t,x(t)) = \dot{V}(t,x(t))$ für alle t mit $(t,x(t)) \in \boldsymbol{G}$.

Definition 6.1 (LaSalle [42]). *Es sei $\boldsymbol{G} \subseteq \boldsymbol{G}^*$ eine offene Teilmenge und V eine auf $\bar{\boldsymbol{G}}$ definierte und stetige skalarwertige Funktion, die auf $\boldsymbol{G}$ stetig differenzierbar ist. V heißt Ljapunov-Funktion von* (6.1) *auf $\boldsymbol{G}$, wenn die folgenden Bedingungen erfüllt sind:*

a) *Ist $\boldsymbol{K}$ eine kompakte Teilmenge des $\mathbf{R}^n$, so ist V auf der Menge $\{(t,x) \in \bar{\boldsymbol{G}} \mid x \in \boldsymbol{K}\}$ nach unten beschränkt.*

b) *Die Ableitung $\dot{V}$ von V bezüglich* (6.1) *genügt der Beziehung $\dot{V}(t,x) \leq 0$ für alle $(t,x) \in \boldsymbol{G}$.*

Bevor wir darauf eingehen, welche Konsequenzen die Existenz einer Ljapunov-Funktion für das Verhalten der Lösungen von (6.1) hat, wollen wir noch einige Bemerkungen zur eben gegebenen Definition machen:

Bemerkungen. **1.** Die Bedingung a) ist sicher stets erfüllt, wenn V nur von x, nicht aber von t abhängt bzw. wenn eine Abschätzung der Form

$$W(x) \leq V(t,x), \quad (t,x) \in \bar{\boldsymbol{G}},$$

mit einer stetigen Funktion $W(x)$ [1] besteht. Denn eine stetige Funktion ist bekanntlich auf jeder kompakten Teilmenge ihres Definitionsbereiches nach unten beschränkt.

Im Falle einer autonomen Gleichung der Gestalt $\dot{x} = f(x)$ mit auf einer offenen Teilmenge $\boldsymbol{G}_0^*$ des $\mathbf{R}^n$ Lipschitz-stetiger Funktion f verwendet man zweckmäßig

---

[1] W muß mindestens auf der Projektion von $\bar{\boldsymbol{G}}$ in den $\mathbf{R}^n$ definiert sein.

von t unabhängige Ljapunov-Funktionen. Eine Funktion $V(x)$ ist auf einer offenen Menge $\boldsymbol{G}_0 \subsetneq \boldsymbol{G}_0^*$ Ljapunov-Funktion für $\dot{x} = f(x)$, wenn sie auf $\bar{\boldsymbol{G}}_0$ stetig und auf $\boldsymbol{G}_0$ stetig differenzierbar ist mit $\dot{V}(x) = (\operatorname{grad} V(x))^T f(x) \leq 0$ auf $\boldsymbol{G}_0$. Ist $x(t)$ eine Lösung mit $x(t_0) = x_0 \in \boldsymbol{G}_0$, so kann diese Lösung die Menge $\{x \in \boldsymbol{G}_0 | V(x) \leq V(x_0)\}$ nicht verlassen, solange sie in $\boldsymbol{G}_0$ bleibt.

2. Die Bedingung b) bedeutet: Ist $x(t)$ Lösung der Gleichung (6.1) und gilt $(t, x(t)) \in \boldsymbol{G}$ für alle t aus einem Intervall I, so ist $V(t, x(t))$ auf I monoton fallend, d. h. V fällt monoton längs jeder in $\boldsymbol{G}$ verlaufenden Lösung von (6.1). Daraus folgt insbesondere, daß für jede Lösung $x(t)$ von (6.1) $\lim\limits_{t \to t^+, t < t^+} V(t, x(t))$ existiert, wobei (t^-, t^+) wie üblich das maximale Existenzintervall von $x(t)$ bezüglich $\boldsymbol{G}$ bezeichnet. Dieser Limes kann eigentlich oder uneigentlich (d. h. $= -\infty$) sein. Auf Grund der Stetigkeit von V auf $\bar{\boldsymbol{G}}$ und wegen der Voraussetzung a) kann man noch etwas mehr aussagen, wenn ein t^+-Grenzpunkt $x^* \in \mathbf{R}^n$ existiert. Es gibt dann eine Folge $t_\nu \to t^+, t_\nu < t^+$, mit $x(t_\nu) \to x^*$. Für $t^+ < \infty$ ist nach Satz 2.2 $(t^+, x^*) \in \partial \boldsymbol{G}$, und es gilt

$$\lim_{t \to t^+, t < t^+} V(t, x(t)) = \lim_{\nu \to \infty} V(t_\nu, x(t_\nu)) = V(t^+, x^*)$$

wegen der Stetigkeit von V auf $\bar{\boldsymbol{G}}$ und der Existenz von $\lim\limits_{t \to t^+, t < t^+} V(t, x(t))$. Für $t^+ = \infty$ gibt es eine kompakte Umgebung $\boldsymbol{N}$ von x^* mit $x(t_\nu) \in \boldsymbol{N}$ für hinreichend große ν. Die Voraussetzung a) hat dann aber zur Folge, daß $V(t_\nu, x(t_\nu))$ beschränkt ist, d. h. $\lim\limits_{t \to \infty} V(t, x(t)) = \lim\limits_{\nu \to \infty} V(t_\nu, x(t_\nu)) = \gamma > -\infty$. Wir haben damit gezeigt:

(6.3) *Es ist* $\lim\limits_{t \to t^+, t < t^+} V(t, x(t)) = \gamma > -\infty$, *falls* $x(t)$ *mindestens einen* t^+*-Grenzpunkt* $x^* \in \mathbf{R}^n$ *besitzt. Für* $t^+ < \infty$ *gilt außerdem* $\gamma = V(t^+, x^*)$, *für alle* t^+*-Grenzpunkte* x^* *von* $x(t)$.

3. Ist V eine von t unabhängige Ljapunov-Funktion der autonomen Gleichung $\dot{x} = f(x)$ und $x(t)$ eine periodische Lösung, so ist $V(x(t)) = \text{const}$, denn $V(x(t))$ muß eine stetige, monoton fallende und in t periodische Funktion sein.

4. Gilt für eine Ljapunov-Funktion V der Gleichung (6.1) $\dot{V}(t, x) = 0$ für alle $(t, x) \in \boldsymbol{G}$, so ist für alle in $\boldsymbol{G}$ verlaufenden Lösungen $x(t)$ von (6.1) $V(t, x(t)) = \text{const}$. Dies bedeutet jedoch, daß in der üblichen Sprechweise $V = V(t, x)$ ein erstes Integral der Dgl. (6.1) ist (vgl. Abschn. 3.2).

5. Die Voraussetzung b) bedeutet insbesondere, daß eine Lösung $x(t)$ von (6.1) mit den Anfangswerten $(t_0, x_0) \in \boldsymbol{G}$ für alle $t \geq t_0$ aus dem maximalen Existenzintervall (t^-, t^+) bezüglich $\boldsymbol{G}$ in der Punktmenge $\{(t, x) \in \boldsymbol{G} | V(t, x) \leq V(t_0, x_0)\}$ verbleibt. Ähnliche Aussagen kann man auch gewinnen, wenn V nicht Ljapunov-Funktion ist, sondern anderen Bedingungen genügt. Als Beispiel beweisen wir die folgende Aussage:

Es sei $V(t, x)$ *eine auf* $\boldsymbol{G}$ *definierte und stetig differenzierbare skalarwertige Funktion mit* $\dot{V}(t, x) < 0$ *auf der Punktmenge* $\{(t, x) \in \boldsymbol{G} | V(t, x) = \alpha\}$, α *eine reelle Konstante. Dann folgt für jede Lösung* $x(t) = x(t; t_0, x_0)$ *mit* $V(t_0, x_0) < \alpha$ *die Beziehung* $V(t, x(t)) < \alpha$ *für alle* $t \geq t_0$ *aus dem maximalen Existenzintervall* (t^-, t^+) *von* $x(t)$ *bezgl.* $\boldsymbol{G}$.

Um dies einzusehen, nehmen wir an, es sei $V(t,x(t)) = \alpha$ für ein $t > t_0$, $t \in (t^-, t^+)$. Die Menge aller derartigen t-Werte besitzt ein kleinstes Element t^*, für das $t^* > t_0$ und $V(t^*, x(t^*)) = \alpha$ gilt. Wegen $\dot{V}(t^*, x(t^*)) < 0$ und der Stetigkeit von $\dot{V}$ gibt es ein t^{**}, $t_0 < t^{**} < t^*$, derart, daß $\dot{V}(t,x(t)) < 0$ für $t \in [t^{**}, t^*]$ gilt. Außerdem ist $V(t^{**}, x(t^{**})) < \alpha$. Damit erhalten wir aber sofort die zur Wahl von t^* in Widerspruch stehende Abschätzung

$$V(t^*, x(t^*)) = V(t^{**}, x(t^{**})) + \int_{t^{**}}^{t^*} \dot{V}(s, x(s))\,ds < \alpha .$$

Daß in vielen Fällen die Existenz einer Ljapunov-Funktion bereits Aussagen über das Existenzintervall der Lösungen beinhaltet, zeigt der folgende Satz.

Satz 6.1. $\boldsymbol{G} \subseteq \boldsymbol{G}^*$ *sei eine offene Menge des* (t,x)*-Raumes und* V *eine Ljapunov-Funktion von* (6.1) *auf* $\boldsymbol{G}$. *Für* $(t_0, x_0) \in \boldsymbol{G}$ *mögen die folgenden Bedingungen erfüllt sein:*

a) *Für jedes* $T \geq t_0$ *ist die Menge*

$$\{(t,x) \in \boldsymbol{G} \,|\, t_0 \leq t \leq T,\ V(t,x) \leq V(t_0, x_0)\}$$

beschränkt.

b) *Es ist* $V(t,x) > V(t_0, x_0)$, *falls* $(t,x) \in \partial \boldsymbol{G}$ *und* $t > t_0$ *gilt.*

Dann existiert die Lösung des Anfangswertproblems $\dot{x} = f(t,x)$, $x(t_0) = x_0$, $(t, x(t)) \in \boldsymbol{G}$, *mindestens auf dem Intervall* $[t_0, \infty)$.

Zu den Voraussetzungen des Satzes machen wir folgende

Bemerkungen. 1. Die Voraussetzung a) ist erfüllt, falls $\boldsymbol{G}$ die Gestalt $\boldsymbol{G} = (t^*, \infty) \times \boldsymbol{G}_0$ hat mit einer beschränkten offenen Menge $\boldsymbol{G}_0$ des $\mathbf{R}^n$ und $-\infty \leq t^* < \infty$.
2. Falls V nur von x abhängt und die Projektion von $\boldsymbol{G}$ in den $\mathbf{R}^n$ unbeschränkt ist, so gilt a) unabhängig von der speziellen Gestalt von $\boldsymbol{G}$, wenn $\lim_{\|x\| \to \infty} V(x) = \infty$ ist.
3. Die Voraussetzung b) ist stets erfüllt, wenn $\boldsymbol{G} = (t^*, \infty) \times \mathbf{R}^n$ gilt, da dann die Menge der Randpunkte von $\boldsymbol{G}$ mit $t > t^*$ leer ist.

Beweis von Satz 6.1. Wir haben zu zeigen, daß das maximale Existenzintervall (t^-, t^+) von $x(t)$, charakterisiert durch die Bedingung $(t, x(t)) \in \boldsymbol{G}$ für $t \in (t^-, t^+)$, die Form (t^-, ∞) hat. Es sei $t^+ < \infty$. Wir hätten dann $V(t, x(t)) \leq V(t_0, x_0)$ für alle $t \in [t_0, t^+)$ und $x(t)$ wäre für $t \in [t_0, t^+)$ auf Grund der Voraussetzung a) (mit $T = t^+$) beschränkt, hätte also mindestens einen t^+-Grenzpunkt x^*. Für diesen müßte $V(t_0, x_0) \geq V(t^+, x^*)$ wegen (6.3) gelten. Da nach Satz 2.2 andererseits $(t^+, x^*) \in \partial \boldsymbol{G}$ gelten müßte, haben wir einen Widerspruch zur Voraussetzung b) (auf jeden Fall gilt ja $t_0 < t^+$).

Man kann zwar gelegentlich aus der Existenz einer Ljapunov-Funktion für eine Dgl. wichtige Aussagen über das asymptotische Verhalten der Lösungen gewinnen. Jedoch lassen sich diese Aussagen wesentlich verschärfen, wenn eine Ljapunov-Funktion existiert, die an Stelle von b) aus Definition 6.1 einer schärferen Bedingung genügt.

Satz 6.2 (LaSalle [42]). *$G \subseteq G^*$ sei eine offene Menge und G_0 bzw. $\bar{G}_0$ bezeichne die Projektion von G bzw. $\bar{G}$ in den $\mathbf{R}^n$. V sei eine Ljapunov-Funktion von (6.1) auf G und W eine auf $\bar{G}_0$ definierte, nicht-negative und stetige Funktion. Es mögen die folgenden Voraussetzungen erfüllt sein:*

a) *Für jede beschränkte Teilmenge M von G_0 ist f auf*

$$\{(t,x) \in G \mid x \in M, t \geq 0\}$$

beschränkt.

b) *Für alle $(t,x) \in G$ gilt*

$$\dot{V}(t,x) \leq -W(x).$$

Ist dann $x(t)$ eine Lösung von (6.1) mit dem maximalen Existenzintervall (t^-, ∞) bezüglich G, so gilt für die ω-Grenzmenge Ω dieser Lösung die Beziehung

$$\Omega \subseteq S = \{x \in \bar{G}_0 \mid W(x) = 0\}.$$

Beweis. Es sei $x(t)$ eine Lösung von (6.1) mit dem Existenzintervall (t^-, ∞) bezüglich G und x^* ein ω-Grenzpunkt von $x(t)$. Wir werden zeigen, daß alle Voraussetzungen von Hilfssatz 1.1 erfüllt sind. Dann folgt aber sofort $x^* \in S$.

$x(t)$ ist als Lösung von (6.1) sicher auf einem Intervall $[t_0, \infty)$, $t^- < t_0 < \infty$, differenzierbar. Außerdem gilt wegen $(t, x(t)) \in G$ für $t \in (t^-, \infty)$ auch $x(t) \in G_0$, $t \in [t_0, \infty)$. Ist N eine kompakte Umgebung von x^*, so ist auf Grund von Voraussetzung a) die Funktion f auf der Menge $\{(t,x) \in G \mid x \in N \cap G_0, t \geq t_0\}$ beschränkt. Dies bedeutet aber $\|\dot{x}(t)\| = \|f(t, x(t))\| \leq \beta$ mit einer positiven Konstanten β, falls $x(t) \in N \cap G_0$ gilt. Die Voraussetzung a) aus Hilfssatz 1.1 ist somit erfüllt.

$W(x)$ ist natürlich auf $N \cap \bar{G}_0$ definiert, nicht-negativ und stetig. Nach Voraussetzung b) gilt für alle $t \in [t_0, \infty)$ — und daher sicher immer dann, wenn $x(t) \in N \cap G_0$ ist — die Ungleichung $\dot{V}(t, x(t)) \leq -W(x(t))$. Da V Ljapunov-Funktion ist, fällt $V(t, x(t))$ monoton für $t \in [t_0, \infty)$. Außerdem gilt nach (6.3) $\lim_{t \to \infty} V(t, x(t)) = \gamma > -\infty$, d. h. $V(t, x(t))$ ist auf $[t_0, \infty)$ nach unten beschränkt. Die Funktion $v(t) = V(t, x(t))$ erfüllt somit alle Voraussetzungen aus Hilfssatz 1.1.

Die Menge S ist auf Grund der Definition eine abgeschlossene Menge. Je kleiner S ist, desto genauer wird die Menge Ω abgeschätzt. S hängt natürlich stark von der gewählten Ljapunov-Funktion V und der zur Abschätzung von $\dot{V}$ verwendeten Funktion W ab. Beispielsweise ist b) stets für $W(x) \equiv 0$ erfüllt. Jedoch liefert dann der Satz die triviale Aussage, daß sämtliche ω-Grenzpunkte von $x(t)$ in $\bar{G}_0$ liegen. Liefern zwei Ljapunov-Funktionen V_1 und V_2 die Mengen S_1 und S_2, so liegt Ω in $S = S_1 \cap S_2$.

Korollar. *Ist die Menge S beschränkt, so gilt für jede Lösung $x(t)$ von (6.1) mit einem Existenzintervall bezüglich G der Form (t^-, ∞) entweder*

$$\lim_{t\to\infty} \|x(t)\| = \infty$$

oder $$\lim_{t\to\infty} \operatorname{dist}(x(t), \boldsymbol{S}) = 0\,.$$

Beweis. Die Lösung $x(t)$ sei für $t \to \infty$ unbeschränkt und habe einen ω-Grenzpunkt x^*. Dann besitzt auch die unbeschränkte skalarwertige Funktion $h(t) = \|x(t)\|$ einen ω-Grenzpunkt (Aufgabe 1 zu Abschn. 1). Nach Aufgabe 2 zu Abschn. 1 ist die Menge der ω-Grenzpunkte von $h(t)$ ein unbeschränktes Intervall (der Form $[\alpha, \infty)$ mit einem $\alpha \geq 0$). Da nach Aufgabe 1 zu Abschn. 1 jedem ω-Grenzpunkt γ von $h(t)$ mindestens ein ω-Grenzpunkt x^* von $x(t)$ mit $\|x^*\| = \gamma$ entspricht, ist auch die ω-Grenzmenge Ω von $x(t)$ unbeschränkt. Nach Satz 6.2 müßte aber $\Omega \subseteq \boldsymbol{S}$ sein. Dies kann aber wegen der Beschränktheit von $\boldsymbol{S}$ nicht gelten. Eine unbeschränkte Lösung $x(t)$ kann somit keinen ω-Grenzpunkt haben, d. h. es gilt $\lim_{t\to\infty} \|x(t)\| = \infty$.

Zerfällt die Menge $\boldsymbol{S}$ aus dem Korollar in mehrere paarweise elementefremde, nichtleere und zusammenhängende Teilmengen, so strebt $x(t)$ im Falle $\lim_{t\to\infty} \operatorname{dist}(x(t), \boldsymbol{S}) = 0$ gegen genau eine dieser Teilmengen. Denn die ω-Grenzmenge von $x(t)$ ist zusammenhängend.

Es ist wichtig, die Funktion $\dot{V}(t,x)$, wie es in Satz 6.2 geschehen ist, durch eine von t unabhängige Funktion nach oben abzuschätzen. Dies bedeutet, daß die Menge $\boldsymbol{S}$ aus Satz 6.2 im allgemeinen umfassender ist als die Projektion der Menge $\{(t,x) \in \bar{\boldsymbol{G}} \mid \dot{V}(t,x) = 0\}$ in den $\mathbf{R}^n$. Denn ist etwa $\boldsymbol{G} = (t^*, \infty) \times \boldsymbol{G}_0$, $\boldsymbol{G}_0$ eine offene Teilmenge des $\mathbf{R}^n$, und gilt für ein $\hat{x} \in \boldsymbol{G}_0$ die Ungleichung $\dot{V}(t,\hat{x}) < 0$, $t \in (t^*, \infty)$, aber $\lim_{t\to\infty} \dot{V}(t,x) = 0$, so muß $\hat{x} \in \boldsymbol{S}$ sein.

Im Falle einer autonomen Dgl. läßt sich die Aussage von Satz 6.2 wesentlich verschärfen. Es sei daher die Gleichung

$$\dot{x} = f(x) \tag{6.4}$$

vorgelegt. Die Funktion f sei auf einer offenen Menge $\boldsymbol{G}_0^*$ des $\mathbf{R}^n$ definiert und Lipschitz-stetig.

Satz 6.3 (LaSalle [42]). *$\boldsymbol{G}_0$ mit $\bar{\boldsymbol{G}}_0 \subset \boldsymbol{G}_0^*$ sei eine offene Menge und V eine Ljapunov-Funktion für* (6.4) *auf $\boldsymbol{G}_0$. $\boldsymbol{M}_{\text{inv}}$ bezeichne die maximale invariante Teilmenge von $\boldsymbol{S} = \{x \in \bar{\boldsymbol{G}}_0 \mid \dot{V}(x) = 0\}$. Dann gilt für jede beschränkte Lösung $x(t)$ von* (6.4) *mit dem maximalen Existenzintervall (t^-, ∞) bezüglich $\boldsymbol{G}_0$ die Beziehung*

$$\lim_{t\to\infty} \operatorname{dist}(x(t), \boldsymbol{M}_{\text{inv}}) = 0\,.$$

Beweis. Man sieht leicht, daß $\boldsymbol{M}_{\text{inv}}$ auch als Vereinigungsmenge aller (bezgl. (6.4)) invarianten Teilmengen von $\boldsymbol{S}$ definiert werden kann.

Die Bedingungen a) und b) aus Satz 6.2 sind erfüllt. Denn a) folgt aus der Lipschitz-Stetigkeit von f und b) gilt mit $W = \dot{V}$. Bezeichnet C^+ eine positive Halbtrajektorie von $x(t)$, so gilt nach Satz 6.2 die Inklusion $\Omega(C^+) \subseteq \boldsymbol{S}$. Nun ist aber $\Omega(C^+)$ nach Satz

5.1 eine invariante Menge, weil die Spur C^+ von C^+ in der kompakten Menge $\overline{C^+}$ enthalten ist. Daraus folgt aber $\Omega(C^+) \subseteq M_{\text{inv}}$. Die Beziehung $x(t) \to \Omega(C^+)$ hat natürlich auch $x(t) \to M_{\text{inv}}$ zur Folge.

Zerfällt M_{inv} in mehrere paarweise elementefremde, nichtleere und zusammenhängende Teilmengen, so muß $x(t)$ zu genau einer dieser Teilmengen streben, da $\Omega(C^+)$ zusammenhängend ist.

Beispiel. Als Anwendungsbeispiel für den letzten Satz betrachten wir das durch die Gleichungen

$$\dot{u} = cv(\rho + b_1), \qquad \dot{v} = -cu(\rho - b_2) - av$$

gegebene System. Dabei ist $\rho = u^2 + v^2$ gesetzt, während $c \neq 0$, $a > 0$, $b_1 > 0$ und b_2 reelle Konstante sind. Als Ljapunov-Funktion wählen wir

$$V(u,v) = \tfrac{1}{4}\rho^2 + \tfrac{1}{2}b_1 v^2 - \tfrac{1}{2}b_2 u^2 .$$

Mit Hilfe dieser Funktion kann man die gegebenen Gleichungen in der Form $\dot{u} = cV_v$, $\dot{v} = -cV_u - av$ schreiben, d. h. für $a = 0$ ist cV die Hamilton-Funktion des Systems. Die Ungleichung

$$V(u,v) \geq \tfrac{1}{4}\rho^2 - \tfrac{1}{2}b_2 u^2 \geq \tfrac{1}{4}\|x\|_2^4 - \tfrac{1}{2}b_2\|x\|_2^2,$$

$x = (u,v)^T$, beweist $\lim\limits_{\|x\| \to \infty} V(u,v) = \infty$, d. h. die Punktmenge $\{(u,v) \mid V(u,v) \leq \alpha\}$ ist für alle $\alpha \in \mathbf{R}$ beschränkt. Die Ableitung von V für das gegebene System ist

$$\dot{V}(u,v) = -av^2(\rho + b_1)$$

und daher stets nicht-positiv.

Ist $(u(t), v(t))$ eine Lösung mit $u(0) = u_0$ und $v(0) = v_0$, so gilt $V(u(t),v(t)) \leq V(u_0,v_0)$ für alle $t \geq 0$ (aus dem maximalen Existenzintervall dieser Lösung). Wegen der Beschränktheit der Menge $\{(u,v) \mid V(u,v) \leq V(u_0,v_0)\}$ ist die Voraussetzung a) von Satz 6.1 erfüllt (für $G = (-\infty,\infty) \times \mathbf{R}^2$). Die Voraussetzung b) dieses Satzes gilt wegen der speziellen Gestalt von G. Die Lösungen der gegebenen Gleichungen zu beliebigen Anfangswerten existieren somit für alle $t \geq 0$ und sind beschränkt. Nach Satz 6.3 strebt daher jede Lösung gegen die maximale invariante Teilmenge von $S = \{(u,v) \mid \dot{V}(u,v) = 0\}$. Für eine Lösung $(u(t),v(t))$, die für $t \in (-\infty,\infty)$ in S bleibt, muß $v(t) \equiv 0$ und damit auch $\dot{v}(t) \equiv 0$ sein. Auf Grund der zweiten Gleichung des Systems muß schließlich

$$-cu(t)(u^2(t) - b_2) \equiv 0$$

gelten. Für eine stetige Funktion $u(t)$ folgt daraus $u(t) \equiv 0$ oder $u(t) \equiv \pm\sqrt{b_2}$ (falls $b_2 \geq 0$), d. h. wir haben $M_{\text{inv}} = \{(0,0), (\sqrt{b_2},0), (-\sqrt{b_2},0)\}$ für $b_2 > 0$ und $M_{\text{inv}} = \{(0,0)\}$ für $b_2 \leq 0$. Für jede Lösung $(u(t),v(t))$ gilt daher $\lim\limits_{t\to\infty} v(t) = 0$ und $\lim\limits_{t\to\infty} u(t) = 0$ bzw. $= \pm\sqrt{b_2}$.

Die Punktmenge $V(u,v) < 0$ zerfällt im Fall $b_2 > 0$ in zwei elementefremde Teilmengen $(\{(u,v) \mid V(u,v) < 0,\ u < 0\}$ bzw. $\{(u,v) \mid V(u,v) < 0,\ u > 0\})$, die jeweils einen der Punkte $(\pm\sqrt{b_2},0)$ enthalten. Satz 6.3, angewandt für $G_0 = \{(u,v) \mid V(u,v) < -\varepsilon\}$, $\varepsilon > 0$, liefert daher die folgende Aussage:

Gelten für die Anfangswerte (u_0,v_0) die Beziehungen $V(u_0,v_0) < 0$ und $u_0 < 0$ (bzw. $u_0 > 0$), so ist $\lim\limits_{t\to\infty} v(t) = 0$ und $\lim\limits_{t\to\infty} u(t) = -\sqrt{b_2}$ (bzw. $= \sqrt{b_2}$). Für den Verlauf der Trajektorien im Fall $b_2 > 0$ siehe Abb. 10.

Manchmal ist es notwendig, direkt auf Hilfssatz 1.1 zurückzugreifen. Als Beispiel dazu betrachten wir die Gleichungen

(6.5) $\dot{u} = v, \quad \dot{v} = -\beta v - \alpha \sin u,$

mit reellen Konstanten $\alpha > 0$ und $\beta \geq 0$. Diese Gleichungen beschreiben bekanntlich die gedämpfte ($\beta > 0$) bzw. ungedämpfte ($\beta = 0$) Pendelschwingung. Für $\beta = 0$ ist $V(u,v) = \frac{1}{2}v^2 - \alpha \cos u$ ein erstes Integral. Wie schon im vorhergehenden Beispiel versucht man auch hier, dieses erste Integral im Falle $\beta > 0$ als Ljapunov-Funktion heranzuziehen. Man erhält

$$\dot{V}(u,v) = -\beta v^2 \leq 0$$

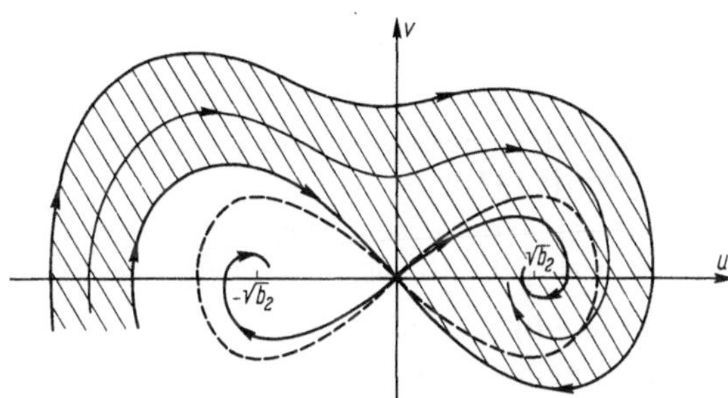

Abb. 10

für alle $(u,v) \in \mathbf{R}^2$, d. h. V ist tatsächlich Ljapunov-Funktion auf ganz $\mathbf{R}^2$. Für eine Lösung $(u(t), v(t))$, die für alle $t \in (-\infty, \infty)$ in $\boldsymbol{S} = \{(u,v) \mid \dot{V}(u,v) = 0\}$ bleibt, muß $v(t) \equiv 0$ und $\dot{v}(t) \equiv 0$ gelten und damit auch $\sin u(t) \equiv 0$, d. h. $u(t) \equiv k\pi$, k eine ganze Zahl. Nach Satz 6.3 strebt daher jede beschränkte und für $t \to \infty$ existierende[1)] Lösung gegen $\boldsymbol{M}_{\text{inv}} = \{(k\pi, 0) \mid k = 0, \pm 1, \ldots\}$. Genauer gilt $\lim\limits_{t \to \infty} u(t) = k\pi$ für genau ein k und $\lim\limits_{t \to \infty} v(t) = 0$.

Daß jede Lösung auf $(-\infty, \infty)$ existiert, folgt nach dem Korollar zu I Satz 9.3 aus der linearen Beschränktheit von $f(u,v) = (v, -\beta v - \alpha \sin u)^T$:

$$\| f(u,v) \|_\infty \leq \gamma \| (u,v)^T \|_\infty + \alpha$$

für alle $t \in (-\infty, \infty)$ mit $\gamma = \max(1, \beta)$. f ist natürlich auf $\mathbf{R}^2$ Lipschitz-stetig. Für eine Lösung $(u(t), v(t))$ der gegebenen Gleichung existiert $\lim\limits_{t \to \infty} V(u(t), v(t))$, da $V(u,v)$ auf $\mathbf{R}^2$ nach unten beschränkt ist. Es muß also $v(t)$ beschränkt sein und daher mindestens einen ω-Grenzpunkt besitzen. Man kann nun $v(t)$ als Lösung der skalaren Gleichung

$$\dot{v} = -\beta v - \alpha \sin u(t)$$

mit bekannter Funktion $u(t)$ auffassen. Wir wenden nun Hilfssatz 1.1 an mit $\tilde{v}(t) = \frac{1}{2}v^2(t) - \alpha \cos u(t)$ und $W(v) = \beta v^2$ (der Funktion $v(t)$ aus Hilfssatz 1.1 entspricht die Funktion $\tilde{v}(t)$ hier): Es ist $W(v^*) = 0$ für jeden ω-Grenzpunkt v^* von $v(t)$, d. h. $v^* = 0$. Dies bedeutet aber $\lim\limits_{t \to \infty} v(t) = 0$ für jede Lösung. Dann existiert auch $\lim\limits_{t \to \infty} \cos u(t)$. Nach Aufgabe 4 zu Abschn. 1 existiert auch $\lim\limits_{t \to \infty} u(t)$. Damit ist aber gezeigt, daß jede Lösung $(u(t), v(t))$ auf $[0, \infty)$ beschränkt ist. Analog wie im vorhergehenden Beispiel zeigt man auch hier $\lim\limits_{t \to \infty} u(t) = 2k\pi$, falls $V(u_0, v_0) < 0$ und $u_0 \in ((2k-1)\pi, (2k+1)\pi)$ (vgl. Abb. 11).

---

1) Daß dies für jede Lösung zutrifft, zeigen die folgenden Überlegungen.

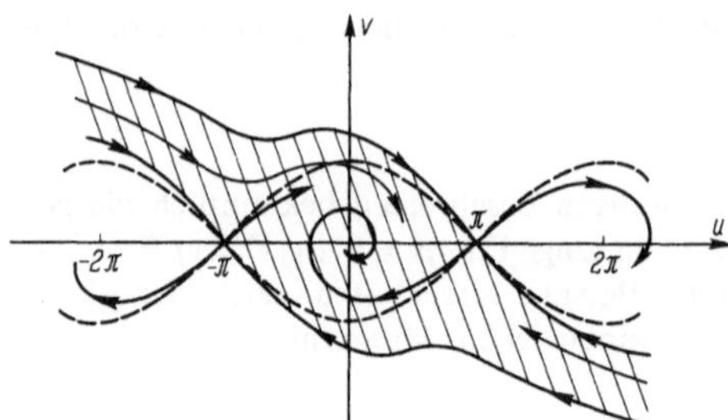

Abb. 11

Aufgaben. 1. Man zeige, daß in Satz 6.2 die Voraussetzung a) durch die folgende ersetzt werden kann (LaSalle [42]):

a′) *Ist $x(t)$ eine Lösung von* (6.1) *mit dem maximalen Existenzintervall* (t^-, ∞) *bezgl.* $\mathbf{G}$, *so ist die Funktion* $w(t) = W(x(t))$ *auf* $[t_0, \infty)$ *differenzierbar mit auf* $[t_0, \infty)$ *beschränkter Ableitung* $\dot{w}(t)$.

Wann kann $\dot{w}(t)$ ohne Kenntnis der Lösung $x(t)$ allein mit Hilfe von (6.1) bestimmt werden?

Hinweis. Besitzt $x(t)$ einen ω-Grenzpunkt x^*, so folgt aus (6.3) und der Ungleichung $\dot{V}(t, x(t)) \leq -W(x(t)) = -w(t)$, $t \geq t_0$, die Existenz von $\lim_{t\to\infty} \int_{t_0}^{t} w(s)\mathrm{d}s$. Eine Anwendung von I Hilfssatz 1.2 liefert sofort wegen der Stetigkeit von $W(x)$ das Ergebnis $W(x^*) = 0$.

2. Für jede Lösung $u(t)$ von $\ddot{u} + p(t)\dot{u} + u = 0$ mit einer auf $[0, \infty)$ stetigen Funktion $p(t)$ gilt $\lim_{t\to\infty} u(t) = \gamma < \infty$ und $\lim_{t\to\infty} \dot{u}(t) = 0$, falls für alle $t \geq 0$ die Ungleichung $0 < \delta \leq p(t)$ gilt. Im allgemeinen ist $\gamma \neq 0$.

Hinweis. Für das der skalaren Gleichung zugeordnete System $\dot{x}^1 = x^2$, $\dot{x}^2 = -x^1 - p(t)x^2$ wähle man $V(x^1, x^2) = \frac{1}{2}((x^1)^2 + (x^2)^2)$ als Ljapunov-Funktion. Mit Hilfe von Aufgabe 1 folgt $\dot{u}(t) \to 0$ und weiter $u(t) \to \gamma$, weil V von t unabhängig ist. Als Beispiel für $\gamma \neq 0$ betrachte man die Lösung der gegebenen Gleichung mit $p(t) = 2 + e^t$ zu den Anfangswerten $u(0) = 2$, $\dot{u}(0) = -1$ (etwa Potenzreihenansatz).

3. Man beweise die oben für die ω-Grenzmengen der Lösungen von (6.5) gewonnene Aussage, ohne Hilfssatz 1.1 zu verwenden.

Hinweis. Hilfssatz 1.1 wurde benutzt, um $\lim_{t\to\infty} v(t) = 0$ für jede Lösung $(u(t), v(t))$ zu zeigen. Man kann diese Aussage auch gewinnen, indem man $\ddot{V}$ (die Ableitung von $\dot{V}$ für (6.5)) längs der Lösungen betrachtet und I Hilfssatz 1.2 benutzt.

4. Gegeben sei die Gleichung $\ddot{u} + h(u, \dot{u})\dot{u} + g(u) = 0$ mit für alle $(u, v) \in \mathbf{R}^2$ bzw. alle $u \in \mathbf{R}$ definierten und Lipschitz-stetigen Funktionen $h(u, v)$ und $g(u)$. Folgende Voraussetzungen seien erfüllt:

a) $\quad h(u, v) > 0 \quad$ für alle $\quad (u, v) \in \mathbf{R}^2$.

b) $\quad \lim_{|u|\to\infty} \int_0^u g(s)\mathrm{d}s = \infty$.

Man zeige: Jede Lösung $(u(t), v(t))$ existiert mindestens auf $[0, \infty)$, und es gilt $\lim_{t\to\infty} u(t) = u_0$, $\lim_{t\to\infty} v(t) = 0$, wobei u_0 eine Ruhelage der Gleichung ist (d. h. $g(u_0) = 0$).

Hinweis. Man benutze das erste Integral $V(u,\dot{u}) = \frac{1}{2}\dot{u}^2 + G(u)$, $G(u) = \int_0^u g(s)ds$ der Gleichung mit $h \equiv 0$ als Ljapunov-Funktion.

7. Stabilität im Sinne Ljapunovs. Direkte Methode

In diesem Abschnitt untersuchen wir das asymptotische Verhalten der Lösungen einer Dgl. im Vergleich zu einer ausgezeichneten Lösung, wie es durch eine große Anzahl von Stabilitätsdefinitionen charakterisiert wird. Wir können hier nur auf die besonders wichtigen, im wesentlichen auf Ljapunov zurückgehenden Stabilitätsbegriffe eingehen. Den zur Unterscheidung von anderen Stabilitätsbegriffen vielfach üblichen Zusatz „im Sinne Ljapunovs" können wir hier weglassen. Für ein tieferes Eindringen in die Stabilitätstheorie verweisen wir den Leser auf die einschlägige Literatur (etwa Hahn [5], LaSalle/Lefschetz [13], Halanay [6], Malkin [38]). Wer sich nur für die unbedingt notwendigen Grundlagen der Stabilitätstheorie interessiert, kann die durch Kleindruck gekennzeichneten Teile dieses Abschnittes überschlagen. In diesen Teilen sind Aussagen über gleichmäßige Stabilität und gleichmäßige asymptotische Stabilität enthalten.

7.1. Stabilitätsdefinitionen

Wir betrachten bis auf weiteres eine Dgl. der Form

$$(7.1) \qquad \dot{x} = f(t,x),$$

wobei die rechte Seite die üblichen Voraussetzungen erfüllen soll: f ist auf einer offenen Menge $\boldsymbol{G}$ des (t,x)-Raumes definiert, stetig und Lipschitz-stetig bezüglich x. Mit $x(t;t_0,x_0)$ bezeichnen wir wie üblich die Lösung von (7.1) mit den Anfangswerten $(t_0,x_0) \in \boldsymbol{G}$. Für das Folgende wählen wir eine feste Lösung $\tilde{x}(t)$ von (7.1) mit dem maximalen Existenzintervall (t^-,∞). Für diese Lösung soll es ein $\rho > 0$ derart geben, daß für ein $t^* \in (t^-,\infty)$ die Umgebung $\bar{\boldsymbol{N}}_\rho = \{(t,x) | t \geq t^*, \|x - \tilde{x}(t)\| \leq \rho\}$ der Kurve $(t,\tilde{x}(t))$, $t \geq t^*$, in $\boldsymbol{G}$ enthalten ist.

Definition 7.1. a) *Die Lösung $\tilde{x}(t)$ heißt stabil, wenn es zu jedem $\varepsilon > 0$ und jedem $t_0 \in (t^-,\infty)$ ein $\delta = \delta(\varepsilon,t_0) > 0$ mit folgenden Eigenschaften gibt: Ist $\|x_0 - \tilde{x}(t_0)\| < \delta$, so existiert die Lösung $x(t;t_0,x_0)$ für alle $t \geq t_0$ und genügt der Ungleichung $\|x(t;t_0,x_0) - \tilde{x}(t)\| < \varepsilon$ für alle $t \geq t_0$.*

b) *Die Lösung $\tilde{x}(t)$ heißt instabil, wenn sie nicht stabil ist.*

Die Stabilität von $\tilde{x}(t)$ bedeutet, daß für jedes $t_0 \in (t^-,\infty)$ die Beziehung $\lim\limits_{x_0 \to \tilde{x}(t_0)} x(t;t_0,x_0) = \tilde{x}(t)$ gleichmäßig für $t \in [t_0,\infty)$ gilt. Es ist dies eine Verschärfung der Aussage, die man bereits aus der stetigen Abhängigkeit der Lösungen von den Anfangswerten erhält. Denn daraus folgt zwar $\lim\limits_{x_0 \to \tilde{x}(t_0)} x(t;t_0,x_0) = \tilde{x}(t)$ für alle $t \in [t_0,\infty)$, jedoch gilt die gleichmäßige Konvergenz in t nur für kompakte Teilintervalle von $[t_0, \infty)$ und im allgemeinen nicht für das unbeschränkte Intervall $[t_0, \infty)$ selbst.

Es ist nützlich, sich die Bedeutung des Begriffes instabil in der folgenden Weise klarzumachen: Die Lösung $\tilde{x}(t)$ ist genau dann instabil, wenn Zahlen $\eta > 0$, $t_0^* \in (t^-, \infty)$ und dazu Folgen $x_\nu \to \tilde{x}(t_0^*)$ und $t_\nu \to \infty$ derart existieren, daß $\|x(t_\nu; t_0^*, x_\nu) - \tilde{x}(t_\nu)\| \geq \eta$ für alle ν gilt. Diese Aussage erhält man durch Negation von Definition 7.1 Teil a), wobei zu beachten ist, daß die Folge (t_ν) wegen $\lim\limits_{\nu \to \infty} x(t; t_0^*, x_\nu) = \tilde{x}(t)$, $t \in [t_0^*, \infty)$ keine endlichen Häufungspunkte besitzen kann.

Einen weiteren wichtigen Stabilitätsbegriff erhält man, wenn die Lösungen, die in der Nähe der ausgezeichneten Lösung $\tilde{x}(t)$ beginnen, nicht nur in der Nähe von $\tilde{x}(t)$ bleiben, sondern für $t \to \infty$ zu dieser Lösung streben.

Definition 7.2. *Die Lösung $\tilde{x}(t)$ heißt asymptotisch stabil, wenn gilt:*

a) *$\tilde{x}(t)$ ist stabil.*

b) *Zu jedem $t_0 \in (t^-, \infty)$ gibt es ein $\eta = \eta(t_0), 0 < \eta \leq \infty$, derart, daß für x_0 mit $\|x_0 - \tilde{x}(t_0)\| < \eta$ die Lösung $x(t; t_0, x_0)$ für alle $t \geq t_0$ existiert und*

$$\lim_{t \to \infty} \|x(t; t_0, x_0) - \tilde{x}(t)\| = 0 \tag{7.2}$$

gilt.

Die Menge $\boldsymbol{E}(t_0)$ aller $x_0 \in \mathbf{R}^n$ mit (7.2) *heißt der Einzugsbereich von $\tilde{x}(t)$ für $t = t_0$.*

Gilt für die Lösung $\tilde{x}(t)$ die Bedingung b) der Definition allein, so nennt man $\tilde{x}(t)$ attraktiv. Die Begriffe stabil und attraktiv sind voneinander unabhängig. Wir werden bald sehen, daß schon bei linearen autonomen Systemen eine stabile Lösung nicht attraktiv sein muß (vgl. Satz 7.5). Der umgekehrte Fall ist nicht so leicht zu demonstrieren (s. Aufgabe 1). Jedoch kann man bereits autonome Systeme zweiter Ordnung angeben mit einer attraktiven, aber instabilen Lösung (s. z. B. Hahn [5], § 40).

Von besonderem Interesse sind die Stabilitätseigenschaften der Ruhelagen der Gl. (7.1). Unter einer Ruhelage von (7.1) versteht man eine Lösung der Form $\tilde{x}(t) \equiv x_0 \in \mathbf{R}^n$ auf dem maximalen Existenzintervall dieser Lösung. Soll dieses Existenzintervall (t^-, ∞) sein, so muß $\boldsymbol{G}$ alle Punkte (t, x_0), $t \in (t^-, \infty)$ enthalten. $\tilde{x}(t) \equiv x_0$ ist genau dann Ruhelage von (7.1), wenn $f(t, x_0) = 0$ für $t \in (t^-, \infty)$ gilt. Man kann die Stabilitätsuntersuchung einer speziellen Lösung $\tilde{x}(t)$ von (7.1) immer auf die Untersuchung einer Ruhelage zurückführen. Durch die Transformation $y(t) = x(t) - \tilde{x}(t)$, t aus dem maximalen Existenzintervall (t^-, ∞) von $\tilde{x}(t)$, geht die Gleichung (7.1) über in

$$\dot{y} = F(t, y) = f(t, y + \tilde{x}(t)) - f(t, \tilde{x}(t)) . \tag{7.3}$$

Diese Dgl. nennt man auch die Gleichung der gestörten Bewegung. Ihre rechte Seite ist nach unseren Voraussetzungen über $\tilde{x}(t)$ mindestens auf $\boldsymbol{N}_\rho^* = \{(t, y) \mid t \in (t^*, \infty), \|y\| \leq \rho\}$ definiert. Ist $x(t; t_0, x_0)$ eine Lösung von (7.1) mit $(t_0, x_0) \in \boldsymbol{N}_\rho$, so ist $y(t; t_0, y_0) = x(t; t_0, x_0) - \tilde{x}(t)$ die Lösung von (7.3) mit den Anfangswerten $(t_0, y_0) \in N_\rho^*$, $y_0 = x_0 - \tilde{x}(t_0)$, und umgekehrt. Einer Abschätzung für $\|y(t; t_0, y_0)\|$ entspricht dabei eine Abschätzung derselben Art für $\|x(t; t_0, x_0) - \tilde{x}(t)\|$ und umgekehrt. Die Lösung $\tilde{x}(t)$ von (7.1) ist somit genau dann stabil bzw. asymptotisch stabil, wenn die Ruhelage $y \equiv 0$ von (7.3) stabil bzw. asymptotisch stabil ist. Im folgenden werden wir uns auf die Untersuchung von Ruhelagen beschränken, wobei wir ohne weiteres annehmen können, daß es sich um die Ruhelage $\tilde{x}(t) \equiv 0$ auf (t^-, ∞) handelt. Wir wollen noch darauf hinweisen, daß die Gleichung der gestörten Bewegung im allgemeinen nicht-autonom ist.

Ist Gl. (7.1) autonom, so können die Begriffe stabil und asymptotisch stabil besonders einfach in geometrischer Form charakterisiert werden. Im folgenden bezeichnet $\boldsymbol{K}(\rho, x_0)$, $\rho > 0$ und $x_0 \in \mathbf{R}^n$, die offene Punktmenge $\{y \mid \|y - x_0\| < \rho\}$.

Bemerkungen. 1. Die Ruhelage $x \equiv 0$ einer autonomen Gleichung ist genau dann stabil, wenn es zu beliebigem $\varepsilon > 0$ stets ein $\delta > 0$ derart gibt, daß die Lösungen $x(t; x_0)$ mit $\|x_0\| < \delta$ für alle $t \geq 0$ existieren und $\boldsymbol{C}^+(x_0) \subset K(\varepsilon, 0)$ gilt. $\boldsymbol{C}^+(x_0)$ bezeichnet die Spur der Halbtrajektorie $t \to x(t; x_0), t \geq 0$.

2. Die Ruhelage $x \equiv 0$ ist genau dann asymptotisch stabil, wenn sie stabil ist und ein $\eta > 0$ derart existiert, daß $x(t; x_0)$ mit $\|x_0\| < \eta$ stets für alle $t \geq 0$ existiert und 0 Häufungspunkt von $\boldsymbol{C}^+(x_0)$ ist (s. Aufgabe 2).

Für die folgenden Untersuchungen ist es notwendig, die Aussage „$\lim\limits_{t \to \infty} x(t; t_0, x_0) = 0$ für $\|x_0\| < \eta(t_0)$" in einer anderen äquivalenten Form zu formulieren: Zu beliebigen $\varepsilon > 0$, $t_0 \in (t^-, \infty)$ und x_0 mit $\|x_0\| < \eta(t_0)$ gibt es ein $T = T(\varepsilon, t_0, x_0) \geq 0$ mit $\|x(t; t_0, x_0)\| < \varepsilon$ für alle $t > t_0 + T$. Ist die Ruhelage $x \equiv 0$ stabil, so wollen wir als $\delta(\varepsilon, t_0)$ immer das Supremum aller δ wählen, für die aus $\|x_0\| < \delta$ die Existenz von $x(t; t_0, x_0)$ auf $[t_0, \infty)$ und die Ungleichung $\|x(t; t_0, x_0)\| < \varepsilon$ für $t \geq t_0$ folgen. Falls $x \equiv 0$ asymptotisch stabil ist, soll $\eta(t_0)$ immer das Supremum aller $\eta \leq \infty$ bedeuten, für die die Lösungen $x(t; t_0, x_0)$ mit $\|x_0\| < \eta$ auf $[t_0, \infty)$ existieren und für $t \to \infty$ nach Null streben. Darüber hinaus wollen wir für $t_0 \in (t^-, \infty)$ und x_0 mit $\|x_0\| < \eta(t_0)$ immer $T(\varepsilon, t_0, x_0) = \inf\{T \mid \|x(t; t_0, x_0)\| < \varepsilon \text{ für } t > t_0 + T\}$ setzen. Im allgemeinen kann man $\delta(\varepsilon, t_0)$, $\eta(t_0)$ und $T(\varepsilon, t_0, x_0)$ nicht unabhängig von t_0 und x_0 wählen (vgl. Aufgabe 3). Ist dies jedoch der Fall, so erhält man die folgenden, für die Stabilitätstheorie nicht-autonomer Dgln. besonders wichtigen Stabilitätsbegriffe:

Definition 7.3. a) *Die Ruhelage $x \equiv 0$ heißt gleichmäßig stabil, wenn sie stabil ist und wenn $\delta(\varepsilon, t_0)$ aus* Definition 7.1 a) *auf Intervallen der Form $[t^*, \infty)$ durch ein von t_0 unabhängiges $\delta = \delta(\varepsilon)$ ersetzt werden kann.*

b) *Die Ruhelage $x \equiv 0$ heißt gleichmäßig asymptotisch stabil, wenn sie gleichmäßig stabil ist, $\eta(t_0)$ auf Intervallen der Form $[t^*, \infty)$ durch ein von t_0 unabhängiges $\eta > 0$ ersetzt werden kann und auf derartigen Intervallen zu beliebigem $\varepsilon > 0$ eine nur von ε abhängige Zahl $T = T(\varepsilon) \geq 0$ mit $\|x(t; t_0, x_0)\| < \varepsilon$ für $\|x_0\| < \eta$ und $t > t_0 + T$ gefunden werden kann.*

Die gleichmäßige asymptotische Stabilität von $x \equiv 0$ bedeutet insbesondere, daß das Abklingen der Lösungen nahe dieser Ruhelage gleichmäßig in bezug auf $t_0 \in [t^*, \infty)$ und x_0 aus einer Umgebung von $x = 0$ erfolgt.

Die Sonderrolle der autonomen bzw. periodischen Differentialgleichungen innerhalb der Stabilitätstheorie zeigt der folgende Satz:

Satz 7.1. *Die rechte Seite der Differentialgleichung* (7.1) *sei von t unabhängig bzw. in t periodisch. Dann gilt:*

a) *Die Ruhelage* $x \equiv 0$ *ist genau dann stabil, wenn sie gleichmäßig stabil ist.*

b) *Die Ruhelage* $x \equiv 0$ *ist genau dann asymptotisch stabil, wenn sie gleichmäßig asymptotisch stabil ist.*

Beweis. Daß die Aussage a) für autonome Gleichungen richtig ist, folgt unmittelbar aus der Eigenschaft der Lösungen solcher Gleichungen, nur von der Differenz $t - t_0$ und von x_0 abhängig zu sein. Aus dieser Eigenschaft folgt auch im Falle der asymptotischen Stabilität unmittelbar das gleichmäßige Abklingen der Lösungen in bezug auf t_0, jedoch nicht so leicht das gleichmäßige Abklingen in bezug auf x_0. Der Beweis für den periodischen Fall ergibt natürlich auch den Beweis für den autonomen Fall. Es sei daher

$$f(t,x) = f(t + \omega, x) \tag{7.4}$$

mit einem $\omega > 0$ für alle (t,x) aus dem Definitionsbereich von f, den wir ohne Einschränkung in der Form $(-\infty, \infty) \times \boldsymbol{G}_0$, $\boldsymbol{G}_0$ eine offene Teilmenge des $\mathbf{R}^n$, annehmen können. Wir zeigen zuerst, daß man unter den gegebenen Voraussetzungen δ und η unabhängig von $t_0 \in (-\infty, \infty)$ wählen kann. Für ein $t^* \in (-\infty, \infty)$ setzen wir $\boldsymbol{N}_0 = \{x_0 \mid \|x_0\| < \delta(\varepsilon, t^*)\}$ bzw. $\boldsymbol{N}_0 = \{x_0 \mid \|x_0\| < \min(1, \frac{1}{2}\eta(t^*))\}$, wobei $\delta(\varepsilon, t^*)$ bzw. $\eta(t^*)$ entsprechend unseren Vereinbarungen vor Definition 7.3 gewählt sind. Mit den Bezeichnungen des Korollars zu Satz 3.1 gilt $\delta(\varepsilon, t_0) = \operatorname{dist}(0, \partial \boldsymbol{N}(t_0))$, $t_0 \geq t^*$, bzw. $\eta^*(t_0) = \operatorname{dist}(0, \partial \boldsymbol{N}(t_0)) < \eta(t_0)$, $t_0 \geq t^*$. Wegen der Definition von $\boldsymbol{N}_0$ gilt $\eta^*(t_0) < \infty$, $t_0 \geq t^*$. Nach der Bemerkung am Ende von Abschn. 3.1 sind $\delta(\varepsilon, t_0)$ und $\eta^*(t_0)$ auf $[t^*, \infty)$ in t_0 stetig und positiv. Es existieren daher die Zahlen

$$\delta(\varepsilon) = \min\{\delta(\varepsilon, t_0) \mid t_0 \in [t^*, t^* + \omega]\} > 0$$

und

$$\eta = \min\{\eta(t_0) \mid t_0 \in [t^*, t^* + \omega]\} > 0\,.$$

Ist nun $x(t; t_0, x_0)$ eine Lösung von (7.1) mit $t_0 \in (-\infty, \infty)$ und $\|x_0\| < \delta(\varepsilon)$ bzw. $\|x_0\| < \eta$, so gilt wegen (7.4) und der Eindeutigkeit der Lösungen von (7.1)

$$x(t; t_0, x_0) = x(t + k\omega; t_0 + k\omega, x_0)$$

für alle $t \geq t_0$ und alle ganzen Zahlen k. Wir wählen nun k so, daß $t_0 + k\omega \in [t^*, t^* + \omega]$ ist. Wegen der Wahl von $\delta(\varepsilon)$ bzw. η folgt $\|x(t; t_0, x_0)\| = \|x(t + k\omega; t_0 + k\omega, x_0)\| < \varepsilon$ für $t + k\omega \geq t_0 + k\omega$, d. h. für $t \geq t_0$, bzw. $\lim\limits_{t\to\infty} x(t; t_0, x_0) = \lim\limits_{t\to\infty} x(t + k\omega; t_0 + k\omega, x_0) = 0$. Damit ist die Aussage a) des Satzes vollständig bewiesen.

Zum Beweis von b) fehlt nur noch der Nachweis einer Zahl $T(\varepsilon) \geq 0$ mit $\|x(t; t_0, x_0)\| < \varepsilon$ für alle $t > t_0 + T(\varepsilon)$, x_0 mit $\|x_0\| \leq \eta/2$ und alle $t_0 \in (-\infty, \infty)$. Wir setzen

$$T(\varepsilon) = \sup\{T(\varepsilon, t_0, x_0) \mid t_0 \in [t^*, t^* + \omega], \|x_0\| \leq \eta/2\}$$

und haben $T(\varepsilon) < \infty$ zu zeigen. Ist $T(\varepsilon) = \infty$, so existieren Folgen $(\tilde{t}_\nu)$ mit $\tilde{t}_\nu \in [t^*, t^* + \omega]$ für alle ν, $(\tilde{x}_\nu)$ mit $\|\tilde{x}_\nu\| \leq \eta/2$ für alle ν und (t_ν) mit $t_\nu \to \infty$, $t_\nu \geq \tilde{t}_\nu$ für alle ν, derart, daß für alle ν die Beziehung

$$\|x(t_\nu; \tilde{t}_\nu, \tilde{x}_\nu)\| = \varepsilon$$

gilt. Wegen der gleichmäßigen Stabilität von $x \equiv 0$ muß zusätzlich $\|x(t; \tilde{t}_\nu, \tilde{x}_\nu)\| \geq \delta(\varepsilon)$ für $t \in [\tilde{t}_\nu, t_\nu]$ gelten. Wir können ohne weiteres annehmen, daß die Folgen $(\tilde{t}_\nu)$ und $(\tilde{x}_\nu)$ konvergent sind, $\tilde{t}_\nu \to \tilde{t}_0 \in [t^*, t^* + \omega]$ und $\tilde{x}_\nu \to \tilde{x}_0$ mit $\|\tilde{x}_0\| \leq \eta/2$. Für die Lösung $x(t; \tilde{t}_0, \tilde{x}_0)$ muß dann aber wegen der stetigen Abhängigkeit der Lösungen von den Anfangswerten die Ungleichung

$\|x(t;\tilde{t}_0,\tilde{x}_0)\| \geq \delta(\varepsilon)$ auf $[t_0,\infty)$ gelten. Dies widerspricht aber der Beziehung $\lim_{t\to\infty} x(t;\tilde{t}_0,\tilde{x}_0) = 0$ (man beachte $\|\tilde{x}_0\| \leq \eta/2$), d. h. es muß $T(\varepsilon) < \infty$ sein.

Für beliebige $t_0 \in (-\infty,\infty)$ und x_0 mit $\|x_0\| \leq \eta/2$ gilt $x(t;t_0,x_0) = x(t + k\omega; t_0 + k\omega, x_0)$ mit $t_0 + k\omega \in [t^*, t^* + \omega]$ für alle $t \geq t_0$ und für $t + k\omega > t_0 + k\omega + T(\varepsilon)$ gilt schließlich wegen der Definition von $T(\varepsilon)$ $\|x(t + k\omega; t_0 + k\omega, x_0)\| < \varepsilon$, d. h. $\|x(t;t_0,x_0)\| < \varepsilon$ für $t > t_0 + T(\varepsilon)$. Damit ist Satz 7.1 vollständig bewiesen.

Die zu Beginn des Beweises von Satz 7.1 durchgeführten Überlegungen im Zusammenhang mit den Funktionen $\delta(\varepsilon,t_0)$ und $\eta^*(t_0)$ liefern auch die folgende Aussage:

Es genügt, in Definition 7.1 a) *bzw. in* Definition 7.2 *die Existenz der Zahl* $\delta(\varepsilon,t_0)$ *bzw.* $\eta(t_0)$ *nur für mindestens ein* $t_0 \in (t^-,\infty)$ *zu fordern.*

Aufgaben. 1. Gegeben sei die Funktion

$$h(t,u,v) = \frac{1 + 2at^2}{1 + t + a^3 t^3}, \qquad a = \frac{v^2}{u^2 + v^2}.$$

Man zeige, daß die Ruhelage $u = v = 0$ von

$$\dot{u} = \frac{h_t}{h} u, \qquad \dot{v} = \frac{h_t}{h} v, \qquad t \geq 0,$$

attraktiv, jedoch nicht stabil ist (Hahn [5]).

Hinweis. In ebenen Polarkoordinaten erhält man besonders einfache Gleichungen, die sofort integriert werden können. Für eine Nullfolge (ε_ν) bestimme man die Lösungen $(r_\nu(t), \varphi_\nu(t))$ zu den Anfangswerten $\varphi_\nu(0) = \varepsilon_\nu$, $r_\nu(0) = (\sin^2 \varepsilon_\nu)^{1/2}$ und betrachte $r_\nu(t_\nu)$, $t_\nu = (\sin^2 \varepsilon_\nu)^{-3/2}$, $\nu = 1,2,\ldots$.

2. Gl. (7.1) sei autonom und die Ruhelage $x \equiv 0$ sei stabil. Ist 0 ein ω-Grenzpunkt einer Lösung $x(t)$ von (7.1), so gilt $\lim_{t\to\infty} x(t) = 0$.

3. Man zeige, daß die Ruhelage $u = 0$ der skalaren Gleichung

$$\dot{u} = \frac{\dot{g}(t)}{g(t)} u, \qquad t > 0,$$

mit $g(t) = t^{-2+\cos t}$ asymptotisch stabil, jedoch nicht gleichmäßig stabil ist (Hahn [5]).

Hinweis. Man untersuche die Werte $u(t_k;\tilde{t}_k,u_0)$ für $t_k = 2k\pi$, $\tilde{t}_k = (2k-1)\pi$, $k = 1,2,\ldots$, und beliebige $u_0 \in \mathbf{R}$.

7.2. Lineare Differentialgleichungen

Bevor wir die wesentlichsten Stabilitätskriterien der direkten Methode Ljapunovs diskutieren, wollen wir die linearen Gleichungen untersuchen, da hier die Verhältnisse besonders einfach sind. Gegeben sei also eine lineare Gleichung der Form

$$\dot{x} = A(t)x + g(t) \tag{7.5}$$

mit einer $n \times n$-Matrix $A(t)$, deren Elemente ebenso wie die Komponenten des Vektors $g(t)$ auf einem Intervall der Form (t^-,∞) definiert und stetig sind. Wie wir in II Abschn. 1 (II Satz 1.1 für $I_0 = (t^-,\infty)$) gesehen haben, existieren die Lösungen von (7.5) zu beliebigen Anfangswerten $(t_0,x_0)\in(t^-,\infty)\times\mathbf{R}^n$ auf dem Intervall (t^-,∞). Wir müssen uns daher bei Stabilitätsuntersuchungen nicht um die Existenz der Lösungen kümmern.

Der folgende Satz zeigt, daß man die Untersuchung einer ausgezeichneten Lösung von (7.5) auf die Untersuchung der trivialen Lösung der zugehörigen homogenen Gleichung

(7.6) $\quad \dot{x} = A(t)x$

zurückführen kann.

Satz 7.2. $\tilde{x}(t)$ *sei eine Lösung von* (7.5). *Diese Lösung (und damit jede andere Lösung von* (7.5)*) besitzt genau dieselben Stabilitätseigenschaften wie die triviale Lösung der homogenen Gleichung* (7.6). *Im Falle der asymptotischen Stabilität gilt* $\boldsymbol{E}(t_0)=\mathbf{R}^n$ *für alle* $t_0\in(t^-,\infty)$.

Beweis. Beachtet man das Superpositionsprinzip (II Satz 1.2), so erkennt man, daß die homogene Gleichung (7.6) nichts anderes als die Gleichung der gestörten Bewegung für $\tilde{x}(t)$ ist (vgl. (7.3)). Damit ist der erste Teil des Satzes bewiesen. Die Aussage über den Einzugsbereich folgt aus der Tatsache, daß mit einer Lösung $x(t)=x(t;t_0,x_0)$ von (7.6) für beliebige Konstante α auch $\alpha x(t)$ Lösung ist, $\alpha x(t) = x(t;t_0,\alpha x_0)$.

Mit Hilfe unserer Aussagen über lineare Gleichungen in Kapitel II erhalten wir die folgenden Stabilitätskriterien:

Satz 7.3. $\Phi(t,t_0)$ *bezeichnet wie üblich die Übergangsmatrix von Gl.* (7.6).

a) *Die Ruhelage* $x\equiv 0$ *ist genau dann stabil, wenn es für jedes* $t_0\in(t^-,\infty)$ *eine Konstante* $\alpha(t_0)>0$ *gibt mit*

(7.7) $\quad \|\Phi(t,t_0)\|\le\alpha(t_0)$ *für alle* $t\ge t_0$.

b) *Die Ruhelage* $x\equiv 0$ *ist genau dann asymptotisch stabil, wenn für jedes* $t_0\in(t^-,\infty)$

(7.8) $\quad \lim\limits_{t\to\infty}\Phi(t,t_0)=0$

gilt.

Ist $\Phi(t)$ eine beliebige Fundamentalmatrix von (7.6), so kann (7.7) durch $\|\Phi(t)\| \le\alpha(t_0)$, $t\ge t_0$, $t_0\in(t^-,\infty)$, ersetzt werden. In b) kann man dann $\lim\limits_{t\to\infty}\Phi(t)=0$ an Stelle von (7.8) fordern.

Beweis von Satz 7.3. Für beliebige $(t_0,x_0)\in(t^-,\infty)\times\mathbf{R}^n$ gilt nach II Satz 2.2 die Lösungsdarstellung $x(t;t_0,x_0)=\Phi(t,t_0)x_0$, $t\in(t^-,\infty)$. Daraus folgt die Abschätzung

(7.9) $\quad \|x(t;t_0,x_0)\|\le\|\Phi(t,t_0)\|\,\|x_0\|,\quad t\ge t_0$.

Aus der Stabilität von $x\equiv 0$ folgt $\|\Phi(t,t_0)x_0\|<1$ für $\|x_0\|<\delta(1,t_0)$, $t\ge t_0$. Wählen wir $x_0=\dfrac{2}{\delta(1,t_0)}\,e_i$, e_i der i-te Vektor der kanonischen Basis des $\mathbf{R}^n$, so ist $\Phi(t,t_0)x_0$

die i-te Spalte $\varphi_i(t,t_0)$ von $\Phi(t,t_0)$ multipliziert mit $\frac{2}{\delta(1,t_0)}$. Damit erhalten wir $\|\varphi_i(t,t_0)\| \leq \delta(1,t_0)/2, t \geq t_0, i = 1,\ldots,n$. Dies bedeutet, daß die Elemente der Matrix $\Phi(t,t_0)$ für $t \geq t_0$ und damit auch $\|\Phi(t,t_0)\|$ beschränkt ist. Die obere Schranke ist im allgemeinen von t_0 abhängig.

Ist umgekehrt $\|\Phi(t,t_0)\| \leq \alpha(t_0)$ für $t \geq t_0 > t^-$, so folgt $\|x(t;t_0,x_0)\| < \varepsilon, t \geq t_0$, aus (7.9), falls $\|x_0\| < \frac{\varepsilon}{\alpha(t_0)} = \delta(\varepsilon,t_0)$ ist. Damit ist a) bewiesen.

Gilt (7.8), so folgt wegen (7.9) auch $\lim\limits_{t\to\infty} x(t;t_0,x_0) = 0$ für alle $(t_0,x_0) \in (t^-,\infty) \times \mathbf{R}^n$, d. h. $x \equiv 0$ ist attraktiv. Aus (7.8) folgt aber auch $\|\Phi(t,t_0)\| \leq \alpha(t_0)$ für $t \geq t_0 > t^-$ mit einer positiven Konstanten $\alpha(t_0)$. Die Ruhelage ist somit nach a) auch stabil.

Ist umgekehrt $x \equiv 0$ asymptotisch stabil, so zeigt man analog wie im Fall der Stabilität, daß die Spalten von $\Phi(t,t_0)$ und damit sämtliche Elemente von $\Phi(t,t_0)$ nach Null streben. Dies bedeutet schließlich $\lim\limits_{t\to\infty} \Phi(t,t_0) = 0$ für alle $t_0 \in (t^-,\infty)$. Damit ist auch b) bewiesen.

Für die „gleichmäßigen" Stabilitätsbegriffe gilt:

Satz 7.4. *$\Phi(t,t_0)$ sei die Übergangsmatrix von* (7.6).

a) *Die Ruhelage $x \equiv 0$ ist genau dann gleichmäßig stabil, wenn auf Intervallen der Form $[t^*,\infty)$, $t^* > t^-$, eine von t_0 unabhängige positive Konstante α existiert mit*

$$\|\Phi(t,t_0)\| \leq \alpha \quad \textit{für alle } t \geq t_0\,. \tag{7.10}$$

b) *Ruhelage $x \equiv 0$ ist genau dann gleichmäßig asymptotisch stabil, wenn es für Intervalle der Form $[t^*,\infty)$, $t^* > t^-$, zwei von t_0 unabhängige positive Konstante α und β gibt mit*

$$\|\Phi(t,t_0)\| \leq \alpha e^{-\beta(t-t_0)} \quad \textit{für alle } t \geq t_0\,. \tag{7.11}$$

Beweis. Der Beweis zu a) ist ganz analog dem Beweis zu Satz 7.3a). Man muß nur beachten, daß jetzt an Stelle von $\delta(1,t_0)$ ein $\delta = \delta(1)$ gewählt werden kann bzw. an Stelle von $\alpha(t_0)$ die Konstante α tritt.

Gilt nun die Ungleichung (7.11), so folgt mit Hilfe von (7.9) die Abschätzung

$$\|x(t;t_0,x_0)\| \leq \alpha \|x_0\| e^{-\beta(t-t_0)}, \qquad t \geq t_0 \geq t^* > t^-, \tag{7.12}$$

für alle Lösungen von Gleichung (7.6). Daraus folgt sofort, daß $x \equiv 0$ gleichmäßig stabil ist. Man kann $\delta(\varepsilon) = \varepsilon/\alpha$ wählen. Der Einzugsbereich $E(t_0)$ ist für alle $t_0 \in (t^-,\infty)$ der gesamte $\mathbf{R}^n$. Mit $\eta = 1$ gilt beispielsweise zu gegebenem $\varepsilon > 0$ die Beziehung $\|x(t;t_0,x_0)\| < \varepsilon$ für $t > t_0 + T$ und $\|x_0\| < 1$ mit $T = T(\varepsilon) = \max(0, -\frac{1}{\beta}\ln\frac{\varepsilon}{\alpha})$, d. h. $x \equiv 0$ ist gleichmäßig asymptotisch stabil.

Es sei nun umgekehrt $x \equiv 0$ gleichmäßig asymptotisch stabil. Da jede Lösung die Gestalt $x(t) = \Phi(t,t_0)x_0$ hat, folgt aus der gleichmäßigen asymptotischen Stabilität die Existenz eines $T > 0$ mit

$$\|\Phi(t,t_0)\| < \tfrac{1}{2}, \quad t > t_0 + T, \quad t_0 \in [t^*,\infty)\,. \tag{7.13}$$

Auf $[t^*,\infty)$ gilt wegen der gleichmäßigen Stabilität von $x \equiv 0$ die Ungleichung

$$\|\Phi(t,t_0)\| \leq \alpha, \quad t \geq t_0, \tag{7.14}$$

mit einer von t_0 unabhängigen Konstanten α. Für beliebiges $t \geq t_0$ ist $t - kT\varepsilon \in [t_0, t_0 + T\varepsilon]$ mit einer geeigneten ganzen Zahl $k \geq 0$. Auf Grund der Eigenschaft II (2.12) der Übergangsmatrix ist

$$\Phi(t,t_0) = \Phi(t_0,t_0 + T) \cdot \dots \cdot \Phi(t_0 + (k-1)T, t_0 + kT)\Phi(t_0 + kT, t).$$

Daraus folgt wegen (7.13) und (7.14) die Ungleichung

$$\|\Phi(t,t_0)\| < 2\alpha(\tfrac{1}{2})^{k+1}. \tag{7.15}$$

Nun gilt aber, wegen der Wahl von k, $t - kT \leq t_0 + T$, d. h.

$$k + 1 \geq \frac{t - t_0}{T} \quad \text{und} \quad \left(\frac{1}{2}\right)^{k+1} = \exp(-(k+1)\cdot \ln 2) \leq \exp\left(-\frac{\ln 2}{T}(t - t_0)\right).$$

Damit erhalten wir aus (7.15) die Beziehung (7.11) mit $\beta = \dfrac{\ln 2}{T} > 0$. Damit ist Satz 7.4 vollständig bewiesen.

Ist die Ruhelage $x \equiv 0$ der homogenen Gleichung (7.6) gleichmäßig asymptotisch stabil, so besteht nach dem eben bewiesenen Satz für alle Lösungen die exponentielle Abschätzung (7.12). Allgemein heißt die Ruhelage $x \equiv 0$ von Gleichung (7.1) exponentiell stabil, wenn für ein $t^* > t^-$ positive Konstanten α, β und η derart existieren, daß aus $\|x_0\| < \eta$ für alle $t_0 \in [t^*, \infty)$ die Abschätzung

$$\|x(t; t_0, x_0)\| < \alpha \|x_0\| e^{-\beta(t-t_0)}, \quad t \geq t_0, \tag{7.16}$$

folgt. Die exponentielle Stabilität ist, wie man sieht, ein spezieller Typ der gleichmäßigen asymptotischen Stabilität. Für lineare Gleichungen fallen jedoch diese Begriffe zusammen. Die Aussage b) in Satz 7.4 bedeutet nämlich:

Korollar. *Die Ruhelage $x \equiv 0$ der homogenen linearen Gleichung* (7.6) *ist genau dann gleichmäßig asymptotisch stabil, wenn sie exponentiell stabil ist.*

Ist die Matrix $A(t)$ in Gl. (7.6) von t unabhängig oder in t periodisch, so ist nach Satz 7.1 und dem eben angegebenen Korollar die Ruhelage $x \equiv 0$ genau dann asymptotisch stabil, wenn sie exponentiell stabil ist.

Die Kriterien in Satz 7.3 setzen die Kenntnis einer Fundamentalmatrix von Gl. (7.6) voraus. Wünschenswert wäre jedoch eine Charakterisierung des Stabilitätsverhaltens mit Hilfe der Matrix $A(t)$ allein. Für autonome lineare Gleichungen ist diese Forderung vollständig, für periodische lineare Gleichungen im allgemeinen nicht erfüllbar, was man an Hand der folgenden Sätze sehen kann.

Satz 7.5. *Gegeben sei die Gleichung $\dot{x} = Ax$ mit einer konstanten $n \times n$-Matrix.*

a) *Die Ruhelage $x \equiv 0$ ist genau dann stabil, wenn sämtliche Eigenwerte von A nichtpositiven Realteil haben und zu einem Eigenwert λ der Vielfachheit k mit $\operatorname{Re}\lambda = 0$ genau k linear unabhängige Eigenvektoren von A existieren.*

b) *Die Ruhelage $x \equiv 0$ ist genau dann asymptotisch stabil, wenn sämtliche Eigenwerte von A negativen Realteil haben.*

Beweis. Die Aussagen a) und b) des Satzes folgen sofort aus Satz 7.3 und II Satz 7.2, wenn man $\Phi(t,t_0) = e^{A(t-t_0)}$ beachtet.

Satz 7.6. *Gegeben sei die Gleichung $\dot{x} = A(t)x$ mit $A(t + \omega) = A(t)$ für alle t mit einem $\omega > 0$.*

a) *Die Ruhelage $x \equiv 0$ ist genau dann stabil, wenn für einen charakteristischen Multiplikator μ der Gleichung stets $|\mu| \leq 1$ gilt und die Matrix $\Phi(\omega,0)$ zu jedem charakteristischen Multiplikator μ der Vielfachheit k mit $|\mu| = 1$ genau k linear unabhängige Eigenvektoren besitzt.*

b) *Die Ruhelage $x \equiv 0$ ist genau dann asymptotisch stabil, wenn für sämtliche charakteristischen Multiplikatoren μ der Gleichung die Ungleichung $|\mu| < 1$ gilt.*

Beweis. In II Abschn. 9 haben wir gesehen, daß die charakteristischen Multiplikatoren der Gleichung $\dot{x} = A(t)x$ die Eigenwerte von $C = \Phi(\omega,0)$ sind. Durch die Ljapunov-Transformation $x = P(t)y$ wird die gegebene Gleichung in die autonome Gleichung $\dot{y} = Ry$ mit $\omega R = \ln \Phi(\omega,0)$ übergeführt (vgl. II Satz 9.3). Da $P(t)$ und $P^{-1}(t)$ auf $(-\infty,\infty)$ beschränkt sind, folgt die Aussage des Satzes sofort aus II Satz 7.3, angewandt auf $\exp((\omega R)\frac{t}{\omega}) = e^{Rt}$.

Schon für periodische Gleichungen ist es im allgemeinen nicht möglich, Stabilitätsaussagen mit Hilfe der (im allgemeinen von t abhängigen) Eigenwerte von $A(t)$ zu gewinnen (vgl. auch Aufgabe 2 zu Abschn. 6), wie das folgende Beispiel[1)] zeigt.

Beispiel. Die Eigenwerte der Matrix

$$A(t) = \begin{pmatrix} -1 - 2\cos 4t & 2 + 2\sin 4t \\ -2 + 2\sin 4t & -1 + 2\cos 4t \end{pmatrix}$$

sind $\lambda_1(t) = \lambda_2(t) \equiv -1$. Die Gleichung $\dot{x} = A(t)x$ besitzt jedoch die Lösung $x(t) = (e^t \sin 2t, e^t \cos 2t)^T$, d. h. die Ruhelage $x \equiv 0$ ist instabil.

Aufgaben. 1. Gegeben sei die Gleichung (7.6). Der größte Eigenwert von $A(t) + A^T(t)$ wird mit $\lambda(t)$ bezeichnet. Die Ruhelage $x \equiv 0$ ist asymptotisch stabil, wenn für alle $t_0 \in (t^-, \infty)$ die Beziehung

$$\lim_{t \to \infty} \int_{t_0}^{t} \lambda(s)\,ds = -\infty$$

gilt. Wann ist $x \equiv 0$ exponentiell stabil?

Hinweis. Es gilt $(d/dt)\|x(t)\|_2^2 \leq \lambda(t)\|x(t)\|_2^2$, $t \geq t_0$, für jede Lösung $x(t)$.

2. Man wähle $\alpha \in \mathbf{R}$ so, daß alle Lösungen der skalaren Gleichung

$$\dot{x} = (\sin \ln t + \cos \ln t - 2\alpha)x, \quad t > 0,$$

exponentiell abklingen (für $t \to \infty$). Ist die Ruhelage $x \equiv 0$ exponentiell stabil?

7.3. Die Hauptsätze der direkten Methode

Wir wollen hier nur die wesentlichsten Stabilitätskriterien angeben, die den Kern der sogenannten direkten oder zweiten Methode Ljapunovs bilden. In diesen Sätzen werden Stabilitätsaussagen mit Hilfe von Ljapunov-Funktionen mit be-

[1)] Bylov, B. F.; Vinograd, R. E.; Grobman, D. M.; Nemyckij, V. V.: Teorija pokazatelej Ljapunova (Theorie der Ljapunovschen Exponenten). Moskau 1966.

stimmten Eigenschaften gewonnen. Der Vorteil der direkten Methode besteht vor allem darin, daß Dgln. ohne Kenntnis der Lösungen untersucht werden können. Als Nachteil ist allerdings zu verzeichnen, daß es keine allgemein gültigen Verfahren zur Konstruktion von Ljapunov-Funktionen mit den jeweils geforderten Eigenschaften gibt.

Wir wenden uns wieder der Gleichung (7.1) zu, wobei wir zusätzlich $f(t,0) = 0$, $t \in (t^-, \infty)$, voraussetzen, d. h. die Gleichung besitzt die Ruhelage $x \equiv 0$ auf (t^-, ∞). Das Definitionsgebiet $\boldsymbol{G}$ von f soll wieder für ein $t^* > t^-$ und ein $\rho > 0$ die Menge $\boldsymbol{N}_\rho = \{(t,x) | t \geq t^*, \|x\| \leq \rho\}$ enthalten. Daraus folgt, daß für jedes $\tilde{t} \in (t^-, \infty)$ ein $\rho = \rho(\tilde{t}) > 0$ existiert mit $\boldsymbol{N}_{\rho(\tilde{t})} \subset \boldsymbol{G}$.

Satz 7.7. *V sei eine auf $\boldsymbol{N}_\rho$ definierte Ljapunov-Funktion für* (7.1) *mit der folgenden Eigenschaft:*

a_1) *$V(t,0) = 0$ für alle $t \geq t^*$.*

a_2) *Es gibt eine für $\|x\| \leq \rho$ definierte und stetige Funktion $u_1(x)$ mit*

$$0 < u_1(x) \leq V(t,x)$$

für alle $x \neq 0$ mit $\|x\| \leq \rho$ und alle $t \geq t^*$.

Dann ist die Ruhelage $x \equiv 0$ stabil.

Die Voraussetzungen a_1) und a_2) bedeuten, daß $V(t,x)$ auf $\boldsymbol{N}_\rho$ positiv definit ist. Falls die Funktion V von t unabhängig oder in t periodisch ist, sind die Forderungen a_1) und a_2) erfüllt, wenn $V(0) = 0$ und $V(x) > 0$ (bzw. $V(t,0) \equiv 0$ und $V(t,x) > 0$) für alle $x \neq 0$ mit $\|x\| \leq \rho$ (und alle t) ist.

Beweis von Satz 7.7. Es sei $t_0 > t^*$. Wir wählen zu positivem ε, $\varepsilon < \rho$, die Zahl $\mu = \min\{u_1(x) | \|x\| = \varepsilon\} > 0$ und definieren die Mengen $\boldsymbol{M} = \boldsymbol{M}(t_0) = \{x | \|x\| < \varepsilon$ und $V(t_0,x) < \mu\}$ und $\boldsymbol{G}_0 = \{x | \|x\| < \varepsilon\}$. Wegen der Wahl von μ gilt $u_1(x) \geq \mu$ für $x \in \partial\boldsymbol{G}_0$. Ist nun $x_0 \in \boldsymbol{M}, t \geq t_0$ und $x \in \partial\boldsymbol{G}_0$, so muß wegen a_2) die Ungleichung

$$V(t_0,x_0) < \mu \leq u_1(x) \leq V(t,x)$$

gelten, d. h. die Voraussetzung b) aus Satz 6.1 ist für t_0, $x_0 \in \boldsymbol{M}$ und das Gebiet $\boldsymbol{G} = (t_0,\infty) \times \boldsymbol{G}_0$ erfüllt. Dasselbe gilt für die Voraussetzung a) von Satz 6.1, da $\boldsymbol{G}_0$ beschränkt ist. Nach Satz 6.1 existiert somit für jedes $x_0 \in \boldsymbol{M}$ die Lösung $x(t) = x(t;t_0,x_0)$ für alle $t \geq t_0$, und es gilt $x(t) \in \boldsymbol{G}_0$ für alle $t \geq t_0$, d. h. insbesondere $\|x(t)\| < \varepsilon$, falls $x_0 \in \boldsymbol{M}$ ist. Als $\delta(\varepsilon,t_0)$ können wir die wegen a_1) und der Stetigkeit von $V(t,x)$ positive Zahl $\min\{\|x\| \,|\, V(t_0,x) = \mu\}$ wählen. Es folgt dann aus $\|x_0\| < \delta(\varepsilon,t_0)$ immer $x_0 \in \boldsymbol{M}$.

Um hinreichende Kriterien für asymptotische Stabilität zu gewinnen, müssen wir unsere Forderungen über $\dot{V}(t,x)$ verschärfen:

Satz 7.8. *V sei eine auf $\boldsymbol{N}_\rho$ definierte Ljapunov-Funktion für* (7.1) *mit den Eigenschaften* a_1) *und* a_2). *Es seien zusätzlich die folgenden Voraussetzungen erfüllt:*

b) *Es gibt eine für* $\|x\| \leq \rho$ *definierte und stetige Funktion* W *mit* $W(0) = 0$ *und*

$$\dot{V}(t,x) \leq -W(x) < 0$$

für alle $(t,x) \in \boldsymbol{N}_\rho$, $x \neq 0$.

c) $\|f(t,x)\|$ *ist auf* $\boldsymbol{N}_\rho$ *beschränkt.*

Dann ist die Ruhelage $x \equiv 0$ *asymptotisch stabil.*

Beweis. Nach Satz 7.7 ist die Ruhelage $x \equiv 0$ stabil. Wir wählen $t_0 > t^*$. Es gibt dann ein $\eta = \eta(t_0) > 0$ derart, daß $x(t;t_0,x_0)$ auf $[t_0,\infty)$ existiert und $(t,x(t;t_0,x_0)) \in \boldsymbol{N}_\rho$, $t \geq t_0$, gilt, falls $\|x_0\| < \eta$ ist. Für jeden ω-Grenzpunkt x^* von $x(t;t_0,x_0)$ gilt $\|x^*\| \leq \rho$. Satz 6.2 liefert dann unmittelbar die Aussage $W(x^*) = 0$, d.h. $x^* = 0$ (als Menge $\boldsymbol{G}$ in diesem Satz ist $\boldsymbol{N}_\rho$ zu wählen, während die Menge $\boldsymbol{G}_0$ durch $\{x \mid \|x\| < \rho\}$ gegeben ist). Damit ist $\lim_{t\to\infty} x(t;t_0,x_0) = 0$ für $\|x_0\| < \eta$ gezeigt.

Im autonomen oder periodischen Fall (d.h. f und V sind von t unabhängig oder in t periodisch) hat die Voraussetzung b) die einfache Gestalt: $\dot{V}(x) < 0$ für $x \neq 0$ mit $\|x\| \leq \rho$ bzw. $\dot{V}(t,x) < 0$ für $x \neq 0$ mit $\|x\| \leq \rho$ und $t \geq t^*$. Die Voraussetzung c) ist hier von selbst erfüllt.

Der Beweis von Satz 7.7 zeigt, daß $\delta(t_0)$ durch eine von t_0 unabhängige Zahl $\delta > 0$ ersetzt werden kann, falls die Menge $\boldsymbol{M}^* = \bigcap_{t_0 > t^*} \boldsymbol{M}(t_0)$ eine Umgebung von $x = 0$ enthält. Man könnte dann $\delta = \inf\{\|x\| \mid x \in \partial \boldsymbol{M}^*\}$ wählen.

Satz 7.9. *Zusätzlich zu den Voraussetzungen* a_1) *und* a_2) *aus* Satz 7.7 *sei erfüllt:*

d) *Es existiert eine für* $\|x\| \leq \rho$ *definierte und stetige Funktion* $u_2(x)$ *mit* $u_2(0) = 0$ *und* $V(t,x) \leq u_2(x)$ *für alle* $x \neq 0$ *mit* $\|x\| \leq \rho$.

Dann ist $x \equiv 0$ *gleichmäßig stabil.*

Für eine von t unabhängige oder in t periodische Ljapunov-Funktion ist d) immer richtig.

Beweis. An Stelle der Menge $\boldsymbol{M}(t_0)$ aus dem Beweis von Satz 7.7 wählen wir $\tilde{\boldsymbol{M}} = \{x \mid \|x\| < \varepsilon, u_2(x) < \mu\}$. Dann ist wegen d) $\tilde{\boldsymbol{M}} \subseteq \boldsymbol{M}(t_0)$ für alle $t_0 > t^*$ und $\delta = \inf\{\|x\| \mid x \in \partial\tilde{\boldsymbol{M}}\} > 0$ (wegen $u_2(0) = 0$ und der Stetigkeit von $u_2(x)$).

Satz 7.10. *V sei eine auf* $\boldsymbol{N}_\rho$ *definierte Ljapunov-Funktion für* (7.1), *welche den Bedingungen* a_1), a_2), d) *und* b) *genügt. Dann ist die Ruhelage* $x \equiv 0$ *gleichmäßig asymptotisch stabil.*

Beweis. Die Voraussetzungen des Satzes garantieren die gleichmäßige Stabilität von $x \equiv 0$ nach Satz 7.9. Wir können daher ein $\eta > 0$ derart wählen, daß für alle $t_0 \in [t^*,\infty)$ und alle x_0 mit $\|x_0\| < \eta$ die Lösung $x(t;t_0,x_0)$ auf $[t_0,\infty)$ existiert und $\|x(t;t_0,x_0)\| < \rho$ für alle $t \geq t_0$ gilt. Nach Voraussetzung b) gilt für solche Lösungen $\dot{V}(t,x(t;t_0,x_0)) \leq -W(x(t;t_0,x_0)) < 0$ für alle $t \geq t_0$. Daraus erhält man für die Funktion $v(t) = V(t,x(t;t_0,x_0))$ die Ungleichung

$$v(t) \leq v(t_0) - \int_{t_0}^{t} W(x(s;t_0,x_0))\,ds, \quad t \geq t_0. \tag{7.17}$$

Zu einem ε mit $0 < \varepsilon < \eta$ gibt es wegen der gleichmäßigen Stabilität von $x \equiv 0$ ein $\delta = \delta(\varepsilon)$ derart, daß aus $\|\tilde{x}_0\| < \delta$ für beliebige $\tilde{t}_0 \in [t^*,\infty)$ die Abschätzung $\|x(t;\tilde{t}_0,\tilde{x}_0)\| < \varepsilon$, $t \geq \tilde{t}_0$, folgt. Um die gleichmäßige asymptotische Stabilität nachzuweisen, genügt es, zu beliebigem ε

mit $0 < \varepsilon < \eta$ eine Zahl $T = T(\varepsilon) > 0$ anzugeben mit $\|x(t;t_0,x_0)\| < \delta(\varepsilon)$ für $t > t_0 + T$, $t_0 \in [t^*,\infty)$ und $\delta \leq \|x_0\| < \eta$.
Es sei daher ein positives $\varepsilon < \eta$ und ein zugehöriges $\delta = \delta(\varepsilon)$ gewählt. Wir definieren die positiven Zahlen $\gamma_1 = \sup\{u_2(x) \mid \delta \leq \|x\| < \rho\}$ und $\gamma_2 = \inf\{W(x) \mid \delta \leq \|x\| < \rho\}$. Dann gilt für jede Lösung $x(t;t_0,x_0)$ mit $t_0 \in [t^*,\infty)$ und $\delta \leq \|x_0\| < \eta$ nach (7.17) die Abschätzung

$$(7.18) \qquad t - t_0 \leq \frac{\gamma_1}{\gamma_2} = T(\varepsilon).$$

Es kann daher nicht für alle $t \geq t_0$ die Ungleichung $\delta \leq \|x(t;t_0,x_0)\| < \rho$ gelten. Wegen der Wahl von η ist aber $\|x(t;t_0,x_0)\| < \rho$ für alle $t \geq t_0$, d. h. es muß $\|x(t;t_0,x_0)\| < \delta$ für $t > t_0 + T(\varepsilon)$ gelten.

Wenn die Funktionen $u_1(x), u_2(x)$ und $W(x)$ in den Voraussetzungen von Satz 7.10 von spezieller Gestalt gewählt werden können, erhält man eine schärfere Aussage.

Satz 7.11. *V sei eine auf $\boldsymbol{N}_\rho$ definierte Ljapunov-Funktion für* (7.1) *derart, daß die Abschätzungen*

$$(7.19) \qquad \alpha_1 \|x\|^k \leq V(t,x) \leq \alpha_2 \|x\|^k$$

und

$$(7.20) \qquad \dot{V}(t,x) \leq -\alpha_3 \|x\|^k$$

für alle $(t,x) \in \boldsymbol{N}_\rho$ mit positiven Konstanten k und α_i, $i = 1,2,3$, gelten. Dann ist die Ruhelage $x \equiv 0$ exponentiell stabil.

Beweis. Für die Existenz der partiellen Ableitungen von $V(t,x)$ für $x = 0$ muß notwendig $k > 1$ gelten. Mit Hilfe der Ungleichungen (7.19) und (7.20) gewinnt man die Abschätzung

$$(7.21) \qquad \dot{V}(t,x) \leq -\frac{\alpha_3}{\alpha_2} V(t,x), \quad (t,x) \in \boldsymbol{N}_\rho.$$

Es sei nun $(t_0,x_0) \in \boldsymbol{N}_\rho$ mit $x_0 \neq 0$ gewählt. Daraus folgt $x(t;t_0,x_0) \neq 0$ und $v(t) = V(t,x(t;t_0,x_0)) \neq 0$ für alle $t \geq t_0$ aus dem maximalen Existenzintervall $I_{\max}$ dieser Lösung bezüglich $\boldsymbol{N}_\rho$. Aus (7.21) erhält man $\dot{v}(t)/v(t) \leq -(\alpha_3/\alpha_2)$ und

$$v(t) \leq v(t_0) \exp\left(-\frac{\alpha_3}{\alpha_2}(t - t_0)\right), \quad t \geq t_0.$$

Mit Hilfe von (7.19) erhält man daraus

$$(7.22) \qquad \|x(t;t_0,x_0)\| \leq \left(\frac{\alpha_2}{\alpha_1}\right)^{1/k} \|x_0\| \exp\left(-\frac{\alpha_3}{k\alpha_2}(t - t_0)\right)$$

für alle $t \geq t_0, t \in I_{\max}$. Wählt man $\|x_0\| < \frac{\rho}{2}\left(\frac{\alpha_1}{\alpha_2}\right)^{1/k}$, so gilt $\|x(t;t_0,x_0)\| < \frac{\rho}{2}$ für alle $t \in I_{\max}, t \geq t_0$.

Für (t,x) mit $\|x\| = \frac{\rho}{2}$ gilt wegen (7.19) die Ungleichung $V(t,x) \geq \alpha_1 \rho^k$ sicher für alle $t \geq t_0$. Für $\|x_0\| < \frac{\rho}{2}\left(\frac{\alpha_1}{\alpha_2}\right)^{1/k}$ folgt aus (7.19) die Ungleichung $V(t_0, x_0) \leq \alpha_2 \|x_0\|^k < \alpha_1 \frac{\rho^k}{2^k} < \alpha_1 \rho^k$, d. h. die Voraussetzung b) von Satz 6.1 ist erfüllt (für $G = (t^*, \infty) \times \{x \mid \|x\| < \frac{\rho}{2}\}$). Da die Voraussetzung a) dieses Satzes wegen der speziellen Gestalt von G ebenfalls gilt, existiert jede Lösung mit $\|x_0\| < \frac{\rho}{2}\left(\frac{\alpha_1}{\alpha_2}\right)^{1/k}$ mindestens auf $[t_0, \infty)$ und genügt der Abschätzung (7.22).

Kann ρ in Satz 7.11 beliebig groß gewählt werden, so existiert jede Lösung $x(t; t_0, x_0)$, $t_0 > t^*$, $x_0 \in \mathbf{R}^n$ für alle $t \in [t_0, \infty)$ und genügt der Ungleichung (7.22).

Die Hauptschwierigkeit bei der Anwendung der Sätze über asymptotische Stabilität wird vor allem durch die Voraussetzung b) verursacht. Man kann sie im nichtautonomen Fall nicht durch „$\dot{V}(t,x) < 0, x \neq 0$" ersetzen. Im autonomen Fall kann die Voraussetzung b) wesentlich abgeschwächt werden, weil die ω-Grenzmengen beschränkter Lösungen durch spezielle Eigenschaften ausgezeichnet sind (vgl. Abschn. 5). Vorgegeben sei daher die autonome Gleichung

(7.23) $\dot{x} = f(x)$.

f sei auf einer offenen Menge G_0 des $\mathbf{R}^n$ mit $0 \in G_0$ definiert und Lipschitz-stetig mit $f(0) = 0$.

Satz 7.12. *$V(x)$ sei für (7.23) auf G_0 eine Ljapunov-Funktion mit*

a) $V(0) = 0$ *und* $V(x) > 0$ *für* $x \neq 0, x \in \bar{G}_0$,

b) $\dot{V}(x) \leq 0$ *für* $x \in \bar{G}_0$.

Gibt es außer $x \equiv 0$ keine Lösung von (7.23), die für alle $t \in (-\infty, \infty)$ in der Menge $S = \{x \in \bar{G}_0 \mid \dot{V}(x) = 0\}$ bleibt, so ist $x \equiv 0$ eine asymptotisch stabile Ruhelage.

Beweis. Nach Satz 7.7 folgt die Stabilität von $x \equiv 0$ aus den Voraussetzungen des Satzes. Wir wählen $\varepsilon = \rho, \rho$ hinreichend klein, ein $\delta > 0$ derart, daß für $\|x_0\| < \delta$ die Lösung $x(t; x_0)$ auf $[0, \infty)$ existiert und $\|x(t; x_0)\| < \rho$ für alle $t \geq 0$ gilt. Nach Voraussetzung ist $\{0\}$ die maximale invariante Teilmenge von S. Das maximale Existenzintervall jeder Lösung $x(t; x_0)$ mit $\|x_0\| < \delta$ bezüglich G_0 ist von der Form (t_1, ∞). Nach Satz 6.3 gilt daher $\lim_{t \to \infty} x(t; x_0) = 0$ für alle $\|x_0\| < \delta$. Damit ist auch die Attraktivität von $x \equiv 0$ bewiesen.

Beispiel. Als Anwendungsbeispiel für den letzten Satz betrachten wir die kinetischen Gleichungen[1]

$$\text{(7.24)} \qquad \begin{aligned} \dot{n} &= (b - cT - dn)n, \\ \dot{T} &= an - gT, \end{aligned}$$

eines sehr einfachen punktförmigen Kernreaktormodells mit sogenannter Temperaturrückkoppelung. Es bezeichnet hier n die Neutronendichte und T die Temperatur. Die Konstanten

---

[1] Devooght, J.; Smets, H. B.: Determination of Stability Domains in Point Reactor Dynamics. Nucl. Sci. Eng. **28** (1967) 226–236.

a, b, c und g sind positiv, während die Konstante $d < 0$ ist. Außerdem gilt $ac + dg > 0$. Das System (7.24) besitzt zwei Ruhelagen: $n_1 = T_1 = 0$ und

$$n_0 = \frac{bg}{ac + dg} > 0, \quad T_0 = \frac{ab}{ac + dg} > 0.$$

Wir suchen im folgenden Bedingungen, welche die asymptotische Stabilität der Ruhelage (n_0, T_0) garantieren. Zu diesem Zweck führen wir durch $u = n - n_0$ und $v = T - T_0$ neue Koordinaten ein und erhalten aus (7.24) die Gleichungen

$$\text{(7.25)} \qquad \begin{aligned} \dot{u} &= -(du + cv)(u + n_0), \\ \dot{v} &= au - gv, \end{aligned}$$

deren Ruhelage (0,0) nun zu untersuchen ist. Die Funktion

$$V(u,v) = u - n_0 \ln\left(\frac{u + n_0}{n_0}\right) + \frac{1}{2(ac + dg)}\left[cv - g\ln\left(\frac{u + n_0}{n_0}\right)\right]^2$$

ist auf $G_0^* = \{(u,v) \mid -n_0 < u < \infty, -\infty < v < \infty\}$ definiert, stetig differenzierbar und positiv für $(u,v) \neq (0,0)$. Außerdem gilt $\lim_{(u,v)\to\partial G_0^*} V(u,v) = \infty$, d.h. jede Menge der Form $\{(u,v) \in G_0^* \mid V(u,v) < \alpha\}$ mit $\alpha > 0$ ist beschränkt und enthält (0,0). Nach einiger Rechnung erhält man als Ableitung von $V(u,v)$ für (7.25) die Funktion

$$\dot{V}(u,v) = -u\left[du + g\ln\left(\frac{u + n_0}{n_0}\right)\right],$$

welche ebenfalls auf G_0^* definiert ist. $\dot{V}$ ist genau dann in einer Umgebung von (0,0) nicht-positiv, falls

$$\text{(7.26)} \qquad n_0 < -\frac{g}{d}$$

gilt. Es ist dann $\dot{V}(u,v) \leq 0$ für $-n_0 < u \leq u_1$, $-\infty < v < \infty$, wobei u_1 die positive Wurzel von $du + g\ln\left(\frac{u + n_0}{n_0}\right) = 0$ ist. Setzen wir $\mu = \min\{V(u_1,v) \mid -\infty < v < \infty\} = u_1 - n_0 \ln\left(\frac{u_1 + n_0}{n_0}\right)$, so ist V auf der beschränkten Menge $G_0 = \{(u,v) \in G_0^* \mid V(u,v) < \mu\}$ eine Ljapunov-Funktion für (7.25), welche den Voraussetzungen a) und b) von Satz 7.12 genügt. Die Menge S dieses Satzes ist durch $\{(u,v) \in \bar{G}_0 \mid u = 0 \text{ oder } u = u_1\}$ gegeben. Für eine Lösung $(u(t), v(t))$, die für alle $t \in (-\infty, \infty)$ in S bleibt, muß $u \equiv 0$ bzw. $\equiv u_1$ und damit $\dot{u} \equiv 0$ gelten. Aus der ersten Gleichung in (7.25) folgt $v \equiv 0$ bzw. $\equiv -du_1/c$. Da $(u_1, -du_1/c)$ keine Ruhelage von (7.25) ist, enthält S außer der trivialen Lösung keine auf $(-\infty, \infty)$ existierenden Lösungen. Nach Satz 7.12 ist die Ruhelage (0,0) von (7.25) bzw. die Ruhelage (n_0, T_0) von (7.24) asymptotisch stabil, falls (7.26) erfüllt ist.

Man prüft leicht nach, daß alle Voraussetzungen von Satz 6.1 für $t_0 = 0$ und beliebige $(u_0, v_0) \in G_0$ erfüllt sind, wenn man $G = (-\infty, \infty) \times G_0$ setzt. Jede Lösung von (7.25) mit Anfangswerten in G_0 existiert daher auf $[0, \infty)$ und bleibt in G_0. Nach Satz 6.3 gilt für solche Lösungen $\lim_{t\to\infty} u(t) = \lim_{t\to\infty} v(t) = 0$, d. h. G_0 ist im Einzugsbereich von (0,0) enthalten.

An den Schluß dieses Abschnittes stellen wir einen Satz, der eine hinreichende Bedingung für die Instabilität der Ruhelage $x \equiv 0$ einer autonomen Gleichung gibt (bezgl. des entsprechenden Satzes für nicht-autonome Gleichungen siehe z. B. Hahn [5]). Wir betrachten wieder die Gleichung (7.23).

Satz 7.13 (Četaev-Krasovskij). *Die Funktion $V(x)$ sei auf einer offenen Teilmenge $\boldsymbol{Q}$ des $\mathbf{R}^n$ mit $0 \in \bar{\boldsymbol{Q}}$ stetig differenzierbar und auf $\bar{\boldsymbol{Q}}$ stetig. Es seien die folgenden Voraussetzungen erfüllt:*

a) $V(x) < 0$ *für alle* $x \in \boldsymbol{Q}$, $V(x) = 0$ *für alle* $x \in \partial \boldsymbol{Q}$.

b) $\dot{V}(x) \leq 0$ *für alle* $x \in \boldsymbol{Q} \cap \boldsymbol{G}_0$.

c) *Es bleibt keine Lösung von* (7.23) *für alle* $t \in (-\infty, \infty)$ *in der Menge* $\boldsymbol{S} = \{x \in \boldsymbol{Q} \cap \boldsymbol{G}_0 \,|\, \dot{V}(x) = 0\}$.

Dann ist $x \equiv 0$ eine instabile Ruhelage der Dgl. (7.23).

Beweis. Wir wählen ein $\rho > 0$ derart, daß für $\boldsymbol{N} = \{x \,|\, \|x\| < \rho\}$ auch $\bar{\boldsymbol{N}} \subset \boldsymbol{G}_0$ gilt, und betrachten eine Lösung $x(t; x_0)$ von (7.23) mit $x_0 \in \boldsymbol{N} \cap \boldsymbol{Q}$. Das maximale Existenzintervall dieser Lösung bezgl. $\boldsymbol{N} \cap \boldsymbol{Q}$ sei (t_1, t_2), $t_1 < 0 < t_2$. Nach Voraussetzung b) ist $v(t) = V(x(t; x_0))$ auf $[0, t_2)$ monoton fallend. Wegen der Kompaktheit von $\overline{\boldsymbol{N} \cap \boldsymbol{Q}}$ und der Stetigkeit von $V(x)$ ist $v(t)$ auf $[0, t_2)$ nach unten beschränkt, d. h. es existiert

$$v^* = \lim_{t \to t_2, t < t_2} v(t) \leq V(x_0) < 0 .$$

Aus dieser Ungleichung folgt wegen a), daß für die nichtleere t_2-Grenzmenge Ω ($x(t; x_0)$ ist auf $[0, t_2)$ beschränkt) von $x(t; x_0)$ die Beziehung

$$(7.27) \qquad \Omega \cap \partial \boldsymbol{Q} = \emptyset$$

gilt. Es kann nicht $t_2 = \infty$ sein. Denn $x(t; x_0)$ wäre dann eine auf $[0, \infty)$ existierende und beschränkte Lösung. Beachtet man (7.27) und die Wahl von $\boldsymbol{N}$, so folgt aus Satz 6.3 die Inklusion $\Omega \subseteq \boldsymbol{S}$, die aber in Widerspruch zur Voraussetzung c) steht. Es gilt also $t_2 < \infty$. Nach Satz 2.2 muß dann $x^* \in \partial(\boldsymbol{N} \cap \boldsymbol{Q})$ für jedes $x^* \in \Omega$ gelten. Wegen (7.27) folgt daraus $\|x^*\| = \rho$ für alle $x^* \in \Omega$. Da x_0 beliebig aus $\boldsymbol{N} \cap \boldsymbol{Q}$ gewählt wurde, bedeutet dies, daß $x \equiv 0$ instabil ist.

Die Voraussetzung c) ist überflüssig, wenn an Stelle von b) die schärfere Forderung „$\dot{V}(x) < 0$ für alle $x \in \boldsymbol{Q} \cap \boldsymbol{G}_0$“ tritt.

Beispiel. Wir betrachten das System

$$\dot{u} = \frac{1}{l} k(v) u , \qquad \dot{v} = -F(u) u - g(u, v) v .$$

Es handelt sich auch hier um die Gleichungen eines Modells aus der Reaktorkinetik. Die Funktionen $k(v)$, $F(u)$ und $g(u, v)$ seien Lipschitz-stetig für alle u, v bzw. (u, v) und genügen den folgenden Bedingungen:

a) $g(u, v) > 0$ für alle u, v mit $u > 0$,

b) $v k(v) > 0$ für $v \neq 0$,

c) Es gibt ein $\rho > 0$ mit $F(u) < 0$ für $u \in (0, \rho]$.

Wir untersuchen die Ruhelage $(0, 0)$ des Systems und verwenden dazu die Funktion

$$V(u, v) = \int_0^u F(s) \mathrm{d}s + \frac{1}{l} \int_0^v k(s) \mathrm{d}s .$$

Die Menge $Q = \{(u,v) | u > 0 \text{ und } V(u,v) < 0\}$ ist wegen b) und c) nicht leer, enthält sicher die Menge $\{(u,0) | 0 < u \leq \rho\}$ und ist eine echte Teilmenge der Halbebene $\{(u,v) | u > 0\}$. Insbesondere ist also $(0,0) \in \partial Q$. Die Ableitung von V für das vorliegende System ist

$$\dot{V}(u,v) = -\frac{g(u,v)}{l} v k(v).$$

Es gilt wegen a) und b) sicher $\dot{V}(u,v) \leq 0$ auf Q. Wählen wir $G_0 = \{(u,v) | u^2 + v^2 < \rho^2\}$, so ist die Menge S von Satz 7.13 durch $S = \{(u,v) | v = 0, 0 < u < \rho\}$ gegeben. Für eine Lösung $(u(t), v(t))$, welche auf $(-\infty, \infty)$ existiert und in S verbleibt, muß daher $v \equiv 0$ und $\dot{v} \equiv 0$ gelten. Aus der ersten Gleichung des Systems folgt $\dot{u} \equiv 0$, d. h. $u = \text{const} = u_0 \in (0, \rho)$. Aus der zweiten Gleichung würde dann $F(u_0) = 0$ folgen. Dies ist wegen c) nicht möglich. S enthält somit keine Lösung auf $(-\infty, \infty)$. Damit sind alle Voraussetzungen von Satz 7.13 nachgewiesen, d. h. $(0,0)$ ist eine instabile Ruhelage. Gilt c) für beliebige $\rho > 0$, so zeigt der Beweis von Satz 7.13, daß für jede Lösung mit Anfangswerten in Q die Beziehung $\lim_{t \to \infty} (u^2(t) + v^2(t)) = \infty$ gilt.

Aufgabe. Es sei $V(x)$ in einer Umgebung von $x = 0$ eine Ljapunov-Funktion für die Dgl. (7.23). Man zeige:

a) Hat V für $x = 0$ ein strenges lokales Minimum, so ist $x \equiv 0$ stabil, jedoch nicht notwendig asymptotisch stabil.

b) Hat V an der Stelle $x = 0$ kein lokales Minimum, so ist $x \equiv 0$ nicht asymptotisch stabil. Wann ist in diesem Fall $x \equiv 0$ instabil?

c) Ist $x \equiv 0$ stabil, so folgt nicht notwendig, daß V für $x = 0$ ein lokales Minimum besitzt.

Hinweis für c): Man betrachte das System[1]

$$\dot{u} = v, \quad \dot{v} = -\frac{1}{u^2}\left(\frac{2}{u}\cos\frac{1}{u} + \sin\frac{1}{u}\right)\exp\left(-\frac{1}{u^2}\right) \quad (=0 \text{ für } u = 0).$$

Ein erstes Integral ist $V(u,v) = \frac{1}{2}v^2 + \exp\left(-\frac{1}{u^2}\right) \cdot \cos\frac{1}{u}$.

8. Ein algebraischer Hilfssatz

Wir beweisen hier einen Hilfssatz, der bei den Überlegungen der nächsten beiden Abschnitte eine wichtige Rolle spielen wird. Die Aussage des Hilfssatzes ist rein algebraischer Natur, jedoch führen wir den Beweis unter Benutzung analytischer Hilfsmittel.

Hilfssatz 8.1. *Es sei A eine reelle $n \times n$-Matrix, deren Eigenwerte sämtlich einen negativen Realteil besitzen, und $p(x) = p(x^1, \ldots, x^n)$ ein reelles Polynom in den n Unbestimmten $x^1, \ldots, x^n$ vom Grad k mit $p(0) = 0$. Dann gilt:*

a) *Es gibt genau ein reelles Polynom $q(x)$ vom Grad k mit $q(0) = 0$ und*

(8.1) $$(\operatorname{grad} q(x))^T A x = p(x), \quad x \in \mathbf{R}^n.$$

---

[1] Wintner, A.: The Analytic Foundations of Celestial Mechanics. Princeton, N.J. 1941.

b) *Ist $p(x)$ homogen vom Grad k, so ist $q(x)$ ebenfalls homogen vom Grad k.*

c) *Hat $p(x)$ die Eigenschaft $p(x) < 0$ für alle $x \neq 0$, so gilt $q(x) > 0$ für alle $x \neq 0$.*

Beweis. Mit $x(t; x_0)$ bezeichnen wir wie üblich die Lösung des Anfangswertproblems

$$\dot{x} = Ax, \quad x(0) = x_0 \in \mathbf{R}^n.$$

Da alle Eigenwerte von A negativen Realteil besitzen, gilt stets

$$(8.2) \qquad \lim_{t \to \infty} x(t; x_0) = 0, \quad x_0 \in \mathbf{R}^n.$$

Wir setzen für das Folgende $\dot{q}(x) = (\text{grad } q(x))^T A x, x \in \mathbf{R}^n$. $\dot{q}(x)$ ist also nichts anderes als die Ableitung von $q(x)$ für die Dgl. $\dot{x} = Ax$ (vgl. (6.2)). Die Beziehung (8.1) hat nun die Form

$$(8.3) \qquad \dot{q}(x) = p(x), \quad x \in \mathbf{R}^n.$$

Ein Polynom $q(x)$, welches dieser Beziehung genügt, ist auf jeden Fall vom Grad $\geq k$. Wir setzen daher $q(x)$ mit $q(0) = 0$ als Polynom vom Grade k mit unbestimmten Koeffizienten an. Die Zahl dieser Koeffizienten bezeichnen wir mit $\nu(k)$. Sie ist gleich der Anzahl der nicht-konstanten Monome in $x^1, \ldots, x^n$, deren Grad höchstens k ist. Für dieses $q(x)$ bilden wir das zugehörige Polynom $\dot{q}(x)$, das wieder vom Grad k ist und der Bedingung $\dot{q}(0) = 0$ genügt. Die $\nu(k)$ Koeffizienten von $\dot{q}(x)$ sind homogene lineare Funktionen in den $\nu(k)$ unbestimmten Koeffizienten von $q(x)$. Unsere Aufgabe besteht nun darin, diese Koeffizienten so zu wählen, daß die Beziehung (8.3) erfüllt ist. Dies ist dann der Fall, wenn jeder Koeffizient von $\dot{q}(x)$ mit dem zum gleichen Monom gehörigen Koeffizienten von $p(x)$ übereinstimmt. Dies ergibt für die $\nu(k)$ unbestimmten Koeffizienten von $q(x)$ ein System von ebensovielen linearen Gleichungen. Wir müssen zeigen, daß dieses Gleichungssystem stets eindeutig lösbar ist. Dies ist nach bekannten Sätzen der Linearen Algebra genau dann richtig, wenn das zugehörige homogene Gleichungssystem keine nicht-triviale Lösung besitzt.

Eine Lösung des homogenen Gleichungssystems liefert ein Polynom $q_0(x)$ mit

$$\dot{q}_0(x) = 0, \quad x \in \mathbf{R}^n, \text{ und } q_0(0) = 0.$$

Daraus folgt für jede Lösung $x(t; x_0)$ von $\dot{x} = Ax$ die Beziehung $q_0(x(t; x_0)) = q_0(x_0)$ für alle t und alle x_0. Aus (8.2) und der Stetigkeit von $q(x)$ folgt aber $\lim_{t \to \infty} q_0(x(t; x_0)) = q_0(0) = 0$ für jedes x_0. Also gilt $q_0(x_0) = 0$ für jedes x_0, d. h. $q_0(x) \equiv 0$. Damit ist die Aussage a) des Hilfssatzes bewiesen.

Es sei $p(x)$ homogen vom Grad k und $q(x)$ das nach a) eindeutig bestimmte Polynom vom Grad k mit $q(0) = 0$ und (8.3). Wir zerlegen $q(x)$ in homogene Polynome, $q(x) = \sum_{i=1}^{k} q_i(x)$, $q_i(x)$ homogen vom Grad i. Nun ist, ebenso wie $q_i(x)$, auch $\dot{q}_i(x) = (\text{grad } q_i(x))^T A x$ homogen vom Grad i. Daher folgt aus (8.3) wegen der Homogenität von $p(x)$ sofort $\dot{q}_k(x) = p(x)$. Wegen der Eindeutigkeit der Lösungen von (8.3) bedeutet dies aber $q_k(x) = q(x)$, d. h. $q(x)$ ist homogen vom Grad k.

Es sei nun $p(x) < 0$ für $x \neq 0$. Aus $x_0 \neq 0$ folgt $x(t; x_0) \neq 0$ für alle t und somit $\dot{q}(x(t;x_0)) = \frac{d}{dt} q(x(t;x_0)) = p(x(t;x_0)) < 0$ für alle t. Daher ist $q(x_0) > \lim_{t \to \infty} q(x(t;x_0)) = 0$ für alle $x_0 \neq 0$. Damit ist auch die Aussage c) bewiesen.

In der Aussage c) des Hilfssatzes kann man die Ungleichungen für $p(x)$ und $q(x)$ vertauschen, wie man an Hand des Beweises leicht erkennt. Ebenso sieht man, daß aus $p(x) \leq 0$ die Ungleichung $q(x) \geq 0$ folgt. Falls die Eigenwerte der Matrix A alle einen positiven Realteil haben, gelten die Aussagen a) und b) unverändert, während in c) die Folgerung $q(x) < 0, x \neq 0$, an die Stelle von $q(x) > 0, x \neq 0$, tritt. Man betrachte dazu die Matrix $-A$.

Die Aussage c) des Hilfssatzes ist nur richtig, wenn die Eigenwerte von A alle negativen Realteil haben. Wenn es nämlich Polynome $p(x)$, $q(x)$ mit $p(0) = q(0) = 0$ und den Eigenschaften $q(x) > 0, p(x) < 0$ für $x \neq 0$ und $\dot{q}(x) = p(x)$ für alle x gibt, so ist nach Satz 7.8 die Ruhelage der Differentialgleichung $\dot{x} = Ax$ asymptotisch stabil, d. h. aber nach Satz 7.5, Aussage b), alle Eigenwerte von A haben negativen Realteil. Für die Aussagen a) und b) kann die Voraussetzung über die Matrix A abgeschwächt werden.

Die Aussage des Hilfssatzes läßt sich wie folgt auf periodische Matrizen übertragen:

Hilfssatz 8.2. *Es sei $A(t) = (a_{ij}(t))$ eine periodische $n \times n$-Matrix ($A(t+1) = A(t)$ für alle t) und die Ruhelage der Differentialgleichung $\dot{x} = A(t)x$ sei asymptotisch stabil. Die Funktion $p(t,x) = p(t,x^1,\ldots,x^n)$ sei in x ein Polynom vom Grad k und in t stetig mit $p(t,0) = 0$, $p(t+1,x) = p(t,x)$ für alle t und x. Dann gilt:*

a) *Es gibt genau eine Funktion $q(t,x)$, die in x ein Polynom vom Grad k und in t stetig differenzierbar ist, mit*

$$\dot{q}(t,x) = \frac{\partial}{\partial t} q(t,x) + \sum_{j=1}^{n} \frac{\partial q(t,x)}{\partial x^j} \left(\sum_{i=1}^{n} a_{ji}(t) x^i \right) = p(t,x) \tag{8.4}$$

und $\quad q(t,0) = 0, \quad q(t+1,x) = q(t,x)$

für alle t und x.

b) *Ist $p(t,x)$ in x homogen vom Grad k, so ist $q(t,x)$ ebenfalls homogen vom Grad k in x.*

c) *Ist $p(t,x) < 0$ für alle t und alle $x \neq 0$, so gilt $q(t,x) > 0$ für alle t und alle $x \neq 0$.*

Beweis. Wir geben hier nur kurz diejenigen Modifikationen an, die man im Beweis zu Hilfssatz 8.1 vornehmen muß. Mit $x(t; t_0, x_0)$ wird jetzt die Lösung des Anfangswertproblems $\dot{x} = A(t)x$, $x(t_0) = x_0$, bezeichnet. $q(t,x)$ wird wieder als Polynom in x vom Grad k mit unbestimmten Koeffizienten angesetzt. Diese $\nu(k)$ Koeffizienten müssen nun stetig differenzierbare periodische Funktionen mit der Periode 1 in t sein, die so zu bestimmen sind, daß die Beziehung (8.4) für alle t gilt. Durch Koeffizientenvergleich erhält man aus (8.4) ein lineares Differentialgleichungssystem von $\nu(k)$ Gleichungen für die $\nu(k)$ Koeffizienten von $q(t,x)$. Die Ableitungen der Koeffizienten treten im Glied $\dfrac{\partial q(t,x)}{\partial t}$ auf. Die Matrix dieses Systems und die rechte Seite sind in t stetig und periodisch mit der Periode 1. Die Aussage a) ist bewiesen, wenn wir zeigen können, daß dieses System stets genau eine periodische Lösung besitzt. Dies wiederum ist nach dem Korollar zu II Satz 9.4 genau dann der Fall, wenn das zugehörige homogene System keine nichttriviale periodische Lösung besitzt. Eine periodische Lösung des homogenen Systems liefert eine Funktion $q_0(t,x)$, welche in t periodisch mit der Periode 1 ist und in x ein Polynom vom Grad k, mit

$$\dot{q}_0(t,x) = 0 \quad \text{und} \quad q_0(t,0) = 0$$

für alle t und x. Es ist dann $q_0(t,x(t;t_0,x_0)) = q_0(t_0,x_0)$ und $\lim_{t\to\infty} q_0(t_0,x(t;t_0,x_0)) = 0$ wegen $\lim_{t\to\infty} x(t;t_0,x_0) = 0$ für alle t, t_0 und x. Insbesondere gilt auch $0 = \lim_{\nu\to\infty} q_0(t_0,x(t_0+\nu;t_0,x_0)) = \lim_{\nu\to\infty} q_0(t_0+\nu,x(t_0+\nu;t_0,x_0)) = q(t_0,x_0)$, d.h. $q_0(t,x) \equiv 0$. Damit ist die Aussage a) bewiesen. Der Beweis der restlichen Aussagen verläuft genau so wie im Falle von Hilfssatz 8.1.

9. Ein Kriterium für asymptotische Stabilität

Wir gehen aus von einer Dgl. der Form

$$\dot{x} = f(t,x),$$

die die Funktion $x(t) \equiv 0$ für $t \geq t^*$, $-\infty < t^* < \infty$, als Lösung besitzt, d.h. es ist $f(t,0) = 0$ für alle $t \geq t^*$. Wir nehmen an, daß die Komponenten $f^i, i = 1,\ldots,n$, von f auf einer Menge $\{(t,x) | t \geq t^*, \ \|x\| \leq \rho\}, \rho > 0$, definiert sind und dort stetige partielle Ableitungen erster Ordnung nach den Komponenten $x^1,\ldots,x^n$ von x besitzen. Da $f^j(t,0) = 0$ für alle $t \geq t^*, j = 1,\ldots,n$, ist, läßt sich f^j in der Form

$$f^j(t,x) = \sum_{i=1}^{n} \frac{\partial f^j}{\partial x^i}(t,0)x^i + r^j(t,x)$$

für $t \geq t^*$ und x aus einer Umgebung von 0 darstellen, wobei das Restglied für festes t der Bedingung $\lim\limits_{\|x\|\to 0} \dfrac{|r^j(t,x)|}{\|x\|} = 0$ genügt. Aus dieser Darstellung der Komponenten von f erhält man für die rechte Seite unserer Dgl. schließlich die Darstellung

$$f(t,x) = A(t)x + r(t,x).$$

$A(t)$ ist dabei die Matrix $\frac{\partial f}{\partial x}(t,0) = (\frac{\partial f^j}{\partial x^i}(t,0))$, und $r = (r^1,\ldots,r^n)^T$ genügt für festes $t \geq t^*$ der Beziehung

$$\text{(9.1)} \qquad \lim_{\|x\|\to 0} \frac{\|r(t,x)\|}{\|x\|} = 0.$$

Den Übergang von der Ausgangsgleichung $\dot{x} = f(t,x)$ zur Dgl. $\dot{x} = A(t)x$ nennt man Linearisierung der gegebenen Dgl. in der Nähe von $x = 0$. Inwieweit kann man, so lautet eine der grundlegenden Fragestellungen in der Theorie der gewöhnlichen Dgln., aus dem asymptotischen Verhalten der Lösungen der linearisierten Dgl. Rückschlüsse auf das asymptotische Verhalten der Lösungen der ursprünglichen Gleichung in der Nähe der Ruhelage $x \equiv 0$ ziehen? Mit Fragen dieser Art werden wir uns ausführlich in Kap. V beschäftigen. Hier geht es um die relativ einfache Frage, ob man aus der asymptotischen Stabilität der Ruhelage der linearisierten Dgl. auf die entsprechende Eigenschaft der Ruhelage der ursprünglichen Gleichung schließen kann. Das ist beispielsweise dann der Fall, wenn die folgenden zusätzlichen Voraussetzungen erfüllt sind:

1. $A(t)$ ist konstant oder in t periodisch.
2. Die Beziehung (9.1) gilt gleichmäßig in t.

Beides trifft insbesondere dann zu, wenn $f = f(x)$ nicht von t abhängt und in einer Umgebung von $x = 0$ stetige partielle Ableitungen erster Ordnung nach den Komponenten von x besitzt. Genauer gilt:

Satz 9.1. *Die Funktion $r(t,x)$ sei auf einer Menge $N = \{(t,x) \mid t \geq t^*, \|x\| \leq \rho\}$, $\rho > 0, t^* \in (-\infty, \infty)$, definiert, stetig, Lipschitz-stetig bezüglich x und genüge der Bedingung $r(t,0) = 0, t \geq t^*$. Ferner sei $A(t)$ eine stetige $n \times n$-Matrix mit $A(t+1) = A(t)$ für alle t. Es seien die folgenden Bedingungen erfüllt:*

a) *Zu jedem $\varepsilon > 0$ gibt es ein $t(\varepsilon) \geq t^*$ und ein $\delta(\varepsilon) > 0$ derart, daß $\|r(t,x)\| \leq \varepsilon \|x\|$ für $t \geq t(\varepsilon)$ und $\|x\| \leq \delta(\varepsilon)$ gilt.*

b) *Die Ruhelage $x \equiv 0$ der Dgl. $\dot{x} = A(t)x$ ist asymptotisch stabil.*

Dann ist auch die Ruhelage $x \equiv 0$ der Dgl.

$$\dot{x} = A(t)x + r(t,x)$$

asymptotisch stabil.

Beweis. Wir führen den Beweis vorerst unter der Annahme, daß A konstant ist, und werden später auf den periodischen Fall eingehen.

Nach Voraussetzung b) haben alle Eigenwerte von A negativen Realteil. Wir wenden nun den Hilfssatz 8.1 an, wobei wir als $p(x)$ die negativ definite quadratische Form $-x^T x = -\|x\|_2^2$ wählen. Es gibt dann eine positiv definite quadratische Form $V(x)$ mit

$$\dot{V}(x) = (\operatorname{grad} V(x))^T A x = -\|x\|_2^2, \quad x \in \mathbf{R}^n. \tag{9.2}$$

Die Komponenten des Vektors grad $V(x)$ sind homogene lineare Polynome in $x^1, \ldots, x^n$. Es besteht daher eine Abschätzung der Form

$$\|\operatorname{grad} V(x)\|_2 \leq \gamma \|x\|_2 \tag{9.3}$$

mit einer Konstante $\gamma > 0$. Aus der Voraussetzung über $r(t,x)$ folgt, daß sich Zahlen $\eta > 0$ und $\tilde{t}_0 \geq t^*$ finden lassen mit

$$\|r(t,x)\|_2 \leq \frac{1}{2\gamma} \|x\|_2 \tag{9.4}$$

für $t \geq \tilde{t}_0$ und $\|x\|_2 \leq \eta$. Aus den Ungleichungen (9.2), (9.3) und (9.4) erhält man für die Ableitung $\dot{V}(t,x)$ von $V(x)$ für die Dgl. $\dot{x} = f(t,x)$ die Abschätzung

(9.5) $$\begin{aligned}\dot V(t,x) &= (\operatorname{grad} V(x))^T f(t,x)\\ &= (\operatorname{grad} V(x))^T A x + (\operatorname{grad} V(x))^T r(t,x)\\ &\le -\|x\|_2^2 + \|\operatorname{grad} V(x)\|_2 \|r(t,x)\|_2\\ &\le -\tfrac{1}{2}\|x\|_2^2\end{aligned}$$

auf der Menge $\tilde N = \{(t,x) | t \ge \tilde t_0, \|x\|_2 \le \eta\}$. $V(x)$ ist daher auf $\tilde N$ eine Ljapunov-Funktion für die Gleichung $\dot x = f(t,x)$, welche den Voraussetzungen von Satz 7.8 genügt (mit $W(x) = \frac{1}{2}\|x\|_2^2$ und $N_\rho = \tilde N$). Daß f auf $\tilde N$ beschränkt ist, folgt sofort mit Hilfe von (9.4). Wir können daher Satz 7.8 anwenden und erhalten die zu beweisende Aussage für den Fall, daß die Matrix A von t unabhängig ist. Nun betrachten wir noch kurz den Fall, daß $A(t)$ periodisch in t (mit der Periode 1) ist. Nach Hilfssatz 8.2 gibt es dann eine Funktion $V(t,x)$, die in $x^1, \dots, x^n$ eine quadratische Form mit in t periodischen Koeffizienten ist und der Bedingung

$$\frac{\partial}{\partial t} V(t,x) + (\operatorname{grad} V(t,x))^T A x = -\|x\|_2^2$$

genügt. Außerdem ist $V(t,x) > 0$ für alle t und alle $x \ne 0$. Auf der kompakten Menge $\{(t,x) | 0 \le t \le 1, \|x\|_2 = 1\}$ besitzt $V(t,x)$ ein positives Minimum κ. Es ist dann

$$V(t,x) \ge \kappa \|x\|_2^2$$

für alle (t,x). Der weitere Beweis verläuft nun genau so wie vorhin.

Korollar 1. *Die Voraussetzung* a) *des Satzes kann ersetzt werden durch:*
a′) *Zu einer Zahl $\gamma_1 > \gamma$, γ die Konstante aus* (9.3), *existiert ein $\tilde t_0 \ge t^*$ und ein $\eta > 0$ derart, daß $\|r(t,x)\|_2 \le \frac{1}{\gamma_1}\|x\|_2$ für $t \ge \tilde t_0$ und $\|x\|_2 \le \eta$ gilt.*

Beweis. An Stelle von (9.5) erhält man $\dot V(t,x) \le (-1 + \frac{\gamma}{\gamma_1})\|x\|_2^2$ für $(t,x) \in \tilde N$.
Die Aussage des Satzes besagt insbesondere, daß für jede Lösung $x(t)$ der Dgl. $\dot x = f(t,x) = A(t)x + r(t,x)$ die Beziehung $\lim_{t\to\infty} x(t) = 0$ gilt, sofern $\|x(t_0)\|$ hinreichend klein ist. Man kann das Abklingen der Lösungen genauer charakterisieren, wenn man beachtet, daß die Funktion $V(x)$ bzw. $V(t,x)$ auch den Voraussetzungen von Satz 7.11 genügt:

Korollar 2. *Unter den Voraussetzungen des Satzes bzw. von Korollar* 1 *ist die Ruhelage $x \equiv 0$ von $\dot x = A(t)x + r(t,x)$ exponentiell stabil. Kann man $\rho = \infty$ und $\delta(\varepsilon) = \infty$ (für beliebige $\varepsilon > 0$) bzw. $\eta = \infty$ (für geeignete $\gamma_1 > \gamma$) setzen, so gilt die Beziehung* (7.16) *für alle $x_0 \in \mathbf{R}^n$ mit festen, positiven Konstanten α und β.*

Für die letzte Aussage ist zu beachten, daß unter den gegebenen Voraussetzungen die Ungleichung (9.5) für alle $x \in \mathbf{R}^n$ und alle $t \ge \tilde t_0$ gilt.

Der oben bewiesene Satz ist im allgemeinen nicht mehr richtig, wenn $A(t)$ eine beliebige auf (t^*, ∞) stetige Matrix ist (vgl. Aufgabe 2). Ist $A(t)$ nicht mehr periodisch, so muß unter b) die gleichmäßige asymptotische Stabilität von $x \equiv 0$ gefordert werden (s. z. B. Hahn [5]).

Aufgaben. 1. Man zeige, daß die Ruhelage (n_0, T_0) des Systems (7.24) exponentiell stabil ist, falls (7.26) gilt.

2. Gegeben sei das System

$$\dot{x}^1 = -\alpha x^1,$$
$$\dot{x}^2 = (\sin \ln t + \cos \ln t - 2\alpha)x^2 + (x^1)^2, \qquad t > 0.$$

Für geeignete Wahl von $\alpha \in \mathbf{R}$ ist die Ruhelage $x \equiv 0$ instabil, während die Lösungen der linearisierten Gleichung alle exponentiell abklingen (für $t \to \infty$).

Hinweis. Siehe Aufgabe 2 zu Abschn. 7.2.

10. Der Einzugsbereich einer asymptotisch stabilen Lösung

Wir betrachten in diesem Abschnitt eine autonome Dgl. der Form

(10.1) $\quad \dot{x} = f(x), \quad f(0) = 0,$

$x = (x^1, \ldots, x^n)^T, f = (f^1, \ldots, f^n)^T$. Die Funktion f sei für alle $x \in \mathbf{R}^n$ definiert und besitze stetige partielle Ableitungen erster Ordnung nach den Komponenten von x. Mit $x(t;u)$, $u = (u^1, \ldots, u^n)^T$, bezeichnen wir hier die Lösung von (10.1) mit den Anfangswerten $(0,u)$ [1]. Außerdem setzen wir voraus, daß die Matrix $f_x(0) = (\frac{\partial f^j}{\partial x^i}(0))$ nur Eigenwerte mit negativem Realteil besitzt. Nach den Ergebnissen des vorangehenden Abschnittes ist die Ruhelage $x \equiv 0$ asymptotisch stabil. Es gibt also ein $\eta > 0$ mit der folgenden Eigenschaft: Ist $\|u\| < \eta$, so existiert $x(t;u)$ für alle $t \geq 0$ und es gilt $\lim_{t \to \infty} x(t;u) = 0$.

In diesem Abschnitt interessieren wir uns für den Einzugsbereich $\boldsymbol{E}$ der Ruhelage $x \equiv 0$ von (10.1), d. h. für die Menge $\boldsymbol{E}$ aller $u \in \mathbf{R}^n$, für die die Lösung $x(t;u)$ mindestens auf $[0, \infty)$ existiert und $\lim_{t \to \infty} x(t;u) = 0$ gilt. Diese Menge ist, ebenso wie die Trajektorien der Lösungen, vom Anfangszeitpunkt unabhängig, da es sich bei Gleichung (10.1) um eine autonome Gleichung handelt.

Die im vorigen Abschnitt zum Beweis der asymptotischen Stabilität von $x \equiv 0$ verwendete Ljapunov-Funktion gibt zwar eine Möglichkeit, den Einzugsbereich $\boldsymbol{E}$ abzuschätzen, d. h. eine Teilmenge von $\boldsymbol{E}$ anzugeben (vgl. auch Beispiel (7.25)). Jedoch ist diese Teilmenge im allgemeinen nur ein kleiner Ausschnitt von $\boldsymbol{E}$. Außerdem hängt diese Teilmenge meist sehr stark von der verwendeten Ljapunov-Funktion ab. Im folgenden werden wir zeigen, daß man prinzipiell mit Hilfe einer Ljapunov-Funktion den gesamten Einzugsbereich $\boldsymbol{E}$ charakterisieren kann. Als erstes beweisen wir:

Hilfssatz 10.1. *Es gibt positive Zahlen α, β und γ mit folgenden Eigenschaften:*

a) *Es ist $u \in \boldsymbol{E}$ dann und nur dann, wenn für ein $T = T(u) > 0$ die Lösung $x(t;u)$ auf $[0, T]$ existiert und $\|x(T;u)\| < \alpha$ gilt.*

[1] Wir schreiben in diesem Abschnitt u an Stelle von x_0, um anzudeuten, daß speziell die Abhängigkeit der Lösungen von u betrachtet wird.

b) *Aus* $u \in \boldsymbol{E}$ *folgt* $\|x(t;u)\| < \beta e^{-\gamma(t-T)}$ *für alle* $t \geq T = T(u)$.

Beweis. Auf Grund unserer Voraussetzung über f und die Matrix $f_x(0)$ folgt mit Hilfe von Korollar 2 zu Satz 9.1, daß die Ruhelage $x \equiv 0$ exponentiell stabil ist, d. h. es gibt positive Zahlen α, $\tilde{\beta}$ und γ derart, daß für $\|u\| < \alpha$ die Lösung $x(t;u)$ für alle $t \geq 0$ existiert und

$$(10.2) \qquad \|x(t;u)\| < \tilde{\beta}\|u\| e^{-\gamma t} < \beta e^{-\gamma t}, \quad t \geq 0,$$

gilt, wobei $\beta = \tilde{\beta}\alpha$ gesetzt ist. Für $u \in \boldsymbol{E}$ gilt nun $\lim\limits_{t\to\infty} x(t;u) = 0$. Dann gibt es aber ein $T = T(u) > 0$ derart, daß $\|x(T;u)\| < \alpha$ gilt. Beachtet man $x(t;u) = x(t - T; x(T;u))$ (s. Abschn. 5), so folgt die Aussage b) unmittelbar aus (10.2) und der Ungleichung $\|x(T;u)\| < \alpha$. Es sei andererseits $x(t;u)$ eine Lösung, die über einem Intervall $[0,T]$ existiert und der Bedingung $\|x(T;u)\| < \alpha$ genügt. Die Lösung $x(t;x(T;u))$ existiert dann für alle $t \geq 0$ und genügt der Abschätzung $\|x(t;x(T;u))\| < \beta e^{-\gamma t}$, $t \geq 0$. Wegen $x(t;u) = x(t - T; x(T;u))$ existiert $x(t;u)$ auch für alle $t \geq T$ und es gilt $\lim\limits_{t\to\infty} x(t;u) = 0$, d. h. es gilt $u \in \boldsymbol{E}$.

Satz 10.1. *Der Einzugsbereich* $\boldsymbol{E}$ *ist eine offene und zusammenhängende Teilmenge des* $\mathbf{R}^n$. $\boldsymbol{E}$ *ist ferner eine im folgenden Sinne invariante Menge: Ist* $u \in \boldsymbol{E}$, *so gilt* $x(t;u) \in \boldsymbol{E}$ *für alle* t *aus dem maximalen Existenzintervall dieser Lösung.*

Auf Grund der Definition von $\boldsymbol{E}$ ist das maximale Existenzintervall einer Lösung $x(t;u)$ mit $u \in \boldsymbol{E}$ stets von der Form (t^-, ∞).

Beweis. Die letzte Behauptung des Satzes erhält man mit Hilfe der Beziehung $x(t + t_1; u) = x(t; x(t_1;u))$. Denn daraus folgt, daß die rechts stehende Lösung für alle $t \geq 0$ existiert, falls t_1 zum maximalen Existenzintervall von $x(t;u)$ gehört, und daß diese Lösung für $t \to \infty$ nach 0 strebt, wenn dies für $x(t;u)$ der Fall ist.

Daß $\boldsymbol{E}$ eine offene Menge ist, sieht man mit Hilfe des im Hilfssatz 10.1 entwickelten Kriteriums wie folgt ein: Es sei $u_0 \in \boldsymbol{E}$ und $T_0 = T(u_0)$ so bestimmt, daß $\|x(T_0;u_0)\| < 0$ ist. Es gibt dann eine Umgebung $\boldsymbol{N}$ von u_0 derart, daß für alle $u \in \boldsymbol{N}$ die Lösung $x(t;u)$ auf $[0, T_0]$ existiert und außerdem $\|x(T_0;u)\| < \alpha$ gilt (siehe die Bemerkungen in Anschluß an Satz 3.1). Nach Hilfssatz 10.1 gehört somit jedes $u \in \boldsymbol{N}$ zu $\boldsymbol{E}$.

Wir bemerken späterer Anwendungen halber noch, daß für alle $u \in \boldsymbol{N}$ die Abschätzung

$$\|x(t;u)\| < \beta e^{-\gamma(t-T_0)}, \quad t \geq T_0,$$

mit von u unabhängigen Konstanten T_0, β und γ gilt.

Daß schließlich $\boldsymbol{E}$ eine zusammenhängende Menge ist, folgt aus den zwei folgenden Aussagen, die man direkt an Hand von Hilfssatz 10.1 einsieht: Die Kugel $\boldsymbol{K} = \{u \mid \|u\| < \alpha\}$ liegt in $\boldsymbol{E}$. Die von einem Punkt $u \in \boldsymbol{E}$ ausgehende positive Halbtrajektorie liegt ganz in $\boldsymbol{E}$ und verbindet u mit $\boldsymbol{K}$.

Für die weiteren Untersuchungen verwenden wir eine skalare Funktion $\varphi(x)$, die den folgenden Bedingungen genügt:

1. *φ ist für alle $x \in \mathbf{R}^n$ definiert und besitzt stetige partielle Ableitungen bis zur Ordnung 2 nach $x^1, \ldots, x^n$.*

2. *$\varphi(0) = 0$ und $\varphi(x) > 0$ für $x \neq 0$.*

3. *Auf jeder Menge der Gestalt $\{x \mid \|x\| \geq \varepsilon\}$, $\varepsilon > 0$, besitzt φ eine positive untere Schranke.*

Jede positiv-definite quadratische Form in $x^1, \ldots, x^n$ besitzt diese Eigenschaften.

Satz 10.2. a) Es sei *$u \in \mathbf{R}^n$ derart gewählt, daß die Lösung $x(t; u)$ für alle $t \geq 0$ existiert. Dann gilt:* a) *Das uneigentliche Integral $\int_0^\infty \varphi(x(\tau; u))\,d\tau$ existiert genau dann, wenn $u \in \boldsymbol{E}$ ist.*

b) *Ist $u \in \boldsymbol{E}$, so gilt für alle $t \geq 0$ die Beziehung*

$$\frac{\partial}{\partial t}\left(\int_0^\infty \varphi(x(\tau; x(t; u)))\,d\tau\right) = -\varphi(x(t; u)).$$

c) *Es sei $u^* \in \partial \boldsymbol{E}$ und $u^* = \lim_{\nu \to \infty} u_\nu$ mit $u_\nu \in \boldsymbol{E}$ für alle ν. Existiert $x(t; u^*)$ für alle $t \geq 0$, so gilt*

$$\lim_{\nu \to \infty} \int_0^\infty \varphi(x(\tau; u_\nu))\,d\tau = \infty.$$

Beweis. Es gibt eine Konstante $\kappa > 0$ mit $|\varphi(u)| \leq \kappa \|u\|$ für $\|u\| < \alpha$, α die Konstante aus Hilfssatz 10.1. Dies folgt einfach aus $\varphi(0) = 0$ und der Tatsache, daß φ überall stetige partielle Ableitungen erster Ordnung besitzt. Für $u \in \boldsymbol{E}$ gilt daher

$$|\varphi(x(t; u))| \leq \kappa \|x(t; u)\| < \kappa \beta e^{-\gamma(t-T)}$$

für $t \geq T = T(u)$ (vgl. Hilfssatz 10.1). Daher existiert $\int_0^\infty \varphi(x(\tau; u))\,d\tau$. Es sei nun umgekehrt $u \in \mathbf{R}^n$ so gewählt, daß die Lösung $x(t; u)$ für alle $t \geq 0$ und $\int_0^\infty \varphi(x(\tau; u))\,d\tau$ existieren. Da der Integrand stets nicht-negativ ist, muß es eine Folge $t_\nu \to \infty$ derart geben, daß $\lim_{\nu \to \infty} \varphi(x(t_\nu; u)) = 0$ gilt. Auf Grund der Voraussetzung 3 über $\varphi(x)$ folgt daraus $\lim_{\nu \to \infty} x(t_\nu; u) = 0$. Also gibt es ein $T > 0$ mit $\|x(T; u)\| < \alpha$. Dies bedeutet aber, nach Hilfssatz 10.1, $u \in \boldsymbol{E}$.

Für den Beweis von Aussage b) beachten wir zunächst, daß aus $u \in \boldsymbol{E}$ auch $x(t; u) \in \boldsymbol{E}$ für alle $t \geq 0$ folgt. Daher existiert $\int_0^\infty \varphi(x(\tau; x(t; u)))\,d\tau$ sicher für alle $t \geq 0$. Wegen $x(\tau; x(t; u)) = x(\tau + t; u)$ läßt sich das Integral wie folgt umformen:

$$\int_0^\infty \varphi(x(\tau; x(t; u)))\,d\tau = \int_0^\infty \varphi(x(\tau + t; u))\,d\tau = \int_t^\infty \varphi(x(\tau; u))\,d\tau.$$

Daraus folgt sofort die Behauptung, denn der Integrand ist eine stetige Funktion von τ.

Wäre die Folge $\int_0^\infty \varphi(x(\tau; u_\nu))\,d\tau$ aus Aussage c) beschränkt, etwa mit der oberen

Schranke δ, so hätte man $\int_0^T \varphi(x(\tau;u_\nu))\mathrm{d}\tau < \delta$ für jedes feste $T > 0$ und somit auch $\int_0^T \varphi(x(\tau;u^*))\mathrm{d}\tau = \lim_{\nu\to\infty} \int_0^T \varphi(x(\tau;u_\nu))\mathrm{d}\tau \leq \delta$, d. h. das uneigentliche Integral $\int_0^\infty \varphi(x(\tau;u^*))\mathrm{d}\tau$ existiert. Nach a) folgt daraus $u^* \in \boldsymbol{E}$ in Widerspruch zur Voraussetzung $u^* \in \partial\boldsymbol{E}$ (da $\boldsymbol{E}$ offen ist, gilt $\partial\boldsymbol{E} \cap \boldsymbol{E} = \emptyset$). Damit ist der Satz vollständig bewiesen.

Die Aussage des Satzes kann auch wie folgt formuliert werden:

Durch $\psi(u) = \int_0^\infty \varphi(x(\tau;u))\mathrm{d}\tau$ *für* $u \in \boldsymbol{E}$ *wird eine Funktion definiert, die folgende Eigenschaften hat:*

(10.3) $\quad \psi(u) > 0 \quad$ *für* $\quad u \neq 0,\ \psi(0) = 0 \quad$ *und* $\quad \lim_{u\to\partial\boldsymbol{E},\, u\in\boldsymbol{E}} \psi(u) = \infty\,.$

(10.4) $\quad \dot{\psi}(x(t;u)) = -\varphi(x(t;u))\quad$ *für alle* $u \in \boldsymbol{E}$ *und alle* $t \geq 0$.

Die letzte Feststellung besagt, daß die Ableitung von ψ längs der Lösungen der Differentialgleichung (10.1) und die Funktion $-\varphi$ auf $\boldsymbol{E}$ übereinstimmen. Wenn man von der Funktion $\psi(u)$ zeigen kann, daß sie auf $\boldsymbol{E}$ stetige partielle Ableitungen erster Ordnung nach $u^1,\dots,u^n$ besitzt, so kann die Aussage (10.4), wie wir in Abschn. 6 gesehen haben, in der folgenden gleichwertigen Form wiedergegeben werden:

$$(\operatorname{grad}\psi(u))^T f(u) = -\varphi(u) \qquad \text{für alle } u \in \boldsymbol{E}\,.$$

Wir wollen uns nun überlegen, daß auf Grund unserer Voraussetzungen über f die Funktion ψ tatsächlich auf $\boldsymbol{E}$ stetige partielle Ableitungen erster Ordnung nach $u^1,\dots,u^n$ besitzt. Aus diesen Voraussetzungen folgt zunächst nach Satz 3.2, daß die Funktion $x(t;u)$ auf ihrem maximalen Definitionsbereich stetige partielle Ableitungen erster Ordnung nach $u^1,\dots,u^n$ besitzt. Die Funktionen $\frac{\partial}{\partial u^i}x(t;u)$ sind als Funktionen in t Lösungen des linearen Anfangswertproblems

(10.5) $\quad \dot{y} = f_x(x(t;u))\,y, \quad y(0) = e_i,\ i = 1,\dots,n\,.$

Hilfssatz 10.2. *Zu jedem* $u_0 \in \boldsymbol{E}$ *gibt es eine* u_0 *enthaltende Umgebung* $\boldsymbol{N}$ *und Zahlen* $\tilde{\beta}$, γ *derart, daß*

$$\left\|\frac{\partial}{\partial u^i}x(t;u)\right\| < \tilde{\beta}\mathrm{e}^{-\gamma t}$$

für alle $t \geq 0$ *und alle* $u \in \boldsymbol{N}$ *gilt,* $i = 1,\dots,n$.

Beweis. Wie wir gegen Ende des Beweises von Satz 10.1 bemerkt haben, lassen sich eine Umgebung $\boldsymbol{N}$ von u_0 und Zahlen T_0, β und γ so finden, daß $\|x(t;u)\| < \beta e^{-\gamma(t-T_0)}$ für alle $u \in \boldsymbol{N}$ und alle $t \geq T_0$ gilt. Insbesondere gilt $\lim_{t\to\infty} x(t;u) = 0$ gleichmäßig für alle $u \in \boldsymbol{N}$. Die Funktionen $\frac{\partial f^j}{\partial x^i}$, $i,j = 1,\dots,n$, sind nach Voraussetzung stetige Funktionen. Es gilt daher auch $\lim_{t\to\infty}\|f_x(x(t;u)) - f_x(0)\| = 0$ gleichmäßig für $u \in \boldsymbol{N}$. Mit der Abkürzung $r(t, y; u) = (f_x(x(t; u)) - f_x(0))y$ kann man die Differentialgleichung aus (10.5) in der Form

$$(10.6) \qquad \dot{y} = f_x(0)y + r(t, y; u)$$

schreiben. Zu jedem $\varepsilon > 0$ läßt sich ein $t_0 \geq 0$ so angeben, daß

$$\|r(t, y; u)\| \leq \varepsilon \|y\|$$

für alle $t \geq t_0$, alle $y \in \mathbf{R}^n$ und alle $u \in \boldsymbol{N}$ gilt. Wir können nun die Resultate aus Abschn. 9 verwenden ($A(t) = f_x(0)$), da die Matrix $f_x(0)$ nach Voraussetzung nur Eigenwerte mit negativem Realteil besitzt. Man erhält die Abschätzung

$$\|y(t)\| \leq \beta \|y(t_0)\| \mathrm{e}^{-\gamma(t-t_0)}$$

für alle $t \geq t_0$ und für alle Lösungen der Differentialgleichung (10.6) mit u beliebig aus $\boldsymbol{N}$. Diese Abschätzung gilt daher auch für die partiellen Ableitungen $\frac{\partial}{\partial u^i} x(t; u)$, falls $t \geq t_0$ und $u \in \boldsymbol{N}$ ist. Um daraus zu einer Abschätzung der im Hilfssatz angegebenen Form zu kommen – die ja auf der Menge $\{(t, u) | t \geq 0, u \in \boldsymbol{N}\}$ gelten soll – ist nur zu beachten, daß $\frac{\partial}{\partial u^i} x(t; u)$ auf $\{(t, u) | 0 \leq t \leq t_0, u \in \boldsymbol{N}\}$ stetig und somit beschränkt ist.

Da die Funktion φ an der Stelle $x = 0$ ein Minimum besitzt, verschwindet der Gradient von φ für $x = 0$. Für hinreichend kleines $\|x\|$ ist daher

$$\|\operatorname{grad} \varphi(x)\| \leq \kappa \|x\|$$

mit einer geeigneten Konstanten $\kappa > 0$ (man beachte, daß φ stetige partielle Ableitungen zweiter Ordnung besitzt). Verwenden wir Hilfssatz 10.2, so erhalten wir eine Abschätzung der Form

$$\left| \frac{\partial}{\partial u^i} \varphi(x(t; u)) \right| < \kappa_1 \mathrm{e}^{-\gamma t}$$

für alle $t \geq 0$ und alle $u \in \boldsymbol{N}$. Das uneigentliche Integral $\int_0^\infty \frac{\partial}{\partial u^i} \varphi(x(t; u)) \mathrm{d}t$ konvergiert daher gleichmäßig für alle $u \in \boldsymbol{N}$. Dies bedeutet, daß für alle $u \in \boldsymbol{N}$ und damit wegen der Wahl von u_0 und $\boldsymbol{N}$ auch für alle $u \in \boldsymbol{E}$ die partiellen Ableitungen $\frac{\partial}{\partial u^i} \int_0^\infty \varphi(x(t; u)) \mathrm{d}t$ existieren und durch $\int_0^\infty \frac{\partial}{\partial u^i} \varphi(x(t; u)) \mathrm{d}t$ gegeben sind. Aus der gleichmäßigen Konvergenz des letzten Integrales folgt auch die Stetigkeit der partiellen Ableitungen erster Ordnung von ψ. Wir haben damit das folgende Resultat erhalten:

Satz 10.3. *Zu jeder Funktion $\varphi(x)$, die den nach dem Beweis zu Satz* 10.1 *formulierten Bedingungen genügt, gibt es genau eine auf* $\boldsymbol{E}$ *einmal stetig differenzierbare Funktion $\psi(x)$ mit*

$$(10.7) \qquad (\operatorname{grad} \psi(x))^T f(x) = -\varphi(x) \quad \textit{für alle } x \in \boldsymbol{E} \textit{ und } \psi(0) = 0\,.$$

ψ genügt überdies den Bedingungen $\psi(x) > 0$ für $x \neq 0$ und $\lim\limits_{x \to \partial \boldsymbol{E}, x \in \boldsymbol{E}} \psi(x) = \infty$.

Daß zu gegebenem φ nur eine Funktion ψ mit (10.7) existieren kann, folgt aus der Tatsache, daß die Gleichungen $(\operatorname{grad}\psi(x))^T f(x) = 0$, $\psi(0) = 0$, auf der Menge $\boldsymbol{E}$ nur die Lösung $\psi(x) \equiv 0$ besitzen. Denn $\psi(x)$ ist dann ein erstes Integral der gegebenen Differentialgleichung, und es ist daher $\psi(x(t;u)) = \psi(u)$ für alle $t \geq 0$ und alle $u \in \boldsymbol{E}$. Für $t \to \infty$ erhält man $\psi(u) = 0$, $u \in \boldsymbol{E}$. Man beachte, daß man für diese Schlußweise voraussetzen muß, daß ψ eine Lösung der Gleichung (10.7) auf ganz $\boldsymbol{E}$ ist. Es erhebt sich daher die Frage, ob etwa folgende Aussage richtig ist:

(10.8) *Es sei $\boldsymbol{E}^*$ eine offene, zusammenhängende Teilmenge des $\mathbf{R}^n$ mit $0 \in \boldsymbol{E}^*$ und es sei $\psi^*(x)$ eine Funktion mit*

$$(\operatorname{grad}\psi^*(x))^T f(x) = -\varphi(x)$$

für alle $x \in \boldsymbol{E}^*$ und mit $\psi^*(0) = 0$. Dann gilt $\boldsymbol{E}^* \subseteq \boldsymbol{E}$ und ψ^* ist die Einschränkung der in Satz 10.3 *genannten Funktion ψ auf $\boldsymbol{E}^*$.*

Wir wollen nun zeigen, daß die Aussage (10.8) tatsächlich zutrifft, wenn etwa die folgende Voraussetzung erfüllt ist[1]:

(10.9) *f und φ können auf den $\mathbf{C}^n$ holomorph fortgesetzt werden und ψ^* ist auf $\boldsymbol{E}^*$ holomorph.*

Für den Begriff holomorphe Funktion in mehreren Veränderlichen verweisen wir etwa auf Kneser [23]. Die Forderung bezgl. f und φ bedeutet, daß Funktionen existieren, die auf dem $\mathbf{C}^n$ holomorph sind und deren Einschränkungen auf den $\mathbf{R}^n$ gerade f bzw. φ sind. Wir bezeichnen die holomorphen Fortsetzungen von f und φ wieder mit denselben Buchstaben. Die Forderung bezgl. ψ^* bedeutet, daß ψ^* in eine Umgebung von $\boldsymbol{E}^*$ im $\mathbf{C}^n$ holomorph fortgesetzt werden kann. Wir betrachten nun die Dgl. (10.1) im Komplexen, d. h. wir untersuchen die Lösungen $z(t;u)$ von

(10.10) $\quad \dot{z} = f(z), \quad z(0;u) = u \in \mathbf{C}^n.$

Die Funktion $z(t;u)$ ist auf ihrem maximalen Definitionsbereich (dieser umfaßt sicher die Menge $[0,\infty) \times \boldsymbol{E}$) eine holomorphe Funktion von $u^1,\dots,u^n$ und t (vgl. Kneser [23], Abschn. 4.5). Dasselbe gilt dann auch von $\varphi(z(t;u))$. Um zu zeigen, daß dann auch $\psi(u) = \int_0^\infty \varphi(z(\tau;u))\,d\tau$ auf $\boldsymbol{E}$ holomorph ist, müssen wir nachweisen, daß $\psi(u)$ auf einer Umgebung $\tilde{\boldsymbol{E}}$ von $\boldsymbol{E}$ im $\mathbf{C}^n$ definiert ist und die Integrale $\int_0^\infty \frac{\partial}{\partial u^i}\varphi(z(\tau;u))\,d\tau$, $i = 1,\dots,n$, gleichmäßig konvergieren[2]. Dazu reicht es aus, die Abschätzungen, welche oben für $x(t;u)$ bzw. $\frac{\partial}{\partial u^i}x(t;u)$ gewonnen wurden, für den Real- und Imaginärteil einer Lösung $z(t;u)$ von (10.10) mit $u \in \tilde{\boldsymbol{E}}$ zu beweisen. Dies bereitet jedoch keinerlei Schwierigkeiten, da $\operatorname{Re} z(t;u)$ und $\operatorname{Im} z(t;u)$, $u \in \tilde{\boldsymbol{E}}$, Lösungen

---

[1] Dabei können wir uns allerdings nur an Leser wenden, die mit dem Begriff holomorphe Funktion und den grundlegenden Eigenschaften dieser Funktionen vertraut sind.

[2] Siehe z. B. Behnke/Sommer: Theorie der analytischen Funktionen einer komplexen Veränderlichen. 2. Aufl. Berlin-Göttingen-Heidelberg 1962, Kap. 1, §12.

eines reellen Gleichungssystems sind, welches den Voraussetzungen dieses Abschnittes genügt. Da $\boldsymbol{E}$ im komplexen Einzugsbereich von $z \equiv 0$ für (10.10) enthalten ist, existiert eine Umgebung $\tilde{\boldsymbol{E}}$ von $\boldsymbol{E}$ im $\mathbf{C}^n$, die ebenfalls dem Einzugsbereich angehört. Man zeigt dies analog wie oben. Die Eigenschaften von φ wurden dabei nicht benötigt. Die holomorphe Fortsetzung von φ auf den $\mathbf{C}^n$ weist natürlich nicht mehr die Eigenschaften 2 und 3 von φ auf. Dies spielt jedoch für das Folgende keine Rolle, da jener Teil der Aussage von Satz 10.2, Teil a), für dessen Beweis diese Eigenschaften von φ benötigt wurde, im folgenden nicht verwendet wird. Setzen wir $z = x + \mathrm{i}y$ und $f(z) = u(x,y) + \mathrm{i}v(x,y)$, so ist (10.10) gleichwertig mit

$$\dot{x} = u(x,y),\ \dot{y} = v(x,y); \quad x(0;u) = \operatorname{Re} u,\ y(0;u) = \operatorname{Im} u\,.$$

An die Stelle der Matrix $f_x(0)$ von oben tritt die Matrix

$$\begin{pmatrix} f_x(0) & 0 \\ 0 & f_x(0) \end{pmatrix}.$$

Dies erkennt man an Hand der Potenzreihenentwicklung $f(z) = f_x(0)z + \cdots$ und der Ergebnisse aus II Abschn. 6 (die Matrix $f_x(0)$ ist reell!). Die Überlegungen von oben bezüglich der Gleichung (10.7) können nun unmittelbar übernommen werden. Die Funktionen ψ und ψ^* sind beide in einer Umgebung (im $\mathbf{C}^n$) von 0 holomorph und können daher in Potenzreihen entwickelt werden. Mit Hilfe des folgenden Satzes (Satz 10.4) folgt schließlich, daß ψ und ψ^* in einer Umgebung von 0 übereinstimmen. Jede dieser Funktionen läßt sich daher als analytische Fortsetzung der anderen auffassen. Das bedeutet insbesondere, daß sich ψ in die Menge $\boldsymbol{E} \cup \boldsymbol{E}^*$ analytisch fortsetzen läßt. Andererseits strebt ψ gegen ∞, wenn x sich einem Randpunkt von $\boldsymbol{E}$ nähert. Daher kann $\boldsymbol{E}^*$ keinen Punkt enthalten, der nicht zu $\boldsymbol{E}$ gehört. Denn ist $u_0 \in \boldsymbol{E}^*$ und $u_0 \notin \boldsymbol{E}$, so können wir u_0 mit 0 durch eine ganz in $\boldsymbol{E}^*$ verlaufende Kurve verbinden. Der von 0 aus gesehen erste nicht zu $\boldsymbol{E}$ gehörige Punkt u_1 auf dieser Kurve ist dann ein Randpunkt von $\boldsymbol{E}$. Nähert man sich längs der Kurve dem Punkt u_1, so muß ψ^* gegen ∞ streben, was offenbar in Widerspruch zur Voraussetzung steht, daß ψ^* eine auf $\boldsymbol{E}^*$ holomorphe Funktion ist. Damit ist die Aussage (10.8) unter der zusätzlichen Voraussetzung (10.9) bewiesen.

Satz 10.4. *Es seien die Funktionen f und φ um $x = 0$ in eine Potenzreihe entwickelbar. Die Matrix $f_x(0)$ besitze nur Eigenwerte mit negativem Realteil. Außerdem sei $\varphi(0) = 0$. Dann gibt es genau eine (formale) Potenzreihe der Form*

$$\psi(x) = \sum_{\nu_1 + \cdots + \nu_n > 0} a_{\nu_1,\ldots,\nu_n} (x^1)^{\nu_1} \cdot \cdots \cdot (x^n)^{\nu_n}$$

mit $\quad (\operatorname{grad} \psi(x))^T f(x) = -\varphi(x)$

(im Sinne einer formalen Identität von Potenzreihen).

Beweis. Wir schreiben $f(x)$ in der Form

$$f(x) = Ax + r(x), \quad A = f_x(0)\,.$$

Die Komponenten des Vektors $r(x)$ besitzen Potenzreihenentwicklungen, die mit Gliedern zweiter Ordnung beginnen. Die Potenzreihenentwicklung von φ schreiben wir in der Form

$$\varphi = \sum_{i=1}^{\infty} \varphi_i ,$$

wobei die φ_i homogene Polynome in $x^1,\ldots,x^n$ vom Grad i sind, $i = 1,2,\ldots$. Wir haben nun zu zeigen, daß es genau eine Folge $\psi_1,\psi_2,\ldots,\psi_i$ homogen vom Grad i, derart gibt, daß die formale Identität

$$(10.11) \quad \left(\sum_{i=1}^{\infty} \operatorname{grad} \psi_i(x)\right)^T (Ax + r(x)) = -\sum_{j=1}^{\infty} \varphi_j(x)$$

erfüllt ist. Dazu bemerken wir zunächst, daß die linke Seite von (10.11) eine formale Potenzreihe in x ist, welche wir in der Form $\sum_{i=1}^{\infty} \Psi_i(x)$ schreiben, wobei die Ψ_i homogene Polynome vom Grad i sind. Diese haben die Gestalt

$$\Psi_i(x) = (\operatorname{grad} \psi_i(x))^T Ax + \tilde{\Psi}_i(x) .$$

Mit $\tilde{\Psi}_i(x)$ wird dabei das in $\sum_{\nu=1}^{i-1} (\operatorname{grad} \psi_i(x))^T r(x)$ vorkommende homogene Polynom vom Grad i bezeichnet. Das Polynom $\tilde{\Psi}_i(x)$ hängt offensichtlich nur von $\psi_1,\ldots,\psi_{i-1}$ ab.

Die zu lösende Gleichung (10.11) verlangt nun gerade, die ψ_i so zu bestimmen, daß

$$(\operatorname{grad} \psi_i(x))^T Ax = -\varphi_i(x) - \tilde{\Psi}_i(x)$$

gilt, $i = 1,2,\ldots$. Dies ist auf Grund unserer obigen Bemerkung ein rekursives Gleichungssystem zur Bestimmung der ψ_i. Daß es schrittweise lösbar ist, und zwar eindeutig, folgt nun sofort aus Hilfssatz 8.1. Damit ist Satz 10.4 bewiesen.

Die Resultate dieses Abschnittes erscheinen in der Literatur gewöhnlich in etwas anderer Form als Sätze von Zubov (vgl. Zubov [39], Hahn [5]). An die Stelle von $\psi(x)$ tritt dabei die Funktion $V(x) = 1 - e^{-\psi(x)}$. Die Zubov-Gleichung (10.7) hat dann die Form $\dot{V}(x) = -\varphi(x)(1 - V(x))$. Der Rand von $\boldsymbol{E}$ ist dann durch $\lim\limits_{x \in \boldsymbol{E},\, x \to \partial \boldsymbol{E}} V(x) = 1$ charakterisiert. Das folgende Beispiel ist aus Zubov [39] entnommen.

Beispiel.

$$\dot{u} = -u + 2u^2 v,\ \dot{v} = -v, \qquad (u,v)^T \in \mathbf{R}^2 .$$

Für $\psi(u,v) = \dfrac{u^2}{2(1 - uv)} + \dfrac{v^2}{2}$ ist $\dot{\psi}(u,v) = -(u^2 + v^2)$. Die Funktion $\varphi(u,v) = u^2 + v^2$ genügt den Voraussetzungen dieses Abschnittes. Der Einzugsbereich der asymptotisch stabilen Ruhelage $u \equiv 0, v \equiv 0$ ist daher durch $\boldsymbol{E} = \{(u,v)^T \mid uv < 1\}$ gegeben.

11. Ein Beispiel aus der Regelungstheorie

11.1. Problemstellung und Hilfssätze

Bei diesem Beispiel handelt es sich um ein autonomes System, dessen nicht-linearer Charakter von spezieller Natur ist. Gegeben sei eine reelle $n \times n$-Matrix A, deren Eigenwerte alle negative Realteile haben, zwei reelle n-Vektoren b, k und eine nicht-negative Zahl γ. Ferner sei $\varphi(s)$ eine für alle reellen s definierte Lipschitz-stetige Funktion mit $s\varphi(s) > 0$ für $s \neq 0$. Wir betrachten im folgenden das Differentialgleichungssystem

$$\begin{aligned} \dot{x} &= Ax - b\varphi(k^T x + \gamma\xi), \\ \dot{\xi} &= -\varphi(k^T x + \gamma\xi). \end{aligned} \tag{11.1}$$

Diese Gleichungen stellen den einfachsten Fall einer Klasse von Differentialgleichungssystemen dar, die Regelsysteme beschreiben, in denen ein nichtlineares Glied vorhanden ist [1]. Derartige Systeme treten z. B. bei der Kursregelung von Flugkörpern auf.

In der Sprache der Regelungstheorie kann man die Gleichungen (11.1) etwa wie folgt interpretieren (vgl. Abb. 12):

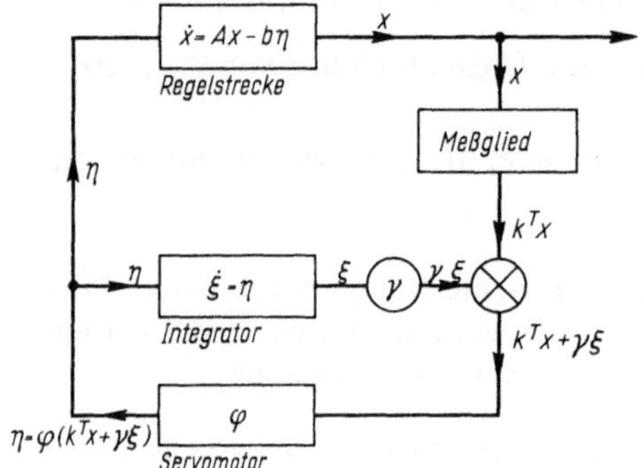

Abb. 12

Es liege ein konkretes System vor, in der Regelungstheorie **Regelstrecke** genannt, das durch die lineare Gleichung

$$\dot{x} = Ax - b\eta$$

beschrieben wird. Der Vektor x charakterisiert meist die Abweichung des Systemzustandes von einem Sollwert. Die Regelstrecke kann durch die skalare Steuergröße η beeinflußt werden. Diese Steuergröße ist die Ausgangsgröße eines nicht-linearen Gliedes, etwa eines Servomotors. Ein Meßglied liefert als Ausgangsgröße eine Linearkombination der Zustandsgrößen $x^1, \ldots, x^n$. Die Steuergröße η wird über einen sog. Integrator rückgeführt und mit einem Verstärkungsfaktor

---

[1] An weiterführender Literatur zu diesem Abschnitt sei etwa Aiserman/Gantmacher [41], Halanay [6], Lefschetz [40] und Reissig/Sansone/Conti [17] angegeben.

γ versehen zur Ausgangsgröße des Meßgliedes addiert. Das Ergebnis, die Größe $k^T x + \gamma\xi$ [1] ist die Eingangsgröße des Servomotors.

Die Ruhelage des Systems ist $x \equiv 0, \xi \equiv 0$. Es ist nun die Aufgabe gestellt, Abweichungen von der Ruhelage, wie sie etwa von auf das System einwirkenden Störungen verursacht sein können, zum Verschwinden zu bringen. Genauer gesagt, die Lösungen der Gleichungen (11.1) zu beliebigen Anfangswerten x_0, ξ_0 sollen stets abklingen. Typisch für die hier betrachtete Systemklasse ist, daß die Charakteristik des nicht-linearen Gliedes (des Servomotors), also die Funktion φ, meist nicht exakt bekannt ist, sondern nur grob abgeschätzt werden kann: $s\varphi(s) > 0$ für $s \neq 0$ und $\varphi(0) = 0$ (die Forderung der Lipschitz-Stetigkeit von φ sichert die Existenz und Eindeutigkeit der Lösungen). Man sucht daher Bedingungen, die garantieren, daß das System absolut stabil ist: Die Ruhelage $x \equiv 0, \xi \equiv 0$ von (11.1) heißt absolut stabil, wenn diese Ruhelage asymptotisch stabil ist mit dem $\mathbf{R}^{n+1}$ als Einzugsbereich, und zwar für beliebige Funktionen φ, welche den zu Beginn dieses Abschnittes formulierten Bedingungen genügen.

Wir werden im folgenden eine hinreichende Bedingung für die absolute Stabilität von Gl. (11.1) angeben. Es handelt sich dabei um eine Bedingung, die die Existenz einer Ljapunov-Funktion mit entsprechenden Eigenschaften sichert. Diese Ljapunov-Funktion ist von der Gestalt „Quadratische Form in den Variablen $x^1, \ldots, x^n$ und ξ plus Integral über die Nichtlinearität" und wird im nächsten Abschnitt explizit angegeben.

Dieser Abschnitt ist den dazu nötigen Vorbereitungen gewidmet. Der Weg, den wir hier wählen, führt über die Auflösung eines algebraischen Gleichungssystems (vgl. Satz 11.1). Die Überlegungen dieses Abschnittes werden sich im Rahmen der elementaren Algebra, insbesondere der Linearen Algebra, bewegen. Wir machen dabei von folgenden einfachen Aussagen über rationale Funktionen über dem Körper der komplexen Zahlen Gebrauch:

1. Es gilt der sogenannte Fundamentalsatz der Algebra, d. h. jedes Polynom zerfällt vollständig in Linearfaktoren.

2. Zwei rationale Funktionen, deren Werte für alle reellen z (alle rein-imaginären z) übereinstimmen, sind identisch gleich, d. h. die Zähler- und Nennerpolynome haben die gleichen Koeffizienten. Dabei muß natürlich vorausgesetzt werden, daß die Zähler- und Nennerpolynome keine gemeinsamen Faktoren besitzen und daß der höchste Koeffizient des Nennerpolynoms jeweils 1 ist.

3. Besitzt eine echt-gebrochene rationale Funktion keine Pole (das sind Nullstellen des Nenners), so ist sie identisch Null.

Hilfssatz 11.1. *Es sei $P(z)$ ein reelles Polynom (d. h. alle Koeffizienten sind reell) mit $P(\mathrm{i}\omega)$ reell und ≥ 0 für alle $\omega \in \mathbf{R}$. Dann gibt es ein reelles Polynom $P_1(z)$ mit $P(z) = P_1(z)\, P_1(-z)$. Läßt sich umgekehrt $P(z)$ in der Form $P_1(z)\, P_1(-z)$, $P_1(z)$ ein reelles Polynom, darstellen, so gilt $P(\mathrm{i}\omega) = |P_1(\mathrm{i}\omega)|^2 \geq 0$.*

Beweis. Man bestätigt die Beziehung $P(z) = P_1(z)\, P_1(-z)$ sofort in den folgenden drei Spezialfällen:

1. $P(z) \equiv a, a \in \mathbf{R}, a \geq 0, \; P_1(z) \equiv \sqrt{a}$.
2. $P(z) = -z^2 + a, a \in \mathbf{R}, a \geq 0, \; P_1(z) = z - \sqrt{a}$.
3. $P(z) = (z^2 - a)(z^2 - \bar{a}), a \in \mathbf{C}, \; P_1(z) = (z - b)(z - \bar{b})$, b eine der Quadratwurzeln von a.

[1] Dem x aus früheren Abschnitten entspricht hier der Vektor $(x^1, \ldots, x^n, \xi)^T$. Es ist jedoch wegen der speziellen Gestalt der Nichtlinearität zweckmäßig, die hier vorgenommene Aufspaltung beizubehalten.

Um den Hilfssatz im allgemeinen Fall zu beweisen, bemerken wir zunächst, daß ein reelles Polynom dann und nur dann reelle Werte auf der ganzen imaginären Achse annimmt, wenn es gerade ist. Also gibt es ein reelles Polynom $\tilde{P}$ derart, daß $P(z) = \tilde{P}(z^2)$ ist. Gemäß Voraussetzung hat man nun $\tilde{P}(-\omega^2) = P(i\omega) \geq 0$ für alle $\omega \in \mathbf{R}$, d. h. $\tilde{P}(w)$, $w \in \mathbf{R}$, wird im Intervall $(-\infty, 0]$ nicht negativ. Wenn a daher eine negative reelle Nullstelle von $\tilde{P}$ ist, so ist die Ordnung von a stets gerade. Daher kann der Beitrag $(w-a)^{2r}$ des linearen Polynoms $w-a$ zu $\tilde{P}(w)$ formal stets in der Form $(w-a)(w-\bar{a})^r$ geschrieben werden. Dasselbe gilt nun bekanntlich auch für die nicht-reellen Nullstellen des reellen Polynoms $\tilde{P}(w)$. Aus der Faktorzerlegung von $\tilde{P}$ läßt sich daher durch einfache Umformungen die folgende Darstellung von $\tilde{P}(w)$ gewinnen:

$$\tilde{P}(w) = \lambda \prod_j (-w + a_j) \prod_k (w - b_k)(w - \bar{b}_k),$$

wobei $a_j \in \mathbf{R}$, $a_j \geq 0$ und $\lambda \in \mathbf{R}$ ist.

Da, wie wir oben festgestellt haben, $\tilde{P}(w) \geq 0$ für alle $w < 0$ ist, muß $\lambda > 0$ sein. Aus der Beziehung $P(z) = \tilde{P}(z^2)$ folgt dann weiter

$$P(z) = \lambda \prod_j (-z^2 + a_j) \prod_k (z^2 - b_k)(z^2 - \bar{b}_k),$$

d. h. P ist ein Produkt aus Polynomen jener drei Typen, für die wir die Aussage des Hilfssatzes direkt nachgewiesen haben. Also gilt sie auch für P.

Gegeben sei nun eine $n \times n$-Matrix A mit dem charakteristischen Polynom $\chi(z) = \det(zE + A)$. Die Elemente der Matrix $(zE + A)^{-1}$ sind dann echt gebrochene rationale Funktionen mit dem Nenner $\chi(z)$. Sind p, q konstante (d. h. von z unabhängige) Vektoren, so ist das Produkt $q^T(zE + A)^{-1}p$ eine echt gebrochene rationale Funktion mit dem Nenner $\chi(z)$. Im folgenden Hilfssatz 11.2 geht es um die Frage, ob sich jede solche Funktion in der Form $q^T(zE + A)^{-1}p$ darstellen läßt. Zum Verständnis der Aussage sei Folgendes vorausgeschickt. Eine Linearkombination echt gebrochener rationaler Funktionen mit dem Nenner χ ist wieder eine solche Funktion. Die Gesamtheit dieser Funktionen bildet also einen Vektorraum der Dimension n über dem Körper der komplexen Zahlen (über dem Körper der reellen Zahlen, falls die Koeffizienten alle reell sind). Die n Funktionen $z^\nu/\chi(z)$, $\nu = 0, \ldots, n-1$, stellen offenbar eine Basis dar. Hat man nun einen konstanten Vektor p, so sind die Komponenten des Vektors $(zE + A)^{-1}p$ Elemente dieses Vektorraumes. Sie bilden genau dann wieder eine Basis, wenn sie linear unabhängig sind.

Hilfssatz 11.2. *Es sei A eine $n \times n$-Matrix und p ein n-Vektor mit*

$$\operatorname{rg}(p, Ap, \ldots, A^{n-1}p) = n.$$

Dann gibt es zu jedem Polynom $\psi(z)$, dessen Grad kleiner als n ist, genau einen n-Vektor q mit

$$\frac{\psi(z)}{\chi(z)} = q^T(zE + A)^{-1}p.$$

Sind A, p und ψ reell, so ist auch q reell.

Beweis. Es ist nur noch zu zeigen, daß die Komponenten von $(zE + A)^{-1}p$ linear unabhängige rationale Funktionen sind. Wäre dies nicht der Fall, so würde es einen Vektor $q_0 \neq 0$ geben mit $q_0^T(zE + A)^{-1}p \equiv 0$. Es wäre dann auch $q_0^T(E - zA)^{-1}p \equiv 0$ (Substitution $z \to -\frac{1}{z}$). Dies ist äquivalent mit $q_0^T\left(\sum_{\nu=0}^{\infty} z^\nu A^\nu\right)p \equiv 0$ für $|z| < \dfrac{1}{\|A\|}$ bzw. mit $q_0^T A^\nu p = 0$, $\nu = 0, 1, 2, \ldots$ (vgl. die Aufgaben 3 und 4 in der Einleitung von Kap. II). Insbesondere gilt $q_0^T(p, Ap, \ldots, A^{n-1}p) = 0$. Wegen $q_0 \neq 0$ widerspricht dies aber der Voraussetzung des Hilfssatzes.

Die Matrix $\bar{C}^T$ (die durch Transposition von C und Übergang zu konjugiert-komplexen Elementen entsteht) bezeichnen wir im folgenden mit C^*. Ist $C = C^*$, so nennt man C eine hermitesche Matrix. Man beachte, daß das im folgenden öfter vorkommende Produkt vv^*, $v = (v^1, \ldots, v^n)^T$, eine solche hermitesche Matrix ist.

Hilfssatz 11.3. *Es sei L eine $n \times n$-Matrix und v ein Vektor mit*

$$L + L^* = -vv^*.$$

Dann gilt für jede komplexe Zahl α und jeden Vektor p die Beziehung

$$-|\alpha|^2 + 2\operatorname{Re}((p^* L - \bar{\alpha} v^*)p) = -|v^* p + \alpha|^2.$$

Beweis. Aus $L + L^* = -vv^*$ erhält man durch Multiplikation mit p^* und p die Beziehung

$$p^* Lp + p^* L^* p = -(p^* v)(p^* v)^*.$$

Nun sind $p^* Lp$ und $p^* v$ komplexe Zahlen, und die zugehörigen konjugiert komplexen Zahlen werden durch die Produkte $p^* L^* p$ und $(p^* v)^* = v^* p$ dargestellt. Mithin läßt sich obige Beziehung auch auf die Form

$$2\operatorname{Re}(p^* Lp) = -(v^* p)\overline{(v^* p)}$$

bringen. Indem man nun auf beiden Seiten die komplexe Zahl $-|\alpha|^2 - 2\operatorname{Re}(\bar{\alpha} v^* p) = -\alpha\bar{\alpha} - \bar{\alpha} v^* p - \alpha\overline{v^* p}$ addiert, erhält man schließlich die behauptete Identität

$$-|\alpha|^2 + 2\operatorname{Re}((p^* L - \bar{a} v^*)p) = -\alpha\bar{\alpha} - \bar{\alpha} v^* p - \alpha\overline{v^* p} - (v^* p)\overline{(v^* p)} = -|v^* p + \alpha|^2.$$

Hilfssatz 11.4. *Es seien gegeben: eine $n \times n$-Matrix A, deren Eigenwerte sämtlich negativen Realteil haben, Vektoren p, q, u und eine Zahl α. Alle diese Größen seien reell. Die Beziehung*

$$-\alpha^2 + 2\operatorname{Re}(q^T(A + \mathrm{i}\omega E)^{-1} p) = -|u^T(A + \mathrm{i}\omega E)^{-1} p + \alpha|^2 \tag{11.2}$$

möge für alle $\omega \in \mathbf{R}$ gelten und es sei

$$\operatorname{rg}(p, Ap, \ldots, A^{n-1}p) = n.$$

Dann gibt es eine und nur eine reelle symmetrische Matrix B mit

$$A^T B + BA = -uu^T \quad \textit{und} \quad Bp = q + \alpha u. \tag{11.3}$$

Beweis. Auf Grund der Voraussetzung über die Matrix A folgt nach Hilfssatz 8.1, daß es eine und nur eine symmetrische Matrix B gibt, die die erste der Beziehungen (11.3) erfüllt. Wir brauchen demnach nur noch zu zeigen, daß die zweite der Beziehungen (11.3) unter den gegebenen Voraussetzungen eine Folge der ersten ist.

Wir addieren zunächst die sicher für alle $\omega \in \mathbf{R}$ richtige Beziehung $(-\mathrm{i}\omega E)B + B(\mathrm{i}\omega E) = 0$ zur ersten Gleichung in (11.3) und erhalten

$$(A^T - \mathrm{i}\omega E)B + B(A + \mathrm{i}\omega E) = -uu^T.$$

Nun ist für reelles ω stets $\det(A \pm \mathrm{i}\omega E) \neq 0$. Somit erhält man weiter durch Multiplikation mit $(A^T - \mathrm{i}\omega E)^{-1}$ und $(A + \mathrm{i}\omega E)^{-1}$ die Beziehung

$$B(A + \mathrm{i}\omega E)^{-1} + (A^T - \mathrm{i}\omega E)^{-1} B = -(A^T - \mathrm{i}\omega E)^{-1} uu^T (A + \mathrm{i}\omega E)^{-1}.$$

Dies ist eine Beziehung der Art, wie sie im Hilfssatz 11.3 zugrunde liegt, und zwar mit $L = B(A + \mathrm{i}\omega E)^{-1}$ und $v = (A^T - \mathrm{i}\omega E)^{-1} u$. Es besteht demnach für alle reellen α, ω und für jeden reellen Vektor p die Identität

(11.4) $$-\alpha^2 + 2\operatorname{Re}\{[p^T B(A + i\omega E)^{-1} - \alpha u^T(A + i\omega E)^{-1}]p\} = -|u^T(A + i\omega E)^{-1}p + \alpha|^2, \omega \in \mathbf{R}.$$

Wenn nun α und p so gewählt werden, daß die Voraussetzungen des Hilfssatzes erfüllt sind, besteht neben (11.4) auch noch die Relation (11.2). Aus (11.4) und (11.2) folgt aber

(11.5) $$\operatorname{Re}\{q^T(A + i\omega E)^{-1}p\} = \operatorname{Re}\{(p^T B - \alpha u^T)(A + i\omega E)^{-1}p\}$$

für alle $\omega \in \mathbf{R}$. Dies kann nun noch in einer anderen Form ausgedrückt werden. Wir betrachten zu diesem Zweck die rationale Funktion

(11.6) $$f(z) = (q - Bp + \alpha u)^T(A + zE)^{-1}p.$$

Die Beziehung (11.5) bedeutet $\operatorname{Re} f(i\omega) = 0$ für alle $\omega \in \mathbf{R}$, d. h. es ist $f(z) = -\overline{f(-\bar{z})}$ für alle rein imaginären z. Diese Beziehung gilt aber dann für alle komplexen z (vgl. die zweite Bemerkung unmittelbar vor Hilfssatz 11.1). Insbesondere ist mit z_0 stets auch $-\bar{z}_0$ ein Pol von f. Andererseits folgt aus (11.6), daß jeder Pol von f eine Nullstelle des charakteristischen Polynoms $\chi(z) = \det(A + zE)$ ist. Die Nullstellen von χ liegen aber nach Voraussetzung sämtlich in der Halbebene $\operatorname{Re} z < 0$, d. h. es kann nicht zugleich $\chi(z_0) = 0$ und $\chi(-\bar{z}_0) = 0$ gelten. Daher kann die echt-gebrochene rationale Funktion f überhaupt keine Pole besitzen und muß somit identisch in z verschwinden. Beachtet man nun noch, daß die Voraussetzungen von Hilfssatz 11.2 über die Matrix A und den Vektor p erfüllt sind, folgt aus $f(z) \equiv 0$ die Beziehung $q - Bp + \alpha u = 0$. Damit ist Hilfssatz 11.4 bewiesen.

Satz 11.1. *Gegeben seien eine reelle $n \times n$-Matrix A, deren Eigenwerte sämtliche negativen Realteil haben, zwei reelle Vektoren p, q und eine reelle Zahl α. Die folgenden Voraussetzungen seien erfüllt:*

1. $\operatorname{rg}(p, Ap, \ldots, A^{n-1}p) = n$.
2. Es ist

$$\alpha^2 - 2\operatorname{Re}(q^T(A + i\omega E)^{-1}p) \geq 0$$

für alle $\omega \in \mathbf{R}$.

Dann gibt es einen reellen Vektor u und eine reelle symmetrische Matrix B mit

(11.7) $$A^T B + BA = -uu^T, \quad Bp = q + \alpha u.$$

Beweis. Anders als beim letzten Hilfssatz ist der Vektor u jetzt nicht mehr vorgegeben. Die Aufgabe besteht vielmehr darin, B und u gleichzeitig so zu bestimmen, daß (11.7) gilt. Dies läuft auf die Auflösung eines in u nicht-linearen Gleichungssystems hinaus. Dazu müssen wir nur zeigen, daß es einen Vektor u mit

(11.8) $$\alpha^2 - 2\operatorname{Re}(q^T(A + i\omega E)^{-1}p) = |u^T(A + i\omega E)^{-1}p + \alpha|^2$$

für alle $\omega \in \mathbf{R}$ gibt. Alles weitere folgt dann aus Hilfssatz 11.4. Wir führen folgende rationale Funktionen bzw. Polynome ein:

$$f(z) = \tfrac{1}{2}\alpha^2 - q^T(A + zE)^{-1}p, \quad P(z) = (f(z) + f(-z))\chi(z)\chi(-z),$$

wobei $\chi(z)$ wieder das charakteristische Polynom $\det(A + zE)$ bezeichnet. f kann als rationale Funktion mit dem Nenner χ geschrieben werden, wobei der Zähler dann ein Polynom vom Grade $\leq n$ mit dem höchsten Glied $\frac{1}{2}\alpha^2 z^n$ wird. $P(z)$ ist daher ein reelles Polynom der Form $(-1)^n \alpha^2 z^{2n} + \cdots$. Da auch f und χ reelle rationale Funktionen sind, ist

$$\begin{aligned} P(\mathrm{i}\omega) &= (f(\mathrm{i}\omega) + f(-\mathrm{i}\omega))\chi(\mathrm{i}\omega)\chi(-\mathrm{i}\omega) \\ &= (2\operatorname{Re} f(\mathrm{i}\omega))|\chi(\mathrm{i}\omega)|^2 \\ &= \{\alpha^2 - 2\operatorname{Re}(q^T(A + \mathrm{i}\omega E)^{-1}p\}|\chi(i\omega)|^2 . \end{aligned}$$

Es ist somit $P(\mathrm{i}\omega)$ reell und ≥ 0 für alle $\omega \in \mathbf{R}$. Nach Hilfssatz 11.1 kann man P in der Form $P(z) = P_1(z)P_1(-z)$ darstellen mit einem reellen Polynom P_1. Aus dem, was oben über die Form von P gesagt wurde, folgt sofort: $P_1(z) = \pm\alpha z^n + \cdots$. Wir können ohne weiteres annehmen, daß der höchste Koeffizient von P_1 durch $+\alpha$ gegeben ist (sonst wähle man $-P_1$ an Stelle von P_1). Der Quotient $P_1(z)/\chi(z)$ läßt sich daher in der Form $\alpha + \dfrac{\psi(z)}{\chi(z)}$ schreiben, wobei ψ/χ eine echt-gebrochene rationale Funktion ist. Letztere kann aber nach Hilfssatz 11.2 mittels eines Vektors u in der Form $u^T(zE + A)^{-1}p$ geschrieben werden. Wir erhalten somit die folgenden beiden Beziehungen:

$$f(z) + f(-z) = \frac{P(z)}{\chi(z)\chi(-z)} = \frac{P_1(z)}{\chi(z)} \cdot \frac{P_1(-z)}{\chi(-z)},$$

$$\frac{P_1(z)}{\chi(z)} = \alpha + u^T(zE + A)^{-1}p .$$

Für $z = \mathrm{i}\omega$, $\omega \in \mathbf{R}$, folgt schließlich

$$2\operatorname{Re} f(\mathrm{i}\omega) = f(\mathrm{i}\omega) + f(-\mathrm{i}\omega) = \left|\frac{P_1(\mathrm{i}\omega)}{\chi(\mathrm{i}\omega)}\right|^2 = |u^T(A + \mathrm{i}\omega E)^{-1}p + \alpha|^2 .$$

Beachte man die Definition von f, so ist dies die gewünschte Aussage (11.8).

Wir befassen uns nun noch mit den Eigenschaften der Matrix B bzw. der zugehörigen quadratischen Form $V(x) = x^T Bx$, die sich aus dem Bestehen der Beziehung

$$(11.9) \qquad A^T B + BA = -uu^T$$

ergeben. Zunächst ist klar, daß die Ableitung von V in bezug auf die Dgl. $\dot{x} = Ax$ durch $\dot{V}(x) = -x^T(uu^T)x = -(x^Tu)^2$ gegeben ist und daher negativ semidefinit ist. V selbst ist dann positiv semidefinit (s. die Bemerkungen im Anschluß an den Beweis von Hilfssatz 8.1). Die Eigenwerte der Matrix B sind daher nicht-negativ, und es gilt $V(x_0) = 0$ dann und nur dann, wenn $Bx_0 = 0$ ist (B ist eine symmetrische Matrix). $Bx_0 = 0$ hat wegen (11.9) die Beziehung $u^T x_0 = 0$ zur Folge. Daraus erhält man (wieder wegen (11.9)) auch $BAx_0 = 0$.

Hilfssatz 11.5. *Für die reellen $n \times n$-Matrizen A und B mögen außer* (11.9) *noch die folgenden Beziehungen mit gewissen reellen Vektoren l, p und Zahlen α, β aus $\mathbf{R}$ gelten:*

$$(11.10) \qquad Bp = (\beta E + A^T)l + \alpha u .$$

$$(11.11) \qquad \operatorname{rg}(l, A^T l, \ldots, (A^{n-1})^T l) = n .$$

Die Matrix B sei symmetrisch und die Realteile der Eigenwerte von A seien alle negativ. Dann besteht für jede Lösung $x_0 \neq 0$ des Systems $Bx = 0$ die Beziehung $x_0^T l \neq 0$. Insbesondere kann es höchstens eine linear unabhängige Lösung geben, welche dann Eigenvektor der Matrix A zu einem reellen (und negativen) Eigenwert ist.

Beweis. Die erste Behauptung ist gleichwertig mit der Feststellung, daß das lineare Gleichungssystem

$$(11.12) \qquad Bx = 0, \quad l^T x = 0$$

nur die triviale Lösung besitzt. Wir zeigen zunächst: Mit x_0 ist auch Ax_0 Lösung von (11.12). Für das System $Bx = 0$ haben wir dies bereits oben gezeigt. Außerdem wissen wir, daß aus $Bx_0 = 0$ stets $x_0^T u = 0$ folgt. Gilt nun auch noch $x_0^T l = 0$, so erhält man sofort aus (11.10) durch Linksmultiplikation mit x_0^T die Beziehung $(Ax_0)^T l = 0$, d. h. Ax_0 erfüllt auch die zweite der Gln. (11.12). Durch vollständige Induktion erhält man sofort: Mit x_0 sind auch die Vektoren $A^\nu x_0$, $\nu = 0, 1, \ldots$, Lösungen von (11.12). Dies bedeutet, daß alle Produkte $(A^\nu x_0)^T l = x_0^T (A^\nu)^T l$, $\nu = 0, 1, \ldots$, verschwinden, wenn x_0 Lösung von (11.12) ist. Ein solches x_0 muß dann aber wegen der Voraussetzung (11.11) selbst verschwinden. Das Gleichungssystem (11.12) besitzt also nur die triviale Lösung, und dies bedeutet nach bekannten Sätzen über lineare Gleichungen, daß es $n - 1$ Zeilen von B gibt, welche zusammen mit l^T ein System von n linear unabhängigen Zeilen ergeben. Die Matrix B hat daher mindestens den Rang $n - 1$, das Gleichungssystem $Bx = 0$ also höchstens eine linear unabhängige Lösung. Da Ax_0 dann ebenfalls Lösung von $Bx = 0$ ist, muß es eine reelle Zahl λ mit $Ax_0 = \lambda x_0$ geben. x_0 ist daher Eigenvektor von A zum reellen Eigenwert λ, welcher wegen der Voraussetzung über A negativ sein muß.

Aufgaben. 1. Ist $\beta = 0$, so kann die Aussage von Hilfssatz 11.5 wie folgt verschärft werden: Das Gleichungssystem $Bx = 0$ besitzt nur die triviale Lösung.

Hinweis. Ist x_0 Lösung von $Bx = 0$, so ist Ax_0 Lösung von (11.12).

2. Tritt an die Stelle von (11.10) eine Beziehung der Form

$$Bp = \beta l + \alpha u, \quad \beta \neq 0, \quad \alpha, \beta \text{ aus } \mathbf{R},$$

und bleiben alle übrigen Voraussetzungen von Hilfssatz 11.5 erhalten, so besitzt das Gleichungssystem $Bx = 0$ nur die triviale Lösung.

Hinweis. Aus $Bx_0 = 0$ folgt jetzt $l^T x_0 = 0$.

11.2. Ein Kriterium für absolute Stabilität

Wir gehen nun an die Untersuchung der Dgln. (11.1) und wollen hier hinreichende Bedingungen für die absolute Stabilität dieses Systems angeben.

Satz 11.2. *Vorgegeben sei das System* (11.1), *wobei die zu Beginn von Abschn.* 11.1 *formulierten Bedingungen über A, γ und φ erfüllt seien. Zusätzlich mögen die folgenden Voraussetzungen zutreffen:*

1. $\operatorname{rg}(b, Ab, \ldots, A^{n-1}b) = n$ *und* $\operatorname{rg}(k, A^T k, \ldots, (A^{n-1})^T k) = n$ *sowie* $\gamma > 0$.
2. *Es gibt zwei reelle Zahlen* $\beta_1 \geq 0$, $\beta_2 \geq 0$, $\beta_1 + \beta_2 > 0$, *mit*

$$\operatorname{Re}\left\{(2\beta_1\gamma + i\beta_2\omega)\left[k^T(i\omega E - A)^{-1}b + \frac{\gamma}{i\omega}\right]\right\} \geq 0 \quad \textit{für alle } \omega \in \mathbf{R},\ \omega \neq 0. \tag{11.13}$$

Dann gilt: a) *Jede Lösung der Dgln.* (11.1) *existiert für alle* $t \geq t_0$ *und ist auf* $[t_0, \infty)$ *beschränkt* (t_0 *ist der Anfangszeitpunkt*).

b) *Die Ruhelage* $x \equiv 0$, $\xi \equiv 0$ *ist stabil.*

c) *Im Falle* $\beta_1 > 0$ *ist das System* (11.1) *absolut stabil.*

Dem Beweis seien einige Bemerkungen zu den Voraussetzungen des Satzes vorausgeschickt: Wie man an Hand des Beweises sehen wird, ist die Voraussetzung 1 schon aus beweistechnischen Gründen notwendig. Jedoch hat diese Voraussetzung auch eine leicht einzusehende Bedeutung für das System (11.1). Denn nach den Ergebnissen aus II Abschn. 11 besagt sie, daß das lineare System

(11.14) $\dot{x} = Ax - b\eta\,, \quad y = k^T x$

vollständig steuerbar und vollständig beobachtbar ist. Dieses System entsteht aus (11.1), wenn man den „Regler" (beschrieben durch $\eta = \varphi(k^T x + \gamma\xi)$ und $\dot{\xi} = -\varphi(k^T x + \gamma\xi))$ entfernt.

Die Voraussetzung 2 ist eine Bedingung an die rationale Funktion $-f(\mathrm{i}\omega) = k^T(\mathrm{i}\omega E - A)^{-1}b$. $f(\mathrm{i}\omega)$ ist der sog. Frequenzgang des Systems (11.14). Daß 2 eine Bedingung für den Frequenzgang ist, hat große Bedeutung für die Anwendung des Satzes, weil es oft möglich ist, den Frequenzgang eines linearen Systems direkt, d. h. mittels Messungen, zu bestimmen (vgl. dazu die Aufgabe am Ende dieses Abschnittes).

Beweis von Satz 11.2. Das wesentliche Hilfsmittel beim Beweis bildet eine Ljapunov-Funktion, die wir nun konstruieren wollen. Zu diesem Zweck formen wir die Ungleichung (11.13) um. Setzt man zur Abkürzung

$$q = (\beta_1\gamma E + \tfrac{1}{2}\beta_2 A^T)k\,,$$

so wird $(2\beta_1\gamma + \mathrm{i}\beta_2\omega)k^T = 2q^T + \beta_2 k^T(\mathrm{i}\omega E - A)$ und $(2\beta_1\gamma + \mathrm{i}\beta_2\omega)k^T(\mathrm{i}\omega E - A)^{-1}b = 2q^T(\mathrm{i}\omega E - A)^{-1}b + \beta_2 k^T b$. Die Ungleichung (11.13) kann daher auch auf die Form

$$2\,\mathrm{Re}\,[q^T(\mathrm{i}\omega E - A)^{-1}b] + \beta_2(k^T b + \gamma) \ge 0$$

gebracht werden. Die reelle Zahl $\beta_2(k^T b + \gamma)$ ist dabei der Grenzwert (für $|\omega| \to \infty$) der linken Seite, also ist sie nicht negativ und kann somit als Quadrat einer reellen Zahl α geschrieben werden, $\alpha^2 = \beta_2(k^T b + \gamma)$. Indem man noch ω durch $-\omega$ ersetzt, erhält man aus (11.13) die Ungleichung

$$\alpha^2 - 2\,\mathrm{Re}\,[q^T(A + \mathrm{i}\omega E)^{-1}b] \ge 0$$

für alle $\omega \in \mathbf{R}$. Man kann daher nach Satz 11.1 eine symmetrische Matrix B und einen Vektor u so finden, daß

(11.15) $A^T B + BA = -uu^T\,, \quad Bb = q + \alpha u = (\beta_1\gamma E + \tfrac{1}{2}\beta_2 A^T)k + \alpha u$

gilt. Mit Hilfe der Matrix B bilden wir die skalare Funktion

$$V(x,\xi) = V_0(x) + \beta_2\Phi(\sigma(x,\xi)) + \beta_1\gamma^2\xi^2\,,$$

wobei zur Abkürzung

(11.16) $V_0(x) = x^T Bx\,, \quad \Phi(s) = \int_0^s \varphi(\tau)\,\mathrm{d}\tau\,, \quad \sigma(x,\xi) = k^T x + \gamma\xi$

gesetzt wurde. Wir berechnen nunmehr die Ableitung von V in bezug auf die Dgln. (11.1):

$$\begin{aligned}\dot{V}(x,\xi) &= 2x^T B\dot{x} + \beta_2\varphi(\sigma)(k^T\dot{x} + \gamma\dot{\xi}) + 2\beta_1\gamma^2\xi\dot{\xi}\\ &= 2x^T B(Ax - b\varphi(\sigma)) + \beta_2\varphi(\sigma)\,[k^T(Ax - b\varphi(\sigma)) - \gamma\varphi(\sigma)] - 2\beta_1\gamma^2\xi\varphi(\sigma)\,.\end{aligned}$$

Indem man im letzten Ausdruck $\gamma\xi$ durch $\sigma - k^T x$ ersetzt (vgl. (11.16)) und beachtet, daß wegen (11.15) die Beziehung $2x^T BAx = x^T(BA + A^T B)x = -(x^T u)^2$ gilt, erhält man

$$\begin{aligned}\dot{V} = &-(x^T u)^2 - 2\varphi(\sigma)x^T Bb + \beta_2\varphi(\sigma)k^T Ax - \varphi(\sigma)^2\beta_2(k^T b + \gamma)\\ &- 2\beta_1\gamma(\sigma - k^T x)\varphi(\sigma)\,.\end{aligned}$$

Wir fassen nun die in x linearen Glieder zusammen und berücksichtigen dabei (11.15) und die Beziehung $\alpha^2 = \beta_2(k^T b + \gamma)$:

$$\dot{V} = -(x^T u)^2 - 2\varphi(\sigma)x^T(Bb - \tfrac{1}{2}\beta_2 A^T k - \beta_1\gamma k) - (\varphi(\sigma)\alpha)^2 - 2\beta_1\gamma\sigma\varphi(\sigma)$$

$$= -(x^T u)^2 - 2\varphi(\sigma)\alpha(x^T u) - (\varphi(\sigma)\alpha)^2 - 2\beta_1\gamma\sigma\varphi(\sigma),$$

also $$\dot{V} = -(x^T u + \alpha\varphi(\sigma))^2 - 2\beta_1\gamma\sigma\varphi(\sigma).$$

Aus der ersten Beziehung in (11.15) folgt, daß die quadratische Form $V_0(x)$ positiv semidefinit ist. Ferner gilt $s\varphi(s) > 0$ und $\Phi(s) > 0$ für alle $s \neq 0$. Es bestehen daher für alle x, ξ die folgenden Ungleichungen:

(11.17) $$0 \leq V_0(x) \leq V(x,\xi), \qquad 0 \geq -2\beta_1\gamma\sigma\varphi(\sigma) \geq \dot{V}(x,\xi).$$

Die erste Behauptung des Satzes ist bewiesen, wenn wir zeigen können, daß jede Lösung $(x(t),\xi(t))$ von (11.1) auf $[0,t^+)$ beschränkt ist. (t^-,t^+) bezeichnet das maximale Existenzintervall dieser Lösung. Nach Korollar 2 zu Satz 2.2 ist dann $t^+ = \infty$. Wir zeigen zuerst:

$x(t)$ ist auf $[0,t^+)$ beschränkt.

Aus (11.17) folgt jedenfalls, daß $V_0(x(t))$ auf $[0,t^+)$ beschränkt ist. Wenn $V_0(x)$ positiv definit ist, braucht man nichts mehr zu beweisen. Das ist insbesondere dann der Fall, wenn eine der beiden Zahlen $\beta_1\gamma, \beta_2$ verschwindet (siehe die Aufgaben 1 und 2 zu Abschn. 11.1). Für das Folgende nehmen wir daher an, daß $V_0(x)$ nicht definit ist. Es ist dann insbesondere $\beta_2 \neq 0$. Die zweite der Beziehungen (11.15) kann somit in der Form (11.10) geschrieben werden (mit $\beta = 2\beta_1\gamma\beta_2^{-1}$ und $l = \frac{1}{2}\beta_2 k$). Die symmetrische Matrix B hat daher alle in Hilfssatz 11.5 aufgeführten Eigenschaften. Es gibt dann eine orthogonale Matrix S, d. h. $S^{-1} = S^T$, mit $B = SDS^T$, wobei die Matrix D durch $D = \operatorname{diag}(0, \rho_2, \ldots, \rho_n)$ mit $\rho_i > 0$ für $i = 2, \ldots, n$ gegeben ist. Die erste Spalte x_0 von S ist eine Lösung der Gleichung $Bx = 0$ mit $x_0^T x_0 = 1$, die zudem Eigenvektor von A zu einem reellen Eigenwert $\lambda < 0$ ist (vgl. Hilfssatz 11.5). Mit Hilfe der Koordinatentransformation

(11.18) $$x = Sy$$

erhält man $V_0(x(t)) = V_0(Sy(t)) = \sum_{i=2}^{n} \rho_i y_i^2(t)$, und es ist somit klar, daß alle $y_i(t)$, $i = 2, \ldots, n$, auf $[0,t^+)$ beschränkt sind. Offen ist nur noch das Verhalten von $y_1(t)$.
Wir setzen

$$v(t) = V(x(t),\xi(t)), \qquad s(t) = \sigma(x(t),\xi(t))$$

und bemerken, daß diese Funktionen wegen (11.17) auf $[0,t^+)$ den Ungleichungen

$$0 \leq v(t) \leq v(0), \qquad \dot{v}(t) \leq -2\beta_1\gamma s(t)\varphi(s(t)) \leq 0$$

genügen. Es ist daher $|s(t)\varphi(s(t))| \leq -(2\beta_1\gamma)^{-1}\dot{v}(t)$, und daraus erhält man sofort eine Abschätzung der Form

(11.19) $$|\varphi(s(t))| \leq c_1 - (2\beta_1\gamma)^{-1}\dot{v}(t)$$

für alle $t \in [0,t^+)$, wobei c_1 das Maximum von $|\varphi(s)|$ auf dem Intervall $|s| \leq 1$ ist. Nun läßt sich offenbar $x(t)$ als Lösung des Gleichungssystems

$$\dot{x} = Ax - b\varphi(s(t))$$

auffassen. Dieses lineare System wird durch die Transformation (11.18) in das System

(11.20) $$\dot{y} = S^{-1}ASy - S^{-1}b\varphi(s(t))$$

überführt (vgl. II Abschn. 4). Da die erste Spalte von S Eigenvektor der Matrix A zu dem reellen Eigenwert $\lambda < 0$ ist, hat die erste Zeile in (11.20) die Gestalt

$$\dot{y}_1(t) = \lambda y_1(t) + \psi(t)$$

mit $\psi(t) = \sum_{i=2}^{n} \mu_i y_i(t) + \mu_0 \varphi(s(t))$. Die μ_i sind dabei gewisse reelle Zahlen. Für die Funktion $y_1(t)$ erhält man daraus die Beziehung

$$y_1(t) = y_1(0)e^{\lambda t} + e^{\lambda t} \int_0^t e^{-\lambda \tau} \psi(\tau) d\tau .$$

Um die Beschränktheit von $y_1(t)$ zu zeigen, brauchen wir uns nur noch mit dem Ausdruck $e^{\lambda t} \int_0^t e^{-\lambda \tau} \psi(\tau) d\tau$ zu befassen. Wie wir oben schon festgestellt haben, sind die Funktionen $y_i(t), i = 2, \ldots, n$, auf $[0, t^+)$ beschränkt. Für ψ erhalten wir daher wegen (11.19) die Abschätzung

$$|\psi(t)| \le c_2 + c_3 \dot{v}(t), \qquad t \in [0, t^+),$$

mit geeigneten Konstanten $c_2 > 0, c_3 < 0$. Wir müssen daher nur noch zeigen, daß die Ausdrücke $e^{\lambda t} \int_0^t e^{-\lambda \tau} d\tau$ und $e^{\lambda t} \int_0^t e^{-\lambda \tau} \dot{v}(\tau) d\tau = v(t) - e^{\lambda t} v(0) + \lambda e^{\lambda t} \int_0^t e^{-\lambda \tau} v(\tau) d\tau$ auf $[0, t^+)$ beschränkt sind. Dies ist aber wegen $\lambda < 0$ und der Beschränktheit von $v(t)$ unmittelbar einzusehen. Damit ist gezeigt, daß die Funktionen $y_i(t), i = 1, \ldots, n$ auf $[0, t^+)$ beschränkt sind und damit auch $y(t)$ bzw. $x(t)$.

Wir zeigen nun:

$\xi(t)$ ist auf $[0, t^+)$ beschränkt.

Dies folgt nun leicht aus der Tatsache, daß $\xi(t)$ Lösung der skalaren Dgl.

$$\dot{z} = -\varphi(k^T x(t) + \gamma z) \tag{11.21}$$

ist. Von der Funktion $k^T x(t)$ wissen wir bereits, daß sie auf $[0, t^+)$ beschränkt ist. Auf Grund der Voraussetzung über das Vorzeichen von $\varphi(s)$ ist die rechte Seite von (11.21) negativ für $z \ge z_0$, positiv für $z \le -z_0$ und alle $t \in [0, t^+)$. z_0 ist dabei eine hinreichend groß gewählte positive Zahl. Daß dann alle Lösungen von (11.21) auf $[0, t^+)$ beschränkt sind, ist unmittelbar einzusehen. Damit ist die erste Behauptung des Satzes bewiesen.

Die zweite Behauptung (die Stabilität der Ruhelage) erhält man direkt aus Satz 7.7, da die Ljapunov-Funktion V nur für $x = 0$, $\xi = 0$ verschwindet. Denn aus $V_0(x_0) = 0$, $x_0 \neq 0$ und $\xi = 0$ folgt nach Hilfssatz 11.5 $k^T x_0 \neq 0$ und $\sigma(x_0, 0) \neq 0$. Wegen $\beta_2 \neq 0$ bedeutet dies aber $V(x_0, 0) \neq 0$ (im Falle $\beta_2 = 0$ ist $V_0(x)$ positiv definit, vgl. die Bemerkungen dazu weiter oben).

Die dritte Aussage des Satzes können wir hier nur unter der schärferen Voraussetzung $\beta_1 > 0$ beweisen. Da die Stabilität der Ruhelage $x \equiv 0$, $\xi \equiv 0$ bereits bewiesen ist, müssen wir nur noch ihre Attraktivität zeigen. Es sei also $\tilde{x}(t)$, $\tilde{\xi}(t)$ eine beliebige Lösung der Dgln. (11.1). Dann ist diese Lösung beschränkt auf $[0, \infty)$, d. h. es gilt $\|\tilde{x}(t)\|_1 + |\tilde{\xi}(t)| < \rho$, $t \in [0, \infty)$, mit einem $\rho > 0$. Nach Satz 6.3 (für $\boldsymbol{G}_0 = \{(x, \xi)$ [1] $| \, \|x\|_1 + |\xi| < \rho\})$ strebt diese Lösung gegen die maximale invariante Teilmenge von $\boldsymbol{S} = \{(x, \xi) \in \bar{\boldsymbol{G}}_0 | \, \dot{V}(x, \xi) = 0\}$. Nun folgt wegen $\beta_1 > 0$ für eine Lösung $x(t), \xi(t)$ von (11.1), welche auf $(-\infty, \infty)$ existiert und in $\boldsymbol{S}$ bleibt, die Beziehung

$$\sigma(x(t), \xi(t)) \equiv 0 \text{ auf } (-\infty, \infty). \tag{11.22}$$

[1] Genauer $(x^1, \ldots, x^n, \xi)^T$.

Außerdem sind $x(t)$ und $\xi(t)$ auf $(-\infty,\infty)$ beschränkt. Aus (11.22) erhält man mit Hilfe der ersten Gl. in (11.1)

$$\dot{x}(t) = Ax(t),\ t \in (-\infty,\infty),$$

d. h. $x(t)$ ist eine auf $(-\infty,\infty)$ beschränkte Lösung von $\dot{x} = Ax$. Wegen der Voraussetzung über die Eigenwerte von A bedeutet dies $x \equiv 0$ auf $(-\infty,\infty)$. Dann folgt aber aus (11.22) auch $\xi \equiv 0$ (vgl. die Definition von $\sigma(x,\xi)$ in (11.16)). Damit ist $\lim\limits_{t\to\infty} \tilde{x}(t) = 0$ und $\lim\limits_{t\to\infty} \tilde{\xi}(t) = 0$ gezeigt.

Die Bedingung (11.13) kann auch in eine geometrische Form gebracht werden: Setzen wir $g(\mathrm{i}\omega) = k^T(\mathrm{i}\omega E - A)^{-1}b$ und $u = \operatorname{Re} g(\mathrm{i}\omega)$, $v = \omega \operatorname{Im} g(\mathrm{i}\omega)$, so ist (11.13) gleichwertig mit

$$(11.23)\qquad 2\beta_1\gamma u - \beta_2 v + \beta_2\gamma \geq 0.$$

Durch (11.23) wird eine Halbebene in der (u,v)-Ebene bestimmt, welche die Kurve mit der Parameterdarstellung $u = \operatorname{Re} g(\mathrm{i}\omega)$, $v = \omega \operatorname{Im} g(\mathrm{i}\omega)$, $\omega \in \mathbf{R}$, enthalten muß.
Falls $\beta_2 = 0, \beta_1 > 0$ gilt, nimmt die Bedingung (11.13) die folgende einfache Form an:

$$(11.24)\qquad \operatorname{Re}[k^T(\mathrm{i}\omega E - A)^{-1}b] \geq 0 \quad \text{für alle } \omega \in \mathbf{R}.$$

Wir wollen noch kurz die Frage streifen, wie sich bei gegebener Matrix A, deren Eigenwerte sämtlich negativen Realteil haben, die Bedingung (11.24) durch Wahl der Vektoren k und b erfüllen läßt. Im Hinblick auf unsere Überlegungen in Abschn. 11.1 (vgl. insbesondere Hilfssatz 11.2) besteht ein wesentlicher Teil dieser Aufgabe darin, sich zu dem gegebenen Polynom $\chi(z) = \det(zE - A)$ einen Überblick über alle (reellen) Polynome $\psi(z)$ vom Grad $\leq n-1$ zu verschaffen, für welche $\operatorname{Re}\dfrac{\psi(\mathrm{i}\omega)}{\chi(\mathrm{i}\omega)} \geq 0$ für alle $\omega \in \mathbf{R}$ ist. Diese Eigenschaft ist nun offenbar gleichbedeutend mit

$$(11.25)\qquad \operatorname{Re} \psi(\mathrm{i}\omega)\chi(-\mathrm{i}\omega) \geq 0 \quad \text{für alle } \omega \in \mathbf{R}.$$

Schreibt man das Polynom $\psi(z)\chi(-z)$ in der Form $\psi(z)\chi(-z) = P_\psi(z) + Q_\psi(z)$, wobei $P_\psi(z)$ symmetrisch vom Grad $\leq 2n-2$ und $Q_\psi(z)$ schiefsymmetrisch vom Grad $\leq 2n-1$ ist, so gilt (11.25) dann und nur dann, wenn

$$P_\psi(z) = P_1(z)P_1(-z)$$

gilt mit einem reellen Polynom P_1 vom Grad $\leq n-1$ (vgl. Hilfssatz 11.1). Zu vorgegebenem symmetrischen Polynom $P(z)$ vom Grad $\leq 2n-2$ gibt es nun genau ein Polynom $\psi(z)$ vom Grad $\leq n-1$ mit

$$(11.26)\qquad P(z) = P_\psi(z).$$

Die Gleichung (11.26) ist gleichwertig mit n Gleichungen für die Koeffizienten von ψ. Dieses lineare Gleichungssystem ist genau dann für alle $P(z)$ eindeutig lösbar, wenn das zugehörige homogene Gleichungssystem nur die triviale Lösung besitzt, d. h. wenn aus $P_\psi(z) \equiv 0$ auch $\psi \equiv 0$ folgt. $P_\psi(z) \equiv 0$ bedeutet $\psi(z)\chi(-z) = Q_\psi(z)$, d. h. $\psi(z)\chi(-z)$ ist schiefsymmetrisch, besitzt also zu jeder Nullstelle z_0 auch $-z_0$ als Nullstelle. Wegen der Voraussetzung über die Wurzeln von $\chi(z)$ bedeutet dies, daß $\psi(z)$ n Wurzeln besitzen muß, d. h. es gilt $\psi \equiv 0$.

Beispiel. Wir wollen an einem Beispiel zeigen, wie man zu gegebener Matrix A und gegebenem Vektor b, die die Voraussetzungen aus Satz 11.2 erfüllen, sämtliche Vektoren k bestimmen kann, für die (11.24) und $\operatorname{rg}(k,\ldots,(A^{n-1})^T k) = n$ gilt. Es sei

$$A = \begin{pmatrix} -1 & 1 & 0 \\ 0 & -1 & 1 \\ 0 & 0 & -1 \end{pmatrix} \quad \text{und} \quad b = \begin{pmatrix} 0 \\ 0 \\ 1 \end{pmatrix}.$$

Dann ist $\chi(z) = (z+1)^3$ und $k^T(zE - A)^{-1}b = \frac{1}{\chi(z)}[k^1 + k^2 + k^3 + (k^2 + 2k^3)z + k^3 z^2]$. Für $P_1(z) = \lambda z^2 + \mu z + \nu$ ist $P(z) = \lambda^2 z^4 + (2\lambda\nu - \mu^2)z^2 + \nu^2$. Aus (11.26) erhält man $\psi(z) = \alpha_0 + \alpha_1 z + \alpha_2 z^2$ mit $\alpha_0 = \nu^2$, $\alpha_1 = \frac{1}{8}(\lambda^2 + 3\mu^2 + 9\nu^2 - 6\lambda\nu)$, $\alpha_2 = \frac{1}{8}(3\lambda^2 + \mu^2 + 3\nu^2 - 2\lambda\nu)$. Durch Koeffizientenvergleich erhält man

$$\begin{aligned} k^1 &= \tfrac{1}{4}(\lambda^2 - \mu^2 + \nu^2 + 2\lambda\nu), \\ k^2 &= \tfrac{1}{8}(-5\lambda^2 + \mu^2 + 3\nu^2 - 2\lambda\nu), \\ k^3 &= \tfrac{1}{8}(3\lambda^2 + \mu^2 + 3\nu^2 - 2\lambda\nu). \end{aligned} \tag{11.27}$$

Durch (11.27) werden alle Vektoren $k = (k^1, k^2, k^3)^T$ bestimmt, für die (11.24) erfüllt ist. Man rechnet leicht nach, daß $\operatorname{rg}(k, A^T k, (A^2)^T k) = 3$ genau für $k^1 \neq 0$ gilt. Zu (11.27) tritt also die zusätzliche Forderung $k^1 \neq 0$ bzw.

$$(\lambda + \nu)^2 - \mu^2 \neq 0.$$

Aufgabe. Ist im System (11.14) $\eta(t) = \alpha e^{i\omega t}$, α, ω aus $\mathbf{R}$, so existiert genau eine periodische Lösung $x(t)$ der Dgl. Man zeige, daß die Ausgangsgröße des Systems von der Form $y(t) = \alpha\rho(\omega)e^{i\omega t + \Theta(\omega)}$ ist, wobei $\rho(\omega)$ und $\Theta(\omega)$ durch $k^T(i\omega E - A)^{-1}b$ bestimmt sind.

Hinweis. Aufgabe 3 zu II Abschn. 9.

IV. Ebene autonome Systeme

1. Einleitung

Wenn die Zahl n der Gleichungen eines autonomen Systems gleich 2 ist, hat man es mit den bereits in I Abschn. 7 eingeführten ebenen autonomen Systemen zu tun, bei denen die zugehörigen Trajektorien ebene Kurven sind. Solche Systeme sollen hier systematisch untersucht werden, besonders im Hinblick auf die Struktur der ω-Grenzmengen der Lösungen. An Stelle von x^1, x^2 verwenden wir im folgenden die Buchstaben u und v, bezeichnen jedoch das Paar (u,v) [1] nach wie vor mit x. Für eine Funktion $f(u,v)$ von u und v schreiben wir auch $f(x)$. Wir schreiben daher ein ebenes autonomes System in der Form

$$\dot{u} = p(u,v) = p(x), \quad \dot{v} = q(u,v) = q(x). \tag{1.1}$$

Von den Funktionen p und q setzen wir Lipschitz-Stetigkeit in einer offenen Menge G_0 der (u,v)-Ebene voraus. Die stationären (bzw. singulären) Punkte des Systems (1.1) sind diejenigen $x \in G_0$ mit der Eigenschaft $p(x) = q(x) = 0$. Durch jeden nicht-

[1] An Stelle von $(u,v)^T$ schreiben wir in diesem Kapitel kürzer (u,v).

stationären Punkt $x \in G_0$ läuft genau eine Trajektorie[1], deren Tangentenvektor im Punkt x bei Orientierung im Sinne wachsender t-Werte die gleiche Richtung hat wie $(p(x), q(x))$. Neben (1.1) werden wir die Dgln. erster Ordnung

$$\frac{dv}{du} = \frac{q(u,v)}{p(u,v)} \quad \text{bzw.} \quad \frac{du}{dv} = \frac{p(u,v)}{q(u,v)} \tag{1.2}$$

betrachten, bei denen u bzw. v als unabhängige Variable aufgefaßt werden. Man erhält diese Gleichungen formal aus (1.1), indem man du/dt bzw. dv/dt an Stelle von $\dot{u}$ bzw. $\dot{v}$ schreibt und dann eine Gleichung durch die andere dividiert. Der genaue Zusammenhang zwischen Gl. (1.1) und (1.2) wurde bereits in I Abschn. 7 ausführlich erörtert (man beachte, daß dort die Zustandsvariablen nicht mit u, v, sondern mit x und y bezeichnet wurden).

Wie wir früher gesehen haben, kann eine Trajektorie keine singulären Punkte enthalten. Daher läßt sich zu jedem Punkt einer Trajektorie eine Umgebung finden, auf der eine der beiden Funktionen p bzw. q nicht verschwindet. Jede Trajektorie läßt sich also stückweise in der Form $v = v(u)$ oder $u = u(v)$ parametrisieren, wobei $v(u)$ bzw. $u(v)$ Lösungen der Dgln. (1.2) sind. Dies ist eine Besonderheit der ebenen autonomen Systeme, von der wir bei der Diskussion ihrer Trajektorien Gebrauch machen werden. Eine weitere Besonderheit, durch die sich Untersuchung ebener autonomer Systeme gegenüber derjenigen von autonomen Systemen höherer Ordnung auszeichnet, ist die Möglichkeit, den Jordanschen Kurvensatz verwenden zu können.

Eine Kurve J in der (u,v)-Ebene heißt eine Jordan-Kurve (oft auch geschlossene Jordan-Kurve), wenn es eine Parameterdarstellung $\tau \to x(\tau)$, $\tau \in [\alpha, \beta]$, von J mit einer stetigen Funktion $x(\tau)$ gibt, wobei $x(\alpha) = x(\beta)$ und $x(\tau_1) \neq x(\tau_2)$ für $\alpha \leq \tau_1 < \tau_2 < \beta$ gilt. Für eine Jordan-Kurve gilt die in dem folgenden Satz angegebene, anschaulich klare und einfach zu formulierende Aussage, deren Beweis jedoch umfangreiche topologische Hilfsmittel erfordert.

Satz 1.1 (Jordanscher Kurvensatz). *J sei eine Jordan-Kurve. Dann ist das Komplement von J (der Spur von J) in der (u,v)-Ebene die Vereinigungsmenge zweier elementefremder Gebiete[2] G_1 und G_2, die J als gemeinsamen Rand besitzen, $\partial G_1 = \partial G_2 = J$. Eines der Gebiete, das sog. Innere von J, ist beschränkt und einfach zusammenhängend.*

Für den Beweis dieses Satzes verweisen wir etwa auf Newman, M. H. A.: Elements of the Topology of Plane Sets of Points. Cambridge 1960 (vgl. auch die meisten Lehrbücher über kombinatorische Topologie).

2. Transversalen

Wir gehen von den Dgln. (1.1) aus und nehmen an, daß die Voraussetzungen des vorhergehenden Abschnittes erfüllt sind. Durch x_0, x_1 aus $\mathbb{R}^2$ wird eine Gerade in der üblichen Parameterform bestimmt: $\tau \to \tau x_0 + x_1$, $\tau \in \mathbb{R}$.

---

[1] Wir verstehen hier wie in I Abschn. 7 unter einer Trajektorie immer eine glatte Kurve.

[2] Ein Gebiet ist eine nichtleere offene und zusammenhängende Punktmenge.

Definition 2.1. *Das Bild* l *eines offenen Intervalles* (τ_1, τ_2), $-\infty \leq \tau_1 < \tau_2 \leq \infty$, *unter der Abbildung* $\tau \to \tau x_0 + x_1$, x_0, x_1 *aus* $\mathbf{R}^2$, *heißt eine Transversale (für* (1.1)*), falls* $\bar{l} \subset G_0$ *gilt und die Vektoren* x_0 *und* $(p(\tilde{x}), q(\tilde{x}))$ *für jedes* $\tilde{x} \in \bar{l}$ *linear unabhängig sind.*

Eine Transversale ist also eine an beiden Enden offene Teilstrecke einer Geraden, auf der nur solche Elemente des durch die Zuordnung $x \to (p(x), q(x))$ definierten Vektorfeldes liegen, die nicht gleich dem Nullvektor oder parallel zur Geraden sind. Der Vektor $(p(\tilde{x}), q(\tilde{x}))$, $\tilde{x} \in \bar{l}$, weist in eine der beiden durch die Gerade $\tau \to \tau x_0 + x_1, \tau \in \mathbf{R}$, bestimmten Halbebenen, und zwar muß es für alle $\tilde{x} \in \bar{l}$ aus Stetigkeitsgründen dieselbe Halbebene sein. Mit anderen Worten, die Trajektorien der Dgln. (1.1) durchsetzen eine Transversale stets in einer Richtung. Aus dieser Tatsache ergeben sich einfache Aussagen, die wir im folgenden beweisen wollen. Mit $x(t; x_0) = (u(t; x_0), v(t; x_0))$ bezeichnen wir wie üblich jene Lösung von (1.1), die der Anfangsbedingung $x(0; x_0) = x_0$ genügt. $x(t; x_0)$ ist in einer gewissen Umgebung von $(0, x_0)$ definiert, in t und x_0 stetig und stetig partiell nach t differenzierbar (vgl. III Abschn. 3.2).

Hilfssatz 2.1. *Es sei* l *eine Transversale. Dann gilt:* a) *Ist* $\tilde{x} \in \bar{l}$, *so gibt es ein* $\delta > 0$ *derart, daß* $x(t; \tilde{x}) \notin \bar{l}$ *ist für* $0 < |t| < \delta$.

b) *Ist* $\tilde{x} \in l$, *so gibt es positive Zahlen* ε, δ *mit folgenden Eigenschaften: Zu jedem* x^* *mit* $\|x^* - \tilde{x}\| \leq \varepsilon$ *existiert ein* $t = t(x^*) \in [-\delta, \delta]$ *mit* $x(t(x^*); x^*) \in \bar{l}$. $t(x^*)$ *ist eine stetige Funktion von* x^* *auf der Menge* $\{x^* \mid \|x^* - \tilde{x}\| < \varepsilon\}$ *und es gilt* $t(\tilde{x}) = 0$.

Beweis. Es sei $\alpha u + \beta v + \gamma = 0$ die Gleichung jener Geraden, von der l eine Teilstrecke ist. Nach Definition 2.1 ist $\alpha p(x) + \beta q(x)$ für alle $x \in \bar{l}$ entweder stets positiv oder stets negativ. Wir können ohne weiteres

$$(2.1) \qquad \alpha p(x) + \beta q(x) > 0 \quad \text{für alle } x \in \bar{l}$$

annehmen. Die Funktion

$$\lambda(t, x^*) = \alpha u(t; x^*) + \beta v(t; x^*) + \gamma$$

ist für jedes $\tilde{x} \in \bar{l}$ auf einer Umgebung von $(0, \tilde{x})$ definiert, stetig und stetig partiell nach t differenzierbar. Es sei $\tilde{x} = (\tilde{u}, \tilde{v})$. Wegen (2.1) und $\tilde{x} \in \bar{l}$ gilt

$$(2.2) \qquad \begin{aligned} \lambda(0, \tilde{x}) &= \alpha \tilde{u} + \beta \tilde{v} + \gamma = 0, \\ \frac{\partial}{\partial t} \lambda(0, \tilde{x}) &= \alpha p(\tilde{x}) + \beta q(\tilde{x}) > 0 . \end{aligned}$$

Es gibt daher ein $\delta > 0$ mit

$$(2.3) \qquad \begin{aligned} \lambda(t, \tilde{x}) &< 0 \quad \text{für alle } t \in (-\delta, 0), \\ \lambda(t, \tilde{x}) &> 0 \quad \text{für alle } t \in (0, \delta), \end{aligned}$$

d. h. $x(t; \tilde{x})$ liegt überhaupt nicht auf der Geraden $\alpha u + \beta v + \gamma = 0$, falls $0 < |t| < \delta$ gilt.

Für den Beweis der Behauptung b) wählen wir $\tilde{x} \in \boldsymbol{l}$ und bemerken zunächst, daß sich aus Stetigkeitsgründen wegen (2.2) und (2.3) positive Zahlen ε und δ so finden lassen, daß $\lambda(-\delta, x^*) < 0, \lambda(\delta, x^*) > 0$ für alle x^* mit $\|x^* - \tilde{x}\| \leq \varepsilon$ und $\frac{\partial}{\partial t}(t, x^*) > 0$ für alle (t, x^*) mit $|t| \leq \delta, \|x^* - \tilde{x}\| \leq \varepsilon$ gilt. Für jedes x^*, das der Bedingung $\|x^* - \tilde{x}\| \leq \varepsilon$ genügt, gibt es daher genau ein $t = t(x^*)$ im Intervall $[-\delta, \delta]$, für welches $\lambda(t, x^*) = 0$ gilt. Da $u(t; x^*)$ und $v(t; x^*)$ stetig in allen Variablen sind, gilt dasselbe von $\lambda(t, x^*)$. Es ist daher auch $t(x^*)$ für $\|x^* - \tilde{x}\| \leq \varepsilon$ stetig. $\lambda(t(x^*), x^*) = 0$ bedeutet zunächst nur, daß $x(t(x^*); x^*)$ auf der Geraden $\alpha u + \beta v + \gamma = 0$ liegt. Da $\tilde{x}$ ein Punkt von $\boldsymbol{l}$ ist, gehören auch alle Punkte der Geraden aus einer hinreichend kleinen Umgebung von $\tilde{x}$ ebenfalls zu $\boldsymbol{l}$. Also gilt $x(t(x^*); x^*) \in \boldsymbol{l}$, falls $\|x^* - \tilde{x}\|$ hinreichend klein gewählt wird.

Es sei $x(t)$ eine für $t \geq 0$ existierende Lösung von (1.1). Die Menge $\boldsymbol{T} = \{t \geq 0 | x(t) \in \bar{\boldsymbol{l}}\}$ ist abgeschlossen und hat wegen der ersten Aussage des Hilfssatzes keine Häufungspunkte. Daher ist $\boldsymbol{T}$ entweder leer oder enthält höchstens abzählbar viele Elemente. Entfernt man aus $\boldsymbol{T}$ diejenigen Elemente, für die $x(t)$ Endpunkt von $\bar{\boldsymbol{l}}$ ist, so bleibt eine Menge mit denselben Eigenschaften. Wir haben also folgendes Resultat:

(2.4) *Es sei $\boldsymbol{l}$ eine beschränkte Transversale und $x(t)$ eine für alle $t \geq 0$ existierende Lösung. Dann gilt entweder $x(t) \notin \boldsymbol{l}$ für alle $t \geq 0$ oder aber es existiert eine (endliche oder unendliche) Folge $t_1 < t_2 < \cdots$, die keine Häufungspunkte besitzt, mit $x(t_\nu) \in \boldsymbol{l}, \nu = 1, 2, \ldots,$ und $x(t) \notin \boldsymbol{l}$ für $t \neq t_\nu$.*

Hilfssatz 2.2. *Ist $t_1 < t_2 < \cdots < t_k$ und gilt $x(t_\nu) \in \boldsymbol{l}, \nu = 1, \ldots, k$, so ist bei geeigneter Orientierung von $\boldsymbol{l}$ durch $x(t_1), x(t_2), \ldots, x(t_k)$ auch die Reihenfolge der Punkte $x(t_\nu)$ auf $\boldsymbol{l}$ gegeben.*

Beweis. Es genügt offenbar, den Beweis für $k = 3$ und unter der zusätzlichen Annahme zu führen, daß die Trajektorie die Transversale zwischen t_1, t_2 und zwischen t_2, t_3 nicht erreicht.

Wir setzen zur Abkürzung $x_\nu = x(t_\nu), \nu = 1, 2, 3$, und orientieren $\boldsymbol{l}$ so, daß $x_2 > x_1$ gilt (für x, y aus $\boldsymbol{l}$ schreiben wir im folgenden $y > x$, falls y im Sinne der Orientierung

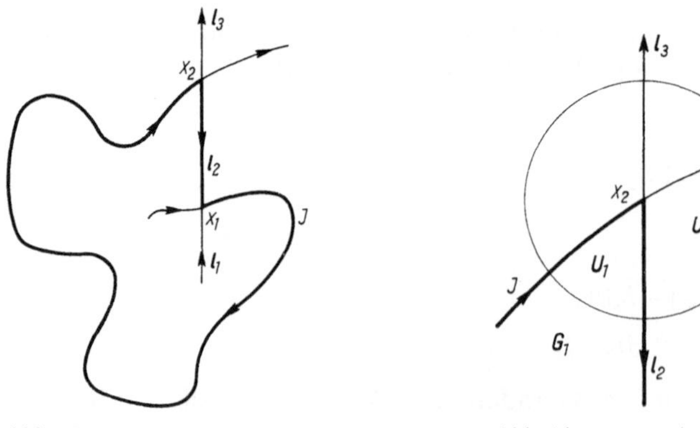

Abb. 13

Abb. 14

von $\boldsymbol{l}$ nach x folgt). Schließlich bezeichnen wir mit $\boldsymbol{l}_\nu$, $\nu = 1,2,3$, die Abschnitte, in die $\boldsymbol{l}$ durch x_1 und x_2 zerlegt wird:

$$\boldsymbol{l}_1 = \{x \in \boldsymbol{l} \mid x < x_1\}, \quad \boldsymbol{l}_2 = \{x \in \boldsymbol{l} \mid x_1 \leq x \leq x_2\}$$

und $\quad \boldsymbol{l}_3 = \{x \in \boldsymbol{l} \mid x > x_2\}$ (vgl. Abb. 13).

Wir betrachten die orientierte Jordan-Kurve J, die aus dem im Sinne wachsender t-Werte von x_1 nach x_2 durchlaufenen Stück der Trajektorie und der – entgegen der Orientierung von $\boldsymbol{l}$ – von x_2 nach x_1 durchlaufenen Strecke $\boldsymbol{l}_2$ besteht (Abb. 13). Der Jordansche Kurvensatz besagt, daß durch J die Ebene in zwei Gebiete zerlegt wird („Inneres" und „Äußeres"), die $\boldsymbol{J}$ (die Spur von J) als gemeinsamen Rand besitzen. Die Aussage des Hilfssatzes ist bewiesen, wenn wir zeigen können: Falls die Trajektorie von $x(t)$ für $t > t_2$ die Transversale überhaupt trifft, so nur in Punkten von $\boldsymbol{l}_3$. Dies wiederum ist sicher dann der Fall, wenn gilt:

(2.5) *$\boldsymbol{l}_3$ und $x(t)$, für alle $t > t_2$, liegen in demselben der beiden Gebiete, in die die Ebene durch J zerlegt wird, während $\boldsymbol{l}_1$ und $\boldsymbol{l}_3$ in verschiedenen Gebieten liegen.*

Um (2.5) zu beweisen, wählen wir zunächst eine hinreichend kleine offene Kreisscheibe $\boldsymbol{U}$ mit Mittelpunkt x_2 derart, daß $\boldsymbol{U}$ durch J in zwei Gebiete zerlegt wird. Jenes, das Punkte von $\boldsymbol{l}_3$ und Punkte $x(t)$ mit $t > t_2$ enthält, nennen wir $\boldsymbol{U}_2$, das andere $\boldsymbol{U}_1$ (vgl. Abb. 14). Da jeder Punkt von $\boldsymbol{U}_i$, $i = 1,2$, mit jedem anderen Punkt von $\boldsymbol{U}_i$ durch eine Kurve verbunden werden kann, die ganz in $\boldsymbol{U}_i$ verläuft und J nicht schneidet, muß $\boldsymbol{U}_i$ Teilmenge eines jener Gebiete sein, in die die Ebene durch J zerlegt wird. Wir bezeichnen mit $\boldsymbol{G}_2$ jenes dieser zwei Gebiete, das $\boldsymbol{U}_2$ enthält. Es kann aber nicht $\boldsymbol{U}_1$ Teilmenge von $\boldsymbol{G}_2$ sein. Denn in diesem Fall wäre jeder Punkt von $\boldsymbol{U} \cap \boldsymbol{J}$ Randpunkt von $\boldsymbol{G}_2$, aber nicht Randpunkt von $\boldsymbol{G}_1$. Andererseits ist $\boldsymbol{J} = \partial\boldsymbol{G}_1 = \partial\boldsymbol{G}_2$. Es muß daher $\boldsymbol{U}_1 \subset \boldsymbol{G}_1$ sein.

Es gilt nun die folgende Aussage:

(2.6) *Ist $x^* \in \boldsymbol{l}$ mit $x^* < x_2$, so gilt $x(t; x^*) \in \boldsymbol{G}_1$ für $t < 0$ und $|t|$ hinreichend klein. Ist $x^* \in \boldsymbol{l}$ mit $x^* > x_1$, so gilt $x(t; x^*) \in \boldsymbol{G}_2$ für $t > 0$, $|t|$ hinreichend klein.*

Denn für hinreichend kleines $|t|$ läßt sich $x(t; x^*)$ mit einem Punkt von $\boldsymbol{U}_1$ bzw. von $\boldsymbol{U}_2$ durch eine Strecke parallel zu $\boldsymbol{l}$, die $\boldsymbol{J}$ nicht trifft, verbinden. Aus (2.6) folgt zunächst: Es ist $x^* \in \boldsymbol{G}_1$ für $x^* < x_1$ und $x^* \in \boldsymbol{G}_2$ für $x^* > x_2$. In beiden Fällen gehört nämlich x^* nicht zum Rand von $\boldsymbol{G}_1$ bzw. $\boldsymbol{G}_2$, ist aber Häufungspunkt des entsprechenden Gebietes. Damit ist $\boldsymbol{l}_1 \subset \boldsymbol{G}_1$ und $\boldsymbol{l}_3 \subset \boldsymbol{G}_2$ gezeigt, d. h. es gilt die zweite Behauptung von (2.5).

Wir wollen uns nun klarmachen, daß $x(t) \in \boldsymbol{G}_2$ für alle $t > t_2$ ist. Wir wissen bereits, daß $x(t) \in \boldsymbol{U}_2 \subset \boldsymbol{G}_2$ gilt für $t > t_2$ und $t - t_2$ hinreichend klein. Wäre die zu beweisende Behauptung falsch, so müßte ein $t^* > t_2$ existieren mit

(2.7) $\quad x(t^*) \in \boldsymbol{J}$ und $x(t) \in \boldsymbol{G}_2 \quad$ für $t \in (t_2, t^*)$.

Es kann nun nicht $x(t^*) \in \boldsymbol{l}$ und $x_1 < x(t^*) < x_2$ gelten. Denn aus (2.6) würde dann folgen, daß $x(t) = x(t - t^*; x(t^*)) \in \boldsymbol{G}_1$ für $t < t^*$, $|t - t^*|$ hinreichend klein, gilt, was wegen (2.7) nicht möglich ist. Es bliebe nur noch die Möglichkeit $x(t^*) = x(\tilde{t})$ für ein $\tilde{t} \in [t_1, t_2]$. Die zur Lösung $x(t)$ gehörige Trajektorie C wäre in diesem Fall geschlossen, und $x(t)$ würde C durchlaufen, falls t das Intervall $[\tilde{t}, t^*]$ durchläuft. Aus (2.7) folgt aber $x(t) \in \boldsymbol{G}_2 \cup \boldsymbol{J}$ für $t \in [\tilde{t}, t^*]$, d. h. es ist $\boldsymbol{G}_1 \cap \boldsymbol{C} = \emptyset$. Aus (2.6) folgt aber $x(t) = x(t - t_1; x_1) \in \boldsymbol{G}_1$ für gewisse $t < t_1$.

Aus Hilfssatz 2.2 folgt insbesondere, daß die Folge $(x(t_\nu))$ (vgl. (2.4)) eine im Sinne der Orientierung von $\boldsymbol{l}$ monotone und beschränkte Folge von Punkten der Transversalen $\boldsymbol{l}$ darstellt. Falls daher (t_ν) eine unendliche Folge und $\boldsymbol{l}$ beschränkt ist, existiert $\lim\limits_{\nu\to\infty} x(t_\nu) = x^*$, und x^* gehört sowohl zu $\bar{\boldsymbol{l}}$ als auch zur ω-Grenzmenge Ω von $x(t)$ (man beachte $\lim\limits_{\nu\to\infty} t_\nu = \infty$). Diese Feststellung läßt sich in gewissem Sinn umkehren:

(2.8) *Ist* $x^* \in \Omega \cap \boldsymbol{l}$, $\boldsymbol{l}$ *eine Transversale, so ist die unter* (2.4) *definierte Folge* (t_ν) *unendlich und es gilt* $\lim\limits_{\nu\to\infty} x(t_\nu) = x^*$.

Beweis. Es gibt eine Folge $\tilde{t}_\nu \to \infty$ mit $\lim\limits_{\nu\to\infty} x(\tilde{t}_\nu) = x^*$, wobei jedoch die $x(\tilde{t}_\nu)$ nicht auf $\boldsymbol{l}$ liegen müssen. Für hinreichend große ν gibt es aber nach Hilfssatz 2.1 Zahlen $\delta_\nu (= t(x(\tilde{t}_\nu))$ in der Bezeichnung des Hilfssatzes) derart, daß

$$x(\delta_\nu; x(\tilde{t}_\nu)) = x(\delta_\nu + \tilde{t}_\nu) \in \boldsymbol{l}$$

gilt. Aus $\lim\limits_{\nu\to\infty} x(\tilde{t}_\nu) = x^*$ und $t(x^*) = 0$ folgt wegen der Stetigkeit von $t(x)$ die Beziehung $\lim\limits_{\nu\to\infty} \delta_\nu = 0$. Dann ist aber $\lim\limits_{\nu\to\infty} t_\nu = \infty$ und $\lim\limits_{\nu\to\infty} x(t_\nu) = x^*$ mit $t_\nu = \delta_\nu + \tilde{t}_\nu$. Aus diesen Beziehungen folgt, daß die in (2.4) erwähnte Folge (t_ν) eine – wieder mit (t_ν) bezeichnete – Teilfolge enthält mit $\lim\limits_{\nu\to\infty} t_\nu = \infty$ und $\lim\limits_{\nu\to\infty} x(t_\nu) = x^*$. Also konvergiert wegen der oben festgestellten Monotonie auch die gesamte Folge $(x(t_\nu))$ gegen x^*.

Aus (2.8) erhält man sofort die folgende Aussage: Eine Transversale kann mit der ω-Grenzmenge Ω einer Trajektorie höchstens einen Punkt gemeinsam haben, nämlich den eindeutig bestimmten Grenzwert der Folge $(x(t_\nu))$. Insbesondere kann $\boldsymbol{l}$ mit einer geschlossenen Trajektorie, die dann gleich ihrer eigenen ω-Grenzmenge (und α-Grenzmenge) ist, höchstens einen Punkt gemeinsam haben.

Aufgaben. 1. Die Funktion $t(x^*)$ aus Hilfssatz 2.1 ist stetig differenzierbar, falls dies von den Funktionen $p(x)$ und $q(x)$ gilt.

Hinweis. Es ist dann $\lambda(t, x^*)$ stetig differenzierbar und (nach dem Satz über implizite Funktionen) auch $t(x^*)$.

2. Ω bezeichne die ω-Grenzmenge einer Lösung $x(t)$ von (1.1). Gilt $x(t^*) = x^* \in \Omega$ für ein $t^* \geq 0$, so ist entweder $x(t) \equiv x^*$, d. h. x^* ist ein singulärer Punkt mit $\Omega = \{x^*\}$, oder die zur Lösung $x(t)$ gehörige Trajektorie ist eine geschlossene Kurve, d. h. $x(t)$ ist eine periodische Lösung.

Hinweis. Falls nicht $x(t) \equiv x^*$ gilt, gibt es durch x^* eine Transversale $\boldsymbol{l}$.

3. Die Funktionen $p(x)$ und $q(x)$ seien in $\boldsymbol{G}_0$ stetig differenzierbar und $\boldsymbol{l}$ sei eine Transversale mit einer Parameterdarstellung $\tau \to \tau x_0 + x_1, \tau \in (\tau_1, \tau_2)$. Ferner bezeichne $x(t, \tau) = (u(t, \tau), v(t, \tau))$

die Lösung $x(t; \tau x_0 + x_1)$ von (1.1). Die Funktionen $u(t,\tau)$ und $v(t,\tau)$ sind dann auf einer offenen Menge der (t,τ)-Ebene, die die Menge $\{(0,\tau) | \tau \in (\tau_1, \tau_2)\}$ enthält, definiert und stetig differenzierbar (Beweis!). Man zeige, daß die Funktionaldeterminante $\Delta(t,\tau) = \dfrac{\partial(u,v)}{\partial(t,\tau)}$ der folgenden Beziehung genügt:

$$(2.9) \qquad \Delta(t,\tau) = \Delta(0,\tau) \exp\left[\int_0^t [p_u(x(s,\tau)) + q_v(x(s,\tau))]\, ds\right].$$

Außerdem gilt $\Delta(0,\tau) \neq 0$ für alle $\tau \in [\tau_1, \tau_2]$.

Hinweis. Die Funktionalmatrix $\begin{pmatrix} u_t & u_\tau \\ v_t & v_\tau \end{pmatrix}$ ist eine Lösungsmatrix der Variationsgleichung von (1.1) bezüglich der Lösung $x(t,\tau)$. Man vergleiche ferner II Satz 2.3.

3. Die Theorie von Poincaré-Bendixson

In den nachstehenden Sätzen wird die Frage beantwortet, welche Trajektorien in der ω-Grenzmenge $\Omega(C^+)$ einer beschränkten Halbtrajektorie C^+ von (1.1) enthalten sein können. Diese Sätze bilden den wesentlichen Inhalt der Theorie von Poincaré-Bendixson. Ihre Gültigkeit werden wir unter einer zusätzlichen Voraussetzung über das vorliegende System von Dgln. beweisen, und zwar setzen wir für das Folgende voraus:

(3.1) *Die singulären Punkte von* (1.1) *sind isoliert.*

C^+ ist in den folgenden Sätzen stets eine beschränkte Halbtrajektorie von (1.1).

Satz 3.1. *Ist C eine in $\Omega(C^+)$ verlaufende nicht-geschlossene Trajektorie, so bestehen die ω-Grenzmenge $\Omega(C)$ und die α-Grenzmenge $A(C)$ jeweils aus genau einem singulären Punkt.*

Beweis. Es genügt zu zeigen, daß $\Omega(C)$ bzw. $A(C)$ überhaupt nur aus singulären Punkten bestehen. Da diese Punkte wegen der Voraussetzung (3.1) isoliert liegen, Grenzmengen aber stets zusammenhängend sind, kann es dann nicht mehr als einen Punkt in $\Omega(C)$ bzw. in $A(C)$ geben. Wir beschränken uns im folgenden auf den Beweis für $\Omega(C)$. Diese Menge ist als Grenzmenge einer beschränkten Trajektorie nichtleer.

Es sei $x^* \in \Omega(C)$ ein nicht-singulärer Punkt. Dann gibt es eine Transversale $\boldsymbol{l}$ durch x^* und eine Folge $t_\nu \to \infty$ mit $x(t_\nu) \in \boldsymbol{l}$ und $\lim_{\nu \to \infty} x(t_\nu) = x^*$ ($x(t)$ ist eine Lösung von (1.1) mit C als Trajektorie). Da C nicht geschlossen ist, sind die $x(t_\nu)$ alle voneinander verschieden und gehören natürlich zu $\Omega(C^+)$, d. h. $\boldsymbol{l}$ würde mehr als einen ω-Grenzpunkt von C^+ enthalten. Dies ist aber nach der Feststellung am Ende des vorigen Abschnittes nicht möglich.

Anschaulich bedeutet die Aussage des Satzes: Eine in einer ω-Grenzmenge enthaltene nicht-geschlossene Trajektorie beginnt und endet in je einem singulären

Punkt. Diese beiden Punkte, die auch zusammenfallen können, gehören als Häufungspunkte von $\boldsymbol{C}$ ($\boldsymbol{C}$ bezeichnet die Spur von C) wieder zu $\Omega(C^+)$ (vgl. auch Abb. 15).

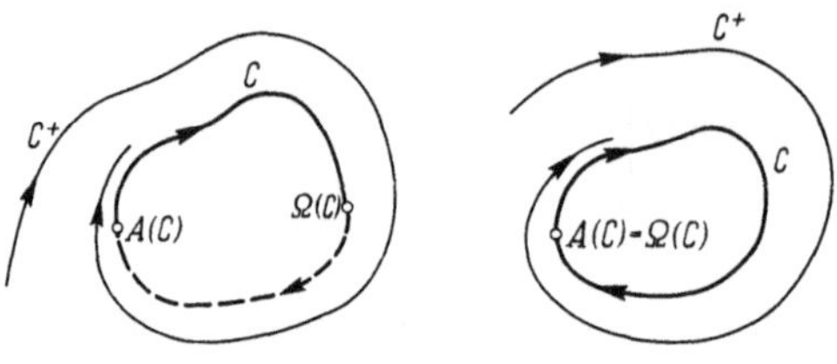

Abb. 15

Satz 3.2. *Enthält $\Omega(C^+)$ eine geschlossene Trajektorie C, so ist $\boldsymbol{C} = \Omega(C^+)$.*

Beweis. Wir haben zu zeigen, daß $\Omega(C^+)\backslash\boldsymbol{C}$ leer ist. Angenommen, dies sei nicht der Fall. Da $\boldsymbol{C}$ abgeschlossen ist, kann $\Omega(C^+)\backslash\boldsymbol{C}$ nicht abgeschlossen sein. Sonst hätte man eine Zerlegung der abgeschlossenen Menge $\Omega(C^+)$ in zwei elementefremde, abgeschlossene und nicht-leere Teilmengen, was der Tatsache widerspricht, daß $\Omega(C^+)$ zusammenhängend ist. Es muß also ein $x^* \in \boldsymbol{C}$ geben, das Häufungspunkt von $\Omega(C^+)\backslash\boldsymbol{C}$ ist. Es gibt dann eine Folge (x_ν) mit $x_\nu \in \Omega(C^+)$, $x_\nu \notin \boldsymbol{C}$ und $\lim_{\nu\to\infty} x_\nu = x^*$. Wir legen nun eine Transversale $\boldsymbol{l}$ durch x^*. Nach Hilfssatz 2.1 gibt es zu jedem hinreichend großen ν ein $\tilde{x}_\nu \in \boldsymbol{l}$, das auf der durch x_ν hindurchführenden Trajektorie liegt. Diese $\tilde{x}_\nu$ sind alle von x^* verschieden, da sonst $\tilde{x}_\nu$ und damit auch x_ν zu $\boldsymbol{C}$ gehören würden. Es hätte dann $\boldsymbol{l}$ mit $\Omega(C^+)$ mehr als einen Punkt gemeinsam, was im Widerspruch zur Feststellung am Ende des vorigen Abschnittes steht.

Satz 3.3. *$\Omega(C^+)$ ist dann und nur dann eine geschlossene Trajektorie, wenn diese Menge keinen singulären Punkt enthält.*

Beweis. Wenn $\Omega(C^+)$ keinen singulären Punkt enthält, kann es in $\Omega(C^+)$ keine nicht-geschlossene Trajektorie geben (vgl. Satz 3.1 und die Bemerkung im Anschluß an den Beweis jenes Satzes). Also besteht $\Omega(C^+)$ nur aus geschlossenen Trajektorien, und zwar wegen Satz 3.2 aus genau einer.

Schließlich wollen wir noch ohne Beweis die folgende Aussage angeben:

Satz 3.4. *Ist C eine geschlossene Trajektorie, so liegt mindestens ein singulärer Punkt der Dgl. im Inneren von C.*

Diese Aussage folgt unmittelbar aus elementaren Sätzen über ebene Vektorfelder, die man etwa in [46], § 1 und § 2, findet (vgl. auch [2], § 9).

Aufgaben. 1. Die isolierte Ruhelage $x \equiv 0$ von (1.1) ist genau dann stabil, jedoch nicht asymptotisch stabil, wenn jede Umgebung von $x = 0$ eine geschlossene Trajektorie enthält.

2. $V = V(u,v)$ sei in einer Umgebung von $x = 0$ einmal bzw. zweimal stetig differenzierbar und Ljapunov-Funktion für (1.1). Die isolierte Ruhelage $x \equiv 0$ von (1.1) ist in den folgenden Fällen instabil:

a) grad $V \neq 0$ für $x = 0$.
b) grad $V = 0$ für $x = 0$ und die quadratische Form $V_{uu}(0)u^2 + 2V_{uv}(0)uv + V_{vv}(0)v^2$ ist indefinit.

Hinweis. Sowohl a) als auch b) verhindern die Existenz von geschlossenen Trajektorien in beliebigen Umgebungen von $x = 0$. Außerdem kann $x \equiv 0$ nicht asymptotisch stabil sein (vgl. die Aufgabe zu III Abschn. 7.3).

4. Weitere Eigenschaften von geschlossenen Trajektorien

Wir werden zunächst einige Aussagen diskutieren, die aus dem Gaußschen Integralsatz

$$\iint_{\boldsymbol{R}} (p_u + q_v)\,\mathrm{d}u\,\mathrm{d}v = \int_K (p\,\mathrm{d}v - q\,\mathrm{d}u) \tag{4.1}$$

folgen. Hierbei ist K die stückweise glatte orientierte Randkurve eines Gebietes $\boldsymbol{R}$ der (u, v)-Ebene, wobei die Orientierung von K so zu wählen ist, daß das Innere von $\boldsymbol{R}$ beim Durchlaufen von K zur Linken liegt. $p(u, v)$ und $q(u, v)$ sind die Funktionen auf den rechten Seiten der Dgln. (1.1), wobei wir in diesem Abschnitt voraussetzen, daß diese Funktionen auf $\boldsymbol{G}_0$ stetig differenzierbar sind. Es muß natürlich $\bar{\boldsymbol{R}} \subseteq \boldsymbol{G}_0$ sein. Die Beziehung (4.1) ist hier deswegen nützlich, weil das Kurvenintegral stets verschwindet, wenn der Integrationsweg Teil einer Trajektorie von (1.1) ist. Denn der Integrand verschwindet identisch in t, wenn man die Substitution $u = u(t)$, $v = v(t)$ vornimmt, wobei $(u(t), v(t))$ eine Lösung von (1.1) ist. Wenn daher K eine geschlossene Trajektorie und $\boldsymbol{R}$ das beschränkte Gebiet ist, das von K begrenzt wird, so muß notwendig $\iint_{\boldsymbol{R}} (p_u + q_v)\,\mathrm{d}u\,\mathrm{d}v = 0$ gelten. Es kann daher $p_u + q_v$ auf $\boldsymbol{R}$ nicht konstantes Vorzeichen besitzen. Diese Feststellung wird auch in der folgenden Weise als sog. negatives Kriterium von Bendixson formuliert:

Satz 4.1. *Es sei $\boldsymbol{R}$ ein einfach zusammenhängendes Gebiet der (u, v)-Ebene. Sind die Funktionen p und q in $\boldsymbol{R}$ stetig differenzierbar und hat $p_u + q_v$ in $\boldsymbol{R}$ konstantes Vorzeichen, so gibt es keine ganz in $\boldsymbol{R}$ gelegene geschlossene Trajektorie von* (1.1).

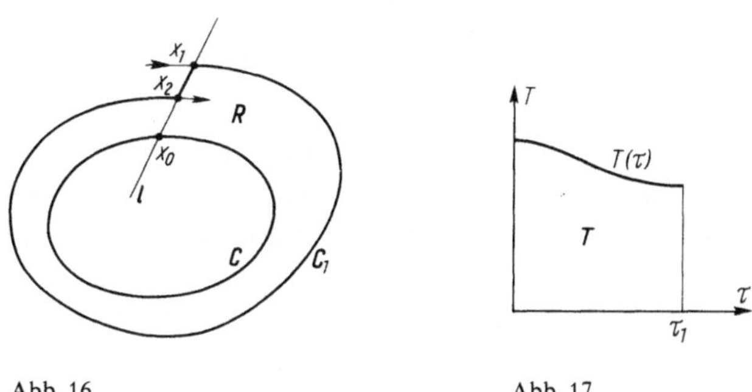

Abb. 16 Abb. 17

Wir betrachten nun ein Gebiet $\boldsymbol{R}$ mit $\bar{\boldsymbol{R}} \subset \boldsymbol{G}_0$ der Gestalt, wie sie in Abb. 16 angegeben ist. Der Rand von $\boldsymbol{R}$ besteht also aus der Spur $\boldsymbol{C}$ einer geschlossenen Trajektorie C

und einem Stück $\boldsymbol{C}_1$ der Spur einer anderen (nicht notwendig geschlossenen) Trajektorie, wobei die Endpunkte x_1, x_2 von $\boldsymbol{C}_1$ im Sinne wachsender t-Werte unmittelbar aufeinanderfolgende Schnittpunkte der entsprechenden Lösung mit der Transversalen $\boldsymbol{l}$ sind. x_0 ist der Schnittpunkt von $\boldsymbol{C}$ mit $\boldsymbol{l}$. Wir führen eine Parameterdarstellung (Parameter τ) der Transversalen $\boldsymbol{l}$ ein, wobei etwa x_0 dem Parameterwert $\tau = 0$ entspricht und x_1 einem Wert τ_1 mit $\tau_1 > 0 (<0)$, falls x_1 im Äußeren (Inneren) der geschlossenen Kurve C liegt. Wir beschränken uns im folgenden auf die Betrachtung des Falles $\tau_1 > 0$. Für jedes $\tau \in [0, \tau_1]$ bezeichnen wir mit $x(t, \tau)$ jene Lösung der Dgln. (1.1), deren Anfangswert $x(0, \tau)$ der zum Parameterwert τ gehörige Punkt von $\boldsymbol{l}$ ist.

Wir wollen voraussetzen, daß es zu jedem $\tau \in [0, \tau_1]$ ein wohlbestimmtes $T = T(\tau) > 0$ gibt mit $x(T(\tau), \tau) \in \boldsymbol{l}$, aber $x(t, \tau) \notin \boldsymbol{l}$ für $t \in (0, T(\tau))$. Dies ist stets der Fall, wenn τ_1 hinreichend klein ist. $T(\tau)$ ist eine stetige Funktion von τ, was sofort aus Hilfssatz 2.1 folgt. In einer hinreichend kleinen Umgebung von $\tau = 0$ kann man z. B. $T(\tau)$ mit Hilfe der im Hilfssatz 2.1 auftretenden Funktion $t(x)$ in der Form

$$T(\tau) = T(0) + t(x(T(0), \tau))$$

darstellen. $T(0)$ ist die Periode der zur geschlossenen Trajektorie C gehörigen Lösung. Für festes $\tau \in [0, \tau_1]$ ist $t \to x(t, \tau)$, $t \in [0, T(\tau)]$, die Parameterdarstellung einer von $x(0, \tau) \in \boldsymbol{l}$ ausgehenden und bis zum nächsten Schnittpunkt mit $\boldsymbol{l}$ erstreckten Kurve. Diese Kurven überdecken $\bar{\boldsymbol{R}}$ lückenlos und – abgesehen von den Punkten der Transversalen $\boldsymbol{l}$ zwischen x_0 und x_1 – auch schlicht. Mit anderen Worten, durch die Zuordnung $(t, \tau) \to x(t, \tau) = (u(t, \tau), v(t, \tau))$ wird die Menge $\boldsymbol{T} = \{(t, \tau) | 0 \leq \tau \leq \tau_1, 0 \leq t \leq T(\tau)\}$ auf $\bar{\boldsymbol{R}}$ abgebildet, und zwar das Innere von $\boldsymbol{T}$ bijektiv auf $\boldsymbol{R}$. Außerdem ist die Funktionaldeterminante $\Delta(t, \tau) = \dfrac{\partial(u, v)}{\partial(t, \tau)} \neq 0$ auf $\boldsymbol{T}$ (vgl. Aufgabe 3 zu Abschn. 2). Damit sind die Voraussetzungen für die Anwendung der Transformationsformel für mehrfache Integrale gegeben: Ist $k(x) = k(u, v)$ eine auf $\bar{\boldsymbol{R}}$ stetige Funktion, so gilt

$$\begin{aligned}\iint_{\boldsymbol{R}} k(u, v)\,\mathrm{d}u\,\mathrm{d}v &= \iint_{\boldsymbol{T}} k(x(t, \tau))\,|\Delta(t, \tau)|\,\mathrm{d}t\,\mathrm{d}\tau \\ &= \int_0^{\tau_1} |\Delta(0, \tau)| \left[\int_0^{T(\tau)} k(x(t, \tau)) \exp\left(\int_0^t (p_u(x(s, \tau)) + q_v(x(s, \tau)))\,\mathrm{d}s \right) \mathrm{d}t \right] \mathrm{d}\tau .\end{aligned}$$

Die letzte Beziehung folgt aus (2.9) und der Gestalt von $\boldsymbol{T}$ (vgl. Abb. 17). Wählt man insbesondere $k(u, v) = p_u(u, v) + q_v(u, v)$, so läßt sich das innere Integral in der letzten Beziehung auswerten und man gelangt zu der folgenden Beziehung:

$$\iint_{\boldsymbol{R}} (p_u + q_v)\,\mathrm{d}u\,\mathrm{d}v = \int_0^{\tau_1} |\Delta(0, \tau)| \left[\exp\left(\int_0^{T(\tau)} (p_u(x(s, \tau)) + q_v(x(s, \tau)))\,\mathrm{d}s \right) - 1 \right] \mathrm{d}\tau . \tag{4.2}$$

Aus ihr erhält man sofort die folgende Aussage: Ist $\int_0^{T(0)} (p_u(x(s, 0)) + q_v(x(s, 0)))\,\mathrm{d}s \neq 0$, so ist auch $\iint_{\boldsymbol{R}} (p_u + q_v)\,\mathrm{d}u\,\mathrm{d}v \neq 0$ für jedes Gebiet $\boldsymbol{R}$ der in Abb. 16 angegebenen

Gestalt, falls x_1 hinreichend nahe bei x_0 liegt. Außerdem sind die Vorzeichen der beiden Integrale gleich. Aus der Integralformel (4.1) folgt nun

$$\iint_{R} (p_u + q_v)\,du\,dv = \pm \int_{x_2}^{x_1} (p\,dv - q\,du), \tag{4.3}$$

wobei das Kurvenintegral längs der Transversalen von x_2 nach x_1 zu erstrecken ist und das + Zeichen (− Zeichen) gilt, falls $\boldsymbol{R}$ zur Linken (Rechten) dieses Transversalenabschnittes liegt. Für $x_1 \neq x_2$ ist nun das Integral $\int_{x_2}^{x_1} (p\,dv - q\,du)$ von Null verschieden und hat dasselbe Vorzeichen wie das Skalarprodukt der Vektoren $(-q, p)$ und $x_1 - x_2$ (da $\boldsymbol{l}$ Transversale ist, hängt dieses Vorzeichen nicht von der speziellen Wahl des Punktes auf $\boldsymbol{l}$ ab, für den die Werte von p und q genommen werden). Aus dieser Tatsache folgt sofort, daß x_2 zwischen x_0 und x_1 liegen muß, falls beide Seiten in (4.3) negativ sind, und andererseits x_1 zwischen x_0 und x_2 liegen muß, falls beide Seiten in (4.3) positiv sind. Aus den bisher durchgeführten Überlegungen folgt schließlich:

Satz 4.2. *Es sei $x(t)$ eine nicht-konstante periodische Lösung mit kleinster Periode T und es sei C die zugehörige geschlossene Trajektorie. Dann gilt:*

a) *Ist* $\int_0^T (p_u(x(t)) + q_v(x(t)))\,dt < 0$, *so gibt es eine Umgebung $\boldsymbol{U}$ von $\boldsymbol{C}$ in der (u,v)-Ebene derart, daß für jedes $x_0 \in \boldsymbol{U}$ die Lösung $x(t;x_0)$ für alle $t \geq 0$ existiert und $\boldsymbol{C}$ als ω-Grenzmenge besitzt.*

b) *Ist* $\int_0^T (p_u(x(t)) + q_v(x)))\,dt > 0$, *so existiert eine Umgebung $\boldsymbol{U}$ von $\boldsymbol{C}$ derart, daß für jedes $x_0 \in \boldsymbol{U}$ die Lösung $x(t;x_0)$ die Umgebung $\boldsymbol{U}$ für ein $t^* > 0$ verläßt und für $t > t^*$ außerhalb $\boldsymbol{U}$ verbleibt.*

Das Vorzeichen des in diesem Satz aufscheinenden Integrals hat eine geometrische Bedeutung, die wir uns jetzt klarmachen wollen. Dazu sei wieder die in Abb. 16 dargestellte Situation zugrunde gelegt. Der Einfachheit halber sei jetzt die Transversale $\boldsymbol{l}$ im Punkt x_0 orthogonal zur geschlossenen Trajektorie C. Für das Folgende setzen wir $\tilde{x}(t) = x(t;x_0)$. $\tilde{x}(t)$ ist periodisch mit der kleinsten Periode T und hat C als zugehörige Trajektorie. x_1 sei ein von x_0 verschiedener Punkt auf $\boldsymbol{l}$ (in hinreichender Nähe von x_0). Wir setzen $a = (\alpha,\beta) = \dfrac{1}{\|x_1 - x_0\|_2}(x_1 - x_0)$ und wählen die Parameterdarstellung $\tau \to x_0 + \tau a$ für $\boldsymbol{l}$. Den Punkten x_1 und x_2 (x_2 ist wie früher der erste Punkt nach x_1, in dem die Lösung $x(t;x_1)$ die Transversale $\boldsymbol{l}$ schneidet) entsprechen die Parameterwerte $\tau_1 > 0$ und $\tau_2 > 0$. Klar ist $(-q(x_0),p(x_0)) = \pm\gamma a$ mit $\gamma = \|(-q(x_0),p(x_0))\|_2$. Wir interessieren uns für das Verhalten von $\dfrac{1}{\tau_1}\iint_{R} (p_u + q_v)\,du\,dv$ für $\tau_1 \to 0$. Aus (4.2) folgt

$$\frac{1}{\tau_1}\iint_{R} (p_u + q_v)\,du\,dv = |\Delta(0,\tau^*)|\left[\exp\left(\int_0^{T(\tau^*)} (p_u(x(s,\tau^*)) + q_v(x(s,\tau^*)))\,ds\right) - 1\right]$$

mit einem Zwischenwert $\tau^* \in [0,\tau_1]$. Daraus ergibt sich aber sofort

(4.4) $$\eta = \lim_{\tau_1 \to 0} \frac{1}{\tau_1} \iint_{\boldsymbol{R}} (p_u + q_v)\,du\,dv = |\Delta(0,0)| \left[\exp\left(\int_0^T (p_u(\tilde{x}(s)) + q_v(\tilde{x}(s)))\,ds \right) - 1 \right]$$

und

(4.5) $$\operatorname{sgn} \eta = \operatorname{sgn} \left(\int_0^T (p_u(\tilde{x}(s)) + q_v(\tilde{x}(s)))\,ds \right).$$

Nach (4.3) und (4.4) ist

$$\eta = \pm \lim_{\tau_1 \to 0} \frac{1}{\tau_1} \int_{x_2}^{x_1} (p\,dv - q\,du).$$

Mit unserer für l gewählten Parameterdarstellung erhalten wir

$$\int_{x_2}^{x_1} (p\,dv - q\,du) = (\tau_1 - \tau_2)\left[p(x_0 + \tau^{**}a)\beta - q(x_0 + \tau^{**}a)\alpha\right], \qquad \tau^{**} \in [0, \tau_1].$$

Daraus folgt aber $\eta = \mp [p(x_0)\beta - q(x_0)\alpha] \lim\limits_{\tau_1 \to 0} \frac{\tau_2 - \tau_1}{\tau_1}$. Wegen unserer Vereinbarung über die Richtung von $a = (\alpha, \beta)$ folgt daraus

$$\eta = \|(-q(x_0), p(x_0))\|_2 \lim_{\tau_1 \to 0} \frac{\tau_2 - \tau_1}{\tau_1}.$$

Beachtet man (4.5), so bedeutet dies

(4.6) *Das Vorzeichen von* $\lim\limits_{\tau_1 \to 0} \frac{\tau_2 - \tau_1}{\tau_1}$ *ist gleich dem Vorzeichen von* $\int_0^T (p_u(\tilde{x}(s)) + q_v(\tilde{x}(s)))\,ds$.

Die geometrische Bedeutung von $\frac{\tau_2 - \tau_1}{\tau_1}$ erkennt man an Hand der Beziehung

(4.7) $$\frac{\tau_2 - \tau_1}{\tau_1} a = \frac{1}{\|x_1 - x_0\|_2} (x_2 - x_1).$$

Für die Untersuchung der periodischen Lösung $\tilde{x}(t) = (\tilde{u}(t), \tilde{v}(t))$ ist es oft zweckmäßig, von den Gleichungen (1.1) durch Einführung geeigneter Koordinaten zu anderen Gleichungen überzugehen, die das Verhalten der Lösungen in der Nähe von C beschreiben. Dazu definieren wir durch

(4.8) $$\begin{aligned} u &= \tilde{u}(\Theta) - \rho q(\tilde{x}(\Theta)), \\ v &= \tilde{v}(\Theta) + \rho p(\tilde{x}(\Theta)) \end{aligned}$$

eine Abbildung der Menge $\boldsymbol{M}_\kappa = \{(\rho, \Theta) \,|\, |\rho| < \kappa, \Theta \in \mathbf{R}\}$ auf eine Umgebung $\boldsymbol{U}$ der Spur $\boldsymbol{C}$ von C, wobei κ eine noch geeignet zu wählende positive Zahl ist. Diese Abbildung ist stetig differenzierbar und in einer hinreichend kleinen Umgebung eines jeden Punktes $(0, \Theta)$ eineindeutig mit stetig differenzierbarer Umkehrabbildung. Denn man rechnet leicht nach, daß $\left.\frac{\partial(u,v)}{\partial(\rho,\Theta)}\right|_{(0,\Theta)} = -[p^2(\tilde{x}(\Theta)) + q^2(\tilde{x}(\Theta))] \neq 0$ ist. Wählt man κ so klein, daß sich die Kurvennormalen in zwei verschiedenen Punkten von C innerhalb der Umgebung $\boldsymbol{U}$ nicht schneiden, so wird durch (4.8) eine lokal eineindeutige Abbildung von $\boldsymbol{M}_\kappa$ auf $\boldsymbol{U}$ definiert. Die Abbildung und ihre lokale Umkehrabbildung sind auf $\boldsymbol{M}_\kappa$ bzw. $\boldsymbol{U}$ stetig differenzierbar. Die Wahl von κ ist stets möglich, weil die Trajektorie C auf Grund der stetigen Differenzierbarkeit von p und q beschränkte Krümmung hat ($\ddot{\tilde{x}}(t)$ existiert und ist stetig).

Es sei nun $(u(t), v(t))$ eine Lösung von (1.1), die für t aus einem Intervall I in U bleibt. Dann gilt, für $t \in I$,

$$\begin{aligned} u(t) &= \tilde{u}(\Theta(t)) - \rho(t) q(\tilde{x}(\Theta(t))), \\ v(t) &= \tilde{v}(\Theta(t)) + \rho(t) p(\tilde{x}(\Theta(t))) \end{aligned} \tag{4.9}$$

mit stetig differenzierbaren Funktionen[1] $\rho(t)$, $\Theta(t)$, $t \in I$. Diese sind auf I Lösungen von Dgln., die man wie folgt erhält: Durch Differenzieren der Beziehungen (4.9) nach t erhält man Gleichungen, die man nach $\dot{\rho}(t)$ und $\dot{\Theta}(t)$ auflösen kann. Für $\dot{u}(t)$ ist

$$p\,[\tilde{u}(\Theta(t)) - \rho(t) q(\tilde{x}(\Theta(t))), \tilde{v}(\Theta(t)) + \rho(t) p(\tilde{x}(\Theta(t)))]$$

zu setzen. Analog verfährt man mit $\dot{v}(t)$. Die Dgln., denen $\rho(t)$ und $\Theta(t)$ genügen müssen, haben die Form

$$\dot{\rho} = h_1(\rho, \Theta), \qquad \dot{\Theta} = k_1(\rho, \Theta),$$

wobei die Funktionen h_1 und k_1 in Θ periodisch mit der Periode T sind und $h_1(\rho, \Theta) \to 0$, $k_1(\rho, \Theta) \to 1$ für $\rho \to 0$ gleichmäßig in Θ gilt.

Da die Ableitungen von p und q in U stetig sind, kann man die Gleichungen für ρ und Θ in folgender Form schreiben:

$$\dot{\rho} = \rho g(\Theta) + h(\rho, \Theta), \qquad \dot{\Theta} = 1 + k(\rho, \Theta). \tag{4.10}$$

Denn man kann $\dot{u} = p(\tilde{u}(\Theta) - \rho q(\tilde{x}(\Theta)), \tilde{v}(\Theta) + \rho p(\tilde{x}(\Theta))) = p(\tilde{x}(\Theta)) + \rho\,[-p_u(\tilde{x}(\Theta)) q(\tilde{x}(\Theta)) + p_v(\tilde{x}(\Theta)) p(\tilde{x}(\Theta))] + r(\rho, \Theta)$ setzen, wobei $\lim\limits_{\rho \to 0} \frac{1}{\rho} r(\rho, \Theta) = 0$ gleichmäßig in Θ gilt. Analoges gilt für $\dot{v}$. Die Funktionen $g(\Theta)$, $h(\rho, \Theta)$ und $k(\rho, \Theta)$ sind periodisch in Θ mit der Periode T und es gilt gleichmäßig in Θ

$$\lim_{\rho \to 0} \frac{1}{\rho} h(\rho, \Theta) = \lim_{\rho \to 0} k(\rho, \Theta) = 0. \tag{4.11}$$

Wir kehren noch einmal zu den Überlegungen im Anschluß an Satz 4.2 zurück und nehmen an, daß die Lösung $x(t; x_1)$ zwischen x_1 und x_2 zur Gänze in U verläuft (für $\|x_1 - x_0\|_2$ hinreichend klein trifft dies sicher zu). Der Lösung $x(t; x_1)$ entspricht eine Lösung $(\rho(t), \Theta(t))$ von (4.10) über einem Intervall $[0, T_1]$ mit $\rho(0) = \rho_1$, $\rho(T_1) = \rho_2$, $\Theta(0) = 0$ und $\Theta(T_1) = T$, wobei $\rho_i = \pm \tau_i$, $i = 1,2$, ist. Als Funktion von Θ genügt ρ einer Dgl. der Form

$$\frac{d\rho}{d\Theta} = \rho g(\Theta) + \tilde{h}(\rho, \Theta),$$

wobei $\tilde{h}$ in Θ periodisch mit der Periode T ist und, gleichmäßig in Θ, $\lim\limits_{\rho \to 0} \frac{1}{\rho} \tilde{h}(\rho, \Theta) = 0$ gilt. Aus dieser Dgl. folgt sofort

$$\rho_2 = \rho_1 \exp\left[\int_0^T g(\Theta) d\Theta + \frac{T}{\rho(\Theta^*)} \tilde{h}(\rho(\Theta^*), \Theta^*)\right]$$

mit einem $\Theta^* \in [0, T]$. Da $\lim\limits_{\rho \to 0} \rho(\Theta) = 0$ gleichmäßig auf $[0, T]$ gilt (stetige Abhängigkeit der Lösungen von den Anfangswerten), erhält man schließlich

$$\lim_{\tau_1 \to 0} \frac{\tau_2 - \tau_1}{\tau_1} = \lim_{\rho_1 \to 0} \frac{\rho_2 - \rho_1}{\rho_1} = \exp\left(\int_0^T g(\Theta) d\Theta\right) - 1.$$

---

[1] vgl. dazu I Abschn. 1.3.

Damit können wir das folgende Resultat aussprechen (vgl. (4.6)):

(4.12) *Das Vorzeichen des Integrales* $\int_0^T g(\Theta)\mathrm{d}\Theta$ *ist gleich dem Vorzeichen von* $\int_0^T [p_u(\tilde{x}(s)) + q_v(\tilde{x}(s))]\,\mathrm{d}s$.

Das hier eingeführte Koordinatensystem mit den Koordinaten ρ und Θ stellt einen Spezialfall des sog. begleitenden Koordinatensystems dar (vgl. Hahn [5], § 80).

5. Beispiel: Die Liénardsche Gleichung $\ddot{u} + h(u)\dot{u} + g(u) = 0$

Wir betrachten in diesem Abschnitt das ebene autonome System

(5.1) $\dot{u} = v, \quad \dot{v} = -h(u)v - g(u),$

das man aus der Liénardschen Gleichung erhält, indem man sie in der üblichen Weise in ein System von Dgln. erster Ordnung verwandelt. Über die Funktionen g und h und ihre Stammfunktionen

$$G(u) = \int_0^u g(\tau)\mathrm{d}\tau, \qquad H(u) = \int_0^u h(\tau)\mathrm{d}\tau$$

werden die folgenden Voraussetzungen gemacht:

(5.2) *g und h sind für alle $u \in (-\infty, \infty)$ definiert und stetig differenzierbar.*

(5.3) $g(u)u > 0$, *falls* $u \neq 0$.

(5.4) $\lim\limits_{|u|\to\infty} G(u) = \infty$.

(5.5) $h(0) < 0$, *und es gibt Zahlen* $\alpha < 0$, $\beta > 0$ *mit* $h(u) > 0$ *für* $u \notin [\alpha, \beta]$.

(5.6) $\lim\limits_{u\to\infty} H(u) > 0, \quad \lim\limits_{u\to-\infty} H(u) < 0.$

Die Existenz der Grenzwerte (im eigentlichen oder uneigentlichen Sinn) aus (5.6) folgt bereits aus der Voraussetzung (5.5), weil dann H für $u > \beta$ und $u < \alpha$ monoton ist.

Wir werden im folgenden zeigen (Satz 5.3), daß unter den gegebenen Voraussetzungen jede Lösung von (5.1) für alle $t \geq 0$ existiert und beschränkt ist, die ω-Grenzmenge jeder von der Ruhelage $u \equiv 0$, $v \equiv 0$ verschiedenen Lösung eine geschlossene Trajektorie ist und schließlich alle geschlossenen Trajektorien in einem beschränkten Bereich der (u, v)-Ebene enthalten sind. Am Ende des Abschnittes werden wir kurz auf die Frage eingehen, wann es genau eine geschlossene Trajektorie gibt. Diese geschlossene Trajektorie ist dann die ω-Grenzmenge für jede nichttriviale Lösung von (5.1). Diese Aussage stellt das Gegenstück zu dem in Aufgabe 4 zu III Abschn. 6 ausgesprochenen Resultat dar. Dort wurden über die Funktion g dieselben Voraussetzungen gemacht wie hier, während die Funktion h der Bedingung $h(u) > 0$ für alle u unterworfen wurde. Es war zu zeigen, daß die Ruhelage $x \equiv 0$ die ω-Grenzmenge für jede Lösung ist.

Daß das asymptotische Verhalten der Lösungen (für $t \to \infty$) im hier vorliegenden Fall ein ganz anderes ist, beruht vor allem auf der Voraussetzung (5.5), und ist plausibel, wenn man die Gleichungen (5.1) als Gleichungen für die lineare Bewegung eines Massepunktes unter dem Einfluß der Kraft $g(u)$ bei Vorhandensein von „Reibung" interpretiert. Der „Reibungskoeffizient" h ist in einer Umgebung von $u = 0$ negativ, was eine Anfachung der Bewegung im Bereich kleiner $|u|$ bedeutet und zu einem Anwachsen von $|u|$ führt. Umgekehrt wird in den Bereichen $u < \alpha$, $u > \beta$

die Bewegung gedämpft. Es findet also ein Wechselspiel zwischen Anfachen und Dämpfen statt, wodurch der Bewegungsablauf mit wachsender Zeit nicht gegen die Ruhelage, sondern gegen einen Schwingungsvorgang tendiert.

Wir beginnen mit einer kurzen Diskussion des dem System (5.1) zugeordneten Vektorfeldes. Aus der Voraussetzung (5.3) folgt $g(0) = 0$ und $g(u) \neq 0$ für $u \neq 0$. Mithin ist (0,0) der einzige singuläre Punkt. Man sieht sofort, daß für beliebige $\varepsilon > 0$ jede der Halbgeraden

$$u = u_0, \quad v > \varepsilon(< -\varepsilon); \qquad v = 0, \quad u > \varepsilon(< -\varepsilon)$$

Transversale ist (vgl. Abb. 18), insbesondere von einer geschlossenen Trajektorie höchstens einmal geschnitten werden kann (vgl. die Bemerkung am Ende von Abschn. 2). Daß die Trajektorien die u-Achse mit wachsendem t in der in Abb. 18 angegebenen Weise durchsetzen, folgt aus der Parameterdarstellung $t \to (u(t), v(t))$ der Trajektorien. Dem Durchgang durch die u-Achse entspricht ein t mit $\dot{u}(t) = v(t) = 0$. Es wird dann $\dot{v}(t) = \ddot{u}(t) = -g(u(t)) < 0$ bzw. > 0, je nachdem ob $u(t) > 0$ bzw. $u(t) < 0$ ist.

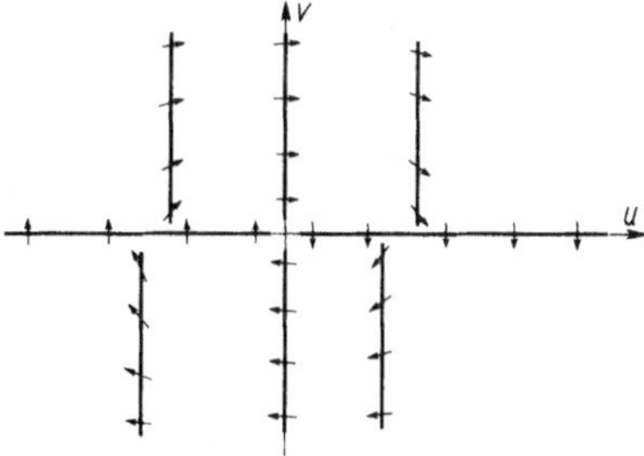

Abb. 18

Da eine geschlossene Trajektorie eine Transversale höchstens einmal schneiden kann und außerdem nicht durch $x = 0$ laufen darf, liegt $x = 0$ auf Grund der Aussage über die Transversalen im Inneren einer jeden geschlossenen Trajektorie (vgl. auch Satz 3.4).

Aus der Voraussetzung (5.5) folgt, daß es Zahlen $\alpha_1 < 0$, $\beta_1 > 0$ gibt mit $h(u) < 0$ für alle $u \in [\alpha_1, \beta_1]$. Es ist nun $-h(u)$ gleich der Divergenz des dem System (5.1) zugeordneten Vektorfeldes. Auf Grund des negativen Kriteriums von Bendixson (Satz 4.1) kann eine geschlossene Trajektorie nie ganz im Streifen $\{(u,v) \mid u \in [\alpha_1, \beta_1],\ v \in (-\infty, \infty)\}$ verlaufen. Das besagt, daß der rechte Scheitelpunkt einer geschlossenen Trajektorie von der Form $(u,0)$ mit einem $u > \beta_1$ oder der linke Scheitelpunkt von der Form $(u,0)$ mit einem $u < \alpha_1$ sein muß.

Wenn ein Abschnitt einer Trajektorie ganz in der Halbebene $v > 0$ $(v < 0)$ verläuft, so besitzt er eine Parameterdarstellung der Form $v = v(u)$, wobei $v(u)$ Lösung der Dgl. erster Ordnung

$$\frac{dv}{du} = -h(u) - \frac{g(u)}{v}$$

ist. Umgekehrt liefert jede auf einem u-Intervall definierte Lösung dieser Dgl. eine Parameterdarstellung eines Trajektorienabschnittes (vgl. auch I Abschn. 7).

Hilfssatz 5.1. *Gegeben sei ein beschränktes offenes u-Intervall I. Dann gibt es eine (von I abhängige) Zahl $k > 0$ mit folgender Eigenschaft: Ist $u_0 \in I$ und $|v_0| > k$, so existiert die Lösung $v(u; u_0, v_0)$ des AW-Problems*

(5.7) $$\frac{\mathrm{d}v}{\mathrm{d}u} = -h(u) - \frac{g(u)}{v}, \quad v(u_0) = v_0,$$

über I. Es gilt $\lim\limits_{|v_0| \to \infty} |v(u; u_0, v_0)| = \infty$, *gleichmäßig für alle u,* u_0 *aus I.*

Beweis. Für den Beweis betrachten wir den Fall $v_0 \geq k > 0$. Die Überlegungen verlaufen analog, falls $v_0 \leq -k < 0$ ist. Es sei γ eine positive Zahl. Wenn wir (5.7) noch die Bedingung $v(u) > \gamma$ hinzufügen, haben wir gerade die Daten eines AW-Problems, wie wir es in III Abschn. 2 betrachtet haben. An die Stelle von t tritt dabei u, und es ist $\boldsymbol{G} = \{(u, v) | v > \gamma, u \in (-\infty, \infty)\}$. Wir können uns auf jenen Fall beschränken[1], wo das maximale Existenzintervall (u^-, u^+) einer Lösung $v(u)$ des eben formulierten AW-Problems bezgl. $\boldsymbol{G}$ beschränkt ist (wir werden später sehen, daß dies stets der Fall ist). Es gilt dann für alle $u \in (u^-, u^+)$ die Beziehung

$$\left|\frac{\mathrm{d}v}{\mathrm{d}u}\right| \leq |h(u)| + \frac{|g(u)|}{\gamma}.$$

Dann ist

(5.8) $$|v(u) - v_0| \leq \left|\int_{u_0}^{u} \left(|h(\tau)| + \frac{|g(\tau)|}{\gamma}\right) \mathrm{d}\tau\right|$$

für alle $u \in (u^-, u^+)$. Insbesondere ist v auf jedem beschränkten Teilintervall von (u^-, u^+) beschränkt und kann daher nicht nach ∞ entweichen. Für $u \to u^-$ und $u \to u^+$ strebt daher $v(u)$ gegen γ, weil $(u, v(u))$ gegen den Rand von $\boldsymbol{G}$ streben muß (vgl. III Satz 2.2). Somit haben wir

$$|\gamma - v_0| \leq \left|\int_{u_0}^{u} \left(|h(\tau)| + \frac{|g(\tau)|}{\gamma}\right) \mathrm{d}\tau\right|$$

für $u = u^-$ und $u = u^+$. Aus dieser Beziehung folgt $u^- \to -\infty$ und $u^+ \to \infty$ für $v_0 \to \infty$. Es läßt sich dann stets ein k so finden, daß $\boldsymbol{I} \subseteq (u^-, u^+)$ gilt für $v(u_0) = v_0 \geq k$. Ferner hat man die Abschätzung $v(u; u_0, v_0) \geq v_0 - \rho$, wobei ρ eine obere Schranke auf I für die rechte Seite von (5.8) ist. Daraus erhält man sofort die zweite der Behauptungen des Hilfssatzes.

Hilfssatz 5.2. *Es sei* $\boldsymbol{X}$ *eine abgeschlossene Teilmenge der* (u, v)*-Ebene mit* $0 \notin \boldsymbol{X}$. *Dann gibt es eine Umgebung* $\boldsymbol{U}$ *von* $x = 0$ *derart, daß für jede Lösung* $x(t; x_0)$ *mit* $x_0 \in \boldsymbol{X}$ *die Beziehung* $x(t; x_0) \notin \boldsymbol{U}$ *für alle* $t \geq 0$ *gilt.*

Beweis. Wir setzen $V(u, v) = \frac{1}{2}v^2 + G(u)$. Es ist, auf Grund unserer Voraussetzungen über g, $V(0,0) = 0$ und $V(u, v) > 0$ für $(u, v) \neq (0,0)$. Durch

$$\dot{V}(u, v) = -h(u)v^2$$

ist die Ableitung von V für das System (5.1) gegeben. Aus der Voraussetzung (5.5) folgt nun, daß es eine positive Zahl κ gibt mit $h(u) < 0$ für $|u| \leq \kappa$. Es ist dann $\dot{V}(u, v) \geq 0$ für $|u| \leq \kappa$. Wir wählen nun $\varepsilon > 0$ mit

(5.9) $$\varepsilon \leq \kappa \quad \text{und} \quad \operatorname{dist}(0, \boldsymbol{X}) > \varepsilon.$$

Auf der Menge $\{x | \|x\| = \varepsilon\}$ besitzt V ein positives Minimum μ. Wir behaupten: Die Umgebung

$$\boldsymbol{U} = \{x | \|x\| \leq \delta\}$$

von $x = 0$ hat die verlangten Eigenschaften, falls man δ so wählt, daß $\delta < \varepsilon$ und $V(x) < \mu$ für alle $x \in \boldsymbol{U}$ ist. Dies kann man offenbar wegen $V(0) = 0$ stets erreichen. Angenommen, es gibt eine Lösung $x(t) = x(t; x_0)$ mit $x_0 \in \boldsymbol{X}$ und $x_1 = x(t_1) \in \boldsymbol{U}$ für ein $t_1 > 0$. Es ist $\|x_0\| > \varepsilon$ wegen (5.9) und $\|x_1\| \leq \delta < \varepsilon$. Daher gibt es ein $t^* \in [0, t_1]$ mit $\|x(t^*)\| = \varepsilon$ und $\|x(t)\| \leq \varepsilon$ für $t^* \leq t \leq t_1$.

[1] Soweit es die Aussage $I \subset (u^-, u^+)$ betrifft.

Nun ist $\dot{V}(x) \geq 0$ für $\|x\| \leq \varepsilon$ wegen (5.9), d. h. die Funktion $V(x(t))$ ist auf $[t^*, t_1]$ monoton wachsend. Insbesondere gilt

$$V(x(t^*)) \leq V(x(t_1)) = V(x_1).$$

Andererseits ist $V(x(t^*)) \geq \mu$, wegen $\|x(t^*)\| = \varepsilon$, und $V(x_1) < \mu$, wegen $x_1 \in \boldsymbol{U}$. Damit haben wir einen Widerspruch erhalten, d. h. die Aussage des Hilfssatzes ist richtig.

Aus dem eben bewiesenen Hilfssatz folgt insbesondere:

a) *Es gibt eine Umgebung* $\boldsymbol{U}$ *von* $x = 0$, *die mit keiner geschlossenen Trajektorie einen Punkt gemeinsam hat.*

Wie wir oben festgestellt haben, geht nämlich jede geschlossene Trajektorie (falls es überhaupt solche gibt) von einem Punkt der abgeschlossenen Menge $\{(u,v) | v = 0, u \notin (\alpha_1, \beta_1)\}$ aus.

b) $x = 0$ *gehört nicht zur* ω-*Grenzmenge einer positiven Halbtrajektorie.*

Ist nämlich $x_0 \neq 0$ der Anfangspunkt der Halbtrajektorie und $x(t) = x(t; x_0), t \geq 0$, ihre Parameterdarstellung, so besagt Hilfssatz 5.2 (man wähle $\boldsymbol{X} = \{x_0\}$), daß 0 äußerer Punkt der Menge $\boldsymbol{M} = \{x | x = x(t), t \geq 0\}$ ist. Dann kann 0 auch nicht zur abgeschlossenen Hülle $\bar{\boldsymbol{M}}$ und somit auch nicht zu deren Teilmenge Ω gehören.

Wir kommen nun zu einer eingehenden Untersuchung der positiven Halbtrajektorien. Der Übersichtlichkeit halber sind die Aussagen auf mehrere Sätze verteilt.

Satz 5.1. *Jede von einem Punkt* $x_0 = (u_0, v_0) \neq 0$ *ausgehende positive Halbtrajektorie hat mit jeder der Halbgeraden* $u = 0, v > 0$ *bzw.* $v < 0$ *Punkte gemeinsam.*

Beweis. Wir zeigen im ersten Schritt: Falls $u_0 > \beta (< \alpha)$ ist, so erreicht die von x_0 ausgehende positive Halbtrajektorie die Halbgerade $u = \beta, v < 0 \, (u = \alpha, v > 0)$.

Um diese Aussage – für den Fall $u_0 > \beta$ (der Fall $u_0 < \alpha$ ist analog zu behandeln) – zu beweisen, benutzen wir wieder die beim Beweis von Hilfssatz 5.2 eingeführte Funktion V. Es ist $\dot{V}(u,v) = -h(u)v^2 \leq 0$ für $u \geq \beta$, d. h. V ist auf der Menge $\{(u,v) | u \geq \beta, v \in (-\infty, \infty)\}$ Ljapunov-Funktion. Aus der Voraussetzung (5.4) folgt nun $\lim\limits_{\|x\| \to \infty} V(x) = \infty$. Es läßt sich also ein $\rho > 0$ so finden, daß

$$(5.10) \qquad \|x_0\| < \rho \quad \text{und} \quad V(x) > V(x_0) \quad \text{für} \quad \|x\| = \rho$$

gilt. Es sei nun $\boldsymbol{D} = \{x = (u,v) | u \geq \beta$ und $\|x\| \leq \rho\}$ (vgl. Abb. 19). In $\boldsymbol{D}$ liegt weder der einzige singuläre Punkt 0 noch eine geschlossene Trajektorie, die ja stets Punkte (u,v) mit $u < 0$ enthalten muß. Es kann daher auch keine ganz in der kompakten Menge $\boldsymbol{D}$ gelegene positive Halbtrajektorie C^+ geben. Denn es würde dann auch $\Omega(C^+)$ und somit entweder eine geschlossene Bahn oder ein singulärer Punkt zu $\boldsymbol{D}$ gehören (vgl. die Sätze aus Abschn. 3), was wegen der Gestalt von $\boldsymbol{D}$ nicht möglich ist. Klar ist auch: Falls die Lösung $x(t) = x(t; x_0)$ auf dem Intervall $[0, t^+)$ nicht beschränkt ist, so kann die zugehörige Trajektorie nicht für alle $t < t^+$ in $\boldsymbol{D}$ verbleiben. In jedem Fall gibt es also ein $t^* > 0$ mit $x(t) \in \boldsymbol{D}$ für $t < t^*$ und $x(t^*) \in \partial\boldsymbol{D}$. Da V Ljapunov-Funktion auf $\boldsymbol{D}$ ist, gilt $V(x(t^*)) \leq V(x_0)$. Es kann daher nicht $\|x(t^*)\| = \rho$ sein (vgl. (5.10)). Also ist $u(t^*) = \beta$. Aus dem Verlauf der Trajektorien auf der Geraden $u = \beta$ (vgl. Abb. 19) für wachsende t-Werte und aus der Tatsache, daß $x(t) \in \boldsymbol{D}$ für $t < t^*$ gilt, folgt nun sofort $v(t^*) < 0$.

Im zweiten Schritt zeigen wir: Ist $x_0 \neq 0$ mit $0 \leq u_0 \leq \beta$ $(\alpha \leq u_0 \leq 0)$, so erreicht die von x_0 ausgehende positive Halbtrajektorie die Halbgerade $u = 0, v < 0$ $(u = 0, v > 0)$.

Wir beschränken uns auf den Fall $0 \leq u_0 \leq \beta$ und benützen ähnliche Überlegungen wie im vorhergehenden Beweisschritt. Diesmal wird ein Gebiet $\boldsymbol{E}$ der in Abb. 20 skizzierten Form betrachtet. $v^+(u), v^-(u)$ sind Lösungen der Dgl. (5.7) über $[0,\beta]$ mit $v^+(u_0) > v_0, 0 > v^-(u_0)$. Solche Lösungen existieren nach Hilfssatz 5.1. Der Halbkreisbogen $\boldsymbol{k}$ verläuft ganz in einer Umgebung U von 0, die von der im Punkt x_0 ausgehenden positiven Halbtrajektorie nicht erreicht wird (vgl. die Folgerung b) zu Hilfssatz 5.2). Es kann aus den bereits im ersten Schritt angeführten

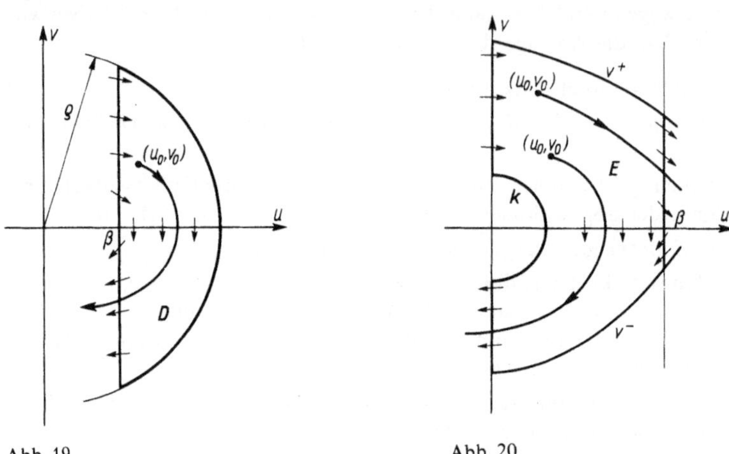

Abb. 19 Abb. 20

Gründen die Lösung $x(t) = x(t;x_0)$ nicht für alle $t \in [0,t^+)$ in $\boldsymbol{E}$ verbleiben. Der erste von der Halbtrajektorie erreichte Randpunkt von $\boldsymbol{E}$ kann nicht zu $\boldsymbol{k}$ gehören und auch nicht zu den Kurven $v = v^+(u)$, $v = v^-(u)$, denn diese sind selbst Trajektorienstücke und können daher nicht von einer Trajektorie geschnitten werden. Die Beschaffenheit des der Dgl. zugeordneten Vektorfeldes in den übrigen Randpunkten von $\boldsymbol{E}$ zeigt nun, daß $x(t)$ entweder in die Halbebene $u > \beta$ übertritt oder aber die Halbgerade $u = 0, v < 0$ überschreitet. Das letztere ist insbesondere dann der Fall, wenn $v_0 < 0$ ist. Tritt die Trajektorie aber in die Halbebene $u > \beta$ ein, so muß sie von dort – wie wir im ersten Schritt gezeigt haben – mit wachsendem t einmal einen Punkt der Form (β, v_1), $v_1 < 0$ erreichen. Daß dann die von (β, v_1) ausgehende positive Halbtrajektorie die Halbgerade $u = 0, v < 0$ erreicht, wissen wir bereits.

Indem man die in den beiden Beweisschritten gemachten Aussagen wiederholt anwendet, erhält man sofort die Aussage des Satzes.

Gestützt auf Satz 5.1 führen wir durch die folgenden Vorschriften drei reelle Funktionen $p^+(\lambda)$, $p^-(\lambda)$ und $q(\lambda)$ ein, die für alle positiven reellen λ definiert und positiv sind.

1. $p^-(\lambda)$: *Es ist* $(0, -p^-(\lambda))$ *der erste Schnittpunkt der von* $(0,\lambda)$ *ausgehenden positiven Halbtrajektorie mit der Halbgeraden* $u = 0$, $v < 0$.
2. $p^+(\lambda)$: *Es ist* $(0, p^+(\lambda))$ *der erste Schnittpunkt der von* $(0, -\lambda)$ *ausgehenden positiven Halbtrajektorie mit der Halbgeraden* $u = 0$, $v > 0$.
3. $q(\lambda)$: *Es ist* $q(\lambda) = p^+(p^-(\lambda))$.

$(0, q(\lambda))$ ist daher jener Punkt, in dem die von $(0,\lambda)$ ausgehende positive Halbtrajektorie die Halbgerade $u = 0$, $v > 0$ zum ersten Mal wieder erreicht.

Satz 5.2. a) p^-, p^+ *und somit auch* q *sind stetige und streng monoton wachsende Funktionen (für* $\lambda > 0$*).*

b) *Es ist* $\lambda > q(\lambda)$ *für alle hinreichend großen* λ.

Beweis. Wir beweisen die Behauptung a) nur für p^-. Die Überlegungen verlaufen für p^+ ganz analog. Es sei $0 < \lambda_1 < \lambda_2$. Zu zeigen ist $p^-(\lambda_2) > p^-(\lambda_1)$. Dazu betrachten wir das in Abb. 21 skizzierte Gebiet $\boldsymbol{G}$ (schraffiert). Die in dieses Gebiet von $(0, \lambda_2)$ aus eintretende positive Halbtrajektorie muß $\boldsymbol{G}$ nach Satz 5.2 wieder verlassen, kann dies aber nur über die Halbgerade $u = 0$, $v < -p^-(\lambda_1)$. Das bedeutet aber $p^-(\lambda_2) > p^-(\lambda_1)$. Um die Stetigkeit der bereits als monoton erkannten Funktion p^- zu beweisen, brauchen wir nur nachzuweisen, daß zu gegebenen λ_1, λ_2 mit $\lambda_1 < \lambda_2$ die Funktion p^- jeden Wert ξ zwischen $p^-(\lambda_1)$ und $p^-(\lambda_2)$ annimmt. Wir betrachten zu diesem Zweck das Teilgebiet $\boldsymbol{H}$ von $\boldsymbol{G}$, das aus $\boldsymbol{G}$ durch das die Punkte $(0, \lambda_2)$ und $(0, -p^-(\lambda_2))$ verbindende Trajektorienstück herausgeschnitten wird. Die von $(0, -\xi)$ ausgehende negative Halbtrajektorie muß $\boldsymbol{H}$ verlassen, weil $\boldsymbol{H}$ weder eine geschlossene Lösung noch einen stationären Punkt enthält, kann dies aber nur durch das Stück der v-Achse zwischen $(0, \lambda_1)$ und $(0, \lambda_2)$, etwa im Punkt $(0, \lambda^*)$. Dann ist aber $p^-(\lambda^*) = \xi$.

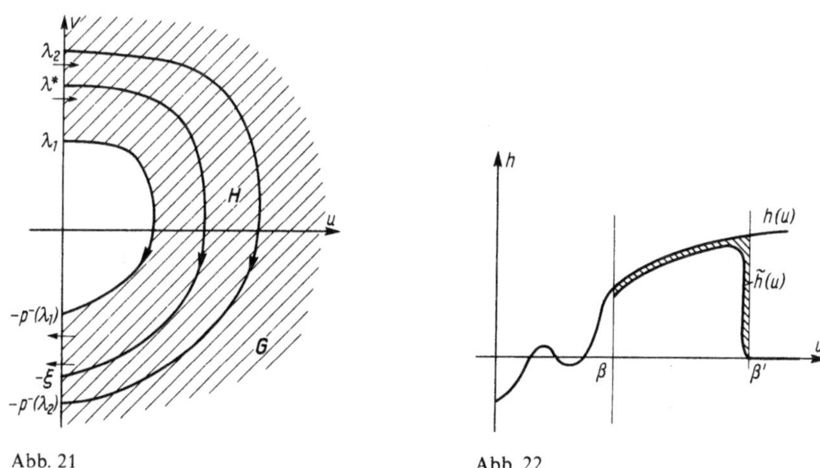

Abb. 21

Abb. 22

Für den Beweis der Behauptung b) werden alle hinsichtlich der Funktion h gemachten Voraussetzungen voll ausgeschöpft. Wir bemerken zunächst, daß die zu beweisende Aussage trivial ist, falls eine der Funktionen p^-, p^+ und damit auch q auf dem Intervall $(0, \infty)$ beschränkt ist. Wir können also ohne weiteres

$$\text{(5.11)} \qquad \lim_{\lambda \to \infty} p^-(\lambda) = \lim_{\lambda \to \infty} p^+(\lambda) = \infty$$

annehmen. Wir werden unter dieser zusätzlichen Annahme zeigen, daß

$$\lambda > p^-(\lambda) \quad \text{und} \quad \lambda > p^+(\lambda)$$

für alle hinreichend großen λ gilt. Daß damit auch $\lambda > q(\lambda)$ für hinreichend große λ gezeigt ist, sieht man wie folgt ein: Es wird $p^-(\lambda) > p^+(p^-(\lambda)) = q(\lambda)$, falls $p^-(\lambda)$ hinreichend groß ist. Wegen (5.11) wird aber $p^-(\lambda)$ beliebig groß, wenn λ hinreichend groß ist. Da dann auch $\lambda > p^-(\lambda)$ ist, hat man also auch $\lambda > q(\lambda)$.

Wir wählen zunächst ein $\beta' > \beta$ mit

$$0 < H(\beta') = \int_0^\beta h(u)\,\mathrm{d}u + \int_\beta^{\beta'} h(u)\,\mathrm{d}u\,.$$

Ein solches β' existiert auf Grund der Voraussetzung (5.6). Als nächstes wählen wir eine für alle $u \geq \beta$ stetig differenzierbare Funktion $\tilde{h}(u)$, die den folgenden Bedingungen genügt:

$$\tilde{h}(u) < h(u) \quad \text{für alle } u \geq \beta, \quad \tilde{h}(u) = 0 \quad \text{für alle } u \geq \beta',$$

$$\int_0^\beta h(u)du + \int_\beta^{\beta'} \tilde{h}(u)du > 0.$$

Eine Funktion $\tilde{h}$ mit diesen Eigenschaften läßt sich auf Grund unserer Voraussetzungen über h stets finden. Man hat nur dafür zu sorgen, daß $\int_\beta^{\beta'} (h(u) - \tilde{h}(u))du$ hinreichend klein wird (vgl. Abb. 22). Wir setzen nun

$$\tilde{H}(u) = \int_{\beta'}^u \tilde{h}(\tau)d\tau \quad \text{und} \quad \tilde{V}(u,v) = V(u,v) + v\tilde{H}(u).$$

Wir haben dann die folgenden Beziehungen

$$\tilde{H}(u) = 0 \quad \text{für} \quad u \geq \beta',$$

$$\frac{d}{du}\tilde{H}(u) < h(u) \quad \text{für} \quad u \geq \beta,$$

$$\int_0^\beta h(u)du - \tilde{H}(\beta) > 0, \tag{5.12}$$

$$\dot{\tilde{V}}(u,v) = -h(u)v^2 + \tilde{H}(u)\dot{v} + v\tilde{h}(u)\dot{u} = v^2(\tilde{h}(u) - h(u)) + \tilde{H}(u)(-h(u)v - g(u)).$$

Für $u \geq \beta'$ ist $\tilde{h}(u) = \tilde{H}(u) = 0$ und somit

$$\dot{\tilde{V}}(u,v) = \dot{V}(u,v) \leq 0 \quad \text{für} \quad u \geq \beta'. \tag{5.13}$$

$\dot{\tilde{V}}(u,v)$ ist ein quadratisches Polynom in v, wobei der Koeffizient von v^2 auf dem Intervall $[\beta,\beta']$ wegen der Wahl von $\tilde{h}$ eine negative obere Schranke besitzt. Es gilt daher

$$\lim_{|v|\to\infty} \dot{\tilde{V}}(u,v) = -\infty \quad \text{gleichmäßig für} \quad u \in [\beta,\beta']. \tag{5.14}$$

Wir ziehen nun Hilfssatz 5.1 heran. Es gibt dann wegen (5.14) Lösungen $v^+(u)$, $v^-(u)$ der Dgl. (5.7), die über $[0,\beta']$ existieren und den folgenden Bedingungen genügen:

$$v^+(u) > 0, \; v^-(u) < 0 \quad \text{für alle} \quad u \in [0,\beta']$$

und

$$\dot{\tilde{V}}(u,v) < 0, \quad \text{falls } u \in [\beta,\beta'] \text{ und } v \leq v^-(u) \text{ oder } v \geq v^+(u). \tag{5.15}$$

Auf der in Abb. 23 schraffierten Menge $\boldsymbol{K}$ besteht dann wegen (5.13) und (5.15) die Beziehung $\dot{\tilde{V}}(u,v) \leq 0$. An Hand von Abb. 23 sieht man noch: Ist $0 < u_0 \leq \beta'$, $v^-(u_0) \leq v_0 \leq 0$, so verläßt die von (u_0, v_0) ausgehende positive Halbtrajektorie die Halbebene $u \geq 0$ nur über die Strecke $u = 0$, $v^-(0) \leq v < 0$. Es sei nun ein λ mit $\lambda > v^+(0)$, $-p^-(\lambda) < v^-(0)$ gewählt (wegen (5.11) muß dazu λ nur hinreichend groß sein). Die von $(0,\lambda)$ ausgehende positive Halbtrajektorie verläßt die Halbebene $u \geq 0$ im Punkt $(0, -p^-(\lambda))$ und kann daher zwischen diesen beiden Punkten nicht in die Menge $\{(u,v) \,|\, 0 \leq u \leq \beta', v^-(u) \leq v \leq v^+(u)\}$ eintreten. Wir zerlegen diese Trajektorie in die beiden im Streifen $0 \leq u \leq \beta$ gelegenen Teile und das in der Menge $\boldsymbol{K}$ gelegene Teilstück. Die ersteren besitzen eine Parameterdarstellung mit Hilfe der Lösungen $v = v(u;0,\lambda)$ bzw. $v = v(u;0,-p^-(\lambda))$ des AW-Problems (5.7) für $u_0 = 0$ und $v_0 = \lambda$ bzw. $= -p^-(\lambda)$. Der zwischen den Punkten $(\beta, v(\beta; 0, \lambda))$ und $(\beta, v(\beta; 0, -p^-(\lambda)))$ gelegene Teil der Trajektorie liegt in $\boldsymbol{K}$. Die Funktion $\tilde{V}$ fällt daher längs dieses Trajektorienstückes monoton, d. h. es ist

$$\tilde{V}(\beta, v(\beta; 0, -p^-(\lambda))) \leq \tilde{V}(\beta, v(\beta; 0, \lambda)).$$

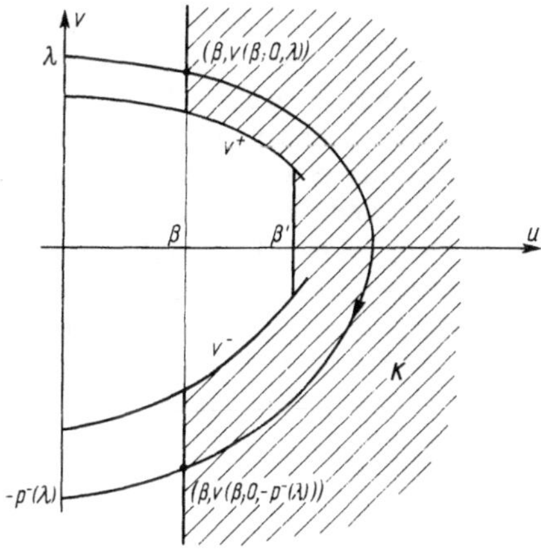

Abb. 23

In der expliziten Gestalt von $\tilde{V}$ bedeutet dies

$$\tfrac{1}{2} v(\beta; 0, -p^-(\lambda))^2 + v(\beta; 0, -p^-(\lambda)) \tilde{H}(\beta) \leq \tfrac{1}{2} v(\beta; 0, \lambda)^2 + v(\beta; 0, \lambda) \tilde{H}(\beta).$$

Berücksichtigt man $v(\beta; 0, \lambda) - v(\beta; 0, -p^-(\lambda)) > 0$, so erhält man daraus

$$(5.16) \qquad v(\beta; 0, \lambda) + v(\beta; 0, -p^-(\lambda)) \geq -2\tilde{H}(\beta).$$

Aus Dgl. (5.7) folgt

$$v(\beta; 0, \lambda) - \lambda = -\int_0^\beta \left(h(u) + \frac{g(u)}{v(u; 0, \lambda)} \right) du,$$

$$v(\beta; 0, -p^-(\lambda)) + p^-(\lambda) = -\int_0^\beta \left(h(u) + \frac{g(u)}{v(u; 0, -p^-(\lambda))} \right) du.$$

Durch Addition folgt daraus und aus (5.16) die Beziehung

$$p^-(\lambda) - \lambda - 2\tilde{H}(\beta) \leq -2\int_0^\beta h(u) du - \int_0^\beta g(u) \left(\frac{1}{v(u; 0, \lambda)} + \frac{1}{v(u; 0, -p^-(\lambda))} \right) du$$

bzw.
$$p^-(\lambda) - \lambda \leq 2\left(\tilde{H}(\beta) - \int_0^\beta h(u) du \right) - \int_0^\beta g(u) \left(\frac{1}{v(u; 0, \lambda)} + \frac{1}{v(u; 0, -p^-(\lambda))} \right) du.$$

Auf der rechten Seite ist der erste Ausdruck wegen der Wahl von $\tilde{h}$ negativ, während der zweite für $\lambda \to \infty$ gegen 0 strebt (vgl. (5.12) und Hilfssatz 5.1). Also ist von einem gewissen λ_0 ab $p^-(\lambda) - \lambda$ stets negativ. Analog verläuft der Beweis für die Funktion p^+.

Satz 5.3. a) *Jede Lösung von* (5.1) *existiert für alle* $t \geq 0$ *und ist auf* $[0, \infty)$ *beschränkt. Die* ω-*Grenzmenge einer positiven Halbtrajektorie ist stets die Spur einer geschlossenen Trajektorie.*

b) *Eine durch den Punkt* $u = 0$, $v = \lambda > 0$ *führende Trajektorie ist dann und nur dann geschlossen, wenn* $q(\lambda) = \lambda$ *ist. Bezeichnen* $\lambda_{\max}$ *und* $\lambda_{\min}$ *die maximale bzw. minimale Nullstelle von* $\lambda - q(\lambda)$, *so begrenzen die durch* $(0, \lambda_{\max})$ *bzw.* $(0, \lambda_{\min})$ *gehenden (geschlossenen) Trajektorien ein Ringgebiet, das alle geschlossenen Trajektorien enthält.*

Beweis. Daß die durch $(0, \lambda)$ laufende Trajektorie geschlossen ist, falls $\lambda = q(\lambda)$ gilt, ist klar. Liegt umgekehrt eine geschlossene Trajektorie vor, so muß sie durch einen Punkt der Form $(0, \lambda)$, $\lambda > 0$, hindurchgehen. Wäre $q(\lambda) \neq \lambda$, so hätte diese Trajektorie einen von $x = 0$ verschiedenen zweiten Schnittpunkt mit der positiven v-Achse. Da jede Halbgerade $u = 0$, $v > \varepsilon$, $\varepsilon > 0$ beliebig, Transversale ist, kann dies nicht sein, d. h. es muß $\lambda = q(\lambda)$ gelten. Die geschlossenen Trajektorien und die Nullstellen der Funktion $\lambda - q(\lambda)$ entsprechen sich also umkehrbar eindeutig. Der Rest der Behauptung b) des Satzes ist dann klar.

Für den Beweis von a) wählen wir zunächst eine in einem Punkt $(0, \lambda)$, $\lambda > 0$ ausgehende positive Halbtrajektorie und bezeichnen mit C_λ das Trajektorienstück zwischen den Punkten $(0, \lambda)$ und $(0, q(\lambda))$, mit $\boldsymbol{G}_\lambda$ das Innere jener Jordan-Kurve, die von C_λ und der geradlinigen Verbindungsstrecke zwischen den Endpunkten von C_λ gebildet wird. An Hand von Abb. 24 sieht man sofort:

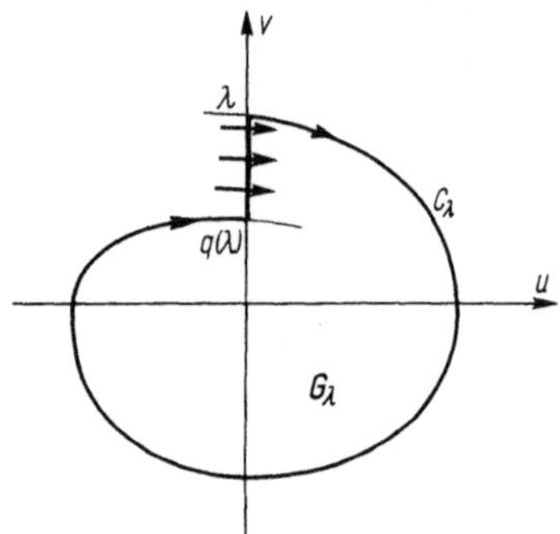

Abb. 24

Ist $q(\lambda) < \lambda$, so bleibt jede von einem Punkt von $\boldsymbol{G}_\lambda$ ausgehende positive Halbtrajektorie in $\boldsymbol{G}_\lambda$. Insbesondere gilt dies auch von der Fortsetzung von C_λ über $(0, q(\lambda))$ hinaus. Diese Fortsetzung ist eine beschränkte positive Halbtrajektorie. Um die Behauptung a) des Satzes zu beweisen, genügt es zu zeigen, daß jede Lösung schließlich in ein Gebiet der in Abb. 24 angegebenen Form eintritt. Es sei $\lambda_0 > 0$ mit $\lambda > q(\lambda)$ für $\lambda \geq \lambda_0$ gewählt. Dies ist wegen Satz 5.2 möglich. Es sei nun $x(t)$ eine Lösung von (5.1) mit $x(0) = x_0$ und dem maximalen Existenzintervall (t^-, t^+). Tritt $x(t)$ für ein $t^* > 0$ in $\boldsymbol{G}_{\lambda_0}$ ein, so gilt $x(t) \in \boldsymbol{G}_{\lambda_0}$ für alle $t \geq t^*$, und es ist dann klar, daß $t^+ = \infty$ und $x(t)$ auf $[0, \infty)$ beschränkt ist. Nehmen wir nun an, daß $x(t)$ für kein $t > 0$ in $\boldsymbol{G}_{\lambda_0}$ eintritt. Es muß $x(t)$ jedoch einmal die Halbgerade $u = 0$, $v > 0$ erreichen (Satz 5.1), etwa im Punkt $(0, \lambda_1)$. Es ist dann $\lambda_1 > \lambda_0$ und somit $\lambda_1 > q(\lambda_1)$. Das Gebiet $\boldsymbol{G}_{\lambda_1}$ ist daher von derselben Gestalt wie $\boldsymbol{G}_{\lambda_0}$. Das bedeutet aber, daß $x(t)$ schließlich in $\boldsymbol{G}_{\lambda_1}$ eintritt und darinnen bleibt.

Wir können hier aus Platzgründen nicht auf die Frage eingehen, wann genau eine geschlossene Trajektorie des Systems (5.1) existiert. Als Beispiel für derartige Voraussetzungen führen wir die folgenden an.

Es seien die Bedingungen (5.2), (5.3) *und* (5.4) *erfüllt. Außerdem gelte:*

a) $h(u)$ *ist gerade,* $g(u)$ *ist ungerade.*

b) *Es gibt eine positive Zahl* α *derart, daß* $H(u) < 0$ *für* $u \in [0, \alpha)$ *und* $H(u) > 0$ *für* $u \in (\alpha, \infty)$.

c) $H(u)$ *ist für* $u > \alpha$ *monoton wachsend, und es gilt* $\lim_{u \to \infty} H(u) = \infty$.

Dann existiert genau eine geschlossene Trajektorie von (5.1).

Da unter diesen Voraussetzungen Satz 5.3 angewendet werden kann, ist die Spur dieser geschlossenen Trajektorie die ω-Grenzmenge jeder nicht-trivialen Lösung. Für einen Beweis siehe etwa [8], Chap. VII, § 10. Weitere Bedingungen, die die Existenz genau einer geschlossenen Trajektorie sichern, findet man z. B. in [2], § 9, [4] [1].

V. Linearisierung

Unter Linearisierung versteht man allgemein das Problem, zu einer gegebenen Dgl. eine andere zu finden, die linear und von möglichst einfacher Bauart ist und deren Lösungen das gleiche asymptotische Verhalten wie die Lösungen der Ausgangsgleichung haben. Wie man formal linearisiert, wird oft durch die Gestalt der Dgl. nahegelegt (z. B. Taylorentwicklung der rechten Seite und Vernachlässigung der höheren Glieder). Ob die linearisierte Dgl. dann tatsächlich das leistet, was man von ihr erwartet, ist eine Frage, auf die es keine generelle Antwort gibt. Mit den uns bisher zur Verfügung stehenden Mitteln kann man sie nur in einfachen Fällen behandeln, nämlich dann, wenn die Lösungen der linearisierten Dgl. ein einheitliches asymptotisches Verhalten haben (ein Beispiel hierfür ist III Satz 9.1). Die Situationen, die wir in diesem Kapitel betrachten, sind nun gerade dadurch gekennzeichnet, daß der Lösungsraum der linearisierten Dgl. in Teilräume zerfällt, deren Elemente sich in völlig unterschiedlicher Weise verhalten können. Jede Linearisierungsmethode wird sich daher zunächst mit der Aufgabe zu beschäftigen haben, diejenigen mathematischen Objekte ausfindig zu machen, die den ausgezeichneten Teilräumen des linearisierten Problems entsprechen.

Es hat sich nun herausgestellt, daß in vielen Fällen solche Gegenstücke zu den linearen Teilräumen vorhanden und durch bestimmte analytische Eigenschaften ausgezeichnet sind. Man nennt sie Integralmannigfaltigkeiten. Existenzbeweise für Integralmannigfaltigkeiten erfordern eine wesentlich subtilere analytische Technik als etwa der Existenzbeweis für die Lösung des Anfangswertproblems. Einen Überblick über die verschiedenen Möglichkeiten, solche Beweise zu führen, findet der Leser im Kapitel VII des Buches [7] von Hale. Die meisten der dort beschriebenen Methoden sind konstruktiv und führen zu einem Iterationsverfahren, welches im Prinzip eine Darstellung der Mannigfaltigkeit im Großen ermöglicht [2]. Man muß dabei allerdings in vielen Fällen Einschränkungen in Kauf nehmen, die lediglich durch die Beweistechnik bedingt sind und den Nutzen eines solchen konstruktiven Beweises,

[1] Vgl. auch Knobloch, H. W.: Die Eindeutigkeit des Grenzzyklus bei der Liénardschen Differentialgleichung. J. reine angew. Math. (im Erscheinen).

[2] Ein instruktives Beispiel findet man bei Coppel/Palmer [49].

etwa im Hinblick auf numerische Berechnungen, wieder fraglich erscheinen lassen. Aus diesem Grunde geben wir hier einer anderen Methode den Vorzug, die zwar nicht konstruktiv, dafür aber gedanklich einfach ist und deren Durchführbarkeit nur von Bedingungen abhängt, die von der Sache her plausibel sind. Ihr liegt ein ähnliches Prinzip zugrunde, wie wir es in I Abschn. 9 verwendet haben, um globale Existenz von Lösungen zu zeigen. Es wird die Konstruktion zunächst im Kleinen ausgeführt und dann durch eine Überlegung ergänzt, die zu dem Schluß führt, daß bei Wiederholung des Verfahrens die Schrittlängen nicht beliebig klein werden[1].

Wir geben nun einen kurzen Überblick über den Inhalt dieses Kapitels. In den ersten drei Abschnitten werden später benötigte Hilfsmittel aus verschiedenen Bereichen der Analysis zusammengetragen. Diese Abschnitte können zunächst überschlagen und die Lektüre später bei Bedarf nachgeholt werden. Die Abschn. 4, 5 und 6 bilden gewissermaßen den Einstieg in den Problemkreis Integralmannigfaltigkeiten, der auf ganz natürliche Weise beim Studium eines speziellen Randwertproblems ins Spiel kommt. Um dieses Randwertproblem bequem formulieren zu können, ist es zweckmäßig, abweichend von der bisherigen Praxis die Zustandsvariable als Paar (x,y) zu schreiben, wobei $x = (x^1,\dots,x^k)^T$ und $y = (y^1,\dots,y^m)^T$ wieder Vektoren sind. Dementsprechend erscheint die zugrunde gelegte Dgl. jetzt als ein System von zwei Vektordifferentialgleichungen, denen wir zumeist eine spezielle Form geben, z. B.

$$\dot{x} = Ax + p_1(x,y), \qquad \dot{y} = By + p_2(x,y).$$

Wir sprechen in diesem Zusammenhang auch von einem gekoppelten System von Dgln., um deutlich zu machen, worauf unsere Betrachtungsweise abzielt, nämlich auf den Vergleich mit dem zugehörigen entkoppelten System

$$\dot{x} = Ax, \qquad \dot{y} = By.$$

Da letzteres in zwei völlig unabhängige Dgln. zerfällt, ist es klar, daß es zu gegebenen (t_0,x_0) und (t_1,y_1) genau eine Lösung $(x(t), y(t))$ gibt, die den Bedingungen $x(t_0) = x_0$, $y(t_1) = y_1$ genügt. Ob diese Aussage für das ursprüngliche System noch uneingeschränkt zutrifft, wird von dem Grad der Koppelung abhängig sein. Wir werden nun eine Bedingung für die rechten Seiten der Dgln. angeben, durch die man den Begriff schwache Koppelung quantitativ fassen kann und die als entscheidende Voraussetzung in den Satz 7.1 eingeht. In diesem Satz, der das zentrale Resultat dieses Kapitels darstellt, zeigen wir die Existenz und die grundlegenden Eigenschaften von Integralmannigfaltigkeiten für eine gewisse Klasse von Dgln., die man als lokalen Prototyp für solche Systeme ansehen kann, die den Linearisierungsmethoden zugänglich sind. Der Satz erweist sich als wirkungsvolles methodisches Instrument zur einheitlichen Behandlung verschiedenartiger Linearisierungsaufgaben. Dazu gehört die Frage nach dem asymptotischen Verhalten von Lösungen in der Nähe einer Gleichgewichtslage, und zwar in solchen Fällen, in denen das Studium der Variationsgleichung keinen unmittelbaren Aufschluß mehr liefert (Abschn. 8 und 9). In den Abschn. 10 und 11 – die unabhängig von Abschn. 8 und 9 gelesen werden können – wird die sogenannte asymptotische Methode von Krylov

[1] Verwandte Gedankengänge finden sich auch bei Kurzweil [50].

und Bogoljubow wenigstens in ihrer einfachsten Form begründet. Diese Methode ist für die mathematische Behandlung von nicht-linearen Schwingungen von gewisser praktischer Bedeutung.

Wir wollen noch kurz auf einen Begriff eingehen, der in diesem Kapitel erstmals auftaucht und sich auf die Zeitabhängigkeit von Integralmannigfaltigkeiten bezieht. Um zu einer abgerundeten Theorie zu kommen, ist es vielfach üblich, von einer sogenannten fastperiodischen Dgl. auszugehen (vgl. etwa Hale [7]). Da wir die allgemeine Theorie der fastperiodischen Funktionen nicht als bekannt voraussetzen wollen, werden wir uns hier auf die Betrachtung von drei speziellen Typen von fastperiodischen Dgln. beschränken, nämlich solchen, deren rechte Seite entweder von t unabhängig oder in t periodisch oder vom trigonometrischen Typ ist. Letzteres bedeutet – grob gesprochen –, daß man sich die rechte Seite so entstanden denken kann: Man geht aus von einer Funktion von mehreren Veränderlichen (unter denen t explizit nicht vorkommt), ersetzt einige der Variablen durch trigonometrische Funktionen von t und nimmt die restlichen als Zustandsvariable. Eine solche Beschränkung dürfte aus zwei Gründen sinnvoll sein. Erstens sind die meisten in den Anwendungen vorkommenden Dgln. von diesem Typ. Zweitens führen unsere Betrachtungen aus dieser Funktionenklasse nicht heraus: Ist die rechte Seite einer Dgl. vom trigonometrischen Typ, so wird die zugehörige Integralmannigfaltigkeit ebenfalls durch Funktionen dieses Typs dargestellt.

Abschließend sei noch auf einige Besonderheiten der in diesem Kapitel benutzten Bezeichnungsweise aufmerksam gemacht. Entsprechend der Aufteilung des Zustandsvektors in einen k-dimensionalen Vektor x und einen m-dimensionalen Vektor y werden im folgenden nebeneinander zwei Normen erscheinen, eine für die k-dimensionalen und eine für die m-dimensionalen Spaltenvektoren, die beide mit dem gleichen Symbol $\|\cdot\|$ geschrieben werden. Man hat dabei nur zu beachten, daß für $k \times m$-Matrizen A dann eine verträgliche Norm gewählt werden muß, z. B. $\sup \frac{\|Ay\|}{\|y\|}$, wobei im Zähler die x-Norm, im Nenner die y-Norm steht. Es ist ferner zweckmäßig, für das Supremum der Norm einer vektorwertigen Funktion auf ihrem jeweiligen Definitionsgebiet eine Abkürzung einzuführen. Ist z. B. g eine Funktion von (t,x,y), so schreiben wir $|g|$ für das Supremum von $\|g(t,x,y)\|$. Auf welcher Menge des (t,x,y)-Raumes dabei das Supremum zu nehmen ist, wird von Fall zu Fall angegeben oder ergibt sich aus dem Zusammenhang. Wir erinnern ferner daran, daß wir unter $g_x(t,x,y)$ die mit den partiellen Ableitungen $g_{x^i}(t,x,y)$ als Spalten gebildete Matrix verstehen. Daher bedeutet z. B. $|g_x|$ das Supremum von $\|g_x(t,x,y)\|$ auf dem jeweiligen Definitionsbereich.

1. Der Fixpunktsatz für kontrahierende Abbildungen

Wir werden gelegentlich (Aufgabe 1 zu Abschn. 4 und VI Abschn. 4 und 7) mit der folgenden Aufgabenstellung konfrontiert werden: Gegeben ist eine Abbildung $\varphi: \boldsymbol{M} \to \boldsymbol{M}$, wobei $\boldsymbol{M}$ eine nichtleere Menge ist. Gesucht sind Bedingungen, die die eindeutige Existenz eines Elementes $x_0 \in \boldsymbol{M}$ mit der Eigenschaft $\varphi(x_0) = x_0$ sichern. Ein solches Element heißt Fixpunkt der

Abbildung φ. Wir wollen hier nur eine spezielle Situation betrachten, die aber für unsere Zwecke vollkommen ausreicht.

Vorgegeben sei ein reeller (oder komplexer) linearer Raum X. Ein solcher Raum heißt normiert, wenn eine Abbildung $X \to \mathbf{R}$ existiert, die jedem $x \in X$ die reelle Zahl $\|x\|$, die Norm von x, zuordnet und folgende Eigenschaften besitzt:

a) $\|x\| > 0$ für alle $x \neq 0$ aus X,

b) $\|\lambda x\| = |\lambda| \, \|x\|$ für alle $x \in X$ und alle $\lambda \in \mathbf{R}$ (bzw. $\in \mathbf{C}$),

c) $\|x + y\| \leq \|x\| + \|y\|$ für alle x, y aus X.

Insbesondere ist also $\|0\| = 0$. Die Abbildung $x \to \|x\|$ heißt eine Norm auf X.

Beispiele für normierte Räume (und zwar Räume endlicher Dimension) werden durch den $\mathbf{R}^n$ bzw. $\mathbf{C}^n$ mit irgendeiner Vektornorm geliefert (vgl. die Einleitung zu Kapitel II).

Genau wie etwa im $\mathbf{R}^n$ heißt auch hier eine Folge (x_ν), $x_\nu \in X$ für alle ν, konvergent, wenn für ein $x_0 \in X$ die Beziehung $\lim\limits_{\nu \to \infty} \|x_\nu - x_0\| = 0$ gilt. Man schreibt auch hier $x_0 = \lim\limits_{\nu \to \infty} x_\nu$. Eine Folge (x_ν) in X heißt Cauchyfolge, wenn zu beliebigem $\varepsilon > 0$ eine natürliche Zahl N derart existiert, daß $\|x_\nu - x_\mu\| < \varepsilon$ für alle $\nu, \mu \geq N$ gilt. Eine Cauchyfolge reeller oder komplexer Zahlen ist stets konvergent, und umgekehrt ist eine jede konvergente Folge reeller oder komplexer Zahlen eine Cauchyfolge. Dasselbe gilt für Folgen im $\mathbf{R}^n$ bzw. $\mathbf{C}^n$.

In beliebigen normierten Räumen ist zwar jede konvergente Folge eine Cauchyfolge, jedoch ist nicht jede Cauchyfolge konvergent. Für eine wichtige Klasse von normierten Räumen, den sog. Banachräumen, ist eine Folge genau dann konvergent, wenn sie Cauchyfolge ist. Ein Banachraum ist somit ein normierter Raum, in dem jede Cauchyfolge einen Grenzwert besitzt.

Ein Beispiel für einen endlich dimensionalen Banachraum ist der $\mathbf{R}^n$ mit einer beliebigen Vektornorm. Ein Beispiel für einen unendlich-dimensionalen Banachraum erhält man durch den Raum der auf einem beschränkten und abgeschlossenen Intervall I definierten und stetigen (skalar- oder vektorwertigen) Funktionen, wenn für eine Funktion f die Norm etwa durch $\|f\| = \max\limits_{t \in I} \|f(t)\|_1$ definiert wird.

Wir betrachten nun Abbildungen $\varphi: M \to M$, M eine Teilmenge eines Banachraumes X (mit Norm $\|\cdot\|$), die auf M kontrahierend sind, d. h. es gilt mit einer reellen Konstanten $\kappa, 0 \leq \kappa < 1$, die Ungleichung $\|\varphi(x) - \varphi(y)\| \leq \kappa \|x - y\|$ für alle x, y aus M. Es gilt nun der folgende Fixpunktsatz:

Satz 1.1. *M sei eine nichtleere abgeschlossene Teilmenge eines Banachraumes und φ eine kontrahierende Abbildung $M \to M$. Dann besitzt φ auf M genau einen Fixpunkt. Dieser Fixpunkt ist für beliebige $x_0 \in M$ der Grenzwert der Folge $(\varphi^\nu(x_0))$*[1].

Für den Beweis verweisen wir auf [26]. In Kapitel VI werden wir eine einfache Folgerung aus diesem Satz benötigen:

Korollar. *Die Voraussetzungen von Satz 1.1 seien erfüllt. Außerdem sei M_1 eine Teilmenge von X mit folgender Eigenschaft: Es ist $\varphi(x) + c \in M$ für alle $x \in M$, $c \in M_1$. Dann existiert zu jedem $c \in M_1$ genau eine Lösung $x = x(c) \in M$ der Gleichung $\varphi(x) = x - c$. Die durch $c \to x(c)$ definierte Abbildung von M_1 in M genügt auf M_1 einer Lipschitz-Bedingung.*

---

[1] φ^ν bezeichnet die ν-fach iterierte Abbildung.

Beweis. Die Abbildung $x \to \varphi(x) + c$ genügt für jedes $c \in \boldsymbol{M}_1$ den Voraussetzungen von Satz 1.1, besitzt also genau einen Fixpunkt $x(c)$ in $\boldsymbol{M}$. Für c_1, c_2 aus $\boldsymbol{M}_1$ gilt

$$\begin{aligned}\|x(c_1) - x(c_2)\| &\leq \|\varphi(x(c_1)) - \varphi(x(c_2))\| + \|c_1 - c_2\| \\ &\leq \kappa\|x(c_1) - x(c_2)\| + \|c_1 - c_2\|,\end{aligned}$$

wobei $\kappa < 1$ die Lipschitz-Konstante von φ auf $\boldsymbol{M}$ ist. Es folgt für alle c_1, c_2 aus $\boldsymbol{M}_1$ die Abschätzung

$$\|x(c_1) - x(c_2)\| \leq \frac{1}{1-\kappa}\|c_1 - c_2\|.$$

2. Einige Hilfsmittel aus der Analysis

In diesem Abschnitt werden einige im folgenden benötigte Aussagen aus der Analysis zusammengestellt.

2.1. Die globale Umkehrbarkeit von differenzierbaren Abbildungen

Der folgende Hilfssatz gibt eine hinreichende Bedingung dafür an, daß eine stetig differenzierbare Abbildung des $\mathbf{R}^m$ in sich eine ebensolche Umkehrabbildung besitzt. Beim Beweis dieses Hilfssatzes machen wir von folgenden Tatsachen über $m \times m$-Matrizen Gebrauch:

a) Es gibt eine nur von m abhängige positive Zahl $\varepsilon = \varepsilon(m)$ derart, daß aus

$$(2.1) \qquad |\alpha_{ij}| \leq \varepsilon \quad \text{für} \quad i \neq j, \quad |\alpha_{ii} - 1| \leq \varepsilon, \quad i,j = 1,\ldots,m,$$

stets die Invertierbarkeit der Matrix $A = (\alpha_{ij})$ folgt.

Die Menge der Matrizen $A = (\alpha_{ij})$, die der Bedingung (2.1) genügen, bezeichnen wir zur Abkürzung mit $\boldsymbol{E}$. Dann gilt:

b) Es gibt eine Konstante $\gamma > 0$, so daß $\|A^{-1}\| \leq \gamma$ für alle $A \in \boldsymbol{E}$ ist.

Die erste Behauptung folgt einfach aus der Tatsache, daß die Determinante einer Matrix eine stetige Funktion der Elemente ist. Es gibt daher ein $\varepsilon > 0$, so daß aus (2.1) stets $\det(\alpha_{ij}) \neq 0$ folgt. Die zweite Behauptung ergibt sich durch eine ganz analoge Schlußweise. Jedes Element von $A^{-1} = (\alpha_{ij})^{-1}$ ist eine rationale Funktion der Elemente α_{ij} von A (nämlich Quotient zweier Determinanten, wobei im Nenner $\det(\alpha_{ij})$ steht). Die Bedingung (2.1) definiert nun eine kompakte Teilmenge des α_{ij}-Raumes. Auf dieser Menge sind die oben genannten rationalen Funktionen stetig, also auch beschränkt.

Hilfssatz 2.1. *Es sei $\varphi(t,x) = (\varphi^1(t,x),\ldots,\varphi^m(t,x))^T$ ein m-Tupel von Funktionen der $m+1$ Veränderlichen t, $x = (x^1,\ldots,x^m)^T$, die auf einer Menge $I \times \mathbf{R}^m$, $I = [t_0,t_1]$, $t_0 < t_1$, definiert und stetig sind. Ferner möge φ stetige partielle Ableitungen nach $x^1,\ldots,x^m$ besitzen und die Funktionalmatrix $\varphi_x = (\varphi_{x^1},\ldots,\varphi_{x^m})$ der Bedingung*

$$(2.2) \qquad \|\varphi_x(t,x) - E\|_\infty \leq \varepsilon(m)$$

für alle $(t,x) \in I \times \mathbf{R}^m$ genügen. $\varepsilon(m)$ ist dabei die oben eingeführte Zahl.

Behauptung. *Für jedes $t \in I$ bildet die Abbildung $x \to \varphi(t,x)$ den $\mathbf{R}^m$ injektiv auf sich ab. Die Umkehrabbildung $x \to \psi(t,x) = (\psi^1(t,x),\ldots,\psi^m(t,x))^T$ wird wieder durch Funktionen $\psi^j(t,x)$, $j =$*

$1,\dots,m$, beschrieben, die auf $I \times \mathbf{R}^m$ stetig sind und stetige partielle Ableitungen nach $x^1,\dots,x^m$ besitzen.

Falls die Funktionen φ^i stetige partielle Ableitungen nach $x^1,\dots,x^m$ bis zur Ordnung ν besitzen, gilt dasselbe von den Funktionen ψ^j.

Beweis. Aus (2.2) folgt $\varphi_x(t,x) \in \boldsymbol{E}$ für alle $(t,x) \in I \times \mathbf{R}^m$, d. h. die Funktionalmatrix der Abbildung ist auf $I \times \mathbf{R}^m$ überall nicht-singulär. Aus bekannten Sätzen der Analysis folgt daher die lokale Umkehrbarkeit der Abbildung und die stetige Differenzierbarkeit der Umkehrabbildung nach den x^i (bis zur Ordnung ν) für jedes $t \in I$. Außerdem gilt die Abschätzung

$$\text{(2.3)} \qquad \|\psi_x(t,x)\| \le \gamma, \quad (t,x) \in I \times \mathbf{R}^m,$$

wobei γ die oben eingeführte Konstante ist. Die Funktionalmatrix $\psi_x(t,x)$ ist nämlich für jedes $(t,x) \in I \times \mathbf{R}^m$ die Inverse einer Matrix aus $\boldsymbol{E}$.

Wir zeigen nun, daß die Abbildung $x \to \varphi(t,x)$ bijektiv ist. Ist $\varphi(t,x_1) = \varphi(t,x_2)$, so folgt daraus nach dem Mittelwertsatz der Differentialrechnung die Beziehung

$$\text{(2.4)} \qquad 0 = \varphi^i(t,x_1) - \varphi^i(t,x_2) = \sum_{j=1}^{m} \frac{\partial \varphi^i}{\partial x^j}(t,x^*)(x_1^j - x_2^j),$$

$i = 1,\dots,m$, wobei x^* eine passende (von i abhängige) Stelle auf der Verbindungsgeraden von x_1 und x_2 ist. Es besteht daher eine Beziehung der Form $0 = A^*(x_1 - x_2)$, wobei in der Matrix A^* an der Stelle (i,j) der Wert der partiellen Ableitung $\partial\varphi^i/\partial x^j$ an einer von i abhängigen Stelle steht. Aus (2.2) folgt nun, daß auch A^* zu $\boldsymbol{E}$ gehört und somit invertierbar ist. Also ist $x_1 = x_2$. Wählt man in (2.4) insbesondere $x_1 = x$, $x_2 = 0$, so ergibt sich eine Beziehung der Form

$$\varphi(t,x) - \varphi(t,0) = A(t,x)x,$$

wobei $A(t,x) \in \boldsymbol{E}$ und somit invertierbar ist. Aus $x = A^{-1}(t,x)(\varphi(t,x) - \varphi(t,0))$ folgt daher die Abschätzung

$$\text{(2.5)} \qquad \|x\| \le \gamma \|\varphi(t,x) - \varphi(t,0)\|,$$

wobei $\gamma > 0$ wiederum die oben eingeführte Konstante ist. Es gilt daher insbesondere $\lim\limits_{\|x\| \to \infty} \|\varphi(t,x)\| = \infty$ für alle $t \in I$. Mit Hilfe dieser Beziehung läßt sich nun leicht zeigen, daß es bei festem $t \in I$ zu jedem y_0 auch ein x mit $y_0 = \varphi(t,x)$ gibt, d. h. daß die Abbildung $x \to \varphi(t,x)$ surjektiv ist. Wir betrachten zu diesem Zweck die skalare Funktion $g(t,x) = \|\varphi(t,x) - y_0\|_2^2$, die stetige partielle Ableitungen nach $x^1,\dots,x^m$ besitzt und für $\|x\| \to \infty$ auch nach ∞ strebt. Also nimmt die Funktion g bei festem $t \in I$ ihr Minimum an einer Stelle x^* an, wo der Gradient von g verschwindet. Das bedeutet aber

$$\varphi_x^T(t,x^*)(\varphi(t,x^*) - y_0) = 0.$$

Da nun $\varphi_x(t,x^*) \in \boldsymbol{E}$ und somit nicht singulär ist, gilt also $\varphi(t,x^*) = y_0$. Es bleibt noch die Aufgabe, die Stetigkeit der Funktion $\psi(t,x)$ und der Matrix $\psi_x(t,x)$ in bezug auf $t \in I$ zu zeigen. Nun ist, bei festem x, ψ als Funktion von t auf I beschränkt. Denn ersetzt man (2.5) x durch $\psi(t,x)$, so erhält man die Abschätzung $\|\psi(t,x)\| \le \gamma\|x - \varphi(t,0)\|$. $\varphi(t,0)$ ist aber nach Voraussetzung auf I stetig und somit beschränkt. Man braucht, um die Stetigkeit von $\psi(t,x)$ an einer Stelle $t^* \in I$ nachzuweisen, nur Folgendes zu zeigen: Ist (t_μ) eine Folge aus I mit $\lim\limits_{\mu \to \infty} t_\mu = t^*$ und existiert $\lim\limits_{\mu \to \infty} \psi(t_\mu,x)$, so ist notwendig $\lim\limits_{\mu \to \infty} \psi(t_\mu,x) = \psi(t^*,x)$. Aus der Beziehung $\varphi(t_\mu,\psi(t_\mu,x)) = x$ und wegen der Stetigkeit der Funktion $\varphi(t,x)$ folgt nun durch Grenzübergang

$\mu \to \infty$, daß auch $\varphi(t^*,\psi^*) = x$ ist, wobei $\psi^* = \lim_{\mu\to\infty} \psi(t_\mu,x)$ gesetzt wurde. Es ist daher $\varphi(t^*,\psi^*) = \varphi(t^*,\psi(t^*,x))$. Also ist $\psi^* = \psi(t^*,x)$ wegen der (bereits gezeigten) Injektivität der Abbildung $x \to \varphi(t,x)$. Schließlich folgt die Stetigkeit der Elemente der Matrix $\psi_x(t,x)$ einfach aus der bekannten Tatsache, daß $\psi_x(t,x) = \varphi_x^{-1}(t,\psi(t,x))$ ist.

Zusatz. Die Aussage des Hilfssatzes bleibt erhalten, wenn an die Stelle von t ein Vektor als Parameter tritt und alle übrigen Voraussetzungen erfüllt sind.

2.2. Partielle Ableitungen und Lipschitz-Konstante

Daß es prinzipiell möglich ist, die Lipschitz-Konstante durch Schranken für die partiellen Ableitungen abzuschätzen, wissen wir bereits (I Abschn. 1). Der folgende Hilfssatz gibt eine solche Abschätzung in expliziter Form an.

Hilfssatz 2.2. *Es sei $q(x)$ eine auf einer offenen konvexen Menge $\boldsymbol{M}$ stetig differenzierbare (vektorwertige) Funktion von $x = (x^1,\dots,x^n)^T$ und es sei für ein positives χ*

$$\|q_x(x)\| \le \chi \quad \text{für alle} \quad x \in \boldsymbol{M}.$$

Dann besteht die Abschätzung

$$\|q(x_1) - q(x_0)\| \le \gamma\chi\|x_1 - x_0\| \quad \text{für alle} \quad x_0,x_1 \in \boldsymbol{M}, \tag{2.6}$$

wobei γ eine nur von den gewählten Normen (im x-Raum und in dem Raum, der den Wertebereich von q enthält) abhängige Konstante ist.

Beweis. Auf jede Komponente $q^i(x)$ von $q(x)$ ist der Mittelwertsatz der Differentialrechnung anwendbar. Es gibt daher zu jedem Paar $x_0,x_1 \in \boldsymbol{M}$ ein $\tilde{x} \in \boldsymbol{M}$ derart, daß

$$q^i(x_1) - q^i(x_0) = (x_1 - x_0)^T(\operatorname{grad} q^i(\tilde{x}))$$

gilt. Mit Hilfe der Schwarzschen Ungleichung folgt dann weiter

$$|q^i(x_1) - q^i(x_0)| \le \|x_1 - x_0\|_2 \|\operatorname{grad} q^i(\tilde{x})\|_2$$

und somit mit einer Normkonstanten $\tilde{\gamma}$

$$\|q(x_1) - q(x_0)\|_\infty \le \tilde{\chi}\|x_1 - x_0\|_2, \quad \text{wobei } \tilde{\chi} = \tilde{\gamma}\sup(\|q_x(x)\|_\infty), x \in \boldsymbol{M}.$$

Durch Umrechnung der Normen ergibt sich daraus die zu beweisende Beziehung (2.6).

2.3. Gleichmäßig konvergente Teilfolgen

Bekanntlich kann man aus jeder beschränkten Zahlenfolge eine konvergente Teilfolge auswählen. Will man bei einer Funktionenfolge sicher sein, daß sie eine gleichmäßig konvergente Teilfolge enthält, muß man außer der Beschränktheit noch eine weitere Eigenschaft voraussetzen, nämlich die gleichgradige Stetigkeit der Folge. Dies ist die Aussage des Satzes von Arzelà-Ascoli, der in den Lehrbüchern der Analysis zumeist für den Fall formuliert wird, daß es sich um skalarwertige Funktionen einer Veränderlichen handelt, die auf einem kompakten Intervall definiert sind (vgl. etwa Natanson [22], Ljusternik-Sobolev [26] § 10, oder Walter [31], § 7). Die Aussage läßt sich aber sofort auf vektorwertige Funktionen von n Veränderlichen, die etwa auf einem abgeschlossenen Quader definiert sind, übertragen, und wird in dieser Form beim Beweis des nachstehenden Satzes benutzt.

Satz 2.1. *Gegeben seien (vektorwertige) Funktionen $f_j(x), j = 1,2,\ldots$, die folgende Voraussetzung erfüllen. Zu jeder kompakten Teilmenge $\boldsymbol{K}$ des $\mathbf{R}^n$ gibt es eine natürliche Zahl N und ein reelles χ derart, daß f_j auf $\boldsymbol{K}$ definiert, stetig partiell differenzierbar ist und der Abschätzung*

$$\|f_j(x)\| \le \chi, \quad \|(f_j)_x(x)\| \le \chi$$

für alle $x \in \boldsymbol{K}$ und $j \ge N$ genügt. Dann existiert eine Teilfolge der f_j, die auf jeder kompakten Teilmenge des $\mathbf{R}^n$ gleichmäßig konvergiert und deren zugehörige Grenzfunktion auf $\mathbf{R}^n$ Lipschitz-stetig ist.

Bemerkung. Man beachte, daß nicht jede Funktion f_j auf dem gesamten $\mathbf{R}^n$ definiert zu sein braucht. Jedes $x \in \mathbf{R}^n$ gehört aber von einem bestimmten j_0 an zum Definitionsbereich aller f_j.

Beweis. Es sei $\boldsymbol{Q}_m = \{x \mid \|x\|_\infty \le m\}, m = 1,2,\ldots$. Nach Voraussetzung gibt es zu jedem m eine natürliche Zahl N_m und eine reelle Zahl χ_m derart, daß alle f_j mit $j \ge N_m$ auf $\boldsymbol{Q}_m$ definiert sind und der Bedingung

$$\|f_j(x)\| \le \chi_m, \quad \|(f_j)_x(x)\| \le \chi_m, \quad x \in \boldsymbol{Q}_m,$$

genügen. Aus dem Hilfssatz 2.2 folgt dann, daß die Funktionen f_j auf $\boldsymbol{Q}_m$ eine Lipschitz-Bedingung mit der von j unabhängigen Lipschitz-Konstanten $\gamma\chi_m$ erfüllen, d. h. es ist

$$\|f_j(x_1) - f_j(x_0)\| \le \gamma\chi_m \|x_1 - x_0\|, \quad \text{falls } j \ge N_m \text{ und } x_i \in \boldsymbol{Q}_m, i = 0,1. \tag{2.7}$$

Die Gesamtheit der f_j mit $j \ge N_m$ stellt daher eine Menge von Funktionen dar, die auf $\boldsymbol{Q}_m$ gleichmäßig beschränkt und gleichgradig stetig sind. Nach dem Satz von Arzelà-Ascoli läßt sich dann eine Teilfolge der f_j finden, die auf $\boldsymbol{Q}_m$ gleichmäßig konvergiert. Durch wiederholte Anwendung dieses Satzes erhält man für jedes $m = 1,2,\ldots$ eine Funktionenfolge

$$f_{m1}, f_{m2}, f_{m3}, \ldots, \tag{2.8}$$

die auf $\boldsymbol{Q}_m$ gleichmäßig konvergiert und von denen die erste eine Teilfolge von (f_j) und jede weitere eine Teilfolge ihrer Vorgängerin ist. Die Diagonalfolge (f_{ii}) ist dann eine Teilfolge von (2.8) für jedes m und somit auch eine Teilfolge der ursprünglichen Folge (f_j). Sie konvergiert daher auf jedem Quader $\boldsymbol{Q}_m$ gleichmäßig und ihre Grenzfunktion $f = \lim_{i\to\infty} f_{ii}$ genügt – wegen (2.7) – auf $\boldsymbol{Q}_m$ einer Lipschitz-Bedingung mit der Lipschitz-Konstanten $\gamma\chi_m$.

2.4. Fortsetzung von Funktionen

Hilfssatz 2.3. *Es sei $q(x,y)$ eine Funktion, die auf einer Menge der Form*

$$\boldsymbol{M} = \{(x,y) = (x^1,\ldots,x^k,y^1,\ldots,y^m) \mid x \in \boldsymbol{P}, \|y\|_\infty < \delta\}, \quad \delta > 0, \ \boldsymbol{P} \text{ eine Teilmenge des } \mathbf{R}^n,$$

definiert und ν-mal stetig partiell nach den x^i und y^j differenzierbar ist. Alle Ableitungen von q seien auf $\boldsymbol{M}$ beschränkt, insbesondere sei

$$\|q_x(x,y)\| \le \xi, \ \|q_{y^j}(x,y)\| \le \eta_j \text{ für alle } (x,y) \in \boldsymbol{M} \text{ und } j = 1,\ldots,m. \tag{2.9}$$

Dann gibt es eine Funktion $\tilde{q}(x,y)$ mit folgenden Eigenschaften:

a) *$\tilde{q}$ ist auf der Menge $\tilde{\boldsymbol{M}} = \{(x,y) \mid x \in \boldsymbol{P}, y \text{ beliebig}\}$ definiert und ν-mal stetig partiell differenzierbar.*

b) *Alle partiellen Ableitungen von $\tilde{q}$ sind auf $\tilde{\boldsymbol{M}}$ beschränkt. Insbesondere gilt*

$$\|\tilde{q}_x(x,y)\| \le \xi \text{ und } \|\tilde{q}_{y^j}(x,y)\| \le \gamma\eta_j, j = 1,\ldots,m, \tag{2.10}$$

für alle $(x,y) \in \tilde{\boldsymbol{M}}$, *wobei* γ *eine numerische Konstante bedeutet. Falls* q *selbst auf* $\boldsymbol{M}$ *beschränkt ist, so ist auch* $\tilde{q}$ *auf* $\tilde{\boldsymbol{M}}$ *beschränkt.*

c) *Es ist*

$$\tilde{q}(x,y) = q(x,y), \quad \textit{falls } x \in \boldsymbol{P} \textit{ und } 3\|y\|_\infty \leq \delta .$$

Beweis. Wir wählen eine skalarwertige Hilfsfunktion $\rho(t)$, die für alle $t \in (-\infty, \infty)$ beliebig oft differenzierbar ist und den Bedingungen

(2.11) $\quad \rho(t) = 0 \quad \text{für} \quad t \leq 0, \qquad \rho(t) = 1 \quad \text{für} \quad t \geq 1, \qquad 0 \leq \rho(t) \leq 1 \quad \text{für alle } t$

genügt. Solche Funktionen lassen sich stets finden (Beispiel: $\rho(t) = 0$ für $t \leq 0$,

$$\rho(t) = \exp\left[-\frac{1}{t}\exp\left(\frac{1}{t-1}\right)\right] \quad \text{für} \quad t \in (0,1), \qquad \rho(t) = 1 \quad \text{für} \quad t \geq 1).$$

Wir setzen nun

$$\psi(t) = t\left[1 - \rho\left(\frac{3t-\delta}{\delta}\right)\right]\left[1 - \rho\left(\frac{-3t-\delta}{\delta}\right)\right].$$

Die Richtigkeit der nachstehenden Feststellungen bestätigt man sofort:

ψ ist eine für alle t definierte und unendlich oft differenzierbare Funktion,
$\psi(t) = 0$ falls $|t| \geq \frac{2}{3}\delta, \quad \psi(t) = t$ falls $|t| \leq \frac{1}{3}\delta$,
$|\psi(t)| \leq |t|, \quad |\psi(t)| < \delta$ für alle t,
$|\dot{\psi}(t)| \leq 1 + 4\mu$, wobei μ das Maximum von $|\dot{\rho}(t)|$ auf $(-\infty, \infty)$ ist.

Die durch die Vorschrift

$$\tilde{q}(x,y) = q(x, (\psi(y^1), \ldots, \psi(y^m))^T)$$

auf $\tilde{\boldsymbol{M}}$ definierte Funktion hat dann alle verlangten Eigenschaften (mit $\gamma = 1 + 4\mu$). – Hat man an Stelle von (2.9) eine Abschätzung der Form

$$\|q_x(x,y)\| \leq \xi, \quad \|q_y(x,y)\| \leq \eta \quad \text{für alle } (x,y) \in \boldsymbol{M},$$

so ist in der Aussage des Hilfssatzes die Beziehung (2.10) zu ersetzen durch

$$\|\tilde{q}_x(x,y)\| \leq \xi, \quad \|\tilde{q}_y(x,y)\| \leq \tilde{\gamma}\eta,$$

wobei $\tilde{\gamma}$ jetzt einen von der gewählten Norm abhängender Faktor bedeutet.

Korollar. *Es sei* $q(y)$ *eine auf einer Umgebung* $\boldsymbol{N}$ *des Punktes* $y = 0$ *definierte und* ν*-mal stetig differenzierbare Funktion von* y *und es sei* $q_y(0) = 0$. *Dann gibt es zu jedem* $\varepsilon > 0$ *eine Umgebung* $\tilde{\boldsymbol{N}} \subset \boldsymbol{N}$ *von* $y = 0$ *und eine auf dem gesamten* y*-Raum definierte* ν*-mal stetig differenzierbare Funktion* $\tilde{q}(y)$ *mit folgenden Eigenschaften.* $\tilde{q}$ *und die partiellen Ableitungen sind beschränkt. Es gilt*

$$\|\tilde{q}_y(y)\| \leq \varepsilon \quad \textit{für alle } y, \qquad \tilde{q}(y) = q(y) \quad \textit{für alle } y \in \tilde{\boldsymbol{N}}.$$

Beweis. Man wähle $\boldsymbol{N}$ bzw. $\tilde{\boldsymbol{N}}$ als Würfel mit den Kantenlängen δ bzw. $\frac{1}{3}\delta$, wobei δ so klein ist, daß $\|q_y(y)\| \leq \tilde{\gamma}^{-1}\varepsilon$ für alle $y \in \boldsymbol{N}$ gilt.

2.5. Mittelwertbildung (averaging)

Für eine stetige periodische Funktion $\varphi(t)$ mit der Periode ω besteht bekanntlich die Beziehung

$$\int_t^{t+\omega} \varphi(\tau)\mathrm{d}\tau = \int_0^{\omega} \varphi(\tau)\mathrm{d}\tau$$

für jedes t. Sie besagt nichts anderes, als daß die Funktion

$$\psi(t) = \int_{t_0}^{t} \varphi(\tau)\mathrm{d}\tau - \frac{t}{\omega}\int_0^{\omega} \varphi(\tau)\mathrm{d}\tau \tag{2.12}$$

wieder periodisch mit der Periode ω ist. Der Quotient $\psi(t + T)/T$ strebt dann gegen 0 für $T \to \infty$, d. h. es gilt

$$\lim_{T\to\infty} \frac{1}{T}\int_t^{t+T} \varphi(\tau)\mathrm{d}\tau = \frac{1}{\omega}\int_0^{\omega} \varphi(\tau)\mathrm{d}\tau\,, \tag{2.13}$$

und zwar gleichmäßig in bezug auf t. Für den hier auftretenden Grenzübergang ist auch das Wort Mittelwertbildung (engl. averaging) gebräuchlich. Den Grenzwert selbst nennt man den Mittelwert von φ und bezeichnet ihn mit $M(\varphi)$. Aus (2.12) folgt, daß $\varphi(t) - M(\varphi)$ die Ableitung einer periodischen Funktion ist. Da man zudem – wegen (2.13) – bei einer periodischen Funktion den Mittelwert stets durch ein bestimmtes Integral mit festen Grenzen darstellen kann, ist klar, daß $M(\varphi)$ eine stetige bzw. stetig differenzierbare Funktion von x wird, wenn φ außer von t noch von x stetig bzw. stetig differenzierbar abhängt. Wir haben damit den

Hilfssatz 2.4. *Es sei $g(t,x)$ eine auf $\mathbf{R} \times \boldsymbol{P}$ stetige und in t periodische (vektorwertige) Funktion ($\boldsymbol{P}$ ist wieder eine Teilmenge des x-Raumes). Der Mittelwert*

$$M(g)(x) = \lim_{T\to\infty} \frac{1}{T}\int_t^{t+T} g(\tau,x)\mathrm{d}\tau \tag{2.14}$$

ist dann eine auf $\boldsymbol{P}$ stetige Funktion. Es gibt ferner eine auf $\mathbf{R} \times \boldsymbol{P}$ stetige, in t periodische und nach t partiell differenzierbare Funktion $h(t,x)$, derart, daß

$$g(t,x) = M(g)(x) + \frac{\partial}{\partial t} h(t,x)$$

gilt. Ist g nach den Komponenten von x ν-mal stetig differenzierbar, so gilt das gleiche von $M(g)(x)$.

Die Definition (2.14) des Mittelwertes ist auch für Funktionen vom trigonometrischen Typ sinnvoll. Was man unter einer solchen Funktion versteht, war in der Einleitung bereits angedeutet worden und soll nun zunächst präzisiert werden.

Definition 2.1. *$g(t,x)$ heißt vom trigonometrischen Typ (abgekürzt T-Typ), falls es eine Funktion $\tilde{g}(w^1,\ldots,w^N,x) = \tilde{g}(w,x)$ und reelle Zahlen ω_j, Θ_j, $j = 1,\ldots,N$, derart gibt, daß die folgenden Aussagen zutreffen:*

$\tilde{g}$ ist auf $\mathbf{R}^N \times \boldsymbol{P}$ definiert und besitzt stetige partielle Ableitungen jeder Ordnung nach den w^j. Es ist $g(t,x) = \tilde{g}(\cos(\omega_1 t + \Theta_1),\ldots,\cos(\omega_N t + \Theta_N),x)$.

Ob sich die Aussage des Hilfssatzes auf Funktionen von T-Typ übertragen läßt – wobei $h(t,x)$ dann wieder vom T-Typ ist und die gleichen ω_j wie in der Darstellung von $g(t,x)$ auftreten –, soll hier allgemein nicht untersucht werden. In konkreten Fällen wird man es zumeist direkt bestätigen können, z. B. wenn $\tilde{g}$ ein Polynom in den w^j ist. Es ist dann zweckmäßig, zur komplexen

Darstellung überzugehen, d. h. $g(t,x)$ als Polynom in $e^{\pm i\omega_j t}$ darzustellen. Es genügt dann, sich die Aussage des Hilfssatzes für den Fall klarzumachen, daß g nur von t abhängt und als Produkt von ganzzahligen Potenzen der $e^{i\omega_j t}$ geschrieben werden kann.

Aufgabe. Es sei $f(x,\xi) = f(x^1,\dots,x^n,\xi)$ eine auf einer Menge $\boldsymbol{M} = \boldsymbol{P} \times I$ definierte und stetige (vektorwertige) Funktion der $n+1$ Veränderlichen $x^1,\dots,x^n,\xi$. Dabei ist $\boldsymbol{P}$ eine Teilmenge des x-Raumes und I ein die 0 enthaltendes offenes ξ-Intervall. f sei auf $\boldsymbol{M}$ stetig partiell nach ξ differenzierbar. Durch die Festsetzung

$$g(x,\xi) = \frac{1}{\xi}(f(x,\xi) - f(x,0)), \quad \text{für} \quad \xi \neq 0, \quad g(x,0) = f_\xi(x,0)$$

wird dann eine weitere Funktion auf $\boldsymbol{M}$ definiert. Man leite die Integraldarstellung

$$g(x,\xi) = \int_0^1 f_\xi(x,\xi t)\,dt$$

her und mache sich mit ihrer Hilfe klar, wie sich Stetigkeits-, Differenzierbarkeits- und Beschränktheitseigenschaften von f auf g übertragen.

3. Ergänzungen zur Theorie der linearen Differentialgleichungen

In den folgenden Abschnitten werden einige Aussagen über lineare Dgln. benötigt, die wir hier zusammenstellen wollen.

Satz 3.1. *A sei eine konstante $n \times n$-Matrix. Die Dgl.*

(3.1) $$\dot{x} = Ax + b(t)$$

besitzt dann und nur dann für jede auf $(-\infty,\infty)$ beschränkte und stetige Funktion $b(t)$ genau eine auf $(-\infty,\infty)$ beschränkte Lösung, wenn die homogene Gleichung keine nichttriviale auf $(-\infty,\infty)$ beschränkte Lösung besitzt.

Bemerkung. Es besteht somit für eine Dgl. der Form (3.1) die folgende Alternative: Entweder besitzt die homogene Gleichung nichttriviale auf $(-\infty,\infty)$ beschränkte Lösungen oder die inhomogene Gleichung besitzt zu jeder auf $(-\infty,\infty)$ beschränkten und stetigen Funktion $b(t)$ genau eine ebenfalls auf $(-\infty,\infty)$ beschränkte Lösung.

Beweis. Die homogene Gleichung besitze außer $x \equiv 0$ keine auf $(-\infty,\infty)$ beschränkte Lösung und $b(t)$ sei eine auf $(-\infty,\infty)$ stetige und beschränkte Funktion. Dann hat die Matrix A keine Eigenwerte mit Realteil 0. Nach II Hilfssatz 8.1 existiert eine reelle, reguläre und konstante Matrix T mit $T^{-1}AT = \operatorname{diag}(A_1,A_2)$, wobei die Eigenwerte von A_1 bzw. A_2 sämtliche negativen bzw. positiven Realteil besitzen. Durch die Koordinatentransformation $x \to T^{-1}x$ kann man (3.1) in

(3.2) $$\dot{y} = A_1 y + b_1(t), \qquad \dot{z} = A_2 z + b_2(t)$$

überführen, wobei die Vektoren y und z die entsprechenden Dimensionen haben und die Funktionen $b_i(t)$, $i = 1,2$, auf $(-\infty,\infty)$ beschränkt sind. Es ist zu zeigen, daß die zwei Gleichungen (3.2) genau eine auf $(-\infty,\infty)$ beschränkte Lösung $y_0(t)$ bzw. $z_0(t)$ besitzen. Setzen wir

$$y_0(t) = \int_{-\infty}^{t} (\exp(A_1(t-\tau)))b_1(\tau)\,d\tau = \int_{-\infty}^{0} (\exp(-A_1\tau))b_1(t+\tau)\,d\tau,$$

so sieht man leicht, daß das Integral wegen der Lage der Eigenwerte von A_1 existiert (es besteht eine Abschätzung der Form $\|\exp(-A_1\tau)\| \leq \gamma e^{\alpha\tau}$ mit positiven Konstanten γ, α) und eine auf $(-\infty, \infty)$ beschränkte Lösung der ersten Gleichung in (3.2) darstellt. Dies ist dann auch die einzige derartige Lösung, da jede nichttriviale Lösung von $\dot{y} = A_1 y$ auf $(-\infty, \infty)$ unbeschränkt ist (vgl. II Abschn. 8 und II Satz 1.3). Analog sieht man, daß $z_0(t) = -\int_t^\infty \exp(A_2(t-\tau))b_2(\tau)d\tau$ die entsprechende Lösung für die zweite Gleichung in (3.2) ist.

Es seien nun nichttriviale auf $(-\infty, \infty)$ beschränkte Lösungen der homogenen Gleichung $\dot{x} = Ax$ vorhanden. Dann gibt es auch eine nichttriviale periodische (bzw. konstante) Lösung. Dasselbe gilt dann auch für die adjungierte Gleichung $\dot{y} = -A^T y$ (vgl. II Satz 9.4). $y_0(t)$ sei eine nichttriviale periodische oder konstante Lösung der adjungierten Gleichung. Setzen wir $b(t) = y_0(t)$, so gilt (vgl. Aufgabe 1 zu II Abschn. 3) für jede Lösung $x(t)$ von (3.1) die Beziehung

$$x^T(t)y_0(t) = x^T(t_0)y_0(t_0) + \int_{t_0}^t \|y_0(\tau)\|_2^2 d\tau$$

und infolgedessen $\lim_{t\to\infty} x^T(t)y_0(t) = \infty$. Dann kann aber $x(t)$ für $t \to \infty$ nicht beschränkt sein.

Hilfssatz 3.1. a) *B sei eine $n \times n$-Matrix, deren Eigenwerte alle positiven Realteil besitzen mögen. Dann gibt es positive Zahlen σ, γ und δ, die nur von B abhängen, so daß für jede $n \times n$-Matrix $B_1(t)$ aus $\|B_1(t)\| \leq \delta$ für $t \in (-\infty, \infty)$ die Abschätzung*

$$\|\Phi(t,\tau)\| \leq \gamma e^{\sigma(t-\tau)} \quad \text{für} \quad t - \tau \leq 0$$

folgt, wobei $\Phi(t,\tau)$ die Übergangsmatrix von $\dot{x} = (B + B_1(t))x$ ist.

b) *Ist $\beta > 0$ der kleinste Realteil der Eigenwerte von B, so kann $\sigma = \beta - \varepsilon$ für beliebiges $\varepsilon > 0$ gewählt werden.*

Beweis. Substituieren wir $t \to -t$ und setzen $A = -B$, $A_1(t) = -B_1(-t)$, so liegt die Gleichung

$$\dot{x} = (A + A_1(t))x \tag{3.3}$$

vor, wobei die Eigenwerte von A alle negativen Realteil haben. Die Ruhelage $x \equiv 0$ der verkürzten Gleichung $\dot{x} = Ax$ ist somit asymptotisch stabil. Nach III Hilfssatz 8.1 existiert eine positiv definite Matrix $P = P^T$ derart, daß die Ableitung der Funktion $V(x) = x^T P x$ für die verkürzte Gleichung gerade $-x^T x$ ist. Die Ableitung von $V(x)$ für (3.3) ist $\dot{V}(x) = -x^T x + 2x^T A_1^T(t)Px$. Dann gilt, falls $\|A_1(t)\| \leq \delta$ auf $(-\infty, \infty)$ ist, die Abschätzung

$$\dot{V}(x) \leq -(1 - 2\delta\|P\|)x^T x.$$

Es sei δ so gewählt, daß $1 - 2\delta\|P\| > 0$ ist. Nach III Satz 7.11 besteht für die Lösungen von (3.3) eine Abschätzung der Form

$$\|x(t)\| \leq \beta\|x(\tau)\| e^{\sigma(t-\tau)}, \quad t \leq \tau,$$

woraus man sofort eine Abschätzung der verlangten Art für $\Phi(t,\tau)$ erhält (für $t \leq \tau$). Damit ist die Behauptung a) bewiesen.

Für den Beweis von b) beachten wir, daß $\tilde{\Phi}(t,\tau) = e^{-(\beta-\varepsilon)(t-\tau)}\Phi(t,\tau)$ Übergangsmatrix der Gleichung $\dot{x} = (B - (\beta - \varepsilon)E + B_1(t))x$ ist, worauf für $\varepsilon > 0$ die bereits bewiesene Aussage a) angewendet werden kann. Für $\|B_1(t)\| \leq \delta$ auf $(-\infty, \infty)$, δ hinreichend klein, gilt daher mit positiven Konstanten γ und σ die Abschätzung

$$\|\tilde{\Phi}(t,\tau)\| \leq \gamma e^{\sigma(t-\tau)} \quad \text{für} \quad t \leq \tau,$$

woraus sofort

$$\|\Phi(t,\tau)\| \leq \gamma e^{(\beta+\sigma-\varepsilon)(t-\tau)} \leq \gamma e^{(\beta-\varepsilon)(t-\tau)} \quad \text{für} \quad t \leq \tau$$

folgt.

Dem folgenden Hilfssatz schicken wir eine Vorbemerkung voraus. Sie bezieht sich auf eine spezielle Erweiterung einer auf dem $\mathbf{R}^n$ gegebenen Norm $\|\cdot\|$ zu einer Norm $\|\cdot\|_*$ des $\mathbf{R}^{n+1}$. Wir schreiben die Elemente des $\mathbf{R}^{n+1}$ als Paare (x,ξ), $x \in \mathbf{R}^n$, $\xi \in \mathbf{R}$, und erklären eine Norm $\|\cdot\|_*$ auf dem $\mathbf{R}^{n+1}$ durch die Festsetzung $\|(x,\xi)\|_* = \max(\|x\|, |\xi|)$. Die zugeordnete Matrix-Norm bezeichnen wir dann ebenfalls mit $\|\cdot\|_*$. Ist A eine $(n+1) \times (n+1)$-Matrix, so läßt sich $\|A\|_*$ durch die $\|\cdot\|$-Norm von Teilmatrizen abschätzen. Denkt man sich nämlich A in der Form

$$A = \begin{pmatrix} B & c \\ d^T & \tau \end{pmatrix}$$

geschrieben, so ergibt sich die Abschätzung (mit einem Normfaktor γ)

$$\|A\|_* \leq \max(\|B\| + \|c\|, \gamma\|d\| + |\tau|), \tag{3.4}$$

wie man sofort nachrechnet (B ist eine $n \times n$-Matrix, c, d Spalten, τ skalar).

Hilfssatz 3.2. Voraussetzung. *Die Übergangsmatrix $\Phi(t,\tau)$ einer linearen Dgl. $\dot{x} = A(t)x$ möge der Abschätzung $\|\Phi(t,\tau)\| \leq \gamma e^{\alpha(t-\tau)}$ für $t - \tau \geq 0$ genügen, wobei $\alpha > 0$ und $\gamma \geq 1$ Konstante sind. Es sei ferner $b(t)$ eine stetige vektorwertige Funktion mit $\|b(t)\| \leq \delta$ für alle t.*

Behauptung. *Dann besteht für die Übergangsmatrix $\Phi^*(t,\tau)$ der erweiterten Dgl.*

$$\dot{x} = A(t)x + b(t)\xi, \quad \dot{\xi} = 0 \quad (\xi \text{ skalar}),$$

die Abschätzung

$$\|\Phi^*(t,\tau)\|_* \leq \gamma(1 + \delta\alpha^{-1})e^{\alpha(t-\tau)}, \quad t - \tau \geq 0.$$

Beweis. Es ist offenbar

$$\Phi^*(t,\tau) = \begin{pmatrix} \Phi(t,\tau) & c(t,\tau) \\ 0 & 1 \end{pmatrix},$$

wobei $c(t,\tau)$ Lösung des AW-Problems

$$\dot{x} = A(t)x + b(t), \quad x(\tau) = 0$$

ist.

Daraus folgt die Darstellung $c(t,\tau) = \int_\tau^t \Phi(t,\lambda)b(\lambda)\mathrm{d}\lambda$ (Variation der Konstanten) und somit die Abschätzung

$$\|c(t,\tau)\| \leq \delta\gamma \left| \int_\tau^t e^{\alpha(t-\lambda)}\mathrm{d}\lambda \right| \leq \delta\gamma\alpha^{-1} e^{\alpha(t-\tau)}.$$

Die zu beweisende Beziehung ergibt sich dann sofort aus (3.4).

Aufgabe. Die Aussage von Hilfssatz 3.2 läßt sich wie folgt verallgemeinern. Gegeben sei eine lineare Dgl. der Form

$$\dot{x} = A(t)x + B(t)y, \quad \dot{y} = C(t)y, \tag{3.5}$$

wo x, y jetzt Vektoren sind. Für die Übergangsmatrix Φ_1 bzw. Φ_2 von $\dot{x} = A(t)x$ bzw. $\dot{y} = C(t)y$ seien Abschätzungen der Form $\|\Phi_i(t,\tau)\| \leq \gamma_i e^{\alpha_i(t-\tau)}$ bekannt, falls $t - \tau \geq 0$, $i = 1,2$. Es sei

$\alpha_1 > 0, \alpha_2 \geq 0$ und $\|B(t)\| \leq \delta$ für alle t. Man zeige, daß die Übergangsmatrix $\Phi^*(t,\tau)$ von (3.5) in der Form

$$\begin{pmatrix} \Phi_1(t,\tau) & \Psi(t,\tau) \\ 0 & \Phi_2(t,\tau) \end{pmatrix}$$

dargestellt und $\|\Phi^*(t,\tau)\|$ durch $\gamma^* e^{(\alpha_1+\alpha_2)(t-\tau)}$ abgeschätzt werden kann. γ^* läßt sich explizit durch die α_i, γ_i und durch δ ausdrücken.

4. Abschätzung von Lösungen linearer Differentialgleichungen durch ihre Randwerte

Kennt man eine Schranke für die Übergangsmatrix einer linearen Dgl., so kann man eine Lösung zur Zeit t abschätzen, wenn ihr Wert zu einer Anfangszeit t_0 bekannt ist. Mit dieser Feststellung ist die Frage, wie man Lösungen durch ihre Anfangswerte abschätzt, prinzipiell beantwortet. In diesem Abschnitt beschäftigen wir uns nun mit der Aufgabe, Schranken für die Lösung einer linearen Dgl. unter der Voraussetzung anzugeben, daß die Werte dieser Lösung teilweise zur Zeit t_0 und teilweise zu einer anderen Zeit t_1 bekannt sind. Um die Aufgabenstellung präzis zu formulieren, ist es zweckmäßig, sich der in der Einleitung vorgeschlagenen Schreibweise zu bedienen und von zwei linearen Vektordifferentialgleichungen

$$(4.1) \qquad \dot{x} = A(t)x + A_1(t)y + a(t), \qquad \dot{y} = B_1(t)x + B(t)y + b(t)$$

auszugehen. Die Zustandsvariable ist also jetzt ein Paar (x,y), wobei $x = (x^1,\dots,x^k)^T$ und $y = (y^1,\dots,y^m)^T$. Die Koeffizienten der Dgln. (4.1) sind Matrizen bzw. Spaltenvektoren (deren Zeilen- und Spaltenzahl sich aus den Dimensionen von x, y und der Beziehung (4.1) ergeben). Die Elemente dieser Matrizen sind Funktionen von t, von denen wir voraussetzen wollen, daß sie auf einem Intervall $I = [t_0,t_1]$ stetig sind. Mit $|A|$, $|a|$ usw. bezeichnen wir das Maximum von $\|A(t)\|$, $\|a(t)\|$ auf I. Es geht uns im folgenden darum, $x(t)$, $y(t)$ für alle $t \in [t_0,t_1]$ durch die Randwerte $x(t_0)$, $y(t_1)$ abzuschätzen. Es wird sich später herausstellen, daß sich mit Hilfe solcher Abschätzungen die eindeutige Lösbarkeit von Randwertproblemen beweisen läßt (vgl. Abschn. 6 und die Aufgabe am Schluß dieses Abschnittes). Aus diesem Grunde wird man nicht erwarten können, daß ohne zusätzliche Bedingungen an die rechten Seiten der Dgln. (4.1) brauchbare Schranken für die Lösungen zu gewinnen sind. Solche Bedingungen werden wir jetzt formulieren, und zwar mit Hilfe einer Größe κ, die im folgenden eine wichtige Rolle spielt und die sich als Maß für die zwischen den beiden Gleichungen (4.1) bestehende Koppelung interpretieren läßt. Sie hängt außer von den Matrizen A_1, B_1 noch von den Übergangsmatrizen $\Phi_A(t,\tau)$ bzw. $\Phi_B(t,\tau)$ der entkoppelten Gleichungen

$$(4.2) \qquad \dot{x} = A(t)x \quad \text{bzw.} \quad \dot{y} = B(t)y$$

ab, genauer gesagt von gewissen Majoranten für diese Matrizen. Die Existenz solcher Majoranten ist eine der grundlegenden Annahmen, die wir hinsichtlich der Dgln.,

(4.2) in diesem Abschnitt machen werden. Sie lautet explizit so: Es gibt reelle Zahlen $\alpha, \beta, \gamma_A, \gamma_B$ derart, daß

$$\begin{aligned} &\|\Phi_A(t,\tau)\| \leq \gamma_A e^{\alpha(t-\tau)} \quad \text{für alle } t,\tau \in I \text{ mit } \tau \leq t, \\ &\|\Phi_B(t,\tau)\| \leq \gamma_B e^{\beta(t-\tau)} \quad \text{für alle } t,\tau \in I \text{ mit } \tau \geq t \end{aligned} \tag{4.3}$$

gilt.

Hilfssatz 4.1. Voraussetzungen. a) *Es ist* $t_0 \leq t_1$. b) *Es bestehen die Beziehungen* (4.3) *und es gilt* $\alpha < 0 < \beta$ *sowie*

$$\kappa = \gamma_A \gamma_B |A_1| |B_1| (\beta |\alpha|)^{-1} < 1 . \tag{4.4}$$

Behauptung. *Ist* $(x(t), y(t))$ *eine Lösung der Dgl.* (4.1), *die den Randbedingungen* $x(t_0) = 0, y(t_1) = 0$ *genügt, so bestehen die Abschätzungen*

$$\begin{aligned} &|y| \leq (1-\kappa)^{-1} \gamma_B \beta^{-1} (|b| + |a| |B_1| \gamma_A |\alpha|^{-1}), \\ &|x| \leq \gamma_A |\alpha|^{-1} (|a| + |A_1| |y|) \end{aligned}$$

(hierbei haben wir wieder zur Abkürzung $|x|$ *für* $\max \|x(t)\|$, $t \in [t_0, t_1]$, *gesetzt usw.).*

Beweis. Wir schicken dem eigentlichen Beweis eine Abschätzung für zwei elementare Integrale voraus, deren Richtigkeit man sofort nachprüft. Es sei $t_0 \leq t \leq t_1$ und $\alpha < 0 < \beta$. Dann gilt

$$\int_t^{t_1} e^{\beta(t-\tau)} d\tau \leq \beta^{-1}, \quad \int_t^{t_1} e^{\beta(t-\tau)} \int_{t_0}^{\tau} e^{\alpha(\tau-\xi)} d\xi \, d\tau \leq (|\alpha| \beta)^{-1} . \tag{4.5}$$

$x(t)$ bzw. $y(t)$ läßt sich nun auffassen als Lösung des linearen AW-Problems

$$\dot{x} = A(t)x + A_1(t)y(t) + a(t), \quad x(t_0) = 0$$

bzw. $$\dot{y} = B(t)y + B_1(t)x(t) + b(t), \quad y(t_1) = 0$$

(bei dieser Betrachtungsweise wird jeweils $y(t)$ bzw. $x(t)$ als bekannt angesehen). Mit Hilfe der Variation der Konstanten (vgl. II Abschn. 4) ergeben sich daher die folgenden Beziehungen

$$\begin{aligned} x(t) &= \int_{t_0}^{t} \Phi_A(t,\tau)[A_1(\tau)y(\tau) + a(\tau)] d\tau , \\ y(t) &= \int_{t_1}^{t} \Phi_B(t,\tau)[B_1(\tau)x(\tau) + b(\tau)] d\tau . \end{aligned} \tag{4.6}$$

Indem man die erste Gleichung in die zweite einsetzt, erhält man weiter

$$\begin{aligned} y(t) = &\int_{t_1}^{t} \Phi_B(t,\tau) B_1(\tau) \int_{t_0}^{\tau} \Phi_A(\tau,\xi) A_1(\xi) y(\xi) d\xi \, d\tau \\ &+ \int_{t_1}^{t} \Phi_B(t,\tau) B_1(\tau) \int_{t_0}^{\tau} \Phi_A(\tau,\xi) a(\xi) d\xi \, d\tau + \int_{t_1}^{t} \Phi_B(t,\tau) b(\tau) d\tau . \end{aligned} \tag{4.7}$$

Daraus resultiert die für jedes $t \in [t_0, t_1]$ gültige Abschätzung

$$\|y(t)\| \leq |y|\,|B_1|\,|A_1| \int_t^{t_1} \|\Phi_B(t,\tau)\| \int_{t_0}^{\tau} \|\Phi_A(\tau,\xi)\|\, d\xi\, d\tau$$

$$+ |a|\,|B_1| \int_t^{t_1} \|\Phi_B(t,\tau)\| \int_{t_0}^{\tau} \|\Phi_A(\tau,\xi)\|\, d\xi\, d\tau + |b| \int_t^{t_1} \|\Phi_B(t,\tau)\|\, d\tau .$$

Man ersetze nun die in den Integralen vorkommenden Beträge der Fundamentalmatrizen durch ihre Majoranten (4.3) und benutze (4.5) sowie die Definition (4.4) von κ. Das führt zu der Beziehung

$$|y| \leq |y|\kappa + |a|\,|B_1|\gamma_A\gamma_B(|\alpha|\beta)^{-1} + |b|\gamma_B\beta^{-1},$$

aus der – wegen $\kappa < 1$ – die erste der zu beweisenden Ungleichungen sofort folgt. Die zweite erhält man dann unmittelbar aus der Darstellung (4.6) für die Funktion $x(t)$.

Hilfssatz 4.2. Voraussetzungen. a) *Es ist* $t_0 \leq t_1$. b) *Es bestehen die Beziehungen* (4.3) *und es gibt eine Zahl* ρ *derart, daß* $\alpha < \rho < \beta$ *und*

$$\kappa_\rho = \gamma_A\gamma_B|A_1|\,|B_1|(\rho - \alpha)^{-1}(\beta - \rho)^{-1} < 1 \tag{4.8}$$

gilt.

Behauptung. *Ist* $(x(t), y(t))$ *eine Lösung der Dgl.* (4.1), *die den Randbedingungen* $x(t_0) = 0, y(t_1) = 0$ *genügt, so bestehen für alle* $t \in I$ *die Abschätzungen*

$$\|y(t)\| \leq e^{\rho(t-t_0)}(1 - \kappa_\rho)^{-1}\gamma_B(\beta - \rho)^{-1}(|b|_\rho + |a|_\rho|B_1|\gamma_A(\rho - \alpha)^{-1}),$$

$$\|x(t)\| \leq e^{\rho(t-t_0)}\gamma_A(\rho - \alpha)^{-1}(|a|_\rho + |A_1|\,|y|_\rho),$$

wobei wir zur Abkürzung

$$|a|_\rho = \max \|a(t)e^{-\rho(t-t_0)}\| \quad \textit{auf} \quad I = [t_0, t_1] \tag{4.9}$$

gesetzt haben. Entsprechend ist $|b|_\rho, |y|_\rho$ *zu verstehen.*

Beweis. Wir führen an Stelle von x, y neue Variable $\tilde{x}, \tilde{y}$ ein, indem wir

$$x = e^{\rho(t-t_0)}\tilde{x}, \quad y = e^{\rho(t-t_0)}\tilde{y} \tag{4.10}$$

setzen. Die Dgln. (4.1) gehen dann über in die Dgln.

$$\begin{aligned} \dot{\tilde{x}} &= \tilde{A}(t)\tilde{x} + A_1(t)\tilde{y} + e^{-\rho(t-t_0)}a(t), \\ \dot{\tilde{y}} &= B_1(t)\tilde{x} + \tilde{B}(t)\tilde{y} + e^{-\rho(t-t_0)}b(t), \end{aligned} \tag{4.11}$$

wobei $\tilde{A} = A - \rho E, \tilde{B} = B - \rho E$ ist. Die zugehörigen Übergangsmatrizen lassen sich nun in der Form (vgl. II Abschn. 4)

$$\Phi_{\tilde{A}}(t,\tau) = \Phi_A(t,\tau)e^{-\rho(t-\tau)}, \quad \Phi_{\tilde{B}}(t,\tau) = \Phi_B(t,\tau)e^{-\rho(t-\tau)}$$

darstellen und – wegen (4.3) – durch die Funktionen $\gamma_A e^{(\alpha-\rho)(t-\tau)}$ und $\gamma_B e^{(\beta-\rho)(t-\tau)}$ majorisieren. Die Voraussetzung (4.8) entspricht daher gerade der Voraussetzung (4.4) des Hilfssatzes 4.1. Man kann daher eine Lösung $(\tilde{x}(t), \tilde{y}(t))$ der Dgl. (4.11), die den Randbedingungen $\tilde{x}(t_0) = 0, \tilde{y}(t_1) = 0$ genügt, in der früher angegebenen Weise abschätzen. Durch Rücktransformation gemäß (4.10) erhält man daraus die gewünschten Abschätzungen für die den gleichen Randbedingungen genügenden Lösungen der ursprünglichen Dgl. (4.1).

Als Nächstes wollen wir uns mit der Aufgabe befassen, eine beliebige Lösung durch ihre beiden Randwerte $x(t_0), y(t_1)$ abzuschätzen. Wir beschränken uns bei diesen Betrachtungen jedoch auf den Fall einer homogenen linearen Dgl., d. h. also einer Dgl. der Form

$$\dot{x} = A(t)x + A_1(t)y, \quad \dot{y} = B_1(t)x + B(t)y. \tag{4.12}$$

Hilfssatz 4.3. *Es mögen die Voraussetzungen* a) *und* b) *von* Hilfssatz 4.2 *erfüllt sein und es sei jetzt* $\rho \geq 0$. *Dann bestehen für jede Lösung* $(x(t), y(t))$ *von* (4.12) *und für jedes* $t \in [t_0, t_1]$ *die Abschätzungen*

$$\begin{aligned}\|y(t)\| \leq \|y(t_1)\| &+ e^{\rho(t-t_0)}(1-\kappa_\rho)^{-1}\gamma_B(\beta-\rho)^{-1}\{|B_1|\,\|x(t_0)\| + |B|\,\|y(t_1)\| \\ &+ [|A|\,\|x(t_0)\| + |A_1|\,\|y(t_1)\|]\,|B_1|\gamma_A(\rho-\alpha)^{-1}\},\end{aligned}$$

$$\|x(t)\| \leq \|x(t_0)\| + e^{\rho(t-t_0)}\gamma_A(\rho-\alpha)^{-1}[|A|\,\|x(t_0)\| + |A_1|(|y| + 2\|y(t_1)\|)].$$

Beweis. Das Funktionenpaar $\tilde{x}(t) = x(t) - x(t_0), \tilde{y}(t) = y(t) - y(t_1)$ genügt den Randbedingungen $\tilde{x}(t_0) = 0, \tilde{y}(t_1) = 0$ und ist Lösung der inhomogenen Dgl.

$$\dot{\tilde{x}} = A(t)\tilde{x} + A_1(t)\tilde{y} + a(t), \quad \dot{\tilde{y}} = B_1(t)\tilde{x} + B(t)\tilde{y} + b(t),$$

wobei

$$a(t) = A(t)x(t_0) + A_1(t)y(t_1), \quad b(t) = B_1(t)x(t_0) + B(t)y(t_1).$$

Hilfssatz 4.2 liefert dann sofort eine Abschätzung für $\tilde{x}(t), \tilde{y}(t)$, aus der sich die zu beweisenden Ungleichungen unschwer ergeben. Man hat lediglich zu beachten, daß jetzt $\rho \geq 0$ vorausgesetzt wird und somit $|a|_\rho \leq |a|$ ist.

Falls $x(t_0) = 0$ ist, lassen sich die Abschätzungen für $y(t)$ erheblich verschärfen, wenn man die Voraussetzungen über α, ρ, β stärker ausnutzt. Wir wollen dies zum Schluß noch ausführen.

Hilfssatz 4.4. *Es mögen wieder die Voraussetzungen* a) *und* b) *von* Hilfssatz 4.2 *erfüllt sein. Ferner sei* $\rho \geq 0, t_1 \geq t_0 + 1, x(t_0) = 0$. *Dann bestehen für die Lösungen von* (4.12) *folgende Abschätzungen*

$$\|y(t_0)\| \leq \tilde{\gamma}\,\|y(t_1)\|\,e^{-\rho(t_1-t_0)} \tag{4.13}$$

und $\quad |x| \leq \gamma_A(\rho-\alpha)^{-1}|A_1|(e^\rho + \tilde{\gamma})\,\|y(t_1)\|,$

wobei $\quad \tilde{\gamma} = (1-\kappa_\rho)^{-1}\gamma_B(\beta-\rho)^{-1}[|B| + 2 + |A_1|\,|B_1|\gamma_A(\rho-\alpha)^{-1}]e^\rho$

gesetzt ist.

Beweis. Wir wählen eine skalare stetig differenzierbare Hilfsfunktion $\eta(t)$ mit folgenden Eigenschaften:

$$\eta(t) = 0 \quad \text{für } t \in [t_0, t_1 - 1], \quad 0 \le \eta(t) \le 1 \quad \text{für } t \in (t_1 - 1, t_1],$$
$$\eta(t_1) = 1, \quad |\dot\eta(t)| \le 2 \quad \text{für alle } t \in [t_0, t_1].$$

Da wir voraussetzen, daß $t_0 \le t_1 - 1$ ist, existiert ein solches η, wie man sich leicht klarmacht. Das Funktionenpaar

$$\tilde x(t) = x(t), \quad \tilde y(t) = y(t) - \eta(t) y(t_1)$$

genügt dann den Randbedingungen $\tilde x(t_0) = 0, \tilde y(t_1) = 0$ und ist Lösung der inhomogenen Dgl.

$$\dot{\tilde x} = A(t)\tilde x + A_1(t)\tilde y + a(t), \quad \dot{\tilde y} = B_1(t)\tilde x + B(t)\tilde y + b(t) \tag{4.14}$$

mit $a(t) = \eta(t) A_1(t) y(t_1)$ und $b(t) = [\eta(t)B(t) - \dot\eta(t)E] y(t_1)$. Man kann jetzt den Hilfssatz 4.2 auf die Dgl. (4.14) und deren Lösung $(\tilde x(t), \tilde y(t))$ anwenden. In unserem Falle bestehen nun die Ungleichungen

$$\begin{aligned} &|a|_\rho \le |\eta|_\rho |A_1| \, \|y(t_1)\|, \quad |b|_\rho \le (|\eta|_\rho |B| + |\dot\eta|_\rho) \|y(t_1)\|, \\ &|\eta|_\rho \le e^{-\rho(t_1 - 1 - t_0)}, \quad |\dot\eta|_\rho \le 2e^{-\rho(t_1 - 1 - t_0)} \end{aligned} \tag{4.15}$$

(vgl. (4.9) und die Definition von η). Daher erhält man zunächst die Abschätzung

$$|\tilde y|_\rho \le (1 - \kappa_\rho)^{-1} \gamma_B (\beta - \rho)^{-1} [|B| + 2 + |A_1||B_1| \gamma_A (\rho - \alpha)^{-1}] \, \|y(t_1)\| \, e^{-\rho(t_1 - 1 - t_0)}$$

oder

$$|\tilde y|_\rho \le \tilde\gamma \, \|y(t_1)\| \, e^{-\rho(t_1 - t_0)}. \tag{4.16}$$

Wegen $\|y(t_0)\| = \|\tilde y(t_0)\| \le |\tilde y|_\rho$ ergibt sich daraus die erste der Ungleichungen (4.13). Die zweite folgt aus der in Hilfssatz 4.2 angegebenen Abschätzung für $\|x(t)\|$ und aus (4.15), (4.16).

Aufgaben. Man zeige: **1.** Die Gesamtheit aller auf I stetigen vektorwertigen Funktionen $y(t)$ bildet einen Banachraum, wenn $|y(\cdot)|$ als Norm verwendet wird. Läßt man jedem $y(\cdot)$ diejenige Funktion entsprechen, die auf der rechten Seite von (4.7) steht, erhält man eine Abbildung φ des Banachraumes in sich. Falls die Voraussetzungen a) und b) des Hilfssatzes 4.1 erfüllt sind, ist diese Abbildung eine Kontraktion und besitzt genau einen Fixpunkt.

2. Sind die Voraussetzungen des Hilfssatzes 4.1 erfüllt, so besitzt die Dgl. (4.1) zu vorgegebenem (x_0, y_1) eine und nur eine Lösung $x(t)$, $y(t)$ mit $x(t_0) = x_0$, $y(t_1) = y_1$.

Hinweis. Man betrachte zunächst den Fall, daß $x_0 = 0$, $y_1 = 0$ ist und ziehe Aufgabe 1 heran. Der allgemeine Fall läßt sich auf den Spezialfall nach dem Muster des Beweises von Hilfssatz 4.3 zurückführen.

5. Integralmannigfaltigkeiten

In diesem Abschnitt soll der Begriff der Integralmannigfaltigkeit erklärt und einige einfache Aussagen über Integralmannigfaltigkeiten bewiesen werden. Im Hinblick auf das, was von den Ausführungen dieses Abschnittes später wirklich benötigt wird, werden wir uns hier auf das Studium gewisser einfacher Situationen beschränken. Wir legen unseren Betrachtungen eine Dgl. $\dot{x} = f(t,x)$ zugrunde, über deren rechte Seite wir die folgenden Voraussetzungen machen wollen:

a) *$f(t,x)$ ist auf dem gesamten (t,x)-Raum definiert, stetig und stetig partiell nach $x^1,\ldots,x^n$ differenzierbar,*

b) *es gibt eine nur von t abhängige stetige Funktion $\lambda(t)$ mit*

(5.1) $\qquad \|f_x(t,x)\| \le \lambda(t) \quad$ *für alle (t,x).*

Diese Annahme bedeutet u. a., daß $f(t,x)$ linear beschränkt ist und somit die Lösung $x(t_0,x_0)$ des AW-Problems

$$\dot{x} = f(t,x), \quad x(t_0) = x_0$$

auf $(-\infty,\infty)$ existiert (vgl. I Definition 9.1 und das Korollar zu I Satz 9.3). (5.1) hat nämlich die Abschätzung

$$\|f(t,x)\| \le \|f(t,0)\| + \gamma\lambda(t)\|x\|$$

zur Folge (vgl. Hilfssatz 2.2). Aus unseren Überlegungen in III Abschn. 3.1 und 3.2 ergibt sich nun, daß für jedes feste t,t_0 durch die Zuordnung $x_0 \to x(t;t_0,x_0)$ eine bijektive, stetig differenzierbare Abbildung φ_{t,t_0} des x-Raumes auf sich definiert wird. Die Funktionalmatrix dieser Abbildung (das ist die aus den partiellen Ableitungen von $x(t;t_0,x_0)$ nach den x_0^i gebildete Matrix) bezeichnen wir mit $F_{t,t_0}(x_0)$. Sie stimmt mit der Übergangsmatrix $\Phi(t,t_0)$ der Variationsgleichung $\dot{y} = f_x(t,x(t;t_0,x_0))y$ überein (vgl. III Abschn. 3.2, Aufgabe 1). Diese Interpretation der Funktionalmatrix und die Voraussetzung (5.1) führen nun zu einer für das folgende wichtigen Abschätzung, nämlich

(5.2) $$\|F_{t,t_0}(x) - E\| \le \left|\int_{t_0}^{t} \lambda(\tau)\mathrm{d}\tau\right| \exp\left(\left|\int_{t_0}^{t} \lambda(\tau)\mathrm{d}\tau\right|\right) \quad \text{für alle } (t,x)$$

(vgl. Aufgabe 1 zu II Abschn. 5).

Definition 5.1. *Eine nicht-leere Teilmenge $\boldsymbol{M}$ des (t,x)-Raumes heißt Integralmannigfaltigkeit der Dgl. $\dot{x} = f(t,x)$, wenn $\boldsymbol{M}$ eine Mannigfaltigkeit (im üblichen Sinne[1]) ist und zudem folgende Eigenschaft besitzt: Ist $(t_0,x_0) \in \boldsymbol{M}$, so gilt $(t,\varphi_{t,t_0}(x_0)) \in \boldsymbol{M}$ für jedes t.*

Man beachte, daß die Mannigfaltigkeiten Mengen im (t,x)-Raum sind (zum Unterschied von den in III Abschn. 5 eingeführten invarianten Mengen, die ja Teilmengen des x-Raumes sind). Im folgenden arbeiten wir häufig mit der Projektion $\boldsymbol{M}_{t_0} = \{x \mid (t_0,x) \in \boldsymbol{M}\}$ des Schnittes von $\boldsymbol{M}$ mit der Hyperebene $t = t_0$ in den x-Raum. $\boldsymbol{M}_{t_0}$ nennen wir kurz eine Schnittmenge. Aus jeder Schnittmenge $\boldsymbol{M}_{t_0}$ läßt sich $\boldsymbol{M}$ wieder zurückgewinnen, nämlich als die Menge $\{(t,x(t;t_0,x_0)) \mid x_0 \in \boldsymbol{M}_{t_0}\}$. Diese Menge ist stets eine Integralmannigfaltigkeit, wenn man sich $\boldsymbol{M}_{t_0}$ als eine beliebige Mannigfaltigkeit im x-Raum vorgibt.

In den nächsten Abschnitten beschäftigen wir uns vor allem mit der Frage, ob die

[1] Z. B. im Sinne von „regulärer Fläche“ im (t,x)-Raum (vgl. [21], Kap. 4, § 7).

Schnittmengen $\boldsymbol{M}_t$ einer Integralmannigfaltigkeit sich in der Form

(5.3) $\{x \in \mathbf{R}^n | x^i = s^i(t,x^1,\ldots,x^k), i = k+1,\ldots,n, x^1,\ldots,x^k \text{ beliebig}\}$

darstellen lassen.

Hilfssatz 5.1. *Es seien die Funktionen $s^i(t,x^1,\ldots,x^k)$ partiell nach $x^1,\ldots,x^k$ differenzierbar und die partiellen Ableitungen als Funktionen von $t, x^1,\ldots,x^k$ stetig für alle t aus einem offenen Intervall I und alle $x^1,\ldots,x^k$. Es möge ferner durch (5.3) für jedes $t \in I$ die Schnittmenge $\boldsymbol{M}_t$ einer Integralmannigfaltigkeit $\boldsymbol{M}$ der Dgl. $\dot{x} = f(t,x)$ dargestellt werden. Dann existieren auch die partiellen Ableitungen der Funktionen s^i nach t und es bestehen die Beziehungen*

$$(5.4)\qquad f^i(t,\ldots) = \frac{\partial s^i}{\partial t}(t,x^1,\ldots,x^k) + \sum_{j=1}^{k} \frac{\partial s^i}{\partial x^j}(t,x^1,\ldots,x^k) f^j(t,\ldots)$$

identisch in $t,x^1,\ldots,x^k$, $i = k+1,\ldots,n$. $f^i(t,\ldots)$ bedeutet dabei die i-te Komponente des Vektors $f(t,x)$, wobei man sich x ersetzt zu denken hat durch $(x^1,\ldots,x^k, s^{k+1}(x^1,\ldots,x^k),\ldots,s^n(x^1,\ldots,x^k))^T$.

Beweis. Es sei $t_0 \in I$ und $x_0 = (x_0^1,\ldots,x_0^n)^T \in \boldsymbol{M}_{t_0}$, d. h. es bestehen die Beziehungen

$$(5.5)\qquad x_0^i = s^i(t_0,x_0^1,\ldots,x_0^k), \quad i = k+1,\ldots,n.$$

Wir haben zu zeigen, daß die Funktionen $s^i(t,x_0^1,\ldots,x_0^k)$ an der Stelle $t = t_0$ nach t differenzierbar sind und daß die Beziehung

$$(5.6)\qquad f^i(t_0,x_0) = \frac{\partial s^i}{\partial t}(t_0,x_0^1,\ldots,x_0^k) + \sum_{j=1}^{k} \frac{\partial s^i}{\partial x^j}(t_0,x_0^1,\ldots,x_0^k) f^j(t_0,x_0)$$

besteht. Zu diesem Zwecke betrachten wir die Lösung $x(t) = (x^1(t),\ldots,x^n(t))^T$ der Dgl. $\dot{x} = f(t,x)$, die der Anfangsbedingung $x(t_0) = x_0$ genügt. Es ist dann $x(t_0) \in \boldsymbol{M}_{t_0}$ und somit $x(t) \in \boldsymbol{M}_t$ für jedes t (denn $\boldsymbol{M}$ ist ja Integralmannigfaltigkeit), d. h. es ist $x^i(t) = s^i(t,x^1(t),\ldots,x^k(t))$.

Nun besitzt nach Voraussetzung die Funktion s^i stetige partielle Ableitungen nach $x^1,\ldots,x^k$. Aus dem Mittelwertsatz der Differentialrechnung folgt daher, daß es zu jedem t ein k-Tupel $(\xi^1(t),\ldots,\xi^k(t))^T$ auf der Verbindungsstrecke von $(x_0^1,\ldots,x_0^k)^T$ und $(x^1(t),\ldots,x^k(t))^T$ derart gibt, daß

$$\begin{aligned} x^i(t) - s^i(t,x_0^1,\ldots,x_0^k) &= s^i(t,x^1(t),\ldots,x^k(t)) - s^i(t,x_0^1,\ldots,x_0^k) \\ &= \sum_{j=1}^{k} \frac{\partial s^i}{\partial x^j}(t,\xi^1(t),\ldots,\xi^k(t))(x^j(t) - x_0^j) \end{aligned}$$

gilt. Aus dieser Beziehung und aus (5.5) folgt nun sofort die Differenzierbarkeit der Funktion $s^i(t,x_0^1,\ldots,x_0^k)$ an der Stelle $t = t_0$ und die Darstellung

$$\frac{\partial s^i}{\partial t}(t_0,x_0^1,\ldots,x_0^k) = \dot{x}^i(t_0) - \sum_{j=1}^{k} \frac{\partial s^i}{\partial x^j}(t_0,x_0^1,\ldots,x_0^k)\dot{x}^j(t_0)$$

für ihre Ableitung. Wegen $\dot{x}^i(t_0) = f^i(t_0,x_0)$ ist dies aber gerade die zu beweisende Beziehung (5.6).

Wenn es für ein bestimmtes $t = t_0$ möglich ist, die Schnittmenge $\boldsymbol{M}_{t_0}$ einer Integralmannigfaltigkeit in der Form (5.3) darzustellen, ist damit keineswegs gesagt, daß alle anderen Schnitte $\boldsymbol{M}_t$ die gleiche Eigenschaft haben (vgl. Aufgabe 3 am Ende dieses Abschnittes). Für solche t-Werte, die hinreichend nahe bei t_0 liegen, ist dies unter gewissen Voraussetzungen jedoch der Fall, wie sich aus dem nachstehenden Hilfssatz ergibt.

Hilfssatz 5.2. Voraussetzungen. a) *$\boldsymbol{M}$ sei Integralmannigfaltigkeit und es sei*

$$(5.7)\qquad \boldsymbol{M}_{t_0} = \{(x^1,\dots,x^n)^T \,|\, x^i = s_0^i(x^1,\dots,x^k),\, i = k+1,\dots,n\},$$

wobei die s_0^i für alle $x^1,\dots,x^k$ definiert und stetig partiell differenzierbar sind.

b) *Für ein t_0 enthaltendes, offenes t-Intervall I und eine Zahl λ ist $\|f_x(t,x)\| \leq \lambda$ für alle $t \in I$ und alle x.*

c) *Es gibt eine Zahl η, so daß $\|S(x^1,\dots,x^k)\| \leq \eta$ ist für alle $x^1,\dots,x^k$. $S = (\sigma_{ij})$ ist dabei die folgendermaßen definierte $n \times k$-Matrix (i = Zeilen-, j = Spaltenindex)*

$$(5.8)\qquad \begin{aligned} &\sigma_{ij} = \delta_{ij} \quad \text{für} \quad i,j = 1,\dots,k \ ^{1)}, \\ &\sigma_{ij} = \frac{\partial s_0^i}{\partial x^j} \quad \text{für} \quad i = k+1,\dots,n,\ j = 1,\dots,k. \end{aligned}$$

Behauptung. *Es läßt sich eine nur von λ und η sowie von n und der gewählten Norm abhängende positive Zahl δ derart finden, daß $\boldsymbol{M}_t$ von der Form (5.3) ist für alle $t \in I$ mit $|t - t_0| \leq \delta$. Die Funktionen $s^i(t,x^1,\dots,x^k)$ sind dabei stetig und stetig partiell differenzierbar nach $x^1,\dots,x^k$ auf der Menge $\{(t,x^1,\dots,x^k) | t \in I, |t - t_0| \leq \delta, x^i \text{ beliebig}\}$ und es ist $s^i(t_0,x^1,\dots,x^k) = s_0^i(x^1,\dots,x^k)$. Falls $f(t,x)$ und die $s_0^i(x^1,\dots,x^k)$ stetige partielle Ableitungen nach $x^1,\dots,x^n$ bzw. $x^1,\dots,x^k$ bis zur Ordnung ν besitzen, so haben auch die $s^i(t,x^1,\dots,x^k)$ stetige partielle Ableitungen nach $x^1,\dots,x^k$ bis zu dieser Ordnung.*

Beweis. Es ist $\boldsymbol{M}_t = \{x = x(t;t_0,x_0) | x_0 \in \boldsymbol{M}_{t_0}\}$. Setzt man für die Punkte von $\boldsymbol{M}_{t_0}$ die Darstellung (5.7) ein, erhält man zunächst eine Parameterdarstellung von $\boldsymbol{M}_t$, die sich koordinatenweise in der Form

$$(5.9)\qquad x^i = \xi^i(t,v^1,\dots,v^k) = x^i(t;t_0,x_0(v)), \qquad i = 1,\dots,n,$$

schreiben läßt, wobei wir zur Abkürzung

$$x_0(v) = (v^1,\dots,v^k, s_0^{k+1}(v^1,\dots,v^k),\dots,s_0^n(v^1,\dots,v^k))$$

gesetzt haben. Der Übergang von (5.9) zu einer Darstellung der Form (5.3) geschieht nun so, daß wir – grob gesprochen – (5.9) als Gleichungssystem interpretieren, die k ersten dieser Gleichungen nach $v^1,\dots,v^k$ auflösen und das Resultat an Stelle von v^i in die restlichen Gleichungen eintragen. Daß man tatsächlich in dieser Weise vorgehen kann und dabei auch Funktionen mit allen im Satz angegebenen Differenzierbarkeitseigenschaften erhält, falls $|t - t_0|$ hinreichend klein ist, wird sich nun einfach aus einer Beziehung für die Funktionalmatrix $\Xi(t,v) = \left(\dfrac{\partial \xi^i(t,v)}{\partial v^j}\right)$,

[1] $\delta_{ij} = 1$ für $i = j$ und $\delta_{ij} = 0$ für $i \neq j$ (Kroneckersymbol).

$i,j = 1,\ldots,k$, ergeben, die gerade von der in Abschn. 2 erörterten Form ist. Aus der Definition (5.9) der ξ^i und der Kettenregel folgt zunächst, daß $\Xi(t,v)$ mit den k ersten Zeilen der Produktmatrix $F_{t,t_0}(x_0(v))S(v) = S(v) + (F_{t,t_0}(x_0(v)) - E_n)S(v)$ übereinstimmt. Dabei ist $S(v) = S(v^1,\ldots,v^k)$ gesetzt (vgl. (5.8)). E_n ist die $n \times n$-Einheitsmatrix. Beachtet man nun die spezielle Gestalt der Matrix S, so erhält man aus der letzten Beziehung die Abschätzung[1)]

$$\begin{aligned}\|\Xi(t,v) - E_k\|_\infty &\leq \|F_{t,t_0}(x_0(v))S(v) - S(v)\|_\infty \\ &\leq n\|F_{t,t_0}(x_0(v)) - E_n\|_\infty \cdot \|S(v)\|_\infty .\end{aligned}$$

Die rechts auftretenden Normen können wir nun leicht abschätzen, und zwar gemäß (5.2) und der Voraussetzung c) unseres Hilfssatzes. Man beachte, daß man – wegen der Voraussetzung b) des Hilfssatzes – in (5.2) die Funktion $\lambda(t)$ durch die Zahl λ ersetzen kann, falls $t \in I$. Man erhält dann schließlich die Abschätzung

$$\|\Xi(t,v) - E_k\|_\infty \leq \gamma n \eta \lambda |t - t_0| \exp(\lambda |t - t_0|),$$

wobei der Faktor γ von der Umrechnung der Normen herrührt. Es ist nun klar, daß man ein nur von λ und $\gamma n \eta$ abhängendes δ finden kann, für das der Ausdruck auf der rechten Seite $\leq \varepsilon(k)$ wird, falls $|t - t_0| \leq \delta$. $\varepsilon(k)$ ist dabei die in (2.1) erwähnte Zahl. Die zu beweisende Aussage folgt nun unmittelbar aus Hilfssatz 2.1.

Zusatz. Die Abschätzung für δ hängt nicht von der Wahl von t_0 ab, sofern $t_0 \in I$. Denkt man sich t_0 als variabel, so wird s^i zu einer Funktion von t,t_0,x. Daß s^i und die partiellen Ableitungen nach den Komponenten von x dann auch als Funktionen von t,t_0,x stetig sind, folgt aus (5.9) und dem Zusatz zu Hilfssatz 2.1. In analoger Weise macht man sich folgendes klar. Wenn die s_0^i und ihre partiellen Ableitungen außer von x noch von irgendwelchen Parametern stetig abhängen, dagegen die in der Voraussetzung c) des Hilfssatzes vorkommende Zahl η unabhängig von den Parametern gewählt werden kann, so sind die s^i und deren partielle Ableitungen nach den Komponenten von x stetig als Funktionen von t,x,t_0 und diesen Parametern.

Aufgaben. 1. Man zeige: Wenn die Beziehung (5.4) für $i = k+1,\ldots,n$ und identisch in $t,x^1,\ldots,x^k$ besteht, so ist die Menge

$$M = \{(t,x^1,\ldots,x^n) \mid x^i = s^i(t,x^1,\ldots,x^k),\ i = k+1,\ldots,n,\ x^1,\ldots,x^k \text{ beliebig}\}$$

eine Integralmannigfaltigkeit.

Hinweis. Man betrachte das System von k Dgln.

(5.10) $$\dot{x}^i = f^i(t,x^1,\ldots,x^k,s^{k+1}(t,x^1,\ldots,x^k),\ldots,s^n(t,x^1,\ldots,x^k)), \quad i = 1,\ldots,k.$$

Ist $(x^1(t),\ldots,x^k(t))^T$ eine Lösung von (5.10), so ist das n-Tupel

$$(x^1(t),\ldots,x^k(t),s^{k+1}(t,x^1(t),\ldots,x^k(t)),\ldots,s^n(t,x^1(t),\ldots,x^k(t)))^T$$

eine Lösung der Dgl. $\dot{x} = f(t,x)$. Dies bedeutet, daß $(t,x(t;t_0,x_0)) \in M$, falls $(t_0,x_0) \in M$. Warum?

1) $\|A\|_\infty$ bedeutet wieder die Maximum-Norm einer Matrix. Man beachte, daß $\|B\|_\infty \leq \|A\|_\infty$ ist, falls B eine Teilmatrix von A ist, und daß $\|AC\|_\infty \leq n\|A\|_\infty \|C\|_\infty$ gilt, falls A die Spaltenzahl n hat.

2. M sei eine Mannigfaltigkeit. Die in der Definition 5.1 angegebene Eigenschaft sei lokal erfüllt, d. h. zu jedem $(t_0,x_0) \in M$ gibt es ein offenes t-Intervall I_0 (welches von (t_0,x_0) abhängen kann) mit $t_0 \in I_0$ und $(t,\varphi_{t,t_0}(x_0)) \in M$ für alle $t \in I_0$. Dann ist M eine Integralmannigfaltigkeit.

3. Man zeige: Ist $x_0(t)$ nicht-triviale Lösung einer linearen homogenen Dgl. $\dot{x} = A(t)x$, so ist die Menge $\{(t,x) \mid x = \lambda x_0(t), -\infty < \lambda < \infty, -\infty < t < \infty\}$ eine Integralmannigfaltigkeit dieser Dgl. Eine einheitliche Darstellung von M_t in der Form (5.3) – d. h. eine Darstellung, bei der stets die gleiche Variable x^i durch die restlichen ausgedrückt wird – ist nur möglich, wenn mindestens eine Komponente von $x_0(t)$ keine Nullstelle besitzt.

6. Eindeutige Lösbarkeit des Randwertproblems

Wir befassen uns nun mit dem in der Einleitung skizzierten Randwertproblem. Unseren Betrachtungen legen wir zwei gekoppelte Vektordifferentialgleichungen

$$(6.1) \qquad \dot{x} = g(t,x,y), \quad \dot{y} = h(t,x,y), \quad x = (x^1,\dots,x^k)^T, \quad y = (y^1,\dots,y^m)^T,$$

zugrunde. Von den Funktionen g,h setzen wir voraus, daß sie für alle t,x,y stetig sind und stetige partielle Ableitungen mindestens 1. Ordnung nach $x^1,\dots,x^k,y^1,\dots,y^m$ besitzen. Diese partiellen Ableitungen sollen zudem durch eine nur von t abhängende stetige Funktion $\lambda(t)$ beschränkt sein. g_y und h_x sollen darüber hinaus überhaupt beschränkt sein, d. h. es gilt

$$(6.2) \qquad \|g_x(t,x,y)\| \le \lambda(t), \quad \|h_y(t,x,y)\| \le \lambda(t), \quad |g_y| < \infty, \quad |h_x| < \infty$$

für alle x,y ($g_x(t,x,y)$ bedeutet dabei wieder die aus den Spalten $g_{x^i}(t,x,y)$ gebildete Matrix; entsprechend ist g_y, h_x und h_y zu verstehen. $|g_y|$ bzw. $|h_x|$ ist das Supremum von $\|g_y(t,x,y)\|$ bzw. $\|h_x(t,x,y)\|$ auf dem gesamten (t,x,y)-Raum). Denkt man sich (6.1) als eine einzige Vektordifferentialgleichung geschrieben, so genügt deren rechte Seite den Voraussetzungen (5.1), d. h. die im vorigen Abschnitt gewonnenen Aussagen treffen auch auf das System (6.1) zu. Es geht in diesem Abschnitt nun um die Frage, ob es zu vorgegebenen t_0,x_0,t_1,y_1 eine Lösung $(x(t),y(t))$ von (6.1) gibt, die den Randbedingungen $x(t_0) = x_0$, $y(t_1) = y_1$ genügt, und ob diese Lösung stets eindeutig bestimmt ist.

Daß eine positive Antwort nicht ohne zusätzliche Bedingungen an die Funktionen g und h zu erwarten ist, haben wir schon in der Einleitung zu diesem Kapitel bemerkt. Wir formulieren jetzt die erste – und einschneidendste – dieser Bedingungen, die das Analogon zu (4.3) darstellt und folgendermaßen lautet:

(6.3) *Es gibt Zahlen $\alpha,\beta,\gamma_g,\gamma_h$ mit nachstehenden Eigenschaften:*

a) $\alpha < \beta$.

b) *Ist $(x(t),y(t))$ Lösung von (6.1) und $\Phi_1(t,\tau)$ bzw. $\Phi_2(t,\tau)$ die Übergangsmatrix der linearen Dgl. $\dot{w} = g_x(t,x(t),y(t))w$ bzw. $\dot{z} = h_y(t,x(t),y(t))z$, so gilt*

$$\|\Phi_1(t,\tau)\| \le \gamma_g \, e^{\alpha(t-\tau)} \quad \textit{für alle } \tau,t \textit{ mit } t \ge \tau\,,$$

$$\|\Phi_2(t,\tau)\| \le \gamma_h e^{\beta(t-\tau)} \quad \textit{für alle } \tau,t \textit{ mit } t \le \tau\,.$$

Dabei ist zu beachten, daß Φ_1, Φ_2 im allgemeinen von der gewählten Lösung $(x(t), y(t))$ abhängen. Die Zahlen $\alpha, \beta, \gamma_g, \gamma_h$ sollen jedoch von $x(t), y(t)$ nicht abhängen.

Satz 6.1. Voraussetzungen. a) *g, h sind stetig und stetig partiell nach $x^1, \ldots, x^k, y^1, \ldots, y^m$ differenzierbar.* b) *Die Bedingungen* (6.2) *und* (6.3) *sind erfüllt.* c) *Es gibt eine Zahl ρ mit folgenden Eigenschaften*

$$(6.4)\qquad \begin{aligned} &\alpha < \rho < \beta, \quad \rho \geq 0, \\ &\gamma_g \gamma_h |g_y| |h_x| (\rho - \alpha)^{-1} (\beta - \rho)^{-1} < 1. \end{aligned}$$

Behauptung. *Dann existiert eine und nur eine Lösung*

$$(x(t; t_0, x_0, t_1, y_1), y(t; t_0, x_0, t_1, y_1))$$

des Randwertproblems

$$(6.5)\qquad \dot{x} = g(t, x, y), \quad \dot{y} = h(t, x, y), \quad x(t_0) = x_0, \quad y(t_1) = y_1, \quad t_0 \leq t_1.$$

$x(t; \ldots), y(t; \ldots)$ sind zudem stetig differenzierbare Funktionen ihrer sämtlichen Argumente und besitzen stetige partielle Ableitungen nach den Komponenten x_0^i, y_1^j von x_0 und y_1 bis zur Ordnung ν, falls g und h stetige partielle Ableitungen bis zu dieser Ordnung nach den Komponenten von x und y besitzen.

Bemerkung. Wenn g nicht von y oder h nicht von x abhängt, so ist $|g_y| |h_x| = 0$ und die Voraussetzung (6.4) sicher erfüllt. Die Aussage des Satzes ist dann aber trivialerweise richtig, weil die Dgl. (6.1) entweder die Form $\dot{x} = g(t, x), \dot{y} = h(t, x, y)$ oder $\dot{x} = g(t, x, y), \dot{y} = h(t, y)$ annimmt und damit die Lösung des Randwertproblems (6.5) auf die Aufgabe hinausläuft, nacheinander zwei AW-Probleme zu lösen. Im allgemeinen folgt aus (6.4) aber nicht, daß sich das Randwertproblem auf AW-Probleme zurückführen läßt, insofern stellt (6.4) eine nicht-triviale Bedingung für diejenige Eigenschaft der Dgl. (6.1) dar, die wir in der Einleitung zu diesem Kapitel als schwache Koppelung bezeichnet haben.

Beweis. Wir führen den Beweis in zwei Schritten.

1. Schritt. Wir betrachten spezielle Integralmannigfaltigkeiten, die von zwei Parametern $t_1, y_1 = (y_1^1, \ldots, y_1^m)^T$ abhängen und die wir mit $\boldsymbol{M}(t_1, y_1)$ bezeichnen wollen. $\boldsymbol{M}(t_1, y_1)$ ist definiert als diejenige Integralmannigfaltigkeit, deren Schnittmenge für $t = t_1$ durch $\{(x, y) | y = y_1, x \text{ beliebig}\}$ gegeben ist. Unser erstes Ziel besteht darin, nachzuweisen, daß $\boldsymbol{M}_t(t_1, y_1)$ stets in der Form $y = s(t, x; t_1, y_1)$ dargestellt werden kann, falls $t \leq t_1$ ist. Genauer gesagt wollen wir eine Funktion $s(t, x; t_1, y_1)$ mit folgenden Eigenschaften konstruieren:

(6.6) a) *s ist für alle t, x, t_1, y_1 mit $t \leq t_1$ definiert und besitzt stetige partielle Ableitungen nach $x^1, \ldots, x^k$ bis zur Ordnung ν.*

b) *s und die unter* a) *genannten partiellen Ableitungen sind stetige Funktionen von t, x, t_1, y_1.*

c) *Die Menge $\{(t, x, y) | y = s(t, x; t_1, y_1), t \leq t_1, x \text{ beliebig}\}$ ist der Durchschnitt von $\boldsymbol{M}(t_1, y_1)$ mit dem Halbraum $t \leq t_1$. Insbesondere ist $s(t_1, x; t_1, y_1) = y_1$ für alle x.*

Die Konstruktion von s stützt sich – und das ist der eigentliche Kern des Beweises – auf eine a-priori-Abschätzung der partiellen Ableitungen $\partial s/\partial x^i$. Mit dieser Abschätzung wollen wir uns zunächst beschäftigen.

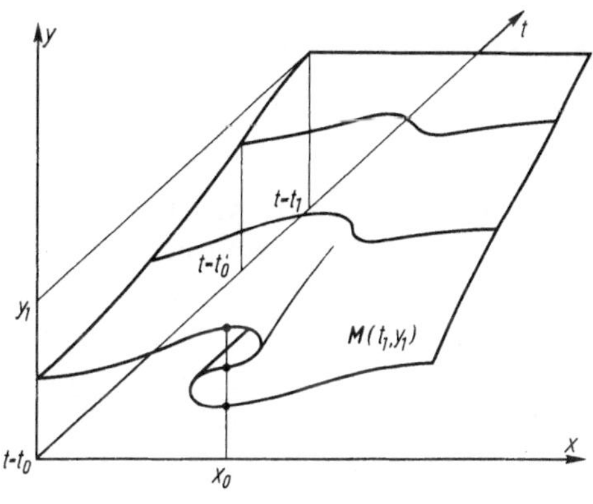

Abb. 25

Um zu verdeutlichen, warum sie gerade im vorliegenden Zusammenhang eine zentrale Rolle spielt, sei eine Integralmannigfaltigkeit vom Typ $\boldsymbol{M}(t_1, y_1)$ skizziert, wie sie bei nichtlinearen Dgln. 2. Ordnung vorkommen kann[1)] (vgl. Abb. 25). Falls t_0' nahe bei t_1 liegt, verläuft die Schnittkurve mit der Hyperebene $t = t_0'$ schlicht über der x-Achse, das Randwertproblem ist daher eindeutig lösbar. Dagegen zeigt Abb. 25, daß es bei geeigneter Wahl von x_0 mehrere Lösungen des Randwertproblems geben kann, sofern die Differenz $t_1 - t_0$ hinreichend groß ist. Diese Tatsache ist offenbar darauf zurückzuführen, daß die Integralfläche mit abnehmenden t_0 „Falten" wirft. Dies bedeutet aber, daß es Tangenten an Schnittkurven (mit Hyperebenen $t = t_0''$) mit beliebig großem Anstieg in bezug auf die x-Achse gibt. Eine solche Situation ist unter den Voraussetzungen des Satzes aber nicht möglich. Dafür sorgt gerade die jetzt zu erbringende Abschätzung (6.7).

Gegeben seien zwei Zahlen t_0, t_1 mit $t_0 \leq t_1$. Wir behaupten:

Hat die Schnittmenge von $\boldsymbol{M}(t_1, y_1)$ für ein $t_0 \leq t_1$ die Form $\{(x,y) \mid y = s(x)\}$ und besitzt s stetige partielle Ableitungen nach $x^1, \ldots, x^k$, so gilt für alle x

$$(6.7) \qquad \|s_x(x)\| \leq \gamma_1 (1 - \kappa_\rho)^{-1} \gamma_h (\beta - \rho)^{-1} |h_x| [1 + \lambda_0 \gamma_g (\rho - \alpha)^{-1}],$$

wobei $\lambda_0 = \max \lambda(t)$ auf $[t_0, t_1]$ (vgl. (6.2)) und κ_ρ der Ausdruck auf der linken Seite von (6.4) ist. Die Konstante γ_1 hängt nur von den verwendeten Normen ab, $\gamma_1 = \max\limits_i \|e_i\|$.

---

1) Plate, H.: Über eine Verallgemeinerung des ersten Vergleichssatzes von Sturm auf nichtlineare Differentialgleichungen zweiter Ordnung, Diss. TU Berlin 1970.

Um die Richtigkeit dieser Aussage einzusehen, betrachten wir für $x_0 = (x_0^1, \ldots, x_0^k)^T$ diejenige Lösung der Dgln. (6.1), die den Anfangsbedingungen

$$(6.8) \qquad x(t_0) = x_0, \quad y(t_0) = s(x_0)$$

genügt und bezeichnen sie für den Moment mit $x(t; x_0), y(t; x_0)$. $(t, x(t; x_0), y(t; x_0))$ gehört für jedes t zur Mannigfaltigkeit $\boldsymbol{M}(t_1, y_1)$, da der Anfangswert (6.8) zur Schnittmenge für $t = t_0$ gehört. Insbesondere ist also

$$(6.9) \qquad y(t_1; x_0) = y_1 \text{ für alle } x_0 .$$

Aus den Sätzen aus III Abschn. 3 folgt nun, daß diese Lösung stetig differenzierbar von $x_0^1, \ldots, x_0^k$ abhängt und ihre partielle Ableitung

$$w(t; x_0) = \frac{\partial x}{\partial x_0^i}(t; x_0), \quad z(t; x_0) = \frac{\partial y}{\partial x_0^i}(t; x_0)$$

Lösung der zu (6.1) gehörigen Variationsgleichung ist. Die Variationsgleichung läßt sich in unserem Falle in der Form

$$(6.10) \qquad \dot{w} = A(t) w + A_1(t) z, \quad \dot{z} = B_1(t) w + B(t) z$$

schreiben, wobei $A(t) = g_x(t, \ldots)$, $A_1(t) = g_y(t, \ldots)$, $B(t) = h_y(t, \ldots)$, $B_1(t) = h_x(t, \ldots)$ ist (an Stelle der Punkte hat man sich $x(t; x_0)$, $y(t; x_0)$ eingesetzt zu denken). Nun wird, wie man sich sofort überzeugt, durch die Voraussetzungen des Satzes 6.1 gerade dafür gesorgt, daß der Hilfssatz 4.3 auf die Variationsgleichung (6.10) angewendet werden kann, wobei $w(t; x_0)$ die Rolle von $x(t)$ und $z(t; x_0)$ die Rolle von $y(t)$ spielt. Es lassen sich also $w(t; x_0)$ und $z(t; x_0)$ durch ihre Randwerte $w(t_0; x_0) = e_i$ und $z(t_1; x_0) = 0$ abschätzen (die Randwerte selbst ergeben sich durch Differentiation der Relationen (6.8) und (6.9) nach x_0^i). Die in der Aussage des Hilfssatzes vorkommenden Schranken $|A|$ und $|B|$ kann man in unserem Falle durch das Maximum von $\lambda(t)$ auf $[t_0, t_1]$ ersetzen (vgl. Gl. (6.2)). Man erhält dann insbesondere eine für alle $t \in [t_0, t_1]$ und alle x_0 gültige Schranke für $\|z(t; x_0)\|$; die Aussage (6.7) selbst ergibt sich dann einfach aus der Tatsache, daß – wegen Gl. (6.8) – $z(t_0; x_0)$ mit $\partial s/\partial x^i$ (für $x = x_0$) übereinstimmt. Kombiniert man nun die Aussage (6.7) mit dem Hilfssatz 5.2, so läßt sich schließlich die Existenz einer Funktion $s(t, x; t_1, y_1)$ mit allen unter (6.6) aufgeführten Eigenschaften nachweisen. Im einzelnen kann man etwa so vorgehen. Zunächst wähle man ein festes offenes t-Intervall I endlicher Länge und eine Zahl λ_0 mit

$$\lambda_0 \geq \lambda(t) \quad \text{für } t \in I, \qquad \lambda_0 \geq |g_y|, \qquad \lambda_0 \geq |h_x| .$$

Dann bestimme man ein $\delta > 0$ mit folgender Eigenschaft. Ist $\boldsymbol{M}$ eine Integralmannigfaltigkeit und besitzt für irgendein $t_0 \in I$ die Schnittmenge $\boldsymbol{M}_{t_0}$ die Darstellung $\{(x, y) | y = s(x)\}$ und gilt noch

$$\|s_x(x)\| \leq \eta = \gamma_1 (1 - \kappa_\rho)^{-1} \gamma_h (\beta - \rho)^{-1} |h_x| [1 + \lambda_0 \gamma_g (\rho - \alpha)^{-1}]$$

für alle x, so läßt sich auch $\boldsymbol{M}_t$ in der Form $y = s(t, x)$ darstellen, für jedes $t \in I \cap [t_0 - \delta, t_0 + \delta]$. Daß es ein solches δ gibt (das nur von λ_0 und η abhängt), folgt aus Hilfssatz 5.2. Diese Aussage gilt dann insbesondere für $\boldsymbol{M} = \boldsymbol{M}(t_1, y_1)$ und $t_0 = t_1$. Denn dann ist $s(x) = y_1$ und somit $s_x \equiv 0$. Die Existenz von $s(t,x;t_1,y_1)$ ist damit für alle t,x,t_1,y_1 mit $|t - t_1| \le \delta$ gesichert. Da nun – wegen (6.7) – die partiellen Ableitungen (nach den x^i) von $s(t_1 - \delta, x; t_1, y_1)$ wieder dem Betrage nach durch η abgeschätzt werden können, erhält man durch erneute Anwendung von Hilfssatz 5.2 die Funktion s für den Bereich $t_1 - 2\delta \le t \le t_1 + \delta$. Durch endlich oftmalige Wiederholung dieses Verfahrens läßt sich die Definition von s schrittweise so ausdehnen, daß schließlich jedes t,t_1 mit $t \in I$, $t_1 \in I$ und $t \le t_1 + \delta$ aus I erfaßt wird (dies geht tatsächlich in endlich vielen Schritten, denn die „Schrittweite" ist jedesmal mindestens δ, solange man noch nicht den Rand von I erreicht hat). Daß zudem bei diesem Fortsetzungsprozeß die stetige Differenzierbarkeit nach den x^i und die stetige Abhängigkeit von den (als Parameter zu betrachtenden) Größen t_1, y_1 nicht verlorengeht, folgt aus dem Hilfssatz 5.2 und dem anschließenden Zusatz. Damit ist gezeigt, daß es eine Funktion mit allen in (6.6) aufgeführten Eigenschaften gibt. Mit dieser Funktion können wir von nun an arbeiten. Aus Hilfssatz 5.1 folgt übrigens noch, daß s auch eine stetige partielle Ableitung nach t besitzt.

2. Schritt. Eine Lösung $(x(t), y(t))$ genügt der Bedingung $y(t_1) = y_1$ dann und nur dann, wenn $(t, x(t), y(t))$ für ein (und damit für alle) t zu $\boldsymbol{M}(t_1, y_1)$ gehört. Damit ist klar, daß die Lösung des Randwertproblems (6.5) gleichbedeutend ist mit der Lösung des AW-Problems

$$\dot{x} = g(t,x,y), \quad \dot{y} = h(t,x,y),$$
$$x(t_0) = x_0, \quad y(t_0) = s(t_0, x_0; t_1, y_1).$$

Die Lösung dieses AW-Problems ist aber eindeutig und hängt stetig von t_0, x_0, t_1, y_1 ab. Ferner existieren die partiellen Ableitungen dieser Lösung nach den Komponenten von x_0^i bis zur Ordnung ν. Das alles folgt aus der Feststellung (6.6) und den Sätzen aus III Abschn. 3.

Die entsprechende Aussage hinsichtlich der partiellen Ableitungen nach den Komponenten von y_1 erhält man durch völlig analoge Betrachtungen. Man braucht lediglich die Rollen von t_0 und t_1 zu vertauschen, d. h. an Stelle von $\boldsymbol{M}(t_1, y_1)$ diejenige Mannigfaltigkeit $\boldsymbol{M}$ zu betrachten, deren Schnittmenge $\boldsymbol{M}_{t_0}$ durch $\{(x,y) | x = x_0\}$ gegeben ist. Damit ist Satz 6.1 vollständig bewiesen.

Abschließend wollen wir noch einige Abschätzungen für die partiellen Ableitungen der Lösungen des Randwertproblems (6.5) nach den Komponenten x_0^i, y_1^j der Randwerte herleiten. Diese Abschätzungen sind hinsichtlich x_0 von anderer Art als hinsichtlich y_1 und werden in den beiden folgenden Hilfssätzen auf unterschiedlichen Wegen bewiesen. Der Grund für diese Asymmetrie liegt darin, daß die Forderung (6.3) für die eine der beiden „entkoppelten" Variationsgleichungen wesentlich gravierender ist als für die andere (vgl. hierzu den Anfang von Abschn. 7, wo wir auf die Frage nach der Realisierbarkeit der Forderung (6.3) kurz eingehen).

Hilfssatz 6.1. *Es mögen alle Voraussetzungen* a)–c) *von* Satz 6.1 *und zusätzlich die folgenden erfüllt sein:*

d) *g und h besitzen stetige partielle Ableitungen bis zur Ordnung $v \geq 1$ nach den Komponenten von x und y. Diese Ableitungen sind auf dem gesamten (t,x,y)-Raum beschränkt.*

e) *Für alle natürlichen Zahlen v' mit $1 \leq v' \leq v$ gilt*

$$(6.11) \qquad \alpha < v'\rho < \beta, \quad \gamma_g\gamma_h |g_y| \, |h_x| (v'\rho - \alpha)^{-1}(\beta - v'\rho)^{-1} < 1 .$$

Dann sind die partiellen Ableitungen nach den x_0^i bis zur Ordnung v der Lösungen des Randwertproblems (6.5) an der Stelle $t = t_0$ beschränkt, und zwar unabhängig von t_0, x_0, t_1, y_1, vorausgesetzt es ist $t_1 \geq t_0$.

Beweis. Wir denken uns für den Moment $t_0, t_1 \geq t_0, y_1$ fest und setzen zur Abkürzung (vgl. Satz 6.1)

$$x(t;x_0) = x(t;t_0,x_0,t_1,y_1), \; y(t;x_0) = y(t;t_0,x_0,t_1,y_1) .$$

Diese Funktionen tauchten bereits beim Beweis von Satz 6.1 auf, und es wurde dort von der Tatsache Gebrauch gemacht, daß ihre partiellen Ableitungen nach x_0^i (das waren die Funktionen $w(t;x_0)$, $z(t;x_0)$) Lösungen der linearen Dgl. (6.10) sind und die Randwerte e_i bzw. 0 besitzen. Schätzt man diese Ableitungen gemäß Hilfssatz 4.3 für $t = t_0$ ab, so erhält man in der Tat eine Zahl, die nur von den Größen $\rho, \alpha, \beta, \gamma_g, \gamma_h$ und den Schranken für die partiellen Ableitungen von g und h abhängt (für die partiellen Ableitungen von y steht diese Schranke explizit auf der rechten Seite von (6.7)). Damit ist die Aussage des Hilfssatzes für $v = 1$ bewiesen. Wir gehen nun daran, sie durch vollständige Induktion auch für die höheren Ableitungen zu bestätigen. Dabei werden wir uns allerdings auf die Betrachtung des Falles $\rho = 0$ beschränken und lediglich zum Schluß andeuten, wie man im Falle $\rho > 0$ den Induktionsschluß zu modifizieren hat.

Zur Vereinfachung der Bezeichnungsweise treffen wir für den Rest des Abschnittes zwei Verabredungen: 1. Wir schreiben die partiellen Ableitungen nach den x_0^i mit Hilfe von Multiindizes $\boldsymbol{\mu} = (\mu_1, \ldots, \mu_k)$ in der Form

$$(6.12) \qquad \mathrm{D}^{\boldsymbol{\mu}} x(t;x_0) = \frac{\partial^{|\boldsymbol{\mu}|}}{(\partial x_0^1)^{\mu_1} \cdots (\partial x_0^k)^{\mu_k}} \, x(t;x_0) ,$$

wobei $|\boldsymbol{\mu}| = \sum_{i=1}^{k} \mu_i$. 2. Mit χ bezeichnen wir eine Zahl – nicht notwendig immer die gleiche –, die sich allein durch die Größen $\alpha, \beta, \rho, \gamma_g, \gamma_h$ sowie durch Schranken für die partiellen Ableitungen von g, h nach den x^i, y^j ausdrücken läßt, genauer gesagt, durch Schranken für alle partiellen Ableitungen der Ordnungen $1, \ldots, v$. χ darf außerdem noch von der gewählten Norm abhängen. Die zu beweisende Behauptung lautet dann so: Es ist

$$(6.13) \qquad \|\mathrm{D}^{\boldsymbol{\mu}} x(t;x_0)\| \leq \chi, \; \|\mathrm{D}^{\boldsymbol{\mu}} y(t;x_0)\| \leq \chi, \quad \text{falls } |\boldsymbol{\mu}| \leq v$$

und $t = t_0$. Unter Benutzung der zusätzlichen Voraussetzung $\rho = 0$ werden wir nun durch vollständige Induktion nach $|\boldsymbol{\mu}|$ zeigen, daß bei geeigneter Wahl von χ die Aussage (6.13) sogar für alle $t \in I = [t_0, t_1]$ zutrifft. Der Fall $|\boldsymbol{\mu}| = 1$ ist leicht zu erledigen. Man braucht sich bloß davon zu überzeugen, daß – wegen $\rho = 0$ – die beim Beweis von Satz 6.1 herangezogene Abschätzung von $w(t; x_0)$ und $z(t; x_0)$ nicht nur für $t = t_0$, sondern für alle $t \in I$ gültig ist. Auch im Falle $|\boldsymbol{\mu}| > 1$ stützt sich der Beweis wesentlich auf die Tatsache, daß sich das Funktionenpaar

$$(6.14) \qquad \mathrm{D}^{\boldsymbol{\mu}} x(t; x_0), \quad \mathrm{D}^{\boldsymbol{\mu}} y(t; x_0)$$

in Abhängigkeit von t als Lösung eines linearen Randwertproblems interpretieren läßt. Dies wollen wir uns zunächst klarmachen. Aus Satz 6.1 und den Voraussetzungen des Hilfssatzes folgt, daß die partiellen Ableitungen (6.14) existieren und stetig sind, falls $|\boldsymbol{\mu}| \leq \nu$. Aus der Beziehung

$$\dot{x}(t; x_0) = g(t, x(t; x_0), y(t; x_0)), \qquad \dot{y}(t; x_0) = h(t, x(t; x_0), y(t; x_0))$$

ergibt sich dann weiter in bekannter Weise, daß für $|\boldsymbol{\mu}| \leq \nu$ auch die partiellen Ableitungen der Funktionen (6.14) nach t existieren und mit

$$\mathrm{D}^{\boldsymbol{\mu}}(\dot{x}(t; x_0)) = \mathrm{D}^{\boldsymbol{\mu}}(g(t, x(t; x_0), y(t; x_0)))$$

bzw. $$\mathrm{D}^{\boldsymbol{\mu}}(\dot{y}(t; x_0)) = \mathrm{D}^{\boldsymbol{\mu}}(h(t, x(t; x_0), y(t; x_0)))$$

übereinstimmen. Wir denken uns in den Ausdrücken auf der rechten Seite die Differentiation durch wiederholte Anwendung nach der Kettenregel ausgeführt und das Resultat in der nachstehenden Weise aufgespalten

$$(6.15) \qquad \begin{aligned} &A(t)\mathrm{D}^{\boldsymbol{\mu}} x(t; x_0) + A_1(t)\mathrm{D}^{\boldsymbol{\mu}} y(t; x_0) + a_{\boldsymbol{\mu}}(t) \text{ bzw.} \\ &B_1(t)\mathrm{D}^{\boldsymbol{\mu}} x(t; x_0) + B(t)\mathrm{D}^{\boldsymbol{\mu}} y(t; x_0) + b_{\boldsymbol{\mu}}(t), \end{aligned}$$

wobei wir alles, was mit Ableitungen $\mathrm{D}^{\boldsymbol{\mu}'} x(t; x_0)$, $\mathrm{D}^{\boldsymbol{\mu}'} y(t; x_0)$ der Ordnung $|\boldsymbol{\mu}'| < |\boldsymbol{\mu}|$ behaftet ist, zu Spalten $a_{\boldsymbol{\mu}}$, $b_{\boldsymbol{\mu}}$ zusammengefaßt haben. In die $a_{\boldsymbol{\mu}}$, $b_{\boldsymbol{\mu}}$ gehen daher insbesondere $\mathrm{D}^{\boldsymbol{\mu}} x(t; x_0)$, $\mathrm{D}^{\boldsymbol{\mu}} y(t; x_0)$ selber nicht ein. Dies ist wichtig für den noch zu führenden Induktionsbeweis. Bestehen nämlich Beziehungen der Form (6.13) für alle $\boldsymbol{\mu}$ mit $|\boldsymbol{\mu}| \leq \nu'$, so resultiert daraus – wegen der Beschränktheit aller auftretenden partiellen Ableitungen von g und h – eine Abschätzung der Form

$$(6.16) \qquad \|a_{\boldsymbol{\mu}}(t)\| \leq \chi, \quad \|b_{\boldsymbol{\mu}}(t)\| \leq \chi \quad \text{für } |\boldsymbol{\mu}| = \nu' + 1$$

und alle $t \in I$. Wir bemerken noch, daß die Matrizen $A(t)$, $A_1(t)$, $B(t)$, $B_1(t)$ nicht von $\boldsymbol{\mu}$ abhängen und mit den Koeffizienten der Dgl. (6.10) übereinstimmen. Nun sind die Ausdrücke (6.15) ja nichts anderes als die partiellen Ableitungen der Funktionen (6.14) nach t, die sich demnach auffassen lassen als Lösung der Dgl.

$$(6.17) \qquad \dot{x} = A(t)x + A_1(t)y + a_{\boldsymbol{\mu}}(t), \quad \dot{y} = B_1(t)x + B(t)y + b_{\boldsymbol{\mu}}(t).$$

Aus den Beziehungen $x(t_0; x_0) = x_0$, $y(t_1; x_0) = y_1$ ergeben sich ferner explizite Daten für $t = t_0$ und $t = t_1$, nämlich

$$\mathrm{D}^{\boldsymbol{\mu}} x(t_0; x_0) = 0 \quad \text{für } |\boldsymbol{\mu}| > 1, \mathrm{D}^{\boldsymbol{\mu}} y(t_1; x_0) = 0.$$

Man hat dann genau die Situation des Hilfssatzes 4.1. Daß die dort gemachten Voraussetzungen erfüllt sind, prüft man leicht nach (man beachte, daß (6.4) ja mit $\rho = 0$

gelten soll). Man erhält dann zunächst eine Abschätzung der Form

$$\|D^{\mu}x(t;x_0)\| \leq \chi(|a_{\mu}(\cdot)| + |b_{\mu}(\cdot)|), \quad \|D^{\mu}y(t;x_0)\| \leq \chi(|a_{\mu}(\cdot)| + |b_{\mu}(\cdot)|)$$

für alle $t \in I$. Nunmehr ist der Schluß von ν' auf $\nu' + 1$ leicht auszuführen: Gilt (6.13) für alle $\boldsymbol{\mu}$ mit $|\boldsymbol{\mu}| \leq \nu'$, so folgt daraus die Aussage (6.16) für $|\boldsymbol{\mu}| = \nu' + 1$. Daß dann auch (6.13) für $|\boldsymbol{\mu}| = \nu' + 1$ richtig ist, liest man aus den obigen Abschätzungen sofort ab.

Wir skizzieren nun noch kurz den Beweisgang im Falle $\rho > 0$. Wir setzen zur Abkürzung $\varepsilon(t) = e^{\rho(t-t_0)}$. Die Aussage des Hilfssatzes folgt dann aus der für alle $t \in I$ gültigen Beziehung

$$(6.13') \qquad \|D^{\mu}x(t;x_0)\| \leq \chi\varepsilon(t)^{|\mu|}, \quad \|D^{\mu}y(t;x_0)\| \leq \chi\varepsilon(t)^{|\mu|},$$

indem man $t = t_0$ setzt. Diese Beziehung hat man durch vollständige Induktion nach $|\boldsymbol{\mu}|$ zu beweisen. Die Induktionsannahme – Richtigkeit von (6.13′) für $|\boldsymbol{\mu}| \leq \nu'$ – hat jetzt

$$(6.16') \qquad \|a_{\mu}(t)\| \leq \chi\varepsilon(t)^{|\mu|}, \quad \|b_{\mu}(t)\| \leq \chi\varepsilon(t)^{|\mu|}$$

für $|\boldsymbol{\mu}| = \nu' + 1$ zur Folge. Auf die Dgl. (6.17) hat man nun den Hilfssatz 4.2 mit $(\nu' + 1)\rho$ statt ρ anzuwenden (hierzu wird die Voraussetzung (6.11), und zwar für $\nu' + 1$ statt ν', gebraucht). Dies ergibt dann die gewünschte Abschätzung (6.13′) auch für $|\boldsymbol{\mu}| = \nu' + 1$.

Hilfssatz 6.2. *Es mögen die Voraussetzungen von* Satz 6.1 *gelten. Dann bestehen Abschätzungen der Form*

$$\left\|\frac{\partial y}{\partial y_1^i}(t_0;t_0,x_0,t_1,y_1)\right\| \leq \chi e^{-\rho(t_1-t_0)}, \quad \left\|\frac{\partial x}{\partial y_1^i}(t_1;t_0,x_0,t_1,y_1)\right\| \leq |g_y|\chi,$$

falls $t_1 - t_0 \geq 1, i = 1,\ldots,m$. χ hat dabei die gleiche Bedeutung wie in Hilfssatz 6.1.

Bemerkung. Wir schreiben in der letzten Ungleichung $|g_y|\chi$ statt nur χ (was man entsprechend unserer Verabredung über die Bedeutung von χ erwarten würde), weil die Abhängigkeit dieser Schranke von $|g_y|$ in der vorliegenden Form benötigt wird.

Beweis. $w(t) = \dfrac{\partial x}{\partial y_1^i}(t;t_0,x_0,t_1,y_1), \quad z(t) = \dfrac{\partial y}{\partial y_1^i}(t;t_0,x_0,t_1,y_1)$

sind Lösungen von Dgl. (6.10) und genügt den Randbedingungen $w(t_0) = 0, z(t_1) = e_i$. Die zu beweisenden Aussagen folgen nun sofort aus den Abschätzungen (4.13) von Hilfssatz 4.4. Man beachte, daß im vorliegenden Falle $|A_1|$ durch das Supremum $|g_y|$ der Funktion $\|g_y(t,x,y)\|$ abgeschätzt werden kann.

7. Integralmannigfaltigkeit mit beschränkter Projektion

Wir wenden uns nun der Betrachtung eines spezielleren Typs von Dgln. (6.1) zu und nehmen an, daß sich die Funktion $h(t,x,y)$ in der Form $By + p(t,x,y)$ zerlegen läßt, wo B eine konstante reelle Matrix ist, deren Eigenwerte alle positiven Realteil haben, und wo p der Bedingung $|p| < \infty$ genügt, d. h. auf dem gesamten (t,x,y)-Raum beschränkt ist (mit $|\cdot|$ bezeichnen wir wieder das Supremum der Norm einer vektorwertigen Funktion auf ihrem gesamten Definitionsbereich). Die Funktionen $g(t,x,y)$ und $h(t,x,y) = By + p(t,x,y)$ sollen im übrigen allen Voraussetzungen von Satz 6.1 genügen. Darüber hinaus sollen die partiellen Ableitungen von g und p auf dem gesamten (t,x,y)-Raum beschränkt sein. Ehe wir zum eigentlichen Gegenstand dieses Abschnittes kommen, wollen wir noch darauf hinweisen, daß für diesen speziellen Typ von Dgln. die Bedingung (6.3) mit $\alpha < \beta$ stets erfüllt ist, falls nur $|p_y|$ und $|g_x|$ hinreichend klein sind. Denn zunächst ist klar, daß eine Abschätzung der Form $|g_x| \leq \alpha$ die Ungleichung $\|\Phi_1(t,\tau)\| \leq \gamma e^{\alpha|t-\tau|}$ mit einer festen Konstanten γ nach sich zieht (vgl. (6.3) und Aufgabe 2 zu III Abschn. 3). Um die in (6.3) an die Matrix Φ_2 gestellte Forderung (die, wie man jetzt sehen kann, wesentlich einschneidender ist als die Forderung an Φ_1) zu erfüllen, muß man jetzt die spezielle Gestalt von h ausnutzen. Φ_2 ist Übergangsmatrix einer linearen Dgl. der Form $\dot{z} = (B + p_y(\ldots))z$, wobei die Eigenwerte von B alle positiven Realteil haben. In der Tat ergibt sich dann aus Hilfssatz 3.1, daß sich positive Zahlen $\varepsilon, \beta, \gamma$ (die nur von B abhängen) so finden lassen, daß aus $|p_y| \leq \varepsilon$ stets $\|\Phi_2(t,\tau)\| \leq \gamma e^{\beta(t-\tau)}$ für $t - \tau \leq 0$ folgt.

In diesem Abschnitt beschäftigen wir uns mit Lösungen $(x(t), y(t))$ der Dgl.

$$(7.1) \qquad \dot{x} = g(t,x,y), \quad \dot{y} = By + p(t,x,y),$$

deren y-Komponente für $t \to \infty$ beschränkt bleibt[1]. Genauer gesagt betrachten wir die Menge $\boldsymbol{M}$ aller Punkte des (t,x,y)-Raumes, von denen Lösungen mit dieser Eigenschaft ausgehen. Wir werden zeigen, daß unter gewissen Voraussetzungen $\boldsymbol{M}$ eine Reihe von Eigenschaften besitzt, von denen die wichtigsten durch die Stichworte: Integralmannigfaltigkeit, Stabilität und Attraktivität für $t \to -\infty$ gekennzeichnet werden.

Für das entkoppelte System mit $p \equiv 0$ reduziert sich $\boldsymbol{M}$ auf die Menge aller (t,x,y) mit $y = 0$, wie man sofort sieht, und die eben erwähnten Eigenschaften von $\boldsymbol{M}$ sind dann nichts anderes als die wohlbekannten asymptotischen Eigenschaften der Ruhelage der Dgl. $\dot{y} = By$. Daß sich diese Eigenschaft auch bei schwacher Koppelung durchsetzt, ist eine für den Problemkreis L i n e a r i s i e r u n g typische Aussage, ebenso wie die Tatsache, daß dabei an Stelle der Ruhelage eine Integralmannigfaltigkeit tritt. Die ausführliche Beschreibung dieser Integralmannigfaltigkeit in Satz 7.1 ist das wesentliche Ergebnis dieses Kapitels. Bevor wir es formulieren können, müssen wir noch einige Bemerkungen vorausschicken. Wir setzen zur Abkürzung

$$(7.2) \qquad \zeta = \int_0^\infty \|e^{-B\tau}\| \, d\tau .$$

Dieses uneigentliche Integral existiert, da die Eigenwerte von $-B$ alle negativen Realteil haben. Es sei nun $(x(t), y(t))$ eine Lösung der Dgl. (7.1). Wir behaupten: Ist $y(t_1) = 0$, so gilt die Abschätzung

$$(7.3) \qquad \|y(t)\| \leq |p|\zeta$$

für alle $t \leq t_1$. Um dies einzusehen, braucht man sich bloß folgendes klarzumachen.

---

[1] d.h. $\|y(t)\|$ ist auf $[t_0, \infty)$ beschränkt, für ein (und damit für alle) t_0.

Ist $(x(t), y(t))$ Lösung der Dgl. (7.1), so folgt aus dieser Tatsache u. a., daß $y(t)$ die lineare Dgl.

$$\dot{y} = By + p(t, x(t), y(t))$$

löst. Ist $y(t_1) = 0$, so hat man daher die Beziehung

$$y(t) = \int_{t_1}^{t} e^{B(t-\tau)} p(\tau, x(\tau), y(\tau)) d\tau$$

(Variation der Konstanten!), aus der sich sofort die Abschätzung

$$\|y(t)\| \leq |p| \int_{t}^{t_1} \|e^{B(t-\tau)}\| d\tau \leq |p| \int_{0}^{t_1 - t} \|e^{-B\tau}\| d\tau \leq |p|\zeta \quad \text{für } t_1 - t \geq 0$$

ergibt (vgl. (7.2)).

Satz 7.1. *Die Funktionen* $g(t,x,y)$, $h(t,x,y) = By + p(t,x,y)$ *mögen allen in* Satz 6.1 *aufgeführten Voraussetzungen* a)–c) *genügen und es sei* $|p| < \infty$. *Darüber hinaus sei* $|g_x| < \infty$ *und* $|p_y| < \infty$. *Dann gibt es eine für alle* t,x *definierte und Lipschitz-stetige Funktion* $s(t,x)$ *mit folgenden Eigenschaften:*

a) $s = (s^1, \ldots, s^m)^T$ *ist ein m-Vektor* (m = *Dimension von* y).

b) *Die Menge* $M = \{(t,x,y) | y = s(t,x), t, x \text{ beliebig}\}$ *ist eine Integralmannigfaltigkeit für die Dgl.* (7.1).

c) *Es ist* $|s| \leq |p|\zeta$, *wobei* ζ *durch* (7.2) *gegeben ist.*

d) *Ist* $(x(t), y(t))$ *eine Lösung von* (7.1) *und ist* $y(t)$ *für* $t \to \infty$ *beschränkt, so gilt* $y(t) = s(t, x(t))$ *für alle* t.

e) *Falls die Funktionen* g *und* p *stetige und beschränkte partielle Ableitungen nach* x^i, y^i *bis zur Ordnung* $\nu + 1$ $(\nu \geq 1)$ *besitzen und falls für alle* ν' *mit* $1 \leq \nu' \leq \nu + 1$ *die Beziehungen*

$$\alpha < \nu'\rho < \beta, \quad \gamma_g \gamma_h |g_y| |p_x| (\nu'\rho - \alpha)^{-1} (\beta - \nu'\rho)^{-1} < 1 \tag{7.4}$$

bestehen, so besitzt $s(t,x)$ *stetige und beschränkte partielle Ableitungen bis zur Ordnung* ν *nach* $x^1, \ldots, x^k$ *sowie eine stetige und beschränkte partielle Ableitung nach* t *und es gilt*

$$s_t(t,x) + s_x(t,x) g(t,x,s(t,x)) = Bs(t,x) + p(t,x,s(t,x)) \tag{7.5}$$

identisch in t,x (s_t *ist die partielle Ableitung des Vektors* s *nach* t, s_x *diejenige* $m \times k$-*Matrix, deren Spalten die partiellen Ableitungen von* s *nach den* x^i *sind*).

f) *Falls die Funktionen* g, p *periodisch in* t *sind mit der Periode* ω, *so ist auch* $s(t,x)$ *in* t ω-*periodisch. Insbesondere ist* $s(t,x) = s(x)$ *von* t *unabhängig, falls* (7.1) *ein autonomes System von Dgln. ist.*

g) *Für jede Lösung* $(x(t), y(t))$ *von* (7.1) *gilt* $\lim_{t \to -\infty} (y(t) - s(t, x(t))) = 0$. *Ist überdies* $|g_y| |p_x|$ *hinreichend klein, so gibt es eine Zahl* χ *derart, daß jede Lösung* $(x(t), y(t))$ *der*

Beziehung

$$\|y(t) - s(t,x(t))\| \leq \chi \|y(t_1) - s(t_1,x(t_1))\| e^{\rho(t-t_1)} \quad \textit{für } t - t_1 \leq 0$$

genügt.

Beweis. Wir können o. E. annehmen, daß $\rho > 0$ ist. Wenn die Voraussetzungen des Satzes nämlich mit $\rho = 0$ erfüllt sind, so sind sie aus Stetigkeitsgründen auch erfüllt, wenn ρ positiv und hinreichend klein ist.

Mit $x(t;t_0,x_0,t_1,y_1)$, $y(t;t_0,x_0,t_1,y_1)$ bezeichnen wir für den Moment wieder diejenige Lösung der Dgl. (7.1), die den Randbedingungen $x(t_0) = x_0$, $y(t_1) = y_1$ genügt $(t_0 \leq t_1)$. Wir denken uns nun irgendeine Folge (t_μ) gewählt, für die $\lim_{\mu\to\infty} t_\mu = \infty$ gilt, und setzen $s_\mu(t,x) = y(t;t,x,t_\mu,0)$, $t \leq t_\mu$. Aus dieser Definition folgt unmittelbar, daß sich die zu Beginn des Beweises von Satz 6.1 eingeführte Integralmannigfaltigkeit $\boldsymbol{M}(t_\mu,0)$ – deren Schnittmenge für $t = t_\mu$ also durch $\{(x,y)|y = 0\}$ gegeben ist – in der Form

$$\boldsymbol{M}_t(t_\mu,0) = \{(x,y)|y = s_\mu(t,x)\} \tag{7.6}$$

darstellen läßt, falls $t \leq t_\mu$. Für später halten wir fest, daß auf Grund dieser Feststellung die zu (7.5) analoge Beziehung

$$(s_\mu)_t + (s_\mu)_x(t,x)g(t,x,s_\mu(t,x)) = Bs_\mu(t,x) + p(t,x,s_\mu(t,x)) \tag{7.7}$$

besteht, die nichts anderes ist als die vektorielle Fassung der Relationen (5.4) und die in analytischer Form zum Ausdruck bringt, daß die Menge (7.6) die Schnittmenge einer Integralmannigfaltigkeit darstellt.

Da $y(t;t_0,x_0,t_\mu,0)$ als Funktion von t die y-Komponente einer Lösung von (7.1) ist und an der Stelle $t = t_\mu$ verschwindet, kann y für $t \leq t_\mu$ gemäß (7.3) abgeschätzt werden. Daher besteht auch die Beziehung

$$\|s_\mu(t,x)\| \leq |p|\zeta, \quad \text{falls } t \leq t_\mu . \tag{7.8}$$

Es sind ferner die partiellen Ableitungen 1. Ordnung nach x^i und t auf jeder kompakten Teilmenge $\boldsymbol{K}$ des (t,x)-Raumes unabhängig von μ beschränkt. Daß dies für die Ableitungen nach x zutrifft, folgt unmittelbar aus dem Hilfssatz 6.1. Die Beschränktheit von s_μ und $(s_\mu)_x$ zieht aber wegen (7.7) auch die Beschränktheit von $(s_\mu)_t$ nach sich. Die analoge Aussage – gleichmäßige Beschränktheit aller partiellen Ableitungen 1. Ordnung auf kompakten Teilmengen – gilt auch für solche Folgen, die aus den höheren partiellen Ableitungen der s_μ nach x bestehen, vorausgesetzt die Ordnung dieser Ableitungen ist nicht größer als ν und die Voraussetzung (7.4) ist erfüllt. Auch das folgt wieder aus dem Hilfssatz 6.1 in Verbindung mit (7.7). Aus dem Satz 2.1 ergibt sich nun, daß eine geeignete Teilfolge der s_μ existiert, die auf jedem kompakten Teil $\boldsymbol{K}$ des (t,x)-Raumes gleichmäßig konvergiert. Indem man erneut Teilfolgen auswählt, kann man nacheinander auch jede der aus den partiellen Ableitungen gebildeten Folgen auf $\boldsymbol{K}$ konvergent machen, sofern die Ordnungen dieser Ableitungen den oben angegebenen Bedingungen genügen. Die am Schluß dieses

Auswahlprozesses verbleibende Teilfolge, die wir der Einfachheit halber wieder mit (s_μ) bezeichnen, hat dann gemäß Satz 2.1 die Eigenschaft, daß $s(t,x) = \lim_{\mu\to\infty} s_\mu(t,x)$ eine für alle (t,x) definierte Lipschitz-stetige Funktion ist und daß $s(t,x)$ stetige und beschränkte partielle Ableitungen bis zur Ordnung ν nach den x^i besitzt, sofern die Voraussetzungen (7.4) erfüllt sind[1]. Von dieser Funktion $s(t,x)$ wollen wir nun zeigen, daß sie alle in der Formulierung des Satzes aufgeführten Eigenschaften besitzt und daher in Wirklichkeit nicht von der Wahl der speziellen Folge (s_μ) abhängt, sondern sich charakterisieren läßt als die maximale Integralmannigfaltigkeit der Dgl. (7.1), deren Projektion in den y-Raum beschränkt ist. Von den im einzelnen zu behandelnden Punkten ist c) im Hinblick auf (7.8) bereits erledigt, ebenso e) (die Existenz der partiellen Ableitungen nach t und die Relation (7.5) wird sich später von selbst ergeben, sobald b) bewiesen ist, vgl. Hilfssatz 5.1). Wir kommen nun zum entscheidenden Schritt des gesamten Beweises und wollen uns klarmachen, daß für jede Lösung $(x(t), y(t))$ und für beliebiges t_0 die folgende Aussage richtig ist.

(7.9) *$y(t)$ ist für $t \to \infty$ dann und nur dann beschränkt, wenn $y(t_0) = s(t_0, x(t_0))$ ist.*

Damit sind dann die wesentlichen Teile b) und d) des Satzes bewiesen.

Die für eine Integralmannigfaltigkeit charakteristische Eigenschaft von $\boldsymbol{M}$ läßt sich unmittelbar aus (7.9) herleiten: Gilt nämlich für ein t_0 die Beziehung $y(t_0) = s(t_0, x(t_0))$, so hat dies die Beschränktheit von $y(t)$ zur Folge. Daher muß dann $y(t_1) = s(t_1, x(t_1))$ für jedes andere t_1 sein.

Wir beweisen nun die erste Hälfte von (7.9). Es sei $(x(t), y(t))$ eine Lösung, die für $t = t_0$ der Bedingung $y(t_0) = s(t_0, x(t_0))$ genügt. Wir werden zeigen, daß dann

(7.10) $$\|y(t)\| \leq |p|\zeta$$

für alle t gilt. Zu diesem Zwecke betrachten wir diejenigen Lösungen $(x_\mu(t), y_\mu(t))$ der Dgl. (7.1), die durch die Anfangsbedingungen

$$x_\mu(t_0) = x(t_0), \quad y_\mu(t_0) = s_\mu(t_0, x(t_0)) = s_\mu(t_0, x_\mu(t_0))$$

festgelegt sind, $\mu \geq \mu_0$. $(t_0, x_\mu(t_0), y_\mu(t_0))$ gehört dann zur Integralmannigfaltigkeit $\boldsymbol{M}(t_\mu, 0)$ (vgl. (7.6)), daher ist $y_\mu(t) = s_\mu(t, x_\mu(t))$ und somit – wegen (7.8) –

(7.11) $$\|y_\mu(t)\| \leq |p|\zeta, \quad \text{falls } t \leq t_\mu .$$

Nun ist aber $x_\mu(t_0) = x(t_0)$, $\lim_{\mu\to\infty} y_\mu(t_0) = y(t_0)$ und daher auch $\lim_{\mu\to\infty} y_\mu(t) = y(t)$ für jedes t (stetige Abhängigkeit der Lösungen von den Anfangswerten). Die zu beweisende Ungleichung (7.10) folgt dann aus (7.11).

Um (7.9) in der umgekehrten Richtung zu beweisen, machen wir Gebrauch von den Identitäten

---

[1] In bezug auf x genügt s sogar auf dem gesamten (t,x)-Raum einer Lipschitz-Bedingung (auch wenn (7.4) nicht gilt). Denn die s_μ haben diese Eigenschaft mit einer von μ unabhängigen Lipschitz-Konstanten.

(7.12) $x(t) = x(t; t_0, x(t_0), t_1, y(t_1)), \qquad y(t) = y(t; t_0, x(t_0), t_1, y(t_1))$,

die für jede Lösung $(x(t), y(t))$ und für jedes $t_0 \leq t_1$ bestehen, und deren Richtigkeit man einfach durch Vergleich der Randwerte für $t = t_0$ und $t = t_1$ bestätigt[1]. Wir betrachten nun eine Lösung $(x(t), y(t))$, deren y-Komponente für $t \to \infty$ beschränkt ist. Zur Abkürzung setzen wir

(7.13) $x(t_0) = x_0, \qquad y(t_\mu) = y_\mu$.

Es ist dann die Folge (y_μ) beschränkt, und diese Eigenschaft bewirkt bereits, daß

(7.14) $y(t_0) - s(t_0, x(t_0)) = \lim\limits_{\mu \to \infty} (y(t_0) - s_\mu(t_0, x(t_0))) = 0$

ist, wie wir uns klarmachen wollen. Wir benutzen die Identität (7.12), die Abkürzung (7.13) und die Definition von s_μ. Das ergibt

$$y(t_0) - s_\mu(t_0, x_0) = y(t_0; t_0, x_0, t_\mu, y_\mu) - y(t_0; t_0, x_0, t_\mu, 0), \quad \text{falls } t_0 \leq t_\mu .$$

Die Differenz auf der rechten Seite denke man sich nun mit Hilfe des Mittelwertsatzes der Differentialrechnung umgeformt und das Resultat gemäß Hilfssatz 6.2 abgeschätzt. Dann erhält man

$$\|y(t_0) - s_\mu(t_0, x_0)\| \leq \chi e^{-\rho(t_\mu - t_0)} \|y_\mu\|, \quad \text{falls } t_\mu \geq t_0 + 1 ,$$

womit offenbar (7.14) bewiesen ist.

Wir wollen uns als nächstes mit Punkt f) befassen. Falls g und p periodisch in t mit der Periode ω sind, so ist mit $(x(t), y(t))$ auch stets $(x(t - \omega), y(t - \omega))$ Lösung der Dgl. (7.1). Ist nun $y(t)$ für $t \to \infty$ beschränkt, so gilt das gleiche für die Funktion $y(t - \omega)$. Aus dem bereits bewiesenen Teil von Satz 7.1 ergibt sich daher die Richtigkeit der folgenden Feststellung:

Ist $y(t) = s(t, x(t))$ für ein (und damit für alle) t, so gilt $y(t - \omega) = s(t, x(t - \omega))$ und damit auch $y(t) = s(t + \omega, x(t))$ für alle t. Dies aber bedeutet, daß $s(t, x) = s(t + \omega, x)$ identisch in (t, x) ist.

Es bleibt schließlich noch die Aufgabe, Punkt g) – die Attraktivität und Stabilität von $\boldsymbol{M}$ für $t \to -\infty$ zu beweisen. Attraktivität von $\boldsymbol{M}$ für $t \to -\infty$ bedeutet, daß für jede Lösung $(x(t), y(t))$ die Beziehung

(7.15) $\lim\limits_{t \to -\infty} \|y(t) - s(t, x(t))\| = 0$

gilt. Stabilität bedeutet, daß es zu jedem $\varepsilon > 0$ ein (von ε und t_1) abhängiges $\delta > 0$ derart gibt, daß $\|y(t) - s(t, x(t))\| \leq \varepsilon$ für alle $t \leq t_1$ und alle diejenigen Lösungen $(x(t), y(t))$ gilt, die der Bedingung $\|y(t_1) - s(t_1, x(t_1))\| \leq \delta$ genügen.

Wir denken uns $(x(t), y(t))$ und t_0, t_1 mit $t_1 \geq t_0 + 1$ fest vorgegeben. Der Grundgedanke der folgenden Überlegungen ist anschaulich sehr naheliegend: Man ver-

---

[1] Die Symbole x, y treten in dieser Beziehung in zwei Bedeutungen auf: $(x(t), y(t))$ bedeutet eine spezielle Lösung, $x(t; \ldots)$, $y(t; \ldots)$ sind die in Satz 6.1 eingeführten Funktionen von t, t_0, x_0, t_1, y_1. Welche Bedeutung gemeint ist, ergibt sich stets aus dem hinter dem Funktionssymbol stehenden Argument.

gleicht die abzuschätzende Lösung mit derjenigen zu $\boldsymbol{M}$ gehörigen Lösung $(\tilde{x}(t), \tilde{y}(t))$, die zur Zeit $t = t_0$ genau „darunter" liegt, d. h. die den Anfangsbedingungen

$$(7.16) \qquad \tilde{x}(t_0) = x_0 = x(t_0), \quad \tilde{y}(t_0) = s(t_0, x(t_0))$$

genügt. Für diese Lösung gilt

$$(7.17) \qquad \tilde{y}(t) = s(t, \tilde{x}(t))$$

für alle t. Wir setzen zur Abkürzung

$$y(t_1) = y_1, \quad \tilde{y}(t_1) = \tilde{y}_1 .$$

Mit Hilfe der Identitäten (7.12) schätzen wir nun die Differenzen

$$x(t) - \tilde{x}(t) = x(t; t_0, x_0, t_1, y_1) - x(t; t_0, x_0, t_1, \tilde{y}_1)$$

und $\quad y(t) - \tilde{y}(t) = y(t; t_0, x_0, t_1, y_1) - y(t; t_0, x_0, t_1, \tilde{y}_1)$

ab, indem wir sie zunächst mit Hilfe des Mittelwertsatzes der Differentialrechnung umformen und dann den Hilfssatz 6.2 anwenden. Das ergibt für $t_1 - t_0 \geq 1$

$$(7.18) \qquad \begin{aligned} \|y(t_0) - \tilde{y}(t_0)\| &\leq \chi e^{-\rho(t_1 - t_0)} \|y_1 - \tilde{y}_1\|, \\ \|x(t_1) - \tilde{x}(t_1)\| &\leq \chi |g_y| \|y_1 - \tilde{y}_1\|. \end{aligned}$$

Die erste dieser Ungleichungen führt sofort auf die zu beweisende Beziehung (7.15), die sich — wegen $\tilde{y}(t_0) = s(t_0, x(t_0))$ — auch in der Form $\lim\limits_{t_0 \to -\infty} \|y(t_0) - \tilde{y}(t_0)\| = 0$ schreiben läßt. Man hat nur zu beachten, daß y_1 von t_0 unabhängig ist und $\tilde{y}_1 = s(t_1, \tilde{x}(t_1))$ in der Form $\|\tilde{y}_1\| \leq |p|\zeta$ abgeschätzt werden kann (vgl. (7.10)). Wir kombinieren nun (7.18) mit der nachstehenden Beziehung

$$\begin{aligned} \|y_1 - s(t_1, x(t_1))\| &= \|y_1 - \tilde{y}_1 + s(t_1, \tilde{x}(t_1)) - s(t_1, x(t_1))\| \\ &\geq \|y_1 - \tilde{y}_1\| - |p_x| \chi_1 \|\tilde{x}(t_1) - x(t_1)\|, \end{aligned}$$

die man durch Umformung der Differenz $s(t_1, \tilde{x}(t_1)) - s(t_1, x(t_1))$ mit Hilfe des Mittelwertsatzes und Benutzung der a-priori-Abschätzung (6.7) für $\|s_x\|$ erhält (diese Abschätzung folgt durch Grenzübergang aus der entsprechenden Abschätzung für $(s_\mu)_x$). χ_1 ist derjenige Ausdruck in (6.7), der nach Herausziehen des Faktors $|h_x|$ (dies ist in unserem Falle gleich $|p_x|$) übrigbleibt. Aus (7.18) und der letzten Ungleichung ergibt sich dann weiter

$$\|y_1 - s(t_1, x(t_1))\| \geq (1 - |p_x| |g_y| \chi) \|y_1 - \tilde{y}_1\|,$$

wobei wir für $\chi\chi_1$ wieder χ geschrieben haben. Falls nun

$$1 - |p_x| |g_y| \chi > 0$$

ist, kann man $\|y_1 - \tilde{y}_1\|$ durch $\|y_1 - s(t_1, x(t_1))\|$ abschätzen und damit die erste der Beziehungen (7.18) zu einer Ungleichung der Form

$$\|y(t_0) - \tilde{y}(t_0)\| \leq \chi \|y(t_1) - s(t_1, x(t_1))\| e^{\rho(t_0 - t_1)}, \quad t_1 - t_0 \geq 1,$$

weiterführen. Damit ist der noch ausstehende Teil der Aussage g) bewiesen, jedenfalls sofern $t \leq t_1 - 1$ ist.

Die zuletzt gewonnene Ungleichung gilt mit eventuell geänderter Konstanten für alle $t_0 \leq t_1$, wenn wir zeigen können, daß eine Abschätzung der Form

$$\|y(t) - s(t,x(t))\| \leq \sigma \|y(t_1) - s(t_1,x(t_1))\|$$

für alle $t \in [t_1 - 1, t_1]$ mit einer von t unabhängigen Konstanten σ gilt. Für $t = t_1 - 1$ haben wir bereits $\|y(t) - s(t,x(t))\| \leq \chi e^{\rho} \|y(t_1) - s(t_1,x(t_1))\|$ gezeigt. Da die Lösungen Lipschitz-stetig von den Anfangswerten abhängen, gilt mit einem $\sigma_1 > 0$ (die Lösung $\tilde{x}(t)$, $\tilde{y}(t)$ genügt dabei der Bedingung (7.16) mit t_1 statt t_0)

$$\|y(t) - \tilde{y}(t)\| \leq \sigma_1 \|y(t_1) - s(t_1,x(t_1))\|,$$

$$\|x(t) - \tilde{x}(t)\| \leq \sigma_1 \|y(t_1) - s(t_1,x(t_1))\|$$

für alle $t \in [t_1 - 1, t_1]$. Wegen der Lipschitz-Stetigkeit von s folgt daraus

$$\begin{aligned}\|y(t) - s(t,x(t))\| &\leq \|y(t) - \tilde{y}(t)\| + \|\tilde{y}(t) - s(t,x(t))\| \\ &\leq (\sigma_1 + \sigma_2\sigma_1)\|y(t_1) - s(t_1,x(t_1))\|\end{aligned}$$

für alle $t \in [t_1 - 1, t_1]$, σ_2 eine positive Konstante (man beachte $\tilde{y}(t) = s(t,\tilde{x}(t))$). Damit ist eine Abschätzung der gewünschten Form gewonnen.

Zusatz. Die Aussage des Satzes 7.1 gilt für ein beliebiges System der Form (6.1), wenn die Voraussetzungen von Satz 6.1 sämtlich erfüllt sind und wenn es eine Folge $t_\mu \to \infty$ und eine feste Zahl ζ_0 gibt, derart daß aus $y(t_\mu) = 0$ stets die Abschätzung $\|y(t)\| \leq \zeta_0$ für alle $t \leq t_\mu$ folgt. Beim Beweise des Satzes 7.1 wurden nämlich nur diese beiden Eigenschaften der Dgln. (7.1) benutzt.

Der Satz 7.1 ist die Vorstufe zu allgemeineren Resultaten, die sich zumeist durch naheliegende Umformung auf ihn zurückführen lassen. Einige dieser Aussagen wollen wir noch kurz besprechen, beschränken uns aber gelegentlich auf eine mehr qualitative Wiedergabe der Ergebnisse und überlassen die explizite Formulierung dem Leser.

Wir betrachten als erstes das Gegenstück zur Dgl. (7.1), nämlich

$$\text{(7.19)} \qquad \dot{x} = Ax + p(t,x,y), \qquad \dot{y} = h(t,x,y),$$

wobei A eine konstante Matrix ist, deren Eigenwerte alle negativen Realteil haben. Durch die Substitution $t \to -t$ und Vertauschung von x und y läßt sich diese Dgl. überführen in eine Gleichung der Form (7.1). Wenn daher die Funktion p und die partiellen Ableitungen von p und h nach x,y beschränkt sind und zudem $|p_x|$ sowie $|p_y|\,|h_x|$ hinreichend klein ist, besitzt die Dgl. (7.19) wieder eine eindeutig bestimmte maximale Integralmannigfaltigkeit $\boldsymbol{M}$, deren Projektion in den x-Raum beschränkt ist. $\boldsymbol{M}$ gestattet jetzt eine Darstellung der Form $x = s(t,y)$ und zeichnet sich durch die entsprechenden Stabilitäts- und Attraktivitätseigenschaften für $t \to +\infty$ aus.

Man kann nun die beiden Typen von Dgln. (7.1) und (7.19) kombinieren und gelangt dann zu einem System von Dgln. folgender Form

(7.20) $\dot{x} = Ax + p_1\,, \quad \dot{y} = By + p_2\,, \quad \dot{z} = q\,,$

wobei die Zustandsvariable jetzt in drei Vektoren $x = (x^1,\ldots)^T$, $y = (y^1,\ldots)^T$, $z = (z^1,\ldots)^T$ zerlegt worden ist. A ist eine Matrix, deren Eigenwerte alle negativen Realteil, B eine Matrix, deren Eigenwerte alle positiven Realteil besitzen. $p_i = p_i(t,x,y,z)$, $i = 1,2$, und $q = q(t,x,y,z)$ sind Funktionen mit beschränkten partiellen Ableitungen nach x,y,z. Außerdem sollen die p_i selber beschränkt sein und die partiellen Ableitungen 1. Ordnung von p_1,p_2,q nach x,y,z dem Betrage nach unter eine Schranke ε liegen, die im folgenden genauer festzulegen ist. Dann besitzt die Dgl. (7.20) eine maximale Integralmannigfaltigkeit $\boldsymbol{M}$, deren Projektion in den (x,y)-Raum beschränkt ist und die sich in der Form $x = s_1(t,z)$, $y = s_2(t,z)$ darstellen läßt. Um sich dies klarzumachen, kann man etwa so vorgehen. Zunächst fasse man (7.20) als System der Form (7.1) auf, wobei an Stelle von x das Paar (x,z) und an Stelle von $g(t,x,y)$ das Paar $(Ax + p_1(t,x,y,z), q(t,x,y,z))$ tritt. Daß die Voraussetzungen des Satzes 7.1 sämtlich erfüllt sind, falls ε hinreichend klein ist, läßt sich leicht nachprüfen. Die einzige Schwierigkeit bereitet die Voraussetzung (6.3), an dieser Stelle muß man mit ähnlichen Überlegungen wie beim Hilfssatz 3.1 arbeiten. Es gibt demnach eine durch die Dgl. (7.20) eindeutig bestimmte maximale Integralmannigfaltigkeit $\boldsymbol{M}_y$, deren Projektion in den y-Raum beschränkt ist und die sich in der Form $y = s(t,x,z)$ darstellen läßt. In analoger Weise ergibt sich die Existenz der maximalen Integralmannigfaltigkeit $\boldsymbol{M}_x$ mit beschränkter x-Projektion. Es ist dann klar, daß $\boldsymbol{M} = \boldsymbol{M}_x \cap \boldsymbol{M}_y$ ist. Daraus folgt aber noch nicht, daß sich $\boldsymbol{M}$ in der angegebenen Weise analytisch darstellen läßt (es folgt noch nicht einmal, daß $\boldsymbol{M} \neq \emptyset$ ist). Nun kann man $\boldsymbol{M}$ als Teilmenge von $\boldsymbol{M}_y$ aber auch so charakterisieren: Es ist $\boldsymbol{M} = \{(t,x,y,z) \mid y = s(t,x,z), (t,x,z) \in \tilde{\boldsymbol{M}}\}$, wo $\tilde{\boldsymbol{M}}$ die zur Dgl.

(7.21) $\dot{x} = Ax + p_1(t,x,s(t,x,z),z)\,, \quad \dot{z} = q(t,x,s(t,x,z),z)$

gehörige maximale Integralmannigfaltigkeit mit beschränkter x-Projektion ist. Was demnach zu zeigen bleibt, ist die Existenz von $\tilde{\boldsymbol{M}}$ und die Möglichkeit, $\tilde{\boldsymbol{M}}$ in der Form $x = s_1(t,z)$ darzustellen. Die Dgl. (7.21) ist nun vom Typ (7.19) und genügt für hinreichend kleines ε auch allen Voraussetzungen, von denen wir bei der Diskussion von (7.19) ausgegangen sind. Die Nachprüfung dieser Behauptung ist durch Verwendung der a-priori-Abschätzungen (6.7) für die partiellen Ableitungen s_x, s_z leicht möglich.

Wir wollen zum Schluß noch zwei Spezialfälle von (7.1) näher betrachten. Zunächst befassen wir uns mit einem System der Form

(7.22) $\dot{x} = Ax + p_1(t,x,y)\,, \quad \dot{y} = By + p_2(t,x,y)\,.$

Satz 7.2. Voraussetzung. *p_1, p_2 sind samt ihren partiellen Ableitungen nach x,y bis zur Ordnung $\nu + 1 \geq 1$ stetig und beschränkt. Die Eigenwerte der Matrix A bzw. B haben alle negativen bzw. positiven Realteil.*

Behauptung. *Es gibt eine nur von den Matrizen A, B abhängige Zahl $\varepsilon > 0$ mit folgender Eigenschaft. Ist*

(7.23) $|(p_1)_x| \leq \varepsilon\,, \quad |(p_2)_y| \leq \varepsilon\,, \quad |(p_1)_y|\,|(p_2)_x| \leq \varepsilon\,,$

so existieren die maximalen Integralmannigfaltigkeiten $\boldsymbol{M}_y$ bzw. $\boldsymbol{M}_x$ mit beschränkter Projektion in den y- bzw. x-Raum und besitzen alle in Satz 7.1 *aufgeführten Eigen-*

schaften[1]. *Falls ε hinreichend klein ist, existiert eine und nur eine Lösung von* (7.22), *die auf* $(-\infty, \infty)$ *beschränkt ist.*

Bemerkung. Die letzte Aussage kann auch so interpretiert werden: Der Durchschnitt von $\boldsymbol{M}_y$ und $\boldsymbol{M}_x$ besteht aus genau einer Lösungskurve $(t, x(t), y(t))$. Man spricht in diesem Zusammenhang auch von der Sattelpunkteigenschaft der Dgl. (7.22).

Beweis. Aus $|(p_1)_x| \leq \varepsilon$, $|(p_2)_y| \leq \varepsilon$ folgt, daß die Bedingung (6.3) erfüllt ist, und zwar mit $\beta > 0$, $\alpha < 0$, sofern nur ε unterhalb einer durch A und B bestimmten Schranke liegt (vgl. die Bemerkungen zu Beginn dieses Abschnittes). Die in der Formulierung von Satz 6.1 und Satz 7.1 vorkommende Zahl ρ kann daher gleich Null gesetzt werden. Die Bedingung (6.4) reduziert sich dann auf

$$\gamma_g \gamma_h |(p_1)_y| \, |(p_2)_x| (|\alpha| \beta)^{-1} < 1$$

und kann ebenfalls durch passende Wahl von ε erfüllt werden. Zum Nachweis der Sattelpunktseigenschaft kann man die vorangehenden Überlegungen verwenden, indem man (7.22) als System der Form (7.20) (etwa mit $q \equiv 0$) auffaßt und die maximale Integralmannigfaltigkeit mit beschränkter Projektion in den (x, y)-Raum betrachtet. Man kann aber auch direkt vorgehen und sich zunächst mit der Frage nach den beschränkten Lösungen einer Dgl. der Form $\dot{x} = Ax + p(t, x)$ befassen (vgl. Aufgabe 2 am Ende dieses Abschnittes), und dann das Analogon zur Dgl. (7.21) (für $q \equiv 0$) betrachten.

Wenn die Funktionen p_i außer von t, x, y noch von einem (vektorwertigen) Parameter z abhängen und die Abschätzungen (7.23) für alle t, x, y, z gelten, wird die Gleichung $y = s(t, x, z)$ der maximalen Integralmannigfaltigkeit $\boldsymbol{M}_y$ auch von z abhängig. Es ist nun wichtig zu wissen, unter welchen Voraussetzungen s eine stetig differenzierbare Funktion aller Veränderlichen wird. Man kann die Frage, in welcher Weise s von Parametern abhängt, immer auf die Situation des Satzes 7.1 zurückführen, indem man z als zusätzliche Zustandsvariable einführt, d. h. zu der Dgl.

$$\dot{x} = Ax + p_1(t, x, y, z), \; \dot{y} = By + p_2(t, x, y, z), \; \dot{z} = 0 \tag{7.24}$$

übergeht und nun so verfährt, wie das oben bereits im Zusammenhang mit (7.20) skizziert wurde, d. h. man faßt (7.24) als eine Dgl. der Form (7.1) auf, wobei (x, z) die Rolle von x spielt. Man sieht nun sofort, daß die Bedingung (6.3) erfüllt ist – und zwar mit $\alpha = 0$ und $\beta > 0$ –, sofern für passendes ε

$$|(p_1)_x| \leq \varepsilon, \quad |(p_2)_y| \leq \varepsilon, \quad |(p_2)_z| \leq \varepsilon \tag{7.25}$$

gilt. Da wir auf stetige Differenzierbarkeit von s Wert legen, müssen wir an Stelle von (6.4) die schärfere Bedingung (7.4) verwenden, wobei $|g_y| \, |p_x|$ (bis auf einen durch die verwendete Norm bedingten Faktor) in unserem Fall durch $|(p_1)_y| (|(p_2)_x| + |(p_2)_z|)$ ersetzt werden kann. Damit erhalten wir das folgende Resultat:

Satz 7.3. *Haben die Eigenwerte der Matrix A bzw. B alle negativen bzw. positiven Realteil, so gibt es eine nur von den Matrizen A, B und von v abhängige positive Zahl ε*

[1] Für $\boldsymbol{M}_x$ natürlich im Sinne der Bemerkung zu (7.19).

mit folgender Eigenschaft: Gilt die Abschätzung (7.25), *sowie*

$$|(p_1)_y|(|(p_2)_x| + |(p_2)_z|) \leq \varepsilon,$$

und sind die partiellen Ableitungen der p_i *nach* x, y, z *bis zur Ordnung* $\nu + 1$ *stetig und beschränkt, so ist die maximale Integralmannigfaltigkeit mit beschränkter* y*-Projektion der Dgl.* (7.24) *in der Form* $y = s(t, x, z)$ *darstellbar, wobei* s *stetige partielle Ableitungen nach* x *und* z *bis zur Ordnung* ν *besitzt.*

Für unmittelbare Anwendungen auf konkrete Probleme sind der Satz 7.1 und seine Verallgemeinerungen wenig geeignet, da die in den Voraussetzungen enthaltenen globalen Forderungen (Beschränktheit der partiellen Ableitungen für alle (t, x, y), Gültigkeit von (6.3) entlang jeder Lösung $(x(t), y(t))$) nicht realistisch sind. Der Typ von Dgln., den wir bisher betrachtet haben, stellt aber ein effektives methodisches Instrument dar, mit dessen Hilfe wir in den folgenden Abschnitten die Linearisierung an einigen auch für die Anwendungen wichtigen Klassen von Dgln. demonstrieren wollen. Wir gehen dabei so vor, daß wir auf einer gewissen Teilmenge des (t, x, y)-Raumes eine vorgegebene Dgl. durch eine vom Typ (7.1) bzw. (7.19) bzw. (7.20) ersetzen und nachweisen, daß ein passendes Teilstück der ausgezeichneten Integralmannigfaltigkeit der Ersatz-Gleichung auch eine Integralmannigfaltigkeit für die ursprüngliche Dgl. wird. Die Teilmengen, auf denen sich diese Konstruktion abspielt, sind zumeist Umgebungen von speziellen Trajektorien der gegebenen Dgl. oder der linearisierten Dgl., wobei zwei Typen von Trajektorien besonders interessant sind: die Ruhelagen und die geschlossenen Trajektorien.

In Abschn. 8 und 9 werden wir uns vornehmlich mit dem ersten Typ befassen. Wie die Linearisierung in der Umgebung einer geschlossenen Trajektorie aussieht, wird in exemplarischer Form am Ende von Abschn. 10 erörtert. – Wir machen noch einmal darauf aufmerksam, daß die Abschn. 10 und 11 unabhängig von Abschn. 8 und 9 gelesen werden können.

Aufgaben. 1. Man zeige: Wenn die Dgl. (7.1) in x periodisch ist, überträgt sich diese Eigenschaft auf die Funktion $s(t, x)$. Genauer: Wenn für einen k-dimensionalen Vektor c

$$g(t, x + c, y) = g(t, x, y), \quad p(t, x + c, y) = p(t, x, y) \tag{7.26}$$

identisch in (t, x, y) gilt, so ist auch $s(t, x + c) = s(t, x)$ identisch in (t, x).

Hinweis. Aus (7.26) folgt, daß mit $(x(t), y(t))$ auch stets das Paar $(x(t) + c, y(t))$ Lösung ist. Was bedeutet dies für die Lösungen mit beschränkter y-Komponente?

2. Gegeben sei die Dgl. $\dot{y} = By + q(t, y)$, wobei $|q| < \infty$, $|q_y| < \infty$. Man zeige nach dem Muster des Beweises von Satz 7.1, daß diese Dgl. genau eine beschränkte Lösung besitzt, falls $|q_y|$ hinreichend klein ist.

Hinweis. Statt mit den Lösungen des Randwertproblems arbeitet man hier direkt mit den Lösungen $y(t; t_1, y_1)$ des AW-Problems. Man betrachte eine geeignete Folge $y(t; t_\mu, 0)$, $t_\mu \to \infty$.

3. Die Funktion $q(t, y)$ sei vom T-Typ[1] und erfülle die in Aufgabe 2 genannten Bedingungen. Dann ist die eindeutig bestimmte Lösung $y(t)$ ebenfalls vom T-Typ.

---

[1] Vgl. Definition 2.1.

Hinweis. Es ist $q(t,y) = p(x_0(t),y)$, wobei $p(u,y)$ eine Funktion von x,y ist und $x_0(t) = (x_0^1(t),\dots,x_0^N(t))^T$, $x_0^i(t) = \cos(\omega_i t + \Theta_i)$. Man betrachte nun das System

$$(7.27) \qquad \dot{y} = By + p(u,y), \quad \dot{u} = v, \quad \dot{v} = -W^2 u,$$

$W = \operatorname{diag}(\omega_1,\dots,\omega_N)$. Faßt man u,v zu einem Vektor x zusammen, so läßt sich (7.27) als ein autonomes System der Form

$$(7.28) \qquad \dot{y} = By + \tilde{p}(x,y), \quad \dot{x} = Ax$$

interpretieren, das allen Voraussetzungen von Satz 7.1 genügt. Die zugehörige Integralmannigfaltigkeit $\boldsymbol{M}$ hat die Darstellung $y = s(u,v)$ mit einer von t unabhängigen Funktion s. Es wird dann $y(t) = s(x_0(t), \dot{x}_0(t))$.

4. Sind die Funktionen $g(t,x,y), p(t,x,y)$ vom T-Typ, so überträgt sich dies auf die Funktion $s(t,x)$ (vgl. Satz 7.1), sofern gewisse zusätzliche Beschränktheitseigenschaften erfüllt sind. Man zeige dies nach dem Muster von Aufgabe 3 und formuliere die zusätzlichen Bedingungen[1].

8. Die stabile Mannigfaltigkeit

Wir betrachten eine autonome Dgl. $\dot{x} = f(x)$, deren rechte Seite auf einer Umgebung $\boldsymbol{G}_0$ von $x = 0$ definiert und hinreichend oft stetig differenzierbar ist. Mit $x(t;x_0)$ bezeichnen wir wie bisher diejenige Lösung, die für $t = 0$ den Anfangswert x_0 besitzt. Es sei wieder $f(0) = 0$, d.h. $x \equiv 0$ ist Ruhelage.

In diesem Abschnitt befassen wir uns erneut mit der Frage, inwieweit für kleine Anfangswerte x_0 das Verhalten der Lösungen $x(t;x_0)$ für $t \to \infty$ durch die linearisierte Dgl. $\dot{y} = f_x(0)y$ bestimmt wird ($f_x(0)$ ist diejenige Matrix, deren Spalten die an der Stelle $x = 0$ genommenen partiellen Ableitungen von f sind). Falls die Eigenwerte von $f_x(0)$ alle negativen Realteil haben, ist die Antwort bereits früher gegeben worden (III Satz 9.1 und Korollar 2). Es besteht dann mit positiven Zahlen σ,λ,δ eine Abschätzung der Form

$$(8.1) \qquad \|x(t;x_0)\| \le \sigma \|x_0\| e^{-\lambda t}, \quad \text{falls } t \ge 0,$$

für alle x_0 mit $\|x_0\| \le \delta$.

Wir wollen uns in diesem Abschnitt nun mit dem allgemeinen Fall befassen, wenn also die Matrix $f_x(0)$ nicht nur Eigenwerte mit negativem Realteil besitzt. Es wird sich dann herausstellen, daß die Aussage (8.1) immer dann gilt, wenn x_0 zu einer gewissen Teilmenge $\boldsymbol{M}_0$ des x-Raumes gehört. Diese Teilmenge ist eine differenzierbare Mannigfaltigkeit, deren Dimension allein durch $f_x(0)$ bestimmt ist. Außerdem ist $\boldsymbol{M}_0$ positiv-invariant. Das bedeutet: Ist $\|x_0\|$ hinreichend klein und gehört x_0 zu $\boldsymbol{M}_0$, so existiert $x(t;x_0)$ für alle $t \ge 0$ und es gilt $x(t;x_0) \in \boldsymbol{M}_0$. Man nennt $\boldsymbol{M}_0$ die zur Ruhelage $x \equiv 0$ gehörige stabile Mannigfaltigkeit. Ihre Konstruktion ist mit den im vorigen Abschnitt entwickelten Hilfsmitteln leicht, sofern die Matrix $f_x(0)$ keine rein-imaginären Eigenwerte besitzt. Mit diesem Fall befassen wir uns zunächst. Falls rein imaginäre Eigenwerte vorliegen, werden die Verhältnisse wesentlich komplizierter. Dazu wird im nächsten Abschnitt einiges gesagt.

---

[1] Hinweis: Hilfssatz 3.2 und die anschließende Aufgabe.

Hat die Matrix $f_x(0)$ keine rein-imaginären Eigenwerte, so ist sie reell-ähnlich zu einer Matrix der Form $\mathrm{diag}(A,B)$, wo die Eigenwerte von A sämtlich negativen und die Eigenwerte von B sämtlich positiven Realteil besitzen (vgl. II Hilfssatz 8.1). Durch eine entsprechende Substitution kann man erreichen, daß $f_x(0)$ von vornherein diese Form hat. Es ist dann zweckmäßig, die gegebene Dgl. wieder als ein System von zwei Dgln. für $x = (x^1,\dots,x^k)^T$ und $y = (y^1,\dots,y^m)^T$ in der Form

$$(8.2) \qquad \dot{x} = Ax + p_1(x,y), \qquad \dot{y} = By + p_2(x,y)$$

zu schreiben, wobei die Restglieder p_1, p_2 an der Stelle $(x,y) = (0,0)$ von höherer als 1. Ordnung verschwinden.

Satz 8.1. Voraussetzungen. *Die Funktionen p_i sind auf einer Umgebung N* von $(0,0)$ *stetig differenzierbar bis zur Ordnung $\nu + 1 \geq 1$ und es gilt*

$$(8.3) \qquad p_i = 0, \quad (p_i)_x = 0, \quad (p_i)_y = 0 \quad \text{für} \quad (x,y) = (0,0) \quad \text{und} \quad i = 1,2.$$

Behauptung. *Es gibt eine für alle x definierte und ν-mal stetig differenzierbare Funktion $s = s(x) = (s^1(x),\dots,s^m(x))^T$ sowie zwei positive Zahlen δ_0, δ mit $\delta_0 \leq \delta$, so daß folgende Aussagen zutreffen:*

a) $s(0) = 0$ *und, falls $\nu + 1 > 1$, auch* $s_x(0) = 0$.

b) *Ist $(x(t), y(t))$ eine Lösung von* (8.2) und gilt $\|x(0)\| \leq \delta_0$, $y(0) = s(x(0))$, *so existiert diese Lösung für alle $t \geq 0$ und genügt der Beziehung* $\|x(t)\| \leq \delta$, $y(t) = s(x(t))$. *Sie klingt zudem für $t \to \infty$ exponentiell ab.*

c) *Genügt eine Lösung der Bedingung* $\|x(t)\| \leq \delta$, $\|y(t)\| \leq \delta$, *für alle* $t \geq 0$, *so ist* $y(t) = s(x(t))$ *für* $t \geq 0$.

Beweis. Wir denken uns zunächst eine Zahl $\varepsilon > 0$ so gewählt, daß die Aussage von Satz 7.2 auf jede Dgl. (7.22) zutrifft, die den in der Voraussetzung von Satz 7.2 formulierten Bedingungen genügen und deren lineare Anteile mit denen von (8.2) übereinstimmen. Nachdem ε fixiert ist, bestimmen wir weiter zwei Funktionen $\tilde{p}_1(x,y)$, $\tilde{p}_2(x,y)$, die auf dem gesamten (x,y)-Raum stetige und beschränkte partielle Ableitungen bis zur Ordnung $\nu + 1$ besitzen und den folgenden Bedingungen genügen:

$$(8.4) \qquad \begin{aligned} &|(\tilde{p}_i)_x| \leq \varepsilon, \quad |(\tilde{p}_i)_y| \leq \varepsilon, \\ &\tilde{p}_i(x,y) = p_i(x,y), \quad \text{falls } \|x\| \leq \delta, \ \|y\| \leq \delta, \end{aligned}$$

für $i = 1,2$. δ ist dabei eine geeignete positive Zahl (vgl. das Korollar zu Hilfssatz 2.3). Auf die Dgln.

$$(8.5) \qquad \dot{x} = Ax + \tilde{p}_1(x,y), \qquad \dot{y} = By + \tilde{p}_2(x,y)$$

läßt sich dann Satz 7.2 anwenden. Insbesondere gibt es also eine für alle x definierte und ν-mal stetig differenzierbare Funktion $s(x)$, so daß durch die Beziehung $y = s(x)$ die maximale Integralmannigfaltigkeit $\boldsymbol{M}_y$ mit beschränkter y-Projektion von (8.5) definiert wird. Nun gehört die Ruhelage (die ja auch Lösung von (8.5) ist, da die Funktionen p_i und $\tilde{p}_i$ in einer Umgebung der Stelle (0,0) übereinstimmen) sicher zu

M_y. Das aber bedeutet, daß $s(0) = 0$ ist. Es verschwindet daher die Funktion $\tilde{p}_1(x,s(x))$ an der Stelle $x = 0$ von höherer als erster Ordnung, denn $\tilde{p}_1(x,y)$ verschwindet wegen der Voraussetzung (8.3) an der Stelle $(x,y) = (0,0)$ samt den partiellen Ableitungen 1. Ordnung. Für die Dgl.

(8.6) $\quad \dot{x} = Ax + \tilde{p}_1(x,s(x))$

ist daher $x \equiv 0$ eine asymptotisch stabile Ruhelage. Mehr noch, für jede Lösung mit hinreichend kleinem $\|x_0\|$ besteht eine Abschätzung der Form (8.1). Das ergibt sich sofort aus dem grundlegenden III Satz 9.1. Wegen $s(0) = 0$ und der Lipschitz-Stetigkeit von $s(x)$ läßt sich dann die zugehörige Funktion $y(t) = s(x(t))$ ebenfalls in der Form (8.1) abschätzen. Man kann daher ein $\delta_0 > 0$ derart angeben, daß die nachstehende Aussage für jede Lösung $(x(t),y(t))$ der Dgl. (8.5) zutrifft.

(8.7) *Aus* $\|x(0)\| \le \delta_0$, $y(0) = s(x(0))$ *folgt:*

a) $y(t) = s(x(t))$ *und* $\|x(t)\| \le \delta$, $\|y(t)\| \le \delta$ *für alle* $t \ge 0$.

b) $x(t)$ *und* $y(t)$ *klingen für* $t \to \infty$ *exponentiell ab.*

Die Bedingung (8.7) besagt nun aber – wegen (8.4) –, daß $(x(t),y(t))$ eine Lösung der ursprünglichen Dgl. (8.2) ist. Umgekehrt ist jede Lösung von (8.2), die der Bedingung (8.7) genügt, Lösung von (8.5) mit beschränkter y-Komponente, daher gilt $y(t) = s(x(t))$. Damit ist Satz 8.1 bewiesen, abgesehen von der Beziehung $s_x(0) = 0$, die durch die nachfolgende Bemerkung 4 erledigt wird.

Bemerkungen. 1. Zunächst ist klar, daß man der Aussage des Satzes 8.1 eine analoge an die Seite stellen kann, die sich auf die Lösungen bezieht, die für $t \to -\infty$ exponentiell abklingen. Man erhält dann wieder ein Resultat in Form einer lokalen Sattelpunktseigenschaft (der Ruhelage).

2. Wenn die Funktionen p_i von t abhängen, jedoch samt ihren partiellen Ableitungen gleichmäßig in bezug auf t gegen Null streben für $(x,y) \to (0,0)$ und im übrigen beschränkte partielle Ableitungen nach x,y besitzen, so gelten die Aussagen des Satzes, wobei an Stelle von $s(x)$ eine Funktion $s(t,x)$ tritt.

3. Aus $y(t_0) \ne s(t_0,x(t_0))$ folgt, daß $\|y(t) - s(t,x(t))\|$ für $t > t_0$ exponentiell so lange wächst, bis $(x(t),y(t))$ die Menge $\{(x,y) \mid \|x\| \le \delta, \|y\| \le \delta\}$ verläßt. Dies ergibt sich aus der Aussage g) des Satzes 7.1.

4. $s(x)$ genügt im Falle $v + 1 > 1$ in einer Umgebung von $x = 0$ der partiellen Dgl.

(8.8) $\quad s_x(x)\,[Ax + p_1(x,s(x))] = Bs(x) + p_2(x,s(x))$

(vgl. (7.5)). Aus dieser Beziehung lassen sich die Koeffizienten der Taylor-Entwicklung von $s(x)$ an der Stelle $x = 0$ eindeutig bestimmen (unendlich oftmalige Differenzierbarkeit von p_1,p_2 vorausgesetzt), und zwar auf Grund ganz ähnlicher Überlegungen, wie wir sie im Zusammenhang mit der Lösung der partiellen Dgl. von Zubov angestellt haben (III Satz 10.4). (8.8) besitzt nämlich genau eine formale Potenzreihen-Lösung

(8.9) $\quad s(x) = \sum_{j=1}^{\infty} s_j(x)\,,$

wobei s_j ein homogenes Polynom vom Grade j ist[1]. Da die Taylor-Entwicklung der Funktionen p_1, p_2 an der Stelle $(x,y) = (0,0)$ mit Gliedern zweiter Ordnung beginnt, erhält man nämlich als Bedingung dafür, daß die Gleichung (8.8) durch den Ansatz (8.9) formal erfüllt wird, ein System von Rekursionsgleichungen der Form

$$(8.10) \qquad (s_j(x))_x A x = B s_j(x) + q_j(x).$$

Hierbei ist q_j ein homogenes Polynom vom Grade j, dessen Koeffizienten durch $s_1, \dots, s_{j-1}$ festgelegt sind, q_1 ist $\equiv 0$. Denkt man sich $q_j(x)$ vorgegeben, so führt die Aufgabe, (8.10) durch ein Polynom vom Grade j zu lösen, auf ein lineares Gleichungssystem für die Koeffizienten von s_j. Daß sich dieses Gleichungssystem eindeutig lösen läßt, ergibt sich nun durch eine Überlegung der gleichen Art, wie wir sie beim Beweis von III Hilfssatz 8.1 angestellt haben, wobei wir von der Matrix B übrigens nur vorauszusetzen brauchen, daß ihre Eigenwerte nicht-negativen Realteil besitzen. Insbesondere ist also $s_1(x) \equiv 0$. Nicht-Lösbarkeit würde hier bedeuten, daß es ein Polynom $s(x)$ mit folgenden Eigenschaften gibt

$$(8.11) \qquad \begin{aligned} & s(x) \not\equiv 0, \quad s(0) = 0 \\ & (s(x))_x A x = B s(x). \end{aligned}$$

Aus der letzten Bedingung folgt aber, daß $y = s(x)$ eine Integralmannigfaltigkeit für das entkoppelte System

$$\dot{x} = Ax, \quad \dot{y} = By$$

darstellt. Das aber heißt: Wenn $x(t)$ Lösung der ersten Dgl. ist, so ist stets $y(t) = s(x(t))$ eine Lösung der zweiten. Da die Eigenwerte von A alle negativen Realteil haben, gilt $\lim\limits_{t \to \infty} x(t) = 0$ und somit auch $\lim\limits_{t \to \infty} y(t) = \lim\limits_{t \to \infty} s(x(t)) = 0$ (wegen $s(0) = 0$) für jede Lösung $x(t)$ der Dgl. $\dot{x} = Ax$. Nun besitzt die Dgl. $\dot{y} = By$ aber nur eine einzige Lösung $y(t)$, die für $t \to \infty$ verschwindet, nämlich die triviale. Es muß daher $s(x(t)) \equiv 0$ gelten für jede Lösung von $\dot{x} = Ax$, und somit ist $s(x)$ doch das Nullpolynom.

Die vorstehenden Überlegungen lassen sich unschwer auf zeitabhängige Systeme übertragen, vorausgesetzt, man hat gleichmäßige Beschränktheit in bezug auf t. Wie die Schlußweise dann zu modifizieren ist, findet man im Beweis von III Hilfssatz 8.2, der die analoge Situation behandelt, bereits vorgezeichnet. Falls die p_i und damit auch s explizit von t abhängen, nimmt (7.5) die Form an

$$(8.8') \qquad s_t(t,x) + s_x(t,x)[Ax + p_1(t,x,s(t,x))] = Bs(t,x) + p_2(t,x,s(t,x)).$$

Wir machen nun die Voraussetzung, daß die partiellen Ableitungen der p_i für $(x,y) = (0,0)$ stetige und beschränkte Funktionen von t auf $(-\infty, \infty)$ sind. Dann ist zu zeigen, daß (8.8′) eine eindeutig bestimmte formale Lösung $\sum\limits_{j=1}^{\infty} s_j(t,x)$ besitzt, wobei s_j ein homogenes Polynom in x ist, dessen Koeffizienten nun aber nicht reelle Zahlen, sondern beschränkte differenzierbare Funktionen von t sind. (8.8′) führt nun wieder auf ein System von Rekursionsgleichungen, das sich von (8.10) durch das Zusatzglied $(s_j(t,x))_t$ auf der linken Seite unterscheidet. Die Koeffizienten von s_j sind Funktionen von t und lassen sich selbst auffassen als die Komponenten der Lösung einer linearen Dgl. mit konstanten Koeffizienten und von t abhängigem, aber beschränktem inhomogenen Anteil, falls die Bedingung (8.10) bzw. ihre t-abhängige Verallgemeinerung erfüllt ist. Daß sie

---

[1] Gemeint ist damit: Die Komponenten s_j^i des Vektors $s_j(x) = (s_j^1(x), \dots, s_j^m(x))^T$ sind homogene Polynome in $x^1, \dots, x^k$ vom Grade j.

auf genau eine Weise als Funktionen gewählt werden können, die auf $(-\infty, \infty)$ beschränkt sind, folgt nun genau wie vorhin einfach aus der Tatsache, daß für das Vorhandensein von beschränkten Lösungen von linearen Dgln. mit konstanten Koeffizienten wieder der Alternativsatz gilt (vgl. Satz 3.1).

5. Die Aussage des Satzes gilt sinngemäß auch für Dgln. der Form (8.2), bei denen A, B, p_1 und p_2 von t abhängige, ω-periodische Funktionen sind, vorausgesetzt die Realteile der charakteristischen Exponenten von A bzw. B sind negativ bzw. positiv und (8.3) ist erfüllt. $s = s(t,x)$ wird dann ebenfalls eine ω-periodische Funktion von t.

6. Für den Beweis des Satzes wird im Grunde nicht (8.3), sondern eine etwas schwächere Bedingung benötigt, nämlich

$$(8.12) \qquad p_i = 0, \quad \|(p_1)_x\| < \varepsilon, \quad \|(p_2)_y\| < \varepsilon, \quad \|(p_1)_y\| \, \|(p_2)_x\| < \varepsilon$$

für $(x,y) = (0,0)$, $i = 1,2$. ε ist dabei wieder wie in Satz 7.2 eine nur von A und B abhängende Zahl. Es gelten daher alle Aussagen des Satzes – außer $s_x(0) = 0$ –, wenn (8.3) durch (8.12) ersetzt wird.

7. Es mögen die Funktionen p_i außer von t, x, y noch von einem (vektorwertigen) Parameter z abhängen, wobei z in einer offenen Menge $\boldsymbol{P}$ variiert. Wenn dann für ein geeignetes $\varepsilon_1 < \varepsilon$ (ε ist die in (8.12) vorkommende Zahl) die Bedingungen

$$(8.13) \qquad p_i = 0, \quad \|(p_1)_x\| \le \varepsilon_1, \quad \|(p_2)_y\| \le \varepsilon_1, \quad \|(p_1)_y\| \, \|(p_2)_x\| \le \varepsilon_1$$

bestehen für $(x,y) = (0,0)$ und $z \in \boldsymbol{P}$, so wird die in Satz 8.1 genannte Funktion $s = s(t,x,z)$ auch von z abhängen. Die dort genannten Zahlen δ_0, δ können jedoch von z unabhängig gewählt werden. s besitzt stetige partielle Ableitungen auch nach z bis zur Ordnung ν, falls die p_i nach x, y, z mindestens $(\nu + 1)$-mal stetig differenzierbar sind und falls

$$(8.14) \qquad \|(p_1)_y\| \left(\|(p_2)_x\| + \|(p_2)_z\| \right) \le \varepsilon_1$$

für $x = 0$, $y = 0$ und $z \in \boldsymbol{P}$ gilt.

Die letzte Aussage läßt sich genau nach dem Muster von Satz 8.1 beweisen [1]. Man wählt ein festes $z_0 \in \boldsymbol{P}$ und betrachtet Funktionen $\tilde{p}_i(t,x,y,z)$, die auf einer Umgebung von $(x,y,z) = (0,0,z_0)$ mit p_i übereinstimmen und so beschaffen sind, daß sie allen in Satz 7.3 aufgeführten Voraussetzungen genügen.

8. Falls $k = m = 1$ ist, handelt es sich bei der Dgl. (8.2) um ein ebenes autonomes System. Die Voraussetzung hinsichtlich der Matrix $f_x(0)$ besagt in diesem Fall, daß $f_x(0)$ zwei reelle Eigenwerte verschiedenen Vorzeichens besitzt. Mittels einer geeigneten Variablentransformation läßt sich das System daher auf die Form

$$(8.15) \qquad \dot{u} = -\alpha u + p_1(u,v), \qquad \dot{v} = \beta v + p_2(u,v)$$

bringen, wobei α, β positive reelle Zahlen und die p_i skalarwertige, genügend oft differenzierbare Funktionen sind, die an der Stelle $(u,v) = (0,0)$ von höherer als 1. Ordnung verschwinden. Die Aussage des Satzes 8.1 kann dann so formuliert werden:

Es gibt eine Funktion $\varphi(u) = \varphi_0 u^2 + \cdots$ und eine Umgebung $\boldsymbol{U}$ von $(0,0)$ mit folgender Eigenschaft. Bleibt eine Lösung $(u(t), v(t))$ für alle hinreichend großen t in $\boldsymbol{U}$, so ist $v(t) = \varphi(u(t))$ für alle diese t. Ist $v(0) = \varphi(u(0))$ und $|u(0)|$ hinreichend klein, so gilt $v(t) = \varphi(u(t))$ für $t \ge 0$. Trajektorien,

---

[1] Wobei man sich jetzt auf Satz 7.3 an Stelle von Satz 7.2 zu berufen hat.

die nicht von Punkten der Kurve $v = \varphi(u)$ ausgehen, verlassen U nach einer gewissen Zeit, und zwar nimmt die Differenz $v(t) - \varphi(u(t))$ bis zu diesem Zeitpunkt mit wachsendem t exponentiell zu.

Aufgabe. Um die Taylor-Entwicklung für die Gleichung der stabilen Mannigfaltigkeit bei einem ebenen autonomen System zu gewinnen, braucht man das System nicht erst auf die Normalform (8.15) zu bringen. Am Beispiel der Dgl.

$$\dot{u} = v, \qquad \dot{v} = - v - \sin u$$

überlege man sich, welcher Ansatz für die Gleichung der stabilen Mannigfaltigkeit zu machen ist, und gebe die ersten Glieder der Entwicklung an.

9. Anwendung auf Stabilitätsprobleme

Die im vorigen Abschnitt gewonnenen Resultate bleiben zum Teil auch noch unter schwächeren Voraussetzungen hinsichtlich der Eigenwerte der Matrix B gültig. Diese Verallgemeinerungen haben eine gewisse Bedeutung für Stabilitätsuntersuchungen in den sogenannten kritischen Fällen, wenn das Studium der linearisierten Dgln. allein keinen Aufschluß mehr gibt. Wir bringen zunächst den

Satz 9.1. *Gegeben sei eine Dgl. der Form* (8.2). *Es mögen* p_1, p_2 *in einer Umgebung von* $(x,y) = (0,0)$ *mindestens* $(v + 2)$*-mal stetig differenzierbar sein und den Bedingungen* (8.3) *genügen. Es sei ferner* ρ_0 *eine positive Zahl mit folgender Eigenschaft:*

Die Realteile der Eigenwerte der Matrix A *sind* $< - \rho_0$,

die Realteile der Eigenwerte der Matrix B *sind* $> - \rho_0$.

Dann gibt es eine für alle x *definierte und* v*-mal stetig differenzierbare Funktion* $s(x)$, *für die beide Aussagen* a) *und* b) *des* Satzes 8.1 *zutreffen.*

Bemerkung. Daß sich die Aussage c) des Satzes 8.1 überträgt, kann man nicht erwarten. Wenn die Eigenwerte von B nicht sämtlich positiven Realteil besitzen, wird es im allgemeinen nicht mehr so sein, daß nur die auf einer Mannigfaltigkeit $y = s(x)$ gelegenen Lösungskurven für alle Zeiten in einer hinreichend kleinen Umgebung der Ruhelage verbleiben. Es ist ja durchaus möglich, daß die Ruhelage überhaupt stabil ist (z. B. wenn die Eigenwerte von B negativen Realteil haben).

Beweis. Wir beginnen mit einer Feststellung, deren Richtigkeit man durch Nachrechnen sofort bestätigt. Es sei $\xi(t)$ eine stetig differenzierbare, nirgends verschwindende skalare Funktion. Ist $(x(t), y(t))$ Lösung der Dgl.

$$\text{(9.1)} \qquad \begin{aligned} \dot{x} &= (A - \dot{\xi}(t)\xi(t)^{-1} E)x + \xi(t)^{-1} p_1(\xi(t)x, \xi(t)y), \\ \dot{y} &= (B - \dot{\xi}(t)\xi(t)^{-1} E)y + \xi(t)^{-1} p_2(\xi(t)x, \xi(t)y), \end{aligned}$$

so ist $(\xi(t)x(t), \xi(t)y(t))$ Lösung der Dgl. (8.2) und umgekehrt. Dieser Zusammenhang ist der Hintergrund des formalen Kunstgriffes, mit dem wir nun den eigentlichen Beweis führen. Wir betrachten an Stelle von (8.2) eine neue Dgl., bei der die Zustandsvariable ein Tripel (ξ, x, y) ist, wobei ξ jetzt als skalare Variable aufzufassen ist, während $x = (x^1, \ldots, x^k)^T$ und $y = (y^1, \ldots, y^m)^T$

wie bisher Vektoren sind. Diese Dgl. lautet

(9.2) $$\dot{x} = (A + \rho_0 E)x + p_1^*(\xi,x,y), \quad \dot{y} = (B + \rho_0 E)y + p_2^*(\xi,x,y), \quad \dot{\xi} = -\rho_0 \xi .$$

ρ_0 ist dabei die in der Voraussetzung genannte positive Zahl und p_j^* die durch

(9.3) $$p_j^*(0,x,y) = 0, \quad p_j^*(\xi,x,y) = \tfrac{1}{\xi} p_j(\xi x, \xi y) \quad \text{für } \xi \neq 0$$

definierte Funktion, $j = 1,2$. Nach der Aufgabe zu Abschn. 2 besitzt p_j^* die Darstellung

(9.4) $$p_j^*(\xi,x,y) = \int_0^1 [(p_j)_x(\tau\xi x, \tau\xi y)x + (p_j)_y(\tau\xi x, \tau\xi y)y]\,d\tau ,$$

wobei $(p_j)_x$ wieder die aus den Spalten $(p_j)_{x^i}$ gebildete Matrix ist. Diese Darstellung besteht auf einer geeignet gewählten Umgebung N^* des Punktes $(\xi,x,y) = (0,0,0)$. Ehe wir weitergehen, halten wir noch eine Aussage fest, die sich aus der Definition (9.3) der Funktionen p_j^* in Verbindung mit (9.1) unmittelbar ergibt:

(9.5) *Es sei* $\xi(t) \neq 0$ *und* $\dot{\xi}(t) = -\rho_0\xi(t)$. *Ist dann* $((x(t),y(t))$ *Lösung der Dgl.* (8.2), *so ist* $(\xi(t), \xi(t)^{-1}x(t), \xi(t)^{-1}y(t))$ *Lösung von* (9.2).

Nun sind die p_j^* mindestens einmal stetig differenzierbar auf N^* und verschwinden samt ihren partiellen Ableitungen an der Stelle (0,0,0). Der Satz 8.1 ist daher auf die Dgl. (9.2) anwendbar, wobei (ξ,x) jetzt die Rolle von x übernimmt. An Stelle von A bzw. B treten dabei die Matrizen $\operatorname{diag}(-\rho_0, A + \rho_0 E)$ bzw. $B + \rho_0 E$, die auf Grund der Voraussetzung des Satzes 9.1 den erforderlichen Bedingungen hinsichtlich der Eigenwerte genügen. Es existiert daher eine für alle ξ,x definierte und entsprechend oft differenzierbare Funktion $s^*(\xi,x) = (s^1(\xi,x),\dots,s^m(\xi,x))^T$ mit folgenden Eigenschaften (δ, $\delta_0 < \delta$, $\kappa \geq 1$ sind geeignete positive Zahlen):

a) $s^*(0,0) = 0, \quad s_x^*(0,0) = 0, \quad s_\xi^*(0,0) = 0 .$

b) *Existiert eine Lösung* $(\xi(t),x(t),y(t))$ *der Dgl.* (9.2) *auf einem Intervall* $[t_0, \infty)$ *und genügt dort der Bedingung*

(9.6) $$|\xi(t)| \leq \delta, \quad \|x(t)\| \leq \delta, \quad \|y(t)\| \leq \delta,$$

so ist $y(t) = s^*(\xi(t),x(t))$ *für* $t \geq t_0$.

c) *Bestehen für die Anfangswerte einer Lösung* $(\xi(t),x(t),y(t))$ *die Beziehungen*

(9.7) $$|\xi(0)| \leq \delta_0, \quad \|x(0)\| \leq \delta_0, \quad y(0) = s^*(\xi(0),x(0)),$$

so existiert diese Lösung für alle $t \geq 0$ *und genügt den Bedingungen*

(9.8) $$|\xi(t)| \leq |\xi(0)| < \delta, \quad \|x(t)\| \leq \kappa\|x(0)\| < \delta, \quad \|y(t)\| < \delta .$$

Die Anfangsbedingungen (9.7) garantieren daher, daß die Ungleichung (9.6) und somit auch die Beziehung

$$y(t) = s^*(\xi(t),x(t))$$

auf einem Intervall der Form $[t_0, \infty)$, $t_0 < 0$, besteht.

Aus diesen Feststellungen ergeben sich nun sofort zwei wichtige Folgerungen:

1. Es ist

(9.9) $$s^*(\xi,0) = 0 \quad \text{für } |\xi| \leq \delta .$$

Denn für jedes ξ_0 mit $|\xi_0| \leq \delta$ genügt die Funktion $(\xi_0 e^{-\rho_0 t},0,0)$ der Dgl. (9.2) und den Bedingungen (9.6). Da ferner $s_x^*(0,0) = 0$ ist, läßt sich also s^* auf der Menge $\{(\xi,x) \mid |\xi| \leq \delta, \|x\| \leq \delta\}$ in der Form

$$\|s^*(\xi,x)\| \leq \|x\| \tag{9.10}$$

abschätzen, sofern δ hinreichend klein ist.

2. Es ist

$$s^*(\eta^{-1}\xi,\eta x) = \eta s^*(\xi,x), \tag{9.11}$$

falls der Vektor x und die beiden Skalare ξ,η den folgenden Bedingungen genügen: $|\xi| \leq \delta_0$, $\|x\| \leq \delta_0$, $2\kappa\|x\| < \delta$, $\eta \neq 0$, $|\eta| \leq 2$, $|\eta^{-1}\xi| < \delta$.

Um die Beziehung (9.11) zu beweisen, denken wir uns ξ_0, x_0 mit

$$|\xi_0| \leq \delta_0, \quad \|x_0\| < \delta_0, \quad 2\kappa\|x_0\| < \delta \tag{9.12}$$

gegeben und betrachten diejenige Lösung $(\xi(t),x(t),y(t))$ der Dgl. (9.2), die den Anfangsbedingungen

$$\xi(0) = \xi_0, \quad x(0) = x_0, \quad y(0) = s^*(\xi_0,x_0) \tag{9.13}$$

genügt. Diese Lösung existiert dann für alle $t \geq 0$ und es ist gemäß (9.8), (9.10) und (9.12)

$$|\xi(t)| \leq |\xi_0|, \quad \|x(t)\| \leq \kappa\|x_0\| < \delta/2, \quad \|y(t)\| \leq \|x(t)\| < \delta/2. \tag{9.14}$$

Es sei nun η eine reelle Zahl mit der Eigenschaft

$$\eta \neq 0, \quad |\eta| \leq 2, \quad |\eta^{-1}\xi_0| < \delta. \tag{9.15}$$

Dann ist das Tripel $(\tilde{\xi}(t),\tilde{x}(t),\tilde{y}(t)) = (\eta^{-1}\xi(t),\eta x(t),\eta y(t))$ wieder eine Lösung der Dgl. (9.2), wie man sofort durch Einsetzen bestätigt. Aus (9.14) und (9.15) folgt nun, daß diese Lösung den Ungleichungen (9.6) für alle $t \geq 0$ genügt, daher ist

$$\eta y(t) = s^*(\eta^{-1}\xi(t), \eta x(t))$$

für alle $t \geq 0$. Setzt man $t = 0$ und beachtet (9.13), erhält man gerade die zu beweisende Relation (9.11).

Diese Beziehung kann nun noch in einer anderen, symmetrischen Form geschrieben werden. Wenn man nämlich ξ durch ξ_0, x durch $x\xi_0^{-1}$, η durch $\xi_0\xi^{-1}$ ersetzt und dann beide Seiten von (9.11) mit ξ multipliziert, erhält man

$$\xi s^*\left(\xi,\frac{x}{\xi}\right) = \xi_0 s^*\left(\xi_0,\frac{x}{\xi_0}\right). \tag{9.16}$$

Diese Relation ist unter nachstehender Voraussetzung gültig

$$\begin{aligned}&\xi \neq 0, \quad \xi_0 \neq 0, \quad |\xi_0| \leq \delta_0, \quad |\xi| < \delta, \quad |\xi_0| \leq 2|\xi|,\\ &\|x\| \leq \delta_0|\xi_0|, \quad 2\kappa\|x\| < \delta|\xi_0|.\end{aligned} \tag{9.17}$$

Wir wählen jetzt ein festes $\xi_0 \neq 0$ mit $|\xi_0| \leq \delta_0$, und setzen $s(x) = \xi_0 s^*\left(\xi_0,\frac{x}{\xi_0}\right)$. $s(x)$ ist nur noch eine Funktion von x und im wesentlichen von dem gewählten ξ_0 unabhängig, wie man gerade aus (9.16) ersieht. $s(x)$ besitzt im übrigen gleiche Differenzierbarkeitseigenschaften wie s^* und es ist wegen (9.9) $s(0) = 0$.

Wir kommen nun zum entscheidenden Schritt des Beweises und wollen uns davon überzeugen, daß durch $y = s(x)$ eine Integralmannigfaltigkeit für die Dgl. (8.2) definiert wird. Sobald dieser

Nachweis erbracht ist, lassen sich alle übrigen Eigenschaften der Funktion $s(x)$ wie beim Beweis des Satzes 8.1 zeigen.

Es sei x_0 vorgegeben mit

$$\|x_0\| < \delta_0|\xi_0|, \quad 2\kappa\|x_0\| < \delta|\xi_0|. \tag{9.18}$$

Wir betrachten eine Lösung $(x(t), y(t))$ der Dgl. (8.2), deren Anfangswerte den Bedingungen $x(0) = x_0$ und

$$y(0) = s(x(0)) = \xi_0 s^*\left(\xi_0, \frac{x(0)}{\xi_0}\right) \tag{9.19}$$

genügen. Wie werden zeigen, daß es ein t-Intervall gibt, das die Null im Innern enthält, und über dem die Beziehung $y(t) = s(x(t))$ besteht. Damit ist dann nachgewiesen, daß durch die Gleichung $y = s(x)$ tatsächlich eine Integralmannigfaltigkeit in folgendem Sinne definiert wird.

Aus $y(0) = s(x(0))$ *folgt* $y(t) = s(x(t))$ *auf jedem die Null enthaltenden t-Intervall, sofern dort* $x(t)$ *in der Menge* $\{x \mid \|x\| < \delta_0|\xi_0|, 2\kappa\|x\| < \delta|\xi_0|\}$ *verbleibt.*

Wir setzen $\xi(t) = \xi_0 e^{-\rho_0 t}$. Aus Stetigkeitsgründen gibt es ein t-Intervall I, das Umgebung von $t = 0$ ist, derart daß

$$|\xi(t)| < \delta, \quad |\xi_0| < 2|\xi(t)|,$$
$$\|x(t)\| < \delta_0|\xi_0|, \quad 2\kappa\|x(t)\| < \delta|\xi_0|$$

für alle $t \in I$ gilt, denn diese Relationen gelten ja für $t = 0$ (wegen (9.18)). Für jedes $t \in I$ genügt das Tripel $\xi_0, \xi = \xi(t)$, $x = x(t)$ den Bedingungen (9.17) und daher muß die Relation (9.16) bestehen. D. h., es ist

$$\xi(t)s^*\left(\xi(t), \frac{x(t)}{\xi(t)}\right) = s(x(t))$$

für alle $t \in I$. Andererseits hat man aber, wie wir früher festgestellt haben (vgl. (9.5)), in dem Tripel $(\xi(t), \xi(t)^{-1}x(t), \xi(t)^{-1}y(t))$ eine Lösung der Dgl. (9.2), die zudem den Anfangsbedingungen (9.7) genügt. Letzteres ersieht man aus (9.18) und (9.19). Aus dem, was wir im Anschluß an (9.8) bemerkt haben, ergibt sich nun sofort, daß die Beziehung

$$\xi(t)^{-1}y(t) = s^*(\xi(t), \xi(t)^{-1}x(t)) = \xi(t)^{-1}s(x(t))$$

für alle $t \geq t_0$ besteht, wobei $t_0 < 0$ ist. Also gibt es ein die Null enthaltendes Intervall, auf welchem die Beziehung $y(t) = s(x(t))$ gilt. Damit ist der Beweis des Satzes 9.1 abgeschlossen.

Wenn die Funktionen p_i unendlich oft differenzierbar sind, besitzt die Funktion $s(x)$ eine Taylor-Entwicklung $\sum_{j=1}^{\infty} s_j(x)$ an der Stelle $x = 0$ und die homogenen Polynome s_j genügen wieder den Rekursionsgleichungen (8.10). Man kann jetzt mit der im vorigen Abschnitt benutzten Schlußweise die eindeutige Auflösbarkeit dieser Rekursionsgleichungen für $j > 1$ nur dann zeigen, wenn die Eigenwerte von B nicht-negativen Realteil besitzen. Doch bleibt der Schluß für $j = 1$ (d. h. $s_1(x) \equiv 0$ und somit $s_x(0) = 0$) von dieser Einschränkung unberührt. Der Satz 9.1 besitzt eine Reihe von Erweiterungen und Verallgemeinerungen, die sich unschwer aus den Bemerkungen im Anschluß an den Beweis von Satz 8.1 ergeben. Im Hinblick auf die Anwendungen wollen wir ein solches allgemeineres Resultat für folgenden Typ von Differentialgleichungen formulieren:

$$\begin{aligned} \dot{x} &= A(t)x + A_0(t)x + A_1(t)y + p_1(t,x,y), \\ \dot{y} &= By + B_0(t)y + B_1(t)x + p_2(t,x,y). \end{aligned} \tag{9.20}$$

Satz 9.2. Voraussetzungen. a) *B ist eine konstante Matrix, deren Eigenwerte alle nicht-negativen Realteil besitzen, $A(t)$ ist periodisch in t und die zugehörigen charakteristischen Exponenten besitzen sämtlich negativen Realteil.*

b) *Es ist*

$$|A_0(\cdot)| \le \varepsilon_1, \quad |B_0(\cdot)| \le \varepsilon_1, \quad |A_1(\cdot)|\,|B_1(\cdot)| \le \varepsilon_1, \tag{9.21}$$

wobei ε_1 eine gewisse positive Zahl ist, die allein von der Matrix $A(t)$ abhängt.

c) *Die Funktionen $p_i(t,x,y)$ besitzen stetige und beschränkte partielle Ableitungen bis zur Ordnung $v+2$ auf der Menge $\{(t,x,y)|(x,y)\in \boldsymbol{N},\ t \text{ beliebig}\}$, wobei $\boldsymbol{N}$ eine Umgebung von $(0,0)$ ist. Es ist*

$$p_i(t,0,0) = 0, \quad (p_i)_x(t,0,0) = 0, \quad (p_i)_y(t,0,0) = 0, \quad i = 1,2. \tag{9.22}$$

Behauptung. *Es gibt positive Zahlen δ_0, $\delta > \delta_0$, $\kappa \ge 1$ und eine Funktion $s(t,x)$, die für alle t,x definiert ist und stetige und beschränkte partielle Ableitungen bis zur Ordnung v nach den Komponenten von x besitzt, so daß die folgenden Aussagen zutreffen:*

a) $s(t,0) = 0$.

b) *Aus $\|x(t_0)\| \le \delta_0$, $y(t_0) = s(t_0,x(t_0))$ folgt, daß $(x(t),y(t))$ für alle $t \ge t_0$ existiert und den Bedingungen*

$$\|x(t)\| \le \kappa\|x(t_0)\| < \delta, \quad \|y(t)\| \le \kappa\|x(t_0)\| < \delta, \quad y(t) = s(t,x(t))$$

genügt. $(x(t),y(t))$ klingt zudem für $t\to\infty$ exponentiell ab.

c) *Hängen die Matrizen A_i, B_i sowie die Funktionen p_i noch von einem Parameter z ab und gelten die Voraussetzungen über die Differenzierbarkeit auch hinsichtlich z, so ist s auch nach den Koordinaten von z v-mal stetig differenzierbar. Die Schranken δ_0, δ, κ können darüber hinaus von z unabhängig gewählt werden, und zwar für alle z aus einer Menge $\boldsymbol{P}$, sofern die Relationen (9.21) gleichmäßig in $\boldsymbol{P}$ gelten und sofern die partiellen Ableitungen nach den x^i gleichmäßig in t und z beschränkt sind und (9.22) identisch in z gilt.*

Beweis. Der Beweis läßt sich genauso wie bei Satz 9.1 führen. Man betrachte zu diesem Zwecke das System

$$\dot{x} = (A(t) + \rho_0 E)x + A_0(t)x + A_1(t)y + \frac{1}{\xi}p_1(t,\xi x,\xi y) = (A(t) + \rho_0 E)x + p_1^*(t,\xi,x,y),$$

$$\dot{y} = (B + \rho_0 E)y + B_0(t)y + B_1(t)x + \frac{1}{\xi}p_2(t,\xi x,\xi y) = (B + \rho_0 E)y + p_2^*(t,\xi,x,y),$$

$$\dot{\xi} = -\rho_0\xi,$$

wobei ρ_0 eine hinreichend kleine positive Zahl ist. Die jetzt auftretenden Funktionen p_i^* unterscheiden sich von dem beim Beweis des Satzes 9.1 benutzten dadurch, daß als Werte der partiellen Ableitungen an der Stelle $(t,0,0)$ nicht mehr 0, sondern die Matrizen A_i, B_i auftreten. Man hat also jetzt diejenige Modifikation des Satzes 8.1 zu benutzen, die von Ungleichungen der Form (8.12) bzw. (8.13) ausgeht. Durch den Wegfall der Beziehung $s_x^*(0,0) = 0$ tritt nun an Stelle von (9.10) eine Abschätzung der Form $\|s^*(\xi,x)\| \le \tilde{\kappa}\|x\|$ mit einer geeigneten Konstanten $\tilde{\kappa}$. Es ändert sich aber dadurch der Beweisgang nicht wesentlich.

Wir fügen noch eine Bemerkung an, die für spätere Anwendungen des Satzes nützlich ist.

Bemerkung. Wenn die Voraussetzungen des Satzes 9.2 (Beschränktheit der partiellen Ableitungen usw.) nur dann zutreffen, wenn t auf ein Intervall $[t_0, \infty)$ beschränkt wird, so bleiben die Aussagen des Satzes richtig, wenn t entsprechend eingeschränkt wird, da es ja dann gleichgültig ist, wie die Dgl. im Bereich $t < t_0$ aussieht. Man kann sie sich z. B. durch die Festsetzung $p_i(t,x,y) = p_i(t_0,x,y)$ in den Bereich $t \leq t_0$ fortgesetzt denken. Es gelten dann die Voraussetzungen des Satzes wieder für $t \in (-\infty, \infty)$.

Daß wir uns nicht auf Betrachtungen von Dgln. der Form (8.2) beschränken, sondern den allgemeineren Typ (9.20) in unsere Überlegungen einbeziehen, hat folgenden Grund. Hat man eine Lösung $(x_0(t), y_0(t))$ der Dgl. (8.2), die für alle $t \geq t_0$ in einer hinreichend kleinen Umgebung der Ruhelage verbleibt, so kann man im allgemeinen die Dgl. der gestörten Bewegung nicht mehr in der Form (8.2) darstellen (was man unter der Dgl. der gestörten Bewegung versteht, wurde in III Abschn. 7 erklärt).

Legt man dagegen von vornherein eine Dgl. vom Typ (9.20) zugrunde und nimmt man an, daß die Schranke ε_1 in (9.21) hinreichend klein ist, so treffen die Voraussetzungen von Satz 9.2 wieder auf die Dgl. jeder (hinreichend wenig) gestörten Bewegung zu, d. h. zu jeder Lösung, die für alle $t \geq t_0$ genügend nahe bei der Ruhelage verbleibt, gibt es eine Integralmannigfaltigkeit, die die Lösungskurve enthält. Zudem ist diese Lösungskurve für alle in der Mannigfaltigkeit verlaufenden Lösungen attraktiv. Wenn es genügend viele benachbarte Lösungen gibt, so daß die zugehörigen Mannigfaltigkeiten eine volle Umgebung der Ruhelage ausfüllen, wird man vermuten, daß die Ruhelage stabil ist (vgl. Abb. 26). Mit dieser Situation wollen wir uns noch kurz befassen.

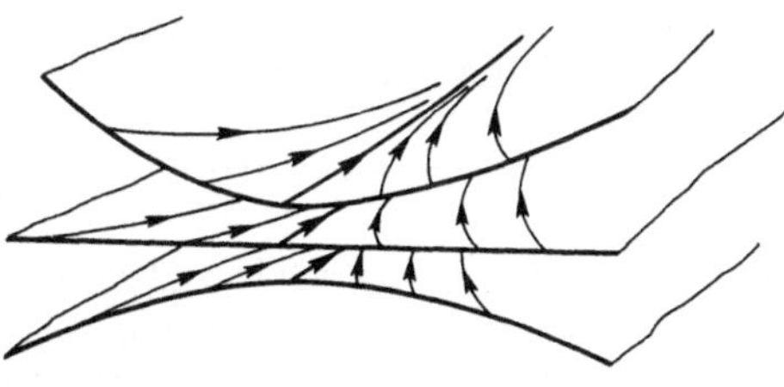

Abb. 26

Der Einfachheit halber wollen wir dabei annehmen, daß die zugrundegelegte Dgl. die Form

$$(9.23) \qquad \dot{x} = A(t)x + p_1(t,x,y), \qquad \dot{y} = By + B_1(t)x + p_2(t,x,y)$$

hat und daß $m = 1$ ist, d. h. y ist skalar. Die im folgenden auftretenden Integralmannigfaltigkeiten sind daher stets Hyperflächen im (t,x,y)-Raum.

Wir machen nun die folgende Annahme. Es gibt eine einparametrige Schar von Lösungen $(x(t,\zeta), y(t,\zeta))$ der Dgl. (9.23), die der Beziehung

$$(9.24) \qquad \lim_{\zeta \to 0} x(t,\zeta) = 0, \qquad \lim_{\zeta \to 0} y(t,\zeta) = 0$$

gleichmäßig in bezug auf t genügt, $t \in [t_0, \infty)$. Diese Lösungen sollen zudem genügend oft stetig differenzierbare Funktionen von t und ζ sein. Für hinreichend kleines $|\zeta|$ existiert dann eine Schar von Integralmannigfaltigkeiten mit der Darstellung

$$(9.25) \qquad y = s(t, x - x(t,\zeta), \zeta) + y(t,\zeta) = \tilde{s}(t,x,\zeta),$$

in der die gegebene Schar von Lösungskurven enthalten ist. Man kommt zu dieser Darstellung, indem man sich in (9.20) den Übergang zur Dgl. der gestörten Bewegung, d. h. also die Transformation $x \to x - x(t,\zeta), y \to y - y(t,\zeta)$ ausgeführt denkt (vgl. III (7.3)), und die erhaltene Dgl. wieder in der Form (9.20) schreibt, und zwar so, daß nur die Matrizen A_i, B_i und die Restglieder p_i von ζ abhängen. Setzt man $x = x(t,\zeta)$ und $y = y(t,\zeta)$ in (9.25), so erhält man die für alle hinreichend kleinen $|\zeta|$ und alle t gültigen Beziehungen

$$s(t,0,\zeta) = 0\,, \qquad s_\zeta(t,0,\zeta) = 0\,. \tag{9.26}$$

Es läßt sich Satz 9.2 anwenden und führt zu der nachstehenden Aussage (bei der man sich, wie auch an späterer Stelle, den Zusatz hinzugefügt zu denken hat: Falls $|\zeta| \leq \zeta_0$, wobei ζ_0 eine hinreichend kleine positive Zahl ist). Aus

$$\|x(t_0) - x(t_0,\zeta)\| \leq \delta, \qquad y(t_0) = \tilde{s}(t_0,x(t_0),\zeta)$$

folgt, daß die Lösung $(x(t),y(t))$ für alle $t \geq t_0$ existiert und der Bedingung

$$\begin{aligned} \|x(t) - x(t,\zeta)\| &\leq \kappa \|x(t_0) - x(t_0,\zeta)\|\,, \\ \|y(t) - y(t,\zeta)\| &\leq \kappa \|x(t_0) - x(t_0,\zeta)\| \end{aligned} \tag{9.27}$$

genügt. δ, κ sind von ζ unabhängig. Zudem streben die Ausdrücke auf der linken Seite von (9.27) exponentiell gegen 0 für $t \to \infty$. Aus diesen Beziehungen ersieht man unschwer, daß die Stabilität der Ruhelage gesichert ist, falls man folgendes zeigen kann (für irgendein festes $t = t_0$):

Zu jedem (x_0,y_0) aus einer hinreichend kleinen Umgebung von $(0,0)$ gibt es ein $\zeta = \zeta(x_0,y_0)$, so daß $y_0 = \tilde{s}(t_0,x_0,\zeta(x_0,y_0))$ ist. Für $(x_0,y_0) \to (0,0)$ gilt $\zeta(x_0,y_0) \to 0$.

Diese Aussage folgt aber nun – wegen $\tilde{s}(t_0,0,0) = 0$ – sofort aus dem Satz über implizite Funktionen, vorausgesetzt man hat

$$\frac{\partial \tilde{s}}{\partial \zeta}(t_0,0,0) = -s_x(t_0,0,0)x_\zeta(t_0,0) + y_\zeta(t_0,0) \neq 0 \quad \left(x_\zeta = \frac{\partial x}{\partial \zeta}(t,\zeta),\ y_\zeta = \frac{\partial y}{\partial \zeta}(t,\zeta)\right). \tag{9.28}$$

Man beachte, daß $s_\zeta(t,0,0) = 0$ ist (vgl. (9.26)).

Die geometrische Bedeutung der Bedingung (9.28) ist klar: Die „Anfangswertkurve" $(x(t_0,\zeta), y(t_0,\zeta))$ durchsetzt die Hyperfläche $y = s(t_0,x,0)$ unter einem von 0 verschiedenen Winkel (vgl. Abb. 27). Diese Ungleichung erlaubt nun aber auch eine einfache analytische Interpretation, die

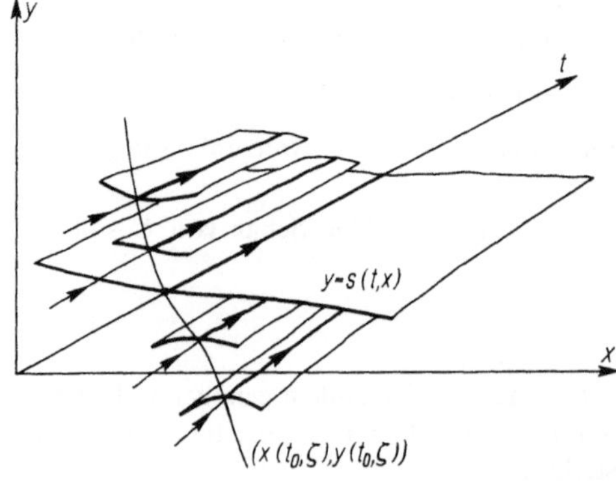

Abb. 27

unter Umständen ihre direkte Nachprüfung ermöglicht. Bekanntlich ist das Funktionenpaar $(x_\zeta(t,0), y_\zeta(t,0))$ Lösung der zur Dgl. (9.23) gehörigen linearisierten Dgl.

$$\dot{x} = A(t)x\,, \qquad \dot{y} = By + B_1(t)x\,, \tag{9.29}$$

die ja nichts anderes ist als die Variationsgleichung bezüglich der Ruhelage (vgl. III Abschn. 4). Da $y = \tilde{s}(t,x,0) = s(t,x,0)$ die Gleichung einer Integralmannigfaltigkeit für die Dgl. (9.23) darstellt, ist $y = s_x(t,0,0)x$ die Gleichung einer Integralmannigfaltigkeit für (9.29). Das ergibt sich unschwer aus unseren Überlegungen im Zusammenhang mit der partiellen Dgl. (8.8') (man beachte, daß $s_x(t,0,0)x$ ja nichts anderes ist als das erste Glied $s_1(t,x)$ in der Taylor-Entwicklung von $s(t,x,0)$). Wenn eine Lösung $(x(t),y(t))$ von (9.29) daher der Bedingung $y(t_0) = s_x(t_0,0,0)x(t_0)$ für ein t_0 genügt, so ist $y(t) = s_x(t,0,0)x(t)$ für alle t und somit

$$\lim_{t\to\infty} x(t) = 0\,, \quad \lim_{t\to\infty} y(t) = 0$$

(daß $x(t)$ gegen Null geht, folgt einfach aus der Voraussetzung über die Matrix $A(t)$). Die Bedingung (9.28) ist also sicher dann erfüllt, wenn $(x_\zeta(t,0),y_\zeta(t,0))$ für $t \to \infty$ nicht verschwindet. Wir haben damit folgendes Stabilitätskriterium erhalten.

Satz 9.3. *Die Dgl.* (9.23) *möge den Voraussetzungen von* Satz 9.2 *genügen ((9.21) ist jetzt gegenstandslos). Es möge ferner eine einparametrige Schar von Lösungen* $(x(t,\zeta),y(t,\zeta))$ *geben, die der Bedingung* (9.24) *gleichmäßig in bezug auf* t *genügt,* $t \in [t_0,\infty)$. *Es möge jedoch nicht* $\lim_{t\to\infty}(\|x_\zeta(t,0)\| + \|y_\zeta(t,0)\|) = 0$ *gelten. Dann ist die Ruhelage stabil. Überdies gibt es zu jeder Lösung von* (9.23), *deren Anfangswerte* $(x(t_0),y(t_0))$ *hinreichend klein sind, ein* ζ *derart, daß* $\lim_{t\to\infty}\|x(t) - x(t,\zeta)\| = 0$ *und* $\lim_{t\to\infty}\|y(t) - y(t,\zeta)\| = 0$ *ist.*

Als unmittelbare Anwendung dieses Satzes erhält man das folgende klassische Resultat.

Satz 9.4. *Es sei* $\tilde{x}(t)$ *eine nicht-konstante periodische Lösung einer autonomen Dgl.* $\dot{x} = f(x)$. *Die charakteristischen Exponenten der zugehörigen Variationsgleichung mögen negativen Realteil haben mit einer einzigen Ausnahme, und die Vielfachheit des Ausnahmeexponenten sei* 1. *Dann ist* $\tilde{x}(t)$ *stabil. Zudem gibt es zu jeder Lösung* $x(t)$, *deren Anfangswert* $x(t_0)$ *von* $\tilde{x}(t_0)$ *hinreichend wenig abweicht, ein* ζ, *so daß* $\lim_{t\to\infty}\|x(t) - \tilde{x}(t+\zeta)\| = 0$ *ist.*

Beweis. Wir begnügen uns mit einer kurzen Skizze und überlassen die Ausführung dem Leser. Als Lösungsschar mit den im Satz 9.3 genannten Eigenschaften dient die Schar $\tilde{x}(t+\zeta)$. Man gehe über zur Dgl. der gestörten Bewegung und versuche dann, durch eine Transformation $x \to P(t)x$ die Form (9.23) herzustellen [1]. Dazu braucht man nur die erste Spalte in der Koeffizientenmatrix der Variationsgleichung zum Verschwinden zu bringen. Das ist aber wieder dadurch zu erreichen, daß man als erste Spalte der Transformationsmatrix eine periodische Lösung der Variationsgleichung selbst nimmt (man beachte, daß $\dot{\tilde{x}}(t)$ stets eine Lösung der Variationsgleichung ist).

Die Aussage des Satzes besagt, daß die Spur $\boldsymbol{C}$ der zur Lösung $\tilde{x}(t)$ gehörigen Trajektorie attraktiv ist, d. h. zu jedem t_0 gibt es ein $\eta > 0$ derart, daß für x_0 mit $\operatorname{dist}(x_0,\boldsymbol{C}) < \eta$ die Lösung $x(t) = x(t;t_0,x_0)$ für alle $t \geq t_0$ existiert und $\lim_{t\to\infty}\operatorname{dist}(x(t),\boldsymbol{C}) = 0$ gilt. Eine periodische Lösung $\tilde{x}(t)$, für die die Spur ihrer Trajektorie attraktiv ist, heißt orbital attraktiv. Die periodische Lösung $\tilde{x}(t)$ heißt orbital stabil, wenn es zu jedem t_0 und $\varepsilon > 0$ ein $\delta > 0$ derart gibt, daß für x_0 mit $\operatorname{dist}(x_0,\boldsymbol{C}) < \delta$ die Lösung $x(t) = x(t;t_0,x_0)$ für alle $t \geq t_0$ existiert und die Bedingung $\operatorname{dist}(x(t),\boldsymbol{C}) < \varepsilon$ gilt. Eine im Sinne Ljapunovs stabile periodische Lösung ist auch immer orbital stabil. Die Umkehrung gilt nicht allgemein. Ist eine periodische Lösung orbital attraktiv und orbital stabil, so heißt sie orbital asymptotisch stabil. Die Aussage des Satzes besagt, daß die periodische Lösung $\tilde{x}(t)$ orbital asymptotisch stabil ist und stabil im Sinne Ljapunovs.

Wir bemerken zum Schluß, daß sich die Aussage des Satzes 9.3 auf den Fall $m > 1$ verallgemeinern läßt. Man muß dann mit einer m-parametrigen Schar von Lösungen arbeiten, die der Bedingung

[1] Mit $B = 0$.

(9.24) genügt und deren Ableitungen nach den Parametern einen m-dimensionalen Teilraum $\boldsymbol{L}_0$ von Lösungen der Variationsgleichung aufspannen, der keine nicht-triviale für $t \to \infty$ verschwindende Lösung enthält.

10. Kleine Parameter

Wir knüpfen an die Überlegungen von Abschn. 7 an und betrachten ein System von Dgln. der Form

$$(10.1) \qquad \dot{x} = g(t,x,y,\varepsilon), \qquad \dot{y} = By + p(t,x,y,\varepsilon),$$

deren rechte Seiten nun aber außer von t und den Zustandsvariablen noch von einem skalaren Parameter ε abhängen. Nehmen wir für den Moment einmal an, daß $p(t,x,y,0) \equiv 0$ ist. Für $\varepsilon = 0$ geht dann (10.1) in das entkoppelte System

$$\dot{x} = g(t,x,y,0), \qquad \dot{y} = By$$

über, welches die Integralmannigfaltigkeit $y = 0$, t und x beliebig, besitzt. Es liegt daher die Vermutung nahe, daß auch für hinreichend kleines ε eine Integralmannigfaltigkeit existiert, die sich in der Form $y = s(t,x,\varepsilon)$ darstellen läßt, wobei $s(t,x,\varepsilon)$ mit ε gegen Null geht. Inwieweit diese Vermutung zutrifft, soll in diesem Abschnitt untersucht werden, wobei wir aber nicht von vornherein annehmen, daß $p(t,x,y,0) \equiv 0$ ist. Neben der Frage nach der Existenz interessieren uns auch die Eigenschaften dieser Integralmannigfaltigkeit und ihre Bedeutung in konkreten Situationen.

Methodisch werden wir ähnlich vorgehen wie in Abschn. 8. Wichtigstes Beweiselement ist auch hier die Konstruktion einer Ersatz-Dgl., auf die sich der Satz 7.1 unmittelbar anwenden läßt. Jedoch wird jetzt die ausgezeichnete Integralmannigfaltigkeit der Ersatz-Dgl. nicht nur lokal, sondern in ihrer Gesamtheit zu einer Integralmannigfaltigkeit der ursprünglichen Dgl.

Satz 10.1. Voraussetzungen. a) *g, p sind auf einer Menge der Form*

$$\boldsymbol{G} = \{(t,x,y,\varepsilon) \mid \|y\| < \eta,\ |\varepsilon| < \varepsilon_1,\ t,x \text{ beliebig}\}$$

definiert und besitzen dort stetige und beschränkte partielle Ableitungen bis zur Ordnung $\nu + 1 \geq 2$. p ist auf $\boldsymbol{G}$ beschränkt.

b) *Es bestehen für alle (t,x) die Beziehungen*

$$(10.2) \qquad p(t,x,0,0) = 0, \qquad p_y(t,x,0,0) = 0, \qquad g_y(t,x,0,0) = 0.$$

c) *Es ist $\|g_x(t,x,0,0)\| \leq \beta_0$, wobei die positive Zahl β_0 kleiner ist als der Realteil jedes Eigenwertes von B. Insbesondere haben also die Eigenwerte von B positiven Realteil.*

Behauptung. *Dann existiert eine für alle t,x und alle hinreichend kleinen $|\varepsilon|$ definierte, stetige und in bezug auf (x,ε) Lipschitz-stetige Funktion $s(t,x,\varepsilon) = (s^1(t,x,\varepsilon), \ldots, s^m(t,x,\varepsilon))^T$ mit folgenden Eigenschaften:*

a) *Die Menge* $\{(t,x,y)\,|\,y = s(t,x,\varepsilon),\ t,x$ *beliebig*$\}$ *ist eine Integralmannigfaltigkeit der Dgl.* (10.1).

b) *Es gilt* $\lim\limits_{\varepsilon\to 0} s(t,x,\varepsilon) = 0$ *gleichmäßig in bezug auf* (t,x).

c) *Wird die Voraussetzung c) verschärft zu*

$$\|g_x(t,x,0,0)\| < \beta_0(\nu+1)^{-1}, \tag{10.3}$$

so ist s *nach* x *und* ε ν*-mal stetig partiell differenzierbar und die Ableitungen sind beschränkt.*

d) *Es gilt die Aussage f) von Satz* 7.1.

e) *Es gibt positive Zahlen* χ, δ, ρ, *so daß für hinreichend kleines* $|\varepsilon|$ *jede Lösung* $(x(t), y(t))$ *der Dgl.* (10.1) *für* $t \le t_1$ *existiert und der Bedingung*

$$\|y(t) - s(t,x(t),\varepsilon)\| \le \chi\,\|y(t_1) - s(t_1,x(t_1),\varepsilon)\|\,e^{\rho(t-t_1)}$$

genügt, sofern $\|y(t_1) - s(t_1,x(t_1),\varepsilon)\| \le \delta$ *ist.*

Beweis. Mit Q bezeichnen wir im folgenden eine Menge der Form

$$\{(t,x,y,\varepsilon)\,|\,\|y\|_\infty < \tau, |\varepsilon| < \tau,\ t,x \text{ beliebig}\}, \tag{10.4}$$

wobei $0 < \tau < \infty$ ist. Q_∞ bedeutet den gesamten (t,x,y,ε)-Raum. Wir werden beim Beweis des Satzes von der nachstehenden Feststellung Gebrauch machen, deren Richtigkeit sich sofort aus dem Hilfssatz 2.3 ergibt, wobei jetzt (y,ε) die Rolle von y übernimmt. Ist $q(t,x,y,\varepsilon)$ auf Q definiert und ν-mal stetig partiell nach x,y,ε differenzierbar, so gibt es eine entsprechend oft auf Q_∞ differenzierbare Funktion $\tilde q(t,x,y,\varepsilon)$ mit folgenden Eigenschaften:

$$\begin{aligned} &|\tilde q_y| \le \tilde\gamma\,|q_y|, \quad |\tilde q_\varepsilon| \le \tilde\gamma\,|q_\varepsilon|, \quad |\tilde q_x| \le |q_x|, \\ &\tilde q(t,x,y,\varepsilon) = q(t,x,y,\varepsilon) \quad \text{für } (t,x,y,\varepsilon) \in \tilde Q, \end{aligned} \tag{10.5}$$

wobei $\tilde Q$ eine passende Teilmenge von Q ist, die wieder die Form (10.4) hat. $\tilde\gamma$ ist eine Konstante, die nur von den gewählten Normen, nicht aber von Q und q abhängt. Man beachte, daß gemäß unserer Verabredung $|\cdot|$ immer das Supremum von $\|\cdot\|$ auf dem jeweiligen Definitionsbereich bedeutet (das ist für q die Menge Q, für $\tilde q$ die Menge Q_∞).

Wir wählen nun drei Zahlen α, ρ, σ, mit $\beta_0 < \alpha < \rho < \sigma$, wobei σ kleiner ist als der Realteil jedes Eigenwertes von B. Daß man solche Zahlen finden kann, folgt aus der Voraussetzung c) des Satzes. Gemäß Hilfssatz 3.1 lassen sich dann weiter zwei Zahlen δ_1, γ_1 angeben, so daß die nachstehende Aussage stets zutrifft: Ist $\|B_1(t)\| \le \delta_1$, so genügt die Übergangsmatrix der linearen Dgl. $\dot y = (B + B_1(t))y$ der Abschätzung

$$\|\Phi(t,\tau)\| \le \gamma_1 e^{\sigma(t-\tau)}, \quad \text{falls } t - \tau \le 0. \tag{10.6}$$

Wir wollen nun die Voraussetzung (10.2) auswerten. Zunächst ist klar, daß auch $p_x(t,x,0,0) = 0$ ist für alle (t,x). Da alle partiellen Ableitungen zweiter Ordnung von p und g existieren und beschränkt sein sollen, streben g_y, p_x, p_y gegen 0 für $(y,\varepsilon) \to (0,0)$, und zwar gleichmäßig in bezug auf (t,x). Aus dem gleichen Grunde ist $\|g_x(t,x,y,\varepsilon)\|$ kleiner als α, falls $\|(y,\varepsilon)\|$ hinreichend klein ist. Es läßt sich daher ein $\boldsymbol{Q} \subset \boldsymbol{G}$ finden, derart daß

$$\gamma_1(1 + \alpha^{-1}|g_\varepsilon|\tilde{\gamma})(|p_x| + |p_\varepsilon|\tilde{\gamma})(|g_y|\tilde{\gamma})(\rho - \alpha)^{-1}(\sigma - \rho)^{-1} < 1,$$
$$|p_y|\tilde{\gamma} \leq \delta_1, \quad |g_x| \leq \alpha$$

gilt ($|\cdot|$ bedeutet hier das Supremum von $\|\cdot\|$ auf $\boldsymbol{Q}$). Wir greifen nun auf die Bemerkung zu Beginn des Beweises zurück. Es gibt Funktionen $\tilde{p}(t,x,y,\varepsilon)$, $\tilde{q}(t,x,y,\varepsilon)$, die auf $\boldsymbol{Q}_\infty$ definiert sind, stetige und beschränkte partielle Ableitungen bis zur Ordnung $\nu + 1$ besitzen und den folgenden Bedingungen genügen

$$(10.7) \qquad \gamma_1(1 + \alpha^{-1}|\tilde{g}_\varepsilon|)(|\tilde{p}_x| + |\tilde{p}_\varepsilon|)|\tilde{g}_y|(\rho - \alpha)^{-1}(\sigma - \rho)^{-1} < 1,$$
$$|\tilde{p}_y| \leq \delta_1, \quad |\tilde{g}_x| \leq \alpha.$$

Ferner gibt es ein geeignetes $\tilde{\boldsymbol{Q}} \subset \boldsymbol{Q}$ derart, daß

$$(10.8) \qquad \tilde{p}(t,x,y,\varepsilon) = p(t,x,y,\varepsilon), \quad \tilde{g}(t,x,y,\varepsilon) = g(t,x,y,\varepsilon)$$

für alle $(t,x,y,\varepsilon) \in \tilde{\boldsymbol{Q}}$ gilt. Außerdem ist $\tilde{p}$ selbst beschränkt.

Wir betrachten jetzt die Dgl.

$$(10.9) \qquad \dot{\varepsilon} = 0, \dot{x} = \tilde{g}(t,x,y,\varepsilon), \quad \dot{y} = By + \tilde{p}(t,x,y,\varepsilon),$$

wobei ε formal als Zustandsvariable angesehen wird, und wollen uns überlegen, daß Satz 7.1 auf (10.9) anwendbar ist, wenn man (x,ε) an Stelle von x nimmt. Einer besonderen Nachprüfung bedürfen nur die Voraussetzungen (6.3) und (6.4). Die Abschätzung $\|\Phi_2(t,\tau)\| \leq \gamma_1 e^{\sigma(t-\tau)}$ folgt sofort aus der Beziehung $|\tilde{p}_y| \leq \delta_1$ und unseren Ausführungen im Zusammenhang mit (10.6). Bei der Abschätzung von Φ_1 hat man zu beachten, daß wir ja jetzt von (x,ε) und nicht von x auszugehen haben und daß daher Φ_1 Übergangsmatrix einer linearen Dgl. der Form $\dot{w} = \tilde{g}_x(t,\ldots,\varepsilon)w + \tilde{g}_\varepsilon(t,\ldots,\varepsilon)\xi, \dot{\xi} = 0$ ist. Denkt man sich die Norm auf dem (x,ε)-Raum entsprechend unserem Vorschlag in Hilfssatz 3.2 gewählt, so erhält man – wegen $|\tilde{g}_x| \leq \alpha$ – für Φ_1 die Abschätzung

$$\|\Phi_1(t,\tau)\| \leq (1 + \alpha^{-1}|\tilde{g}_\varepsilon|)e^{\alpha(t-\tau)} \quad \text{falls } t - \tau \geq 0.$$

Man erkennt nun sofort, daß die Ungleichungen (10.7) gerade zur Folge haben, daß in unserem Falle die für die Anwendung von Satz 7.1 entscheidende Bedingung (6.4) erfüllt ist[1]. Man beachte, daß jetzt an Stelle von h_x die Matrix $(\tilde{p}_x, \tilde{p}_\varepsilon)$ tritt, deren Norm sich durch $|\tilde{p}_x| + |\tilde{p}_\varepsilon|$ abschätzen läßt (aufgrund der oben getroffenen Festlegung der Normen im (x,ε)-Raum). Es gibt also eine für alle t,x,ε definierte und stetige (vektorwertige) Funktion $s(t,x,\varepsilon)$, für die alle im Satz 7.1 formulierten Aussagen hinsichtlich der Dgl. (10.9) zutreffen.

Wir wollen uns klarmachen, daß einige dieser Aussagen gerade in die zu beweisenden Behauptungen übergehen, falls man $|\varepsilon|$ hinreichend klein wählt. Zu diesem Zweck zeigen wir zunächst, daß $s(t,x,0) \equiv 0$ ist.

---

[1] Mit σ an Stelle von β.

Es sei $x(t)$ eine Lösung der Dgl.

$$\dot{x} = \tilde{g}(t,x,0,0)\,. \tag{10.10}$$

Wegen $\tilde{p}(t,x,0,0) = p(t,x,0,0) = 0$ ist dann das Tripel $x(t), y(t) \equiv 0, \varepsilon = 0$ Lösung von (10.9), und zwar offenbar eine solche, deren y-Komponente beschränkt ist. Im Hinblick auf die Aussage d) von Satz 7.1 bedeutet dies aber, daß $0 = s(t,x(t),0)$ für alle t gilt. Da für jede Lösung von (10.10) diese Beziehung besteht, ist notwendigerweise $s(t,x,0) \equiv 0$. Nun genügt, wie wir beim Beweis von Satz 7.1 vermerkt haben, s einer Lipschitz-Bedingung in bezug auf ε auf dem gesamten (t,x,ε)-Raum. Daher gilt $\lim\limits_{\varepsilon\to 0} s(t,x,\varepsilon) = 0$, und zwar gleichmäßig in bezug auf t,x. Es läßt sich also ein ε_0 finden, so daß die Beziehung

$$(t,x,s(t,x,\varepsilon),\varepsilon) \in \tilde{\boldsymbol{Q}} \quad \text{für alle } (t,x,\varepsilon) \text{ mit } |\varepsilon| \leq \varepsilon_0 \tag{10.11}$$

besteht. $\tilde{\boldsymbol{Q}}$ ist dabei die im Zusammenhang mit (10.8) genannte Menge vom Typ (10.4). Wir wollen nun zeigen: Für jedes feste ε mit $|\varepsilon| \leq \varepsilon_0$ und jedes x_0 existiert die Lösung $(x(t), y(t))$ des AW-Problems

$$\begin{aligned} &\dot{x} = g(t,x,y,\varepsilon), \quad \dot{y} = By + p(t,x,y,\varepsilon), \quad (t,x,y,\varepsilon) \in \boldsymbol{G}, \\ &x(t_0) = x_0, \quad y(t_0) = s(t_0,x_0,\varepsilon) \end{aligned} \tag{10.12}$$

auf $(-\infty,\infty)$ und genügt der Gleichung $y(t) = s(t,x(t),\varepsilon)$ für alle t. Zunächst ist klar, daß für die Lösung $(\tilde{x}(t),\tilde{y}(t))$ des entsprechenden AW-Problems

$$\begin{aligned} &\dot{x} = \tilde{g}(t,x,y,\varepsilon), \quad \dot{y} = By + \tilde{p}(t,x,y,\varepsilon), \\ &x(t_0) = x_0, \quad y(t_0) = s(t_0,x_0,\varepsilon) \end{aligned}$$

die Beziehung $\tilde{y}(t) = s(t,\tilde{x}(t),\varepsilon)$ auf $(-\infty,\infty)$ besteht. Dies bedeutet aber – wegen (10.11) und (10.8) –, daß $(t,\tilde{x}(t),\tilde{y}(t),\varepsilon) \in \tilde{\boldsymbol{Q}}$ gilt und daher $(\tilde{x}(t),\tilde{y}(t))$ in Wirklichkeit Lösung von (10.12) ist.

Damit ist die Aussage des Satzes im wesentlichen bewiesen. Die im einzelnen aufgeführten Eigenschaften der Integralmannigfaltigkeit ergeben sich unschwer aus den entsprechenden Passagen von Satz 7.1 und der Tatsache, daß für hinreichend kleines ε auch eine δ-Umgebung der Mannigfaltigkeit ganz in $\tilde{\boldsymbol{Q}}$ enthalten ist. Wenn die schärfere Voraussetzung (10.3) erfüllt ist, kann man α, ρ, σ so wählen, daß $\alpha < \nu'\rho < \sigma$ für alle $\nu' \leq \nu + 1$ gilt, und damit Aussage e) von Satz 7.1 heranziehen, um die Differenzierbarkeit von s zu beweisen.

Zusatz. Aus dem Beweis ergibt sich noch, daß die Mannigfaltigkeit durch ein gewisses Analogon zur Eigenschaft d) des Satzes 7.1 ausgezeichnet ist. Ist nämlich $|\varepsilon| \leq \varepsilon_0$ und $(x(t), y(t))$ eine Lösung von (10.1), die für alle $t \geq t_0$ existiert und der Bedingung $(t,x(t),y(t),\varepsilon) \in \tilde{\boldsymbol{Q}}$ genügt, so ist $y(t) = s(t,x(t),\varepsilon)$ für alle t. Denn $(x(t),y(t),\varepsilon)$ ist – wegen (10.8) – auch Lösung von (10.9) und besitzt eine y-Komponente, die für $t \to \infty$ beschränkt ist.

Die Aussage des Satzes besitzt zahlreiche Varianten und Erweiterungen, die sich zum Teil unschwer aus den Bemerkungen im Anschluß an den Beweis von Satz 7.1 ergeben. Wir können hierauf nur noch ganz kurz eingehen. Es ist klar, daß sich für eine Dgl. der Form

$$\dot{x} = Ax + p(t,x,y,\varepsilon), \quad \dot{y} = h(t,x,y,\varepsilon)$$

ein Gegenstück zu Satz 10.1 formulieren läßt, falls die Eigenwerte der Matrix A negativen Realteil haben. Man hat lediglich die Rollen von x und y (sowie von $t = +\infty$ und $t = -\infty$) zu vertauschen.

Man erkennt im übrigen auch aus dem Beweis von Satz 10.1, daß nur die beiden Voraussetzungen

$$(10.13) \quad p(t,x,0,0) = 0, \quad p_y(t,x,0,0) = 0$$

für die Aussage $\lim_{\varepsilon\to 0} s(t,x,\varepsilon) = 0$ wesentlich sind. Die Forderungen an die partiellen Ableitungen der Funktion g dagegen sind rein beweistechnischer Natur und sollen lediglich die Konstruktion einer Ersatz-Dgl., auf die Satz 7.1 anwendbar ist, ermöglichen. Kann man mit irgendwelchen anderen Bedingungen den gleichen Effekt erzielen, so bleibt die Aussage des Satzes unter den entsprechend modifizierten Voraussetzungen gültig. Hat z. B. die zugrundegelegte Dgl. die Form

$$(10.14) \quad \dot{x} = A(t)x, \quad \dot{y} = By + p(t,x,y,\varepsilon), \quad \text{wobei } |A(\cdot)| < \infty,$$

so wird man als Ersatz-Dgl. einfach

$$\dot{x} = A(t)x, \quad \dot{y} = By + \tilde{p}(t,x,y,\varepsilon), \quad \dot{\varepsilon} = 0$$

nehmen und braucht dann neben (10.13) nur zu verlangen, daß sich die Übergangsmatrix $\Phi(t,\tau)$ der linearen Dgl. $\dot{x} = A(t)x$ in der Form

$$(10.15) \quad \|\Phi(t,\tau)\| \leq \gamma e^{\alpha(t-\tau)} \quad \text{für } t - \tau \geq 0$$

abschätzen läßt, wobei $\alpha \geq 0$ und kleiner ist als der Realteil jedes Eigenwertes von B. Außerdem hat man natürlich zu fordern, daß p und die partiellen Ableitungen von p nach x, y, ε auf $\boldsymbol{G}$ beschränkt sind.

Für ein spezielles System der Form (10.14) wird die Aussage des Satzes 10.1 einschließlich des Zusatzes im nächsten Abschnitt benötigt. Wir wollen sie daher für diesen Fall explizit formulieren.

Hilfssatz 10.1. *Gegeben sei eine Funktion $p(x,y,\varepsilon)$, die auf einer Menge der Form*

$$\boldsymbol{G} = \{(x,y,\varepsilon) \mid \|y\|_\infty < \eta, |\varepsilon| < \varepsilon_1, x \text{ beliebig}\}$$

definiert und $(v+1)$-mal stetig partiell differenzierbar ist, wobei $v + 1 \geq 2$. x sei jetzt ebenso wie ε eine skalare Variable. p und die partiellen Ableitungen von p seien auf $\boldsymbol{G}$ beschränkt und es gelte für alle x

$$p(x,0,0) = 0, \quad p_y(x,0,0) = 0.$$

Dann gibt es positive Zahlen ε_0, δ und eine für alle $x, \vartheta, \varepsilon$ definierte und v-mal stetig *differenzierbare Funktion* $s(x,\vartheta,\varepsilon)$ *der drei skalaren Variablen* x,ϑ,ε, *die folgende Eigenschaft besitzt* (*für* $|\varepsilon| \leq \varepsilon_0$ *mit einem geeigneten* $\varepsilon_0 > 0$):

a) *Es ist* $\lim_{\varepsilon\to 0} s(x,\vartheta,\varepsilon) = 0$ *gleichmäßig in bezug auf* (x,ϑ).

b) *Die Dgl.*

$$\dot y = By + p(\vartheta t, y, \varepsilon)$$

besitzt die Lösung $y(t) = s(\vartheta t,\vartheta,\varepsilon)$ *und es ist dies die einzige Lösung, die der Bedingung* $\|y(t)\| \leq \delta$ *auf einem Intervall der Form* $[t_0,\infty)$ *genügt. Sie ist zudem im Sinne abnehmender* t *asymptotisch stabil.*

c) *Falls die Funktion* $p(x,y,\varepsilon)$ *in bezug auf* x *periodisch ist mit der Periode* 1, *so ist* $s(x,\vartheta,\varepsilon)$ *ebenfalls periodisch in bezug auf* x *mit der Periode* 1.

Beweis. Wir betrachten die Dgl.

$$\dot x = \vartheta, \quad \dot\vartheta = 0, \quad \dot y = By + p(x,y,\varepsilon), \tag{10.16}$$

wobei jetzt (x,ϑ) die Rolle von x spielt. Diese Dgl. hat die Form (10.14), und zwar wird A gleich der 2×2-Matrix $\left(\begin{smallmatrix}0&1\\0&0\end{smallmatrix}\right)$.

Daß eine Ungleichung der Form (10.15) besteht, ist daher sofort klar. Für α kann eine beliebig kleine positive Zahl genommen werden, γ wird dann allerdings von α abhängig. Der Beweis des Hilfssatzes ergibt sich nun fast unmittelbar aus unseren Ausführungen im Zusammenhang mit (10.14). $y(t)$ ist die y-Komponente derjenigen eindeutig bestimmten Lösung von (10.16), deren zugehörige Kurve in der Integralmannigfaltigkeit liegt und deren x-Komponente den Anfangswert $x(0) = 0$ besitzt. Daß keine weitere Lösung vorhanden ist, die auf einem Intervall der Form $[t_0,\infty)$ unterhalb einer passenden Schranke δ liegt, folgt aus dem Zusatz zu Satz 10.1. Die Periodizität von s ergibt sich aus der Aufgabe 1 von Abschn. 7 (man beachte, daß $\tilde p(x,y,\varepsilon)$ in bezug auf x periodisch ist, wenn die Funktion $p(x,y,\varepsilon)$ diese Eigenschaft hat).

Wir beschließen diesen Abschnitt mit zwei weiteren Ergänzungen zu Satz 10.1.

Zusatz **1.** Das beim Beweis von Hilfssatz 10.1 praktizierte Verfahren, sich durch Einführung zusätzlicher Zustandsvariablen von der Zeitabhängigkeit zu befreien, läßt sich nach dem Muster von Aufgabe 3, Abschn. 7, so modifizieren, daß man folgendes zusätzliches Resultat erhält: Sind p,g Funktionen vom trigonometrischen Typ, so ist auch s wieder vom trigonometrischen Typ.

2. Auf die Voraussetzung, daß B eine konstante Matrix ist, kann verzichtet werden, wenn es gelingt, die Abschätzung (10.6) auf andere Weise sicherzustellen. In konkreten Situationen ist das unter Umständen leicht möglich. Das ist z. B. der Fall, wenn man von einem ebenen autonomen System ausgeht und den Einfluß einer kleinen, von einem Parameter abhängenden Störung in einer Umgebung einer orbital asymptotisch stabilen geschlossenen Lösung untersuchen möchte [1]. Bei Beschränkung auf positive Parameterwerte kann man das System in der Form (s. IV (4.10))

$$\begin{aligned} \dot\rho &= \rho g(\Theta) + h(\rho,\Theta) + p_1(t,\Theta,\rho,\varepsilon^2), \\ \dot\Theta &= 1 + k(\rho,\Theta) + p_2(t,\Theta,\rho,\varepsilon^2) \end{aligned} \tag{10.17}$$

---

[1] Vgl. hierzu auch Hale [7], VII. 7.

schreiben, wobei die p_i die Störglieder sind und der Bedingung $p_i(t,\Theta,\rho,0) = 0$ genügen. g,h,p_i sind periodisch in Θ mit der Periode 2π. Die Variablen ρ bzw. Θ entsprechen jetzt y bzw. x, und die Funktion $g(\Theta)$ spielt die Rolle der Matrix B. Daß die Eigenschaft (10.6) jedenfalls für hinreichend kleine ε und $|\rho|$ erfüllt ist. ergibt sich, wie man leicht sieht, aus der Bedingung

$$\int_0^T g(\Theta)\mathrm{d}\Theta > 0$$

(vgl. IV (4.12). Man ersetze Θ durch $-\Theta$). Es existiert daher für das System (10.17) eine Integralmannigfaltigkeit mit der Darstellung $\rho = \rho(t,\Theta,\varepsilon)$ und diese Funktion hat folgende Eigenschaften: $\lim_{\varepsilon\to 0} \rho(t,\Theta,\varepsilon) = 0$; ρ ist in Θ periodisch mit der Periode 2π; falls die p_i in t periodisch sind mit der Periode ω, so ist auch ρ in t periodisch mit der Periode ω[1].

11. Die Methode von Krylov und Bogoljubow

Diese Methode ist an einer speziellen Aufgabenstellung entwickelt worden, die wir am Beispiel der autonomen skalaren Dgl.

(11.1) $\quad \ddot{u} + u + \varepsilon q(u,\dot{u}) = 0, \ \varepsilon > 0,$

kurz demonstrieren wollen. Für eine ausführlichere Diskussion von (11.1) sei auf die Literatur verwiesen (z. B. Bogoljubow-Mitropolski [34], Hale [7], Cesari [2]). Es geht hier um die periodischen Lösungen von (11.1) und insbesondere um die Frage, wie sich solche Lösungen für $\varepsilon \to 0$ verhalten und welche Lösungen der ungestörten Gleichung (d. h. für $\varepsilon = 0$) als Grenzlagen auftreten. Da bei der Schwingungsgleichung $\ddot{u} + u = 0$ jede Lösung periodisch und somit keine vor der anderen ausgezeichnet ist, bietet sich bei Dgln. vom Typ (11.1) die „richtige" Approximation für kleine Werte des Parameters nicht von vornherein an. Dadurch unterscheidet sich die jetzige Situation wesentlich von der des Beispiels (10.17), wo wir uns von Anfang an nur für solche Lösungen der gestörten Gleichung interessierten, die in einer Nachbarschaft einer vorgegebenen Lösung der ungestörten Gleichung liegen.

Der einfachste Zugang zu den periodischen Lösungen von (11.1) führt über eine skalare Dgl. 1. Ordnung, auf die man in folgender Weise kommt. Zunächst faßt man (11.1) als ebenes autonomes System auf und geht zu Polarkoordinaten über, d. h. man betrachtet die Dgl. für diejenigen Funktionen r,φ, durch die sich die zu (11.1) gehörigen Trajektorien in Polarkoordinaten darstellen lassen (vgl. I Abschn. 8). Diese Dgln. haben im vorliegenden Falle die Form

(11.2) $\quad \dot{r} = \varepsilon p_1(r,\varphi), \quad \dot{\varphi} = -1 + \varepsilon p_2(r,\varphi)$

mit gewissen, in φ periodischen Funktionen p_i.

Wir denken uns nun weiter r auf ein festes Intervall beschränkt. Für hinreichend kleines ε wird dann stets $\dot{\varphi} < 0$, und die Trajektorien von (11.2) lassen sich in der Form $r = r(\varphi)$ parameterisieren, wobei die Funktion $r(\varphi)$ Lösung der Dgl.

(11.3) $$\frac{\mathrm{d}r}{\mathrm{d}\varphi} = \frac{\varepsilon p_1(r,\varphi)}{-1 + \varepsilon p_2(r,\varphi)}$$

[1] Zum Beweis benutze man statt (10.2) jetzt (10.13) und $p_\varepsilon(t,x,0,0) \equiv 0$.

ist. Einer periodischen Lösung von (11.1) entspricht dabei eine 2π-periodische Lösung von (11.3), wie man sich leicht klarmacht (man beachte, daß wegen $\dot{\varphi} < 0$ die Halbgeraden $\varphi = \text{const}$ Transversalen sind und daher von einer geschlossenen Trajektorie höchstens einmal geschnitten werden können, vgl. IV Abschn. 2). Damit wird das Problem, von dem wir ausgegangen sind, zu einem Spezialfall der folgenden allgemeinen Aufgabenstellung. Gegeben sei eine Dgl. der Form

$$(11.4) \qquad \dot{x} = \varepsilon f(t,x,\varepsilon),$$

wobei x und f nun nicht mehr notwendig skalar sind. f sei in t periodisch. Für kleine Werte des Parameters ε sind diejenigen Lösungen von (11.4) zu bestimmen, die die gleiche Periode wie f besitzen. Mit dieser Aufgabe wollen wir uns nun weiter befassen. Als erstes werden wir die Dgl. (11.4) mittels einer speziellen Transformation so präparieren, daß die im vorigen Abschnitt gewonnenen Resultate für unser Problem nutzbar gemacht werden können. Diese Transformation ist ein wesentliches Element der darzustellenden Methode und hat ihr auch zu dem Namen Mittelwertmethode verholfen. Da die Funktion $f(t,x,0)$ periodisch in t mit der Periode ω ist, läßt sie sich gemäß Hilfssatz 2.4 in der Form

$$(11.5) \qquad f(t,x,0) = f_0(x) + \frac{\partial}{\partial t} h(t,x)$$

darstellen, wobei $f_0(x)$ den Mittelwert von $f(t,x,0)$ (bezüglich t) bedeutet und h wieder in t periodisch mit der Periode ω ist. Die angekündigte Transformation wird nun in der folgenden Form angesetzt

$$(11.6) \qquad y = x - \varepsilon h(t,x)$$

und ist im allgemeinen keine Transformation des gesamten x-Raumes. Wohl aber gibt es zu jedem η ein $\varepsilon_0 = \varepsilon_0(\eta)$, derart daß die Menge $\{(t,x) \mid \|x\| < \eta, t \text{ beliebig}\}$ durch die Zuordnung $x \to x - \varepsilon h(t,x)$ bijektiv auf eine offene Teilmenge des (t,x)-Raumes abgebildet wird, falls $|\varepsilon| \le \varepsilon_0$. Das kann man sich an Hand der Hilfssätze 2.1 und 2.3 klarmachen. Jeder periodischen Lösung $x(t)$ der Dgl. (11.4), die der Bedingung $\|x(t)\| \le \eta$ für alle t genügt, ist dann vermöge (11.6) eine periodische Funktion $y(t)$ zugeordnet. Dieses $y(t)$ genügt wieder einer Dgl., die wir jetzt aufstellen wollen. Man braucht zu diesem Zweck bloß die Ableitung von (11.6) bezüglich der gegebenen Dgl. (11.4) zu bilden und in dem Resultat x durch y auszudrücken. Man erhält dann unter Beachtung von (11.5) die folgenden Beziehungen

$$\begin{aligned}
\dot{y} &= \dot{x} - \varepsilon \frac{\partial h}{\partial t}(t,x) - \varepsilon h_x(t,x)\dot{x} \\
&= \varepsilon(E - \varepsilon h_x(t,x)) f(t,x,\varepsilon) - \varepsilon \frac{\partial h}{\partial t}(t,x) \\
&= \varepsilon[f_0(x) + f(t,x,\varepsilon) - f(t,x,0) - \varepsilon h_x(t,x) f(t,x,\varepsilon)] \\
&= \varepsilon(f_0(y) + q(t,y,\varepsilon)),
\end{aligned}$$

wobei q der Bedingung $q(t,y,0) = 0$ genügt. Die Dgl. für y hat also wieder die Form (11.4), es wird aber jetzt – und das ist ein wesentlicher Unterschied gegenüber früher – die erste Näherung von der Zeit unabhängig. Den weiteren Betrachtungen legen wir eine solche Dgl. zugrunde, wobei wir die Zustandsvariable wieder mit x bezeichnen. Wir wollen nun die Aufgabenstellung etwas mehr präzisieren. Gegeben sei eine Dgl. der Form

$$(11.7) \qquad \dot{x} = \varepsilon(f_0(x) + q(t,x,\varepsilon)), \qquad \text{wobei } q(t,x,0) = 0\,.$$

Gesucht sind Funktionen $x(t,\varepsilon)$, die für alle t und hinreichend kleine $\varepsilon > 0$ stetig und als Funktionen von t ω-periodische Lösungen von (11.7) sind. Außerdem soll $x(t,\varepsilon)$ für $\varepsilon \to 0$ gleichmäßig in bezug auf t konvergieren. Wir wollen uns zunächst überlegen, daß sich aus diesen Forderungen eine wesentliche Einschränkung für die möglichen Grenzwerte von $x(t,\varepsilon)$ ergibt und man daher die Aufgabenstellung von vornherein enger fassen kann. Aus der Beziehung

$$(11.8) \qquad \dot{x}(t,\varepsilon) = \varepsilon[f_0(x(t,\varepsilon)) + q(t,x(t,\varepsilon),\varepsilon)]$$

folgt nämlich, daß $\dot{x}(t,\varepsilon)$ gleichmäßig gegen 0 konvergiert, d. h. es ist $\lim\limits_{\varepsilon\to 0} x(t,\varepsilon) = x_0$, wobei x_0 von t unabhängig ist. Bildet man nun auf beiden Seiten von (11.8) den Mittelwert, so ergibt sich weiter

$$0 = \int_0^\omega [f_0(x(t,\varepsilon)) + q(t,x(t,\varepsilon),\varepsilon)]\,\mathrm{d}t\,,$$

und daraus folgt durch Grenzübergang $f_0(x_0) = 0$.

Wir werden also jetzt gezielter nach denjenigen periodischen Lösungen fragen, die für $\varepsilon \to 0$ gegen x_0 gehen, wobei x_0 eine vorgegebene Nullstelle von f_0 ist. Ohne Einschränkung können wir dabei annehmen, daß $x_0 = 0$ ist und daß sich demnach die Dgl. (11.7) auch in der Form

$$(11.9) \qquad \dot{x} = \varepsilon(Ax + p(t,x,\varepsilon))$$

schreiben läßt. Dabei bedeutet A die Matrix $(f_0)_x(0)$ und es ist $p(t,x,\varepsilon) = q(t,x,\varepsilon) + f_0(x) - ((f_0)_x(0))x$. Es bestehen dann die Beziehungen

$$(11.10) \qquad p(t,0,0) = 0, \quad p_x(t,0,0) = 0\,.$$

Von einer Dgl. der Form (11.9) und der Voraussetzung (11.10) werden wir bei den nun folgenden Betrachtungen ausgehen. Die weiteren Voraussetzungen, die im nachstehenden Satz aufgeführt sind, lassen sich zum Teil abschwächen. Da es uns hier mehr um das Grundsätzliche der Methode geht, verzichten wir jedoch darauf, dies im einzelnen auszuführen.

Satz 11.1. Voraussetzungen. a) *Die Eigenwerte der Matrix A haben alle negativen Realteil.* b) *$p(t,x,\varepsilon)$ ist auf dem gesamten (t,x,ε)-Raum nach allen Variablen (insbesondere also auch nach t!) beliebig oft partiell differenzierbar und in t periodisch mit der Periode ω.* c) *Es gilt* (11.10).

Behauptung. *Es gibt positive Zahlen* ε_0, δ *und eine auf der Menge* $\{(t,\varepsilon)|0 < \varepsilon < \varepsilon_0,$ t *beliebig*$\}$ *definierte und in* t ω*-periodische Funktion* $x(t,\varepsilon)$ *mit folgenden Eigenschaften:*

a) $x(t,\varepsilon)$ *ist Lösung der Dgl.* (11.9), *falls* $0 < \varepsilon < \varepsilon_0$.

b) $\lim\limits_{\varepsilon\to 0} x(t,\varepsilon) = 0$ *gleichmäßig in bezug auf* t.

c) $x(t,\varepsilon)$ *ist asymptotisch stabil.*

d) $x(t,\varepsilon)$ *ist die einzige Lösung der Dgl.* (11.9), *die auf einem Intervall der Form* $(-\infty, t_0]$ *der Bedingung* $\|x\| \leq \delta$ *genügt.*

e) $x(t,\varepsilon)$ *besitzt stetige partielle Ableitungen jeder Ordnung* v *nach* t *und* ε *(wobei man allerdings* ε *in Abhängigkeit von* v *eventuell stärker einzuschränken hat).*

Beweis. Ist $x(t)$ Lösung von (11.9), so ist die Funktion $y(t) = x(-t/\varepsilon)$ Lösung der Dgl.

$$\dot{y} = By - p(\vartheta t, y, \varepsilon),$$

wobei $B = -A$ und $\vartheta = -1/\varepsilon$ ist. Auf diese Dgl. läßt sich der Hilfssatz 10.1 anwenden. Die Funktion $x(t,\varepsilon) = s(t, -1/\varepsilon, \varepsilon)$ hat dann alle im Satz behaupteten Eigenschaften.

Wir wollen uns zum Schluß noch kurz mit der Frage nach einer möglichen Approximation der Funktion $x(t,\varepsilon)$ beschäftigen. Dabei ist zunächst zu bemerken, daß man hier nicht ohne weiteres davon ausgehen kann, daß $x(t,\varepsilon)$ an der Stelle $\varepsilon = 0$ eine Taylor-Entwicklung besitzt, denn diese Funktion ist ja nur für $\varepsilon > 0$ definiert und das Konstruktionsverfahren läßt nicht erkennen, ob sie sich samt ihren Ableitungen etwa stetig in den Bereich negativer ε fortsetzen läßt. Sinnvoll ist aber auf jeden Fall die Frage nach asymptotischen Approximationen.

Es gibt nun einen naheliegenden und oft begangenen Weg, sich solche Approximationen zu beschaffen, in dem man nämlich nach periodischen Funktionen $x_0(t,\varepsilon)$ sucht, die die Dgl. (11.9) bis auf einen Fehler der Ordnung ε^N erfüllen. Ob solche Funktionen existieren und wie man sie gegebenenfalls konstruiert, soll hier nicht weiter untersucht werden, man findet hierzu in [34] umfangreiches Material. Wir wollen uns jedoch noch davon überzeugen, daß jede auf irgendeinem Wege gefundene approximative Lösung (im oben genannten Sinne) der Dgl. (11.9) tatsächlich eine Approximation von $x(t,\varepsilon)$ ist. Dazu beweisen wir zunächst den

Hilfssatz 11.1. *Es sei* $p(t,x,\varepsilon) = \varepsilon^N p_0(t,\varepsilon) + p_1(t,x,\varepsilon)$, *wobei* N *eine natürliche Zahl ist und die Funktionen* p_i *für alle* $t,\varepsilon (0 < \varepsilon < \varepsilon_0)$ *folgender Bedingung genügen:*

$$p_0(t,0) = 0, \quad p_1(t,0,\varepsilon) = 0, \quad (p_1)_x(t,0,0) = 0.$$

Im übrigen mögen alle in Satz 11.1 *aufgeführten Voraussetzungen erfüllt sein. Dann gilt* $\lim\limits_{\varepsilon\to 0} \varepsilon^{-N} x(t,\varepsilon) = 0$.

Beweis. Wir setzen

$$\tilde{p}(t,x,\varepsilon) = p_0(t,\varepsilon) + \varepsilon^{-N} p_1(t,\varepsilon^N x,\varepsilon) \qquad \text{für } \varepsilon \neq 0,$$
$$\tilde{p}(t,x,0) = 0.$$

$\tilde{p}$ genügt allen Bedingungen, denen die Funktion p im Satz 11.1 unterworfen wurde (vgl. die Aufgabe am Schluß von Abschn. 2; $\tilde{p}$ läßt sich in der Form $p_0(t,\varepsilon) + \int_0^1 (p_1)_x(t,\varepsilon^N \tau x,\varepsilon)\,x\,d\tau$ schreiben). Die Dgl.

$$\dot{x} = \varepsilon(Ax + \tilde{p}(t,x,\varepsilon))$$

besitzt daher eine periodische Lösung $\tilde{x}(t,\varepsilon)$ mit sämtlichen in Satz 11.1 aufgeführten Eigenschaften. $\varepsilon^N \tilde{x}(t,\varepsilon)$ ist dann periodische Lösung von (11.9) und geht gegen 0 für $\varepsilon \to 0$. Aus der Eindeutigkeitsaussage d) des Satzes 11.1 folgt daher die Beziehung $x(t,\varepsilon) = \varepsilon^N \tilde{x}(t,\varepsilon)$ für alle hinreichend kleinen ε.

Aus dem Hilfssatz ergibt sich nun leicht das folgende abschließende Resultat.

Satz 11.2. *Es mögen alle Voraussetzungen von* Satz 11.1 *erfüllt sein. Es sei ferner* $x_0(t,\varepsilon)$ *eine in t periodische und hinreichend oft nach t und* ε *differenzierbare Funktion, die folgenden Bedingungen genügt:*

$$\dot{x}_0(t,\varepsilon) - \varepsilon[Ax_0(t,\varepsilon) + p(t,x_0(t,\varepsilon),\varepsilon)] = \varepsilon^{N+1} r(t,\varepsilon),$$
$$x_0(t,0) = 0, \quad r(t,0) = 0.$$

Dann gilt $\lim_{\varepsilon\to 0} \varepsilon^{-N}(x(t,\varepsilon) - x_0(t,\varepsilon)) = 0$ $\quad$ ($x(t,\varepsilon)$ *die Funktion aus Satz* 11.1).

Beweis. Die Funktion $y(t,\varepsilon) = x(t,\varepsilon) - x_0(t,\varepsilon)$ ist Lösung der Dgl.

$$\dot{y} = \varepsilon[Ay + p(t,x_0(t,\varepsilon) + y,\varepsilon) - p(t,x_0(t,\varepsilon),\varepsilon) - \varepsilon^N r(t,\varepsilon)].$$

Setzt man

$$p_1(t,x,\varepsilon) = p(t,x_0(t,\varepsilon) + x,\varepsilon) - p(t,x_0(t,\varepsilon),\varepsilon),$$
$$p_0(t,\varepsilon) = -r(t,\varepsilon),$$

so sind alle Voraussetzungen von Hilfssatz 11.1 erfüllt. Also gilt $\lim_{\varepsilon\to 0} \varepsilon^{-N} y(t,\varepsilon) = 0$.

Die Aussagen von Satz 11.1 und 11.2 gelten – abgesehen von der Stabilitätsaussage – auch dann noch, wenn von der Matrix A lediglich vorausgesetzt wird, daß sie keine rein imaginären Eigenwerte besitzt. An Stelle der Aussage d) von Satz 11.1 tritt die folgende:

$x(t,\varepsilon)$ ist die einzige Lösung auf $(-\infty,\infty)$, die der Bedingung $\|x\| \le \delta$ genügt. Man hat nur die Überlegungen von Abschn. 10 statt an der Dgl. (10.1) an der parameterabhängigen Form von (7.20) durchzuführen.

Beispiele von Dgln. vom Typ (11.1), die nach der Mittelwertmethode behandelt sind, findet man u. a. in Cesari [2], 8.4, und in Bogoljubow-Mitropolski [34], insbesondere im § 4. Beispiele von Dgln. der Form (11.9) werden in Hale [7], V. 4 und V. 5, diskutiert.

Aufgabe. Man zeige, daß obige Resultate richtig bleiben, wenn man „ω-periodisch" überall durch „vom T-Typ" ersetzt (vgl. Def. 2.1).

Hinweis. Übergang zum Typ $\dot{y} = By + p(x_0(\vartheta t), y, \varepsilon)$ und Beweis der Aussagen b), c) von Hilfssatz 10.1 (vgl. Aufgabe 3, Abschn. 7). a) folgt aus (6.7) (mit $x = \varepsilon, \vartheta$ als Parameter).

VI. Optimierung

1. Kontrollprobleme

Bisher haben wir uns vorwiegend mit dem Anfangswertproblem für gewöhnliche Dgln. beschäftigt. Bei einem solchen Problem geht man von zwei Gegebenheiten aus, nämlich von einer Dgl. und einem Anfangsdatum (t_0, x_0). Für die Aufgabe, die Lösung dieses Problems zu finden, gibt es eine naheliegende anschauliche Interpretation. Man denke sich etwa ein mechanisches System gegeben, dessen Bewegungsgesetz und dessen Zustand x_0 zur Zeit t_0 vollständig bekannt sind. Mit Hilfe dieser Information ist der Zustand zu einer beliebigen Zeit t zu bestimmen.

In diesem Kapitel betrachten wir nun einen anderen Typ von Problemen, die man Kontrollprobleme nennt und die – im einfachsten Fall – durch die folgenden Daten charakterisiert werden:

a) *Eine Dgl.* $\dot{x} = f(x,u)$, *bei der die rechte Seite außer von* x *noch einer weiteren Variablen* $u = (u^1,\ldots,u^k)^T$, *der sogenannten Kontrollvariablen, abhängt. Eine Dgl. im eigentlichen Sinne entsteht daher erst dann, wenn man* u *auf irgendeine Weise zu einer Funktion* $u(t)$ *spezialisiert.*

b) *Eine nicht-leere Teilmenge* U *des* u*-Raumes, der sogenannte Kontrollbereich.*

c) *Zwei Punkte* x_0, x_1 *im* x*-Raum (Anfangs- und Endzustand).*

Unter einer Lösung eines Kontrollproblems versteht man dann ein Paar von Funktionen $(u(t), x(t))$ aus einer geeigneten Funktionenklasse, die den folgenden Bedingungen genügen:

Es ist $u(t) \in U$ *für alle* t, $x(t)$ *ist Lösung der Dgl.* $\dot{x} = f(x,u(t))$ *und erfüllt die Randbedingungen* $x(0) = x_0$, $x(t_1) = x_1$ *für ein passendes* t_1.

Die Funktion $u(t)$ nennt man eine zulässige Kontrollfunktion, $x(t)$ die zugehörige Zustandsfunktion. Wir bemerken noch, daß die Zustandsfunktion durch die Kontrollfunktion und die Anfangsbedingung $x(0) = x_0$ eindeutig bestimmt ist.

Ein Vergleich mit dem Anfangswertproblem legt es nahe, sich als Modell für ein Kontrollproblem etwa ein mechanisches System zu denken, dessen Bewegungsgesetz nicht vollständig fixiert ist, sondern durch Spezialisierung der Kontrollvariablen noch beeinflußt werden kann, wobei die Wahl der Kontrollfunktion nur durch die Bedingung $u(t) \in U$ eingeschränkt ist. Diese Einflußmöglichkeit soll nun genutzt werden, um das System aus dem Zustand x_0 in den Zustand x_1 zu überführen. Beispiele von Kontrollproblemen sind uns bereits früher begegnet (in Aufgabe 1 in I Abschn. 4 sowie in II Abschn. 11). Schon an diesen einfachen Beispielen wurde übrigens deutlich, daß ein Kontrollproblem keineswegs eine Lösung zu besitzen braucht. Wir wollen jedoch hier nicht auf Existenzprobleme eingehen, sondern uns ausschließlich mit der Aufgabe befassen, optimale Lösungen von Kontrollproblemen mit Hilfe von notwendigen Bedingungen zu charakterisieren.

Optimal nennt man eine Lösung, wenn sie einem vorgegebenen Zielfunktional einen möglichst großen (oder möglichst kleinen) Wert erteilt. Ein Zielfunktional ist eine Art Gütekriterium, welches jede Lösung des Kontrollproblems mit einer reellen Zahl bewertet und bei konkreten Aufgaben zumeist eine naheliegende Bedeutung hat (Kosten, Gewinn, Verbrauch an Treibstoff, Zeitaufwand, etc).

Die meisten der in den Anwendungen vorkommenden Kontrollprobleme sind von vornherein als Optimierungsaufgaben gegeben. So wird man sich bei dem Beispiel von Aufgabe 1, I Abschn. 4, kaum ausschließlich dafür interessieren, ob mit Hilfe einer Sparfunktion der Kapitalstock auf irgendeine Weise von k_0 auf k_1 gesteigert werden kann, sondern man wird damit gleich die Aufgabe verbinden, die Sparfunktion optimal zu bestimmen, etwa so, daß im Zeitraum $[0, T]$ ein möglichst großer Gesamtkonsum pro Kopf erzielt wird.

Die mathematische Formulierung dieser Aufgabe, mit der wir uns im Abschn. 8 näher befassen werden, erfordert natürlich zusätzliche Informationen über das zugrundegelegte Modell. Eine besonders einfache Form des Zielfunktionals – „Gesamtkonsum" – ergibt sich auf Grund der folgenden Annahme, von der wir später ausgehen werden. Der momentane Konsum (pro Kopf) setzt sich zusammen aus einem garantierten Mindestkonsum $\psi(k)$ (der eine Funktion des Kapitalstocks alleine ist) und dem nicht gesparten Anteil $(1-u)\varphi(k)$ des Netto-Einkommens. Der Wert, den das Zielfunktional einer Lösung $(u(t), k(t))$ des Kontrollproblems erteilt, wird dann durch das Integral

$$(1.1) \qquad \int_0^T [\psi(k(t)) + (1-u(t))\varphi(k(t))]\,dt$$

dargestellt. Die Aufgabe besteht also darin, die Lösung $(u(t), k(t))$ so zu bestimmen, daß (1.1) möglichst groß wird.

Wir geben nun einen kurzen Überblick über den Inhalt dieses Kapitels. Zunächst wollen wir noch einmal die Zielsetzung präzisieren. Es geht um die Gewinnung von notwendigen Bedingungen, denen optimale Lösungen von Kontrollproblemen genügen müssen, sofern das Zielfunktional in ähnlicher Weise wie (1.1) durch ein bestimmtes Integral definiert wird. Der Zugang zu den notwendigen Bedingungen, den wir hier wählen und der sich an Hestenes [9] und Pontryagin [16] anlehnt, ist im wesentlichen geometrischer Natur und stützt sich auf den Begriff der erreichbaren Menge. Bei dieser Menge handelt es sich – grob gesprochen – um die Gesamtheit der Punkte im x-Raum, in die das System von einem festen Punkt aus steuerbar ist, d. h. die Gesamtheit der x_1, für die das Kontrollproblem lösbar ist (wobei Optimierungsfragen zunächst keine Rolle spielen).

Im Mittelpunkt unserer Überlegungen steht das Problem der lokalen Approximation der erreichbaren Menge. Daß wir uns erst hiermit zu beschäftigen haben, ehe wir zu dem eigentlichen Gegenstand dieses Kapitels kommen, ist plausibel. Denn bei

Extremwertaufgaben werden ja im allgemeinen die notwendigen Bedingungen auf dem Wege über eine lineare Approximation der zu optimierenden Größe gewonnen. In unserem Falle handelt es sich nun streng genommen nicht um eine lineare Approximation. Denn das, was wir benutzen werden, um die erreichbare Menge – oder, genauer gesagt, Teile von ihr – näherungsweise darzustellen, ist nicht ein linearer Raum, sondern ein konvexer Kegel. Die Definition dieses sogenannten Erreichbarkeitskegels geht auf die grundlegenden Arbeiten von Pontryagin [16] zurück. In welchem Verhältnis der Erreichbarkeitskegel zur erreichbaren Menge steht, wird im Satz 4.1 – dem zentralen Resultat dieses Kapitels – detailliert beschrieben.

Die Fassung, die wir dem Satz 4.1 geben werden, läßt die Analogie zwischen dem Erreichbarkeitskegel und dem Tangentialraum an eine Mannigfaltigkeit deutlicher hervortreten, als dies in der Literatur sonst geschieht. Vor allem aber wird sie uns in die Lage versetzen, durch verhältnismäßig einfache Betrachtungen die notwendigen Bedingungen nicht nur für das oben skizzierte Kontrollproblem, sondern auch für die sogenannten Probleme mit variablen Endpunkten herzuleiten. Allerdings erfordert der Beweis von Satz 4.1 einen beträchtlichen Aufwand, den man wohl nicht ganz vermeiden, aber doch dadurch auf ein gewisses Mindestmaß reduzieren kann, indem man den analytischen Apparat in die Theorie der Dgln. integriert, wie es in diesem Buche geschieht.

Zu diesem Zwecke entwickeln wir im Abschn. 3 eine Variante zur Theorie der Parameterabhängigkeit, wie sie in III Abschn. 4 dargestellt wurde. Die inhaltliche Bedeutung der Parameter ist jetzt eine wesentlich andere als früher. Die Aussagen und Beweismethoden lassen sich aber, von naheliegenden Modifikationen abgesehen, ohne große Schwierigkeiten übertragen. Das Interesse an dieser speziellen Form der Parameterabhängigkeit ist in der Variationstechnik begründet, die zur Herleitung der notwendigen Bedingungen angewendet wird und deren Vorteil vor allem darin liegt, daß die Gestalt des Kontrollbereiches U keine Rolle spielt. Anders als etwa bei der Herleitung der Eulerschen Gleichungen in der elementaren Variationsrechnung wird nämlich nicht der Abstand einer Lösung von einer Vergleichsfunktion variiert, sondern es wird die Position derjenigen t-Stellen verändert, an denen optimale Lösung und Vergleichsfunktion differieren. Die Differenz zwischen beiden braucht dabei auch nicht klein zu sein. Was dagegen klein sein muß, ist – grob gesprochen – der Inhalt der Menge aller t-Stellen, an denen diese Differenz von Null verschieden ist. Bei dieser Gelegenheit weisen wir darauf hin, daß es eben diese Variationstechnik erforderlich macht, die Funktionenklasse, aus der die zulässigen Kontrollfunktionen stammen, nicht zu eng zu wählen. Es lassen sich nämlich die notwendigen Bedingungen nicht formulieren, wenn man nur stetige Kontrollfunktionen zuläßt. Tatsächlich hat sich in vielen Fällen auch gezeigt, daß die optimale Kontrollfunktion nicht stetig, sondern nur stückweise stetig ist (vgl. Abschn. 8). Aus diesem Grunde werden wir stets annehmen, daß die zulässigen Kontrollfunktionen stückweise stetig sind. Für die Theorie der notwendigen Bedingungen ist diese Funktionenklasse groß genug; falls man sich für hinreichende Bedingungen interessiert, muß man dagegen zu einer umfassenderen Klasse übergehen.

Beginnend mit Abschn. 5 untersuchen wir dann den Zusammenhang zwischen dem optimalen Charakter einer Lösung und der Gestalt des Erreichbarkeitskegels im Endpunkt der zugehörigen Trajektorie. Es wird sich zeigen, daß dieser Kegel und ein gewisser Halbstrahl auf verschiedenen Seiten einer Hyperebene liegen müssen. Das ist – in geometrischer Form – die notwendige Bedingung, der optimale Lösungen von Kontrollproblemen zu genügen haben. Die Übersetzung dieser Aussage ins Analytische ergibt dann das bekannte Maximumprinzip von Pontryagin, mit dessen Beweis das Ziel, das wir uns in diesem Kapitel gesetzt haben, erreicht ist. Für die weitere Beschäftigung mit diesem Gegenstand sei auf die Lehrbücher der Variationsrechnung und der Theorie der optimalen Steuerung verwiesen, von denen wir hier nur die folgenden nennen wollen: Boltjanski [1], Hestenes [9], Kalman [11], Pontryagin [16], Lee/Markus [43], Hermes/LaSalle [51].

2. Einiges über konvexe Teilmengen des $\mathbf{R}^n$

Eine nicht-leere Punktmenge A im $\mathbf{R}^n$ heißt *konvex*, wenn mit zwei Punkten auch alle Punkte der Verbindungsstrecke dieser beiden Punkte zu A gehören.

Beispiele konvexer Mengen: Quader, n-dimensionale Kugeln $\{x \mid \|x - x_0\| \leq \rho\}$, Halbräume $\{x \mid a^T(x - x_0) \leq 0\}$. Der Durchschnitt konvexer Mengen ist wieder konvex.

In VII Abschn. 1 wird die folgende Eigenschaft einer konvexen Menge bewiesen: Ist x ein innerer Punkt von A und y ein beliebiger Punkt aus A, so besteht die Verbindungsstrecke zwischen x und y – ausgenommen höchstens y – nur aus inneren Punkten von A.

Im folgenden werden uns gewisse Teilmengen A des $\mathbf{R}^n$ häufig begegnen, die durch folgende Eigenschaft charakterisiert sind:

(2.1) A ist konvex, abgeschlossen und besitzt innere Punkte.

Für solche Mengen treffen die folgenden beiden Aussagen zu, wie wir uns jetzt klarmachen wollen.

(2.2) a) *Es ist $A = \bar{\mathring{A}}$, d. h. A ist die abgeschlossene Hülle des offenen Kernes $\mathring{A}$.*
b) *Ist Q ein offener Quader und $Q \cap A \neq \emptyset$, so hat $\bar{Q} \cap A$ wieder die Eigenschaft* (2.1).

Zu a). Da für A (2.1) gilt, ist $\mathring{A}$ nicht leer. Jeder Punkt $x \in A$ ist damit Häufungspunkt von Punkten aus $\mathring{A}$, z. B. von den Punkten, die auf der Verbindungsstrecke zwischen x und irgendeinem inneren Punkt von A liegen.

Zu b). $\bar{Q} \cap A$ ist konvex und abgeschlossen, da $\bar{Q}$ und A es sind. Es sei $x \in A \cap Q$. Da Q offen ist, gibt es eine Umgebung N von x, die ganz zu Q gehört. Außerdem ist wegen a) $A = \bar{\mathring{A}}$ und somit x Häufungspunkt von Punkten aus $\mathring{A}$; von diesen liegt sicher einer in N und damit in $Q \cap \mathring{A}$. $Q \cap A$ enthält also innere Punkte und somit auch $\bar{Q} \cap A$.

Für den folgenden Hilfssatz benötigen wir den Begriff der stetigen Fortsetzbarkeit. Sei die skalar- oder vektorwertige Funktion $f(x)$ auf einer Menge $M \subseteq \mathbf{R}^n$ definiert. Dann heißt $f(x)$ *stetig fortsetzbar* auf eine Menge $M' \supseteq M$, falls es eine auf M' definierte und stetige Funktion $g(x)$ gibt, so daß $g(x) = f(x)$ für alle $x \in M$ ist. Wenn f auf M' stetig fortsetzbar ist, so muß insbesondere f auf M selbst stetig sein.

Hilfssatz 2.1. *Sei $A \subseteq \mathbf{R}^n$ eine Menge mit der Eigenschaft* (2.1). *Weiter sei $\varphi(x)$ eine stetige skalarwertige Funktion auf A, $x = (x^1, \ldots, x^n)^T$. Die partiellen Ableitungen $\varphi_{x^i}, i = 1, \ldots, n$, mögen in jedem Punkt von $\mathring{A}$ existieren und sich zu einer stetigen Funktion auf A fortsetzen lassen. Auch die stetige Fortsetzung wird mit φ_{x^i} bezeichnet.*

Behauptung. a) *φ ist auf A Lipschitz-stetig.* b) *Es sei, für ein $\tilde{x} \in A$, $\varphi_{x^i}(\tilde{x}) = 0$, $i = 1, \ldots, n$, und es sei $L_\rho(\tilde{x})$ die kleinste Lipschitz-Konstante von $\varphi(x)$ auf der kompakten Menge $\{x \in A \mid \|x - \tilde{x}\| \leq \rho\}$. Dann gilt* $\lim\limits_{\rho \to 0} L_\rho(\tilde{x}) = 0$.

Beweis. Wir benutzen wieder die Abkürzung grad $\varphi(x)$ für den Vektor $(\varphi_{x^1}(x), \ldots, \varphi_{x^n}(x))^T$. Der Beweis des Hilfssatzes beruht einfach auf der Tatsache, daß für die Funktion φ uneingeschränkt der Mittelwertsatz der Differentialrechnung gilt: Zu jedem Paar x, y von Punkten aus A gibt es ein z auf der Verbindungsstrecke von x und y derart, daß

$$\varphi(x) - \varphi(y) = [\operatorname{grad} \varphi(z)]^T (x - y). \tag{2.3}$$

Das ist zunächst klar, falls $x \in \mathring{A}$, $y \in \mathring{A}$. Denn dann gehört auch die Verbindungsstrecke von x und y wieder zu $\mathring{A}$ und φ ist nach Voraussetzung auf einer gewissen Umgebung dieser Strecke stetig differenzierbar. Es seien nun x, y beliebige Punkte von A. x und y sind dann – wie wir vorhin festgestellt haben – Häufungspunkte von $\mathring{A}$. Es existieren also Folgen (x_ν), (y_ν) aus $\mathring{A}$, so daß $x = \lim\limits_{\nu \to \infty} x_\nu$ und $y = \lim\limits_{\nu \to \infty} y_\nu$ ist. Für jedes Paar x_ν, y_ν gilt nun der Mittelwertsatz, d. h. es gibt auf der Verbindungsstrecke zwischen x_ν und y_ν ein $z_\nu \in \mathring{A}$ mit $\varphi(x_\nu) - \varphi(y_\nu) = [\operatorname{grad} \varphi(z_\nu)]^T (x_\nu - y_\nu)$, $\nu = 1, 2, \ldots$ Die Folge (z_ν) ist beschränkt, man kann also eine konvergente Teilfolge (z_{ν_i}) auswählen. Wegen der Stetigkeit von grad $\varphi(x)$ auf der abgeschlossenen Menge A folgt durch Grenzübergang die Beziehung (2.3) mit $z = \lim\limits_{i \to \infty} z_{\nu_i}$.

Sei nun $\tilde{x} \in A$ beliebig und $M_\rho(\tilde{x}) = \{x \in A \mid \|x - \tilde{x}\|_2 \leq \rho\}$, $\rho > 0$. $M_\rho(\tilde{x})$ ist wieder kompakt und konvex. Sind $x, y \in M_\rho(\tilde{x})$, so gilt (2.3) mit $z \in M_\rho(\tilde{x})$. Da grad φ auf A stetig ist, ist $\|\operatorname{grad} \varphi\|_2$ auf $M_\rho(\tilde{x})$ beschränkt und es gilt daher

$$|\varphi(x) - \varphi(y)| \leq \kappa \|x - y\|_2,$$

wo κ eine obere Schranke für die Funktion $\|\operatorname{grad} \varphi(x)\|_2$ auf $M_\rho(\tilde{x})$ ist. Für die kleinste Lipschitz-Konstante findet man daher die Abschätzung

$$L_\rho(\tilde{x}) \leq \max \|\operatorname{grad} \varphi(x)\|_2 \quad \text{auf } M_\rho(\tilde{x}).$$

Da $\|\operatorname{grad} \varphi(x)\|_2$ eine auf A stetige Funktion ist, strebt dieses Maximum mit ρ gegen 0, falls grad $\varphi(\tilde{x}) = 0$. Damit ist der Hilfssatz bewiesen.

3. Abhängigkeit der Lösungen von variablen Sprungstellen

Es handelt sich im folgenden um einen Nachtrag zum Thema Parameterabhängigkeit, das uns bereits in III Abschn. 3 beschäftigt hat. Dabei ging es dort um die Frage, in welchem Sinne und welcher Weise die Lösungen einer Differentialgleichung $\dot{x} = f(t,x;w)$ von einem vektorwertigen, auf der rechten Seite der Differentialgleichung vorkommenden Parameter w abhängen. Hierbei hatten wir stets angenommen, daß $f(t,x;w)$ in allen Variablen t, x, w etwa Lipschitz-stetig ist. In diesem Abschnitt werden wir es mit einer ganz anderen Art von Parameterabhängigkeit zu tun haben: Die Komponenten w^i des Parameters w bedeuten jetzt diejenigen t-Stellen, an denen, grob gesagt, die rechte Seite der Differentialgleichung ihre Gestalt sprunghaft wechselt. Im einfachsten Fall sieht dies so aus: Gegeben sind zwei stetige Funktionen $f_1(t,x)$, $f_2(t,x)$, und es wird nun die von t, x und dem skalaren Parameter w abhängige Funktion $f(t,x;w)$ durch die Festsetzung

$$f(t,x;w) = \begin{cases} f_1(t,x) & \text{für alle } (t,x) \text{ mit } t \leq w\,, \\ f_2(t,x) & \text{für alle } (t,x) \text{ mit } t > w \end{cases}$$

erklärt. Für festes w ist $f(t,x;w)$ dann bis auf einen Sprung für $t = w$ stetig und es gelten – wie wir uns gleich überlegen werden – alle uns bekannten Aussagen über die Lösungen des AW-Problems, wenn man etwa noch voraussetzt, daß $f_1(t,x)$, $f_2(t,x)$ Lipschitz-stetig bezüglich x sind. Dagegen sagen die früheren Überlegungen nichts darüber aus, wie sich die Lösung eines AW-Problems für variables w ändert. Dies zu klären ist Ziel der folgenden Betrachtungen, mit denen wir die wesentlichen beweistechnischen Hilfsmittel für die späteren, dem eigentlichen Thema dieses Kapitels gewidmeten Untersuchungen bereitstellen. Das Beweisschema wird dabei weitgehend das gleiche sein wie in III Abschn. 3 und mag – wie dort auch – nicht in allen Teilen plausibel erscheinen. Das aber liegt in der Natur der Probleme.

Wir werden nun nicht nur eine einzige variable Sprungstelle zulassen, sondern gleich ein N-Tupel $w = (w^1, \ldots, w^N)^T$ solcher Stellen. Dieser „Parameter" w variiert dann auf der Teilmenge

$$(3.1) \qquad \boldsymbol{W} = \{w = (w^1, \ldots, w^N)^T \mid w^i \leq w^{i+1}, i = 1, \ldots, N-1\}$$

des $\mathbf{R}^N$, die ersichtlich konvex ist und die Eigenschaft (2.1) besitzt (denn $\boldsymbol{W}$ ist nichts anderes als der Durchschnitt der $N-1$ Halbräume $w^i - w^{i+1} \leq 0$, $i = 1, \ldots, N-1$, des w-Raumes). Die rechte Seite der Dgl., die den folgenden Überlegungen zugrunde liegt, ist nun eine Funktion $f(t,x \mid w)$, die in der nachstehenden Weise definiert ist. Wir nehmen an, daß auf einer offenen nicht-leeren Teilmenge $\boldsymbol{G}$ des (t,x)-Raumes $N+1$ stetige und in x Lipschitz-stetige Funktionen $f_j(t,x)$, $j = 0, \ldots, N$, gegeben sind. Ist nun $w = (w^1, \ldots, w^N)^T \in \boldsymbol{W}$, so setzen wir

$$(3.2) \qquad f(t,x \mid w) = \begin{cases} f_0(t,x)\,, & \text{falls } (t,x) \in \boldsymbol{G} \text{ und } t \leq w^1\,, \\ f_j(t,x)\,, & \text{falls } (t,x) \in \boldsymbol{G} \text{ und } w^j < t \leq w^{j+1}, j = 1, \ldots, N-1\,, \\ f_N(t,x)\,, & \text{falls } (t,x) \in \boldsymbol{G} \text{ und } t > w^N\,. \end{cases}$$

Aus dieser Definition ist klar, daß die Abhängigkeit einer solchen Funktion von dem „Parameter" w von ganz anderer Art ist als von der Zustandsvariablen x[1]. Beim Studium der Lösungen einer Dgl. $\dot{x} = f(t,x|w)$ würde daher die Interpretation der Parameter als weitere Zustandsvariable – wie dies in III Abschn. 3 geschehen ist – nichts einbringen. Aus diesem Grunde gehen wir hier anders vor und betrachten zunächst einmal für festes w ein AW-Problem der Form

$$(3.3) \qquad \dot{x} = f(t,x|w), \quad (t,x(t)) \in \boldsymbol{G}, \quad x(t_0) = x_0 .$$

Erst danach werden wir Lösungen von (3.3), die zu verschiedenen w gehören, miteinander vergleichen. Da die rechte Seite der Dgl. nun keine stetige Funktion mehr ist, können wir frühere Definitionen und Sätze erst nach geeigneter Modifikation des Lösungsbegriffes übernehmen. Unter einer Lösung $x(t) = (x^1(t),\dots,x^n(t))^T$ von (3.3) auf einem Intervall I verstehen wir eine Funktion mit folgenden Eigenschaften:

a) *$x(t)$ ist auf I stetig, $x(t_0) = x_0$.*

b) *$(t,x(t)) \in \boldsymbol{G}$ für alle $t \in I$.*

c) *An jeder Stelle $t \in \mathring{I}$, $t \neq w^i$, $i = 1,\dots,N$, ist $x(t)$ differenzierbar mit $\dot{x}(t) = f(t,x(t)|w)$, d. h. es ist*

$$(3.4) \qquad \dot{x}(t) = \begin{cases} f_0(t,x(t)), & \text{falls } t < w^1, \\ f_j(t,x(t)), & \text{falls } w^j < t < w^{j+1} \text{ und } 1 \leq j \leq N-1\,^{2)}, \\ f_N(t,x(t)), & \text{falls } t > w^N. \end{cases}$$

Insbesondere ist also $x(t)$ auf I stückweise stetig differenzierbar (vgl. I Abschn. 1). Wir wollen uns nun klarmachen, daß es ein t^+ mit $t_0 < t^+ \leq \infty$ derart gibt, daß über dem Intervall $[t_0,t^+)$ genau eine Lösung von (3.3) existiert, die sich nicht in ein größeres Intervall $[t_0,t_1)$, $t_1 > t^+$, fortsetzen läßt. Diese Lösung wird von nun an mit $x_w(t;t_0,x_0)$ bezeichnet. Ebenso gibt es ein maximales linksseitiges Intervall (t^-,t_0) mit entsprechenden Eigenschaften. Ist $t_0 \geq w^N$, so ist im Bereich $t \geq t_0$ das AW-Problem (3.3) – wegen (3.4) – mit dem AW-Problem

$$\dot{x} = f_N(t,x), \quad (t,x) \in \boldsymbol{G}, \quad x(t_0) = x_0 ,$$

identisch. Da hier die rechte Seite der Dgl. stetig und in x Lipschitz-stetig ist, folgen die zu beweisenden Aussagen unmittelbar aus III Abschn. 3.

Wir haben nun die Fälle zu diskutieren, in denen entweder $w^1 \leq t_0 \leq w^N$ oder $t_0 < w^1$ ist. Wir beschränken uns auf den ersten Fall, die Überlegungen im zweiten

---

[1] Um dies zum Ausdruck zu bringen, schreiben wir im folgenden $f(t,x|w)$ und nicht $f(t,x;w)$.

[2] Diese Aussage ist natürlich leer, falls $w^j = w^{j+1}$ ist. In diesem Falle geht die Funktion f_j gar nicht in die Definition (3.2) von $f(t,x|w)$ ein, und es ist die Frage berechtigt, warum man nicht von vornherein nur die verschiedenen unter den Komponenten w^i von w berücksichtigt. Mit anderen Worten, warum man nicht von vornherein annimmt, daß stets $w^i < w^{i+1}$ gilt, oder – was damit gleichbedeutend ist – daß w ein innerer Punkt von $\boldsymbol{W}$ ist. Es ergeben sich jedoch dann formale Schwierigkeiten, wenn w gegen einen Randpunkt von $\boldsymbol{W}$ strebt. Gerade dieser Grenzübergang wird aber in den folgenden Überlegungen eine grundlegende Rolle spielen.

Fall verlaufen analog. Es gibt eine natürliche Zahl j mit $w^j \leq t_0 < w^{j+1}$. $x(t)$ ist auf dem Intervall $[t_0, w^{j+1})$ Lösung von (3.3) dann und nur dann, wenn $x(t)$ Lösung des AW-Problems

$$\dot{x} = f_j(t,x), \qquad (t,x(t)) \in \boldsymbol{G}, \quad x(t_0) = x_0,$$

ist. Dieses Problem ist nun wieder von dem früher betrachteten Typ, seine Lösung ist eindeutig und besitzt ein maximales Existenzintervall $[t_0, t_j^+)$. Ist $t_j^+ \leq w^{j+1}$, so entweicht die Lösung für $t \to t_j^+$ gegen ∞ oder strebt gegen den Rand von $\boldsymbol{G}$. Es kann daher auch die Lösung $x_w(t; t_0, x_0)$ nicht über t_j^+ hinaus fortsetzbar sein, d. h. es ist $t^+ = t_j^+$. Ist dagegen $t_j^+ > w^{j+1}$, so läßt sich $x_w(t; t_0, x_0)$ nach dem gleichen Muster in den Bereich $t > w^{j+1}$ weiter fortsetzen, man hat bloß w^{j+1} an Stelle von t_0 und $x_w(w^{j+1}; t_0, x_0)$ an Stelle von x_0 treten zu lassen.

Nunmehr lassen wir w in der Menge $\boldsymbol{W}$ variieren und wollen uns überlegen, in welcher Weise sich dabei die Lösung $x_w(t; t_0, x_0)$ ändert. Die folgenden Hilfssätze ähneln in Formulierung und Beweismethode den Resultaten von III Abschn. 3. Ihre Aussagen beziehen sich auf die Lösungen $x_w(t; t_0, x_0)$ des AW-Problems (3.3).

Hilfssatz 3.1. *Es sei* $\tilde{w} \in \boldsymbol{W}$, $(t_0, \tilde{x}_0) \in \boldsymbol{G}$ *und* $\bar{I}$ ein t_0 *enthaltendes kompaktes Teilintervall des maximalen Existenzintervalls von* $x_{\tilde{w}}(t; t_0, \tilde{x}_0)$. *Dann gibt es ein* $\varepsilon > 0$ *derart, daß* $x_w(t; t_0, x_0)$ *über dem Intervall* $\bar{I}$ *existiert (d. h.* $\bar{I}$ *ist im maximalen Existenzintervall dieser Lösung enthalten), falls*

$$\|x_0 - \tilde{x}_0\| \leq \varepsilon, \quad \|w - \tilde{w}\| \leq \varepsilon, \quad w \in \boldsymbol{W}, \tag{3.5}$$

ist. Es gibt ferner Zahlen α, β, *die von* x_0, w, t *unabhängig sind derart, daß*

$$\|x_w(t; t_0, x_0) - x_{\tilde{w}}(t; t_0, \tilde{x}_0)\| \leq \alpha \|x_0 - \tilde{x}_0\| + \beta \|w - \tilde{w}\| \tag{3.6}$$

ist, falls $t \in \bar{I}$ *und falls* x_0, w *der Bedingung* (3.5) *genügen.*

Beweis. Wir übernehmen weitgehend die beim Beweis von III Satz 3.1 verwendeten Bezeichnungen und Schlußweisen und setzen für den Moment $x_{\tilde{w}}(t; t_0, \tilde{x}_0) = \tilde{x}(t)$. Es seien die Zahlen t', $t' + l$, $l > 0$, aus dem maximalen Existenzintervall der Lösung $\tilde{x}(t)$ und die positive Zahl ε' so gewählt, daß $\bar{I}$ in dem offenen Intervall $I'_0 = (t', t' + l)$ und die abgeschlossene Hülle $\bar{\boldsymbol{G}}'$ der Menge

$$\boldsymbol{G}' = \{(t,x) \mid t \in I'_0, \|x - \tilde{x}(t)\| < \varepsilon'\} \tag{3.7}$$

in $\boldsymbol{G}$ enthalten ist. Es gehört dann (t_0, x_0) zu $\boldsymbol{G}'$, falls $\|x_0 - \tilde{x}_0\| < \varepsilon'$ ist, und es besitzt die Lösung $x_w(t; t_0, x_0)$ ein maximales Existenzintervall $I'(x_0, w) \subseteq I'_0$ in bezug auf $\boldsymbol{G}'$. Wir können uns darauf beschränken, die Gültigkeit der Abschätzung (3.6) für jene t und x_0 nachzuweisen, die der Bedingung $\|x_0 - \tilde{x}_0\| < \varepsilon'$, $t \in I'(x_0, w)$ genügen. Ist dieser Nachweis erbracht, so folgt in der gleichen Weise wie beim Beweis von III Satz 3.1, daß $I'(x_0, w) = I'_0$ ist (und damit die Abschätzung (3.6) auf ganz $\bar{I}$ gilt), falls man x_0, w gemäß (3.5) einschränkt und $\varepsilon < \varepsilon'$ hinreichend klein wählt.

Auf der kompakten Menge $\bar{\boldsymbol{G}}'$ ist nun jede der Funktionen f_j beschränkt und genügt einer Lipschitz-Bedingung in bezug auf x. Es gibt daher Zahlen K, L, die von w, t, x unabhängig sind, mit

(3.8) $\quad \|f(t,x|w)\| \le K, \quad \|f(t,x|w) - f(t,y|w)\| \le L\|x-y\|$

für $(t,x) \in \bar{G}'$, $(t,y) \in \bar{G}'$, $w \in W$. Als nächstes benötigen wir eine Abschätzung des Ausdrucks $\|f(t,x|w) - f(t,x|\tilde{w})\|$. Zu diesem Zweck bemerken wir zunächst, daß die Intervalle

$$\tilde{I}_0 = (-\infty, \tilde{w}^1], \quad \tilde{I}_j = (\tilde{w}^j, \tilde{w}^{j+1}], \quad j = 1,\ldots,N-1, \quad \tilde{I}_N = (\tilde{w}^N, \infty)$$

eine Zerlegung der Zahlengeraden darstellen. Falls $t \in \tilde{I}_j$ ist, so gilt, gemäß (3.2), $f(t,x|w) = f(t,x|\tilde{w}) = f_j(t,x)$, sofern t nicht in einem der beiden Intervalle $[\tilde{w}^j, \max(w^j,\tilde{w}^j)]$, $(\min(w^{j+1},\tilde{w}^{j+1}),\tilde{w}^{j+1}]$ liegt, $j = 1,\ldots,N-1$. Ist $t \in \tilde{I}_0$ bzw. $\in \tilde{I}_N$, so ist $f(t,x|w) = f(t,x|\tilde{w}) = f_0(t,x)$ bzw. $= f_N(t,x)$, falls t nicht in $(\min(w^1,\tilde{w}^1),\tilde{w}^1]$ bzw. $[\tilde{w}^N, \max(w^N,\tilde{w}^N)]$ liegt. Die Anzahl dieser Ausnahmeintervalle (einpunktige und leere mitgerechnet) beträgt $2N$, ihre Gesamtlänge ist $\le 2N\|w-\tilde{w}\|_\infty$. Man erhält somit aus (3.8) eine für alle $(t,x) \in \bar{G}'$ und alle $w \in W$ gültige Abschätzung in folgender Form

(3.9) $\quad \|f(t,x|w) - f(t,x|\tilde{w})\| \le k(t,w)$.

Hierbei ist $k(t,w)$ eine stückweise konstante Funktion von t, die nur die beiden Werte 0 und $2K$ annimmt, und zwar wird letzterer angenommen auf abgeschlossenen Intervallen, deren Gesamtlänge höchstens $2N\|w-\tilde{w}\|_\infty$ beträgt. Man hat daher für das über $\tilde{I}$ erstreckte Integral die Abschätzung

(3.10) $\quad \int_{\tilde{I}} k(t,w)\,dt \le 4KN\|w-\tilde{w}\|_\infty$.

Wir kommen nunmehr zum eigentlichen Thema, nämlich zur Abschätzung der Funktion $y(t) = x_w(t;t_0,x_0) - \tilde{x}(t)$. $y(t)$ ist auf dem Intervall $I'(x_0,w)$ stetig und stückweise stetig differenzierbar. An allen Stellen, an denen $\tilde{x}(t)$ und $x(t) = x_w(t;t_0,x_0)$ differenzierbar sind, ist $y(t)$ auch differenzierbar und es gilt

$$\begin{aligned}\dot{y}(t) &= f(t,x(t)|w) - f(t,\tilde{x}(t)|\tilde{w}) \\ &= f(t,x(t)|w) - f(t,x(t)|\tilde{w}) + f(t,x(t)|\tilde{w}) - f(t,\tilde{x}(t)|\tilde{w}).\end{aligned}$$

Aus dieser Beziehung folgt nun in Verbindung mit (3.8) und (3.9) die Abschätzung

$$\|\dot{y}(t)\| \le L\|y(t)\| + k(t,w),$$

die aus Stetigkeitsgründen dann an allen Stellen des Intervalles $I'(x_0,w)$ gilt, an denen $y(t)$ differenzierbar ist. Gemäß III Hilfssatz 3.1 erhält man daher weiter die für alle $t \in I'(x_0,w)$ gültige Abschätzung

$$\begin{aligned}\|y(t)\| &= \|x_w(t;t_0,x_0) - \tilde{x}(t)\| \\ &\le \gamma e^{\gamma L|t-t_0|}\left[\|y(t_0)\| + \left|\int_{t_0}^{t} e^{-\gamma L|\tau-t_0|} k(\tau,w)\,d\tau\right|\right].\end{aligned}$$

Wegen (3.10) und $y(t_0) = x_0 - \tilde{x}_0$ läßt sich der zuletzt erhaltene Ausdruck schließlich nach oben durch die Zahl

$$\gamma e^{\gamma Ll}(\|x_0 - \tilde{x}_0\| + 4KN\|w-\tilde{w}\|_\infty)$$

abschätzen (l = Länge von I_0'). Damit ist (3.6) bewiesen (mit $\alpha = \gamma e^{\gamma Ll}$, $\beta = 4\gamma e^{\gamma Ll}KN$).

Aus der Aussage des Hilfssatzes läßt sich eine wichtige Folgerung ziehen: Es ist $x_w(t; t_0, x_0)$ als Funktion von (t, x_0, w) stetig. Zunächst ist klar, daß $x_{\tilde{w}}(t; t_0, \tilde{x}_0)$ als Funktion von t allein auf $\bar{I}$ stetig und daher dort beschränkt ist. Aus der Abschätzung (3.6) und der Tatsache, daß x_w Lösung des AW-Problems (3.3) ist, folgt die Beschränktheit von x_w und somit auch von $\dot{x}_w$ auf der Menge $\boldsymbol{M} = \{(t, x_0, w) \mid t \in \bar{I}, \|x_0 - \tilde{x}_0\| \leq \varepsilon, \|w - \tilde{w}\| \leq \varepsilon, w \in \boldsymbol{W}\}$ (ε die Zahl aus Formel (3.5)). Die Beschränktheit von $\dot{x}_w$ bedeutet aber, daß x_w als Funktion von t gleichmäßig bezüglich x_0 und w auf $\boldsymbol{M}$ stetig ist. Aus dieser Feststellung ergibt sich in Verbindung mit (3.6) die Stetigkeit von $x_w(t; t_0, x_0)$ an jeder Stelle $(t, \tilde{x}_0, \tilde{w})$ mit $t \in \bar{I}$.

Durch die folgenden beiden Hilfssätze wird die Frage nach der Existenz der partiellen Ableitungen $\partial/\partial w^i$ und $\partial/\partial x_0^i$ für die Funktion $x_w(t; t_0, x_0)$ beantwortet. Wir setzen von nun an voraus, daß die Funktionen $f_j(t, x)$ stetige partielle Ableitungen nach $x^1, \ldots, x^n$ auf $\boldsymbol{G}$ besitzen. Mit $(f_j)_x(t, x)$ bezeichnen wir die aus den Spalten $(f_j)_{x^i}$, $i = 1, \ldots, n$, gebildete Matrix, und mit $f_x(t, x \mid w)$ diejenige Matrix, die man erhält, wenn man in der Definition (3.2) an Stelle der Funktionen f_j die Matrizen $(f_j)_x$ treten läßt. Für die Funktion

$$(3.11) \qquad r(t, x \mid w) = f(t, x \mid w) - f(t, \tilde{x}(t) \mid w) - f_x(t, \tilde{x}(t) \mid w)(x - \tilde{x}(t))$$

besteht dann eine Abschätzung der Form

$$(3.12) \qquad \|r(t, x \mid w)\| \leq \|x - \tilde{x}(t)\| \, \rho(\|x - \tilde{x}(t)\|)$$

für alle $(t, x) \in \boldsymbol{G}'$ (vgl. (3.7)) und alle $w \in \boldsymbol{W}$, wobei $\rho(u)$ eine geeignete Funktion der skalaren Veränderlichen u ist und der Bedingung $\lim\limits_{u \to 0} \rho(u) = 0$ genügt. Eine solche Abschätzung besteht nämlich, wie wir uns beim Beweise von III Satz 3.2 klargemacht haben, auf $\boldsymbol{G}'$ für jede der Funktionen $r_j(t, x) = f_j(t, x) - f_j(t, \tilde{x}(t)) - (f_j)_x(t, \tilde{x}(t)) \cdot (x - \tilde{x}(t))$, und es stimmt die rechte Seite von (3.11) an jeder Stelle (t, x, w) mit einer der Funktionen r_j überein. Wir beschäftigen uns zunächst mit der Differenzierbarkeit nach einer Komponente w^i von w. Für die folgenden Überlegungen ist $(t_0, \tilde{x}_0)$ fest aus $\boldsymbol{G}$ gewählt. Wir schreiben auch der Kürze halber $x_w(t)$ an Stelle von $x_w(t; t_0, \tilde{x}_0)$.

Hilfssatz 3.2. *Es mögen die Voraussetzungen von* Hilfssatz 3.1 *und die folgenden weiteren erfüllt sein.* a) *f_j besitzt auf $\boldsymbol{G}$ stetige partielle Ableitungen nach $x^1, \ldots, x^n$, für $j = 1, \ldots, N$.* b) *Es ist $\tilde{w} = (\tilde{w}^1, \ldots, \tilde{w}^N)^T \in \mathring{\boldsymbol{W}}$.*

Behauptung. *Ist $t \in \bar{I}$ und $t_0 < \tilde{w}^i < t$, so existiert die partielle Ableitung $\dfrac{\partial}{\partial w^i} x_w(t; t_0, \tilde{x}_0) = \dfrac{\partial}{\partial w^i} x_w(t)$ an der Stelle $w = \tilde{w}$ und stimmt — als Funktion von t aufgefaßt — mit der Lösung $y(t)$ des linearen AW-Problems*

$$(3.13) \qquad \dot{y} = f_x(t, \tilde{x}(t) \mid \tilde{w})\, y, \qquad y(\tilde{w}^i) = f_{i-1}(\tilde{w}^i, \tilde{x}(\tilde{w}^i)) - f_i(\tilde{w}^i, \tilde{x}(\tilde{w}^i)),$$

überein.

Bemerkungen. a) Daß $\tilde{w}$ innerer Punkt von $\boldsymbol{W}$ ist, bedeutet im Hinblick auf Hilfssatz 3.1, daß $x_w(t)$ für alle $t \in \bar{I}$ und alle w aus einer geeigneten vollen Umgebung von $\tilde{w}$ erklärt ist. Die Frage nach der Existenz der partiellen Ableitungen nach den Komponenten von w ist daher sinnvoll.

b) Die in der Behauptung vorkommende homogene lineare Dgl. ist nichts anderes als die bereits früher eingeführte zur Dgl. $\dot{x} = f(t, x \mid \tilde{w})$ gehörige Variationsgleichung bezüglich $\tilde{x}(t)$. Die Koeffizientenmatrix dieser Dgl. besteht aus stückweise stetigen Funktionen von t. Für die Lösungen einer solchen Dgl. gelten die gleichen grundlegenden Sätze wie im Falle einer stetigen Koeffizientenmatrix (vgl. II Abschn. 5). Man beachte, daß der Anfangswert $y(\tilde{w}^i)$ gerade der Sprung ist, den die Funktion f an der Stelle $t = \tilde{w}^i$ erleidet. Die Aussage des Hilfssatzes kann man sich daher etwa mit folgendem Argument plausibel machen. Erteilt man dem $\tilde{w}^i$ einen kleinen Zuwachs h, so wird aus dem Sprung eine während des kleinen Zeitintervalles $[\tilde{w}^i, \tilde{w}^i + h]$ andauernde Störung der rechten Seite der Dgl. Diese Störung wirkt sich auf die Lösungen zu einem späteren Zeitpunkt t aus, und zwar wird die Auswirkung in erster Näherung durch das Produkt aus der Übergangsmatrix der Variationsgleichung mit dem Störglied gegeben.

Beweis von Hilfssatz 3.2. Wir gehen wie üblich so vor, daß wir $\tilde{w}^i$ einen Zuwachs h erteilen, während die $\tilde{w}^j$ für $j \neq i$ unverändert bleiben, d. h. wir gehen von $\tilde{w}$ über zum Parameter $w(h)$ mit den Komponenten

$$w^j(h) = \tilde{w}^j \quad \text{für } j \neq i, \; w^i(h) = \tilde{w}^i + h\,.$$

$|h|$ wird dabei von vornherein so klein gewählt, daß die nachstehenden Bedingungen erfüllt sind: $w(h) \in \mathring{W}$, $w^i(h) > t_0$, $x_{w(h)}(t)$ existiert für alle $t \in \bar{I}$ (vgl. Bemerkung a)). Es bestehen dann insbesondere folgende Ungleichungen:

$$(3.14) \quad \begin{aligned} & w^{i-1}(h) = \tilde{w}^{i-1} < w^i(h) < \tilde{w}^{i+1} = w^{i+1}(h), \quad \text{falls } 1 < i < N\,, \\ & w^1(h) < w^2(h) = \tilde{w}^2, \quad \text{falls } i = 1\,, \\ & w^{N-1}(h) = \tilde{w}^{N-1} < w^N(h), \quad \text{falls } i = N\,. \end{aligned}$$

Wir haben nun, für festes $t > \tilde{w}^i$, die Existenz des Grenzwertes $\lim\limits_{h \to 0} \frac{1}{h}(x_{w(h)}(t) - \tilde{x}(t))$ und seine Übereinstimmung mit der an der Stelle t genommenen Lösung des AW-Problems (3.13) zu zeigen. Vor einer ähnlichen Aufgabe standen wir beim Beweis von III Satz 3.2. Die dort angewendete Schlußweise ist jedoch nicht unmittelbar übertragbar. Sie würde nämlich nicht nur die Existenz des fraglichen Grenzwertes, sondern auch die Gleichmäßigkeit des Grenzüberganges bezüglich t ergeben, eine Aussage, die – wie sich herausstellen wird – für jedes t-Intervall, welches die Stelle $\tilde{w}^i$ enthält, nicht mehr zutreffen kann. Um trotzdem mit unserer früheren Beweismethode arbeiten zu können, werden wir dem zu untersuchenden Differenzenquotienten ein Korrekturglied anfügen und dann erst $h \to 0$ gehen lassen. Wir betrachten die Funktion

$$(3.15) \quad z(t,h) = \frac{1}{h}\left[x_{w(h)}(t) - \tilde{x}(t)\right] - p(t,h)$$

$$\text{mit} \quad p(t,h) = \frac{1}{h}\int_{t_0}^{t} \left(f(\tau, \tilde{x}(\tau) \mid w(h)) - f(\tau, \tilde{x}(\tau) \mid \tilde{w})\right) d\tau\,.$$

Bei festem $h \neq 0$ ist z eine in t stückweise stetig differenzierbare Funktion und es ist

$$
\begin{aligned}
(3.16)\qquad \dot{z}(t,h) &= \frac{1}{h}\left[f(t,x_{w(h)}(t)\,|\,w(h)) - f(t,\tilde{x}(t)\,|\,w(h))\right] \\
&= f_x(t,\tilde{x}(t)\,|\,w(h))\left[\frac{1}{h}(x_{w(h)}(t) - \tilde{x}(t))\right] + \tilde{r}(t,h) \\
&= f_x(t,\tilde{x}(t)\,|\,w(h))[z(t,h) + p(t,h)] + \tilde{r}(t,h),
\end{aligned}
$$

wobei zur Abkürzung

$$\tilde{r}(t,h) = \frac{1}{h}\, r(t,x_{w(h)}(t)\,|\,w(h))$$

gesetzt wurde (zur Definition von $r(t,x\,|\,w)$ vgl. (3.11)). Aus der Beziehung (3.6) (für $x_0 = \tilde{x}_0$ und $w = w(h)$) folgt nun, daß die Funktion $\frac{1}{h}(x_{w(h)}(t) - \tilde{x}(t))$ auf der Menge

$$(3.17)\qquad \boldsymbol{T} = \{(t,h)\,|\,t \in \bar{I}, 0 < |h| \leq \varepsilon\}$$

beschränkt ist. Insbesondere strebt also $x_{w(h)}(t) - \tilde{x}(t)$ gegen 0 für $h \to 0$, und zwar gleichmäßig in t für $t \in \bar{I}$. Aus der Abschätzung (3.12) folgt daher

$$(3.18)\qquad \lim_{h\to 0} \tilde{r}(t,h) = 0, \quad \text{gleichmäßig in } t \in \bar{I}.$$

Wir führen den weiteren Beweis nun in drei Schritten.

1. Schritt: Wir untersuchen das Verhalten der Funktion $p(t,h)$ für $h \to 0$. Aus der Definition (3.2) der Funktion $f(t,x\,|\,w)$ und aus den Beziehungen (3.14) zwischen den Komponenten von $w(h)$ und denen von $\tilde{w}$ liest man unschwer die folgende Aussage ab:

$$
(3.19)\qquad f(t,x\,|\,w(h)) - f(t,x\,|\,\tilde{w}) = \begin{cases} f_{i-1}(t,x) - f_i(t,x), \\ \quad \text{falls } h > 0 \text{ und } \tilde{w}^i < t \leq \tilde{w}^i + h, \\ f_i(t,x) - f_{i-1}(t,x), \\ \quad \text{falls } h < 0 \text{ und } \tilde{w}^i + h < t \leq \tilde{w}^i, \\ 0 \quad \text{in allen übrigen Fällen.} \end{cases}
$$

Die Funktion $f(t,\tilde{x}(t)\,|\,w(h)) - f(t,\tilde{x}(t)\,|\,\tilde{w})$ ist daher auf der Menge $\boldsymbol{T}$ (vgl. (3.17)) beschränkt. Sie verschwindet zudem für alle t außerhalb eines gewissen, von h abhängigen Teilintervalles von I, dessen Länge höchstens $|h|$ beträgt. Es ist daher auch die Funktion $p(t,h)$ auf $\boldsymbol{T}$ beschränkt. Es ergeben sich weiter die nachstehenden Grenzbeziehungen

$$
(3.20)\qquad \lim_{h\to 0} p(t,h) = \begin{cases} 0, & \text{falls } t < \tilde{w}^i, \\ p^* = f_{i-1}(\tilde{w}^i,\tilde{x}(\tilde{w}^i)) - f_i(\tilde{w}^i,\tilde{x}(\tilde{w}^i)), & \text{falls } t > \tilde{w}^i. \end{cases}
$$

Die Konvergenz ist gleichmäßig bezüglich aller $t \in \bar{I}$, die außerhalb eines beliebig kleinen Intervalles der Form $[\tilde{w}^i - \delta, \tilde{w}^i + \delta], \delta > 0$, liegen. Anhand von (3.19) sieht man nämlich, daß $p(t,h) = 0$ ist, falls $t \leq \tilde{w}^i - \delta$ und $|h| < \delta$, und daß

$$p(t,h) = \frac{1}{h}\int_{\tilde{w}^i}^{\tilde{w}^i+h} (f_{i-1}(\tau,\tilde{x}(\tau)) - f_i(\tau,\tilde{x}(\tau)))\,d\tau$$

ist, falls $t \geq \tilde{w}^i + \delta, |h| < \delta$. Aus diesen Feststellungen ergibt sich nun unmittelbar diejenige Information über $p(t,h)$, die wir im folgenden benötigen, nämlich

$$(3.21)\qquad \begin{aligned} &\lim_{h\to 0} \int_{t_0}^{\tilde{w}^i} \|p(t,h)\| \,\mathrm{d}t = 0 \\ &\lim_{h\to 0} \int_{\tilde{w}^i}^{t} \|p(\tau,h) - p^*\| \,\mathrm{d}\tau = 0, \qquad \text{falls } t \geq \tilde{w}^i. \end{aligned}$$

2. Schritt. Wir zeigen, daß

$$(3.22)\qquad \lim_{h\to 0} z(\tilde{w}^i,h) = 0$$

gilt. Aus (3.16) erhält man eine Abschätzung der Form

$$\|\dot{z}(t,h)\| \leq L\,\|z(t,h)\| + k(t,h),$$

wobei L eine Schranke für $\|f_x(t,\tilde{x}(t)\,|\,w(h))\|$ auf $\boldsymbol{T}$ und

$$k(t,h) = L\|p(t,h)\| + \|\tilde{r}(t,h)\|$$

ist. Aus der ersten der Beziehungen (3.21) und aus (3.18) folgt weiter die Beziehung

$$\lim_{h\to 0} \int_{t_0}^{\tilde{w}^i} k(t,h)\,\mathrm{d}t = 0\,.$$

Beachtet man schließlich noch, daß $z(t_0,h) = 0$ ist, so führt die Abschätzung der Lösungen der Differentialungleichung $\|\dot{z}\| \leq L\|z\| + k(t,h)$ mittels III Hilfssatz 3.1 sofort auf die Aussage (3.22).

3. Schritt. Bestimmung von $\lim_{h\to 0} z(t,h)$ falls $t > \tilde{w}^i$. Zu diesem Zwecke führen wir zunächst die Lösung $y(t,w)$ des linearen AW-Problems

$$\dot{y} = f_x(t,\tilde{x}(t)\,|\,w)\,y, \quad y(\tilde{w}^i) = p^*$$

ein (zur Definition von p^* vgl. (3.20)). $y(t,w)$ ist eine auf der Menge $\{(t,w)\,|\,t \in \bar{I}, w \in \boldsymbol{W}\}$ stetige Funktion. Das ergibt sich sofort aus Hilfssatz 3.1 und der Tatsache, daß die rechte Seite der Dgl., der $y(t,w)$ genügt, wieder die Form (3.2) hat mit $f_j(t,y) = (f_j)_x(t,\tilde{x}(t))\,y$. Ehe wir weitergehen, halten wir noch fest, daß $y(t,\tilde{w}) = y(t)$ die Lösung des in der Behauptung vorkommenden AW-Problems (3.13) ist.

Wir setzen nun

$$\Delta(t,h) = z(t,h) - y(t,w(h)) + p^*\,.$$

Als Funktion von t ist Δ stückweise stetig differenzierbar und es gilt im Hinblick auf (3.16)

$$(3.23)\qquad \dot{\Delta}(t,h) = f_x(t,\tilde{x}(t)\,|\,w(h))[\Delta(t,h) + p(t,h) - p^*] + \tilde{r}(t,h)\,,$$

sowie $\Delta(\tilde{w}^i,h) = z(\tilde{w}^i,h)$

und daher wegen (3.22)

$$(3.24)\qquad \lim_{h\to 0} \Delta(\tilde{w}^i,h) = 0\,.$$

Aus (3.23) folgt die Ungleichung

$$\|\dot{\Delta}(t,h)\| \leq L\|\Delta(t,h)\| + k^*(t,h)$$

mit $\quad k^*(t,h) = L\|p(t,h) - p^*\| + \|\tilde{r}(t,h)\|$.

Beachtet man nun (3.24), (3.18) und die zweite der Beziehungen (3.21), so ergibt sich in der gleichen Weise wie beim zweiten Beweisschritt, die Richtigkeit der Beziehung $\lim\limits_{h\to 0} \Delta(t,h) = 0$ und somit gilt auch

$$\lim_{h\to 0} z(t,h) = y(t,\tilde{w}) - p^*, \quad \text{falls } t \geq \tilde{w}^i.$$

Im Hinblick auf (3.15), (3.20) folgt daraus schließlich das gewünschte Resultat: Es ist

$$\lim_{h\to 0} \frac{1}{h}(x_{w(h)}(t) - \tilde{x}(t)) = y(t,\tilde{w}), \quad \text{falls } t > \tilde{w}^i.$$

Hilfssatz 3.3. *Die Voraussetzungen hinsichtlich der Funktion $f_j(t,x)$ seien dieselben wie in* Hilfssatz 3.2.

Behauptung. *Es existiert die partielle Ableitung $\frac{\partial}{\partial x_0^i} x_w(t;t_0,x_0)$ an der Stelle $(x_0,w) = (\tilde{x}_0,\tilde{w})$ und stimmt – als Funktion von t aufgefaßt – mit der Lösung des linearen AW-Problems*

$$\dot{y} = f_x(t,\tilde{x}(t) \mid \tilde{w})y, \quad y(t_0) = e_i,$$

überein. Dabei ist e_i der i-te Vektor der kanonischen Basis des $\mathbf{R}^n$.

Beweis. Ausgehend von den Beziehungen (3.11), (3.12) läßt sich der Beweis von III Satz 3.2 wörtlich auf die vorliegende Situation übertragen.

Im folgenden werden wir nicht nur die Differenzierbarkeit von x_w nach den verschiedenen Parametern, sondern auch die Stetigkeit dieser Ableitungen, ja sogar ihre stetige Fortsetzbarkeit bis an den Rand von $\boldsymbol{W}$ brauchen. Im Hinblick auf die beiden letzten Hilfssätze läuft dies auf die Frage hinaus, wie sich etwa die Lösungen des linearen AW-Problems (3.13) verhalten, wenn die in den Daten vorkommenden Parameter als variabel angesehen werden. Um die Fragestellung zu präzisieren, legen wir wieder ein festes $(t_0,\tilde{x}_0,\tilde{w})$ zugrunde, wobei $\tilde{w} \in \boldsymbol{W}$ und $(t_0,\tilde{x}_0) \in \boldsymbol{G}$ ist. $\tilde{w}$ braucht dabei kein innerer Punkt von $\boldsymbol{W}$ zu sein. $\bar{I}$ und $\boldsymbol{M} = \{(t,x_0,w) \mid t \in \bar{I}, \|x_0 - \tilde{x}_0\| \leq \varepsilon, \|w - \tilde{w}\| \leq \varepsilon, w \in \boldsymbol{W}\}$ mögen die frühere Bedeutung haben. Wir setzen zur Abkürzung $A_w(t,x_0) = f_x(t,x_w(t;t_0,x_0) \mid w)$ und bezeichnen für den Moment mit $\Phi_w(t,x_0)$ die durch die beiden Bedingungen

$$\dot{\Phi} = A_w(t,x_0)\Phi, \quad \Phi(t_0) = E,$$

auf $\boldsymbol{M}$ eindeutig definierte Matrixfunktion. Die partiellen Ableitungen von $x_w(t;t_0,x_0)$ nach den Komponenten von x_0 und w lassen sich – sofern sie an einer Stelle $(t,x_0,w) \in \boldsymbol{M}$ existieren – gemäß Hilfssatz 3.2 und Hilfssatz 3.3 – in der Form $\Phi_w(t,x_0)e_i$ und

$$\Phi_w(t,x_0)\Phi_w^{-1}(w^i,x_0)[f_{i-1}(w^i,x_w(w^i;t_0,x_0)) - f_i(w^i,x_w(w^i;t_0,x_0))]$$

darstellen. Diese Darstellungen sind auch dann definiert, wenn w nicht mehr innerer Punkt von $\boldsymbol{W}$ ist, liefern also gleichzeitig die gewünschte Fortsetzung der Ableitungen bis an den Rand von $\boldsymbol{W}$. Um nun zu zeigen, daß diese Fortsetzung an der Stelle $t, \tilde{x}_0, \tilde{w}$ stetig ist, brauchen wir uns nur mit der Matrix $\Phi_w(t, x_0)$ zu befassen, denn von den Funktionen $f_i(t,x)$ und $x_w(t; t_0, x_0)$ steht die Stetigkeit in (t, x_0, w) bereits fest.

Hilfssatz 3.4. *Es ist* $\lim \Phi_w(t,x_0) = \Phi_{\tilde{w}}(t, \tilde{x}_0)$ *für* $(x_0, w) \to (\tilde{x}_0, \tilde{w})$, *gleichmäßig bezüglich* $t \in \bar{I}$.

Beweis. Von der Matrixfunktion $\Delta = \Delta_{\tilde{w}}(t,x_0) = \Phi_w(t,x_0) - \Phi_{\tilde{w}}(t,\tilde{x}_0)$ haben wir zu zeigen, daß sie gleichmäßig bezüglich t gegen Null geht für $(x_0, w) \to (\tilde{x}_0, \tilde{w})$. Dies ist nach Aufgabe 3 zu II Abschn. 5 der Fall, wenn $\lim \int_{t_0}^{t} \| A_w(\tau, x_0) - A_{\tilde{w}}(\tau, \tilde{x}_0) \| \, d\tau = 0$ für $(x_0, w) \to (\tilde{x}_0, \tilde{w})$ gleichmäßig in bezug auf $t \in \bar{I}$ gilt. Um dies nachzuweisen, bemerken wir zunächst, daß $A_w(t,x_0)$ auf $\boldsymbol{M}$ beschränkt ist, etwa $\|A_w(t,x_0)\| \le K$. Da $A_w(t,x_0)$ nach dem Muster von (3.2) mit Hilfe der stetigen Matrixfunktionen $A_j(t,x_0) = (f_j)_x(t, x_w(t; t_0, x_0))$ erklärt ist, läßt sich der Integrand in ähnlicher Weise abschätzen, wie dies an der entsprechenden Stelle beim Beweis von Hilfssatz 3.1 geschah:

$$\| A_w(t,x_0) - A_{\tilde{w}}(t,\tilde{x}_0) \| \le k(t, x_0, w) .$$

$k(t, x_0, w)$ nimmt auf endlich vielen abgeschlossenen t-Intervallen, deren Gesamtlänge höchstens $2N \|w - \tilde{w}\|_\infty$ ist, den Wert $2K$ an. An allen übrigen Stellen von $\bar{I}$ ist $k(t,x_0,w) = \max_j \|A_j(t,x_0) - A_j(t,\tilde{x}_0)\|$. Außerhalb der Ausnahmeintervalle strebt daher k gegen Null für $x_0 \to \tilde{x}_0$, gleichmäßig in t. Somit gilt auch $\int_{t_0}^{t} k(\tau, x_0, w)\, d\tau \to 0$, für $(x_0, w) \to (\tilde{x}_0, \tilde{w})$, gleichmäßig in t.

Existenz und Stetigkeit der partiellen Ableitungen ist bekanntlich die Voraussetzung, unter der man in der Differentialrechnung die lineare Approximierbarkeit einer Funktion in der Umgebung einer Stelle beweist. Die Resultate dieses Abschnittes versetzen uns nun in die Lage, auch die Funktion $x_w(t; t_0, x_0)$ in der Umgebung einer Stelle $(\tilde{t}, \tilde{x}_0, \tilde{w})$ linear zu approximieren. Die im folgenden Satz auftauchende Funktion $m(t, x_0, w)$ ist das zu dieser Approximation gehörige Restglied, und die zu beweisende Aussage konstatiert – in einer für die folgenden Untersuchungen zweckmäßigen Form – nichts anderes, als daß m bei Annäherung an $(\tilde{t}, \tilde{x}_0, \tilde{w})$ „von höherer als erster Ordnung" verschwindet.

Satz 3.1. Voraussetzungen. a) *Die Funktionen* f_j *seien auf* $\boldsymbol{G}$ *stetig und stetig partiell nach* $x^1, \ldots, x^n$ *differenzierbar.* $f(t, x \mid w)$ *sei durch* (3.2) *definiert.*

b) t_0, $\tilde{t}$, $\tilde{w}$, $\tilde{x}_0$ *mögen den folgenden Bedingungen genügen:*

b_1) $\tilde{w} = (\tilde{w}^1, \ldots, \tilde{w}^N)^T \in \boldsymbol{W}$. b_2) $(t_0, \tilde{x}_0) \in \boldsymbol{G}$. b_3) $t_0 < \tilde{w}^1 \le \tilde{w}^N < \tilde{t}$. b_4) $t_0, \tilde{t}$ *liegen im maximalen Existenzintervall von* $\tilde{x}(t) = x_{\tilde{w}}(t; t_0, \tilde{x}_0)$(= *Lösung des AW-Problems* (3.3) *für* $w = \tilde{w}, x_0 = \tilde{x}_0$).

Es werde dann mit $x_w(t;t_0,x_0)$ *die Lösung des AW-Problems* (3.3) *und mit* $\Phi(t,s)$ *die Matrixlösung des linearen AW-Problems* $\dot{\Phi} = f_x(t,\tilde{x}(t)|\tilde{w})\Phi$, $\Phi(s,s) = E$, *bezeichnet. Ferner sei* $\boldsymbol{M}_\rho, \rho \geq 0$, *die Menge* $\{(t,x_0,w)|\,|t-\tilde{t}| \leq \rho, \|x_0 - \tilde{x}_0\|_\infty \leq \rho, w \in \boldsymbol{W}, \|w-\tilde{w}\|_\infty \leq \rho\}$.

Behauptung. a) *Es gibt ein* $\rho_0 > 0$, *so daß* $\boldsymbol{M}_\rho$ *zum Definitionsbereich von* $x_w(t;t_0,x_0)$ *gehört, falls* $\rho \leq \rho_0$.

b) *Die Funktion*

$$\begin{aligned} m(t,x_0,w) = {} & x_w(t;t_0,x_0) - \tilde{x}(\tilde{t}) \\ & - (t-\tilde{t}) f_N(\tilde{t},\tilde{x}(\tilde{t})) - \Phi(\tilde{t},t_0)(x_0 - \tilde{x}_0) \\ & - \sum_{i=1}^{N} (w^i - \tilde{w}^i)\Phi(\tilde{t},\tilde{w}^i)[f_{i-1}(\tilde{w}^i,\tilde{x}(\tilde{w}^i)) - f_i(\tilde{w}^i,\tilde{x}(\tilde{w}^i))] \end{aligned}$$

verschwindet an der Stelle $(\tilde{t},\tilde{x}_0,\tilde{w})$ *und genügt einer Lipschitz-Bedingung bezüglich aller Variablen auf* $\boldsymbol{M}_\rho$, *falls* $\rho \leq \rho_0$. *Ist* L_ρ *die zugehörige Lipschitz-Konstante, so gilt* $\lim_{\rho \to 0} L_\rho = 0$.

Beweis. Man wähle ein abgeschlossenes Intervall $\bar{I}$, das im maximalen Existenzintervall der Lösung $x_{\tilde{w}}(t;t_0,\tilde{x}_0)$ enthalten ist und das $\tilde{t}$ im Inneren enthält. Die Behauptung a) folgt dann sofort aus Hilfssatz 3.1. Wir denken uns nun ρ_0 gegebenenfalls so verkleinert, daß auch noch $\tilde{w}^N + \rho_0 < \tilde{t} - \rho_0$ gilt. Aus den Hilfssätzen 3.2, 3.3 und 3.4 folgt dann weiter, daß die Funktion $x_w(t;t_0,x_0)$ auf $\mathring{\boldsymbol{M}}_{\rho_0}$ partielle Ableitungen nach den Komponenten von x_0 und w besitzt und daß diese Ableitungen stetig auf ganz $\boldsymbol{M}_{\rho_0}$ fortgesetzt werden können. Es trifft aber auch die entsprechende Aussage bezüglich der partiellen Ableitungen nach t zu. Da $f(t,x|w)$ im Bereich $\tilde{t} - \rho_0 \leq t \leq \tilde{t} + \rho_0$ keine Sprungstellen hat, ist nämlich $\dot{x}_w(t;t_0,x_0) = f(t,x_w(t;t_0,x_0)|w)$ auf $\boldsymbol{M}_{\rho_0}$ stetig. Schließlich folgt aus den Hilfssätzen 3.2 und 3.3, daß sämtliche partiellen Ableitungen von m an der Stelle $\tilde{t},\tilde{x}_0,\tilde{w}$ verschwinden. Der in t, x_0 und w lineare Bestandteil des Ausdruckes für m ist ja nichts anderes als das Differential der Funktion $x_w(t;t_0,x_0)$ an der Stelle $\tilde{t},\tilde{x}_0,\tilde{w}$. Aus dem Hilfssatz 2.1 (angewendet auf die Komponenten von m) ergibt sich dann sofort die Aussage des Satzes. Als Menge $\boldsymbol{A}$ hat man die Menge $\boldsymbol{M}_{\rho_0}$ zu nehmen, die sicherlich die Eigenschaft (2.1) besitzt.

Schlußbemerkung. Bei der Einführung der Funktion $f(t,x|w)$ vermittels der Definition (3.2) hatten wir der Einfachheit halber den Parameter $w \in \boldsymbol{W}$ von vornherein keiner zusätzlichen Beschränkung unterworfen. Wir mußten daher von den Funktionen f_j verlangen, daß sie auf ganz $\boldsymbol{G}$ definiert sind. In allen Aussagen dieses Abschnittes variiert w jedoch stets nur in einer Umgebung $\tilde{\boldsymbol{W}}$ eines festen $\tilde{w} \in \boldsymbol{W}$. Die entsprechend eingeschränkte Funktion $f(t,x|w)$ hängt dann in Wirklichkeit nur von den Werten der Funktion f_j auf einer Teilmenge $\boldsymbol{G}_j$ von $\boldsymbol{G}$ ab. Hat z. B. $\tilde{\boldsymbol{W}}$ die Form $\{w \in \boldsymbol{W}|\,\|w-\tilde{w}\|_\infty \leq \varepsilon\}$, so kann man als $\boldsymbol{G}_j$ die Menge $\{(t,x) \in \boldsymbol{G}|\tilde{w}^j - \varepsilon \leq t \leq \tilde{w}^{j+1} + \varepsilon\}, j = 1,\ldots,N-1$, und als $\boldsymbol{G}_0$ bzw. $\boldsymbol{G}_N$ die Mengen $\{(t,x) \in \boldsymbol{G}|t \leq \tilde{w}^1 + \varepsilon\}$ bzw. $\{(t,x) \in \boldsymbol{G}|t \geq \tilde{w}^N - \varepsilon\}$ nehmen. Die Resultate dieses Abschnittes bleiben also gültig, falls man von f_j nur weiß, daß diese Funktion auf einer Umgebung von G_j stetig und stetig partiell nach $x^1,\ldots,x^n$ differenzierbar ist, für $j = 0,\ldots,N$. Man hat bei allen Betrachtungen dann W durch $\tilde{W}$ und beim Beweis des letzten Satzes A durch die Menge $\tilde{A} = \{(t,x_0,w) \in M_{\rho_0} \mid w \in \tilde{W}\}$ zu ersetzen. Man beachte, daß $\tilde{W}$ und damit $\tilde{A}$ wieder die Eigenschaft (2.1) besitzt (wegen (2.2)).

4. Der Erreichbarkeitskegel

Wir gehen nun daran, den für die Fragestellungen dieses Kapitels grundlegenden Begriff einzuführen und seine wichtigsten Eigenschaften herzuleiten. Dazu sind einige Vorbereitungen nötig.

Es erscheinen im folgenden zwei Sorten von Variablen, die wir Zustandsvariable bzw. Kontrollvariable nennen und mit $x = (x^1,\ldots,x^n)^T$ bzw. $u = (u^1,\ldots,u^k)^T$ bezeichnen werden. x ist also stets ein n-Vektor, u ein k-Vektor. Es ist zweckmäßig, die Räume, aus denen die Werte der verschiedenen Variabeln genommen werden, in der Bezeichnung zu unterscheiden. Daher sprechen wir im folgenden vom u-Raum statt vom $\mathbf{R}^k$ oder vom (t,x,u)-Raum statt vom $\mathbf{R}^{n+k+1}$. Der Gegenstand unserer Betrachtungen wird durch eine Reihe von Daten beschrieben, von denen man sich die nachstehenden ein für allemal fixiert zu denken hat.

a) *Eine offene Menge H des (t,x,u)-Raumes.*

b) *Eine Funktion $f(t,x;u)$, die auf H definiert und stetig ist, sowie stetige partielle Ableitungen nach $x^1,\ldots,x^n$ besitzt.*

c) *Eine nicht-leere Menge U des u-Raumes. U heißt Kontrollbereich.*

d) *Ein fester Punkt $(t_0,\tilde{x}_0)$ aus dem (t,x)-Raum.*

e) *Ein offenes Intervall I mit $t_0 \in I$.*

Definition 4.1. *Eine auf einem offenen Intervall I stückweise stetige (k-vektorwertige) Funktion $u(t)$ heißt eine zulässige Kontrollfunktion auf I, falls $u(t \pm 0) \in U$ für alle $t \in I$ gilt.*

Wir verabreden, stets $u(t) = u(t-0)$ zu setzen. Es sei weiter $(u(t), x(t))$ ein Paar von Funktionen, die auf I definiert sind und folgende Bedingungen erfüllen:

(4.1) f) *$u(t)$ ist zulässige Kontrollfunktion und ist stetig an der Stelle t_0.*

g) *$x(t)$ ist stetig und es gilt*

$$x(t_0) = \tilde{x}_0, \quad (t,x(t),u(t \pm 0)) \in H \quad \text{für alle } t \in I\,.$$

h) *An jeder Stetigkeitsstelle von $u(t)$ ist $x(t)$ differenzierbar und genügt der Dgl.*

$$\dot{x} = f(t,x;u(t))\,.$$

Durch die Forderungen f)–h) wird ein Anfangswertproblem definiert, das – im Gegensatz zu dem in Kapitel III betrachteten AW-Problem – im allgemeinen eine

Vielzahl von Lösungen $(u(t), x(t))$ besitzt. Man kann sich ja $u(t)$ als zulässige Kontrollfunktion beliebig vorgeben, es muß lediglich die Bedingung $(t_0, \tilde{x}_0, u(t_0)) \in \boldsymbol{H}$ erfüllt sein. Es gibt dann immer ein (und nur ein) $x(t)$, derart daß das Paar $(u(t), x(t))$ allen Bedingungen (4.1) genügt, sofern man noch I passend wählt. $x(t)$ ist nämlich nichts anderes als die Lösung des AW-Problems

$$\dot{x} = f(t, x; u(t)), \quad x(t_0) = \tilde{x}_0 .$$

Die rechte Seite dieser Dgl. besitzt Unstetigkeiten der gleichen Art wie die rechten Seiten der in Abschn. 3 betrachteten Dgln., nämlich Sprünge an Hyperebenen $t = t_i$. Der Begriff „Lösung" ist daher jetzt in dem dort erklärten Sinne zu verstehen. Über die Möglichkeit, sich die Lösungsgesamtheit von (4.1) zu veranschaulichen („erreichbare Menge"), wurde bereits in Abschn. 1 gesprochen. Der in diesem Zusammenhang erwähnte Begriff des Erreichbarkeitskegels soll nun erklärt werden. Zu diesem Zwecke denken wir uns eine Lösung $(u(t), x(t))$ des AW-Problems (4.1) samt zugehörigem Intervall I fest gewählt. Als erstes führen wir dann die folgendermaßen definierten, von t und von der gewählten Kontrollfunktion $u(t)$ abhängigen Teilmengen

(4.2) $$\boldsymbol{U}_t = \{u \in \boldsymbol{U} \mid (t, x(t), u) \in \boldsymbol{H}\}$$

von $\boldsymbol{U}$ ein. $\boldsymbol{U}_t$ ist nicht leer, denn gemäß g) gilt $u(t \pm 0) \in \boldsymbol{U}_t$. Da $\boldsymbol{H}$ eine offene Menge und $x(t)$ eine stetige Funktion ist, bestätigt man sofort die Richtigkeit folgender Feststellung:

(4.3) *Zu jedem $u \in \boldsymbol{U}_{t^*}$ gibt es ein $\varepsilon = \varepsilon(u)$, derart daß $v \in \boldsymbol{U}_t$ gilt, falls $|t - t^*| \leq \varepsilon$, $\|v - u\| \leq \varepsilon, v \in \boldsymbol{U}$ ist.*

Ferner wird im folgenden die Variationsgleichung $\dot{y} = f_x(t, x(t); u(t))\, y$ entlang $x(t)$ eine Rolle spielen. $f_x(t, x; u)$ ist wieder die aus den Spalten $f_{x^i}(t, x; u)$ gebildete Matrix. Wir brauchen vor allem die durch die beiden Forderungen

$$\frac{\partial}{\partial t} \Phi(t, s) = f_x(t, x(t); u(t)) \Phi(t, s), \quad \Phi(s, s) = E ,$$

festgelegte Übergangsmatrix.

Schließlich führen wir noch eine Bezeichnungsweise ein. Diejenigen Stellen $t \in I$, an denen die Kontrollfunktion $u(t)$ stetig ist, nennen wir kurz reguläre Stellen.

Für jedes $\tilde{t} \in I$ mit $\tilde{t} > t_0$ verstehen wir nun unter $\boldsymbol{K}(\tilde{t})$ denjenigen konvexen Kegel mit Spitze im Ursprung, der von den Vektoren (genauer: n-dimensionalen Spaltenvektoren)

(4.4) $$\pm f(\tilde{t}, x(\tilde{t}); u(\tilde{t})), \quad \Phi(\tilde{t}, t)[f(t, x(t); u) - f(t, x(t); u(t))]$$

erzeugt wird (was man unter dem von einer Menge von Vektoren erzeugten Kegel versteht, wird in VII Abschn. 1 erklärt). t durchläuft dabei alle regulären Stellen aus $(t_0, \tilde{t})$, u unabhängig davon alle Punkte der Menge $\boldsymbol{U}_t$. Verschiebt man diesen Kegel so, daß seine Spitze auf den Punkt $x(\tilde{t})$ fällt, so erhält man eine Punktmenge im x-Raum, die sich in der nachstehenden Weise beschreiben läßt.

Definition 4.2. *Es sei $\tilde{t}$ eine Stelle $> t_0$ aus dem Intervall I. Unter dem zur Lösung $(u(t), x(t))$ und zur Stelle $\tilde{t}$ gehörigen Erreichbarkeitskegel verstehen wir den Kegel $x(\tilde{t}) + \boldsymbol{K}(\tilde{t})$, d. h. die Gesamtheit aller Punkte des x-Raumes, die sich in der Form*

(4.5) $$x(\tilde{t}) + \sigma f(\tilde{t}, x(\tilde{t}); u(\tilde{t})) + \sum_{i=1}^{N} \sigma_i \Phi(\tilde{t}, t_i)[f(t_i, x(t_i); u_i) - f(t_i, x(t_i); u(t_i))]$$

darstellen lassen, wobei N eine beliebige ganze Zahl ≥ 0 ist, die t_i beliebige reguläre Stellen $\in (t_0, \tilde{t})$ und die u_i beliebige Elemente aus $\boldsymbol{U}_{t_i}$ sind. σ schließlich darf eine beliebige reelle Zahl und σ_i, $i = 1, \ldots, N$, eine beliebige nicht-negative reelle Zahl sein.

Der Erreichbarkeitskegel hängt also zum einen ab von dem zugrunde gelegten Funktionenpaar $(u(t), x(t))$, und zwar vom Verlauf dieser Funktionen im gesamten Intervall $(t_0, \tilde{t}]$, zum anderen vom Kontrollbereich $\boldsymbol{U}$.

Man bemerkt, daß die Tangente durch den Punkt $x(\tilde{t})$ an die zur Lösung $(u(t), x(t))$ gehörige Trajektorie[1] Bestandteil des Erreichbarkeitskegels ist. Setzt man nämlich in (4.5) alle σ_i gleich Null, so verbleibt die Parameterdarstellung der Geraden durch $x(\tilde{t})$ mit dem Richtungsvektor $\dot{x}(\tilde{t}) = f(\tilde{t}, x(\tilde{t}); u(\tilde{t}))$. Welche Rolle die Tangente bei der Approximation der erreichbaren Menge wohl spielen wird, ist nicht schwer zu erraten. Sie approximiert die Trajektorie, das sind diejenigen Punkte, die man von $x(\tilde{t})$ aus erreicht, wenn man nur $\tilde{t}$, nicht aber $u(t)$ variiert. Den interessanten Teil des Erreichbarkeitskegels stellen aber nun gerade die Punkte dar, die nicht auf der Tangente liegen. Sie approximieren, wie sich zeigen wird, solche Punkte in der Nachbarschaft von $x(\tilde{t})$, die man dadurch erreichen kann, daß man $u(t)$ durch eine andere zulässige Kontrollfunktion ersetzt.

Wir kommen nun zur Formulierung eines zentralen Satzes über den Erreichbarkeitskegel und führen zunächst einige Bezeichnungen ein. Wir bezeichnen mit $\boldsymbol{A}$ die affine Hülle[2] von $\boldsymbol{K} = \boldsymbol{K}(\tilde{t})$. $\boldsymbol{A}$ ist dann der von den Spaltenvektoren (4.4) erzeugte lineare Unterraum des $\mathbf{R}^n$. Wir denken uns ferner einen weiteren Unterraum $\boldsymbol{B}$ des $\mathbf{R}^n$ so gewählt, daß $\mathbf{R}^n$ die Summe von $\boldsymbol{A}$ und $\boldsymbol{B}$ wird. Jedes System von linear unabhängigen Spaltenvektoren, das eine Basis von $\boldsymbol{A}$ zu einer Basis von $\mathbf{R}^n$ ergänzt, spannt bekanntlich einen solchen Unterraum $\boldsymbol{B}$ auf.

Satz 4.1. Voraussetzungen. a) *$\tilde{t}, t_0$ sind reguläre Stellen aus $I, \tilde{t} > t_0$.* b) *a_0 ist relativinneres*[2] *Element von $\boldsymbol{K}$.*

Behauptung. *Es gibt ein $\varepsilon_0 > 0$, eine relative Umgebung*[2] *$\boldsymbol{N}_0$ von a_0 und eine auf $(0, \varepsilon_0)$ definierte Funktion $\lambda(\varepsilon)$, so daß die nachstehenden Aussagen zutreffen:*

a) $\lim\limits_{\varepsilon \to 0} \lambda(\varepsilon) = 0$.

b) *Zu jedem $a \in \boldsymbol{N}_0$ und jedem $\varepsilon \in (0, \varepsilon_0)$ existieren ein $t_\varepsilon > t_0$, ein Intervall $I_\varepsilon \supset [t_0, t_\varepsilon]$, ein $b_\varepsilon \in \boldsymbol{B}$ und eine auf I_ε definierte Lösung $(u_\varepsilon(t), x_\varepsilon(t))$ des AW-Problems* (4.1) *mit der Eigenschaft*

(4.6) $$x_\varepsilon(t_\varepsilon) = x(\tilde{t}) + \varepsilon(a + b_\varepsilon).$$

[1] Darunter verstehen wir, wie bisher, die Kurve im x-Raum mit der Parameterdarstellung $t \to x(t)$.

[2] Vgl. VII Definition 1.2.

c) *Es gilt* $|\tilde{t} - t_\varepsilon| \leq \lambda(\varepsilon)$, $\|b_\varepsilon\| \leq \lambda(\varepsilon)$.

Bemerkung. Streicht man in der Darstellung (4.6) das „Restglied" b_ε und läßt man ε alle positiven Zahlen durchlaufen, so erhält man die Parameterdarstellung eines zu $\boldsymbol{K}$ gehörigen Halbstrahles, bestehend aus relativ-inneren Punkten. Es wird in dem Satz nun festgestellt, daß jeder solche Halbstrahl eine einparametrige Schar von erreichbaren Punkten – nämlich die Punkte der Form $x(\tilde{t}) + \varepsilon(a + b_\varepsilon)$ – approximiert. Darüber hinaus werden zwei wichtige Aussagen über die Art der Approximation gemacht: Es ist $b_\varepsilon \in \boldsymbol{B}$ für alle ε und $\lim_{\varepsilon \to 0} b_\varepsilon = 0$. Dies bedeutet, grob gesprochen, daß sich das Verhältnis „Erreichbare Menge – Erreichbarkeitskegel" in ganz ähnlicher Weise charakterisieren läßt wie das Verhältnis einer Raumkurve zu der Tangente in einem ihrer Punkte.

Um sich das klarzumachen, braucht man die Aussage des Satzes bloß für den Fall zu formulieren, daß sich der Erreichbarkeitskegel auf den vom Tangentenvektor an die Trajektorie erzeugten Unterraum reduziert. Es ist dann $\boldsymbol{K} = \boldsymbol{A}$ und die Dimension von $\boldsymbol{A}$ gleich 1. Die relativ-inneren Elemente von $\boldsymbol{K}$ sind die Vielfachen des Tangentenvektors (s. Abb. 28). (Dort ist $n = 2$, a = Tangentenvektor. $\boldsymbol{B} = [b]$ wird von einem Vektor b erzeugt, der von a linear unabhängig ist, b_ε ist daher Vielfaches von b.)

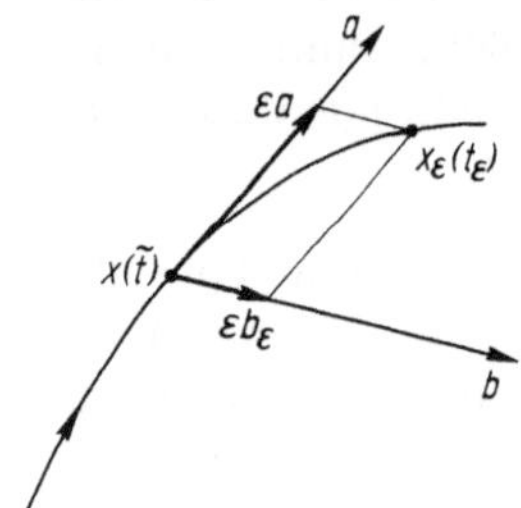

Abb. 28

Beweis von Satz 4.1. Der Beweis besteht aus mehreren Teilen.

Im ersten Teil geht es darum, die Punkte einer relativen Umgebung von a_0 in geeigneter Weise darzustellen.

Da a_0 relativ-inneres Element von $\boldsymbol{K}$ ist, gibt es m (= Dimension von $\boldsymbol{A}$) linearunabhängige Vektoren[1)] $c_1, \ldots, c_m$ von $\boldsymbol{A}$ derart, daß die Vektoren

$$(4.7) \qquad a_i = a_0 + n c_i, \quad \bar{a}_i = a_0 - n c_i,$$

$i = 1, \ldots, m$, alle in $\boldsymbol{K}$ liegen. Die mit den c_i als Spalten gebildete $n \times m$-Matrix bezeichnen wir mit C. Man kann nun jeden Punkt aus einer relativen Umgebung von a_0 in der Form $a_0 + Cp$ mit einem m-dimensionalen Vektor p darstellen. Wir wollen

[1)] Vektor bedeutet im folgenden immer Spaltenvektor. Sofern nichts anderes gesagt wird, ist seine Dimension n.

uns dazu überlegen, daß $a_0 + Cp$ auch zu $\boldsymbol{K}$ gehört, falls $\|p\|_\infty \leq 1$. Ist $p = (\pi_1, \ldots, \pi_m)^T$, so ergibt sich zunächst

$$a_0 + Cp = a_0 + \sum_{i=1}^{m} \pi_i c_i = a_0 + \sum_{i=1}^{m} \pi_i^+ c_i - \sum_{i=1}^{m} \pi_i^- c_i,$$

wobei zur Abkürzung

$$\pi_i^+ = \tfrac{1}{2}(|\pi_i| + \pi_i), \ \pi_i^- = \tfrac{1}{2}(|\pi_i| - \pi_i)$$

gesetzt wurde.

Indem man jetzt c_i gemäß (4.7) durch a_i und $-c_i$ durch $\bar{a}_i$ ausdrückt, erhält man weiter

$$\begin{aligned} a_0 + Cp &= a_0 + n^{-1}\left[\sum_{i=1}^{m} \pi_i^+(a_i - a_0) + \sum_{i=1}^{m} \pi_i^-(\bar{a}_i - a_0)\right] \\ &= n^{-1}\left[\left(n - \sum_{i=1}^{m} |\pi_i|\right) a_0 + \sum_{i=1}^{m} \pi_i^+ a_i + \sum_{i=1}^{m} \pi_i^- \bar{a}_i\right]. \end{aligned} \tag{4.8}$$

Auf der rechten Seite steht nun eine Linearkombination der Vektoren a_0, a_i, $\bar{a}_i$, die sämtlich zu $\boldsymbol{K}$ gehören. Die Linearkombination gehört daher auch wieder zu $\boldsymbol{K}$, wenn alle Koeffizienten nicht-negativ sind. Das trifft nun tatsächlich zu, falls $|\pi_i| \leq 1$ für alle i (wegen $m \leq n$, $\pi_i^+ \geq 0$, $\pi_i^- \geq 0$).

Als nächstes wollen wir die relative Umgebung von a_0 mit Hilfe von erzeugenden Vektoren des Kegels $\boldsymbol{K}$ beschreiben. Dazu denken wir uns die a_i, $\bar{a}_i$ als Linearkombinationen von Vektoren der Form (4.4) geschrieben, und zwar als Linearkombination aus der gleichen festen endlichen Menge solcher Vektoren, unter denen sich stets $\pm f(\tilde{t}, x(\tilde{t}); u(\tilde{t}))$ befinden mögen. Man kann dies immer dadurch erreichen, daß man sämtliche in der Darstellung eines a_i vorkommenden Erzeugenden mit dem Koeffizienten 0 den Darstellungen der restlichen a_i zufügt. Wir können also von Darstellungen folgender Form ausgehen:

$$\left.\begin{matrix} a_0 \\ a_i \\ \bar{a}_i \end{matrix}\right\} = \left.\begin{matrix} \tau \\ \tau_i \\ \bar{\tau}_i \end{matrix}\right\} f(\tilde{t}, x(\tilde{t}); u(\tilde{t})) + \sum_{j=1}^{M} \left.\begin{matrix} \sigma_j \\ \sigma_{j,i} \\ \bar{\sigma}_{j,i} \end{matrix}\right\} k_j, \tag{4.9}$$

wobei

$$k_j = \Phi(\tilde{t}, t_j)[f(t_j, x(t_j); u_j) - f(t_j, x(t_j); u(t_j))]. \tag{4.10}$$

Hierbei sind τ, τ_i, $\bar{\tau}_i$ reelle Zahlen, σ_j, $\sigma_{j,i}$, $\bar{\sigma}_{j,i}$ nicht-negative reelle Zahlen, u_j Elemente von $\boldsymbol{U}_{t_j}$ und $t_j \in (t_0, \tilde{t})$. Die Numerierung sei so gewählt, daß stets $t_{j+1} \geq t_j$ ist. Aus beweistechnischen Gründen denken wir uns auf der rechten Seite von (4.9) noch Vektoren der Form

$$\Phi(\tilde{t}, t)[f(t, x(t); u(t + 0)) - f(t, x(t); u(t))]$$

mit dem Koeffizienten $\sigma = 0$ hinzuaddiert, und zwar für alle nicht-regulären $t \in [t_0, \tilde{t}]$. Genauer gesagt, nehmen wir an, daß unter den t_j alle nicht-regulären Stellen von $u(t)$ vorkommen und daß für jedes solche t_j

(4.11) $\quad t_{j-1} < t_j < t_{j+1}, \quad u_j = u(t_j + 0), \quad \sigma_j = \sigma_{j,i} = \bar{\sigma}_{j,i} = 0$

gilt. Indem wir die Darstellungen (4.9) für die a_i, $\bar{a}_i$ nun in (4.8) eintragen, ergibt sich schließlich eine Identität der Form

$$a_0 + Cp = \tau(p) f(\tilde{t}, x(\tilde{t}); u(\tilde{t})) + \sum_{j=1}^{M} \sigma_j(p) k_j,$$

wobei $\tau(p)$, $\sigma_j(p)$ gewisse Funktionen von p sind. Wir formen diese Beziehung zunächst weiter um, indem wir neue Funktionen $\omega_j(p)$ vermöge

$$\omega_0(p) = 0, \quad \omega_j(p) = \sum_{i=1}^{j} \sigma_i(p), \quad j = 1, \ldots, M,$$

einführen. Die $\omega_j(p)$ sind Lipschitz-stetige Funktionen von p und genügen der Bedingung

(4.12)
$$0 \leq \omega_{j-1}(p) \leq \omega_j(p) \quad \text{falls } \|p\|_\infty \leq 1,$$
$$\omega_{j-1}(p) = \omega_j(p), \text{ falls } t_j \text{ nicht-reguläre Stelle von } u(t) \text{ ist}.$$

Das ergibt sich einfach aus (4.11) und der Tatsache, daß $\sigma_j(p)$ als Linearkombination der Ausdrücke π_i^+, π_i^-, $n - \sum_{i=1}^{m} |\pi_i|$ geschrieben werden kann, und zwar mit den nichtnegativen Koeffizienten σ_j, $\sigma_{j,i}$, $\bar{\sigma}_{j,i}$ (vgl. (4.8)). Für eine relative Umgebung von a_0 erhalten wir schließlich mit Hilfe der $\omega_j(p)$ die folgende Parameterdarstellung

(4.13) $$a_0 + Cp = \tau(p) f(\tilde{t}, x(\tilde{t}); u(\tilde{t})) + \sum_{j=1}^{M} (\omega_j(p) - \omega_{j-1}(p)) k_j.$$

Wir beenden die algebraischen Vorbereitungen mit der Konstruktion einer linearen Abbildung des $\mathbf{R}^n$ in $\boldsymbol{B}$, die an späterer Stelle gebraucht wird. Da $\mathbf{R}^n$ die Summe von $\boldsymbol{A}$ und $\boldsymbol{B}$ ist, gibt es zu jedem der Basisvektoren e_i [1] ein $a_i \in \boldsymbol{A}$ derart, daß $e_i - a_i \in \boldsymbol{B}$, $i = 1, \ldots, n$. Da die Spalten der Matrix C eine Basis von $\boldsymbol{A}$ bilden, kann jedes a_i in der Form Cp_i geschrieben werden, wo p_i eine m-dimensionale Spalte ist. Mit Hilfe der aus den Spalten $p_1, \ldots, p_n$ gebildeten $m \times n$-Matrix P läßt sich nun weiter p_i in der Form Pe_i darstellen und obige Beziehung in die Form $(E - CP)e_i \in \boldsymbol{B}$ bringen. Damit haben wir dann folgendes Resultat: Es gilt

(4.14) $\quad (E - CP)a \in \boldsymbol{B}$

für jeden Vektor a.

Wir kommen nun zum zweiten Teil des Beweises. Unter Benutzung der Resultate des vorigen Abschnittes wird eine $(m + 1)$-parametrige Schar von Lösungen des

[1] Das ist der i-te Vektor der kanonischen Basis des $\mathbf{R}^n$.

AW-Problems (4.1) konstruiert, aus der wir dann – im dritten Beweisschritt – zu jedem a aus einer relativen Umgebung von a_0 eine einparametrige Schar mit allen im Satz angegebenen Eigenschaften aussondern werden.

Zur Konstruktion dieser Lösungsschar brauchen wir für jedes $j = 0,\dots,M$ eine (k-vektorwertige) Funktion $u_j(t)$ mit folgenden Eigenschaften:

(4.15) a) *$u_j(t)$ ist für alle $t \in I$ definiert und stetig,*

b) *$u_j(t) \in \boldsymbol{U}$ für alle $t \in I$,*

c) *$u_j(t_{j+1}) = u(t_{j+1})$, $u_j(t) = u(t)$ für alle $t \in (t_j, t_{j+1})$. Dabei ist $t_{M+1} = \tilde{t}$ gesetzt.*

Eine solche Funktion gibt es stets. Da alle Unstetigkeitsstellen von $u(t)$ unter den t_i vorkommen, ist $u(t)$ auf (t_j, t_{j+1}) stetig. Man braucht daher etwa bloß $u_j(t) = u(t_{j+1})$ für $t \geq t_{j+1}$ und $u_j(t) = u(t_j + 0)$ für $t \leq t_j$ zu setzen[1]. In jedem Falle folgt aus den Forderungen a) und b), daß

$$(4.16) \qquad u_j(t_j) = u(t_j + 0), \quad u_j(t_{j+1}) = u(t_{j+1})$$

ist. Wir erinnern als nächstes an die Definition (4.2) von $\boldsymbol{U}_t$. Die Voraussetzung $u(t) \in \boldsymbol{U}_t$, $u(t+0) \in \boldsymbol{U}_t$, $u_j \in \boldsymbol{U}_{t_j}$ bedeutet demnach, daß die folgenden Beziehungen bestehen (zur Bedeutung von u_j vgl. (4.9), (4.10)):

$$(t, x(t), u_j(t)) \in \boldsymbol{H}, \quad \text{falls } t \in [t_j, t_{j+1}], \quad j = 0,\dots,M, \quad (t_j, x(t_j), u_j) \in \boldsymbol{H}.$$

Da $\boldsymbol{H}$ eine offene Menge ist, lassen sich daher positive Zahlen δ, ε so finden, daß die folgende Aussage richtig ist

$$(4.17) \quad \begin{aligned} &(t, x, u_j(t)) \in \boldsymbol{H}, \quad \text{falls } t \in [t_j - \delta, t_{j+1} + \delta] \text{ und } \|x - x(t)\| \leq \varepsilon, \\ &(t, x, u_j) \in \boldsymbol{H}, \quad \text{falls } t \in [t_j - \delta, t_j + \delta] \text{ und } \|x - x(t)\| \leq \varepsilon, \quad j = 1,\dots,M. \end{aligned}$$

Alle auftretenden t-Intervalle sind im Intervall $[t_0 - \delta, \tilde{t} + \delta]$ enthalten und letzteres ist Teil von I, falls δ hinreichend klein ist, was wir von nun an voraussetzen wollen. Wir führen als nächstes offene Mengen $\boldsymbol{G}$, $\boldsymbol{G}_i$ des (t,x)-Raumes und auf diesen Mengen Funktionen $f_i(t,x)$ nach folgender Maßgabe ein:

$$(4.18) \quad \begin{aligned} \boldsymbol{G} &= \{(t,x) \mid t \in (t_0 - \delta, \tilde{t} + \delta), \|x - x(t)\| < \varepsilon\}, \\ \boldsymbol{G}_{2j} &= \{(t,x) \mid t \in (t_j - \delta, t_{j+1} + \delta), \|x - x(t)\| < \varepsilon\}, \\ \boldsymbol{G}_{2j-1} &= \{(t,x) \mid t \in (t_j - \delta, t_j + \delta), \|x - x(t)\| < \varepsilon\}, \\ f_{2j}(t,x) &= f(t,x; u_j(t)), \quad j = 0,\dots,M, \\ f_{2j-1}(t,x) &= f(t,x; u_j), \quad j = 1,\dots,M. \end{aligned}$$

Mit Hilfe dieser Funktionen soll nun nach dem Muster von Abschn. 3 eine Funktion $f(t,x \mid w)$ erklärt werden. Die Betrachtung des zugehörigen AW-Problems (3.3) wird

[1] Man beachte, daß $u(t)$ an der Stelle t_j stetig ist, falls $t_j = t_{j+1}$ (vgl. (4.11)). Es entsteht daher in diesem Falle kein Widerspruch.

uns dann auf die gesuchte Lösungsschar führen. Zu diesem Zwecke setzen wir $N = 2M$ und $\tilde{w} = (\tilde{w}^1,\ldots,\tilde{w}^N)^T$, wobei

$$\tilde{w}^{2j} = \tilde{w}^{2j-1} = t_j\,, \quad j = 1,\ldots,M\,, \tag{4.19}$$

ist. $\tilde{w}$ gehört zur Menge $\boldsymbol{W}$ (vgl. (3.1)). Es ergibt sich ferner aus (4.18), daß für jedes $w = (w^1,\ldots,w^N)^T \in \boldsymbol{W}$ mit $\|w - \tilde{w}\|_\infty < \delta$ die Menge $\{(t,x) \in \boldsymbol{G} \,|\, w^i < t \leq w^{i+1}\}$ zum Definitionsgebiet $\boldsymbol{G}_i$ von $f_i(t,x)$ gehört, $i \geq 1$. Die Vorschrift (3.2) wird daher sinnvoll, wenn man als f_i die unter (4.18) eingeführten Funktionen nimmt und w der Beschränkung $\|w - \tilde{w}\|_\infty < \delta$ unterwirft. Man sieht außerdem an Hand von (4.18), daß die in Abschn. 3 mit $f(t,x\,|\,w)$ bezeichnete Funktion im vorliegenden Falle in der Form $f(t,x;u_w(t))$ geschrieben werden kann, wobei $u_w(t)$ die folgendermaßen definierte zulässige Kontrollfunktion ist

$$u_w(t) = \begin{cases} u_0(t)\,, & \text{falls } t \leq w^1\,, \\ u_j(t)\,, & \text{falls } w^{2j} < t \leq w^{2j+1}, j = 1,\ldots,M-1\,, \\ u_j\,, & \text{falls } w^{2j-1} < t \leq w^{2j}, j = 1,\ldots,M\,, \\ u_M(t)\,, & \text{falls } t > w^{2M}\,. \end{cases} \tag{4.20}$$

Aus (4.17), (4.20) und der Definition von $\boldsymbol{G}$ ergibt sich ferner die Beziehung $(t,x,u_w(t \pm 0)) \in \boldsymbol{H}$ für jedes $(t,x) \in \boldsymbol{G}$. Ist daher $x_w(t)$ die Lösung des AW-Problems

$$\dot{x} = f(t,x;u_w(t))\,, \quad (t,x) \in \boldsymbol{G}\,,\ x(t_0) = \tilde{x}_0\,, \tag{4.21}$$

so genügt das Paar $(u_w(t),x_w(t))$ allen drei Forderungen (4.1). Aus (4.15), (4.19) und (4.20) folgt schließlich, daß $u_{\tilde{w}}(t) = u(t)$ und somit $x_{\tilde{w}}(t) = x(t)$ ist.

Nun haben wir oben bereits festgestellt, daß die rechte Seite der Dgl. (4.21) auch in der Form $f(t,x\,|\,w)$ geschrieben werden kann. Es lassen sich daher die Resultate des vorigen Abschnittes anwenden, insbesondere ist es möglich, die Funktion $x_w(t)$ an der Stelle $t = \tilde{t}$, $w = \tilde{w}$ linear zu approximieren. Man hat dabei zu beachten, daß die Funktionen f_j jetzt durch (4.18) und der Parameter $\tilde{w}$ durch (4.19) gegeben ist. Wie im vorigen Abschnitt setzen wir im folgenden $x_w(t) = x_w(t;t_0,\tilde{x}_0)$. Man erhält dann aus Satz 3.1 folgende beiden Aussagen:

a) *Es gibt ein ρ_0 mit $0 < \rho_0 < \delta$ derart, daß die Lösung $x_w(t)$ des AW-Problems* (4.21) *auf dem Intervall $[t_0,\tilde{t} + \rho_0]$ existiert, falls $\|w - \tilde{w}\|_\infty \leq \rho_0$.*

b) *Es sei $0 < \rho \leq \rho_0$. Dann genügt die Funktion*

$$\begin{aligned} m(t,w) = {} & x_w(t) - x(\tilde{t}) - (t - \tilde{t}) f(\tilde{t},x(\tilde{t});u(\tilde{t})) \\ & - \sum_{j=1}^{M} (w^{2j-1} - t_j)\Phi(\tilde{t},t_j)[f(t_j,x(t_j);u_{j-1}(t_j)) - f(t_j,x(t_j);u_j)] \\ & - \sum_{j=1}^{M} (w^{2j} - t_j)\Phi(\tilde{t},t_j)[f(t_j,x(t_j);u_j) - f(t_j,x(t_j);u_j(t_j))] \end{aligned}$$

auf der Menge

$$(4.22)\qquad \tilde{\boldsymbol{M}}_\rho = \{(t,w) \mid |t - \tilde{t}| \leq \rho,\ w \in \boldsymbol{W},\ \|w - \tilde{w}\|_\infty \leq \rho\}$$

einer Lipschitz-Bedingung bezüglich (t,w).

Für die zugehörige Lipschitz-Konstante L_ρ gilt $\lim_{\rho\to 0} L_\rho = 0$. Da $m(\tilde{t},\tilde{w}) = 0$ ist, läßt sich auch $\|m(t,w)\|$ mit Hilfe der Lipschitz-Bedingung abschätzen:

$$(4.23)\qquad \|m(t,w)\|_\infty \leq \rho L_\rho \quad \text{für alle } (t,w) \in \tilde{\boldsymbol{M}}_\rho .$$

Ehe wir weitergehen, soll der explizite Ausdruck für die Funktion $m(t,w)$ umgeformt werden. Durch Umordnung der Summenglieder und Benutzung von (4.16) kann man ihm folgende Gestalt geben

$$(4.24)\qquad \begin{aligned} &x_w(t) - x(\tilde{t}) - (t - \tilde{t}) f(\tilde{t}, x(\tilde{t}); u(\tilde{t})) \\ &\quad - \sum_{j=1}^{M} (w^{2j} - w^{2j-1}) \Phi(\tilde{t}, t_j) [f(t_j, x(t_j); u_j) - f(t_j, x(t_j); u(t_j + 0))] \\ &\quad - \sum_{j=1}^{M} (w^{2j-1} - t_j) \Phi(\tilde{t}, t_j) [f(t_j, x(t_j); u(t_j)) - f(t_j, x(t_j); u(t_j + 0))] . \end{aligned}$$

Wir wollen nun von der $2M$-parametrigen Lösungsschar $(u_w(t), x_w(t))$ zu einer $(m + 1)$-parametrigen Teilschar übergehen. Damit ist dann das Ziel des zweiten Beweisschrittes erreicht. Zu diesem Zwecke ordnen wir jedem $\varepsilon > 0$ und jedem m-dimensionalen p dasjenige N-Tupel $w(\varepsilon,p)$ zu, dessen Komponenten $w^i(\varepsilon,p)$ folgendermaßen definiert sind:

(4.25) $w^{2j}(\varepsilon,p) = t_j + \varepsilon\omega_j(p)$, $w^{2j-1}(\varepsilon,p) = t_j + \varepsilon\omega_{j-1}(p)$, *falls* t_j *reguläre Stelle ist, und* $w^{2j}(\varepsilon,p) = w^{2j-1}(\varepsilon,p) = t_j$, *falls* t_j *nicht-regulär ist.*

j durchläuft dabei die Zahlen $1,\dots,M$; $\omega_j(p)$ sind die früher eingeführten Funktionen von p (vgl. (4.13)). Falls ε hinreichend klein und $\|p\|_\infty \leq 1$, so ist $w(\varepsilon,p) \in \boldsymbol{W}$, wie sich aus (4.11) und (4.12) ergibt. Man beachte dabei insbesondere, daß für jedes nicht-reguläre t_j die Beziehung $w^i(\varepsilon,p) < t_j$ bzw. $t_j < w^i(\varepsilon,p)$ besteht, falls $i < 2j - 1$ bzw. $i > 2j$ und ε hinreichend klein ist. Dies folgt allein aus der Bedingung $t_{j-1} < t_j < t_{j+1}$. Wie man aus der Definition (4.25) ferner sieht, strebt $w(\varepsilon,p)$ gegen $\tilde{w}$ für $\varepsilon \to 0$. Es gibt daher ein $\tilde{\varepsilon}$, so daß $w(\varepsilon,p)$ für $\varepsilon \leq \tilde{\varepsilon}$ und alle p mit $\|p\|_\infty \leq 1$ zum Definitionsbereich der Funktionen $u_w(t)$, $x_w(t)$ gehört. Ersetzt man nun in diesen Funktionen w durch $w(\varepsilon,p)$, so erhält man Funktionen von t,ε,p, die im folgenden mit $u_\varepsilon(t;p)$, $x_\varepsilon(t;p)$ bezeichnet werden. In Abhängigkeit von t sind sie Lösungen des AW-Problems (4.1). Führt man die Substitution $w \to w(\varepsilon,p)$ auch im Ausdruck (4.24) durch, so verschwinden u. a. die Differenzen $w^{2j} - w^{2j-1}$ und $w^{2j-1} - t_j$, und zwar immer dann, wenn $u(t_j + 0) \neq u(t_j)$ ist (was ja nur für nicht-reguläres t_j möglich ist). Benutzt man noch die Abkürzung (4.10) und beachtet, daß der Ausdruck (4.24) früher mit $m(t,w)$ bezeichnet wurde, so gelangt man zu der folgenden Beziehung:

$$\begin{aligned} m(t, w(\varepsilon,p)) = x_\varepsilon(t;p) - x(\tilde{t}) - (t - \tilde{t}) f(\tilde{t}, x(\tilde{t}); u(\tilde{t})) \\ - \varepsilon \sum_{j=1}^{M} (\omega_j(p) - \omega_{j-1}(p)) k_j . \end{aligned}$$

Wir setzen schließlich

$$r(\varepsilon,p) = m(\tilde{t} + \varepsilon\tau(p), w(\varepsilon,p)).$$

Aus der letzten Beziehung und aus (4.13) ergibt sich dann für diese Funktion die Darstellung

$$(4.26) \qquad r(\varepsilon,p) = x_\varepsilon(\tilde{t} + \varepsilon\tau(p); p) - x(\tilde{t}) - \varepsilon(a_0 + Cp).$$

$r(\varepsilon,p)$ ist eine in p Lipschitz-stetige Funktion, denn sie entsteht aus der Lipschitz-stetigen Funktion $m(t,w)$ durch Einsetzen von ebensolchen Funktionen. Die Lipschitz-Konstante der Funktion $r(\varepsilon,p)$ auf der Menge $\{p \mid \|p\|_\infty \le 1\}$ bezeichnen wir mit $\tilde{L}_\varepsilon$ und das Maximum der Funktion $\|r\|_\infty$ mit M_ε. Entscheidend für den weiteren Beweisgang sind dann die folgenden Beziehungen

$$(4.27) \qquad \lim_{\varepsilon\to 0} \varepsilon^{-1}\tilde{L}_\varepsilon = 0, \qquad \lim_{\varepsilon\to 0} \varepsilon^{-1} M_\varepsilon = 0,$$

deren Richtigkeit man sich folgendermaßen klarmachen kann. Es sei κ eine obere Schranke für die Funktionen $|\tau(p)|$, $|\omega_j(p)|$ auf der Menge $\{p \mid \|p\|_\infty \le 1\}$. Das $(N+1)$-Tupel $(\tilde{t} + \varepsilon\tau(p), w(\varepsilon,p))$ gehört dann zur Menge $\tilde{\boldsymbol{M}}_{\varepsilon\kappa}$ und daher ergibt sich aus (4.23) die Abschätzung $M_\varepsilon \le \varepsilon\kappa L_{\varepsilon\kappa}$, womit die zweite der Beziehungen (4.27) schon bewiesen ist (wegen $\lim_{\rho\to 0} L_\rho = 0$). Ferner läßt sich, wie wir wissen (Aufgabe 2, I Abschn. 1), die Lipschitz-Konstante einer zusammengesetzten Funktion abschätzen durch das Produkt der Lipschitz-Konstanten der einzelnen Funktionen. In unserem Falle besitzt die „äußere Funktion“ $m(t,w)$ die Lipschitz-Konstante $L_{\varepsilon\kappa}$, und für die einzusetzenden Funktionen $\tilde{t} + \varepsilon\tau(p)$ und $w(\varepsilon,p)$ läßt sich offenbar eine Lipschitz-Konstante der Form $\varepsilon\gamma$ mit einer geeigneten Konstanten γ finden (vgl. (4.25)). Daher ist $\tilde{L}_\varepsilon \le \varepsilon\gamma L_{\varepsilon\kappa}$ und auch die erste der Beziehungen (4.27) ist bewiesen.

Wir können damit als Resultat der bisherigen Überlegungen folgende Feststellung treffen, die dann im dritten Beweisschritt ausgewertet werden wird. Falls $0 < \varepsilon \le \tilde{\varepsilon}$ und $\|p\|_\infty \le 1$, so ist $(u_\varepsilon(t;p), x_\varepsilon(t;p))$ Lösung des AW-Problems (4.1) auf einem Intervall der Form $[t_0, \tilde{t} + \rho_0]$. Es ist

$$(4.28) \qquad x_\varepsilon(\tilde{t} + \varepsilon\tau(p); p) = x(\tilde{t}) + \varepsilon(a_0 + Cp) + r(\varepsilon,p)$$

und

$$(4.29) \qquad \|r(\varepsilon,p)\|_\infty \le M_\varepsilon, \qquad \|r(\varepsilon,p) - r(\varepsilon,q)\|_\infty \le \tilde{L}_\varepsilon \|p - q\|_\infty$$

für alle m-dimensionalen Vektoren p,q, die der Bedingung $\|p\|_\infty \le 1$, $\|q\|_\infty \le 1$ genügen.

Wir kommen nun zum letzten Beweisschritt. Es sei μ eine reelle Zahl mit $0 < \mu < 1$. Aus (4.27), (4.29) folgt dann, daß sich die Ungleichungen

$$\|\varepsilon^{-1} P r(\varepsilon,p)\|_\infty \le \mu, \quad \|\varepsilon^{-1} P r(\varepsilon,p) - \varepsilon^{-1} P r(\varepsilon,q)\|_\infty \le \mu \|p - q\|_\infty$$

für alle ε, p, q mit $0 < \varepsilon \le \varepsilon_0$, $\|p\|_\infty \le 1$, $\|q\|_\infty \le 1$ durch passende Wahl von $\varepsilon_0 \le \tilde{\varepsilon}$ erzwingen lassen. P ist dabei die in (4.14) vorkommende Matrix. Auf Grund dieser

Ungleichungen wird das Gleichungssystem

$$-\varepsilon^{-1} P r(\varepsilon, p) = -q + p$$

für jedes m-dimensionale q mit $\|q\|_\infty \leq 1 - \mu$ eindeutig durch ein $p = p(q)$ mit $\|p\|_\infty \leq 1$ lösbar (vgl. V Satz 1.1, Korollar). Als Funktion von q aufgefaßt, ist $p(q)$ zudem Lipschitz-stetig mit einer nur von μ abhängigen Lipschitz-Konstanten. Man denke sich nun die Gleichung zwischen p und q von links mit der Matrix εC multipliziert und dann alle Glieder auf eine Seite gebracht. Das ergibt

$$0 = \varepsilon C(-q + p(q)) + C P r(\varepsilon, p(q)) .$$

Indem man schließlich diese Beziehung von (4.28) (für $p = p(q)$) subtrahiert, erhält man die folgende Identität, die für alle q mit $\|q\|_\infty \leq 1 - \mu$ gültig ist:

$$x_\varepsilon(\tilde{t} + \varepsilon\tau(p(q)); p(q)) = x(\tilde{t}) + \varepsilon(a_0 + Cq + b_\varepsilon(q)) \tag{4.30}$$

mit $\quad b_\varepsilon(q) = \varepsilon^{-1}(E - CP) r(\varepsilon, p(q))$.

Damit ist tatsächlich die Aussage des Satzes bewiesen. Läßt man nämlich q alle m-dimensionalen Vektoren mit $\|q\|_\infty \leq 1 - \mu$ durchlaufen, so durchläuft $a = a_0 + Cq$ alle Punkte einer relativen Umgebung $\boldsymbol{N}_0$ von a_0. Zu jedem solchen a steht auf der linken Seite von (4.30) der Endpunkt einer Trajektorie, und zwar zum Zeitpunkt $t_\varepsilon = \tilde{t} + \varepsilon\tau(p(q))$, während das Restglied $b_\varepsilon(q)$ auf der rechten Seite wegen (4.14) zum Unterraum $\boldsymbol{B}$ gehört. Die Aussagen a) und c) des Satzes folgen nun einfach aus den Abschätzungen

$$|t_\varepsilon - \tilde{t}| = |\varepsilon\tau(p(q))| \leq \varepsilon\kappa$$

$$\|b_\varepsilon(q)\|_\infty = \|(E - CP)\varepsilon^{-1} r(\varepsilon, p(q))\|_\infty \leq \|E - CP\| \varepsilon^{-1} M_\varepsilon$$

(vgl. (4.27), (4.29), $\|\cdot\|$ ist hier eine mit $\|\cdot\|_\infty$ verträgliche Matrixnorm).

Zusatz. Späterer Anwendungen wegen halten wir noch fest, daß $b_\varepsilon(q)$ als Funktion von q aufgefaßt einer Lipschitz-Bedingung mit einer von ε unabhängigen Lipschitz-Konstanten genügt. Das ergibt sich sofort aus den entsprechenden Aussagen für die Funktionen $\varepsilon^{-1} r(\varepsilon, p)$ und $p(q)$ (vgl. (4.27), (4.29)).

5. Ein weiterer Satz über den Erreichbarkeitskegel

Wenn der Erreichbarkeitskegel nicht den gesamten x-Raum ausfüllt, so liegt er nach einem grundlegenden Satz[1] über konvexe Kegel ganz auf einer Seite einer gewissen Hyperebene. Dies bedeutet aber, daß das Produkt aus dem Normalenvektor b der Hyperebene mit sämtlichen Elementen a des Kegels $\boldsymbol{K}(\tilde{t})$ festes Vorzeichen hat. Eine solche Aussage führt zu einer Reihe von Konsequenzen, die wir jetzt erörtern wollen. Wir legen wieder die zu Beginn von Abschn. 4 eingeführten Bezeichnungen und allgemeinen Voraussetzungen zugrunde.

[1] Vgl. VII Satz 2.1.

Satz 5.1. Voraussetzungen. *$u(t), x(t)$ ist Lösung der AW-Problems* (4.1) *auf einem Intervall I, t_0, $\tilde{t} > t_0$ sind reguläre Stellen aus I und $\boldsymbol{K} = \boldsymbol{K}(\tilde{t})$ der von den Vektoren* (4.4) *erzeugte konvexe Kegel mit Spitze im Ursprung. Es sei ferner $b \neq 0$ ein Vektor, der der Ungleichung $b^T a \leq 0$ für jedes $a \in \boldsymbol{K}$ genügt.*

Behauptung. *Die beiden skalaren Funktionen von (t,u) bzw. t*

$$(5.1) \qquad \Theta(t,u) = b^T \Phi(\tilde{t},t) f(t,x(t);u) \text{ und } \vartheta(t) = \Theta(t,u(t))$$

genügen den folgenden Beziehungen

a) *$\vartheta(t) \geq \Theta(t,u)$ für alle $u \in \boldsymbol{U}_t$ und $t \in [t_0,\tilde{t}]$.*

b) *$\vartheta(t)$ ist stetig für alle $t \in [t_0,\tilde{t}]$, $\vartheta(\tilde{t}) = 0$.*

c) *Falls $f(t,x;u)$ auf der Menge $\boldsymbol{H}$ eine stetige partielle Ableitung $f_t(t,x;u)$ nach t besitzt, so existiert $\dot{\vartheta}(t)$ an jeder regulären Stelle t und ist dort gleich $b^T \Phi(\tilde{t},t) f_t(t,x(t);u(t))$.*

Beweis. Die Ungleichung $b^T a \leq 0$ gilt insbesondere dann, wenn man für a die erzeugenden Vektoren

$$\pm f(\tilde{t},x(\tilde{t});u(\tilde{t})), \quad \Phi(\tilde{t},t)[f(t,x(t);u) - f(t,x(t);u(t))]$$

des Kegels $\boldsymbol{K}$ nimmt (vgl. (4.4)), d. h. man hat

$$\pm b^T f(\tilde{t},x(\tilde{t});u(\tilde{t})) = \pm \vartheta(\tilde{t}) \leq 0$$

und $$b^T \Phi(\tilde{t},t)[(f(t,x(t);u) - f(t,x(t);u(t))] = \Theta(t,u) - \Theta(t,u(t)) \leq 0$$

für jedes reguläre $t < \tilde{t}$ und jedes Element $u \in \boldsymbol{U}_t$. Aus der ersten Ungleichung folgt $\vartheta(\tilde{t}) = 0$, aus der zweiten $\vartheta(t) \geq \Theta(t,u)$ für jedes $u \in \boldsymbol{U}_t$. Letzteres gilt zunächst nur, falls t eine reguläre Stelle aus $(t_0,\tilde{t})$ ist, aus Stetigkeitsgründen aber dann im ganzen abgeschlossenen Intervall. Ist nämlich t^* eine nicht-reguläre Stelle (oder Randstelle) des Intervalls $[t_0,\tilde{t}]$, so nehme man eine Folge regulärer Punkte $t_\nu \in [t_0,\tilde{t}]$ mit $t_\nu \to t^*$, $u(t_\nu) \to u(t^*)$. Ist $u \in \boldsymbol{U}_{t^*}$, so ist auch $u \in \boldsymbol{U}_{t_\nu}$, falls t_ν hinreichend nahe bei t^* liegt (vgl. (4.3)). Für diese t_ν gilt dann aber $\Theta(t_\nu,u) \leq \Theta(t_\nu,u(t_\nu))$. Durch Grenzübergang folgt daraus $\Theta(t^*,u) \leq \Theta(t^*,u(t^*))$. Damit ist die erste der drei Behauptungen bewiesen; sie wird nun beim Beweis der beiden anderen Verwendung finden. Es folgt nämlich aus ihr die Gültigkeit der Ungleichungen

$$(5.2) \qquad \Theta(t,u(t^*)) - \Theta(t^*,u(t^*)) \leq \vartheta(t) - \vartheta(t^*) \leq \Theta(t,u(t)) - \Theta(t^*,u(t))$$

an allen Stellen $t,t^* \in [t^0,\tilde{t}]$, für die $u(t) \in \boldsymbol{U}_{t^*}$, $u(t^*) \in \boldsymbol{U}_t$ gilt. Wegen $u(t^* \pm 0) \in \boldsymbol{U}_{t^*}$ ist diese Bedingung aber stets erfüllt, falls $|t - t^*| \leq \varepsilon$, wobei ε eine geeignete (von t^* abhängige) positive Zahl ist. Dies folgt wiederum aus (4.3).

Bei den folgenden Überlegungen wird die partielle Ableitung $\Theta_t(t,u)$ der Funktion Θ eine Rolle spielen. Wir müssen uns daher zunächst mit dieser Ableitung beschäftigen. Falls die Funktion $f(t,x;u)$ stetige partielle Ableitungen nach den Variablen $t,x^1,\ldots,x^n$ auf $\boldsymbol{H}$ besitzt, ist $f(t,x(t);u)$ partiell nach t differenzierbar, und zwar an allen Stellen (t,u), für die t regulär ist (denn für solche t ist $x(t)$ differenzierbar). Diese Differentiation ist nach der Kettenregel auszuführen und ergibt

$$\frac{\partial}{\partial t} f(t,x(t);u) = f_x(t,x(t);u) f(t,x(t);u(t)) + f_t(t,x(t);u),$$

wobei $f_x(t,x;u)$ wieder die aus den Spalten $f_{x^i}(t,x;u)$ gebildete Matrix bedeutet. Ferner ist an jeder regulären t-Stelle auch die Übergangsmatrix $\Phi(\tilde{t},t)$ nach t differenzierbar. Denn es läßt sich, wie in II Abschn. 2 gezeigt wurde, $\Phi(\tilde{t},t)$ in der Form $\Phi(\tilde{t})\Phi^{-1}(t)$ darstellen, und $\Phi(t)$ ist als Fundamentalmatrix der Variationsgleichung an jeder Stetigkeitsstelle von $u(t)$ differenzierbar. Damit ist klar, daß auch die Funktion Θ partiell nach t differenzierbar ist, jedenfalls an allen Stellen mit regulärer t-Komponente, und man erhält

$$\frac{\partial}{\partial t}\Theta(t,u) = b^T\left[\Phi(\tilde{t},t)f_x(t,x(t);u)f(t,x(t);u(t)) + \left(\frac{\partial}{\partial t}\Phi(\tilde{t},t)\right)f(t,x(t);u)\right] + b^T\Phi(\tilde{t},t)f_t(t,x(t);u).$$

Nun ist, gemäß Aufgabe 2, II Abschn. 3, $\Phi(\tilde{t},t)^T$ als Funktion von t Lösung der adjungierten Variationsgleichung, und dies bedeutet, daß

$$\text{(5.3)} \qquad \frac{\partial}{\partial t}\Phi(\tilde{t},t) = -\Phi(\tilde{t},t)f_x(t,x(t);u(t))$$

gilt. Aus obiger Darstellung der Funktion $\Theta_t(t,u)$ ergibt sich daher

$$\text{(5.4)} \qquad \Theta_t(t,u(t)) = b^T\Phi(\tilde{t},t)f_t(t,x(t);u(t)).$$

Gestützt auf (5.2) wollen wir nun zeigen:

a) *$\vartheta(t)$ ist an jeder Stelle $t^* \in [t_0,\tilde{t}]$ stetig.*

b) *Besitzt die Funktion $f(t,x;u)$ auf der Menge $\boldsymbol{H}$ eine stetige partielle Ableitung nach t, so ist $\vartheta(t)$ an jeder regulären Stelle $t^* \in (t_0,\tilde{t})$ differenzierbar und es gilt $\dot{\vartheta}(t^*) = \Theta_t(t^*,u(t^*))$.*

Im Hinblick auf (5.4) sind damit alle in Satz 5.1 aufgestellten Behauptungen bewiesen.

Die linksseitige Stetigkeit von $\vartheta(t)$ folgt bereits aus der Normierung $u(t) = u(t-0)$, so daß nur die rechtsseitige Stetigkeit von $\vartheta(t)$ zu beweisen bleibt. Wir werden auch nur die Existenz der rechtsseitigen Ableitung beweisen, für die der linksseitigen verläuft der Beweis dann ganz analog. Sei also $t^* \in [t_0,\tilde{t})$. Es gibt nun eine kompakte Umgebung des Punktes $(t^*,x(t^*),u(t^*+0)) \in \boldsymbol{H}$ im (t,x,u)-Raum, auf der $f(t,x;u)$ definiert und stetig ist und in deren Innerem $f(t,x;u)$ nach den x^j und gegebenenfalls auch nach t stetig differenzierbar ist. Die Funktion $\Theta(t,u)$ (vgl. (5.1)) ist daher definiert und stetig für alle (t,u) mit $t^* \leq t \leq t^* + \varepsilon_1$ und $\|u - u(t^*+0)\| \leq \varepsilon_1, \varepsilon_1 > 0$ hinreichend klein, und ist für $t \geq t^*$ stetig nach t differenzierbar, falls die partielle Ableitung von $f(t,x;u)$ nach t existiert. Es bestehen daher die folgenden Grenzbeziehungen

$$\lim \Theta(t,u(t)) = \lim \Theta(t^*,u(t)) = \Theta(t^*,u(t^*+0)) \qquad \text{für } t \to t^*, t > t^*.$$

Ferner ist $\Theta(t,u)$ bei festem u eine stetige Funktion von t, es strebt also $\Theta(t,u(t^*)) - \Theta(t^*,u(t^*))$ gegen 0 für $t \to t^*$. Aus (5.2) folgt daher, daß der rechtsseitige Grenzwert von $\vartheta(t)$ an der Stelle t^* existiert und gleich $\vartheta(t^*)$ ist.

Wenn schließlich die partielle Ableitung von $\Theta(t,u)$ nach t existiert und stetig ist, ergibt sich aus (5.2) für $t > t^*$ nach dem Mittelwertsatz der Differentialrechnung eine Eingrenzung für den Differenzenquotienten von $\vartheta(t)$, nämlich

$$\Theta_t(\underline{t},u(t^*)) \leq \frac{\vartheta(t) - \vartheta(t^*)}{t - t^*} \leq \Theta_t(\bar{t},u(t))$$

mit passenden Zahlen $\underline{t},\bar{t}$ aus dem Intervall (t^*,t). Läßt man t von rechts gegen die reguläre Stelle t^* streben, so konvergieren beide Schranken und damit auch der Differenzenquotient gegen $\Theta_t(t^*,u(t^*))$.

Wir wollen zum Schluß noch auf einen formalen Aspekt des Satzes 5.1 hinweisen, der im folgenden eine Rolle spielt. Es lassen sich nämlich alle in der Formulierung des Satzes vorkommenden Objekte mit Hilfe einer einzigen skalaren Funktion erklären. Es ist dies die Funktion

$$(5.5) \qquad H(t,x,y;u) = y^T f(t,x;u) = \sum_{j=1}^{n} y^j f^j(t,x;u)$$

der $2n + m + 1$ Veränderlichen $t,x^1,\ldots,x^n,y^1,\ldots,y^n,u^1,\ldots,u^m$. Zunächst ist klar, wie man Θ und ebenso Θ_t durch H ausdrücken kann. Es wird $\Theta(t,u) = H(t,x(t),y(t);u)$ mit $y(t) = \Phi(\tilde{t},t)^T b$. Dieses $y(t)$ ist nun Lösung der adjungierten Variationsgleichung, denn $\Phi(\tilde{t},t)^T$ ist als Funktion von t Fundamentalmatrix dieser Gleichung (vgl. Aufgabe 2 zu II Abschn. 3). Man kann daher das Funktionenpaar $(x(t),y(t))$ auch charakterisieren als Lösung des Hamiltonschen Systems von Dgln. (mit $y(\tilde{t}) = b$)

$$(5.6) \qquad \dot{x}^i = \frac{\partial H(t,x,y;u(t))}{\partial y^i}, \quad \dot{y}^i = -\frac{\partial H(t,x,y;u(t))}{\partial x^i}, \quad i = 1,\ldots,n\,.$$

In der Tat bestätigt man sofort an Hand von (5.5), daß der Gradient von H in bezug auf $y^1,\ldots,y^n$ nichts anderes ist als der Vektor $f(t,x;u)$, während der Gradient in bezug auf $x^1,\ldots,x^n$ sich in der Form $f_x^T(t,x;u)y$ schreiben läßt. Ein Paar $(x(t),y(t))$ von n-vektorwertigen Funktionen ist also Lösung von (5.6) dann und nur dann, wenn $x(t)$ Lösung von der Dgl. $\dot{x} = f(t,x;u(t))$ und $y(t)$ Lösung der zugehörigen adjungierten Variationsgleichung $\dot{y} = -f_x^T(t,x(t);u(t))y$ ist.

6. Das Maximumprinzip von Pontrjagin für Probleme mit festen Endpunkten

Wir kommen nun zum zentralen Resultat dieses Kapitels, dem Maximumprinzip von Pontrjagin. In geometrischer Form besagt es, daß sich der Erreichbarkeitskegel von einem gewissen Halbstrahl vermittels einer Hyperebene trennen lassen muß, wenn die zugrunde gelegte Lösung $(u(t),x(t))$ in einem noch zu präzisierenden Sinne optimal ist. Man erhält mit Hilfe von Satz 5.1 aus der geometrischen dann leicht die übliche analytische Fassung des Maximumprinzips. In den folgenden Betrachtungen steht der geometrische Aspekt im Vordergrund, da sich von dorther die notwendigen Bedingungen, denen optimale Lösungen zu genügen haben, am besten motivieren lassen.

Wir übernehmen Bezeichnungen und Voraussetzungen von Abschn. 4. Insbesondere ist $\boldsymbol{K}$ wieder der von den Vektoren (4.4) erzeugte konvexe Kegel.

Die nachstehende Aussage ist eine unmittelbare Folgerung aus Satz 4.1.

Ist a_0 *inneres Element von* $\boldsymbol{K}$, *so ist jeder Punkt der Form* $x(\tilde{t}) + \varepsilon a_0$ *für hinreichend kleines* $\varepsilon > 0$ *erreichbar, d. h. liegt auf der zu einer gewissen Lösung des AW-Problems* (4.1) *gehörigen Trajektorie.*

Wenn nämlich $\boldsymbol{K}$ innere Punkte besitzt, so ist die affine Hülle $\boldsymbol{A}$ von $\boldsymbol{K}$ der ganze $\mathbf{R}^n$ (s. VII Satz 1.2, Teil d)). Als Unterraum $\boldsymbol{B}$, der $\boldsymbol{A}$ zum vollen Vektorraum ergänzt, kann man in diesem Falle den nur aus 0 bestehenden Raum wählen, d. h. es gilt die Aussage (4.6) mit $a = a_0$ und $b_\varepsilon = 0$. Obige Feststellung läßt sich nun folgendermaßen umkehren.

(6.1) *Falls es nicht-erreichbare Punkte der Form* $x(\tilde{t}) + \varepsilon a_0, \varepsilon > 0, a_0 \in \boldsymbol{K}$, *gibt und falls sich diese Punkte bei* $x(\tilde{t})$ *häufen, so existiert ein Vektor* $b \neq 0$ *derart, daß gilt:*

$$b^T a_0 \geq 0 \quad \text{und} \quad b^T a \leq 0 \quad \text{für alle } a \in \boldsymbol{K}\,.$$

Denn dann ist a_0 kein inneres Element von $\boldsymbol{K}$ und läßt sich daher von $\boldsymbol{K}$ durch eine Hyperebene trennen (vgl. VII Satz 2.1). Einen solchen Vektor b gibt es insbesondere dann, wenn der gesamte Halbstrahl $x(\tilde{t}) + \varepsilon a_0$, $\varepsilon > 0$, nicht zur erreichbaren Menge gehört.

Mit dieser Situation wollen wir uns etwas näher befassen, und zwar für den Fall, daß a_0 die Form $(-1,0,\ldots,0)^T$ hat. Es ist nämlich dann die Lösung $(u(t),x(t))$ durch eine gewisse Minimaleigenschaft ausgezeichnet. Unter allen erreichbaren Punkten, die auf der Geraden parallel zur x^1-Achse durch $x(\tilde{t})$ liegen, besitzt der Endpunkt von $x(t)$ die kleinste x^1-Komponente. Anders gewendet: Wenn eine Lösung des AW-Problems (4.1) zu irgendeiner Zeit in den $x^2,\ldots,x^n$-Komponenten mit $x(\tilde{t})$ übereinstimmt, so hat sie dann stets eine x^1-Komponente, die nicht kleiner als $x^1(\tilde{t})$ ist. Durch eine Aussage dieser Form lassen sich nun stets optimale Lösungen von Kontrollproblemen, wie sie in der Einleitung beschrieben wurden, charakterisieren. Man muß das Kontrollproblem nur in geeigneter Weise formulieren. Dieser Aufgabe wenden wir uns nun zu.

Wir skizzieren zunächst noch einmal die Problemstellung. $\boldsymbol{H}, f = (f^1,\ldots,f^n)^T$, t_0, x_0 mögen die gleiche Bedeutung haben wie bisher. Zu diesen Daten kommen nun zwei weitere hinzu: Ein Punkt x_1 im x-Raum und eine skalare Funktion $f^0 = f^0(t,x;u)$. Von den Funktionen $f^i(t,x;u), i = 0,\ldots,n$, nehmen wir an, daß sie auf $\boldsymbol{H}$ stetig und stetig partiell nach $t, x^1,\ldots,x^n$ differenzierbar sind.

Wir machen nun folgende grundlegende Annahme. Es gibt eine Lösung des AW-Problems (4.1) – wir bezeichnen sie für den Moment mit $(u_0(t), x_0(t))$ –, die der Randbedingung $x_0(\tilde{t}) = x_1$ für ein $\tilde{t}$ aus dem zugehörigen Intervall I_0 genügt und die das Integral $\int_{t_0}^{t} f^0(\tau, x(\tau); u(\tau))\mathrm{d}\tau$ zum Minimum macht. Das soll folgendes heißen:

(6.2) *Ist* $(u(t), x(t))$ *Lösung des AW-Problems* (4.1) *und nimmt* $x(t)$ *für ein* t_1 *aus dem zugehörigen Existenzintervall* I *ebenfalls den Wert* x_1 *an, so gilt stets*

$$\int_{t_0}^{t_1} f^0(t, x(t); u(t))\,dt \geq \int_{t_0}^{\tilde{t}} f^0(t, x_0(t); u_0(t))\,dt\,.$$

Die Frage, ob es zu gegebenen Randpunkten x_0, x_1 und gegebener Funktion f^0 überhaupt Lösungen $(u_0(t), x_0(t))$ gibt, die der Forderung (6.2) genügen, soll hier unerörtert bleiben. Es geht uns vielmehr darum, notwendige Bedingungen herzuleiten, denen $(u_0(t), x_0(t))$ im Intervall $[t_0, \tilde{t}]$ aufgrund seiner besonderen Eigenschaft genügen muß. Ohne Einschränkung können wir dabei annehmen, daß $u_0(t)$ an den Stellen t_0 und $\tilde{t}$ stetig ist. Wenn man nämlich die Kontrollfunktion in den Bereichen $t \leq t_0$ und $t > \tilde{t}$ so abändert, daß $u_0(t_0 - 0) = u_0(t_0 + 0)$ und $u_0(\tilde{t} - 0) = u_0(\tilde{t} + 0)$ wird, so bleibt im Intervall $(t_0, \tilde{t}]$ alles beim alten und daher sowohl die Randbedingung $x_0(\tilde{t}) = x_1$ als auch die Extremaleigenschaft (6.2) erhalten.

Um nun zu den notwendigen Bedingungen zu kommen, denken wir uns den x-Komponenten $(x^1(t), \ldots, x^n(t))^T$ einer Lösung des AW-Problems (4.1) die Funktion

$$x^0(t) = \int_{t_0}^{t} f^0(\tau, x(\tau); u(\tau))\,d\tau \tag{6.3}$$

als 0-te Komponente hinzugefügt. Man erhält dann eine Lösung des folgenden $(n + 1)$-dimensionalen AW-Problems

$$\dot{x}^i = f^i(t, x; u(t)), \quad i = 0, \ldots, n, \; x^0(0) = 0, \; x(0) = x_0\,. \tag{6.4}$$

x bedeutet dabei nach wie vor den n-Vektor $(x^1, \ldots, x^n)^T$. Hat man umgekehrt eine Lösung $(x^0(t), x(t))$ des AW-Problems (6.4), so ist der Bestandteil $x(t)$ Lösung von (4.1) und $x^0(t)$ kann gemäß (6.3) durch $x(t)$ ausgedrückt werden. Mit Hilfe der zusätzlichen Lösungskomponente $x^0(t)$ läßt sich nun die Aussage (6.2) in der nachstehenden Form wiedergeben

(6.5) *Aus* $x(t_1) = x_1 = x_0(\tilde{t})$ *folgt stets* $x^0(t_1) \geq x_0^0(\tilde{t})$.

Die Extremaleigenschaft der Lösung $(u_0(t), x_0(t))$ besagt demnach nichts anderes als daß die Halbgerade durch den Punkt $(x_0^0(\tilde{t}), x_0(\tilde{t}))$ in Richtung der negativen x^0-Achse frei ist von erreichbaren Punkten des (x^0, x)-Raumes. Wir haben damit eine Aussage vom Typ (6.1) gewonnen, wobei der $(n + 1)$-dimensionale Vektor $(-1, 0, \ldots, 0)^T$ die Rolle von a_0 spielt. Die Überlegungen des vorigen Abschnittes führen dann sofort auf die notwendigen Bedingungen, denen die optimale Lösung $(u_0(t), x_0(t))$ zu genügen hat. Bei der Formulierung hat man lediglich zu beachten, daß an Stelle von $x, y, f(t, x; u)$ jetzt die $(n + 1)$-dimensionalen Vektoren $(x^0, \ldots, x^n)^T$, $(y^0, \ldots, y^n)^T$, $(f^0(t, x; u), \ldots, f^n(t, x; u))^T$ treten.

Satz 6.1. *Es sei* $(u_0(t), x_0(t))$ *eine Lösung des AW-Problems* (4.1), *welche der Bedingung* $x(\tilde{t}) = x_1$ *genügt und die Minimaleigenschaft* (6.2) *besitzt, und es sei*

$$x_0^0(t) = \int_{t_0}^{t} f^0(\tau, x_0(\tau); u_0(\tau))\,d\tau\,.$$

Dann läßt sich eine stetige und stückweise stetig differenzierbare Funktion $y_0(t) = (y_0^0(t),\ldots,y_0^n(t))^T$ *so finden, daß die folgenden Aussagen zutreffen:*

a) *Die Funktionen* $x_0^i(t)$, $y_0^i(t)$, $i = 0,\ldots,n$, *genügen einem System von Dgln., das mit Hilfe der skalaren Funktion*

$$H(t,x,y;u) = \sum_{j=0}^{n} y^j f^j(t,x;u)$$

als Hamiltonsches System in der Form

$$\text{(6.6)} \qquad \dot{x}^i = \frac{\partial H(t,x,y;u_0(t))}{\partial y^i}, \quad \dot{y}^i = -\frac{\partial H(t,x,y;u_0(t))}{\partial x^i}$$

geschrieben werden kann, $i = 0,\ldots,n$.

b) *Es ist* $y_0(t) \neq 0$ *für alle* t. $y_0^0(t)$ *ist konstant und* ≤ 0.

c) *Es ist*

$$H(t,x_0(t),y_0(t);u_0(t)) = \max_{u\in U_t} H(t,x_0(t),y_0(t);u) \quad \text{für alle } t\in[t_0,\tilde{t}].$$

d) *Die Funktion* $h(t) = H(t,x_0(t),y_0(t);u_0(t))$ *ist stetig auf* $[t_0,\tilde{t}]$ *und es ist* $h(\tilde{t}) = 0$. *An allen Stetigkeitsstellen von* $u_0(t)$ *existiert die Ableitung von* $h(t)$ *und es ist* $\dot{h}(t) = \frac{\partial}{\partial t} H(t,x_0(t),y_0(t);u_0(t))$. *Insbesondere ist* $h(t) = \text{const} = 0$, *falls die Funktionen* f^i *nicht explizit von* t *abhängen,* $i = 0,\ldots,n$.

Beweis. Es bedarf nur noch der Punkt b) einer Begründung, alles andere ist nach dem bereits Gesagten klar. $y_0(t)$ ist diejenige Lösung der adjungierten Variationsgleichung, die an der Stelle $t = \tilde{t}$ den Wert $b \neq 0$ hat. Daher ist $y_0(t) \neq 0$ für jedes t. Es besteht ferner die Beziehung (6.1) mit $a_0 = (-1,0,\ldots,0)^T$. Daher ist $y_0^0(\tilde{t}) \leq 0$. Daß schließlich $\dot{y}_0^0(t) = 0$ ist für alle t, folgt einfach aus dem Hamiltonschen Charakter der Dgl. und der Tatsache, daß die Funktionen f^i und somit auch H nicht explizit von x^0 abhängen.

Aufgaben und Zusätze. **1.** Wenn die Funktionen $f^i, i = 0,\ldots,n$, nicht explizit von t abhängen, so bleiben die Dgln. $\dot{x} = f(x;u)$ wie auch das Integral $\int_{t_0}^{t} f^0(x(\tau);u(\tau))\mathrm{d}\tau$ gegenüber einer Zeitverschiebung invariant. Man präzisiere diese Bemerkung und beweise, daß in diesem Falle das Paar $(u_0(t),x_0(t))$ notwendig auch über jedem Teilintervall $[t_0,\bar{t}]$ mit $t_0 < \bar{t} < \tilde{t}$ optimal ist. Es gilt nämlich dann die Aussage (6.2) mit $\bar{t}$ statt $\tilde{t}$ und mit $x_0(\bar{t})$ statt x_1.

Hinweis: Indirekter Beweis. Man zeige, daß sich mit Hilfe der folgendermaßen definierten Lösung

$$\tilde{u}(t) = u(t) \quad \text{für } t \leq t_1, \qquad \tilde{u}(t) = u_0(t + \bar{t} - t_1) \quad \text{für } t > t_1,$$

$$\tilde{x}(t) = x(t) \quad \text{für } t \leq t_1, \qquad \tilde{x}(t) = x_0(t + \bar{t} - t_1) \quad \text{für } t > t_1,$$

ein Widerspruch zur Minimalbedingung (6.2) herstellen läßt. Man betrachte $\tilde{t} - \bar{t} + t_1$ an Stelle von t_1.

2. Die zweite Hälfte der Dgln. (6.6) ist ein homogenes System $(n + 1)$-ter Ordnung für $(y^0,y) = (y^0,y^1,\ldots,y^n)^T$. Man zeige, daß diese Dgl. dem folgenden inhomogenen System n-ter Ordnung äquivalent ist, in welchem y^0 die Rolle eines konstanten Parameters spielt:

$$\dot{y} = -f_x(t, x_0(t); u_0(t))^T y - y^0 \operatorname{grad} f^0(t, x_0(t); u_0(t)) .$$

$\operatorname{grad} f^0$ ist dabei der Gradient der Funktion f^0 in bezug auf $(x^1, \ldots, x^n)^T$.

3. Es sei $f^0 = 1$ (zeitoptimales Problem) und es hänge $f(t,x;u)$ von t nicht explizit ab. Wir schreiben deshalb $f(x;u)$. Man zeige für diesen Fall die Richtigkeit der folgenden Aussagen, in denen im Gegensatz zu Satz 6.1 die Zustandsvariable x^0 nicht mehr vorkommt. Es sei $H(x,y;u) = \sum_{i=1}^{n} f^i(x;u) y^i$ und $u_0(t), x_0(t)$ eine zeitoptimale Lösung. Es läßt sich dann ein $y_0(t) \neq 0$ so finden, daß gilt:

a) $(x_0(t), y_0(t))$ genügt dem Hamiltonschen System

$$\dot{x}^i = \frac{\partial H(x,y;u(t))}{\partial y^i}, \quad \dot{y}^i = -\frac{\partial H(x,y;u(t))}{\partial x^i}, \quad i = 1, \ldots, n,$$

b) $H(x_0(t), y_0(t); u_0(t)) = \max_{u \in U_t} H(x_0(t), y_0(t); u)$,

c) $H(x_0(t), y_0(t); u_0(t))$ ist konstant und ≥ 0 für alle $t \in [t_0, \tilde{t}]$.

7. Probleme mit variablen Endpunkten. Transversalitätsbedingungen

Wir wollen zum Schluß kurz auf einen allgemeineren Typ von Kontrollproblemen eingehen, deren optimale Lösungen ebenfalls einem Maximumprinzip genügen. Diese Probleme unterscheiden sich nur in einer Beziehung von den bisher betrachteten: Die Randbedingungen haben allgemeineren Charakter. Anstelle fester Endpunkte x_0, x_1 sind zwei Teilmengen $\boldsymbol{M}_0$, $\boldsymbol{M}_1$ des $\mathbf{R}^n$ vorgegeben, die sich durch Gleichungen und Ungleichungen beschreiben lassen. Die Endpunkte der Trajektorie sollen dann den Bedingungen $x(t_0) \in \boldsymbol{M}_0$, $x(\tilde{t}) \in \boldsymbol{M}_1$ genügen. Überdies werden wir verlangen, daß $x(t_0)$ bzw. $x(\tilde{t})$ reguläre Punkte von $\boldsymbol{M}_0$ bzw. $\boldsymbol{M}_1$ sind, d. h. daß es Tangentialkegel mit den in VII Satz 3.1 genannten Eigenschaften gibt (die Begriffe Tangentialkegel, regulärer Punkt werden in VII Abschn. 3 erklärt). Diese Tangentialkegel spielen im folgenden eine wichtige Rolle. Wir denken sie uns gemäß VII Definition 3.2 in der Form $x(t_0) + \boldsymbol{T}_0$ bzw. $x(\tilde{t}) + \boldsymbol{T}_1$ dargestellt. Die $\boldsymbol{T}_i$ sind dabei konvexe Kegel mit der Spitze im Ursprung und werden durch die linearisierten Gleichungen bzw. Ungleichungen erklärt.

Es ist nun zweckmäßig, ähnlich wie im Abschn. 4 vorzugehen und zunächst die Forderung $x(\tilde{t}) \in \boldsymbol{M}_1$ beiseite zu lassen. Wir gehen also aus von einer beliebigen zulässigen Kontrollfunktion $u(t)$ sowie einer Funktion $x(t)$, die den Bedingungen

$$(7.1) \qquad \dot{x} = f(t,x;u(t)), \quad x(t_0) \in \boldsymbol{M}_0, \quad (t, x(t), u(t \pm 0)) \in \boldsymbol{H}$$

für alle t aus einem Intervall $[t_0, \tilde{t}]$ genügt. (7.1) stellt eine Bedingung ähnlicher Art wie (4.1) dar. Wir sprechen daher auch hier vom AW-Problem (7.1). Läßt man $u(t)$ in der Menge der zulässigen Kontrollfunktionen und $x(t_0)$ auf $\boldsymbol{M}_0$ variieren, so bildet die Vereinigung der zugehörigen Trajektorien eine Menge im x-Raum, die wir wieder erreichbare Menge nennen wollen.

Bei der Definition des Erreichbarkeitskegels haben wir jetzt dem Umstand Rechnung zu tragen, daß nicht nur t und die Kontrollfunktion, sondern auch der Anfangswert von $x(t)$ variieren kann. Zu den Erzeugenden (4.4) von $\boldsymbol{K}$ lassen wir daher noch alle Vektoren der Form $\Phi(\tilde{t},t_0)c$ treten, wo c die Elemente von $\boldsymbol{T}_0$ durchläuft. Die Aussage des Satzes 4.1 einschließlich des Zusatzes gilt dann auch für den erweiterten Erreichbarkeitskegel. Der Beweis verläuft genauso wie früher, abgesehen von einer naheliegenden Modifikation, die bei der Konstruktion der Schar der Vergleichslösungen wegen der Vergrößerung des Kegels $\boldsymbol{K}$ nötig wird. Wir denken uns gemäß VII Satz 3.1 eine ausgezeichnete lokale Parameterdarstellung $c \to x(t_0) + c + g(c) = x_0(c)$ von $\boldsymbol{M}_0$ gewählt, wobei c auf einer Menge der Form $\{c \in \boldsymbol{T}_0 \mid \|c\| \leq \varepsilon\}$ variiert. Die Rolle, die die Funktion $x_w(t;t_0,\tilde{x}_0)$ bei der Konstruktion der $2M$-parametrigen Lösungsschar im zweiten Teil des Beweises von Satz 4.1 spielt, wird jetzt von der Funktion $x_w(t;t_0,x_0(c))$ übernommen. Zur Approximation dieser Funktion an der Stelle $t = \tilde{t}, c = 0, w = \tilde{w}$ kann man sich des linearen Anteils der in Satz 3.1 auftretenden Funktion m bedienen, sofern man x_0 durch $\tilde{x}_0 + c$ ersetzt. Die Differenz zwischen dieser linearen Funktion und $x_w(t;t_0,x_0(c))$ verschwindet nämlich wieder von höherer Ordnung, d. h. es besteht auf der Menge

$$\{(t,c,w) \mid |t - \tilde{t}| \leq \rho; c \in \boldsymbol{T}_0, \|c\| \leq \rho; w \in \boldsymbol{W}, \|w - \tilde{w}\|_\infty \leq \rho\}$$

eine Lipschitz-Bedingung und die zugehörige Lipschitz-Konstante strebt gegen 0 für $\rho \to 0$. Das ergibt sich sofort aus Satz 3.1 und VII Satz 3.1.

Wir kommen nun zum wichtigsten Resultat dieses Abschnittes. Es bezieht sich auf solche erreichbaren Punkte, die gleichzeitig relativ-innere Punkte von $\boldsymbol{M}_1$ sind (im Sinne von VII Definition 3.1). Genauer gesagt geht es darum, das Vorhandensein solcher Punkte aus Eigenschaften des Erreichbarkeitskegels zu erschließen. Für den Fall, daß $\boldsymbol{M}_1$ ein von $x(\tilde{t})$ ausgehender Halbstrahl ist, haben wir uns mit dieser Aufgabe bereits zu Beginn des Abschn. 6 befaßt. Das Resultat der dortigen Überlegungen wird man unschwer als Spezialfall des folgenden Hilfssatzes wiedererkennen.

Hilfssatz 7.1. *Es sei $x(\tilde{t})$ regulärer Punkt von $\boldsymbol{M}_1$ und es sei $x(\tilde{t}) + \boldsymbol{T}_1$ der Tangentialkegel im Punkte $x(\tilde{t})$ an $\boldsymbol{M}_1$. Gibt es dann in einer Umgebung von $x(\tilde{t})$ keinen Punkt, der gleichzeitig erreichbar und relativ-innerer Punkt von $\boldsymbol{M}_1$ ist, so sind $\boldsymbol{T}_1$ und $\boldsymbol{K}$ im $\mathbf{R}^n$ trennbar (der Begriff der Trennbarkeit wird in* VII Abschn. 2 *erklärt). $\boldsymbol{K}$ ist dabei derjenige Kegel, der von den Vektoren* (4.4) *und den Vektoren der Form $\Phi(\tilde{t},t_0)c$, $c \in \boldsymbol{T}_0$, erzeugt wird.*

Beweis. Mit $\boldsymbol{A}$ bezeichnen wir wieder die affine Hülle von $\boldsymbol{K}$ und mit $\boldsymbol{B}$ die affine Hülle von $\boldsymbol{T}_1$. Wir führen einen Widerspruchsbeweis und nehmen an, $\boldsymbol{K}$ und $\boldsymbol{T}_1$ seien im $\mathbf{R}^n$ nicht trennbar. Wie aus den Bemerkungen im Anschluß an VII Definition 2.1 hervorgeht, können dann $\boldsymbol{K}$ und $\boldsymbol{T}_1$ nicht in einem echten Unterraum des $\mathbf{R}^n$ enthalten sein, d. h. es ist $\boldsymbol{A} + \boldsymbol{B} = \mathbf{R}^n$. Ferner folgt aus VII Satz 2.2, daß $\boldsymbol{K}$ und $\boldsymbol{T}_1$ relativ-innere Punkte gemeinsam haben müssen. Es sei a_0 ein solcher Punkt. Die Annahmen über a_0 und $\boldsymbol{B}$ ermöglichen es uns, den Satz 4.1 anzuwenden und bei unseren weiteren Betrachtungen mit einer Schar von erreichbaren Punkten der Form

(7.2) $$x(\varepsilon,q) = x(\tilde{t}) + \varepsilon(a_0 + Cq + b_\varepsilon(q)), \quad 0 \le \varepsilon \le \varepsilon_0, \|q\|_\infty \le \kappa$$

zu arbeiten (vgl. (4.30), zur Abkürzung ist dabei $x(\varepsilon,q) = x_\varepsilon(\tilde{t} + \varepsilon\tau(p(q)); p(q))$ gesetzt). q durchläuft dabei alle m-dimensionalen Vektoren (m = Dimension von $\boldsymbol{A}$) aus einer κ-Umgebung des Ursprungs, für hinreichend kleines κ. Dem Beweis von Satz 4.1 entnehmen wir noch die folgenden Informationen über die Darstellung (7.2):

(7.3) C ist eine $n \times m$-Matrix; die Spalten von C bilden eine Basis von $\boldsymbol{A}$,

(7.4) $b_\varepsilon(q) \in \boldsymbol{B}, \quad \lim\limits_{\varepsilon \to 0} b_\varepsilon(q) = 0$ gleichmäßig in q.

Der Widerspruch wird nun dadurch hergestellt, daß wir in jeder Umgebung von $x(\tilde{t})$ einen relativ-inneren Punkt von $\boldsymbol{M}_1$ der Form (7.2) nachweisen werden. Zu diesem Zweck müssen wir zunächst die Annahme, daß a_0 auch relativ-innerer Punkt von $\boldsymbol{T}_1$ ist, verwerten. Wir gehen dabei von einer Darstellung von $\boldsymbol{M}_1$ aus, wie sie den Betrachtungen im VII Abschn. 3 zugrunde liegt:

$$\boldsymbol{M}_1 = \{x \in \boldsymbol{M}^* \mid \beta_i(x) = 0 \text{ für } i = 1,\dots,r, \quad \beta_i(x) \le 0 \text{ für } i = r+1,\dots,s\}.$$

Die beiden Aussagen „$x(\tilde{t})$ ist regulärer Punkt von $\boldsymbol{M}_1$“ und „a_0 ist relativ-innerer Punkt von $\boldsymbol{T}_1$“ haben folgende konkrete Bedeutung. Es gilt

(7.5) a) $\beta_i(x(\tilde{t})) = 0$ *für* $i = 1,\dots,r'$, $\quad \beta_i(x(\tilde{t})) < 0$ *für* $i > r'$.

b) *Die Vektoren* $b_1,\dots,b_{r'}$ *sind linear unabhängig.*

c) $b_i^T a_0 = 0$ *für* $i = 1,\dots,r$, $b_i^T a_0 < 0$ *für* $i = r+1,\dots,r'$.

b_i ist dabei der Gradient von β_i (für $x = x(\tilde{t})$) und r' eine natürliche Zahl $\ge r$ (vgl. hierzu VII Definition 3.1 und 3.2, sowie die Aufgabe zu VII Abschn. 1).

Nun überträgt sich die Eigenschaft der Regularität von $x(\tilde{t})$ auf benachbarte Punkte (vgl. die Bemerkung im Anschluß an VII Definition 3.1). Aus Stetigkeitsgründen gilt das gleiche auch für die Aussage $\beta_i(x) < 0$, die ja gemäß (7.5) an der Stelle $x = x(\tilde{t})$ zutrifft, falls $i > r'$. Zusammengenommen läßt sich daher folgendes sagen: Die Forderung, relativ-innerer Punkt (im Sinne von VII Definition 3.1) von $\boldsymbol{M}_1$ zu sein, ist für einen Punkt x aus einer hinreichend kleinen Umgebung $\boldsymbol{N}$ von $x(\tilde{t})$ gleichbedeutend mit dem Bestehen der Relationen

$$\beta_i(x) = 0 \quad \text{für } i = 1,\dots,r, \qquad \beta_i(x) < 0 \quad \text{für } i = r+1,\dots,r'.$$

Nun liegen sicher alle Punkte $x(\varepsilon,q)$ in $\boldsymbol{N}$, sofern nur ε klein genug ist. Der Widerspruchsbeweis wird also erbracht sein, wenn wir uns klargemacht haben, daß die folgenden beiden Aussagen (bei entsprechender Wahl von ε_0, κ) zutreffen.

(7.6) a) *Es ist* $\beta_i(x(\varepsilon,q)) < 0$, *falls* $i > r, 0 < \varepsilon \le \varepsilon_0, \|q\|_\infty \le \kappa$.

b) *Für jedes* $\varepsilon \le \varepsilon_0$ *besitzt das Gleichungssystem* $\beta_i(x(\varepsilon,q)) = 0, i = 1,\dots,r$, *eine Lösung* $q = q(\varepsilon)$, *die der Bedingung* $\|q\|_\infty \le \kappa$ *genügt.*

Wir beweisen zunächst die erste Aussage. Da $\beta_i(x(\tilde{t})) = 0$ und $b_i = \operatorname{grad} \beta_i(x(\tilde{t}))$ ist, verschwindet die Funktion $\beta_i(x) - b_i^T(x - x(\tilde{t}))$ an der Stelle $x = x(\tilde{t})$ von höherer als erster Ordnung. Wir ersetzen x durch $x(\varepsilon, q)$ und benutzen (7.2). Es ergibt sich dann eine Beziehung der Form

$$\beta_i(x(\varepsilon, q)) = \varepsilon[b_i^T(a_0 + Cq + b_\varepsilon(q)) + \rho_i(\varepsilon, q)],$$

wobei das Restglied ρ_i für $\varepsilon \to 0$ gegen Null geht, und zwar gleichmäßig bezüglich q. Da – gemäß (7.4) – $b_\varepsilon(q)$ das gleiche Verhalten zeigt, hat der in eckigen Klammern stehende Ausdruck an der Stelle $(\varepsilon, q) = (0,0)$ den Grenzwert $b_i^T a_0$. Falls $i > r$ ist, ist dieser Grenzwert wegen (7.5) negativ. Also ist dann auch $\beta_i(x(\varepsilon, q))$ für alle (ε, q) aus einer gewissen Umgebung von $(0,0)$ negativ.

Wir kommen nun zum Beweis der zweiten Aussage (7.6). Mit $b(x)$ wollen wir die aus den $\beta_1(x), \ldots, \beta_r(x)$ gebildete Spalte und mit B die aus den Spalten $b_1, \ldots, b_r$ gebildete $n \times r$-Matrix bezeichnen. Die affine Hülle $\boldsymbol{B}$ des Kegels $\boldsymbol{T}_1$ wird dann gerade von den Lösungen des linearen Gleichungssystems $B^T x = 0$ gebildet (vgl. die Aufgabe VII Abschn. 1). Daher bestehen dann die Beziehungen

$$B^T a_0 = 0, \quad B^T b_\varepsilon(q) = 0. \tag{7.7}$$

Das ergibt sich aus (7.4) und unserer Annahme: $a_0 \in \boldsymbol{T}_1$. Ferner haben die Matrizen B^T und $B^T C$ den gleichen Rang r. Da nämlich $\mathbf{R}^n = \boldsymbol{A} + \boldsymbol{B}$ ist und die Spalten der Matrix C eine Basis von $\boldsymbol{A}$ bilden, spannen die Spalten der Matrix $B^T C$ den zur linearen Abbildung $x \to B^T x$ gehörigen Bildraum auf, dessen Dimension stets mit dem Rang von B^T übereinstimmt. Da $x(\tilde{t})$ regulärer Punkt von $\boldsymbol{M}_1$ ist, sind die Spalten $b_1, \ldots, b_r$ von B linear unabhängig, d. h. $\operatorname{rg} B = \operatorname{rg} B^T = r$. $B^T C$ ist eine $r \times m$-Matrix. Daher läßt sich eine $m \times r$-Matrix D finden, so daß

$$B^T C D = -E (E = r \times r\text{-Einheitsmatrix}) \tag{7.8}$$

ist. Wir versuchen nun, Lösungen des Gleichungssystems (7.6) in der Form $q = Dv$ zu gewinnen, wobei v ein r-dimensionaler Vektor ist. Zu diesem Zwecke bemerken wir zunächst, daß die Funktion

$$g(v) = a_0 + CDv + b_\varepsilon(Dv) \tag{7.9}$$

auf der Menge $\boldsymbol{D} = \{v \mid \|Dv\|_\infty \leq \kappa\}$ Lipschitz-stetig ist und daß sich eine nicht von ε abhängende Lipschitz-Konstante finden läßt (vgl. den Zusatz zu Satz 4.1). Ferner ergibt sich aus der Definition der Matrix B, daß die Funktion

$$r(x) = b(x) - B^T(x - x(\tilde{t})) \tag{7.10}$$

an der Stelle $x = x(\tilde{t})$ samt allen partiellen Ableitungen erster Ordnung verschwindet. Die zusammengesetzte Funktion $\frac{1}{\varepsilon} r(x(\tilde{t}) + \varepsilon g(v))$ ist daher auf $\boldsymbol{D}$ Lipschitz-stetig und die Lipschitz-Konstante strebt mit ε gegen 0. Ebenso strebt das Maximum dieser Funktion mit ε gegen 0. Die Abbildung $v \to \frac{1}{\varepsilon} r(x(\tilde{t}) + \varepsilon g(v))$ ist daher für jedes hinreichend kleine ε eine kontrahierende Abbildung von $\boldsymbol{D}$ in sich und besitzt einen (und nur einen) Fixpunkt $v = v(\varepsilon)$ (V Satz 1.1). Aus der Tatsache, daß das Maximum dieser Funktion auf $\boldsymbol{D}$ für $\varepsilon \to 0$ gegen 0 strebt, folgt überdies $\lim_{\varepsilon \to 0} v(\varepsilon) = 0$.

Damit ist die Aussage des Hilfssatzes praktisch bewiesen, denn es bedarf nur noch einer formalen Rechnung, um zu zeigen, daß $q(\varepsilon) = Dv(\varepsilon)$ eine Lösung des Gleichungssystems (7.6) darstellt. Aus (7.2) und (7.9) ergibt sich zunächst die Beziehung $x(\varepsilon, Dv(\varepsilon)) = x(\tilde{t}) + \varepsilon g(v(\varepsilon))$. Mit ihrer Hilfe läßt sich dann die Fixpunkteigenschaft von $v(\varepsilon)$ in der folgenden Form wiedergeben:

$$\varepsilon v(\varepsilon) = r(x(\tilde{t}) + \varepsilon g(v(\varepsilon))) = r(x(\varepsilon, Dv(\varepsilon))).$$

Aus (7.10) ergibt sich weiter

$$\varepsilon v(\varepsilon) = b(x(\varepsilon, Dv(\varepsilon))) + \varepsilon B^T g(v(\varepsilon)).$$

Aus (7.9), (7.7), (7.8) resultiert aber die Identität $B^T g(v) = -v$. Daher ist in der Tat $b(x(\varepsilon, Dv(\varepsilon))) = 0$.

Wir wollen nun den Hilfssatz benutzen, um solche Lösungen des AW-Problems (7.1) zu charakterisieren, die der Bedingung $x(\tilde{t}) \in \boldsymbol{M}_1$ genügen und die die Minimaleigenschaft (6.2) besitzen. Hierbei sind jetzt als Vergleichsfunktionen $(u(t), x(t))$ alle Lösungen zuzulassen, die der Bedingung $x(t_1) \in \boldsymbol{M}_1$ für ein t_1 aus dem zugehörigen maximalen Existenzintervall genügen. Es ist wieder zweckmäßig, nach dem Muster der Betrachtungen in Abschn. 6 zu einem $(n + 1)$-dimensionalen Problem überzugehen. Randbedingungen und Minimaleigenschaft sind dann mit Hilfe der beiden Mengen

$$\boldsymbol{M}_0^* = \{(x^0, x) \in \mathbf{R}^{n+1} \,|\, x^0 = 0, x \in \boldsymbol{M}_0\}, \quad \boldsymbol{M}_1^* = \{(x^0, x) \in \mathbf{R}^{n+1} \,|\, x^0 \leq x_0^0(\tilde{t}), x \in \boldsymbol{M}_1\}$$

zu beschreiben. Das Analogon zur Aussage (6.5) lautet hier so:

Aus $x(t_1) \in \boldsymbol{M}_1$ *folgt stets* $x^0(t_1) \geq x_0^0(\tilde{t})$.

Das bedeutet aber, daß kein relativ-innerer Punkt der Menge $\boldsymbol{M}_1^*$ (für den ja $x^0 < x_0^0(\tilde{t})$ gelten müßte) erreichbar sein kann. Aus dem Hilfssatz 7.1 und VII Satz 2.2 folgt daher, daß sich Erreichbarkeitskegel und Tangentialkegel im $\mathbf{R}^{n+1}$ trennen lassen. Die Auswertung dieser Feststellung kann nun genau nach dem Muster der Überlegungen im Abschn. 5 und 6 erfolgen, indem man die Trennbarkeitsaussage an den verschiedenen Typen von erzeugenden Elementen des Tangentialkegels wie auch des Erreichbarkeitskegels durchexerziert. Bei letzterem darf man diejenigen zusätzlichen Erzeugenden nicht vergessen, die wir zu Beginn dieses Abschnittes eingeführt haben. Wir überlassen es dem Leser, die Diskussion im Einzelnen durchzuführen und begnügen uns damit, die notwendigen Bedingungen in einem abschließenden Satz zu formulieren. Diese Formulierung wird besonders durchsichtig, wenn man diejenige Lösung $y_0(t)$ der adjungierten Variationsgleichung einführt, deren Anfangswert $y_0(\tilde{t})$ mit dem Normalenvektor b einer trennenden Hyperebene übereinstimmt.

Satz 7.1. *Es sei* $(u_0(t), x_0(t))$ *eine Lösung des AW-Problems* (7.1), *die der Bedingung* $x(\tilde{t}) \in \boldsymbol{M}_1$ *genügt und die die Minimaleigenschaft* (6.2) *besitzt, sofern man alle Lösungen* $(u(t), x(t))$ *mit* $x(t_0) \in \boldsymbol{M}_0$, $x(t_1) \in \boldsymbol{M}_1$ *als Vergleichsfunktionen zuläßt. Es seien ferner* $x(t_0)$ *bzw.* $x(\tilde{t})$ *reguläre Punkte von* $\boldsymbol{M}_0$ *bzw.* $\boldsymbol{M}_1$, *und es seien* $x(t_0) + \boldsymbol{T}_0$ *bzw.* $x(\tilde{t}) + \boldsymbol{T}_1$

die zugehörigen Tangentialkegel. Dann läßt sich eine stetige und stückweise stetig differenzierbare Funktion $y_0(t) = (y_0^0(t), \ldots, y_0^n(t))^T$ *derart finden, daß die Aussagen* a)–d) *von* Satz 6.1 *zutreffen und darüber hinaus die folgenden Bedingungen bestehen:*

$$(7.11)\qquad \begin{aligned} &(y_0^1(\tilde{t}), \ldots, y_0^n(\tilde{t}))a \geq 0 \quad \textit{für jedes } a \in \boldsymbol{T}_1, \\ &(y_0^1(t_0), \ldots, y_0^n(t_0))a \leq 0 \quad \textit{für jedes } a \in \boldsymbol{T}_0. \end{aligned}$$

Bemerkung. Falls $\boldsymbol{T}_0, \boldsymbol{T}_1$ lineare Räume sind (d. h. falls mit a auch stets $-a$ in $\boldsymbol{T}_i$ enthalten ist), steht in den Relationen (7.11) überall das Gleichheitszeichen. Man spricht dann von Transversalitätsbedingungen. Dieser Fall liegt insbesondere immer vor, wenn die Mengen $\boldsymbol{M}_0$ und $\boldsymbol{M}_1$ durch Gleichungen beschrieben werden, d. h. wenn

$$\boldsymbol{M}_0 = \{x \in \boldsymbol{M}^* \mid \beta_i(x) = 0, i = 1, \ldots, r\}, \quad \boldsymbol{M}_1 = \{x \in \boldsymbol{M}^{**} \mid \gamma_i(x) = 0, i = 1, \ldots, s\}$$

mit Funktionen β_i, γ_j gilt, die auf offenen Mengen $\boldsymbol{M}^*$ und $\boldsymbol{M}^{**}$ des $\mathbf{R}^n$ definiert und stetig differenzierbar sind. Die Kegel $\boldsymbol{T}_0$ und $\boldsymbol{T}_1$ mit Spitze im Ursprung sind wie folgt definiert (vgl. VII Definition 3.2): $\boldsymbol{T}_0 = \ker B^T, \boldsymbol{T}_1 = \ker C^T$, wobei B und C Matrizen mit den Spalten $b_i = \operatorname{grad} \beta_i(x(t_0)), i = 1, \ldots, r$, bzw. $c_j = \operatorname{grad} \gamma_j(x(\tilde{t}))$, $j = 1, \ldots, s$, sind.

8. Beispiele

Wir betrachten zuerst das schon in Abschn. 1 besprochene Beispiel[1)] aus der Ökonometrie. Die Funktionen $\varphi(k)$ und $\psi(k)$ seien auf dem Intervall $[k_0, k_1]$, $k_0 < k_1$, stetig differenzierbar. Ferner sei $T > 0$ vorgegeben. Wir nehmen folgende Voraussetzungen als erfüllt an:

a) *Die Funktion* $\varphi'(k) + \psi'(k)$ *besitzt auf* $[k_0, k_1]$ *höchstens endlich viele Nullstellen.*

b) $\varphi(k) > 0$ *auf* $[k_0, k_1]$.

c) $\hat{T} = \int\limits_{k_0}^{k_1} \frac{dk}{\varphi(k)} \leq T$.

Es ist die folgende Aufgabe gestellt: Es sind notwendige Bedingungen anzugeben, denen eine auf $[0, T]$ stückweise stetige Funktion $u(t)$ mit

$$(8.1)\qquad 0 \leq u(t) \leq 1 \quad \text{für alle } t \in [0, T]$$

genügen muß, falls diese Funktion und die zugehörige Lösung $k(t)$ der Dgl.

$$(8.2)\qquad \dot{k} = u(t)\varphi(k)$$

mit den Randwerten

$$(8.3)\qquad k(0) = k_0, \quad k(T) = k_1$$

den Wert des Integrals

$$(8.4)\qquad \int\limits_0^T [\psi(k(t)) + (1 - u(t))\varphi(k(t))]\,dt$$

---

1) Vgl. hierzu etwa H. Reichardt: Optimization problems in planning theory. Center of Planning and Economic Research, p. 39. Athen 1971.

zu einem Maximum machen. Unter den Voraussetzungen b) und c) existiert stets eine Lösung $(u(t), k(t))$ von (8.2) mit (8.3) und (8.1) (vgl. Aufgabe 1 zu I Abschn. 4). Zum Unterschied von der bei Satz 6.1 zugrundeliegenden Situation ist hier eine feste Endzeit T vorgegeben. Diese Schwierigkeit ist behoben, wenn wir für t die Dgl. $\dot{t} = 1$ mit den Randbedingungen $t(0) = 0, t(t_1) = T$, $t_1 > 0$, hinzufügen. Setzen wir schließlich $c(t) = -\int_0^t [\psi(k(\tau)) + (1 - u(\tau))\varphi(k(\tau))]\,d\tau$ (entsprechend der allgemeinen Theorie haben wir $x^0(t) = \int_{t_0}^t f^0(\tau, x(\tau); u(\tau))\,d\tau$ als zusätzliche Variable einzuführen; in unserem Fall ist $f^0(t,x;u) = -\psi(k) - (1 - u)\varphi(k)$ und $x^0(t) = c(t)$), so haben wir die folgende Aufgabe zu lösen: Es sind notwendige Bedingungen für jene zulässigen Kontrollfunktionen $u(t)$ (d. h. $u(t)$ ist stückweise stetig und genügt der Bedingung (8.1)) anzugeben, für die die zugehörigen Lösungen von

$$\begin{aligned} \dot{c} &= -\psi(k) - (1 - u(t))\varphi(k), \\ \dot{k} &= u(t)\varphi(k), \\ \dot{t} &= 1 \end{aligned} \tag{8.5}$$

mit den Randbedingungen

$$\begin{aligned} &k(0) = k_0, \quad k(t_1) = k_1, \\ &t(0) = 0, \quad t(t_1) = T, \\ &c(0) = 0 \end{aligned} \tag{8.6}$$

einen minimalen Wert von $c(t_1) = c(T)$ besitzen.

Aus der Voraussetzung b) und der Bedingung (8.1) für die zulässigen Kontrollfunktionen folgt zunächst, daß $k(t)$ für jede Lösung von (8.5) mit (8.6) auf $[0, T]$ monoton wachsend ist. Denn eine solche Lösung kann das Intervall $[k_0, k_1]$ nicht verlassen und $\dot{k}(t)$ ist dann aber stets nichtnegativ.

Es sei nun $(u(t), c(t), k(t))$ eine optimale Lösung, d. h. es ist insbesondere $c(T)$ minimal. Die Hamilton-Funktion ist durch

$$\begin{aligned} H &= -y^0[\psi(k) + (1 - u)\varphi(k)] + y^1 u\varphi(k) + y^2 \\ &= -y^0[\varphi(k) + \psi(k)] + u\varphi(k)(y^0 + y^1) + y^2 \end{aligned}$$

gegeben. Für y^0, y^1 und y^2 erhalten wir damit die Dgln.

$$\begin{aligned} \dot{y}^0 &= -\frac{\partial H}{\partial c} = 0, \\ \dot{y}^1 &= -\frac{\partial H}{\partial k} = y^0[\varphi'(k(t)) + \psi'(k(t))] - u(t)\varphi'(k(t))(y^0 + y^1), \\ \dot{y}^2 &= -\frac{\partial H}{\partial t} = 0. \end{aligned} \tag{8.7}$$

Daraus folgt zunächst $y^0 = \text{const} \le 0$ (vgl. Satz 6.1, Behauptung b)) und $y^2 = \text{const}$. Die Maximumbedingung (Satz 6.1, Behauptung c)) hat die Form

$$u(t)\varphi(k(t))(y^0 + y^1(t)) \ge u\varphi(k(t))(y^0 + y^1(t))$$

bzw. wegen $\varphi(k(t)) > 0$

$$u(t)(y^0 + y^1(t)) \ge u(y^0 + y^1(t)) \tag{8.8}$$

für alle $t \in [0,T]$ und alle $u \in [0,1]$ (man beachte $\boldsymbol{U}_t = [0,1]$ für alle $t \in [0,T]$). An Hand von (8.8) erkennt man sofort die Richtigkeit der folgenden Aussage:

(8.9) *Es ist* $u(t) = 1$ *bzw.* $u(t) = 0$, *falls* $y^0 + y^1(t) > 0$ *bzw.* $y^0 + y^1(t) < 0$ *ist. Isolierte Nullstellen von* $y^0 + y^1(t)$ *sind nur dann Sprungstellen von* $u(t)$, *falls* $y^0 + y^1(t)$ *an dieser Nullstelle das Vorzeichen wechselt.*

Wir haben nun zwei Fälle zu unterscheiden:

1. Fall. $y^0 = 0$.

Die Dgl. für $y^1(t)$ ist dann die homogene lineare Dgl. $\dot{y}^1 = -u(t)\varphi'(k(t))y^1$. Ist daher $y^1(t^*) = 0$ für ein $t^* \in [0,T]$, so gilt $y^1(t) \equiv 0$. Dann ist aber $H \equiv y^2 = 0$ (vgl. Satz 6.1, Behauptung d)) und damit auch $y(t) = (y^0(t), y^1(t), y^2(t))^T \equiv 0$ in Widerspruch zu Satz 6.1, Behauptung b). Im Falle $y^0 = 0$ gilt daher

$$y^1(t) \neq 0 \text{ auf } [0,T].$$

Dies bedeutet $u(t) \equiv 0$ bzw. $\equiv 1$ auf $[0,T]$. $u \equiv 0$ scheidet jedoch aus und $u \equiv 1$ ist nur möglich, falls $\hat{T} = T$ gilt. Es ist dann $c(T) = -\int_{k_0}^{k_1} \frac{\psi(k)}{\varphi(k)} dk$.

2. Fall. $y^0 < 0$.

Wir zeigen zuerst

(8.10) *Ist* $\varphi'(k(t)) + \psi'(k(t)) = 0$ *auf einem Intervall* $[\tau_1, \tau_2]$, $0 \leq \tau_1 < \tau_2 \leq T$, *so gilt* $u(t) \equiv 0$ *auf* $[\tau_1, \tau_2]$.

Da die Nullstellen von $\varphi' + \psi'$ isoliert sind, muß $k(t)$ auf $[\tau_1, \tau_2]$ konstant sein, d. h. es gilt $\dot{k}(t) = 0$ auf $[\tau_1, \tau_2]$. Daraus folgt aber sofort die Behauptung über $u(t)$ (vgl. (8.2) und die Voraussetzung b)). $k(\tau_1)$ ist zudem Nullstelle von $\varphi' + \psi'$.

Auf Grund der Voraussetzung a) kann (8.10) nur für höchstens endlich viele Intervalle zutreffen, deren Gesamtlänge kleiner als T sein muß (sonst wäre $u \equiv 0$ auf $[0,T]$). Wir bezeichnen die Vereinigungsmenge dieser Intervalle mit $\boldsymbol{M}$. Dann gilt:

(8.11) *Die Funktion* $y^0 + y^1(t)$ *besitzt auf* $[0,T] \setminus \boldsymbol{M}$ *höchstens endlich viele Nullstellen.*

Wir bemerken zunächst, daß $[0,T] \setminus \boldsymbol{M}$ die Vereinigungsmenge endlich vieler offener Intervalle ist. (τ_1, τ_2) sei ein solches Intervall. Wir nehmen an, daß $y^0 + y^1(t)$ auf (τ_1, τ_2) unendlich viele Nullstellen besitzt. Dann gibt es drei Nullstellen $s_1 < s_2 < s_3$ in diesem Intervall derart, daß in (s_1, s_3) keine Nullstelle von $\varphi'(k(t)) + \psi'(k(t))$ liegt (man beachte, daß diese Funktion in $[0,T] \setminus \boldsymbol{M}$ höchstens endlich viele Nullstellen besitzt). Für $t = s_2$ gilt $\dot{y}^1(s_2) = y^0 [\varphi'(k(s_2)) + \psi'(k(s_2))] \neq 0$, d. h. s_2 ist einfache (also insbesondere auch isolierte) Nullstelle von $y^0 + y^1(t)$ und daher Sprungstelle von $u(t)$ (vgl. (8.9)). Es gilt daher $u(t) \equiv 0$ in einem der Intervalle (s_1, s_2) oder (s_2, s_3), etwa im ersten. Aus (8.7) folgt dann, daß $y^1(t)$ der Beziehung

$$\dot{y}^1(t) = y^0 [\varphi'(k(t)) + \psi'(k(t))]$$

für alle $t \in (s_1, s_2)$ genügt. Da $y^1(s_1) = y^1(s_2) = 0$ ist, gibt es ein $\tilde{s} \in (s_1, s_2)$ mit $0 = \dot{y}^1(\tilde{s}) = y^0 [\varphi'(k(\tilde{s})) + \psi'(k(\tilde{s}))]$. Dies steht aber in Widerspruch zur Annahme über die Nullstellen von $\varphi'(k(t)) + \psi'(k(t))$.

Aus (8.9), (8.10) und (8.11) folgt nun unmittelbar:

(8.12) *Ist* $u(t)$ *eine optimale Kontrollfunktion, so nimmt* $u(t)$ *auf dem Intervall* $[0,T]$ *nur die Werte* 0 *und* 1 *an.*

Die mit Hilfe des Maximumprinzips (Satz 6.1) gewonnene Aussage (8.12) zeigt, in welcher Funktionsklasse wir eine optimale Kontrollfunktion zu suchen haben (wobei wir noch nicht wissen, ob die gestellte Aufgabe innerhalb der auf $[0,T]$ stückweise stetigen Funktionen $u(t)$ mit der Beschränkung (8.1) überhaupt eine Lösung besitzt). Wir untersuchen zunächst, welcher Werte $c(T)$ bzw. $-c(T)$ auf der durch (8.12) charakterisierten Funktionenklasse fähig ist.

Es sei N eine natürliche Zahl und

$$0 \le t_1^* < t_1^{**} < t_2^* < t_2^{**} < \cdots < t_N^* < t_N^{**} \le T$$

eine Unterteilung des Intervalles $[0,T]$. Wir untersuchen die Kontrollfunktion

$$u(t) = \begin{cases} 1 & \text{für } t \in (t_\nu^*, t_\nu^{**}], \quad \nu = 1,\dots,N, \\ 0 & \text{sonst.} \end{cases}$$

Dann gilt

$$\begin{aligned} & k(t) = k_0 \quad \text{auf } [0,t_1^*], \\ (8.13) \qquad & k(t) = k(t_\nu^{**}) \quad \text{auf } [t_\nu^{**}, t_{\nu+1}^*], \quad \nu = 1,\dots,N-1, \\ & k(t) = k(t_N^{**}) \quad \text{auf } [t_N^{**}, T] \end{aligned}$$

und
$$\int_{k(t_\nu^*)}^{k(t_\nu^{**})} \frac{dk}{\varphi(k)} = t_\nu^{**} - t_\nu^*, \quad \nu = 1,\dots,N$$

(vgl. die Dgl. für $k(t)$). Wegen (8.13) folgt aus der letzten Beziehung

$$\int_{k_0}^{k(t_N^{**})} \frac{dk}{\varphi(k)} = \sum_{\nu=1}^{N} (t_\nu^{**} - t_\nu^*).$$

Notwendig und hinreichend dafür, daß die zur Funktion $u(t)$ gehörige Lösung $k(t)$ von (8.2) die Randbedingung $k(T) = k_1$ erfüllt, ist natürlich $k(t_N^{**}) = k_1$, d. h. aber

$$\hat{T} = \int_{k_0}^{k_1} \frac{dk}{\varphi(k)} = \sum_{\nu=1}^{N} (t_\nu^{**} - t_\nu^*)$$

bzw.

$$(8.14) \qquad T - \hat{T} = t_1^* + \sum_{\nu=1}^{N-1} (t_{\nu+1}^* - t_\nu^{**}) + T - t_N^{**}.$$

Es sei daher für $u(t)$ stets die Bedingung (8.14) erfüllt. Dann gilt

$$\begin{aligned} (8.15) \qquad -c(T) = & \int_{k_0}^{k_1} \frac{\psi(k)}{\varphi(k)} dk + t_1^*(\varphi(k_0) + \psi(k_0)) \\ & + \sum_{\nu=1}^{N-1} (t_{\nu+1}^* - t_\nu^{**}) [\varphi(k(t_\nu^{**})) + \psi(k(t_\nu^{**}))] \\ & + (T - t_N^{**}) [\varphi(k_1) + \psi(k_1)]. \end{aligned}$$

Aus dieser Beziehung erhält man sofort eine Abschätzung nach oben

$$(8.16) \qquad -c(T) \le \int_{k_0}^{k_1} \frac{\psi(k)}{\varphi(k)} dk + (T - \hat{T}) \max_{k_0 \le k \le k_1} [\varphi(k) + \psi(k)].$$

Wie man an Hand von (8.15) erkennt, kann die rechte Seite von (8.16) stets bei geeigneter Wahl von $u(t)$ erreicht werden, d. h. in der durch (8.12) beschriebenen Klasse von Kontrollfunktionen gibt es tatsächlich optimale. Es sind dies die folgenden:

Eine Kontrollfunktion $u(t)$, die der Bedingung (8.12) *genügt, ist optimal genau dann, wenn gilt:*
a) *Sprünge von* 1 *auf* 0 *(bei wachsendem t) erfolgen höchstens an jenen Stellen* $\tilde{t} \in [0, T]$, *für welche* $\varphi(k(\tilde{t})) + \psi(k(\tilde{t})) = \max_{k_0 \leq k \leq k_1} [\varphi(k) + \psi(k)]$ *ist.*
b) *Die Gesamtlänge der Intervalle, wo* $u(t) = 0$ *gilt, ist* $T - \hat{T}$.

Für die optimale Kontrollfunktion $u(t)$ erfolgt somit das Umschalten von $u = 1$ (gesamtes Einkommen wird gespart) auf $u = 0$ (gesamtes Einkommen wird verbraucht), wenn der Kapitalstock k einen Wert $\tilde{k}$ erreicht hat, für den

$$\varphi(\tilde{k}) + \psi(\tilde{k}) = \max(\varphi(k) + \psi(k)), \quad k \in [k_0, k_1],$$

ist.

Als Beispiel für die Anwendung von Satz 7.1 behandeln wir die folgende Aufgabenstellung[1]: Vorgegeben seien die Gleichungen

$$(8.17) \qquad \dot{x}^1 = x^2, \quad \dot{x}^2 = u(t) + c$$

und die Randbedingungen

$$(8.18) \qquad x^1(0) = \alpha, \quad x^2(0) = \beta, \quad x^1(\tilde{t}) = x^2(\tilde{t}) = 0$$

mit $\alpha^2 + \beta^2 \neq 0$ und einem reellen Parameter c. Zulässige Kontrollfunktionen sind in diesem Fall alle auf Intervallen der Form $[0, t_1]$ stückweise stetigen Funktionen $u(t)$ mit $-\infty < u(t) < \infty$. Im folgenden ist also stets $\boldsymbol{U}_t = (-\infty, \infty)$. Der Parameter c, die Endzeit $\tilde{t} > 0$ und die Kontrollfunktion $u(t)$ sollen so bestimmt werden, daß das durch (8.17) und (8.18) gegebene Randwertproblem lösbar ist und darüber hinaus das Integral

$$\int_0^{\tilde{t}} (k + \tfrac{1}{2} u^2(t)) \, dt$$

minimal wird (im Sinne von (6.2)). k ist dabei eine fest vorgegebene positive Konstante.

Man hat hier zwar feste Randwerte für x^1 und x^2, jedoch hängt die rechte Seite der Dgl. für x^2 von dem Parameter c ab, der erst bestimmt werden soll. Um die Aufgabe auf den in der Theorie behandelten Fall zurückzuführen (wo die rechten Seiten der Dgln. nur von t, x und u abhängen), muß man c als zusätzliche Variable betrachten, $x^3 = c$, und die Dgl. $\dot{x}^3 = 0$ mit den Randbedingungen $x^3(0) \in (-\infty, \infty)$, $x^3(\tilde{t}) \in (-\infty, \infty)$ hinzunehmen. Wir haben daher ein Problem mit variablen Endpunkten vorliegen, nämlich die Dgln.

$$(8.19) \qquad \dot{x}^1 = x^2, \quad \dot{x}^2 = x^3 + u(t), \quad \dot{x}^3 = 0$$

mit den Randbedingungen ($x = (x^1, x^2, x^3)^T$)

$$(8.20) \qquad \begin{aligned} x(0) \in \boldsymbol{M}_0 &= \{x \in \mathbf{R}^3 \mid x^1 - \alpha = 0, x^2 - \beta = 0\}, \\ x(\tilde{t}) \in \boldsymbol{M}_1 &= \{x \in \mathbf{R}^3 \mid x^1 = 0, x^2 = 0\}. \end{aligned}$$

Dazu kommt noch entsprechend der allgemeinen Theorie die zusätzliche Gleichung

$$\dot{x}^0 = f^0(t, x; u(t)) = k + \tfrac{1}{2} u^2(t)$$

mit $x^0(0) = 0$. $u(t)$, c und $\tilde{t}$ sind nun so zu bestimmen, daß $x^0(\tilde{t})$ minimal wird. Da hier die Mengen

---

[1] Hofer, E.; Sagirow, P.: Optimal Systems Depending on Parameters. AIAA J. **6** (1968), 953–956.

M_0 und M_1 durch Gleichungen definiert werden, können wir die Bemerkung zu Satz 7.1 heranziehen. In den dort eingeführten Bezeichnungen ist

$$\beta_1(x) = x^1 - \alpha, \quad \beta_2(x) = x^2 - \beta, \quad \gamma_1(x) = x^1, \quad \gamma_2(x) = x^2,$$

woraus $B^T = C^T = \begin{pmatrix} 1 & 0 & 0 \\ 0 & 1 & 0 \end{pmatrix}$

und

(8.21) $\quad T_0 = T_1 = \{a \in \mathbf{R}^3 \mid a^1 = a^2 = 0\}$

folgt. Die Hamilton-Funktion H hängt in diesem Fall nicht explizit von t ab und ist durch

$$H = y^0(k + \tfrac{1}{2}u^2) + y^1 x^2 + y^2(u + x^3)$$

gegeben. Hieraus gewinnt man die folgenden Gleichungen für y^i, $i = 0,\dots,3$:

(8.22) $\quad \dot{y}^0 = 0, \quad \dot{y}^1 = 0, \quad \dot{y}^2 = -y^1, \quad \dot{y}^3 = -y^2.$

Die Lösungen sind

(8.23) $\quad y^0(t) \equiv \mu_0, \quad y^1(t) \equiv \mu_1, \quad y^2(t) = \mu_2 - \mu_1 t, \quad y^3(t) = \mu_3 - \mu_2 t + \tfrac{1}{2}\mu_1 t^2$

mit reellen Konstanten $\mu_i, \mu_0 \leq 0$ (vgl. Satz 6.1, Behauptung b)). Aus den Transversalitätsbedingungen folgt $y^3(0) = y^3(\tilde{t}) = 0$ (vgl. (8.21)), d. h. $\mu_3 = 0$ und $\mu_2 \tilde{t} = \tfrac{1}{2}\mu_1 \tilde{t}^2$ bzw. wegen $\tilde{t} > 0$

(8.24) $\quad \mu_2 = \tfrac{1}{2}\mu_1 \tilde{t}.$

Aus der Maximumbedingung folgt die Bedingung

(8.25) $\quad \tfrac{1}{2}y^0 u^2(t) + y^2(t)u(t) \geq \tfrac{1}{2}y^0 u^2 + y^2(t)u$

für alle $t \in [0,\tilde{t}]$ und alle $u \in (-\infty, \infty)$. Wir unterscheiden zwei Fälle:

1. Fall. $y^0 = 0$.

Die Beziehung (8.25) ist nur für $y^2(t) \equiv 0$ auf $[0,\tilde{t}]$ möglich. Nach (8.23) bedeutet dies $\mu_1 = \mu_2 = 0$ und damit $y^1(t) \equiv 0$ und wegen $\mu_3 = 0$ auch $y^3(t) \equiv 0$. Wir haben somit $(y^0, y^1, y^2, y^3)^T \equiv 0$ auf $[0,\tilde{t}]$ in Widerspruch zu Satz 6.1, Behauptung b). Der Fall $y^0 = 0$ ist daher nicht möglich.

2. Fall. $y^0 < 0$.

Ohne Einschränkung können wir $\mu_0 = -1$ annehmen (vgl. die Bemerkung vor Satz 7.1 und die Bedeutung des dort vorkommenden Vektors b). Wir bemerken zunächst, daß

$$\mu_1 \neq 0, \quad \mu_2 \neq 0$$

gelten muß. Angenommen, dies ist nicht der Fall. Dann ist $\mu_1 = \mu_2 = 0$, wegen (8.24), und $y^1(t) = y^2(t) \equiv 0$. Aus (8.25) folgt in diesem Fall $u^2(t) \leq u^2$ für alle $u \in (-\infty, \infty)$. Dies ergibt $u(t) \equiv 0$ auf $[0,\tilde{t}]$ und $h(\tilde{t}) = -k < 0$ in Widerspruch zu $h(\tilde{t}) = 0$ (Satz 6.1, Behauptung d)).

Wie man leicht nachrechnet, wird das Maximum von $-\tfrac{1}{2}u^2 + y^2(t)u$ für jedes $t \in [0,\tilde{t}]$ an der Stelle $u_{max} = y^2(t)$ angenommen, d. h.

(8.26) $\quad u(t) = \mu_2 - \mu_1 t \quad$ für alle $t \in [0,\tilde{t}]$.

Wir können nun sofort die Gleichungen (8.19) lösen, wobei wir bereits die erste der Bedingungen (8.20) berücksichtigen:

$$x^1(t) = \alpha + \beta t + \tfrac{1}{2}(\mu_2 + c)t^2 - \tfrac{1}{6}\mu_1 t^3,$$
$$x^2(t) = \beta + (\mu_2 + c)t - \tfrac{1}{2}\mu_1 t^2, \quad x^3(t) \equiv c.$$

Aus der zweiten Bedingung in (8.20) erhalten wir

$$(8.27)\qquad \begin{aligned} &\alpha + \beta\tilde{t} + \tfrac{1}{2}(\mu_2 + c)\tilde{t}^2 - \tfrac{1}{6}\mu_1\tilde{t}^3 = 0\,, \\ &\beta + (\mu_2 + c)\tilde{t} - \tfrac{1}{2}\mu_1\tilde{t}^2 = 0\,. \end{aligned}$$

Schließlich muß noch $h(\tilde{t}) = 0$ sein (vgl. Satz 6.1, Behauptung d)), d. h.

$$(8.28)\qquad \tfrac{1}{2}(\mu_2 - \mu_1\tilde{t})^2 + c(\mu_2 - \mu_1\tilde{t}) = k\,,$$

wobei $x^2(\tilde{t}) = 0$ bereits berücksichtigt ist. Wir haben damit das folgende Resultat:

Für eine optimale Lösung ist die Steuerfunktion $u(t)$ stets von der Form (8.26), *und es müssen die vier Zahlen μ_1, μ_2, c und $\tilde{t}$ den vier Gl.* (8.24), (8.27) *und* (8.28) *genügen.*

Wir wollen noch kurz den Fall betrachten, wo c nicht beliebig reell sein kann, sondern beispielsweise

$$|c| \le 1$$

sein muß. Die Mengen $\boldsymbol{M}_0$ und $\boldsymbol{M}_1$ sind dann

$$\begin{aligned} \boldsymbol{M}_0 &= \{x \in \mathbf{R}^3 \mid x^1 - \alpha = 0,\ x^2 - \beta = 0,\ x^3 - 1 \le 0,\ -x^3 - 1 \le 0\}\,, \\ \boldsymbol{M}_1 &= \{x \in \mathbf{R}^3 \mid x^1 = 0,\ x^2 = 0,\ x^3 - 1 \le 0,\ -x^3 - 1 \le 0\}\,. \end{aligned}$$

Man muß zwei Fälle unterscheiden:

a) Für die optimale Lösung gilt $|c| < 1$.

b) Für die optimale Lösung gilt $c = 1$ bzw. -1.

Im Fall a) tritt kein Unterschied zu den bisherigen Überlegungen auf, da die Kegel $\boldsymbol{T}_0$ und $\boldsymbol{T}_1$ dieselben sind. Im Fall b), wobei wir uns auf $c = 1$ beschränken, muß man die Bedingungen (7.11) heranziehen, wobei

$$\boldsymbol{T}_0 = \boldsymbol{T}_1 = \{a \in \mathbf{R}^3 \mid a^1 = a^2 = 0,\ a^3 \le 0\}$$

zu setzen ist (vgl. VII Definition 3.2). Die Bedingungen (7.11) liefern dann an Stelle von $y^3(0) = 0$ und $y^3(\tilde{t}) = 0$ die Beziehungen $y^3(0) \ge 0$ und $y^3(\tilde{t}) \le 0$ bzw.

$$(8.29)\qquad \mu_3 \ge 0 \quad \text{und} \quad \mu_3 - \mu_2\tilde{t} + \tfrac{1}{2}\mu_1\tilde{t}^2 \le 0\,.$$

Wie früher ist auch hier der Fall $y^0 = 0$ nicht möglich. Die Überlegungen für $y^0 < 0$ bleiben dieselben. Man erhält schließlich das folgende Gleichungssystem, dem die Parameter μ_1, μ_2 und $\tilde{t}$ genügen müssen (es ist jetzt $c = 1$!):

$$(8.30)\qquad \begin{aligned} &\alpha + \beta\tilde{t} + \tfrac{1}{2}(\mu_2 + 1)\tilde{t}^2 - \tfrac{1}{6}\mu_1\tilde{t}^3 = 0\,, \\ &\beta + (\mu_2 + 1)\tilde{t} - \tfrac{1}{2}\mu_1\tilde{t}^2 = 0\,, \\ &\tfrac{1}{2}(\mu_2 - \mu_1\tilde{t})^2 + (\mu_2 - \mu_1\tilde{t}) = k\,. \end{aligned}$$

Dazu kommen noch die Bedingungen (8.29), aus denen die Beziehung $-\mu_2\tilde{t} + \frac{1}{2}\mu_1\tilde{t}^2 \le 0$ folgt. Daraus ergibt sich in Verbindung mit der zweiten Gleichung aus (8.30) die Ungleichung $\beta \le -\tilde{t} < 0$. Für $\beta \ge 0$ ist daher $c = 1$ nicht möglich.

VII. Anhang: Konvexe Kegel im $\mathbf{R}^n$

1. Definitionen und grundlegende Sätze

Der Begriff der konvexen Menge und die im nachstehenden Satz formulierten Eigenschaften a) und b) konvexer Mengen werden als bekannt vorausgesetzt[1].

Satz 1.1. *C sei eine konvexe Teilmenge des $\mathbf{R}^n$, $\mathring{C}$ der offene Kern, $\bar{C}$ die abgeschlossene Hülle von C. Dann gilt:*

a) *$\mathring{C}$ und $\bar{C}$ sind wieder konvex.* b) *Ist $x \in \mathring{C}$ und $y \in \bar{C}$, so gehören alle Punkte der Verbindungsstrecke zwischen x und y — ausgenommen eventuell y — wieder zu $\mathring{C}$.* c) *Falls C innere Punkte besitzt, so ist $\mathring{C} = \mathring{\bar{C}}$ und $\bar{C} = \bar{\mathring{C}}$.*

Beweis. Wir beweisen nur c), und zwar mit Hilfe von b). Sei $x \in \mathring{\bar{C}}$. Es ist zu zeigen, daß x auch zu $\mathring{C}$ gehört. Wir wählen zu diesem Zweck einen Punkt $x_0 \in \mathring{C}$ und betrachten die Verbindungsstrecke von x_0 und x (s. Abb. 29). Die Verlängerung dieser Strecke über x hinaus enthält Punkte von $\bar{C}$, denn es existiert ja eine volle Umgebung von x, die nur aus solchen Punkten besteht. x liegt also auf der Verbindungsstrecke von x_0 zu einem Punkt $y \in \bar{C}$, der überdies von x verschieden ist. Daher ist x innerer Punkt von C (gemäß b)).

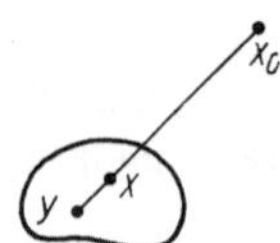

Abb. 29

Daß $\bar{C} = \bar{\mathring{C}}$ gilt, folgt unmittelbar aus b), denn in jedem Punkt $y \in \bar{C}$ häufen sich ja die Punkte von $\mathring{C}$, die auf der Verbindungsstrecke von y mit einem inneren Punkt x von C liegen.

Definition 1.1. *Ein Kegel K im $\mathbf{R}^n$ ist eine nicht-leere Punktmenge im $\mathbf{R}^n$ mit folgender Eigenschaft: Es gibt einen Punkt x_0, so daß mit jedem $x_1 \in K$ auch jeder Punkt auf dem Halbstrahl von x_0 durch x_1 zu K gehört. x_0 heißt Spitze des Kegels. Ist diese Punktmenge zusätzlich konvex, so sprechen wir von einem konvexen Kegel im $\mathbf{R}^n$.*

Identifizieren wir jetzt Punkte mit den zu ihnen vom Ursprung aus führenden Ortsvektoren, so haben wir folgende Charakterisierung von konvexen Kegeln im $\mathbf{R}^n$ mit Spitze im Ursprung: Eine Menge K von Vektoren bildet dann und nur dann einen konvexen Kegel mit Spitze im Ursprung, wenn sie die folgende Eigenschaft besitzt:

(1.1) *Sind $a, b \in K$, so ist $\alpha a + \beta b \in K$, falls $\alpha \geq 0$, $\beta \geq 0$.*

Denn ist K konvex und ein Kegel mit Spitze im Ursprung, so gehören mit a, b auch $2\alpha a, 2\beta b$ zu K, falls $\alpha \geq 0$, $\beta \geq 0$ (Kegeleigenschaft). Da K konvex ist, gehört auch $\alpha a + \beta b$ zu K, da dieser

[1] Vgl. etwa Valentine, F. A.: Konvexe Mengen. Mannheim 1968. = BI-Hochschultaschenbücher 402/402a, Kapitel I, Abschn. B, insbesondere Satz 1.11, p. 20. Oder Egglestone, H. G.: Convexity. London 1958. = Cambridge Tracts in Mathematics and Mathematical Physics, vol. 47, Kapitel 1, Abschn. 3, insbesondere Theorem 3, p. 9 und Corollary 3, p. 11.

Punkt auf der Verbindungsgeraden von $2\alpha a$ und $2\beta b$ liegt. Ist umgekehrt $\boldsymbol{K}$ eine Menge mit der Eigenschaft (1.1), so ist diese Menge ein konvexer Kegel mit Spitze im Ursprung.

Wir werden von den im folgenden auftretenden Kegeln stets annehmen, daß ihre Spitze im Ursprung liegt, d. h. daß $x_0 = 0$ ist.

Beispiele von konvexen Kegeln. $\boldsymbol{M}$ sei im folgenden eine nicht-leere Menge von n-dimensionalen Vektoren.

1. Es gibt einen eindeutig bestimmten kleinsten konvexen Kegel $\boldsymbol{K}$, der $\boldsymbol{M}$ enthält. Er heißt der von $\boldsymbol{M}$ erzeugte konvexe Kegel und ist der Durchschnitt aller konvexen Kegel, die $\boldsymbol{M}$ enthalten. In Analogie zu dem von $\boldsymbol{M}$ erzeugten linearen Raum kann er auch so charakterisiert werden:

$$\boldsymbol{K} = \left\{ a \in \mathbf{R}^n \,\middle|\, a = \sum_{j=1}^{m} \alpha_j a_j \quad \text{mit} \quad m \in \mathbf{N},\, a_j \in \boldsymbol{M},\, \alpha_j \geq 0 \right\}.$$

2. Die Menge $\{a \in \mathbf{R}^n \mid b^T a \leq 0$ für jedes $b \in \boldsymbol{M}\}$ bildet ebenfalls einen konvexen Kegel. Unter diesen Typ von Kegeln fallen auch solche, die teils durch Gleichungen, teils durch Ungleichungen beschrieben werden (vgl. etwa die Aufgabe am Schluß dieses Abschnittes). Man kann ja die Gleichung $b^T a = 0$ stets durch die beiden Ungleichungen $b^T a \leq 0$, $b^T(-a) \leq 0$ ersetzen (und umgekehrt).

Satz 1.2. *Es sei $\boldsymbol{K}$ ein konvexer Kegel mit Spitze im Ursprung. Dann gilt:*

a) *Die abgeschlossene Hülle $\bar{\boldsymbol{K}}$ ist wieder konvexer Kegel.*

b) $\mathring{\boldsymbol{K}} \cup \{0\}$ *ist wieder konvexer Kegel.*

c) *Ist $\mathring{\boldsymbol{K}} \neq \emptyset$, so gilt $\bar{\boldsymbol{K}} = \bar{\mathring{\boldsymbol{K}}}$.*

d) $\mathring{\boldsymbol{K}}$ *ist dann und nur dann nicht-leer, wenn es n Punkte in $\boldsymbol{K}$ derart gibt, daß die zugehörigen Ortsvektoren linear unabhängig sind.*

e) $\mathring{\bar{\boldsymbol{K}}} = \mathring{\boldsymbol{K}}$.

Beweis. a), b) und c) folgen unmittelbar aus der Definition des konvexen Kegels und aus Satz 1.1. Beweis von d). Wir identifizieren wieder Punkte mit den zugehörigen Ortsvektoren. Zunächst ist klar: Wenn je n Vektoren aus $\boldsymbol{K}$ linear abhängig sind, kann $\boldsymbol{K}$ keine inneren Punkte enthalten, denn dann liegt $\boldsymbol{K}$ ganz in einem echten Teilraum des $\mathbf{R}^n$. Wir nehmen nun an, der Kegel enthalte n linear unabhängige Vektoren $a_1, \ldots, a_n$, und werden zeigen, daß dann $a^* = \sum_{i=1}^{n} a_i$ innerer Punkt von $\boldsymbol{K}$ ist. Seien λ_i reelle Zahlen mit $|\lambda_i| < 1$, $i = 1, \ldots, n$. Dann ist $1 + \lambda_i > 0$, $i = 1, \ldots, n$, und somit $\sum_{i=1}^{n} (1 + \lambda_i) a_i = a^* + \sum_{i=1}^{n} \lambda_i a_i \in \boldsymbol{K}$. Die Menge $\left\{ a \in \mathbf{R}^n \,\middle|\, a = a^* + \sum_{i=1}^{n} \lambda_i a_i \text{ mit } \lambda_i \text{ reell und } |\lambda_i| < 1,\, i = 1, \ldots, n \right\}$ ist eine offene Umgebung von a^* im $\mathbf{R}^n$, da die Vektoren a_i linear unabhängig sind. Diese Menge gehört ganz zu $\boldsymbol{K}$, wie wir oben gesehen haben, also ist a^* innerer Punkt von $\boldsymbol{K}$.

Zu e). Es ist $\mathring{\boldsymbol{K}} \subseteq \mathring{\bar{\boldsymbol{K}}}$. Daher ist die Aussage sicher richtig, falls $\bar{\boldsymbol{K}}$ keine inneren Punkte besitzt. Im Hinblick auf Satz 1.1 und den bereits erledigten Teil d) brauchen wir nur zu zeigen: Enthält $\bar{\boldsymbol{K}}$ n linear-unabhängige Vektoren, so gilt das gleiche für $\boldsymbol{K}$. Dies ist aber leicht mit Hilfe elementarer Stetigkeitsbetrachtungen (Stetigkeit der Determinante als Funktion ihrer Elemente) einzusehen. Zu vorgegebenen linear unabhängigen Vektoren $a_1, \ldots, a_n$ gibt es nämlich ein $\varepsilon > 0$, derart daß aus $\|a_i - b_i\| \leq \varepsilon$, $i = 1, \ldots, n$, stets folgt, daß auch $b_1, \ldots, b_n$ linear unabhängig sind.

Definition 1.2. *Es sei $\boldsymbol{K}$ ein konvexer Kegel im $\mathbf{R}^n$ mit Spitze im Ursprung. Dann versteht man unter der affinen Hülle $\boldsymbol{A}$ von $\boldsymbol{K}$ den kleinsten linearen Unterraum im $\mathbf{R}^n$, der $\boldsymbol{K}$ enthält. Die Dimension* *von A heißt Dimension von K. Ein Punkt a heißt relativ-innerer Punkt von K, falls es eine relative Umgebung von a gibt, die ganz zu K gehört (eine relative Umgebung ist der Durchschnitt von A mit einer Umgebung im $\mathbf{R}^n$).*

Satz 1.3. *Es sei K ein konvexer Kegel und L die Menge der relativ-inneren Punkte von K. Dann gilt:*

a) *L ist konvex. Mit a gehört stets αa zu L, falls $\alpha > 0$.*
b) $\bar{K} = \bar{L}$.

Beweis. Wenn man von A statt von $\mathbf{R}^n$ als einbettendem Raum ausgeht, wird L gerade der offene Kern von K (die Begriffe „innerer Punkt" und „offener Kern" sind ja relativ, d. h. hängen nicht nur von K selbst, sondern auch von dem Raum ab, als dessen Teilmenge K aufgefaßt wird). Die beiden Behauptungen folgen daher sofort aus den Aussagen b) und c) des Satzes 1.2. Man beachte, daß L nicht leer ist, da die Dimension von A ja gleich der Maximalzahl linear-unabhängiger Vektoren in K ist (Aussage d) von Satz 1.2).

Aufgabe. Es seien $p + q$ linear unabhängige Vektoren $b_1,\dots,b_p$, $b_{p+1},\dots,b_{p+q}$ gegeben. Man zeige: a) $K = \{a \mid b_i^T a = 0$ für $i = 1,\dots,p$, $b_i^T a \le 0$ für $i = p+1,\dots,p+q\}$ ist ein konvexer Kegel. b) $A = \{a \mid b_i^T a = 0$ für $i = 1,\dots,p\}$ ist die affine Hülle von K. c) a ist relativ-innerer Punkt von K dann und nur dann, wenn $a \in A$ und $b_i^T a < 0$ für $i = p+1,\dots,p+q$ gilt.

2. Trennbarkeit

Hilfssatz 2.1. Voraussetzung. *$K = \bar{K}$ ist ein abgeschlossener konvexer Kegel, $a \notin K$.*

Behauptung. a) *Es gibt ein $x_0 \in K$ mit der Eigenschaft*

$$(2.1)\qquad \|x_0 - a\|_2^2 \le \|x - a\|_2^2 \quad \textit{für alle } x \in K.$$

b) *Für jedes x_0, das der Bedingung (2.1) genügt, gilt*

$$(a - x_0)^T x \le 0 \quad \textit{für alle } x \in K, \qquad (a - x_0)^T x_0 = 0, \qquad (a - x_0)^T a > 0.$$

Beweis. Die Aussage a) ist klar, denn die Funktion $\|x - a\|_2^2$ ist stetig und geht mit $\|x\| \to \infty$ gegen ∞. Daher nimmt sie auf der abgeschlossenen Menge K ihr Minimum an. Um b) zu beweisen, betrachten wir die Funktion der $n + 1$ Veränderlichen $t, x = (x^1,\dots,x^n)^T$

$$(2.2)\qquad \gamma(t,x) = \|x_0 + tx - a\|_2^2 = \sum_{i=1}^{n}(x_0^i + tx^i - a^i)^2,$$

(x_0^i, x^i, a^i sind die Komponenten von x_0, x und a). Da mit x_0, x auch $x_0 + tx$ zu K gehört, sofern $t \ge 0$, ergibt sich aus (2.1)

$$(2.3)\qquad \gamma(t,x) \ge \gamma(0,x), \qquad \text{falls } x \in K \text{ und } t \ge 0.$$

Für $x = x_0$ gilt diese Beziehung sogar für alle $t \ge -1$. Die Funktion γ ist nun partiell nach t differenzierbar. Als partielle Ableitung γ_t erhält man gemäß (2.2) die Funktion $2(x_0 + tx - a)^T x$. Aus (2.3) und der anschließenden Bemerkung ergeben sich daher sofort zwei der zu beweisenden Relationen, nämlich

$$\gamma_t(0,x) = 2(x_0 - a)^T x \ge 0, \qquad \text{falls } x \in K, \qquad \gamma_t(0,x_0) = 2(x_0 - a)^T x_0 = 0.$$

Mit ihrer Hilfe ist dann auch die dritte leicht zu zeigen. Da $a \notin K$, ist $\|x_0 - a\|_2^2 > 0$ und somit $0 < (x_0 - a)^T(x_0 - a) = (x_0 - a)^T x_0 - (x_0 - a)^T a = -(x_0 - a)^T a$.

Satz 2.1. *Sei $\boldsymbol{K}$ ein konvexer Kegel im $\mathbf{R}^n$ mit der Spitze im Ursprung und a ein Vektor mit $a \notin \mathring{\boldsymbol{K}}$. Dann gibt es einen Vektor $b \neq 0$ derart, daß $b^T x \leq 0$ für alle $x \in \boldsymbol{K}$ und $b^T a \geq 0$ ist.*

Beweis. Es ist $a \notin \mathring{\bar{\boldsymbol{K}}} = \mathring{\boldsymbol{K}}$ (vgl. Satz 1.2, Behauptung e)). Daher läßt sich eine Folge (a_ν) finden, so daß $a_\nu \notin \bar{\boldsymbol{K}}$ und $\lim\limits_{\nu \to \infty} a_\nu = a$ gilt. Da $\bar{\boldsymbol{K}}$ abgeschlossen ist, gibt es eine Folge (b_ν) mit $b_\nu^T x \leq 0$ für jedes $x \in \bar{\boldsymbol{K}}$ und $b_\nu^T a_\nu > 0$, $\nu = 1, 2, \ldots$ (man wende Hilfssatz 2.1 an mit $a = a_\nu$ und $a_\nu - x_0 = b_\nu$). Ohne weiteres können wir annehmen, daß $\|b_\nu\| = 1$ ist, da man gegebenenfalls durch $\|b_\nu\|$ dividieren kann. Die Folge (b_ν) besitzt dann einen Häufungspunkt $b \neq 0$. Dieses b genügt allen aufgeführten Bedingungen.

Definition 2.1. *Es seien $\boldsymbol{K}_1$, $\boldsymbol{K}_2$ konvexe Kegel im $\mathbf{R}^n$ mit Spitze im Ursprung. $\boldsymbol{K}_1$ und $\boldsymbol{K}_2$ heißen im $\mathbf{R}^n$ trennbar, falls es einen Vektor $b \neq 0$ derart gibt, daß $b^T x \leq 0$ für alle $x \in \boldsymbol{K}_1$ und $b^T y \geq 0$ für alle $y \in \boldsymbol{K}_2$ gilt.*

Anschaulich bedeutet die Trennbarkeit, daß $\boldsymbol{K}_1$ und $\boldsymbol{K}_2$ auf verschiedenen Seiten der Hyperebene $b^T x = 0$ liegen. Eine solche Hyperebene heißt auch trennende Hyperebene. Man beachte, daß im Sinne der Definition 2.1 zwei Kegel $\boldsymbol{K}_1$ und $\boldsymbol{K}_2$ im $\mathbf{R}^n$ auch dann trennbar sind, wenn sie selbst in einer gewissen Hyperebene des $\mathbf{R}^n$ liegen, d. h. wenn die Vektoren von $\boldsymbol{K}_1$ und $\boldsymbol{K}_2$ zusammen einen echten Teilraum des $\mathbf{R}^n$ aufspannen.

Satz 2.2. *Sind $\boldsymbol{K}_1$ und $\boldsymbol{K}_2$ konvexe Kegel im $\mathbf{R}^n$ ohne gemeinsame relativ-innere Punkte, so sind $\boldsymbol{K}_1$ und $\boldsymbol{K}_2$ im $\mathbf{R}^n$ trennbar.*

Beweis. Es sei $\boldsymbol{L}_i$ die Menge der relativ-inneren Punkte von $\boldsymbol{K}_i$, $i = 1, 2$. Wir betrachten die Menge

$$\boldsymbol{D} = \{a \in \mathbf{R}^n \mid a = x - y \text{ mit } x \in \boldsymbol{L}_1,\ y \in \boldsymbol{L}_2\}$$

und wollen uns zunächst klarmachen, daß $\boldsymbol{D}$ die folgenden Eigenschaften besitzt:

(2.4) a) *$\boldsymbol{D}$ ist konvex. Mit a gehört stets αa zu $\boldsymbol{D}$, falls $\alpha > 0$.*

b) $0 \notin \boldsymbol{D}$.

c) *Aus $a \in \boldsymbol{D}$ folgt stets $-a \notin \boldsymbol{D}$.*

Die Aussage a) bestätigt man unschwer auf Grund der analogen Feststellung über die $\boldsymbol{L}_i$ (vgl. Satz 1.3). Daß 0 nicht in $\boldsymbol{D}$ liegt, bedeutet einfach, daß $\boldsymbol{L}_1$ und $\boldsymbol{L}_2$ kein Element gemeinsam haben. c) ist schließlich eine direkte Folge von a) und b), denn 0 liegt auf der Verbindungsstrecke von a und $-a$.

Aus der ersten und dritten Aussage ergibt sich, daß $\boldsymbol{K} = \boldsymbol{D} \cup \{0\}$ ein konvexer Kegel ist, der nicht mit dem gesamten $\mathbf{R}^n$ zusammenfällt. Gemäß Satz 2.1 muß es daher einen Vektor $b \neq 0$ geben, so daß $b^T a \leq 0$ gilt für alle $a \in \boldsymbol{D}$. Dies bedeutet aber

(2.5) $$b^T x \leq b^T y, \quad \text{falls } x \in \boldsymbol{L}_1,\ y \in \boldsymbol{L}_2.$$

Obige Ungleichung läßt sich sofort verschärfen zu

(2.6) $$b^T x \leq 0 \quad \text{für } x \in \boldsymbol{L}_1, \qquad b^T y \geq 0 \quad \text{für } y \in \boldsymbol{L}_2.$$

Wäre nämlich $b^T x_0 > 0$ für ein $x_0 \in \boldsymbol{L}_1$, so ließe sich zu jedem $y \in \boldsymbol{L}_2$ ein $\lambda > 0$ derart finden, daß $\lambda b^T x_0 = b^T(\lambda x_0) > b^T y$ gilt, was offenbar im Widerspruch zu (2.5) und zu der Tatsache steht, daß mit x_0 stets auch λx_0 für positives λ zu $\boldsymbol{L}_1$ gehört. Aus Stetigkeitsgründen bleiben die Beziehungen (2.6) erhalten, wenn man von $\boldsymbol{L}_i$ zur abgeschlossenen Hülle $\bar{\boldsymbol{L}}_i$ übergeht. Da nun, wie sich aus Satz 1.3 ergibt, $\boldsymbol{K}_i$ in $\bar{\boldsymbol{L}}_i$ enthalten ist, folgt schließlich aus (2.6) die behauptete Trennbarkeitsbeziehung:

$$b^T x \leq 0 \quad \text{für } x \in \boldsymbol{K}_1, \qquad b^T y \geq 0 \quad \text{für } y \in \boldsymbol{K}_2.$$

3. Tangentialkegel

Konvexe Kegel sind das geeignete Instrument zur lokalen Approximation von solchen Teilmengen des $\mathbf{R}^n$, die sich durch Gleichungen und Ungleichungen beschreiben lassen. Hierzu soll das Nötigste gesagt werden. Gegeben seien $s \leq n$ Funktionen $\beta_i(x)$, $i = 1,\ldots,s$, die auf einer offenen Menge $M^* \subseteq \mathbf{R}^n$ definiert und stetig partiell nach $x^1,\ldots,x^n$ differenzierbar sind. Es sei ferner r eine natürliche Zahl $\leq s$. Wir betrachten die Menge

$$M = \{x \in M^* \mid \beta_i(x) = 0 \text{ für } i = 1,\ldots,r,\ \beta_i(x) \leq 0 \text{ für } i = r+1,\ldots,s\}.$$

Zu jedem $x_0 \in M$ gibt es dann bei geeigneter Numerierung (von x_0 abhängig) eine Zahl $r' = r'(x_0) \geq r$ derart, daß $\beta_i(x_0) = 0$ für $i = 1,\ldots,r'$, $\beta_i(x) < 0$ für $i > r'$.

Definition 3.1. *$x_0 \in M$ heißt regulärer Punkt von M, falls die Vektoren $b_i = \operatorname{grad} \beta_i(x_0)$, $i = 1,\ldots,r'$, linear unabhängig sind. Falls überdies $r' = r$ ist, heißt x_0 ein relativ innerer Punkt von M.*

Bemerkungen. 1. Man macht sich leicht folgendes klar. Ist x_0 ein regulärer Punkt, so gibt es eine Umgebung von x_0 derart, daß alle Punkte von M, die in dieser Umgebung liegen, wieder regulär sind.

2. Falls die Funktionen β_i alle homogen und linear in x sind und $M^* = \mathbf{R}^n$ ist, so ist M selbst ein konvexer Kegel. Die obige Definition des relativ inneren Punktes deckt sich dann mit der früher gegebenen (vgl. die Aufgabe am Schluß von Abschn. 1).

Definition 3.2. *Es sei x_0 ein regulärer Punkt von M und es sei $b_i = \operatorname{grad} \beta_i(x_0)$, $i = 1,\ldots,r'$. Unter dem Tangentialkegel an M im Punkt x_0 verstehen wir den konvexen Kegel $x_0 + T$, wo $T = \{x \mid b_i^T x = 0$ für $i = 1,\ldots,r,\ b_i^T x \leq 0$ für $i = r+1,\ldots,r'\}$.*

In einer Umgebung eines regulären Punktes besitzt M nun stets eine ausgezeichnete Parameterdarstellung, bei der die Elemente von T als Parameter fungieren. Von dieser Tatsache wird im Kapitel VI Gebrauch gemacht, allerdings nur in der folgenden schwächeren Form.

Satz 3.1. *Es sei x_0 ein regulärer Punkt von M und $x_0 + T$ der zugehörige Tangentialkegel. Dann gibt es eine vektorwertige Funktion $g(y) = (g^1(y),\ldots,g^n(y))^T$, die auf einer Umgebung N von $y = 0$ definiert und stetig partiell differenzierbar ist derart, daß die folgenden Aussagen zutreffen:*

a) $g(0) = 0$, $g_{y^i}(0) = 0$, $i = 1,\ldots,n$.

b) *Für jedes $y \in T \cap N$ gilt $x_0 + y + g(y) \in M$.*

Beweis. Es seien die Variablen so numeriert, daß die aus den partiellen Ableitungen $\partial\beta_i/\partial x^j$, $i,j = 1,\ldots,r'$ für $x = x_0$ gebildete Matrix eine nicht-verschwindende Determinante besitzt. Die Abbildung

$$x \to f(x) = (\beta_1(x),\ldots,\beta_{r'}(x),\ x^{r'+1} - x_0^{r'+1},\ldots,x^n - x_0^n)^T$$

ist stetig differenzierbar und die Determinante der zugehörigen Funktionalmatrix f_x verschwindet für $x = x_0$ nicht. Daher gibt es eine Umgebung N_0 von x_0 derart, daß $f(N_0)$ eine Umgebung des Ursprungs ist und die Umkehrabbildung f^{-1} auf $f(N_0)$ existiert. Es gehört dann $f^{-1}(z)$ zu M, falls $z = (z^1,\ldots,z^n)^T \in f(N_0)$ und

$$z^i = 0 \quad \text{für } i = 1,\ldots,r, \qquad z^i \leq 0 \quad \text{für } i = r+1,\ldots,r'. \tag{3.1}$$

Nun folgt aus der Definition 3.2 des Kegels T, daß $z = f_x(x_0)y$ stets den Bedingungen (3.1) genügt, sofern y zu T gehört. Ferner gibt es sicher eine Umgebung N von $y = 0$, deren Bild unter der

Abbildung $y \to f_x(x_0)y$ in $f(\boldsymbol{N}_0)$ enthalten ist. Damit haben wir folgendes Resultat. Es gilt

$$f^{-1}(f_x(x_0)y) \in \boldsymbol{M}, \quad \text{falls } y \in \boldsymbol{T} \cap \boldsymbol{N}.$$

Daß die Funktion $g(y) = f^{-1}(f_x(x_0)y) - x_0 - y$ dann den Bedingungen a), b) genügt, rechnet man leicht nach.

VIII. Lösungen zu ausgewählten Aufgaben

Kapitel I

Abschnitt 3. **2.** Wenn es eine Stelle $x \in (x_0, x_1)$ gibt, wo $y_1(x) > y_2(x)$ ist, folgt die Behauptung aus der Aufgabe 1 (indem man x statt x_0 nimmt). Aus $y_1(x^*) = y_2(x^*)$, $y_1'(x^*) > f(x^*, y_1(x^*)) = f(x^*, y_2(x^*)) > y_2'(x^*)$ folgt $y_1(x) > y_2(x)$ für solche $x > x^*$, die hinreichend nahe bei x^* liegen.

Abschnitt 4. **1.** Die Bedingungen sind notwendig. Wenn das Problem eine Lösung $(u(t), k(t))$ besitzt, kann es kein $k^* \in [k_0, k_1]$ mit $\varphi(k^*) \leq 0$ geben. $k^* = \text{const}$ wäre nämlich sonst Lösung der Differentialungleichung $\dot{k} \geq u(t)\varphi(k)$. Daraus folgt $k(t) \leq k^*$ für alle t, wobei strenge Ungleichheit gilt, falls $k_0 < k^*$ (Satz 3.1 und Aufgabe 1 zu Abschn. 3). In jedem Falle ist dann $k(t) < k_1$ für alle $t \geq 0$. Aus $\dot{k}/\varphi(k) = u(t) \leq 1$ folgt

$$\int_{k_0}^{k_1} \frac{dx}{\varphi(x)} = \int_0^T u(t)\,dt \leq T.$$

Die Bedingung ist hinreichend: Man wähle

$$u(t) = \text{const} = \frac{1}{T} \int_{k_0}^{k_1} \frac{dx}{\varphi(x)}.$$

2. $H = (y^2 + x + \frac{1}{2})e^{-2x}$.

3. Zugehörige lineare Dgl.: $xu'' + u' + u = 0$. Es ist $\tilde{y}(x) = \sqrt{x_0}\tan(\sqrt{x_0}\log x + c)$ für passendes c. Es gibt daher ein $x_1 > x_0$, so daß $\lim\limits_{x \to x_1} \tilde{y}(x) = \infty$.

Abschnitt 6. **5.** Es ist $\chi(\lambda) = \lambda^2$. $y(x,\lambda) = \sum\limits_{\nu=0}^{\infty} \eta_\nu(\lambda) x^{\lambda+\nu}$ genügt der Beziehung $xy(x,\lambda)'' + y(x,\lambda)' + y(x,\lambda) = x^{\lambda-1}$. Rekursionsformel für die $\eta_\nu(\lambda)$: $(\lambda + \nu + 1)^2 \eta_{\nu+1} = \eta_\nu$, $\nu = 0, 1, \ldots, \eta_0 = 1$. Daraus

$$y(x,\lambda) = \sum_{\nu=0}^{\infty} (-1)^\nu \prod_{\mu=1}^{\nu} (\lambda + \mu)^{-2} x^{\lambda+\nu},$$

$$w(x,\lambda) = y(x,\lambda)\log x - 2\sum_{\nu=0}^{\infty} (-1)^\nu \prod_{\mu=1}^{\nu} (\lambda + \mu)^{-2} \left(\sum_{\rho=1}^{\nu} \frac{1}{\lambda + \rho} \right) x^{\lambda+\nu}.$$

Fundamentalsystem für $(0, \infty)$: $y(x,0), w(x,0)$.

Abschnitt 7. **1.** $H(x,y) = ye^{-y}xe^{-x} = \text{const}$ ist erstes Integral für die Dgl. (7.13), $H(x,y) = ye^{-y}e^{x}x^{-1} = \text{const}$ ist erstes Integral für die Dgl. (7.14).

2. Übergang erst zum System $\dot{x} = y, \dot{y} = y^2 + x$, dann zur Dgl. $\mathrm{d}y/\mathrm{d}x = (y^2 + x)y^{-1}$ (vgl. Aufgabe 2, Abschn. 4).

Abschnitt 8. **3.** Man wähle $y_1(x) = y(x,0), y_2(x) = w(x,0)$. Die Trajektorie besitzt dann Darstellung $y = y(x)$, wobei $y(x) = x + \cdots$ falls $c_2 = 0$ und

$$y(x) = \frac{y_1'(x)x\log x + 1 + p_1(x)}{y_1(x)\log x + p_2(x)}, \quad \text{falls } c_2 \neq 0\,.$$

Dabei sind p_i an der Stelle $x = 0$ differenzierbar und $p_1(0) = 0$. Im zweiten Falle verhält sich $y(x)$ wie $(\log x)^{-1}$ für $x \to 0$. Daher gibt es zwei Tangentenrichtungen mit den Gleichungen $y = x$ und $x = 0$.

Kapitel II

Einleitung. **1.** Für jede Norm gilt $|\,\|x\| - \|y\|\,| \leq \|x - y\| \leq \gamma\,\|x - y\|_2$.

Abschnitt 1. $x \to f(t,x)$ muß für jedes $t \in I_0$ eine lineare Abbildung sein.

Abschnitt 3. **1.** $\frac{\mathrm{d}}{\mathrm{d}t} x^T(t)y(t) = \dot{x}^T(t)y(t) + x^T(t)\dot{y}(t) = g^T(t)y(t) - x^T(t)h(t)\,.$

3. $\Phi(t,t_0)$ ist auch die Übergangsmatrix von (3.3). Nach Aufgabe 2 folgt $[\Phi^{-1}(t,t_0)]^T = \Phi(t,t_0)$, d. h. $\Phi^{-1}(t,t_0) = \Phi^T(t,t_0)$.

Abschnitt 4. **1.** Die Spalten von X sind Lösungen von $\dot{x} = A(t)x + g_i(t)$, g_i die Spalten von G, d. h. $X(t) = \Phi(t,t_0)X(t_0) + \int_{t_0}^{t} \Phi(t,\tau)G(\tau)\mathrm{d}\tau$.

2. Homogene Gleichung: $X(t) = \Phi_A(t,t_0)\,Y(t)$ ergibt $\dot{Y}^T(t) = B^T(t)\,Y^T(t)$ und weiter $X(t) = \Phi_A(t,t_0)X(t_0)\Phi_{B^T}^T(t,t_0)$. Ansatz für die inhomogene Gleichung: $X(t) = \Phi_A(t,t_0)Z(t)\Phi_{B^T}^T(t,t_0)$. Lösung der inhomogenen Gleichung:

$$X(t) = \Phi_A(t,t_0)X(t_0)\Phi_{B^T}^T(t,t_0) + \int_{t_0}^{t} \Phi_A(t,\tau)G(\tau)\Phi_{B^T}^T(t,\tau)\mathrm{d}\tau\,.$$

Abschnitt 7.2. **1.** Man differenziere $\exp\left(\int_{t_0}^{t} A(s)\mathrm{d}s\right)$.

2. Man erhält $\dot{\alpha}_0 = \gamma_0\alpha_{n-1}, \dot{\alpha}_1 = \alpha_0 - \gamma_1\alpha_{n-1}, \ldots, \dot{\alpha}_{n-1} = \alpha_{n-2} - \gamma_{n-1}\alpha_{n-1}$ mit $\alpha_0(t_0) = 1$ und $\alpha_i(t_0) = 0, i = 1,\ldots,n-1$. Daraus erhält man die angegebene Gleichung für α_{n-1} mit den Anfangswerten $\alpha_{n-1}^{(i)}(t_0) = 0, i = 0,\ldots,n-2$, $\alpha_{n-1}^{(n-1)}(t_0) = 1$.

4. Zum Beispiel Aussage b) von Satz 7.2. b_1) und b_2) bedeuten: Das Minimalpolynom hat nur einfache Wurzeln, deren Realteil nicht-positiv ist. Das Minimalpolynom von A ist aber das charakteristische Polynom der skalaren Dgl. für $\beta_{m-1}(t)$.

Abschnitt 8. **1.**

$$\mathrm{e}^{At} = \begin{pmatrix} 4 - 3\cos\omega t & \frac{1}{\omega}\sin\omega t & 0 & \frac{2}{\omega} - \frac{2}{\omega}\cos\omega t \\ 3\omega\sin\omega t & \cos\omega t & 0 & 2\sin\omega t \\ -6\omega t + 6\sin\omega t & -\frac{2}{\omega} + \frac{2}{\omega}\cos\omega t & 1 & -3t + \frac{4}{\omega}\sin\omega t \\ -6\omega + 6\omega\cos\omega t & -2\sin\omega t & 0 & -3 + 4\cos\omega t \end{pmatrix}$$

Abschnitt 9. **1.** a) Aus $x_p(t) = \Phi(t,0)x_0 + \int_0^t \Phi(t,s)g(s)\mathrm{d}s$ und $x_p(\omega) = x(0)$ folgt $x_0 = [E - \Phi(\omega,0)]^{-1} \int_0^\omega \Phi(\omega,s)g(s)\mathrm{d}s$.

b) $x_0 = x_p(0) + x_0 - x_p(0)$.

3. Existenz von $x_p(t)$ nach Aufgabe 1 gesichert. Gestalt von $x_p(t)$ etwa durch Ansatz: $x_p(t) = b\exp\left(\frac{2\pi\mathrm{i}}{\omega}t\right)$.

4. Satz 9.4 Teil b).

Abschnitt 10. **2.** $u(t,s) = \sum_{k=1}^{n} u_k(t)\frac{W_k(u_1,\dots,u_n)(s)}{W(u_1,\dots,u_n)(s)}$.

3. Satz 5.1.

Abschnitt 11.2. **1.** (t_1,x_1) kann „erreicht“ werden, wenn $x_0 - \Phi(t_0,t_1)x_1 = W(t_0,t_1)\eta, \eta \in \mathbf{R}^n$, (Satz 11.1, a)) bzw. $x_1 = \Phi(t_1,t_0)x_0 - \Phi(t_1,t_0)W(t_0,t_1)\eta$. Erreichbare y_1 sind von der Gestalt $y_1 = C(t_1)x_1 = C(t_1)\Phi(t_1,t_0)x_0 - C(t_1)\Phi(t_1,t_0)W(t_0,t_1)\eta$, d. h. es gilt $y_1 - C(t_1)\Phi(t_1,t_0)x_0 \in \operatorname{bild} C(t_1)\Phi(t_1,t_0)W(t_0,t_1)$.

2. Verifizieren.

3. Übergang zu einem System von Dgln. erster Ordnung.

Abschnitt 11.3. **1.** $x_1 \approx x_2$ gilt genau für $x_1 - x_2 \in \operatorname{bild} H(t_0,t_1)$ für ein $t_0 < t_1$ (Satz 11.4, a)). Daraus folgt, daß „$\approx$“ Äquivalenzrelation ist.

2. $x_1 \in \ker K_{t_0,t_1}$ impliziert $C(s)\Phi(s,t_1)x_1 = 0$ fast überall auf $[t_0,t_1]$ und weiter $x_1^T H(t_0,t_1)x_1 = 0$. Die letzte Beziehung bedeutet wegen der Symmetrie von $H(t_0,t_1)$ auch $x_1 \in \ker H(t_0,t_1)$. Umgekehrt impliziert die letzte Beziehung $\int_{t_0}^{t_1} \|C(s)\Phi(s,t_1)x_1\|_2^2\mathrm{d}s = 0$ und $C(s)\Phi(s,t_1)x_1 = 0$ fast überall auf $[t_0,t_1]$.

Kapitel III

Abschnitt 2. Aus der Existenz eines t^+-Grenzpunktes x^* würde $(t^+,x^*) \in \partial \boldsymbol{G}_1 \cap \partial \boldsymbol{G}$ folgen.

Abschnitt 5. **2.** $\boldsymbol{C} \subseteq \Omega(C)$ ist klar. Für $x^* \in \Omega(C)$ gilt $x^* = \lim_{\nu\to\infty} x(t_\nu)$ mit $t_\nu \in [0,\omega]$. Es gibt dann eine Folge (t_μ) mit $\lim_{\mu\to\infty} t_\mu = t^* \in [0,\omega]$ und $x^* = \lim_{\mu\to\infty} x(t_\mu)$. Es folgt $x(t^*) = x^*$, d. h. $x^* \in \boldsymbol{C}$.

Abschnitt 6. **2.** Spezielle Lösung: $1 + \mathrm{e}^{-t}$.

Abschnitt 7.1. **2.** Man zeige, daß $\limsup_{t\to\infty} \|x(t)\| > 0$ wegen der (gleichmäßigen) Stabilität von $x \equiv 0$ nicht möglich ist.

Abschnitt 7.2. **2.** $\frac{1}{2} < \alpha$.

Abschnitt 9. **2.** Man betrachte eine Lösung mit $x^1(1) \neq 0$ und untersuche $x^2(t)$ für $t = t_\nu = \exp\left(\frac{2\nu+1}{2}\pi\right)$.

Kapitel V

Abschnitt 3. $\Psi(t,\tau)$ ist als Funktion von t Matrizen-Lösung des AW-Problems $\dot{X} = A(t)X + B(t)\Phi_2(t,\tau)$, $X(\tau) = 0$. Daher ist $\Psi(t,\tau) = \int_\tau^t \Phi_1(t,\lambda)B(\lambda)\Phi_2(\lambda,\tau)\mathrm{d}\lambda$. Für $\lambda \in [\tau,t]$ ist $\|\Phi_2(\lambda,\tau)\| \leq \gamma_2 \mathrm{e}^{\alpha_2(\lambda-\tau)}$.

Abschnitt 4. **1.** Es ist

$$\varphi(y_1)(t) - \varphi(y_2)(t) = \int_{t_1}^{t} \Phi_B(t,\tau)B_1(\tau)\int_{\tau_0}^{\tau} \Phi_A(\tau,\xi)A_1(\xi)[y_1(\xi) - y_2(\xi)]\mathrm{d}\xi\,\mathrm{d}\tau\,.$$

Daraus folgt $|\varphi(y_1) - \varphi(y_2)| \leq \kappa\,|y_1 - y_2|$.

Abschnitt 5. **1.** Es gibt eine in $\boldsymbol{M}$ verlaufende Lösungskurve durch (t_0, x_0). Man betrachte diejenige Lösung von (5.10), deren Anfangswert für $t = t_0$ gleich den k erster Komponenten von x_0 ist.

2. Die Menge $\{t\,|\,(t,\varphi_{t,t_0}(x_0)) \in \boldsymbol{M}\}$ ist eine Teilmenge von $\mathbf{R}$, die zugleich offen und abgeschlossen ist.

Abschnitt 7. **2.** Existenz einer beschränkten Lösung wieder mit Hilfe von Satz 2.1. Eindeutigkeit: Die Übergangsmatrix der Variationsgleichung genügt einer Abschätzung, wie sie in (6.3) für Φ_2 gefordert wird. Es gilt dann ein Analogon zur ersten der Ungleichungen von Hilfssatz 6.2. Man nehme statt x jetzt (x,u,v) und ergänze die Dgl. für x durch $\dot{u} = v$, $\dot{v} = -W^2 u$. Für die Abschätzung des zugehörigen Φ_1 gemäß (6.3) benütze man die Aufgabe aus Abschn. 3. Man beachte, daß die Übergangsmatrix der Dgl. $\dot{u} = v$, $\dot{v} = -W^2 u$ durch eine Konstante, d. h. also mit dem Exponenten $\alpha = 0$ abgeschätzt werden kann.

Abschnitt 8. Wir betrachten den Sattelpunkt bei $u = \pi$. Substitution $u \to u + \pi$! System geht über in

(1) $\qquad \dot{u} = v, \qquad \dot{v} = -v + \sin u$

mit der zugehörigen linearisierten Dgl.

(2) $\qquad \dot{u} = v, \qquad \dot{v} = -v + u\,.$

Phasenporträt von (2) enthält zwei invariante Geraden. Da offenbar die Gerade $u = 0$ nicht invariant ist, lautet die Gleichung einer invarianten Geraden $v = \rho u$. Aus der Bedingung, daß Geradenrichtung und das durch (2) definierte Richtungsfeld zusammenfallen, ergibt sich für ρ die Bedingung

(3) $\qquad \rho^2 + \rho - 1 = 0\,.$

Diese Gleichung besitzt reelle Wurzeln $\rho_+ > 0, \rho_- < 0$. Für $\rho = \rho_-$ ist das Richtungsfeld entlang der Geraden auf den Ursprung gerichtet, also ist $v - \rho_- u = 0$ die Gleichung der stabilen Mannigfaltigkeit von (2). Durch die Substitution $\tilde{u} = v - \rho_+ u, \tilde{v} = v - \rho_- u$ wird (1) in die Normalform (8.15) übergeführt. Die Gleichung der stabilen Mannigfaltigkeit von (1) lautet dann

(4) $\qquad \tilde{v} = \varphi_2 \tilde{u}^2 + \cdots\,.$

Drückt man hierin $\tilde{u}, \tilde{v}$ wieder durch u, v aus, erhält man eine Gleichung zwischen u und v, die sich nach den Sätzen über das formale Rechnen mit Potenzreihen eindeutig in der Form

(5) $\qquad v = \rho_- u + \cdots$

auflösen läßt. In der gleichen Weise kann man (4) aus (5) durch formales Auflösen gewinnen. Es gibt also genau eine (formale) Potenzreihe der Form (5), die Lösung der Gleichung

$$v\frac{\mathrm{d}v}{\mathrm{d}u} = -v + \sin u$$

ist, und die man durch Ansatz mit unbestimmten Koeffizienten erhält. Es ist dies die Taylor-Entwicklung derjenigen Funktion, die die stabile Mannigfaltigkeit für (1) beschreibt. Für die Anfangsglieder findet man $v \sim \rho_- u - \frac{1}{3}(1 + 4\rho_-)^{-1}u^3 + \cdots$.

Literaturverzeichnis

A. Lehrbücher und Monographien zu den in diesem Buch behandelten Themen:

[1] Boltjanski, W. G.: Mathematische Methoden der optimalen Steuerung. München 1972

[2] Cesari, L.: Asymptotic Behavior and Stability Problems in Ordinary Differential Equations. Berlin-Göttingen-Heidelberg 1963. = Ergebnisse der Mathematik und ihrer Grenzgebiete, Neue Folge Bd. 16

[3] Coddington, E. A.; Levinson, N.: Theory of Ordinary Differential Equations. New York-Toronto-London 1955

[4] Coppel, W. A.: Stability and Asymptotic Behavior of Differential Equations. Boston 1965

[5] Hahn, W.: Stability of Motion. Berlin-Heidelberg-New York 1967

[6] Halanay, A.: Differential Equations: Stability, Oscillations, Time Lags. New York-London 1966

[7] Hale, J. K.: Ordinary Differential Equations. New York-London-Sydney-Toronto 1969

[8] Hartman, P.: Ordinary Differential Equations. New York-London-Sydney 1964

[9] Hestenes, M. R.: Calculus of Variation and Optimal Control Theory. New York-London-Sydney 1966

[10] Ince, E. L.: Ordinary Differential Equations. New York 1956

[11] Kalman, R. E.; Falb, P. L.; Arbib, M. A.: Topics in Mathematical System Theory. New York-Toronto-London-Sydney 1969

[12] Kamke, E.: Differentialgleichungen reeller Funktionen. 2. Aufl. Leipzig 1945

[13] LaSalle, J. P.; Lefschetz, S.: Die Stabilitätstheorie von Ljapunov. Mannheim 1967

[14] Lefschetz, S.: Differential Equations. Geometric Theory. 2nd ed. New York 1959

[15] Nemytskii, V. V.; Stepanov, V. V.: Qualitative Theory of Differential Equations. Princeton, N. J. 1960

[16] Pontryagin, L. S.; Boltyanskii, V. G.; Gamkrelidze, R. V.; Mischenko, E. F.: The Mathematical Theory of Optimal Processes. New York-London 1962

[17] Reissig, R.; Sansone, G.; Conti, R.: Nichtlineare Differentialgleichungen höherer Ordnung. Rom 1969

B. Lehrbücher zu den in diesem Buch benötigten Hilfsmitteln:

[18] Kowalsky, H.-J.: Lineare Algebra. 6. Aufl. Berlin 1972

[19] Courant, R.: Vorlesungen über Differential- und Integralrechnung, Bd. I, 4. Aufl. Berlin-Heidelberg-New York 1971

[20] Grauert, H.; Lieb, I.: Differential- und Integralrechnung, Bd. I (2. Aufl.) und III. Berlin-Heidelberg-New York 1970, 1968

[21] Grauert, H.; Fischer, W.: Differential- und Integralrechnung, Bd. II. Berlin-Heidelberg-New York 1968

[22] Natanson, I. P.: Theorie der Funktionen einer reellen Veränderlichen. 3. Aufl. Berlin 1969

[23] Kneser, H.: Funktionentheorie. 2. Aufl. Göttingen 1968

[24] Stummel, F.; Hainer, K.: Praktische Mathematik. Stuttgart 1971

[25] Whittaker, E. T.; Watson, G. N.: A Course of Modern Analysis. 4th ed. Cambridge 1963

[26] Ljusternik, L. A.; Sobolew, W. I.: Elemente der Funktionalanalysis. 4. Aufl. Berlin 1968

C. Weiterführende Darstellungen und Spezialliteratur:

[27] Bieberbach, L.: Theorie der gewöhnlichen Differentialgleichungen auf funktionentheoretischer Grundlage dargestellt. Berlin-Göttingen-Heidelberg 1953

[28] Bieberbach, L.: Einführung in die Theorie der Differentialgleichungen im reellen Gebiet. Berlin-Göttingen-Heidelberg 1956

[29] Erwe, F.: Gewöhnliche Differentialgleichungen. 2. Aufl. Mannheim 1964

[30] Kaplan, W.: Ordinary Differential Equations. Reading, Mass., – London 1958

[31] Walter, W.: Gewöhnliche Differentialgleichungen. Berlin-Heidelberg-New York 1972

[32] Walter, W.: Differential and Integral Inequalities. Berlin-Heidelberg-New York 1970. = Ergebnisse der Mathematik und ihrer Grenzgebiete, Bd. 55

[33] Reissig, R.; Sansone, G.; Conti, R.: Qualitative Theorie nichtlinearer Differentialgleichungen. Rom 1963

[34] Bogoljubow, N. N.; Mitropolski, J. A.: Asymptotische Methoden in der Theorie der nichtlinearen Schwingungen. Berlin 1965

[35] Hale, J. K.: Oscillations in Nonlinear Systems. New York 1963

[36] Andronov, A. A.; Witt, A. A.; Chaikin, S. E.: Theorie der Schwingungen. Teil I und II. Berlin 1965, 1969

[37] Urabe, M.: Nonlinear Autonomous Oscillations. New York-London 1967

[38] Malkin, I. G.: Theorie der Stabilität einer Bewegung. München 1959

[39] Zubov, V. I.: Methods of A. M. Lyapunov and their Application. Groningen 1964

[40] Lefschetz, S.: Stability of Nonlinear Control Systems. New York-London 1965

[41] Aiserman, M. A.; Gantmacher, F. R.: Die absolute Stabilität von Regelsystemen. München 1965

[42] LaSalle, J. P.: Stability theory for ordinary differential equations. J. differential Eqs. **4** (1968) 57–65

[43] Lee, E. B.; Markus, L.: Foundations of Optimal Control Theory. New York-London-Sydney 1967

[44] Brockett, R. W.: Finite Dimensional Linear Systems. New York-London-Sydney-Toronto 1970

[45] Reid, W. T.: Riccati Differential Equations. New York-London 1972

[46] Krasnoselski, M. A.; Perow, A. I.; Powolozki, A. I.; Sabrejko, P. P.: Vektorfelder in der Ebene. Berlin 1966

[47] Tricomi, F. G.: Differential Equations. New York 1961

[48] Coppel, W. A.: Dichotomies and reducibility (II). J. differential Eqs. **4** (1968) 386–398

[49] Coppel, W. A.; Palmer, K. J.: Averaging and integral manifolds. Bull. Austral. math. Soc. **2** (1970) 197–222

[50] Kurzweil, J.: Exponentially stable integral manifolds, averaging principle and continuous dependence on a parameter. Czechosl. math. J. **16** (1966) 380–423

[51] Hermes, H.; LaSalle, J. P.: Functional Analysis and Time Optimal Control. New York 1969

Symbolverzeichnis

$\mathbf{R}$, $\mathbf{C}$, $\mathbf{N}$	Menge der reellen, komplexen bzw. natürlichen Zahlen ($0 \notin \mathbf{N}$);
$\mathbf{R}^n$, $\mathbf{C}^n$	Vektorraum aller reellen bzw. komplexen n-dimensionalen Spaltenvektoren;
$\partial \boldsymbol{G}$, $\mathring{\boldsymbol{G}}$, $\bar{\boldsymbol{G}}$	Rand, offener Kern bzw. abgeschlossene Hülle von $\boldsymbol{G}$;
$\det A$, sp A	Determinante bzw. Spur einer quadratischen Matrix A;
x^T, A^T	zu x transponierter Vektor bzw. zu A transponierte Matrix;
rg A	Rang der Matrix A;
E	Einheitsmatrix;
diag $(A, B, \ldots)$	Matrix mit den Blöcken $A, B, \ldots$ längs der Hauptdiagonalen;
dim $\boldsymbol{X}$	Dimension des Vektorraumes $\boldsymbol{X}$;
$\boldsymbol{X}^{\perp}$	orthogonales Komplement des Unterraumes $\boldsymbol{X}$;
$\mathrm{id}_{\boldsymbol{X}}$	identische Abbildung auf $\boldsymbol{X}$;

Namen- und Sachverzeichnis